산업설비 공학도의 필수과정

# 제관 및 판금공학

박병우 · 하인섭 공저

제관의 개요 및 재료

가공 설비

공작 기술

결합용 기계 요소

제관 제작 및 철골 구조

일진사

# 머리말

제관이라고 하면 그 뜻은 간단하지만 워낙 광범위하고 응용범위 또한 넓어서, 실제 제관업에 종사하고 있는 사람도 자기가 제관업을 하고 있다고 생각하는 사람이 거의 없을 정도로 우리나라의 현 실정은 제관 직종에 관한 이해도가 높지 않다고 하겠다.

제관 공작은 먼저 전개도 그리기(현도 그리기), 판뜨기, 절단(마름질), 성형, 접합(조립), 제품의 검사 순으로 작업이 진행되며, 제관 공작의 거의 대부분이 용접 작업으로 이루어져 있다. 따라서 제관 공장에서는 일반적으로 용접공을 많이 요구하고 있으나, 정확한 제관 제품을 제작하기 위해서는 전개도를 그리고 현도를 마킹하는 기술자의 필요성이 더욱 강조되고 있다.

3mm 이하의 박판을 사용하여 제품을 만드는 판금과, 후판을 사용하여 제품을 만드는 제관으로 구분하나 그 작업 공정이 비슷하고 기계·기구도 거의 같은 것이 사용되고 있어 판금 공작과 제관 공작을 정확하게 구분하기는 매우 어렵다.

오늘날 제관용 기계·기구의 발달로 자동차, 선박, 항공기, 건축 구조물 및 유류 탱크와 급수 탱크 등의 제작에 이르기까지 광범위하게 응용되고 있으며, 앞으로도 무한한 가능성이 있는 분야라 생각된다.

이 책에서 제관에 관한 모든 사항을 기초부터 체계적으로 수록하려고 노력하였으나 제관이라는 광범위한 분야를 상세히 기술하기에는 제한이 따르므로 독자 여러분의 양해를 구하면서 조언이 있기를 바란다.

끝으로 이 책의 발간을 위해 애쓰신 도서출판 **일진사** 여러분께 진심으로 감사드린다.

저자 씀

# 차 례

## 제 1 편
## 제관의 개요 및 제관 재료

## 제 2 편 제관 가공 설비

### 제 1 장 제관용 수공구



### 제 2 장 제관용 기계

## 제 3 편 제관 공작

### 제 1 장 마름질 및 전단



### 제 2 장 성 형

## 제4장 단 조

## 제 5 장 전개도법

## 제 4 편 결합용 기계 요소

### 제 1 장 심, 납땜, 리벳



### 제 2 장 나 사

# 제1편

# 제관의 개요 및 제관 재료

# 제관 공작의 개요

## 1. 개 요

제관(boiler making)은 원래 증기 보일러(steam boiler)의 제작을 의미하였으며 두꺼운 강판을 원통으로 굽힌 본체와 플랜지로 만든 경판 등을 리벳, 볼트 또는 용접 이음으로 기밀을 요구하는 용기를 만드는 작업을 말하였으나 근래에는 각종 보일러, 압력용기, 항공, 우주, 산업, 자동차, 가스탱크, 철골, 구조물까지 제관의 범주에 넣으므로 제관 공작의 범위가 넓어졌다.

따라서 제관 재료는 두꺼운 연강판과 형강, 강관 등이 많이 사용되며 이러한 재료를 성형 가공하기 위해서 전단기, 굽힘기, 절곡기, 프레스, 앵글벤더, 이음용 기구 등의 각종 제관용 기계 및 수공구를 사용한다.

## 2. 제관의 공정

일반적으로 제관작업공정은 다음과 같은 방법으로 진행된다.

| 설계도 → 전개도(현도) 작성 → 마름질 → 절단 → 성형 → 조립 → 측정 및 검사 |
|---|

설계도에 의해 각종 기계 기구를 선택하며 다음 그림과 같은 모양과 치수에 맞는 정확한 실제 길이를 구하여 펼쳐진 전개도를 기본으로 하여 현도를 작도한다. 다음은 연강판의 표면에 묻어 있는 각종 불순물을 제거하고 현도를 연강판 위에 놓고 주요 부분을 펀칭하고 직선자, 먹줄, 자유 곡선자 등을 이용하여 마킹하는데 연강판의 두께, 절단, 조건 등을 고려하여 절단선, 굽힘선, 구멍뚫기 위치를 그린다.

곡선의 절단은 주로 가스 절단, 플라스마 절단기를 많이 사용하고 직선 절단에는 직선 동력 절단기를 사용한다. 절단이 끝나면 설계도에서 지시한대로 원통 부문은 성형 롤러(slip roll forming machine)를, 굽힘 부분은 프레스 브레이크(press brake) 또는 프레스(press)를 사용하여 성형 가공한다. 각 부분품의 조립은 상관선을 맞추어 가용접한 후 치수를 확인하고 변형을 교정하여 본용접으로 이음을 끝낸다. 이러한 작업이 끝나면 치수의 측정 및 변형 교정을 하고 각종 검사를 거쳐서 합격된 제품을 도장과 포장하여 출하한다.

제3의 산업혁명이라고도 말하는 컴퓨터(computer)의 급속한 발전으로 산업 현장에서는 이러한 공정이 CNC(Computer Numerical Control)에 의해 현도 및 절단이 동시에 이루어지는 기계로 작업이 진행된다.

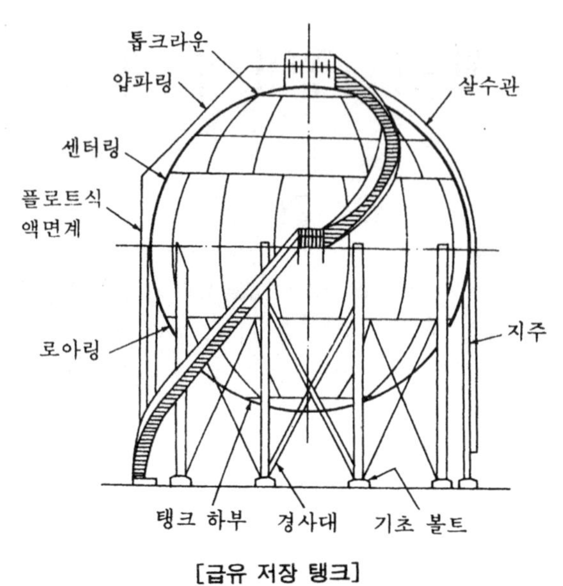


[급유 저장 탱크]

# 제관 공작의 범위

최근 우리나라는 고도의 산업 사회로 진입하면서 산업 경제의 눈부신 발전으로 건축물의 대형화, 고층화로 냉·난방 설비에 필요한 각종 보일러, 냉동기 등과 산업설비에 이르기까지 아주 빠른 증가를 보이고 있으므로 제관의 중요함이 새롭게 인식되고 있다. 또한 건축 설비, 산업 설비는 판금 공작과 제관 공작에 의해 만들어지며 공작과정이 같으므로 정확히 구분하기 어려우나 일반적으로 판재의 두께에 따라 구분한다.

## 1. 보일러

증기 보일러와 온수 보일러가 있고 본체의 구조에 따라 노통 보일러, 수관 보일러, 연관 보일러로 구분하며 보일러의 부속 설비는 여러 가지가 있으나 제관 공작에서 제작되는 것은 급유 저장 탱크와 가스 저장 탱크 등이 있다.

## 2. 제관(pipe making)

관의 제조 방법에 따라 천공 제관법, 단접관, 심용접관, 전기 아크 용접관 등이 있고, 이음쇠에는 소켓, 엘보, 티 크로스, 유니언, 플랜지 등과 편심 이음쇠(reducer)제작 이음, 성형 플랜지 이음 등으로 구분한다.

## 3. 압력 용기와 공기조화 설비

고온 고압 증기를 열 매체로 받아들여 용기내의 압력이 대기압 보다 높을 때 견딜 수 있는 용기를 압력 용기라 하며 여러 가지 모양으로 제작된다. 또한 공기조화 설비에 사용되는 각종 열교환기와 각종 덕트도 판금 및 제관 공작에 포함된다.

## 4. 철골 구조물

철골 구조물은 철탑, 교량, 지붕의 스러스트, 기둥 등의 제작과 플랜트 분야가 제관 공작에 포함된다.

## 5. 기타 제관 공작

항공 우주 산업의 비행기, 로켓, 자동차, 중장비, 선박, 전자 산업기기의 보디 등도 제관 공작의 범주에 들어간다.

# 제관 재료 통론

## 1. 제관 재료의 범위

### 1-1 금속 재료와 비금속 재료

기계 재료는 크게 금속 재료와 비금속 재료로 대별하는 데 그 종류가 대단히 많다.

기계를 만드는 데 사용하는 재료는 철, 강(steel), 구리, 목재, 시멘트, 합성수지, 윤활유, 도료 등 여러 종류가 있다. 이 중에서 철(Fe), 강철, 구리(Cu) 등을 금속 재료라 하고 목재, 시멘트, 합성수지, 윤활유, 도료 등을 비금속 재료라 한다.

일반적으로 금속은 다음과 같은 공통된 성질을 가지고 있는 점에서 비금속과 구별된다.

① 실온에서 고체이며 결정체이다(단, 수은(Hg)은 액체이다).

② 일반적으로 빛을 잘 반사하고 금속적 광택을 가지고 있다.

③ 연성과 전성이 커서 가공이 용이하고 변형하기 쉽다.

④ 열과 전기의 양도체이다.

⑤ 용융점이 높고 비중 및 강도와 경도가 비교적 크다.

이와 같이 금속은 기계적으로 좋은 성질을 가지고 있으므로 기계 재료의 대부분을 차지하고 있다. 그러나 비금속도 필요에 따라 기계 재료로서 활용 범위가 확대되어 가고 있다.

### 1-2 공업용 금속 재료

지구상에서 발견된 원소는 100여종 이상되나 그 중에서 실제 공업용으로 사용되는 금속은 20여종 정도이다.

철강 이외의 금속을 비철금속이라 하는데 비철금속에는 구리, 알루미늄, 아연, 납, 주석, 니켈, 크롬, 텅스텐, 마그네슘, 안티몬, 베릴륨, 카드뮴 등이 많이 사용되고 합금 첨가 원소로는 니켈, 크롬, 망간, 코발트, 몰리브덴, 바나듐, 티탄, 베릴륨 등이 중요하게 쓰인다.

금속 중에서 비중이 4.5 이하의 가벼운 알루미늄, 마그네슘, 티탄 등을 경금속이라 하고 이보다 비중이 큰 것은 중금속이라 한다.

금속 재료 중에서 단일 금속으로 사용되는 것은 구리, 알루미늄, 주석, 납, 아연 등이고 그 밖에는 대부분 합금을 만들어 사용한다. 합금은 사용하는 금속의 종류 배합 비율에 따라 단일 금속으로서 얻을 수 없는 특수한 성질을 개선할 수 있는데 합금에 첨가된 원소의 수에 따라 2원 합금, 3원 합금이라 한다.

공업상 중요한 금속 재료는 다음과 같이 분류할 수 있다.

① 철 및 철 합금 : 순철, 탄소강, 합금강, 특수 용도 합금강, 주철 합금 주철
② 구리 및 구리 합금 : 순동, 황동, 청동, 특수 구리 합금
③ 경합금 : 알루미늄과 그 합금, 마그네슘과 그 합금, 티탄과 그 합금
④ 기타 합금 : 납 주석 합금, 베어링 합금, 땜용 합금, 저용융점 합금
⑤ 원자로용 합금 및 신금속 : 우라늄, 토륨, 하프늄, 벨릴륨, 게르마늄, 규소 등

### 1-3 비금속 재료

최근 화학 공업의 발달로 금속 재료와 대등한 성질을 가진 비금속 재료가 개발되어 내식성, 내열성, 조형성 등을 이용한 비금속 재료가 기계 제작에 쓰이고 있다. 기계 공업에 쓰이는 비금속 재료는 기계 기초용 재료, 연삭 재료, 합성수지, 윤활재료, 고무, 유리, 가죽, 페인트, 접착제, 절삭유, 보온 및 내열제 등이 있다.

## 2. 기계 재료의 성질 재료 시험 및 검사

### 2-1 기계 재료의 공업에 필요한 성질

기계 재료의 공업적인 목적에 사용할 때 필요한 성질은 다음과 같다.

① 물리적 성질(physical properties) : 비중, 용융점, 비등점, 비열 등
② 기계적 성질(mechanical properties) : 인장강도, 경도, 인성, 전성, 연성 등
③ 화학적 성질(chemical properties) : 내식성, 내산성, 원자량 등
④ 제작상의 성질(technological properties) : 소성, 절삭성, 주조성 등 제작상의 성질은 기계 공작에서 취급되고 기계 재료와 직접 관계되는 것은 기계적 성질이다.

### 2-2 금속 재료의 물리적 성질

#### (1) 비 중

순수한 물 1cc를 1g으로 정하고 다른 물질 1cc와의 무게의 비를 비중이라 하는데, 금속 중 비중이 가장 작은 것은 리튬(0. 53)이고 가장 큰 것은 이리듐(22. 5)이다. 비중은 금속의 종류 및 순도에 따라 다르며 또 단조, 압연한 것은 주조한 것보다 일반적으로 비중이 크다.

#### (2) 용융점

금속 중에서 용융점이 가장 낮은 것은 수은(−38. 8℃)이고, 가장 높은 것은 텅스텐(3400℃)이고, 철(1538℃), 니켈(1455℃)의 순이다.

다음 [표]는 순금속의 물리적 성질을 나타낸 것이다.

[금속 원소와 물리적 성질]

| 원소 기호 | 금속명 | 원자 번호 | 원자량 | 비 중 20(℃) | 용융점 (℃) | 비등점 (℃) | 비 열 (cal/g℃) |
|---|---|---|---|---|---|---|---|
| Ag | 은 | 47 | 107. 880 | 10. 497 | 960. 5 | 2, 210 | 0. 056(℃) |
| Al | 알루미늄 | 13 | 26. 98 | 2. 699 | 660. 2 | 2, 060 | 0. 223 |
| Au | 금 | 79 | 192. 10 | 19. 32 | 1, 063. 0 | 2, 970 | 0. 131 |
| Ba | 바 륨 | 56 | 137. 36 | 3. 78 | 704±20 | 1, 640 | 0. 068 |
| Be | 베 릴 륨 | 4 | 9. 013 | 1. 84 | 1, 278±5 | 1, 500 | 0. 4246 |
| Bi | 비스무트 | 83 | 209. 00 | 9. 80 | 271 | 1, 420 | 0. 0303 |
| Ca | 칼 슘 | 20 | 40. 08 | 1. 55 | 850±20 | 1, 440 | 0. 149 |
| Nb | 니 오 브 | 41 | 92. 91 | 8. 569 | 2, 415 | 3, 300 | 0. 065 |
| Cd | 카 드 뮴 | 48 | 112. 41 | 8. 65 | 320. 9 | 767 | 0. 0559 |
| Ce | 셀 륨 | 58 | 140. 13 | 6. 90 | 600±50 | 1, 400 | 0. 042 |
| Co | 코 발 트 | 27 | 58. 94 | 8. 90 | 1, 495 | 2, 375±40 | 0. 1042 |
| Cr | 크 롬 | 24 | 52. 04 | 7. 09 | 1, 553 | 2, 200 | 0. 1178 |
| Cu | 구 리 | 29 | 63. 54 | 8. 96 | 1, 083.0 | 2, 310 | 0. 0931 |
| Fe | 철 | 26 | 55. 85 | 7. 871 | 1, 538±3 | 2, 450 | 0. 1172 |
| Ga | 갈 륨 | 31 | 69. 72 | 5. 91 | 29. 78 | 2, 070 | 0. 079 |
| Ge | 게르마늄 | 32 | 72. 60 | 5. 36 | 958±10 | 2, 700 | 0. 073 |
| Hg | 수 은 | 80 | 200. 61 | 13. 59 | −38. 89 | 357 | 0. 03326 |
| In | 인 듐 | 49 | 114. 76 | 7. 31 | 156. 4 | 1, 450 | 0. 057 |
| Ir | 이 리 듐 | 77 | 193. 50 | 22. 50 | 2, 454±3 | 5, 300 | 0. 031 |
| K | 칼 륨 | 19 | 39. 090 | 0. 862 | 63±1 | 762. 2 | 0. 182 |
| Li | 리 튬 | 3 | 0. 940 | 0. 534 | 180±5 | 1, 400 | 0. 092 |
| Mg | 마그네슘 | 12 | 24. 32 | 1. 743 | 650 | 1, 110 | 0. 2475 |
| Mn | 망 간 | 25 | 54. 93 | 7. 40 | 1, 245±10 | 1, 900 | 0. 1211 |
| Mo | 몰리브덴 | 42 | 95. 95 | 10. 218 | 2, 025±50 | 3, 700 | 0. 059(0°) |
| Na | 나 트 륨 | 11 | 22. 99 | 0. 971 | 97. 9 | 882. 9 | 0. 295 |
| Ni | 니 켈 | 28 | 58. 68 | 8. 85 | 1, 455 | 2,450~2,900 | 0. 2079 |
| Pb | 납 | 82 | 207. 21 | 11. 341 | 327. 43 | 1, 540±15 | 0. 031 |
| Pd | 팔 라 듐 | 46 | 106. 70 | 12. 03 | 1, 554 | 4, 000 | 0. 058(0°) |
| Pt | 백 금 | 78 | 195. 23 | 21. 43 | 1, 773.5 | 4, 410 | 0. 032 |
| Rh | 로 듐 | 45 | 102. 91 | 12. 44 | 1, 966±3 | 4, 500 | 0. 059 |
| Sb | 안 티 몬 | 51 | 121. 76 | 6. 62 | 630. 5 | 1, 440 | 0. 0502 |
| Se | 셀 렌 | 34 | 78. 96 | 4. 81 | 220±5 | 680 | 0. 084 |
| Si | 규 소 | 14 | 28. 09 | 2. 33 | 1, 414 | 3, 500 | 0. 162(0°) |
| Sn | 주 석 | 50 | 118. 70 | 7. 298 | 231. 84 | 2, 270 | 0. 551 |
| Te | 텔 루 르 | 52 | 127. 61 | 6. 235 | 450±10 | 1, 390 | 0. 047 |
| Th | 토 륨 | 90 | 232. 12 | 11. 50 | 1, 800±150 | 3, 000 | 0. 034 |
| Ti | 티 탄 | 22 | 47. 90 | 4. 54 | 1, 800±22 | 3, 400 | 0. 1125 |
| U | 우 라 늄 | 92 | 238. 07 | 18. 70 | 1, 133±2 | — | 0. 028 |
| V | 바 나 듐 | 23 | 50. 95 | 5. 82 | 1, 725±50 | 3, 400 | 0. 1153 |
| W | 텅 스 텐 | 74 | 183. 92 | 19. 26 | 3, 410±20 | 5, 930 | 0. 0338 |
| Zn | 아 연 | 30 | 65. 38 | 7. 133 | 419. 46 | 906 | 0. 0944 |
| Zr | 지르코늄 | 40 | 91. 22 | 6. 50 | 1, 530 | 2, 900 | 0. 066 |

### (3) 비 열

금속의 비열이란 어떤 금속 1g을 1℃ 올리는데 필요한 열량을 말한다. 일반적으로 금속의 비열은 작으나 보통 비열이 큰 것은 마그네슘, 알루미늄 등이고 합금의 비열은 성분 금속의 비열과 합금의 비율에 의해 계산한 평균 비열에 가까운 값을 가지고 있다.

### (4) 선팽창 계수

물체의 단위 길이에 대하여 온도 1℃가 높아지는 데 따라 막대의 길이가 늘어나는 양을 선팽창 계수라 한다.

- 선팽창 계수가 큰 순서 : 아연 → 납 → 마그네슘
- 선팽창 계수가 작은 순서 : 이리듐 → 텅스텐 → 몰리브덴

### (5) 열전도율

길이 1cm에 대하여 1℃의 온도차가 있을 때 1 $cm^2$의 단면적을 통하여 1초 동안 전달되는 열량을 열전도율이라 한다.

순도가 높은 금속은 열전도율이 좋고 불순물이 들어갈수록 나쁘게 된다. 열전도율이 가장 좋은 금속은 은이고, 구리, 백금, 알루미늄 순으로 작아진다. 공업용으로 열전도에 쓰이는 것은 구리와 알루미늄이다.

### (6) 전기 전도율

금속의 전기 전도율은 순수할수록 좋고 불순물이 들어가면 불량해진다. 그러므로 합금의 전기 전도율은 불량하다. 일반적으로 열전도율이 좋은 금속은 전기 전도율도 좋다. 실온(20℃)에서 전기 전도율이 큰 순서는 다음과 같다.

| Ag → Cu → Au → Al → Mg → Zn → Ni → Fe → Pb → Sb |
|---|

## 2-3 재료의 시험 및 비파괴 검사

### (1) 재료의 시험

재료의 시험은 금속의 기계적 성질을 시험하는 것으로 한국 공업규격 KS D 0801~0811에 규정되어 있다. 또한 재료의 시험은 재료의 성질을 시험하게 되므로 그 재료의 일부에서 시험편(test piece)을 채취하여 시험한다.

금속 재료의 기계적 성질 중에서 공업상 가장 널리 사용되는 성질은 강도(strength), 연성(ductility), 경도(hardness), 충격(impact), 피로(fatige) 등이다.

### (2) 인장 시험(tension teste)

시험편 양끝을 인장 시험기에 고정시키고 시험편의 축 방향에서 당기는 힘을 작용시켜 파괴되기까지의 변형과 주어진 힘을 측정하여 항복점, 인장강도, 연신율 및 단면 수축률 등을 결정하는 시험이다.

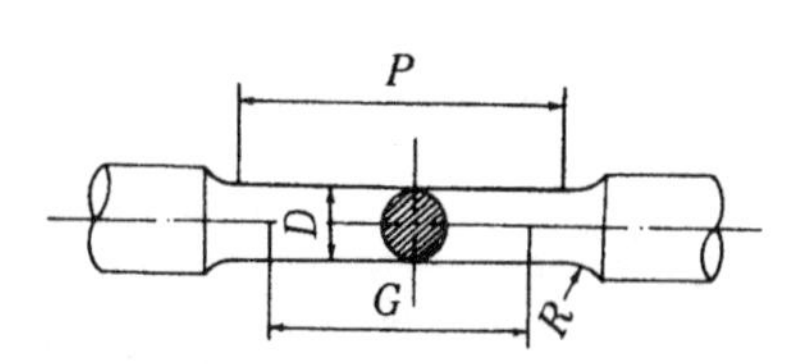


표점거리 $G=50$, 평행부의 길이 $P=$약 60,
시험편의 지름 $D=14$, 턱의 반지름 $R>15$

**[KS 표준인장 시험편]**

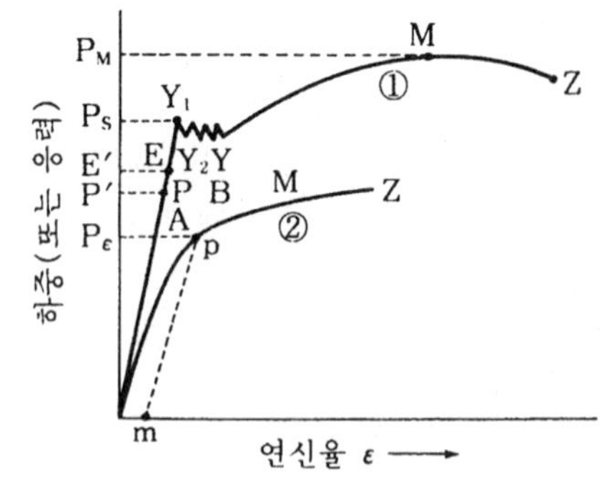


**[인장 시험 곡선]**

① 시험기와 시험편 : 인장 시험기 또는 만능 시험기(universal-tester)에 시험편을 고정하고 인장력을 가한다. 시험편은 다음의 그림[KS 표준 인장 시험편]과 같이 재질에 따라 규정되어 있다.
시험편에 표점을 펀치로 표시하고 표점거리를 구하여 연신율 측정기준으로 삼는다.

② 인장 시험곡선 : 인장 하중을 증가시키면서 시험편의 연신율을 기록하면 그림 [인장 시험 곡선]과 같은 하중-연신율 곡선 또는 응력-연신율 곡선이 얻어진다. 그림 [인장 시험 곡선]에서 ①은 연강의 경우이고 ②는 비철금속의 경우이다.

(가) 탄성한도(elastic limit) : 그림 [인장 시험 곡선]에서 ①의 곡선에서 $P$점까지는 하중과 연신율이 비례해서 직선으로 변하는데 이 $P$점을 비례 한도라 한다. 하중을 제거하면 본래의 길이로 되고 $P$점을 지나서 탄성 한계 $E$에 이르는데 $E$점의 하중을 시험편의 원단면적으로 나눈 값이 탄성한도이다.
$E$점 이하에서는 다음과 같다.

$$\text{상수}(E) = \frac{\text{응력}(\sigma)}{\text{연신율}(\varepsilon)}$$ (단, 상수 $E$를 세로 탄성률 또는 영률(Young's modulus)이라 한다.)

(나) 항복점(yielding point) : $P$점을 초과하여 하중이 작용하면 하중과 연신율은 비례되지 않고 $Y_1$점에서 하중이 감소되면서 $Y_2$점으로 되고 하중을 증가시키지 않아도 시험편이 늘어나는데 이 때 $Y_1$점을 상항복점, $Y_2$점을 하항복점이라 한다.
그림[인장 시험 곡선]에서 $B$점의 하중을 시험편의 원단면적으로 나눈 값을 항복강도(yield strength)로 항복점으로 취급한다.

(다) 인장강도(tensile stress) : 그림[인장 시험 곡선]의 ①의 곡선에서 $M$점으로 표시되는 최대 하중($P_{max}$)을 시험편의 원단면적($A_0$)으로 나눈 값을 인장강도($\sigma_B$)라 한다.

$$\sigma_B = \frac{P_{max}}{A_0}\ (\text{kgf/mm}^2)$$

(라) 연신율(elongation ratio) : 시험편이 절단된 후에 다시 접촉시키고 표점 거리를 측정한 값 $l$과 시험 전의 표점 거리 $l_0$와의 차를 $l_0$로 나눈 값을 %로 표시한 것을 연신율($\varepsilon$)이라 한다.

$$\varepsilon = \frac{l - l_o}{l_o} \times 100\,(\%)$$

(마) 단면 수축률 : 시험편의 절단부의 단면적 $A(mm^2)$와 시험 전의 단면적 $A_o(mm^2)$와의 차이를 $A_o$로 나눈 값을 % 로 표시한 것을 단면 수축률(reduction of area; $\phi$)이라 한다.

$$\phi = \frac{A_o - A}{A_o} \times 100\,(\%)$$

**참고** 강도 시험의 대표적인 시험이 인장강도 시험이며 이밖에 압축 강도, 휨 강도, 비틀림 강도, 전단강도 시험이 있다.

### (3) 경도 시험

재료의 경도(hardness)는 기계적 성질을 결정하는 중요한 것으로 인장 시험과 더불어 널리 사용되며 브리넬 경도 시험, 로크웰 경도 시험, 비커즈 경도 시험 등이 있다.

① 브리넬 경도 시험(Brinell hardness test) : 일정한 지름 $D$(mm)의 강철 볼(steel ball)을 일정한 하중 $P$kg으로 시험편의 표면에 압입한 다음 하중을 제거하고 볼 자국의 표면적으로 하중을 나눈 값을 브리넬 경도($H_B$)라 한다.

$$H_B = \frac{2P}{\pi D(D - \sqrt{D^2 - \alpha^2})} \quad \text{또는} \quad H_B = \frac{P}{\pi Dt}$$

여기서 $t$와 $d$는 그림 [볼과 자국과의 관계]에 표시된 값을 측정하여 구한다.

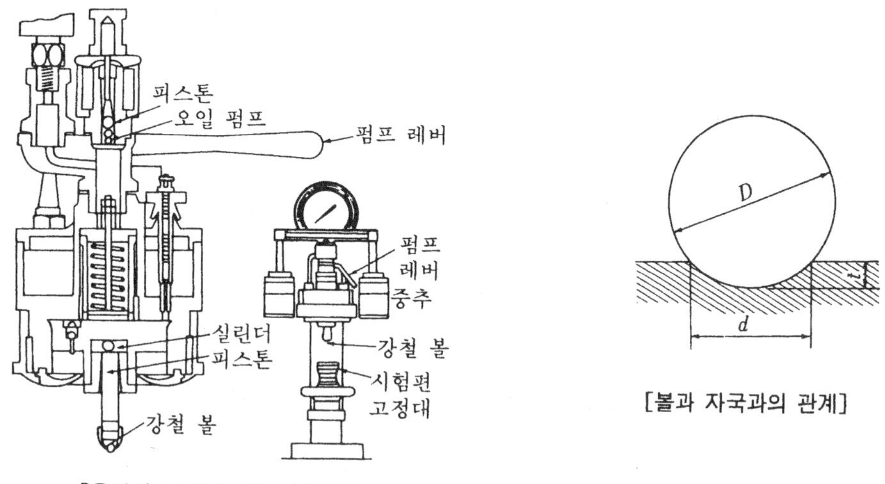


[유압식 브리넬 경도 시험기]

[볼과 자국과의 관계]

자국의 지름은 브리넬 경도 시험기의 계측 확대경으로 읽고 경도값은 비치된 환산표를 사용해서 경도를 구한다. 브리넬 경도 시험기의 작동 압력은 유압, 레버 및 압축 공기를 사용하나 유압식을 많이 사용한다.

② 로크웰 경도(Rockwell hardness) : 시험편의 표면에 지름 1.588 mm 의 강철 볼을 압입하는 경우(B 스케일 또는 $H_{RB}$)와 꼭지각 120°의 다이아몬드 원뿔(diamond cone)을 사용하는 경

우(C 스케일 또는 $H_{RC}$)의 두 방법이 널리 사용된다. 연한 재료 시험은 B 스케일, 굳은 재료 시험은 C 스케일을 사용하며 B 스케일은 기준 하중 10 kg 을 작용시키고 다시 100 kg 을 걸어 놓은 후에 10 kg 의 기준 하중으로 내렸을 때 자국의 깊이를 그림 [로크웰 경도 지시계]와 같이 다이얼 게이지로 표시한다.

B 스케일을 사용한 로크웰 경도 값은 다음과 같이 구한다.

$$H_{RB} = 130 - 500 \times h$$

C 스케일($H_{RC}$)은 150 kg 의 시험 하중으로 시험한 후 다음과 같이 구한다.

$$H_{RC} = 1100 - 500 \times h$$

여기서, $h$ : 압입 깊이

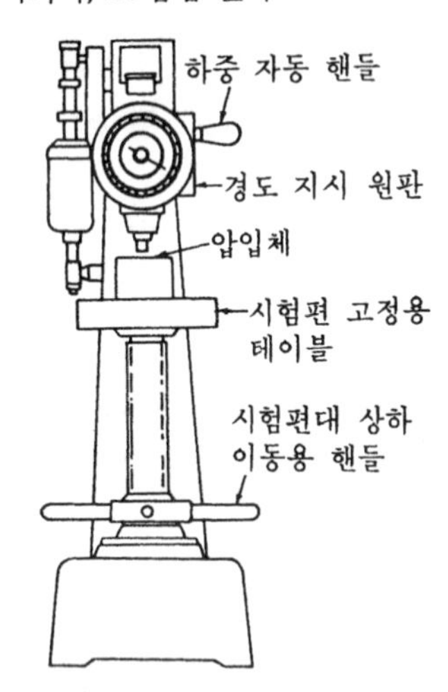

[로크웰 경도 시험기]

[로크웰 경도 지시계]

③ 비커즈 경도(Vicker's hardness) : 압입체로서 대면각 $\theta = 136°$ 의 다이아몬드 피라미드를 사용한다. 시험편에 작용하는 하중 $P$(kg) 자국의 표면적을 $F$(mm²)라 하면 $H_V = \dfrac{P}{F}$ 로 표시된다.

$$H_V = \frac{2P\sin\dfrac{\theta}{2}}{d_2} = \frac{1.8544\,P}{d_2}\ (\text{kgf/mm}^2)$$

그림 [비커즈 경도 시험기의 자국]에서 대각선의 길이 $d$ 의 값은 기계에 부속되어 있는 현미경으로 측정한다.

비커즈 경도 시험은 재료의 굳기 정도에 따라 1~120 kg 의 하중으로 시험할 수 있는 장점이 있다.

④ 쇼어 경도(Shore hardness) : 작은 다이아몬드를 일정한 높이 $h_0$ 에서 시험편 위에 낙하시켰을 때 반발하여 올라간 높이 $h$ 로 쇼어 경도 $H_S$를 표시한다.

쇼어 경도값은 다음과 같이 구한다.

$$H_S = \frac{10000}{65} \times \frac{h}{h_o}$$

쇼어 경도 시험의 단점은 같은 장소에서 반복 시험하면 경도 값이 올라가므로 위치를 바꾸어 가며 시험해야 한다.

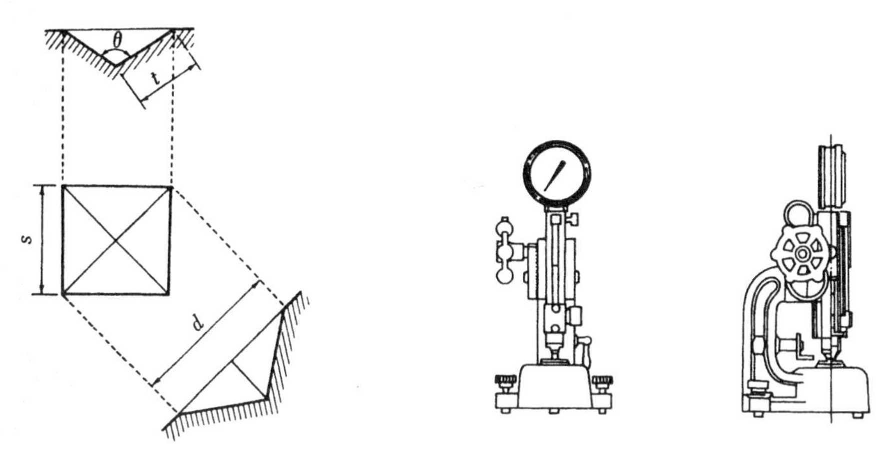


[비커즈 경도 시험기의 자국] [쇼어 경도 시험기(D 형)]

### (4) 충격 시험(impact test)

충격적인 힘을 가하여 시험편이 파괴될 때 필요한 에너지를 충격값이라 하고 충격적인 힘이 작용하여 잘 파괴되지 않는 성질을 인성(toughness), 파괴되기 쉬운 취약한 성질을 취성(brittleness)이라 한다.

그림 [충격시험기의 원리]는 충격 시험기의 원리로서 해머의 무게 $W$, 해머의 회전 중심에서 무게 중심까지의 거리 $R$, 해머의 낙하 전의 각도를 $\beta$라 할 때 시험편 파괴에 필요한 에너지 $E$는 다음과 같이 구한다.

$$E = WR(\cos\beta - \cos\alpha)\,(\mathrm{kgf \cdot m})$$

여기서, 파괴 에너지 $E$를 시험편 노치부의 단면적 $A(\mathrm{cm^2})$로 나눈 값을 충격값 $U$라 하면 $U$는 다음과 같이 구한다.

$$U = \frac{WR(\cos\beta - \cos\alpha)}{A}\ (\mathrm{kgf \cdot m/cm^2})$$

충격 시험기에는 보통 시험편을 단순보(simple beam)의 상에서 시험하는 샤르피 충격 시험기(Charpy impact tester)와 내다지보(cantilever)의 상태에서 시험하는 아이조드 충격 시험기(Izod impact tester)가 있다. 그림 [충격 시험편]은 샤르피 충격 시험편과 아이조드 충격 시험편의 치수를 나타낸 것이다.

그림에서 보는 바와 같이 충격 시험편에는 홈의 모양을 한 노치(notch)가 있는 시험편을 사용하며 여기에서 파괴되도록 되어있다.

현재 우리나라는 샤르피 충격 시험기를 많이 사용하며 자세한 사항은 KS B 0809에 규정하고 있다.

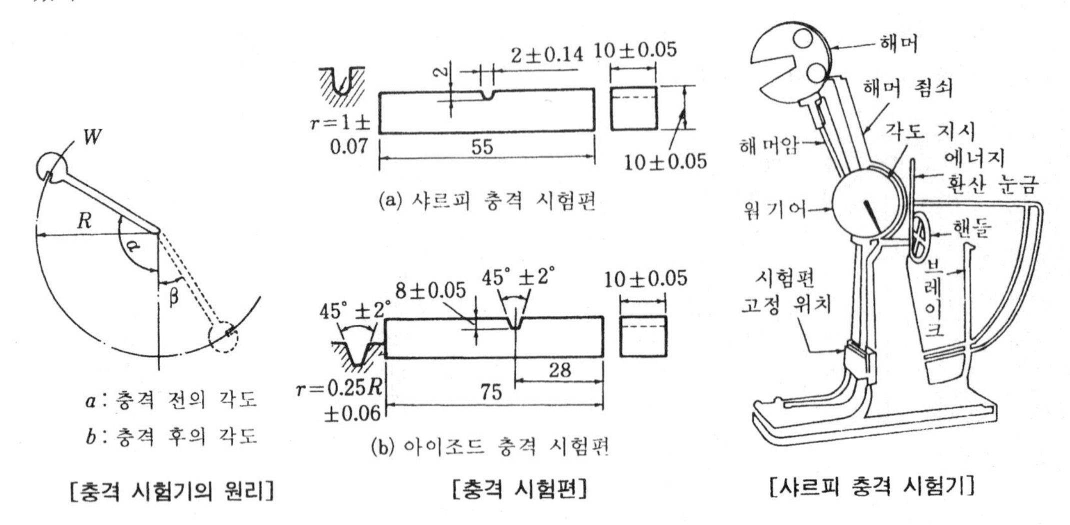


[충격 시험기의 원리] [충격 시험편] [샤르피 충격 시험기]

### (5) 피로 시험(fatigue test)

재료의 인장강도 및 항복강도 등으로부터 계산한 안전하중에도 작은 힘이 계속해서 반복하여 작용하였을 때 일어나는 파괴를 피로 파괴라 한다.

실제로 피로에 의한 파괴는 크랭크축, 차축, 스프링 등에서 나타나며 무수히 많은 반복 하중이 작용하여도 영구히 파괴되지 않는 응력 중에서 가장 큰 것을 피로 한도(fatigue limit)라 하고 이것을 구하는 것을 피로 시험이라 한다. 아래 그림은 피로 시험기에서 회전 굽힘하는 원리를 나타낸 것이다. 강철의 경우 피로 한도를 구할 때 반복 횟수를 $10^6$~$10^7$ 정도로 하는 경우가 많다.

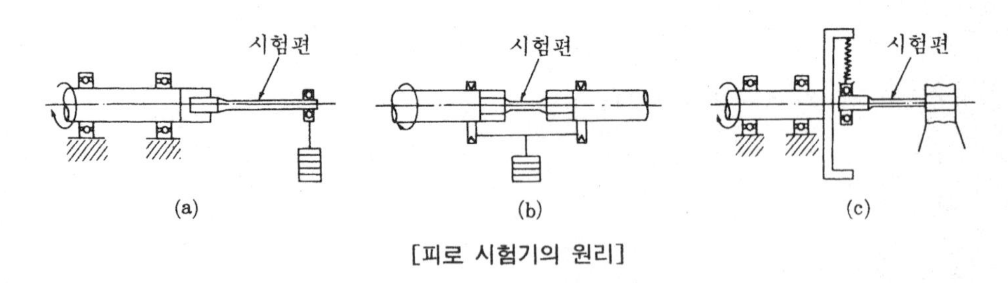


[피로 시험기의 원리]

### (6) 비파괴 검사(nondestructiv inspection)

비파괴 검사는 재료를 파괴하지 않고 결함을 검사하는 방법으로 가공 전에 불량품을 발견할 수 있어 시간과 재료의 낭비를 막을 수 있고 제품의 검사도 할 수 있는 장점이 있다.

비파괴 시험 방법은 자분 탐상법, 침투 탐상법, 초음파 탐상법, 방사선 탐상법 등이 있다.

# 3. 금속의 가공과 풀림 열처리

## 3-1 금속의 가공

금속에 열을 가하여 판재, 봉재, 선재 등의 모양으로 가공되는데 이와 같이 변형되는 성질을 소성(plasticity)이라 하고, 이 성질을 이용한 변형을 소성 변형(plastic deformation)이라 한다.

탄성 한계의 범위 내에서 가해진 외력을 제거하면 원상태로 돌아가는 일시적인 변형을 탄성 변형(elastic deformation)이라 한다.

탄성 변형에 비하여 소성 변형은 외력을 제거해도 원상태로 돌아가지 않으므로 영구 변형이라고도 한다. 소성 변형을 이용한 가공을 소성 가공(plastic working) 또는 가공이라 하는데 소성 가공 방법에는 다음과 같은 것이 있다.

① 단조(forging) : 소재를 가열하여 에어 해머(air hammer) 등으로 단련 및 성형하는 조작을 단조라 한다.

② 압연(rolling) : 회전하는 롤러 사이에 소재를 넣고 판재, 봉재, 형재 등을 가공하는 조작을 압연이라 한다.

③ 압출(extrusion) : 금속 원주형 소재를 실린더 모양의 컨테이너(container)에 넣고 가압하여 봉재, 판재, 형재 등으로 가공하는 조작을 압출이라 한다.

④ 인발(drawing) : 원뿔형의 구멍을 뚫은 공구를 사용하여 소재를 길게 뽑아 내는 방법으로 봉재, 선재를 가공하는 방법을 인발이라 하며, 이 때 사용하는 공구를 다이스라 한다.

⑤ 프레스 가공(press working) : 금속 판재를 아래 위 한 쌍의 프레스 금형에 넣고 성형 가공하는 것을 프레스 가공이라 한다.

## 3-2 금속의 소성 가공 및 변형 원리

### (1) 금속의 소성 가공

금속을 소성 가공하는 목적은 다음과 같은 세 가지가 있다.

① 금속을 변형시켜 필요한 모양으로 만든다.

② 주조(casting)한 금속은 기계적 성질이 나쁘므로 단련하여 조직을 미세화한 후에 풀림처리하여 기계적 성질을 개선한다.

③ 가공으로 인해 생긴 내부 응력을 적당히 재료 내부에 남게 하므로 기계적 성질을 개선시킨다.

금속의 소성 가공에서 변형시키는 온도가 재결정 온도보다 낮을 때에는 냉간 가공(cold working)이라 하고, 재결정 온도보다 높을 때에는 열간 가공(hot working)이라 한다.

### (2) 금속의 소성 변형 원리

금속의 소성 변형은 슬립, 쌍정, 전위 등의 원리가 있다.

① 슬립(slip) : 그림 [소형 변형 설명도]의 (a)는 외력이 작용하지 않은 상태에서 인장력을 작용시켰을 때 그림 [소형 변형 설명도]의 (b)와 같은 상태로 미끄럼(sliding) 변화를 일

으켜 결정의 이동이 생기는 데 이것을 슬립이라 하고 슬립은 금속 고유의 슬립면을 따라 이동이 생긴다.

슬립이 생겼을 때 결정 잎이 이동된 뒤 현미경으로 보면 그림 [슬립 밴드]와 같이 슬립선이 생기며 이것을 슬립 밴드(slip band)라 한다. 변형이 진행됨에 따라 슬립선의 수가 많아지고 선도 굵어 지므로 슬립에 대한 저항이 증가하며 금속의 경도와 강도가 증가한다. 이러한 현상을 가공 경화(work hardening) 또는 변형 경화(strain hardening)라 한다.

② 쌍정(twin) : 그림 [소형 변형 설명도]의 (c)와 같이 변형 전과 변형 후의 위치가 서로 대칭으로 변형하는 것을 쌍정이라 하며 이와 같은 현상은 황동을 풀림하였을 경우 연강을 저온에서 변형시켰을 때 볼 수 있다.

③ 전위(dislocation) : 금속의 결정 격자가 불완전하거나 결함이 있을 때 외력이 작용하면 불완전한 곳과 결함이 있는 곳에서부터 이동이 생기는 데 이것을 전위라 하고 이 전위의 이동으로 소성 변형이 생기며, 전위에는 날끝 전위(edge dislocation), 나사 전위(screw dislocation)가 있다.

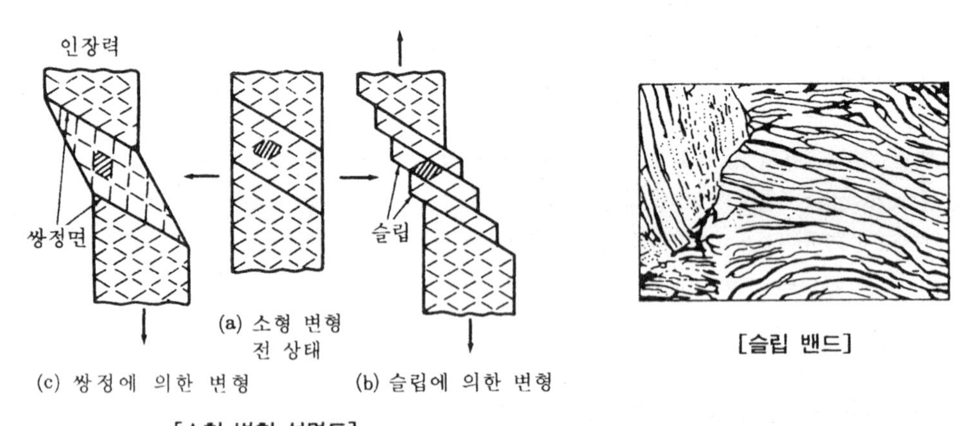


[소형 변형 설명도]

[슬립 밴드]

## 3-3 냉간 가공과 풀림 열처리

### (1) 냉간 가공제의 기계적 성질

얇은 판, 가는 선을 소성 가공할 때 치수의 정밀도 및 균일한 성질이 필요한 것 또는 표면이 매끈한 것을 만들려고 할 때 냉간 가공을 한다.

냉간 가공을 계속하면 결정 내부의 저항이 크게 되어 가공 경화되므로 강도와 경도가 증가하고 연신율이 감소한다. 그러므로 냉간 가공을 계속하려면 작업 도중에 풀림처리하여 연성, 전성 등을 회복시켜 주어야 한다. 그림 [가공도와 기계적 성질]은 가공 경화에 의한 기계적 성질을 나타낸 것이다.

가공 경화한 금속은 시간이 경과하면 기계적 성질이 변화하나 나중에는 일정한 값을 나타내는 것을 가공 시효 경화 또는 시효 경화(age hardening)라 한다. 금속을 적당한 온도로 가열하여 물이나 기름에 급랭하면 시효 경화가 일어나는 것을 인공 시효(artificial aging)라 한다.

### (2) 냉간 가공 재료의 풀림

냉간 가공을 계속할 경우 가공도가 증가하면서 가공 경화가 일어나고 더욱 가공을 계속하려면 더 큰 힘이 필요하게 된다. 또 무리하게 가공하면 균열이 일어나고 파괴된다.

이러한 현상을 방지하기 위해 가공 경화된 조직을 가열하여 가공 전의 상태로 회복시키는 작업을 풀림이라 한다.

### (3) 재결정

소성 가공에 의해 가공 경화된 조직을 가열하면 경도에는 별로 차이가 없이 내부 변형이 일부 제거되면서 그림 [재결정 온도]의 1구역에서와 같이 회복(recovery)되고 2구역과 같이 경도가 급격히 감소하고 새로운 결정이 생기는 것을 재결정이라 하는데 이 때의 온도를 재결정 온도라 한다. 이 때에 재결정 온도 이상 가열하면 결정이 성장하여 조직이 커진다.

일반적으로 소성 가공도가 큰 재료는 새로운 결정핵의 발생이 빠르므로 재결은 낮은 온도에서 생긴다. 또한, 소성 가공도가 작은 재료는 새로운 결정핵의 발생이 적어 높은 온도에서 재결정이 일어난다.

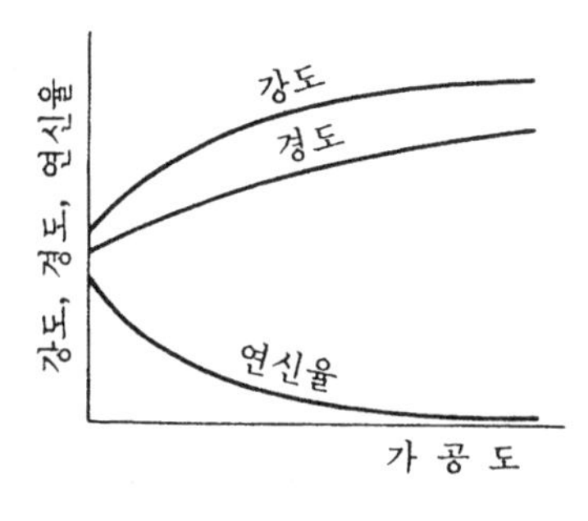


[가공도와 기계적 성질]

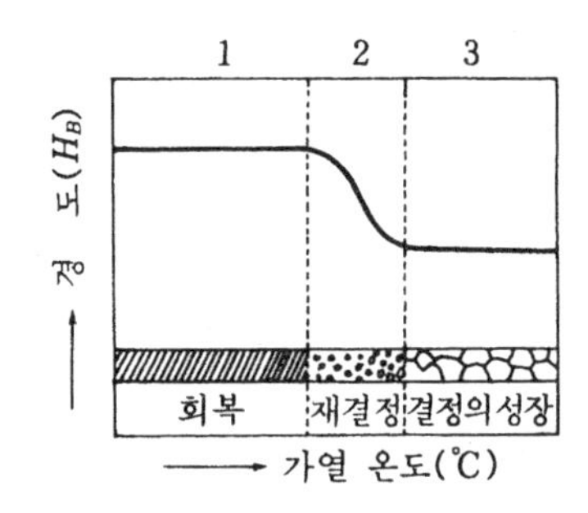


[재결정 온도]

[주요 금속의 재결정 온도]

| 금속 원소 | 재결정 온도(℃) | 금속 원소 | 재결정 온도(℃) |
|---|---|---|---|
| Au | 200 | Al | 150~240 |
| Ag | 200 | Zn | 5~25 |
| Cu | 200~300 | Sn | -7~25 |
| Fe | 350~450 | Pb | -3 |
| Ni | 530~660 | Pt | 450 |
| W | 1,000 | Mg | 150 |

# 철강 재료

## 1. 철강의 제조

### 1-1 제철법

철광석을 용광로에서 정련하여 제조한 것을 선철(pig iron)이라 하며 선철의 원료로는 철광석, 코크스, 석회석, 페로망간 및 부수 원료들이 사용된다.

#### (1) 제철 재료

① 철광석 : 철분이 40 % 이상이고 불순물이 적어야 하며 특히, 인과 황은 0.1%를 초과해서는 안된다. 규소가 10 % 이상되면 생산 비용이 많이 든다. 우수한 철광석은 자철광($Fe_3O_4$ 철분 약 72.4%), 적철광($Fe_2O_3$ 철분 약 70%), 갈철광($2Fe_2O_3 \cdot 3H_2O$ 철분 52.3~66.31%), 능철광($F_2CO_3$ 철분 약 48%) 등이다.

② 코크스 : 노에 넣었을 때 부서지지 않고 불순물은 황 0.7% 이하, 회분 9% 이하로서 덩어리의 크기는 2.5~7cm의 것이 좋다.

③ 용제(flux) : 용광로에서 철과 불순물의 분리가 잘 되도록 하고 제철할 때 염기성 슬래그(slag)가 되도록 성분을 조절하기 위해 첨가한다. 보통 용제로서 석회석, 형석 등이 쓰인다.

④ 탈산제 : 망간, 망간 광석, 페로 망간(Fe-Mn)을 사용한다.

#### (2) 선철

① 선철(pig iron)의 제조 : 용광로의 상부에서부터 철광석, 코크스, 석회석 등을 교대로 장입하고 열풍로에서 약 800℃로 예열시킨 공기를 불어 넣으면 철광석 중의 산화철이 환원되어 1600℃ 정도의 고온에서 용융된 선철로 된다. 용광로에서 생기는 화학 반응은 다음과 같다.

$$3\,Fe_2O_3 + CO \rightarrow 2\,Fe_3O_4 + CO_2$$
$$Fe_3O_4 + CO \rightarrow 3\,FeO + CO_2$$
$$FeO + CO \rightarrow Fe + CO_2$$

이와 같은 반응으로 생긴 용융 철은 노의 아래 쪽에서 코크스와 접촉하면서 다량의 탄소와 규소를 함유한 선철로 산출된다.

용광로의 크기는 24시간에 산출된 선철의 양을 톤(ton)으로 표시하며, 보통 100~2000톤의 것이 많이 사용된다.

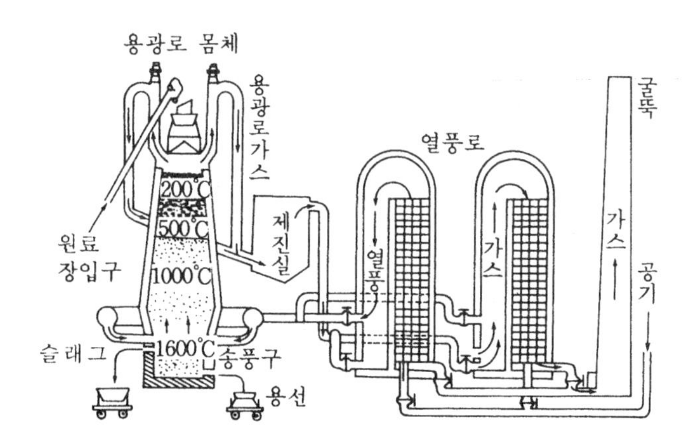


[용광로의 구조]

선철의 탄소량은 규소량에 따라 다르나 보통 2.5~4.5% 정도이다. 망간은 대부분 선철에 흡수되고 나머지는 황화물과 산화물의 슬래그로 되어 제거된다. 코크스에 함유된 유황도 대부분 칼슘, 망간과 화합하여 슬래그로 된다.

② 백선철 : 선철중의 탄소는 규소가 적으면 탄화철이 되고 매우 단단하고 파면이 흰 백선철로 된다.

③ 회선철 : 규소가 많고 망간이 적으면 탄화철의 일부가 철과 흑연(graphite)으로 분해되어 연해지고 파면이 짙은 회색의 회선철로 되며 주조성이 우수하여 주철 재료로 사용한다.

④ 반선철 : 백선철과 회선철의 중간정도의 성질을 갖는다.

## 1-2 제강법

선철은 탄소가 많고 규소, 망간, 인, 황 등 불순물이 많아 경도가 높고 취약하여 압연이나 단조 등의 소성 가공을 할 수 없으나 주조성이 우수하여 선철의 일부는 용선로에서 용해하여 주철로 사용한다.

선철의 불순물을 제거하고 탄소량을 0.02~2.06%로 감소시킨 재료를 강(steel)이라 한다.

### (1) 평로(open hearth) 제강법

평로는 바닥이 낮고 넓은 반사로를 이용하여 선철을 용해하고 고철(scrap), 철광석 등을 첨가하여 용강을 만든다. 노내에서 1700℃ 정도의 고온으로 가열하여 탄소, 규소 등을 산화에 의해 제거하고 황은 슬래그 반응으로 제거한다. 정련을 마칠 때 페로 망간, 페로 실리콘, 알루미늄 등의 탈산제를 첨가하여 용강중의 산소와 질소를 탈산시킨다.

평로는 사용하는 내화물의 종류에 따라 염기성법과 산성법이 있으며 대부분 염기성법을 많이 사용한다. 평로의 용량은 1회에 용해할 수 있는 무게로 표시하며, 보통 100톤, 500톤 등으로 부른다.

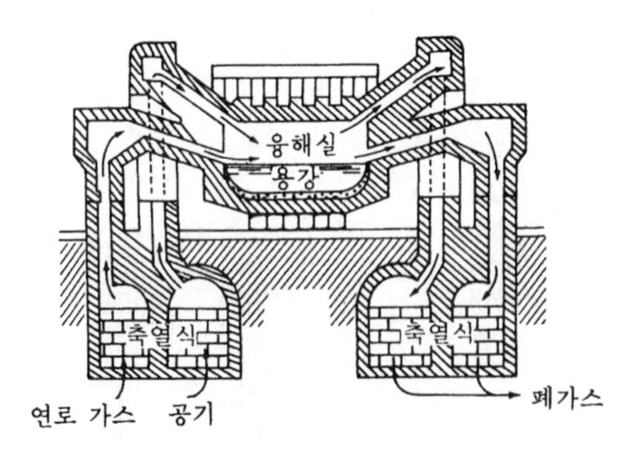


[평로의 구조]

### (2) 전로(converter) 제강법

용해된 선철을 경사할 수 있는 전로에 주입하고 공기를 송풍시켜 탄소, 규소 그 밖의 불순물을 산화 제거하여 강을 만드는 방법으로 최근에는 산소농도를 높인 공기를 사용하거나 용선에 관을 넣고 산소를 불어 넣는 방법도 널리 이용되고 있다. 이 제강법은 노의 내면을 규소 산화물이 많은 산성 내화물을 사용한 베세머법과 돌로마이트와 같은 염기성 내화물을 사용한 토머스법 등이 있다.

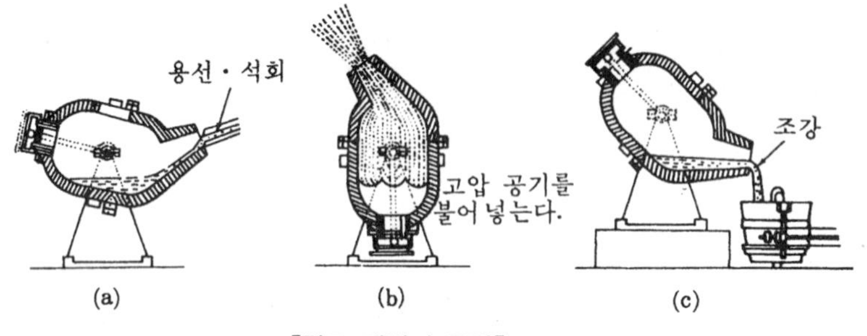


[전로 제강의 공정]

① 베세머법(Bessemer process) : 정련할 때 탈인, 탈황이 되지 않으므로 값비싼 고규소(Si : 1.5~2.5%), 저인선(P : 0.005% 이하) 등을 쓴다.

② 토마스법(Thomas process) : 원료에 고인 저규소선(P : 약 2%, Si : 약 1%)을 쓰며, 용선을 주입하기 전에 노에 석회석을 넣는다. 정련은 규소, 망간, 탄소가 산화되고 인은 최후에 산화 제거된다.

③ 전로 제강의 특징

(가) 제강이 일관 작업으로 된다.

(나) 연료비가 따로 필요하지 않다.

(다) 정련 기간이 짧아서 좋으나 원료의 규격이 엄격하다.

(라) 강에 함유된 산소, 질소 등의 가스를 흡수하기 쉬우며 강질의 조정이 곤란하다.

(마) 강철의 대량 생산에 적합하다(포항 제철에서도 전로 제강법을 사용).

전로의 용량은 1회에 제강할 수 있는 무게를 톤으로 나타낸다.

### (3) 전기로 제강법

전기의 열을 이용하여 고철, 선철 등을 용해하여 강철, 합금강을 만들며 연료 계통의 설비가 필요 없고, 온도 조절이 용이한 장점이 있다.

전기로는 고온 정련이 가능하며 노 내의 분위기를 산화성이나 환원성으로 조절할 수 있으므로 정련중에도 슬래그의 성질을 바꿀 수 있고 원료로서 값싼 고철을 사용할 수 있는 장점이 있다.

전기로 제강법은 합금강의 제조나 제강이 일관작업으로 안되는 공장에서 제강용으로 쓰이며 용량은 1회에 용해할 수 있는 무게로 표시한다.

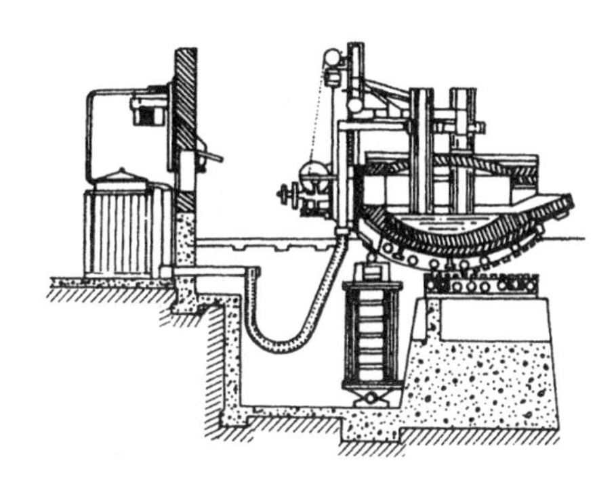

[아크식 전기로]

### (4) 기타 제강법

고주파 및 도가니 제강법 등이 있고, 선철로부터 강을 제작하는 데 사용하지 않으며, 소량의 특수 목적용으로 순도가 높은 강이나 합금강을 용해하는 데 사용한다.

## 1-3 강괴(steel ingot)

강괴는 정련이 끝난 용해된 강을 노 또는 쇳물받이(ladle) 속에서 탈산제를 첨가하여 탈산 후 형(mould)에 주입한 것이다.

강괴에는 탈산 정도에 따라 림드강과 킬드강으로 크게 나눈다.

### (1) 림드강(rimmed steel)

림드강은 노에서 정련이 끝난 용강을 페로망간으로 가볍게 탈산시킨 강으로 탈산이 충분히 되지 못했으므로 강괴 내에 기공과 불순물이 많이 분포되어 재질이 균일하지 못하므로 양질의 강이라고는 할 수 없으나 기공은 압연할 때 압착되어 단접되므로 표면의 순도가 좋다. 림드강은 탄소 0.3% 이하의 보통강으로 판, 봉, 파이프 등으로 제조하여 사용한다.

### (2) 킬드강(killed steel)

킬드강은 노 내에서 페로실리콘, 페로망간, 알루미늄 등의 강한 탈산제를 첨가하여 충분히 탈산시킨 강으로 기공이나 편석이 없으나 표면에 헤어 크랙(hair crack)이 생기기 쉽고 상부에 수축관(shrinkage nozzle)이 생기므로 강괴의 10～20% 정도 잘라 버리고 사용한다.

림드강은 탈산하지 않거나 가볍게 탈산하므로 그림 [강괴의 응고 상태]의 (a)와 같이 내부에 기공(blow hole)이 많아서 압연할 때 흠집이 생기기 쉬우나 응고할 때 수축이 극히 적어 금속 회수율이 좋다. 킬드강은 강력히 탈산한 강으로 응고할 때 수축이 심해 이곳의 상부에 수축공(piping)이 생긴다.

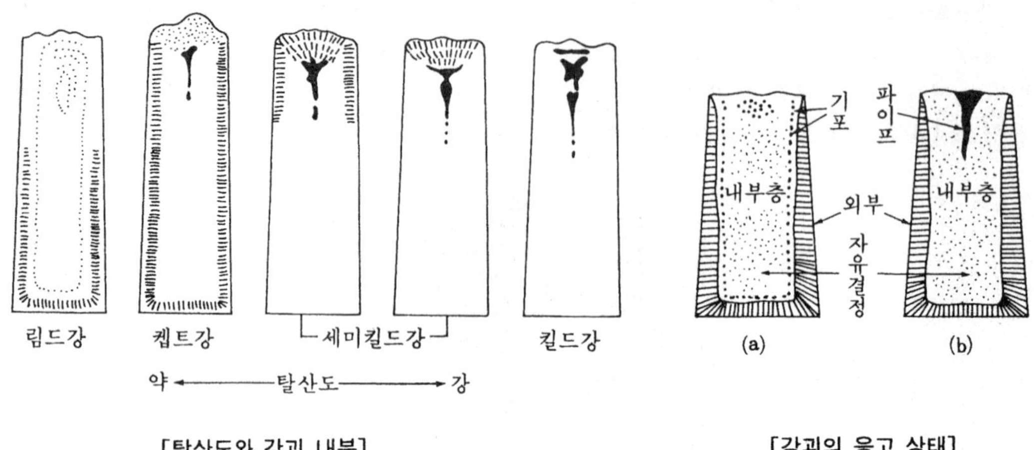


[탈산도와 강괴 내부]

[강괴의 응고 상태]

(3) **세미 킬드강**(semi-killed steel)

킬드강은 재질이 좋으나 제조 비용이 비싸므로 킬드강과 림드강의 중간 정도 탈산시킨 강재로 일반 구조용강, 용접 구조용강 등에 사용된다.

(4) **캡트강**(capt steel)

림드강을 변형시킨 것으로 내부의 편석을 적게 한 강괴이다. 따라서 내부 결함이 적으나 표면 결함이 많다. 주로 얇은 박판, 주석도금 강판, 형강 등의 원자재로 사용한다.

(5) **강재**(steel)

제강에서 선철의 탄소량을 감소시키고 불순물을 제거한 강(림드강, 킬드강, 세미킬드강, 캡트강)으로 전성과 연성이 크므로 강력한 힘을 가하여 압연 단조 등의 가공을 해서 강편(bloom), 빌릿(billet), 슬래브(slab), 시트바(sheet bar), 주석바(tin bar), 스켈프(skelp), 대강(hoop) 등의 소형 강편으로 만들고 강편을 다시 가열하여 봉강, 형강, 선재, 박판, 후판 등으로 압연한다. 강재는 생산량의 90 % 이상 압연에 의해 제조한다.

# 2. 탄소강

## 2-1 순 철

철 중에 불순물이 전혀 함유되지 않은 순수한 철을 얻기는 매우 힘들며 공업적으로 생산되는 순도 높은 철로 암코(Armco) 철(C : 0.015%), 전해철(C : 0.008%), 카보닐(carbonyl)철(C : 0.02%), 고순도철(C : 0.001%) 등이 있다. 순철은 기계 구조용 재료로 사용되는 일은 거의 없고 전기 재료에 약간 사용된다.

순철의 기계적 성질은 불순물의 함유량에 따라 약간의 차이가 있으나 대략 표 [순철의 기계적 성질]과 같다.

[순철의 기계적 성질]

| 인장강도(kg/mm²) | 연신율(%) | 단면수축률(%) | 경도($H_B$) | 탄성한도(kg/mm²) |
|---|---|---|---|---|
| 18~25 | 50~40 | 80~70 | 60~70 | 10~14 |

## 2-2 탄소강

### (1) 철-탄소(Fe-C)계의 평형 상태도

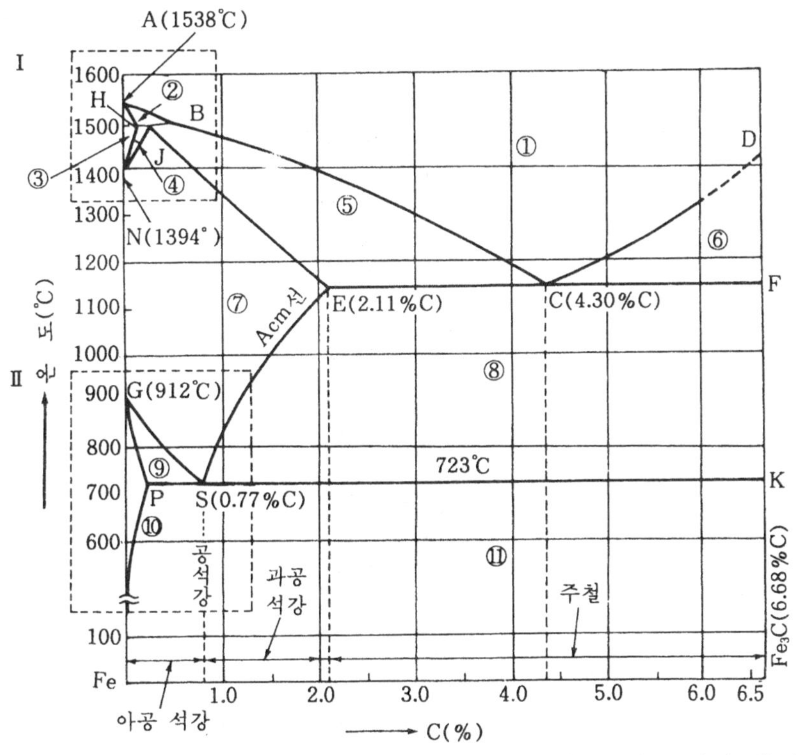


① 융액 ② δ고용체+융액 ③ δ고용체 ④ δ고용체+γ고용체 ⑤ γ고용체+융액 ⑥ 융액+$Fe_3C$
⑦ γ고용체 ⑧ γ고용체+$Fe_3C$ ⑨ α고용체+γ고용체 ⑩ α고용체 ⑪ α고용체+$Fe_3C$

[철-탄소(Fe-C) 평형 상태도]

철에 적은 양의 탄소(0.03~2.0%)가 포함된 합금을 탄소강(carbon steel)이라 하는데 강철 중에서 가장 많이 쓰이는 대표적인 재료이다.

앞의 그림은 철-탄소(Fe-C)계의 평형 상태도이다. 각 선과 점의 다음과 같은 의미를 가지며 철강 재료를 이해하는 데 매우 중요하다.

① ABCD선 : 액상선이며, 이 선보다 위에서 철은 용융 상태이다. 탄소량 0%일 때 1538℃(점A)에서 응고한다.

② AHN 선 : 1394~1538℃ 사이는 δ철이라 하며, 탄소가 고용된 δ고용체로서 체심입방격자의 결정을 갖는다.

③ NJESG 선 : 912~1394℃에서 면심입방격자의 γ철이 되며 탄소가 고용된 것을 γ고용체라 하고 오스테나이트(austenite)라 한다.

④ G 점 : $A_3$ 변태점으로 912℃ 정도로서 순철의 동소 변태가 일어나는 점이며, 이 온도 이하에서 결정 격자는 변화하지 않는다.

⑤ P 점 : $A_1$ 변태점으로 723℃에서 γ철은 탄소가 0.03±0.002%의 최대 고용도를 나타내며, 이 고용체를 페라이트(ferrite)라 한다.

⑥ C 점 : 공정점(C : 4.3%)으로 E 점의 오스테나이트와 F 점의 시멘타이트(cementite)의 공정이 나타나고 액체 상태에서 결정이 정출하며, 이 때의 조직을 레데부라이트(ledeburite)라 한다. ECF 선이 공정온도선이다.

⑦ HJB 선 : 융액을 냉각하면 B 점의 융액과 H 점의 δ고용체가 반응하며, δ고용체와 γ고용체로 분리되는 포정 반응이 일어나는데 HJB 선을 포정 온도선, J 점은 포정점이라 한다.

⑧ E점 : 탄소량 2.11% 고용하며 이보다 탄소량이 적은 합금을 탄소강, 많은 합금을 주철이라 하는데 이 점을 경계로 성질이 매우 달라진다.

⑨ S점 : 탄소가 0.77% 고용되며 고체와 고체 상태에서 결정이 석출하므로 공석반응이라 하고 S 점을 공석점이라 한다. 오스테나트에서 냉각됨에 따라 γ고용체와 시멘타이트의 혼합 조직으로 펄라이트(pearlite)라 한다.

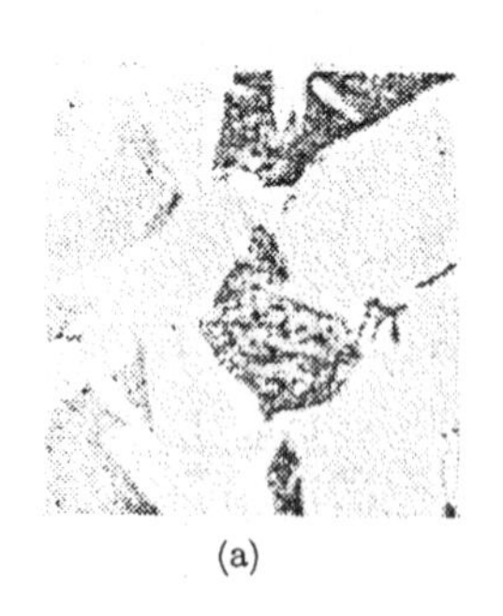
(a)

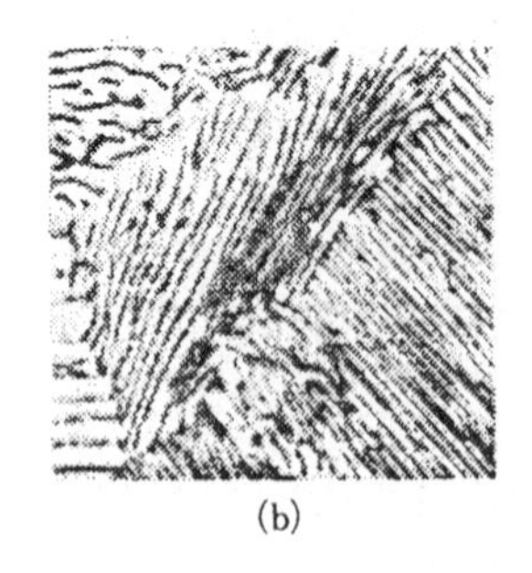
(b)

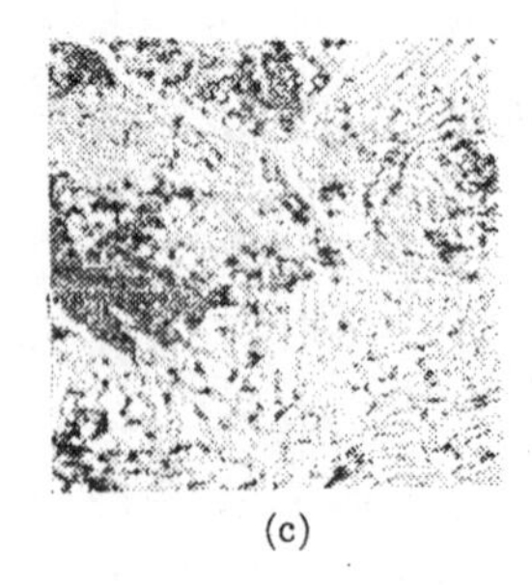
(c)

(a) 아공석강(0.45% C), 흰색 : 페라이트, 검은색 : 펄라이트
(b) 공석강(0.86% C) 펄라이트
(c) 과공석강(1.5% C), 흰색 경계 : 시멘타이트, 기지 : 펄라이트

**[현미경으로 본 탄소강의 조직]**

⑩ 아공석강 : 탄소량 0.45%로서 그림 [현미경으로 본 탄소강의 조직]의 (a)와 같이 아공석

강 조직에서는 흰색이 페라이트이고 검정색이 펄라이트 조직을 나타낸다. 페라이트는 연하고 점성이 높다.

⑪ 공석강 : 탄소량 0.77%로서 그림 [현미경으로 본 탄소강의 조직]의 (b)와 같은 펄라이트 조직을 가지며 굳고 강하나 다소 메지다.

⑫ 과공석강 : 탄소량 1.5%로서 그림 [현미경으로 본 탄소강의 조직]의 (c)와 같은 조직을 가지며 펄라이트와 시멘타이트의 혼합조직이다.

⑬ 시멘타이트(cementite) : 탄소량 2.11~6.68%를 함유한 경도가 크고 취약한 탄화철이다.

### (2) 탄소강에 함유된 불순물

철 중에 함유된 대표적인 5원소는 C, Si, P, S, Mn이며 이 외에도 적은 양이지만 Cu, Ni, Cr, Al, Bi 등을 비롯하여 $O_2$, $H_2$, $N_2$ 등의 기체도 함유한다. 이들 불순물의 영향을 약술하면 다음과 같다.

① 탄소(C) : 탄소강에 기계적 성질, 제작성의 성질에 가장 큰 영향을 주며 0.03~6.68% 이상 함유한다.

② 규소(Si) : 탄소 다음으로 많이 함유되고 보통 0.2~0.6% 정도 함유되며 용융 금속의 유동성을 좋게 하므로 주조성을 높여준다. 또한 단접성, 냉간 가공성을 해치고 탄소강의 충격 저항을 감소시키므로 0.2% 이하로 제한한다.

③ 망간(Mn) : 망간은 보통 0.8% 이하 함유하며 황과 화합하여 황화망간(MnS)을 만들어 적열 취성의 원인이 되는 황화철(FeS)이 나타나는 것을 방지한다. 따라서 망간을 첨가하는 경우가 많다.

④ 황(S) : 탄소강에 원료 및 코크스로부터 들어가며 강의 고온 가공성을 해치고 0.017% 정도 함유되어도 균열이 나타나 열간 가공이 되지 않으므로 그 함유량을 극히 제한한다.

⑤ 인(P) : 인은 제강할 때 편석을 일으키며 열처리해도 제거되지 않으므로 담금질 균열의 원인이 된다. 0.25% 이상 함유하면 연신율이 감소되고 강을 취약하게 한다. 특히, 냉간 취성을 나타내므로 황과 같이 그 함유량을 제한한다.

⑥ 수소(H), $O_2$, $N_2$, $H_2$ 등은 강의 성질에 좋은 영향을 주지 않지만 그 중에서도 $H_2$의 해가 가장 크다. 또한 헤어 크랙(hair crack)이라고 하는 내부 균열을 일으키고 외관이나 절삭 상태에서도 잘 보이지 않는 결함이며 파단면이 흰색으로 나타나기 때문에 백점이라고도 한다.

### (3) 탄소강의 기계적 성질

탄소강의 성질은 함유하는 원소의 종류, 제조 방법, 기계 가공 및 열처리에 따라 다르나 표준 상태의 조직을 가지는 탄소량은 탄소 함유량에 따라 결정된다. 일반적으로 탄소강에서 황<0.05%, 인<0.04%, 규소<0.5%, 망간<0.2%라면 불순물로서 탄소강에 끼치는 영향을 무시할 수 있다.

탄소강은 표준 상태에서 탄소가 많을수록 강도와 경도가 증가하지만 인성과 충격값은 감소한다. 인장 강도와 경도는 공석 조직 부근에서 최대가 되고 과공석 조직에서는 망상의 초석 시멘타이트가 생기면서 변형이 잘 되지 않고 경도가 증가하나 강도가 급격히 감소한다. 따라서 탄소가 많을수록 가공 변형이 어렵게 되고 냉간 가공은 되지 않는다. 온도가 높아지면 강도와 경도가 감소하고 인성이 증가하여 적열 상태에서 전연성이 아주 크게 되기 때문에 단조가 용이하게 된다.

그림 [탄소강의 기계적 성질]은 탄소강의 기계적 성질과 탄소량과의 관계를 나타낸 것이고 그림 [탄소강의 고온 성질]은 온도와 기계적 성질을 나타낸 것이다. 그림 [탄소강의 고온 성질]에서 알 수 있는 바와 같이 강은 200~300℃ 에서 상온에서 보다 취약하게 되며 이것을 청열 취성(blue shortness)이라 한다. 또 황이 많은 강은 적열 취성(red shortness)이라는 고온취성이 나타난다. 온도가 상온보다 낮아지면 강도가 증가하나 취약해져 충격값이 크게 감소하여 −70℃ 에서 연강(mild steel)이 1 kg/cm$^2$ 정도를 벗어나지 못한다.

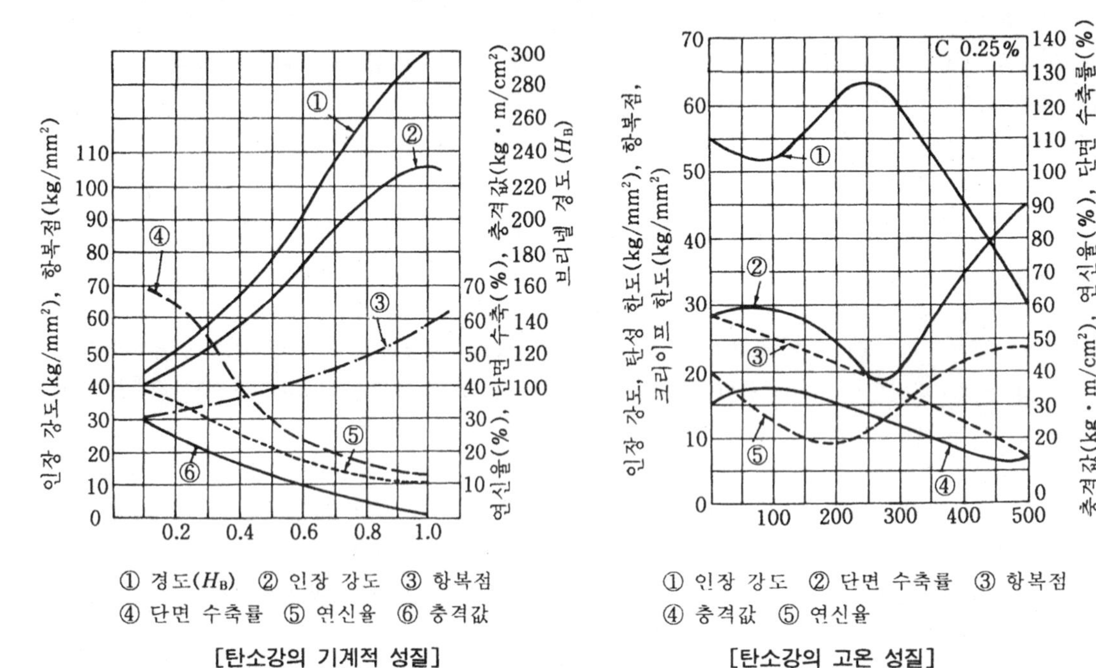


① 경도($H_B$) ② 인장 강도 ③ 항복점
④ 단면 수축률 ⑤ 연신율 ⑥ 충격값

**[탄소강의 기계적 성질]**

① 인장 강도 ② 단면 수축률 ③ 항복점
④ 충격값 ⑤ 연신율

**[탄소강의 고온 성질]**

### (4) 탄소강의 종류와 용도

일반적으로 탄소량이 적은 것은 건축 구조용, 기계 부품, 기차, 선박, 자동차, 교량 등의 구조용으로 쓰고 탄소량이 많은 것은 스프링강, 공구강, 단강품 등으로 쓰인다. 탄소강은 탄소의 성분에 따라 분류하며 극연강, 연강, 반연강은 단접(용접)이 잘 되나 열처리성이 나쁘다.

반경강, 경강, 최경강은 단접(용접)이 잘 되지 않지만 열처리 효과가 대단히 크며 담금질한 것과 하지 않은 것을 비교하면 인장 강도가 3배 정도 증가한다.

다음 표 [탄소강의 종류와 용도]는 탄소강의 종류와 용도를 나타낸 것이고 표 [열처리한 강의 기계적 성질]은 열처리한 강의 기계적 성질을 나타낸 것이다.

[탄소강의 종류와 용도]

| 종 별 | C(%) | 인장강도 (kg/mm²) | 연신율 (%) | 용 도 |
|---|---|---|---|---|
| 극 연 강 | <0.12 | <38 | 25 | 철판, 철선, 못, 파이프, 와이어, 리벳 |
| 연 강 | 0.13~0.20 | 38~44 | 22 | 관, 교량, 각종 강철봉, 판, 파이프, 건축용 철골, 철교, 볼트, 리벳 |
| 반 연 강 | 0.20~0.30 | 44~50 | 20~18 | 기어, 레버, 강철판, 볼트, 너트, 파이프 |
| 반 경 강 | 0.30~0.40 | 50~55 | 18~14 | 철골, 강철판, 차축 |
| 경 강 | 0.40~0.50 | 55~60 | 14~10 | 차축, 기어, 캠, 레일 |
| 최 경 강 | 0.50~0.70 | 60~70 | 10~7 | 축, 기어, 레일, 스프링, 단조공구, 피아노선 |
| 탄소공구강 | 0.70~1.50 | 70~50 | 7~2 | 각종 목공구, 석공구, 수공구, 절삭 공구, 게이지 |
| 표면경화강 | 0.08~0.2 | 40~45 | 15~20 | 표면 경화강, 기어, 캠, 축류 |

[열처리한 강의 기계적 성질]

| C(%) | Mn(%) | 항복점(kg/mm²) | 인장강도(kg/mm²) | 연신율(%) | 브리넬 경도 |
|---|---|---|---|---|---|
| 0.14 | 0.45 | 39.6 | 63.0 | 21.0 | 170 |
| 0.18 | 0.56 | 38.2 | 73.5 | 16.5 | 268 |
| 0.32 | 0.51 | 47.3 | 94.5 | 8.0 | 255 |
| 0.46 | 0.40 | 61.3 | 154.0 | 3.0 | 455 |
| 0.57 | 0.65 | 73.5 | 150.5 | 1.5 | 500 |
| 0.71 | 0.67 | 70.0 | 129.4 | 1.5 | 600 |
| 0.83 | 0.55 | 96.6 | 165.1 | 0 | 700 |
| 1.01 | 0.39 | 88.9 | 184.8 | 0 | 578 |

① 일반 기계 구조용강: 탄소량에 따라 차이가 있으나 일반 구조용 탄소강은 교량, 선박, 자동차, 기차 및 일반 기계 부품 등에 널리 사용한다. 일반 구조용 압연재의 KS 규격은 SM 으로 표시하며 잉곳(ingot)을 압연하여 강철판, 봉강, 형강으로 만들어 사용한다.

[기계 구조용 탄소강의 기계적 성질] (KS D 3752)

| 기 호 | 열처리(℃) | | 기계적 성질 | | | 경 도 ($H_B$) |
|---|---|---|---|---|---|---|
| | 담금질 | 뜨 임 | 인장강도(kg/mm²) | 연신율(%) | 항복점(kg/mm²) | |
| SM 10C | 1~4 종은 노멀 라이징한 상태 | | 32 이상 | 33 이상 | 21 이상 | – |
| SM 15C | | | 38 이상 | 30 이상 | 24 이상 | – |
| SM 20C | | | 41 이상 | 28 이상 | 25 이상 | – |
| SM 25C | | | 45 이상 | 27 이상 | 27 이상 | – |
| SM 30C | 850~900 수냉 | 550~650 급랭 | 55 이상 | 23 이상 | 34 이상 | 152~212 |
| SM 35C | 840~890 수냉 | 550~650 급랭 | 58 이상 | 22 이상 | 40 이상 | 167~235 |
| SM 40C | 830~880 수냉 | 550~650 급랭 | 62 이상 | 20 이상 | 45 이상 | 179~255 |
| SM 45C | 820~870 수냉 | 550~650 급랭 | 70 이상 | 17 이상 | 50 이상 | 201~269 |
| SM 50C | 810~860 수냉 | 550~650 급랭 | 75 이상 | 15 이상 | 55 이상 | 212~277 |
| SM 55C | 800~850 수냉 | 550~650 급랭 | 80 이상 | 14 이상 | 60 이상 | 229~285 |
| SM 9CK | 1차 880~920 유냉(수냉) 2차 750~800 수냉 | 150~200 공랭 | 40 이상 | 23 이상 | 25 이상 | – |

| | | | | | | |
|---|---|---|---|---|---|---|
| SM 15 CK | 1차 870~920 유냉(수냉) 2차 750~800 수냉 | 150~200 공랭 | 50 이상 | 20 이상 | 35 이상 | – |
| SM 20 CK | 1차 870~920 유냉(수냉) 2차 750~800 수냉 | 150~200 공랭 | 53 이상 | 15 이상 | 38 이상 | – |

[비고] 1. 각종 모두 불순물로서 구리 0.35(%)를 넘지 않아야 한다.
2. 산성 노강의 인과 황의 함유량은 인 <0.035(%), 황 <0.04(%)이다.

② 공구강 및 스프링강: 목공에 쓰이는 공구나 기계에서 절삭할 때 쓰는 공구는 경도가 높고 내마멸이 높아야 하므로 0.6~1.5% 탄소의 고탄소강을 사용한다.

다음 [표]는 KS 규격에 의한 탄소 공구강을 나타낸 것이며 킬드강으로 만들고 인과 황의 양이 적은 양질의 탄소강을 사용한다.

**[탄소 공구강]** (KS D 3751)

| 종별 | 기호 | C(%) | 열처리(℃) | | 경도 | | | 용도 |
|---|---|---|---|---|---|---|---|---|
| | | | 풀림 | 담금질 | 뜨임 | 풀림 ($H_B$) | 뜨임, 담금질 (HRC) | |
| 1 종 | STC$_1$ | 1.30~1.50 | 750~780 | 760~820 (수냉) | 150~200 (공랭) | >217 | >63 | 경질 바이트, 면도날, 줄칼, 줄 세트 |
| 2 종 | STC$_2$ | 1.10~1.30 | 750~780 | 760~820 (수냉) | 150~200 (공랭) | >212 | >63 | 바이트, 커터, 드릴, 소형 펀치, 면도날 |
| 3 종 | STC$_3$ | 1.00~1.10 | 750~780 | 760~820 (수냉) | 150~200 (공랭) | >212 | >63 | 탭, 다이스, 쇠톱날, 정, 게이지, 태엽 |
| 4 종 | STC$_4$ | 0.90~1.00 | 740~760 | 790~850 | 150~200 (공랭) | >207 | >61 | 목공용 드릴, 도끼, 정, 태엽, 띠톱, 펜촉 |
| 5 종 | STC$_5$ | 0.80~0.90 | 740~760 | 790~850 | 150~200 (공랭) | >207 | >59 | 각인, 프레스형, 쇠톱, 우산살, 둥근톱 |
| 6 종 | STC$_6$ | 0.70~0.80 | 740~760 | 800~850 | 150~200 (공랭) | >201 | >56 | 각인, 둥근톱, 태엽, 우산살, 띠톱 |
| 7 종 | STC$_7$ | 0.60~0.70 | 750~780 | 800~850 | 150~200 (공랭) | >201 | >54 | 각인, 프레스형 칼 |

**[스프링용 탄소강**(1종~4종)**]**

| 종류 | 화학 성분(%) | | | | | 용도 | 열처리 | |
|---|---|---|---|---|---|---|---|---|
| | C | Si | Mn | P | S | | 담금질(℃) | 뜨임(℃) |
| 1종 | 0.45~0.60 | 0.15~0.35 | 0.30~0.60 | <0.035 | <0.035 | 작은 코일 스프링 | 780~850 수냉(유냉) | 400~475 |
| 2종 | 0.60~0.75 | 0.15~0.35 | 0.30~0.60 | <0.035 | <0.035 | 코일 스프링 | 780~850 수냉(유냉) | 400~475 |
| 3종 | 0.75~0.90 | 0.15~0.35 | 0.30~0.60 | <0.035 | <0.035 | 차량용 코일 스프링 | 780~850 수냉(유냉) | 400~475 |
| 4종 | 0.90~1.10 | 0.15~0.35 | 0.30~0.60 | <0.035 | <0.035 | 차량용 코일 및 겹판 스프링 | 780~850 수냉(유냉) | 400~475 |

차량용의 판 스프링, 코일 스프링 등에 스프링강을 쓰며 대형 스프링은 열간 압연한 판이나 봉으로 만들고 소형 스프링은 냉간 가공한 강선이나 띠강으로 만든다.

다음 표는 각종 탄소강의 분류, 화학 성분, 기계적 성질 등을 비교하여 나타낸 것이다.

[각종 탄소강의 분류와 KS 기호]

| 일반 명칭 | | 종 류 | KS기호 | C(%) | 인장강도(kg/mm²) | 성 질 | KS D번호 |
|---|---|---|---|---|---|---|---|
| 일반 구조용 탄소강 | | 일반 구조용, 압연 강재 1~4종 | SB 34.41 50.55 | 0.17~0.4 | Ⓝ34~63 | 연하다 | 3,503 |
| 기 계 구조용 탄소강 | 보 통 탄소강 | 기계구조용 탄소강 1~10종 | | 0.08~0.58 | Ⓝ32~66 이상 | 연하다 | 3,752 |
| | 쾌삭강 | 쾌삭강 1~5종 | | 0.10~0.45 | Ⓝ35~55 이상 | 절삭성이 좋다 | 3,567 |
| | 침탄강 | 기계 구조용 탄소강 21~22종 | | 0.07~0.18 | Ⓗ40~50 이상 | 연하다 | 3,752 |
| 특수 탄소강 (피아노선) | | 피아노선 1종, 2종, 통명종 | $PW_1$ $PW_2$ $PW_3$ | 0.65~0.95 | 선지름(200mm) 1종 185~205 2종 205~225 3종 175~190 | 단단하다 | 3,556 |
| 판 용 강 | | 열간 압연 박강판 1~3종 | SHP 1~3 | 1종 0.15 이하 2,3종 0.10 이하 | ⒶⓃ 28 이상 | 연하다 | 3,501 |
| 선재강 | 연강선 | 연강 선재 1~8종 | HSWR 1~22 | 0.08~0.25 | Ⓡ28 이상 | 연하다 | 3,554 |
| | 경강선 | 경강 선재 1~7종 | HSWR 1~12 | 0.24~0.85 | Ⓡ120~300 | 단단하다 | 3,559 |
| 탄소 공구강 | | 탄소 공구강 1~7종 | STC 1~7 | 0.6~1.50 | | 단단하다 | 3,751 |

㈜ Ⓝ: 노멀라이징, Ⓗ: 담금질, 뜨임, Ⓐ: 풀림, Ⓡ: 압연한 상태

③ 주강품: 형상이 복잡하여 단조로 만들기 곤란하고 주철로써는 강도가 부족할 경우 주강품을 사용한다. 주강은 수축률이 주철의 약 2배이며 주조 응력이 크고 기포가 발생하기 쉬우므로 다량의 탈산제를 넣어 방지한다. 주강품은 조직이 억세고 메지므로 주조 후 반드시 풀림처리하여 주조 응력을 제거하고 조직을 미세화시켜 사용한다. 주강품은 탄소강의 단련강보다 기계적 성질이 약간 낮은 것이 보통이다.

[주강품의 용도]

| C(%) | 용 도 |
|---|---|
| 0.10~0.20 | 전기 기계 재료, 전동기 요크 |
| 0.15~0.20 | 기계 부품, 풀림 상자, 브래킷 |
| 0.18~0.25 | 각종 철도 차량품, 농기구, 펌프 |
| 0.25~0.35 | 조선재, 교량재, 보일러 부품 |
| 0.35~0.40 | 분괴 롤, 운반 기계, 기어 |
| 0.40~0.50 | 기어, 공작 기계, 자동차 및 차량 부품 |

# 3. 강의 열처리

## 3-1 열처리의 종류

탄소강을 적당한 온도로 가열 및 냉각하여 용도에 따라 적합한 성질로 개선하는 작업을 열처리(heat treatment)라 한다.

열처리는 다음과 같이 분류한다.

① 일반 열처리 : 담금질, 뜨임, 풀림, 노멀라이징 처리

② 항온 열처리 : 오스템퍼, 마퀜칭, 마템퍼

③ 표면 경화 열처리 : 화염 경화법, 고주파 경화법, 침탄법, 시안화법, 질화법

## 3-2 일반 열처리

### (1) 담금질(quenching or hardening)

① 담금질의 원리와 조작: 탄소강을 $Ac_1$ 변태점 이상 가열하여 급랭하면 $Ar_1$ 변태가 저지되어 굳어진다. 이와 같은 방법으로 경화하는 조작을 담금질이라 한다. 강의 $A_1$ 변태는 723℃에서 오스테나이트 → 페라이트와 시멘타이트로 분해할 때 생긴다. $A_1$ 변태는 다음의 2단계 변화에 의해 생기는 것으로 알려졌다.

(가) 제 1 의 변화 : 오스테나이트(탄소를 고용한 $\gamma$ 고용체) → 페라이트(탄소를 과포화한 d점)

(나) 제 2 의 변화 : 페라이트 → 페라이트와 시멘타이트

제 1 변화는 면심입방격자의 오스테나이트에서 체심입방격자의 페라이트로 변화하고 제 2 변화는 과포화 상태에 고용된 탄소가 철과 화합하여 시멘타이트($Fe_3C$)로 석출하는 변화이다. 만약 오스테나이트 상태에서 급랭하면 변태 도중에 탄소를 과포화한 상태로 고용된 $\alpha$ 철의 조직으로 되며 이것을 마텐자이트(marten site)라 하고 마텐자이트가 생기는 변화를 마텐자이트 변태라 한다. 마텐자이트 변태(Ar″)가 생기도록 급랭하는 조작을 엄밀한 의미에서 담금질이라 한다(따라서 $Ac_1$ 변태는 강을 가열할 때의 $A_1$ 변태, $Ar_1$ 변태는 강을 냉각시킬 때의 $A_1$ 변태점을 말한다).

Ar″변태로 마텐자이트가 된 탄소강의 조직은 거치른 침상 조직이다. 마텐자이트가 시작되는 온도를 Ms 점이라 하고 마텐자이트가 끝나는 온도를 Mf 점이라 한다. 또한 급랭이 너무 빠르면 오스테나이트의 일부가 남는 것을 잔류 오스테나이트(retained austenite)라 한다. 급랭이 불충분할 때 일부는 제 2 변화의 도중까지 진행되어 페라이트와 시멘타이트로 되는데 이 때의 조직을 트루스타이트(troostite)라 한다.

오스테나이트에서 투루스타이트로 되는 변화를 Ar′변태라 하고 이보다 냉각속도가 더 느리면 소르바이트(sorbite), 펄라이트 등으로 된다. 이들 조직은 냉각속도의 변화에 따라 $Ar_1$ 변태점이 어떤 온도에서 완료되었느냐에 따라 결정된다. 그림 [냉각 속도와 변태]는 탄소강(0.9%의 탄소)을 각종 냉각 속도에서 냉각했을 때의 냉각 변태 완료 온도를 나타낸 것으로 "노 중 냉각에서는 펄라이트 공기중 냉각은 소르바이트 기름에서

냉각은 트루스타이트, 수중 냉각은 마텐자이트"조직으로 되고 있다.

② 탄소강의 담금질 온도: 탄소강의 담금질 온도는 탄소량에 따라 다르며 그림 [담금질 온도]는 탄소량에 따른 가열 온도 범위를 나타낸 것이다. 아공석강(C : 0.3~0.6% 정도)은 GS 선 이상으로 30~50℃, 과공석강(C : 2.11%까지)은 $Ac_1$ 온도 이상으로 30~50℃가 적당하다.

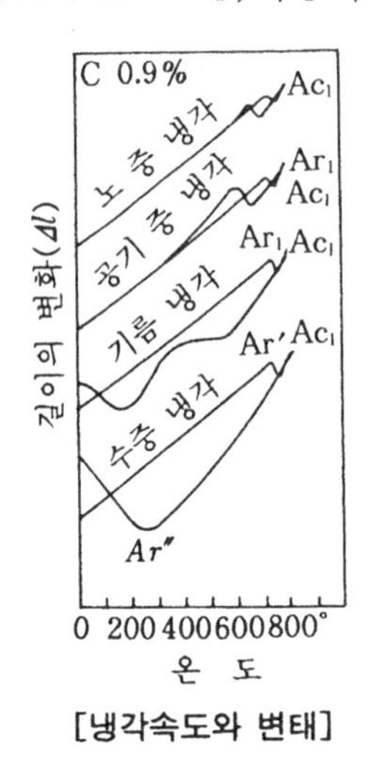


[냉각속도와 변태]

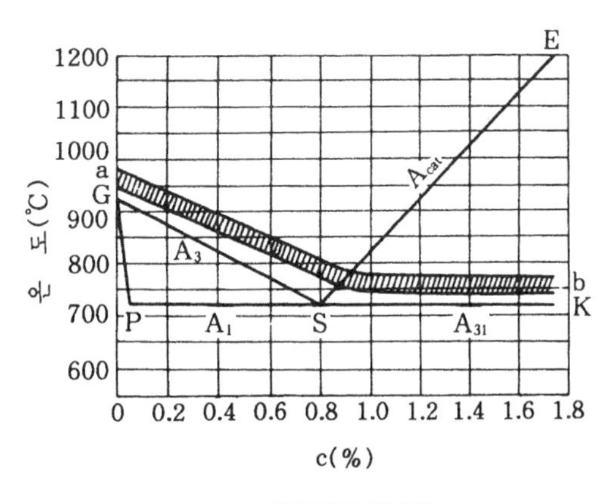


[담금질 온도]

③ 담금질액: 공업용으로 각종 유류(oil), 물, 염류(salt)의 수용액 등이 담금질액(quenching media)으로 쓰인다.

(가) 물 : 처음에는 경화능력이 크나 기포가 생기면서 냉각 능력이 감소한다.

(나) 기름 : 처음에는 냉각능력(coolingability)이 약하나 온도 상승과 더불어 냉각능력이 커진다.

(다) 일반적으로 탄소강, 망간강, 텅스텐강 등의 간단한 것은 물에 담금질하고 각종 특수강들은 기름에 담금질한다.

④ 질량 효과 및 경화능력: 재료의 크기에 따라 냉각 속도가 다르므로 내부와 외부에 경도차가 생기는 것을 질량효과(mass effect)라 한다. 일반적으로 질량 효과가 큰 재료는 지름이 커지면 내부는 담금질 정도가 작아진다. 질량 효과가 작은 강은 냉각 속도를 크게 하지 않아도 담금질이 잘되고 담금질 변형과 균열이 적고 중심부까지 경화된다. 보통 특수원소를 첨가하여 질량 효과를 적게 한 강이 열처리가 쉽다.

## (2) 뜨임(tempering)

오스테나이트에서 담금질하여 생긴 마텐자이트 조직은 탄소가 많아 결정 격자가 변형되고 내부 응력이 커서 경도가 크나 취약하다. 그러므로 내부 응력을 적당히 제거하고 인성을 개선하기 위해 재가열하여 물 또는 기름에 냉각하는 조작을 뜨임이라 한다.

마텐자이트를 가열하면 400℃ 정도에서 탄화물이 입상으로 되어 트루스타이트로 되는데 이 트루스타이트는 담금질에서 얻은 트루스타이트와 다른 조직이 되므로 뜨임된 투루스타이트라 한다. 또 600℃ 부근에서 미세한 탄화물들이 집합된 것은 소르바이트 조직으로 되고 이것을 더 높은 온도로 가열하면 700℃부근에서 입상 펄라이트로 된다.

다음 그림은 뜨임에 따른 조직의 변화를 나타낸 것이다.

뜨임에는 뜨임색(temper colour)으로 뜨임 온도를 판정하는 방법도 쓰이고 있는데 최근 뜨임하여도 잔류 오스테나이트가 많이 생길 경우에는 서브제로 처리(sub-zero treatment)를 한다.

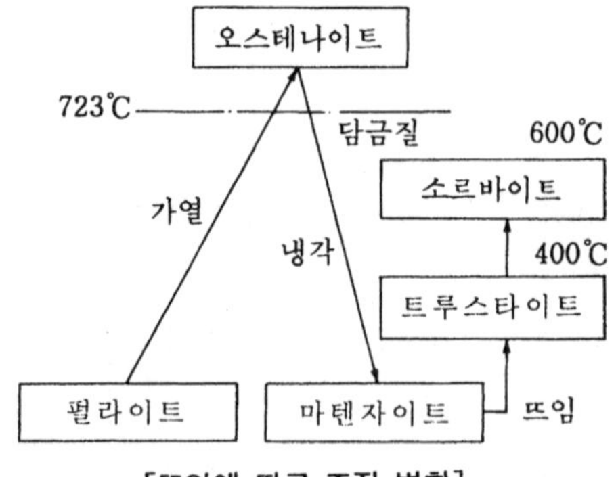


[뜨임에 따른 조직 변화]

### (3) 풀림(annealing) 및 노멀라이징(normalizing)

① 완전 풀림(full annealing) : 탄소강을 용융 상태에서 주조한 것, 고온으로 가열한 것은 입자가 크고 거칠며 재질이 취약한 것을 개선하기 위해 $Ac_3$～$Ac_1$ 변태점 보다 30～50℃ 정도까지 가열하여 노 내에서 냉각시키는 조작을 완전 풀림이라 한다.

② 저온 풀림(lonnealing) : 냉간 가공을 한 탄소강은 500℃ 부근에서 내부응력이 감소하고 재질이 연화(softing)하여 인장 강도가 감소하나 연신율이 증가된다. 그리고 650℃ 부근에서 완전 연화된다. 내부응력을 제거하고 재질을 연화시킬 목적으로 가열하여 서냉하는 조작을 저온 풀림이라 한다.

③ 구상화 풀림 : 시멘타이트를 구상화시키기 위해 $Ac_3$～$Ac_1$～$Ac_m$ 선상 20～30℃까지 가열하여 냉각하는 조작을 구상화 풀림이라 한다.

④ 노멀라이징 : 단조한 재료, 주조한 재료의 내부응력을 제거하고 조직을 균질화시키기 위해 강을 균일한 오스테나이트 조직까지 가열하여 대기중에 방랭하는 조작을 노멀라이징이라 한다.

## 3-3 항온 열처리

### (1) 항온 열처리의 개요

강을 오스테나이트 상태에서 냉각하거나 정지시키고 그 온도에서 변태시켜 변태 개시 온도와 변태 완료 온도를 온도-시간 곡선으로 나타낸 것을 항온 변태 곡선(isothomal transformation cuve) 또는 TTT 곡선(S곡선)이라 하며, 그림 [항온 변태 곡선]을 이용한 열처리를 항온 열처리라 한다.

항온 변태에서 생기는 조직은 그림 [항온 변태 곡선]에서 PP′부(nose부라 함)보다 상부는 펄라이트이며 온도가 높은 곳에서는 거친 펄라이트 조직, 낮은 곳에서는 미세한 펄라이트 조직으로 된다. 또 PP′보다 낮은 온도의 항온 변태에서 나타나는 조직을 상부 베이나이트(bainite)와 하부 베이나이트로 구분한다. 베이나이트 조직은 열처리에 의한 변형이 적고, 경도가 높으며, 인성이 커서 기계적 성질이 우수하다. 항온 열처리는 크랙(crack) 방지와 변형을 감소시키기 위해 실시하는 열처리로 널리 쓰이며 오스템퍼, 마템퍼, 마퀜칭 등이 있다.

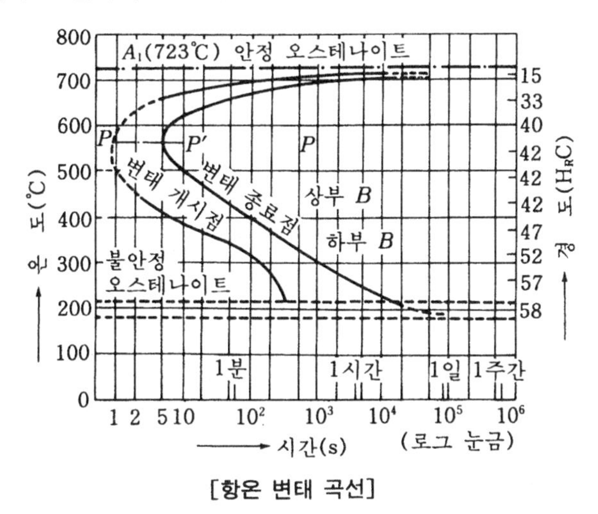


[항온 변태 곡선]

### (2) 오스템퍼(austemper)

담금질 온도에서 일정한 염욕(salt bath, 염기성 수용액조)에 넣어 항온 변태를 끝낸 후 상온까지 냉각하는 담금질 방법으로 베이나이트 조직이 얻어진다.

이것은 다시 뜨임할 필요가 없고 오스템퍼한 강은 로크웰경도 $H_{RC}$ 35~40 으로 인성이 크고 담금질 균열과 변형이 생기지 않는다(그림 [항온 열처리의 응용]의 (a) 참조).

### (3) 마템퍼(martemper)

Ms 점 이하의 항온 염욕조에 담금질하여 항온 변태 완료 후 상온까지 냉각하면 마텐자이트와 베이나이트 혼합 조직이 얻어지며 경도가 크고 인성이 있다(그림 [항온 열처리의 응용]의 (b) 참조).

### (4) 마퀜칭(marquenching)

Ms 점보다 다소 높은 온도의 염욕에 담금질한 후 내부와 외부 온도가 균일하게 된 것을 마텐자이트 변태(Ar″)를 시켜 담금질 균열과 변형을 방지하는 열처리로 복잡한 물건의 담금질에 쓰인다(그림 [항온 열처리의 응용]의 (c) 참조).

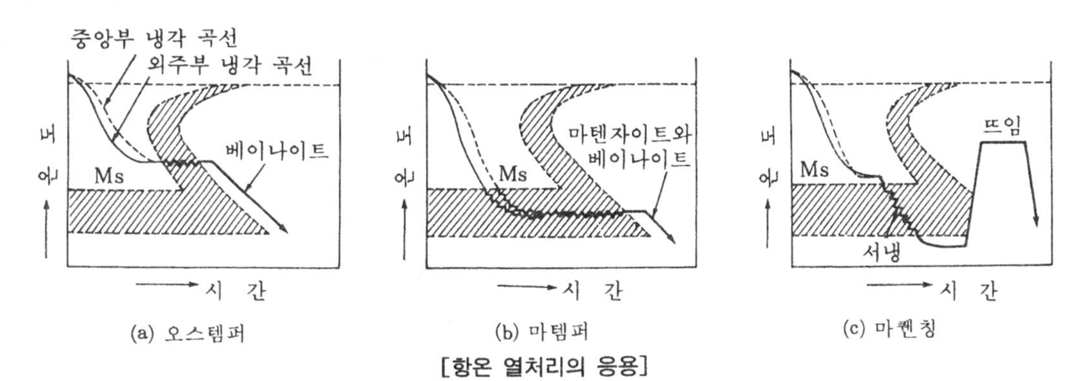


(a) 오스템퍼 (b) 마템퍼 (c) 마퀜칭

[항온 열처리의 응용]

## 3-4 표면 경화

기계의 축(shaft) 및 기어(gear) 등은 충격에 견딜 수 있는 강도와 인성 및 접촉부의 내마멸성이 요구되므로 내마멸성을 주기 위해 담금질하면 경도가 증가하나 취약하여 충격값이 감소하므로 표면만 경도가 크도록 표면 경화 열처리를 한다.

강의 표면 경화에는 화학적인 방법으로 침탄법, 시안화법, 질화법 등이 있고 물리적인 방법으로 화염 경화법, 고주파 경화법 등이 있다.

### (1) 침탄법(carburizing)

침탄법에는 고체 침탄법, 가스 침탄법, 액체 침탄법 등이 있다.

① 고체 침탄법 : 주철제의 상자에 목탄, 코크스 등의 침탄제와 촉진제로 탄산바륨($BaCO_3$)을 혼합하여 넣고 침탄로에서 900~950℃ 정도 가열하여 침탄한 후 급랭하여 경화시킨다. 침탄 깊이는 침탄제의 종류, 강재의 종류, 침탄 온도, 침탄 시간 등에 따라 결정된다.

② 가스 침탄법(gas carburizing) : 메탄가스, 프로판가스와 같은 탄화수소계 가스를 사용하는 침탄 방법이다. 침탄 온도, 가스 공급량, 혼합비 등을 조절하면 균일한 침탄층이 얻어지고, 열효율이 좋고, 작업이 간단하고, 연속 침탄이 가능하고, 침탄 온도에서 직접 담금질하여 냉각시킬 수 있으므로 대량 생산에 적당하다.

③ 액체 침탄법(liquid carburizing) : 고온에 용해된 염을 사용하는 방법으로 시안화나트륨(NaCN), 시안화칼륨(KCN)을 주성분으로 염화물(NaCl, KCl, $CaCl_2$)이나 탄산염($Na_2CO_3$, $K_2CO_3$) 등을 40~50% 정도 첨가하여 염욕에서 600~900℃로 용해시켜 작업하면 탄소와 질소가 강의 표면으로 들어가므로 침탄 질화법(carbonitriding) 또는 시안화법(cyaniding)이라고도 한다.

### (2) 질화법(nitriding)

질화법은 암모니아($NH_3$)를 고온에서 분해시켜 발생하는 질소 가스에 의해 강의 표면에 철의 질화물을 형성하여 경화시키는 방법으로 질화층은 경도가 높고 내마멸성과 내식성이 크나 520~550℃에서 50~100시간 동안 가열해야 하는 결점이 있다.

### (3) 화염 경화(flame hardening)

탄소강이나 합금강에서 0.4% 탄소 전후의 재료를 필요한 부분에 산소-아세틸렌 불꽃으로 표면을 가열하여 오스테나이트로 하여 냉각하면 가열된 부분만 경화되며, 경화층의 깊이는 불꽃의 온도, 가열 시간, 불꽃의 이동 속도로 조정한다.

### (4) 고주파 경화(induction gardening)

화염 경화와 같은 원리이며 그림 [고주파 담금질용 코일의 예]와 같이 고주의 전류를 유도하면 강재에 와류(eddy)가 발생하여 표면이 극부적으로 가열된다. 가열된 강재를 물로 급랭하여 담금질하면 경화되며 경화시간이 짧고 복잡한 형상에도 이용할 수 있어 널리 쓰인다.

[고주파 열처리 및 화염 열처리용 재질]

| 강의 종류 | 화 학 성 분(%) | | | |
|---|---|---|---|---|
| | C(%) | Si(%) | Cr(%) | 기 타 |
| 탄소강 | 0.30~0.55 | 0.2 | – | – |
| Mn 강 | 0.25~0.45 | 0.2 | – | Mn(1.7) |
| Ni 강 | 0.30~0.45 | 0.2 | – | Ni(0.5) |
| Ni-Cr 강 | 0.25~0.45 | – | 0.6 | Ni(0.6) |
| Cr 강 | 0.35~0.50 | – | 1.0 | – |
| Cr-Mo 강 | 0.30~0.55 | – | 1.0 | Mo(0.2) |
| Cr-V 강 | 0.30~0.55 | – | 1.0 | V (0.2) |

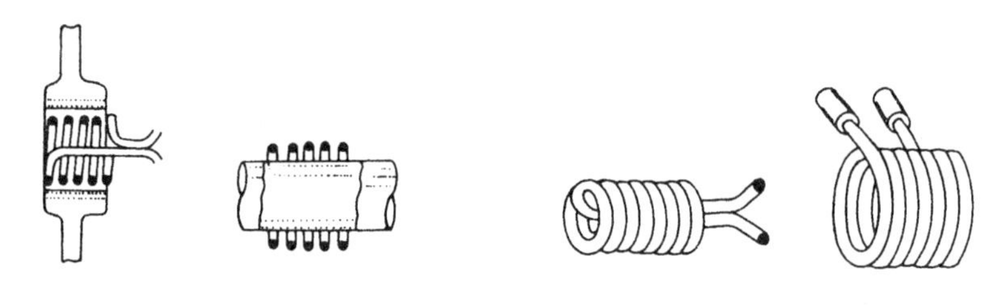

(a) 외면용 (b) 내면용

[고주파 담금질용 코일의 예]

# 4. 특수강

특수강(special steel)은 합금강(alloy steel)이라고도 하며 탄소강에 특수한 성질을 개선하기 위해 한 개 이상의 특수 원소를 첨가하여 만든 것으로 탄소강의 본래 성질을 현저하게 개선하고 새로운 특성을 갖게 한다.

일반적으로 첨가하는 특수 원소에는 니켈, 크롬, 텅스텐, 몰리브덴, 바나듐, 코발트, 규소, 망간, 붕소, 티탄 등이 있으며 특수강을 용도에 따라 분류하면 아래의 [표]와 같다.

[용도별 특수강의 분류]

| 분 류 | 종 류 |
|---|---|
| 구조용 특수강 | 강인강, 표면 경화용강(침탄강, 질화강), 스프링강, 쾌삭강 |
| 공구용 특수강(공구강) | 합금 공구강, 고속도강, 다이스강, 비철 합금 공구 재료 |
| 특수 용도 특수강 | 내식용 특수강, 내열용 특수강, 자성용 특수강, 전기용 특수강, 베어링강, 불변강 |

## 4-1 구조용 특수강

구조용으로 강도가 큰 것이 필요할 때 구조용 특수강을 사용하며 강인강, 표면 경화강, 스프링강 등이 있다.

### (1) 강인강

탄소강에 강하면서도 질긴 성질을 얻기 위해 니켈, 크롬, 몰리브덴 등을 첨가한 것을 강인강이라 하며 첨가된 원소에 따라서 니켈강, 크롬강, 니켈-크롬강, 니켈-크롬-몰리브덴강, 크롬-망간-규소강 및 그 밖의 강으로 구분한다.

① 니켈강 : 탄소강에 니켈을 첨가하면 결정 입자를 미세하게 하고 연신율이 감소되지 않고도 인장 강도, 경도 등을 증가시키고 고온에서 기계적 성질이 좋아지므로 내마멸성, 내식성이 우수하다. 기경성(air hardening ; 자경성(self-hardening이라고도 함)이 우수하여 가열하여 공기중에 방치해도 담금질 효과가 커서 마텐자이트 조직으로 된다. 구조용으로 사용하는 니켈강은 니켈 5% 이하의 것으로 표준상태에서 펄라이트 조직을 갖는다.

**[구조용 니켈강의 성분과 용도]**

| C(%) | Ni(%) | 인장강도 | 용 도 |
|---|---|---|---|
| 0.3 ~0.4 | 1.0 ~2.5 | 65 이상 | 파이프, 판, 축, 강력 볼트 |
| 0.3 ~0.4 | 2.5 ~3.5 | 68 이상 | 기계 부품, 교량, 축, 커넥팅 로드, 포신 |
| 0.3 ~0.4 | 3.0 ~4.0 | 70 이상 | 크랭크축, 캠, 기어, 핀 |
| 0.25~0.35 | 3.5 ~4.5 | 70 이상 | 기어, 터빈 날개 |
| 0.1 ~0.18 | 1.25~1.78 | 62 이상 | 침탄용 기어, 축 |

② 크롬강 : 강인강으로 사용되는 크롬강의 크롬 첨가량은 3.0% 이하이나 보통 1~2% 첨가하며, 상온에서 펄라이트 조직을 갖는다. 자경성이 크고 담금질하면 쉽게 경화된다. 830~880℃에서 담금질하고 550~680℃에서 뜨임하여 급랭시키면 뜨임 취성을 피할 수 있다.

**[크롬강의 성분 및 용도]**

| 종류 | 기호 | 화 학 성 분(%) | | | | | | 용 도 |
|---|---|---|---|---|---|---|---|---|
| | | C | Si | Mn | P | S | Cr | |
| 2종 | SCr 2 | 0.28~0.38 | 0.15~0.35 | 0.60~0.85 | 0.60~0.85 | 0.60~0.85 | 0.90~1.20 | 볼트, 너트 |
| 3종 | SCr 3 | 0.33~0.38 | 0.15~0.35 | 0.60~0.85 | 0.60~0.85 | 0.60~0.85 | 0.90~1.20 | 암, 스텃 |
| 4종 | SCr 4 | 0.38~0.43 | 0.15~0.35 | 0.60~0.85 | 0.60~0.85 | 0.60~0.85 | 0.90~1.20 | 암, 축 |
| 5종 | SCr 5 | 0.43~0.48 | 0.15~0.35 | 0.60~0.85 | 0.60~0.85 | 0.60~0.85 | 0.90~1.20 | 축, 키, 로크핀 |
| 21종 | SCr 21 | 0.13~0.18 | 0.15~0.35 | 0.60~0.85 | 0.60~0.85 | 0.60~0.85 | 0.90~1.20 | 침탄용, 캠축, 핀, 기어 |
| 22종 | SCr 22 | 0.18~0.23 | 0.15~0.35 | 0.60~0.85 | 0.60~0.85 | 0.60~0.85 | 0.90~1.20 | 강철, 기어, 스플라인축 |

③ 니켈-크롬강 : 니켈만 첨가하면 강도는 증가하나 경도가 증가하지 않으므로 경도를 높여 주기 위해 크롬을 첨가하며, 연신율 및 충격값의 감소가 적으면서도 경도가 크고 열처리 효과도 크다. 850℃에서 담금질하고 600℃에서 뜨임하면 강인한 소르바이트 조직이 된다. 강도를 요하는 봉재, 판재, 파이프 선 및 단조품 주물 이외에 동력을 전달하는 축, 기어, 캠, 피스톤 등에 널리 사용된다.

**[구조용 니켈 - 크롬강의 화학 성분]** (KS D 3708)

| 종류 | 기호 | 화 학 성 분(%) | | | | | 용 도 |
|---|---|---|---|---|---|---|---|
| | | C | Si | Mn | Ni | Cr | |
| 1종 | SNC 1 | 0.32~0.40 | 0.15~0.35 | 0.50~0.80 | 1.0~1.5 | 0.50~0.90 | 강력 볼트, 너트 |
| 2종 | SNC 2 | 0.27~0.35 | 0.15~0.35 | 0.35~0.65 | 2.5~3.00 | 0.6 ~1.0 | 크랭크축, 기어, 축 |
| 3종 | SNC 3 | 0.32~0.4 | 0.15~0.35 | 0.35~0.65 | 3.0~3.5 | 0.6 ~1.0 | 축류, 기어 |
| 21종 | SNC 21 | 0.12~0.18 | 0.15~0.35 | 0.35~0.65 | 3.0~3.5 | 0.20~0.5 | 표면 기어, 피스톤 핀 |
| 22종 | SNC 22 | 0.12~0.18 | 0.15~0.35 | 0.35~0.65 | 3.0~3.5 | 0.70~1.0 | 경화 캠, 기어, 축 |

④ 니켈-크롬-몰리브덴강 : 구조용 강 중에서 가장 우수한 대표적인 강이다. 니켈-크롬강에 0.15~0.30%의 몰리브덴을 첨가하면 담금질 효과가 더욱 향상되어 경화층의 두께가 200 mm 이상으로 된다. 뜨임 취성도 몰리브덴의 첨가에 의해 현저히 감소되며 인성이 더욱 크다.

**[니켈 - 크롬 - 몰리브덴강의 성분과 용도]** (KS D 3709)

| 종류 | 기호 | 화 학 성 분(%) | | | | | 용 도 |
|---|---|---|---|---|---|---|---|
| | | C | Mn | Ni | Cr | Mo | |
| 1종 | SNCM 1 | 0.27~0.35 | 0.60~0.90 | 1.60~2.00 | 0.60~1.0 | 0.15~0.30 | 크랭크 축, 터빈 날개, 커넥팅 로드 |
| 2종 | SNCM 2 | 0.20~0.30 | 0.35~0.60 | 0.3 ~3.5 | 0.60~1.0 | 0.15~0.30 | 크랭크 축, 기어, 축류 |
| 5종 | SNCM 5 | 0.25~0.35 | 0.35~0.60 | 2.50~3.50 | 1.00~1.50 | 0.5 ~0.7 | 강력 볼트, 기어, 스플릿 핀 |
| 6종 | SNCM 6 | 0.38~0.43 | 0.70~1.0 | 0.40~0.70 | 2.5 ~3.5 | 0.15~0.3 | 축류 |
| 7종 | SNCM 7 | 0.43~0.48 | 0.70~1.0 | 0.40~0.70 | 0.40~0.65 | 0.15~0.3 | 축류, 기어류 |
| 8종 | SNCM 8 | 0.36~0.43 | 0.6 ~0.90 | 1.60~2.0 | 0.40~0.65 | 0.15~0.3 | |
| 9종 | SNCM 9 | 0.44~0.50 | 0.6 ~0.90 | 1.60~2.0 | 0.60~1.00 | 0.15~0.3 | |
| 21종 | SNCM 21 | 0.17~0.23 | 0.6 ~0.90 | 0.40~0.70 | 0.60~1.00 | 0.15~0.3 | 표면 경화용: 기어, 축 |
| 22종 | SNCM 22 | 0.12~0.18 | 0.40~0.70 | 1.60~2.0 | 0.40~0.65 | 0.15~0.3 | 기어 |
| 23종 | SNCM 23 | 0.17~0.23 | 0.40~0.70 | 1.60~2.0 | 0.40~0.65 | 0.15~0.3 | 롤러 베어링, 기어 |
| 25종 | SNCM 25 | 0.12~0.18 | 0.30~0.60 | 4.00~4.50 | 0.70~1.0 | 0.15~0.3 | 표면 경화용: 강력 기어, 강력 기어 |
| 26종 | SNCM 26 | 0.13~0.20 | 0.80~1.20 | 2.80~3.20 | 1.40~1.80 | 0.40~0.60 | 강력 축류 |

⑤ 크롬-몰리브덴강 : 크롬-몰리브덴강은 탄소 0.25~0.5%, 크롬 약 1.0%에 몰리브덴 0.15~0.3% 정도 첨가한 것으로 담금질이 쉽고 뜨임, 취성이 작으므로 니켈-크롬강과 함께 널리 사용된다. 열간 가공이 쉽고 다듬질 표면이 아름답다. 특히 용접성이 좋고, 고온 강도가 크므로 축, 기어, 강력 볼트, 암, 레버 등에 사용된다. 다음 [표]에서 보는 바와 같이 21~26종은 표면 경화용 강으로 사용한다.

⑥ 망간-크롬강 및 크롬-망간-규소강 : 구조용 니켈-크롬강의 니켈 대신 망간을 첨가한 것으로 기계적 성질의 차이가 없고, 질량 효과가 크고, 인성이 크고, 니켈-크롬강보다 강도가 작다. 크롬-망간-규소강은 구조용 강으로서 값이 싸고 기계적 성질이 좋아 차축 등에 널리 사용한다.

⑦ 고력 강도강 : 대부분 저망간강, 규소-망간강으로 압연, 단조한 그대로도 일반 구조용 강보다 높은 항복점과 인장 강도를 가지고 있으며 용접성도 우수하다. 내식성을 개선하기 위해 구리 등을 첨가하나 탄소 함유량이 적으므로 그 해도 비교적 크다.

[크롬-몰리브덴강의 성분과 열처리] (KS D 3711)

| Cr-Mo 강 | 기호 | 성 분(%) | | | 열처리 온도(℃) | | 인강강도 (kg/mm²) | 경 도 ($H_B$) |
|---|---|---|---|---|---|---|---|---|
| | | C | Cr | Mo | 담금질 | 뜨 임 | | |
| 1종 | SCM 1 | 0.27~0.37 | 1.0~1.5 | 0.15~0.35 | 830~880 (유중) | 550~650 (급랭) | > 90 | 262~321 |
| 2종 | SCM 2 | 0.28~0.38 | 0.9~1.2 | 0.35 | 830~880 (유중) | 550~650 (급랭) | > 80 | 241~302 |
| 3종 | SCM 3 | 0.33~0.38 | 0.9~1.2 | 0.35 | 830~880 (유중) | 550~650 (급랭) | > 95 | 269~341 |
| 4종 | SCM 4 | 0.83~0.43 | 0.9~1.2 | 0.35 | 830~880 (유중) | 550~650 (급랭) | > 100 | 285~363 |
| 5종 | SCM 5 | 0.43~0.48 | 0.9~1.2 | 0.35 | 830~880 (유중) | 550~650 (급랭) | > 105 | 302~375 |
| 21종 | SCM 21 | 0.13~0.18 | 0.9~1.2 | 0.35 | 830~880 (유중) | 550~650 (급랭) | > 85 | 235~320 |
| 22종 | SCM 22 | 0.18~0.23 | 0.9~1.2 | 0.35 | 1차 850~900 | 150~200 (급랭) | > 95 | 262~341 |
| 23종 | SCM 23 | 0.17~0.23 | 0.9~1.2 | 0.35 | 2차 800~850 | 공랭 | > 100 | 285~365 |
| 24종 | SCM 24 | 0.2 ~0.5 | 0.9~1.2 | 0.25~0.45 | 2차 800~850 | 공랭 | > 105 | 302~410 |

⑧ 고망간(오스테나이트)강 : 망간 10~14%의 강은 상온에서 오스테나이트 조직을 가지고 있으므로 오스테나이트 망간강 또는 하드필드 망간강(hardfield Mn steel)이라고도 하며 탄소 약 1.2%, 망간 13%, 규소<0.1%를 표준으로 한다. 이 강은 1000~1100℃에서 담금질하며 경도가 크므로 내마멸성이 우수하여 각종 광산 기계, 기차 레일의 교차점, 칠드 롤러, 불도저, 냉간 인발용의 드로잉 다이스 등에 사용한다.

### (2) 표면 경화강

표면 경화강에는 침탄강, 질화강, 고주파 경화용강 등이 있으며, 고주파 경화에는 탄소 0.3~0.5%의 탄소강 또는 이것에 합금 원소를 첨가한 것을 사용한다.

① 침탄용강 : 저탄소강과 저탄소 합금강이 이용되며 기계 가공하고 침탄 작업한 후 1차 담금질과 2차 담금질하여 200℃ 이하의 온도에서 뜨임한다. 탄소용 구조용강(SM.9CK, 15CK, 20CK), 크롬강(SCr 21, 22), 크롬-몰리브덴강(SCM 21~26), 니켈-크롬강(SNC 21~22), 니켈-크롬-몰리브덴강(SNCM 21~25) 등이 사용된다.

② 질화강 : 주로 크롬, 몰리브덴 등을 함유한 합금강을 사용한다. 크롬과 몰리브덴은 기계적 성질을 개선하고 알루미늄은 질화층의 경도를 높여주는 역할을 한다. 알루미늄이 없는 크롬-몰레브덴강도 질화에 의해 경화되나 경도가 낮다. 강의 질소 경화하는데 적당한 재료는 다음 [표]와 같다.

[질화강(%)]

| C | Si | Mn | P | S | Cr | Mo | Al |
|---|---|---|---|---|---|---|---|
| 0.40~0.50 | 0.15~0.35 | <0.60 | <0.035 | <0.035 | 1.30~1.70 | 0.15~0.35 | 0.70~1.20 |

### (3) 스프링강

기차, 자동차 등에 사용되는 스프링강은 탄성 한계 항복점, 피로 한도 등이 높아야 한다. 고탄소강도 사용되나 규소, 망간이 많이 함유된 규소-망간강이 더욱 높은 항복값을 나타내므로 스프링강으로 적합하다. 규소가 많은 강의 결점은 가열 온도에 민감하여 탈탄되기 쉽고, 결정 입자가 거칠어지고 충격값이 낮아진다. 표면에 탈탄층이 나타나면 표면에 흠집이 생기므로 피로에 의한 파괴가 시작된다. 이러한 결점을 완화하기 위해서 망간을 첨가한다.

## 4-2 공구강 및 공구 재료

### (1) 공구 재료의 종류와 구비 조건

① 공구 재료 : 공작 기계에서 사용하는 바이트, 드릴, 커터 등의 절삭 공구와 다이(die), 펀치(punch)와 같은 소성용 재료가 있다.

② 공구 재료의 구비 조건

(가) 경도가 크고 특히, 고온에서도 경도가 유지될 것

(나) 내마멸성이 우수할 것

(다) 열처리가 쉬울 것

(라) 제조와 취급이 쉽고 가격이 저렴할 것

### (2) 합금 공구강(alloy tool-steel)

합금 공구강은 고탄소강에 크롬, 텅스텐, 바나듐, 몰리브덴, 티탄 등을 첨가하여 결정 입자를 미세하게 하고 담금질 효과를 높여 경도가 증가하므로 내마멸성이 우수하다. 또 고온에서 경도가 유지되므로 절삭 공구, 합금 단조용 공구 등으로 쓰인다. KS D 3573에서 절삭용, 내충격용, 냉간 금형, 열간 금형용으로 구분하여 정하고 있으나 내충격용, 열간 금형용은 경도를 제한받으므로 탄소량을 감소시키고 크로, 텅스텐, 바나듐 등을 첨가하고 있다.

[합금 공구강의 종류와 성분 및 용도] (KS D 3753)

| 주용도 | 기 호 | 화학 성분(%) | | | | | | 용도보기 |
|---|---|---|---|---|---|---|---|---|
| | | C | Mn | Cr | W | V | Ni, Mo | |
| 절삭 공구 | STS 1 | 1.30~1.40 | 0.50 이하 | 0.50~1.00 | 4.00~5.00 | – | – | 절삭공구, 냉간 드로잉용 다이스 |
| | STS 11 | 1.20~1.30 | 0.50 이하 | 0.20~0.50 | 3.00~4.00 | 1.10~0.30 | – | |
| | STS 2 | 1.00~1.10 | 0.50 이하 | 0.50~1.00 | 1.00~1.50 | – | – | 탭, 드릴, 커터, 핵소(hacksaw) |
| | STS 21 | 1.00~1.10 | 0.50 이하 | 0.20~0.50 | 0.50~1.00 | 0.10~0.25 | – | 원형톱, 띠톱(band saw) |
| | STS 5 | 0.75~0.85 | 0.50 이하 | 0.20~0.50 | – | – | Ni 0.70~1.30 | |
| 내충격 공구 | STS 4 | 0.45~0.55 | 0.50 이하 | 0.50~1.00 | 0.50~1.50 | – | – | 끌, 펀치, 스냅(snap) |
| | STS 41 | 0.35~0.45 | 0.50 이하 | 1.00~1.50 | 2.50~3.50 | | – | 끌, 펀치, 칼날, 줄, 눈금용 공구, 착암기용 |
| | STS 42 | 0.75~0.85 | 0.50 이하 | 0.25~0.50 | 1.50~2.50 | 0.15~0.30 | – | 피스톤 |
| | STS 43 | 1.00~1.10 | 0.50 이하 | – | – | 0.10~0.25 | – | |

| | | | | | | | | |
|---|---|---|---|---|---|---|---|---|
| 냉간 금형 | STD 1 | 1.80~2.40 | 0.60~이하 | 12.00~15.00 | — | — | — | 신선용 다이스 |
| | STD 11 | 1.40~1.60 | 0.60~이하 | 11.00~13.00 | — | 0.2~0.5 | Mo 0.8~1.2 | 게이지 휘밍다이스 나사 전조 롤 |
| | STD 12 | 0.95~1.05 | 0.60~0.90 | 4.50~5.50 | — | 0.2~0.5 | Mo 0.8~1.2 | |
| | STD 2 | 1.80~2.20 | 0.60 이하 | 12.00~15.00 | 2.50~3.50 | — | — | 신선용 다이스 |
| | STS 31 | 0.9~1.0 | 0.9~1.2 | 0.8~1.2 | 1.0~1.5 | — | — | 게이지, 절단칼, 다이스 펀치 |
| 열간 금형 | STD 6 | 0.32~0.42 | 0.50 이하 | 4.50~5.50 | — | 0.3~0.5 | Mo 1~1.5 | 프레스 금형 다이 캐스트 금형 다이스 다이 블록 |
| | STD 61 | 0.32~0.42 | 0.50 이하 | 4.50~5.50 | — | 0.8~1.2 | Mo 1~1.5 | |
| | STD 62 | 0.32~0.42 | 0.50 이하 | 4.50~5.50 | 1.0~1.5 | 0.2~0.6 | Mo 1~1.5 | |
| | STF 2 | 0.50~0.60 | 0.80~1.20 | 0.80~1.20 | — | — | — | |
| | STF 6 | 0.7~0.80 | 0.6~1.0 | 0.8~1.2 | — | — | Mo 0.3~0.5 | 프레스 금형 |

### (3) 고속도강

절삭 공구로 사용할 때 고속 절삭하여도 절삭성이 나빠지지 않고 고온 경도가 커서 고속 절삭할 수 있으므로 고속도강(high speed steel)이라고 하여 일명 하이스(HSS)라고도 한다.

① 텅스텐 고속도강 : 주성분이 탄소 0.8%, 텅스텐 18%, 크롬 4%, 바나듐 1%로 된 고속도강을 14-4-1형이라 하며 표준형 고속도강이다. 성능은 18-4-1형이 좋다. 담금질 후 뜨임을 적절히 하여 경도를 높인다.

[고속도강의 성분과 용도] (KS D 3522)

| 종 류 | 기 호 | 화 학 성 분(%) | | | | | | 용 도 |
|---|---|---|---|---|---|---|---|---|
| | | C | Cr | Mo | W | V | Co | |
| 텅스텐계 고속도강 | SKH 2 | 0.70~0.85 | 3.08~4.50 | — | 17.00~19.00 | 0.80~1.20 | — | 일반 절삭용, 그 밖의 각종 공구 |
| | SKH 3 | 0.70~0.80 | 3.08~4.50 | — | 17.00~19.00 | 0.80~1.20 | 4.50~5.50 | 고속중 절삭용, 그밖의 각종 공구 |
| | SKH 4A | 0.70~0.85 | 3.08~4.50 | — | 17.00~19.00 | 1.00~1.50 | 9.00~11.00 | 난삭재 절삭용 각종 공구 |
| | SKH 4B | 0.70~0.85 | 3.08~4.50 | — | 18.00~20.00 | 1.00~1.50 | 14.00~16.00 | |
| | SKH 5 | 0.20~0.40 | 3.08~4.50 | — | 17.00~22.00 | 1.00~1.50 | 16.00~17.00 | |
| | SKH 10 | 1.45~1.60 | 3.80~4.50 | — | 11.50~13.50 | 4.20~5.20 | 4.20~5.20 | 고난삭재 절삭용, 그 밖의 각종 공구 |
| 몰리브덴계 고속도강 | SKH 9 | 0.80~0.90 | 3.80~4.50 | 4.50~5.50 | 5.50~6.70 | 1.60~2.20 | — | 인성을 필요로 하는 일반 절삭용, 그 밖의 각종 공구 |
| | SKH 52 | 1.00~1.10 | 3.80~4.50 | 4.80~6.20 | 5.50~6.70 | 2.30~2.80 | — | 비교적 인성을 필요로 하는 고속도재 절삭용, 그 밖의 각종 공구 |
| | SKH 53 | 1.10~1.25 | 3.80~4.50 | 4.80~6.20 | 5.50~6.70 | 2.80~3.30 | — | |
| | SKH 54 | 1.25~1.40 | 3.80~4.50 | 4.50~5.50 | 5.30~6.50 | 3.90~4.50 | — | |
| | SKH 55 | 0.80~0.90 | 3.80~4.50 | 4.80~6.20 | 5.50~6.70 | 1.70~2.30 | 4.50~5.50 | 비교적 인성을 필요로하는 고속중 절삭용, 각종 공구 |
| | SKH 56 | 0.80~0.90 | 3.80~4.50 | 4.80~6.20 | 5.50~6.70 | 1.70~2.30 | 7.00~9.00 | |
| | SKH 57 | 1.15~1.30 | 3.80~4.50 | 3.00~4.00 | 9.00~11.00 | 3.00~3.70 | 9.00~11.00 | |

② 코발트 고속도강 : 이 고속도강은 용융점이 높으므로 담금질 온도도 높아서 성능을 좋게 한다. 코발트 고속도강은 고속도로 절삭하여 절삭 온도가 높아져도 물러지지 않으며 이 성질은 코발트가 많이 포함될수록 커진다.

③ 몰리브덴 고속도강 : 몰리브덴 약 5~8% 를 함유한 것이 많으며 열처리시 탈탄되기 쉬우므로 텅스텐을 5~7% 첨가하고 몰리브덴을 감소시킨 것을 많이 쓴다(텅스텐-몰리브덴형). 또한 탈탄과 몰리브덴의 증발을 막기 위하여 열처리할 때 붕사 피복 또는 염욕 가열 등의 방법을 쓴다.

### (4) 주조 경질 합금

대표적인 주조 경질 합금(cast hard metal)은 코발트를 주성분으로 한 코발트-텅스텐-크롬-탄소 합금인 스텔라이트로 단조 또는 절삭할 수 없으므로 주조한 것을 연마하여 사용한다.

### (5) 초경 합금

대표적인 것이 WC-Ti-TaC 등의 분말에 코발트 분말을 결합재로 사용하여 혼합한 후 금형에 넣고 가압 성형한 것을 800~1000℃에서 예비 소결한 후 수소 기류에서 1400~1500℃에서 소결시키는 분말 야금법으로 만들어지며 초경 합금 또는 당가로이라고 부른다.

### (6) 기타 공구 재료

① 시래믹 공구 : 알루미나($Al_2O_3$)를 주성분으로 거의 결합재를 쓰지 않고 소결한 공구로 고속 및 고온 절삭에 사용한다.

② 다이아몬드 공구 : 다이아몬드는 경도가 크므로 정밀 가공 공구로서 선반, 보링 머신에 사용되며 연삭 숫돌의 드레서(dresser), 인발용 다이스 및 조각 공구로 사용된다.

## 4-3 특수 용도 특수강

### (1) 스테인리스강(stainless steel)

스테인리스강을 내식강 또는 불수강이라고도 하며, 크롬과 니켈을 주성분으로 하여 티탄, 몰리브덴 등을 첨가하여 내식, 내산화성 등을 높인 것으로 크롬을 많이 첨가하면 강의 표면에 산화 크롬 피막이 형성되어 내부를 보호한다.

스테인리스강은 13형 크롬 스테인리스강(페라이트계)과 18-8 크롬-니켈(오스테나이트계) 스테인리스강으로 크게 구분한다.

1~3 종은 13형 크롬 스테인리스강으로 담금질하면 쉽게 마텐자이트 조직이 되고 뜨임하면 좋은 기계적 성질을 얻는다.

1, 2 종은 구조용으로 3 종은 공구용으로 적합하다. 4 종은 담금질 하여도 마텐자이트가 되지 않고 내질산성이 크다.

5~16 종은 니켈이 포함되어 내부식성이 더욱 크고, 5~8 종은 18-8 형 스테인리스강으로서 크롬 18%, 니켈 8%를 기준으로 한 것이다.

9~16 종은 티탄, 몰리브덴, 구리 등이 약간 첨가된 것으로 티탄은 내부식성을 저하시키는 크롬 탄화물의 형성을 막고 몰리브덴을 첨가하면 내황산성이 높아진다.

[스테인리스강의 화학 성분과 용도]

| 종류 | 화 학 성 분(%) | | | | 용 도 |
|---|---|---|---|---|---|
| | C | Ni | Cr | Mo | |
| 1종 | <0.12 | – | 12.00~14.00 | – | 식탁용 기구, 가정용 기구 800℃까지의 내산용 |
| 2종 | 0.12~0.10 | – | 11.50~13.50 | – | 증기 터빈 날개, 기계 구조용 |
| 3종 | 0.25~0.40 | – | 12.00~14.00 | – | 의료 기구, 공구 |
| 4종 | <0.12 | – | 16.00~18.00 | – | 내초산용 |
| 5종 | <0.20 | 8.00~11.00 | 17.00~19.00 | – | 내식용 강재 강관, 식기 용구 |
| 6종 | <0.12 | 8.00~11.00 | 18.00~20.00 | – | 내식용 강재 강관, 식기 용구 |
| 7종 | <0.04 | 8.00~11.00 | 18.00~20.00 | – | 내식용 강재 강관, 식기 용구 |
| 8종 | <0.08 | 9.00~12.00 | 18.00~20.00 | – | 내식용 강재 강관, 요업, 화학용 및 폴림용 상자 |
| 9종 | <0.08 | 8.00~11.00 | 17.00~19.00 | – | 내식용 강재 강관, 내부식 기구 |
| 11종 | <0.10 | 10.00~14.00 | 17.00~19.00 | 1.75~2.75 | 내식용 강관, 강관, 내황산용 |
| 12종 | <0.08 | 10.00~14.00 | 17.00~19.00 | 1.75~2.75 | 내식용 강관, 강관, 내황산용 |
| 13종 | <0.04 | 12.00~16.00 | 17.00~19.00 | 1.75~2.75 | 내식용 강관, 강관, 내황산용 |
| 14종 | <0.10 | 10.00~14.00 | 17.00~19.00 | 1.20~2.75 | 내식용 강관, 강관, 내황산용 |
| 15종 | <0.08 | 10.00~14.00 | 17.00~19.00 | 1.20~2.75 | 내식용 강관, 강관, 내황산용 |
| 16종 | <0.04 | 12.00~16.00 | 17.00~19.00 | 1.20~2.75 | 내식용 강관, 강관, 내황산용 |
| 17종 | 0.08~0.18 | – | 12.00~13.50 | 0.30~0.60 | 증기 터빈 날개, 기계 구조용 |

(2) **내열강**(heat resisting alloy steel)

고크롬강이 내열강으로 사용되며 크롬은 높은 온도에서 크롬 산화 피막이 형성되어 내부로 산화되는 것을 막는다. 크롬의 사용량을 줄이기 위해 산화알루미늄($Al_2O_3$), 산화규소($SiO_2$) 등을 첨가하면 우수한 결과를 가져온다.

### (3) 자기 재료 및 기타 특수강

① 영구 자석강 : 자석강은 잔류 자기와 항자력이 크고 온도, 진동 및 자장의 산란 등에 의하여 자기를 상실하지 않는 영속성이 필요하다. 따라서 텅스텐, 코발트, 크롬이 함유된 합금이 영구 자석용 재료로 많이 사용된다.

② 규소강 : 규소강은 자기 감응도가 크고 잔류 자기 및 항자력이 작으므로 변압기의 철심, 교류 기계의 철심 등에 쓰인다.

③ 베어링강 : 베어링강은 강도 및 경도와 내구성이 요구되므로 예로부터 탄소 1.0%, 크롬 12%의 고탄소 크롬강이 쓰이며 불순물이 적은 강이 요구된다.

④ 게이지강 : 내마멸성과 내식성이 좋고 열처리에 의한 신축 및 담금질에 의한 균열이 적으며 영구적인 치수의 변화가 없어야 하므로 텅스텐-크롬-망간계의 합금 공구강이 쓰인다. 또 치수의 변화를 방지하기 위해 시효 처리하여 200℃ 이상의 온도에서 장시간 뜨임하여 사용한다.

⑤ 고니켈강 : 비자성강(니켈 26%, 탄소 0.2~0.3%)은 오스테나이트 조직으로 비자성이며 강력한 내식성이 있다. 인바(invar 니켈 36%)는 팽창계수가 $0.1\times10^{-6}$으로서 정밀기계의 부품이나 시계 등에 쓰인다. 엘린버(eliver 니켈 36%, 크롬 12%)는 상온에서 탄성률이 거의 변하지 않으므로 회중 시계의 부품 등에 쓰인다. 퍼멀로이(permalloy 니켈 75~80%, 코발

트 0.5%, 탄소 0.5%)는 약한 자장으로 큰 투자율을 얻을 수 있어 해저 전선의 장하 코일로 쓰인다.

# 5. 주 철

## 5-1 주철의 개요

용광로에서 나온 선철을 제강로에서 용해시켜 잉곳으로 만들어 압연하여 쓰는 가공재와 큐폴라(cupola)에서 용해시킨 것을 주형에 주입해서 성형된 주물, 그대로 쓰는 주조 용재의 두 종류가 있다. 강은 압연 가공재이고 주철은 주조용 재료로서 탄소가 2.06～6.68% 함유하는 철-탄소의 2원 합금으로 규소를 약 1.5～3.5% 정도 함유한다.

주철의 장점은 다음과 같다.

① 주조성이 우수하며 크고 복잡한 것도 제작할 수 있다.

② 금속 재료 중에서 단위 무게당 값이 싸다.

③ 주물의 표면은 굳고 녹이 잘 슬지 않으며 칠도 잘 된다.

④ 마찰 저항이 우수하고 절삭 가공이 쉽다.

⑤ 인장 강도, 휨 강도 및 충격값이 작으나 압축 강도가 크다.

## 5-2 주철의 종류와 용도

### (1) 보통 주철

인장 강도 10～20 kg/mm$^2$ 정도로 주성분은 탄소 3.2～3.8%, 규소 1.4～2.5%, 망간 0.4～1.0%, 인 0.3～3.8%, 황 0.08% 이하로 일반 기계 부품, 수도관 난방 용품, 가정 용품, 농기구 등에 쓰인다.

### (2) 고급 주철

인장 강도 25 kg/mm$^2$ 이상인 주철을 고급 주철이라 하며, 일반적으로 특수 원소를 첨가하지 않고 높은 강도를 얻기 위하여 탄소와 규소의 양을 적게 해야 하므로 강철 스크랩을 배합한다. 기계류의 주요 부품으로 사용한다.

### (3) 합금 주철

주철의 여러 가지 성질을 개선하기 위해 니켈, 크롬, 구리, 몰리브덴, 바나듐, 티탄, 알루미늄, 마그네슘 등의 원소를 단독으로 또는 함께 첨가하여 내열성, 내부식성, 내마멸성 등을 개선한다.

### (4) 미하나이트(meehanite cast iron)

바탕이 펄라이트이고 흑연이 미세하게 분포되어 있으므로 인장 강도 35～45 kg/mm$^2$에 달하며 담금질할 수 있어 내마멸성이 요구되는 공작 기계의 안내면과 강도를 요구하는 기관의 실린더에 쓰인다.

#### (5) 구상 흑연 주철(nodular cast iron)

마그네슘 합금을 첨가하거나 특수한 용선 처리를 하여 흑연을 구상화한 것으로 주조한 그대로 인장 강도 50~70 kg/mm², 연신율 2~6% 풀림한 것은 인장 강도 45~55 kg/mm², 연신율 12~20%로 개선되어 강과 비슷한 강도와 연신율을 얻을 수 있다.

#### (6) 칠드 주철(chilled cast iron)

보통 주철에 비해 규소가 적은 용선에 적당량의 망간을 가하여 금형에 주입하면 금형에 접촉된 부분이 급랭되어 경화되는데 이것을 칠드 주철 또는 내경 주철이라 하며 칠드 롤, 기차 바퀴 분쇄기의 롤 등의 제작에 응용된다.

#### (7) 가단 주철

① 백심 가단 주철 : 백선 주물을 철광석, 밀 스케일(mill scale)과 같은 산화철과 함께 풀림 상자 안에 다져 넣고 약 950℃ 이상으로 가열하여 이 온도에서 70~100시간 유지하면 백선 주물의 표면이 탈탄되어 연해지고 내부로 갈수록 흑연과 시멘타이트가 남아 굳은 조직이 된다. 강도는 흑심 가단 주철보다 다소 높으나 연신율이 작다.

② 흑심 가단 주철 : 백선 주철을 철광석, 산화철 등의 탈탄제와 함께 풀림상자에 채운 다음, 풀림 온도를 850~950℃와 680~730℃의 2단으로 나누어 각 온도에서 30~40 시간 유지시켜 얻는다.

# 비철 금속 재료

## 1. 구리 및 구리 합금

### 1-1 구 리

#### (1) 구리의 제조 방법

구리 광석은 적동광, 황동광, 휘동광, 반동광 등이 사용되며 품위는 2~4%이다. 용광로에서 광석을 용해시켜 구리를 20~40% 함유하는 황화구리(CuS)와 황화철(FeS)의 혼합물로 만든 후 전로에서 산화 정련하여 순도 98~99.5%의 조동으로 만든다. 이 조동은 반사로나 전기로에서 정련한다.

• 구리 광석 ⟶ 전로(또는 용광로) ⟶ 조동 ⟶ 반사로 ⟶ 형 구리(주물)
  └⟶ 전기 정련 ⟶ 전기 구리(판재, 봉재, 선재)

#### (2) 구리의 성질과 용도

구리의 기계적 성질은 가공도에 따라 인장 강도는 증가하고 연신율이 감소한다. 경도가 요구되는 곳에는 가공 경화하며 경화의 정도에 따라 $\frac{1}{4}$H, $\frac{1}{2}$H, H 등으로 분류하여 사용한다.

구리는 전기 및 열전도율이 높아 선재, 판재, 봉재, 관재 등으로 가공되어 전기 재료 및 그 밖의 용도에 많이 쓰인다.

가공 경화된 것은 600~700℃로 30분간 풀림하면 연화되며 물에 급랭시켜도 연해진다. 풀림한 것을 연질 구리라 한다.

냉간 가공을 심하게 한 것은 100~150℃에서 약간 연화되고 150~200℃에서 재결정 현상이 생겨 연화된다. 350℃에서 가공 전의 상태로 복귀되나 완전한 풀림은 600~700℃에서 생기게 된다.

#### (3) 구리 합금의 특징

구리는 용융점 이외에는 변태점이 없으므로 철강 재료와 같이 변태점을 이용한 열처리로 재질을 개선할 수 없으므로 구리와 넓은 범위에 걸쳐 고용체를 형성하는 합금 원소를 이용하여 성질을 개선하여 사용한다.

## 1-2 황 동

### (1) 황동의 개요

구리와 아연의 합금을 황동(brass) 또는 놋쇠라 하는데 질기며 유연성이 있고 광택이 미려해서 미술용 재료, 기계 재료로 널리 사용된다.

아연 30 % 내외의 것을 7·3황동, 40% 내외의 것을 6·4황동이라 하는데 아연이 50% 이상 되면 너무 취약해져 거의 사용할 수 없게 된다.

### (2) 황동의 성질과 용도

① 황동의 성질 : 황동의 기계적 성질은 아연의 함유량에 따라 변화하며 인장 강도는 아연 40 % 정도에서 최대 연신율은 30 % 부근에서 최대가 된다.

② 2·8황동 : 아연 8~20 %의 황동은 톰백(tombac)이라 하며 황금색으로 연성이 커서 장식용, 전기용 밸브 프레스용 등에 사용한다.

③ 7·3황동 : 상온에서 전연성이 크므로 압연, 드로잉 등의 가공을 쉽게 하여 판재, 봉재, 관재, 선재 등을 만들 수 있으나 열간 가공은 오히려 곤란하여 냉간 가공에 의한 가공 경화가 커서 경도와 강도를 증가시킬 수 있으나 연신율이 작아진다.

④ 6·4황동 : 아연 40% 내외의 것을 6·4황동 또는 문쯔 메탈(muntz metal)이라고 하며 인장 강도는 크나 연신율이 작기 때문에 냉간 가공성이 나쁘다. 500~600℃로 가열하면 유연성이 회복되어 열간 가공에 적당하다. 강도를 필요로 하는 곳에 사용한다.

### (3) 특수 황동

황동에 다른 원소를 첨가하여 기계적 성질, 절삭성 등을 개선한 것을 말하는데 첨가 원소로서 납, 주석, 규소, 철, 망간, 알루미늄 등이 사용된다.

① 연황동 : 황동의 절삭성을 높이기 위해 납을 1.5~3.0% 첨가하며 쾌삭 황동(free cutting brass)으로서 대량 생산하는 부품이나 시계용 기어와 같은 정밀 가공을 요하는 부품에 사용되고 있다.

② 주석 황동 : 황동의 내식성을 개선하기 위해 1% 정도의 주석을 첨가한 것으로 7·3황동에 첨가한 것을 애드미럴티 황동(admiralty brass), 6·4황동에 첨가한 것을 네이벌 황동(naval brass)이라 부르며 스프링용, 선박용에 사용되고 있다.

③ 델타 메탈(delta metal) : 4·6황동에 철 1~2%를 첨가한 것으로 일명 철 황동이라 하며 강도가 크고 내식성이 좋아 광산 기계, 선박용 기계, 화학 기계 등에 사용되고 있다.

④ 강력 황동 : 4·6황동에 망간, 알루미늄, 철, 니켈, 주석 등을 첨가하여 강력하게 만든 황동으로 주조용, 가공재용으로 사용하며 열간 단련성이 좋고 인장 강도가 크므로 선박용 프로펠축, 펌프축, 밸브, 피스톤 등에 사용된다.

## 1-3 청 동

### (1) 청동의 개요

구리와 주석을 주성분으로 한 합금으로 옛날에는 대포의 몸체를 만드는데 사용했으므로 포금(gun metal)이라고도 하였다. 강도와 경도가 크고 내마멸성, 내식성 등이 좋으며 주조성도 우수하다.

강도와 경도는 주석 15 % 정도에서 최대이고 연신율은 주석 4 %에서 최대가 되며, 그 이상 되면 급격히 감소한다. 주석을 30 % 이상을 첨가하면 너무 취약해져 사용할 수 없다.

### (2) 청동 주물

청동 주물은 주석 10 %정도에 아연을 소량 첨가하여 사용하며 포금은 주석 10 % 에 아연 2 %정도를 함유하는 합금으로 연성이 크고 강하며 내식성과 내수압성이 우수하므로 일반 기계 부품, 밸브, 기어 등에 쓰인다.

### (3) 인 청동

청동에 탈산제로 미량의 인을 첨가한 합금으로 주석 9 %, 인 0.35 % 가 한도이다. 기계적 성질이 좋고 특히 내마멸성이 좋아 기어, 베어링, 밸브 시트(valve seat) 등 기계 부품에 사용한다. 또한 냉간 가공하면 인장 강도와 탄성한계가 높아지므로 판재, 봉재, 선재 등으로 가공되어 스프링재로 널리 쓰이고 있다.

### (4) 베어링용 청동

주석 13~15% 청동의 주조 조직은 연한 재질의 둘레에 굳은 재질이 존재하므로 베어링 재료로 적당하며, 인을 첨가하면 한층 내마멸성이 증가한다.

### (5) 알루미늄 청동

알루미늄 청동은 알루미늄을 5~12% 함유하는 합금으로 황동이나 청동에 비하여 기계적 성질, 내식성, 내열성, 내마멸성 등이 우수하므로 화학·공업용 기계, 선박·항공기·차량용 부품으로 널리 사용된다.

### (6) 양은(german silver)

니켈 15~20%, 아연 20~30% 를 함유하는 구리 합금을 양은 또는 백동, 니켈 청동이라 한다. 다량의 니켈을 첨가하면 내식성, 내열성, 강도, 스프링 특성이 우수하고 전기 저항 온도 계수가 매우 작게 된다. 따라서 장식품, 식기, 가구, 기계 부품, 전류 조절용 저항 접점, 내열성 전기 접점, 온도 조절용 바이메탈, 스프링 재료, 화폐 등의 제작에 많이 쓰인다.

# 2. 알루미늄과 그 합금

## 2-1 알루미늄

### (1) 알루미늄의 특성

비중이 2.7인 경금속으로 보크사이트라는 원광석을 제련하여 만든다. 주조가 쉽고 다른 금속과 합금이 잘되며 냉간 및 열간 가공이 쉽다. 대기중에서 알루미늄 산화 피막이 형성되어 내부를 보호하므로 내식성이 강하고, 전기와 열의 양도체로서 특히 송전선에 많이 쓰인다.

알루미늄판은 자동차, 항공기, 가정 용기, 화학·공업용 용기 등에 사용된다. 알루미늄박은 의약품, 과자류의 상자 포장으로 이용되며 알루미늄봉과 파이프는 전기 재료, 콘덴서 등에 사용되고 알루미늄분말은 녹 방지용 도료, 폭약의 제조 등에 사용한다.

알루미늄을 상온에서 압연 가공하면 경도와 인장 강도는 증가하나 연신율은 감소한다.

냉간 가공에 의해 경화된 것은 150℃ 정도 가열하면 연화되기 시작하여 300~350℃에서 완전히 연하게 된다. 연신율은 400~500℃에서 크게 증대되며 압연 및 압출 가공은 이 온도 범위에서 한다.

[냉간 압연 강판의 기계적 성질]

| 종 류 | 구분 / 두께(mm) / 기호 | 기계적 성질 | | | | | | | 비 고 |
|---|---|---|---|---|---|---|---|---|---|
| | | 연 신 율(%) | | | | | | 인장 강도 (kgf/mm²) | |
| | | 0.25 이상 0.45 미만 | 0.45 이상 0.60 미만 | 0.60 이상 1.00 미만 | 1.0 이상 1.6 미만 | 1.6 이상 2.5 미만 | 2.5 이상 | | |
| 1종 | SBC 1 | 32 이상 | 34 이상 | 36 이상 | 37 이상 | 38 이상 | 39 이상 | 28 이상 | 일 반 용 |
| 2종 | SBC 2 | 34 이상 | 36 이상 | 38 이상 | 39 이상 | 40 이상 | 41 이상 | 28 이상 | 죔 용 |
| 3종 | SBC 3 | 36 이상 | 38 이상 | 40 이상 | 41 이상 | 42 이상 | 43 이상 | 28 이상 | 깊이죔용 |

## 2-2 알루미늄 합금

### (1) 알루미늄 합금의 특징

순수한 알루미늄은 강도가 작아서 구조용 재료로는 부적당하며 또한 용융점 이외에 변태점이 없으므로 열처리에 의한 기계적 성질을 개선할 수 없으므로 알루미늄에 구리, 니켈, 마그네슘, 규소, 망간 등을 첨가하여 기계적 성질을 개선하거나 열처리성을 개선한다.

경합금(light alloy)으로서 항공기, 자동차의 부품, 건축용 재료, 광학 기계, 전기 기계, 화학 공업 등의 무게가 가벼운 것을 요하는 곳에 널리 사용한다.

### (2) 두랄루민(duralumin)

단련용 알루미늄의 대표적인 합금으로 알루미늄-구리-마그네슘-망간계 합금이다. 표준 성분은 구리 3.5~4.5%, 마그네슘 1~1.5%, 규소 0.5%, 망간 0.5~1% 로서 주조물로 제조하기 어렵고 물 속에서 500℃로 담금질한 후 상온에서 시효 경화시키면 인장 강도 30~45kgf/mm²,

연신율 20~25%, 브리넬 경도 90~120이 되어 0.2% 탄소강과 비슷하며 항공기나 자동차 등에 널리 사용된다.

### (3) 강력 알루미늄 합금

두랄루민 이외에 초두랄루민, 고력 알루미늄 합금, 초강 두랄루민 등이 사용된다.

① 초두랄루민 : 두랄루민에 마그네슘 함유량을 0.5~1.5%로 높인 것으로 열처리하여 시효 경화시키면 인장 강도가 최고 48 kgf/mm²에 달하며 가공성은 두랄루민보다 떨어진다. 항공기의 구조용 재료, 리벳, 기계 기구류, 일반 구조용 재료로서 그 용도가 넓다.

② 초강 두랄루민 : 알루미늄에 아연 8~10%, 구리 2%를 넣은 합금에 마그네슘 2~3%를 첨가하여 시효 경화에 의해 인장 강도를 최고 54 kgf/mm²을 갖게한 합금이다.

### (4) 단련용 와이(Y)합금

Y 합금은 알루미늄-니켈계의 내열 합금으로서 구리 4%, 니켈 2%, 마그네슘 1.5%가 표준이고 구리 3~6%, 니켈 0.5~1%, 망간 0.3%~0.5%, 마그네슘 0~1%의 것도 있다.

이 합금은 내열성이 극히 우수하여 250℃에서 상온의 90%라는 높은 강도를 유지하므로 금형 주물로 하여 내연기관의 피스톤이나 실린더 헤드로 많이 사용된다. Y 합금은 구리와 마그네슘을 함유하므로 시효 경화성이 크고 니켈을 함유하여 300℃ 이상에서 점성이 있어 300~450℃에서 단조할 수 있고 460~480℃에서 압연이 가능하다.

### (5) 내식성 알루미늄 합금

알루미늄-마그네슘계의 하이드로날륨(hydronalium), 알루미늄-망간계의 알민(almin), 알루미늄-마그네슘-규소계의 알드레이(aldrey) 등이 있다. 하이드로날륨은 바닷물과 알칼리에 대한 내식성이 크고 용접성이 우수하며, 인장 강도와 피로 한도가 온도에 따른 영향도 적은 매우 우수한 재료이다. 단조용 알루미늄-마그네슘 합금에는 마그네슘 6% 이하가 보통이나 특수 목적에는 10%의 것도 실용되고 압축재로 마그네슘 25%를 첨가한 것도 생산이 가능하다.

### (6) 복합재(clading)

강력 알루미늄 합금은 내식성이 나쁜 합금으로 시효성이 없거나 적어서 강도가 약하므로 강력 합금의 표면에 내식성이 좋은 합금이나 알루미늄판을 표재의 두께 5~10% 정도로 압연 접착시켜 사용할 수 있는 것으로 클래드(clad)재라고 한다.

# 비금속 재료

## 1. 기초 재료

### 1-1 석 재

기초 재료에 가장 많이 사용되며 내구력이 큰 우수한 재료이지만 성형이 어렵고 큰 것은 운반도 어렵다. 표 [석재의 성질]은 일반적으로 많이 사용되는 석재의 종류와 성질을 나타낸 것이며, 석재의 인장 강도는 압축 강도의 1/10～1/20로서 대단히 약하여 인장력 및 휨 모멘트가 작용하는 부분에는 사용할 수 없다.

[석재의 성질]

| 종 류 | 비 중 | 압축 강도 ($kg/cm^2$) | 함수율(%) | 내 구 성 | 내 화 성 |
|---|---|---|---|---|---|
| 화 강 암 | 2.65 | 1.700 | 0.3 | 우수하다 | 약하다 |
| 안 산 암 | 2.5 | 1.1150 | 2.5 | 좋 다 | 좋 다 |
| 응 회 암 | 1.45 | 180～700 | 17.2 | 좋지 않다 | 좋 다 |

### 1-2 시멘트 및 콘크리트

#### (1) 시멘트

일반적으로 물로 개어서 방치하면 시간이 경과함에 따라 경화하는 접착용의 무기질 미분말을 통틀어 시멘트라 하며, 포틀랜드 시멘트, 고로 시멘트, 실리카 시멘트 등이 있다.

① 포틀랜드 시멘트(portland cement) : 보통 많이 사용되는 시멘트로서 주요 성분은 산화칼슘(CaO 63～66 %), 산화규소($SiO_2$ 21～23 %), 산화알루미늄($Al_2O_3$ 5～7 %), 산화철($Fe_2O_3$ 3～4 %)로 되어 있다.

주원료인 점토와 석회석에 규석 산화철을 배합하여 회전 가마(rotary kilin)에서 약 1400～1500 ℃의 온도로 소성하여 클링커(clinker) 덩어리로 만들고 소량의 석고를 첨가하여 미분말로 만든 것이 포틀랜드 시멘트이다.

② 고로 시멘트(portland blast-furnace cement) : 포틀랜드 시멘트에 소량의 석고와 고로에서 배출된 염기성 슬래그를 급랭하여 30～40 % 첨가하고 분쇄하여 만든 것으로 보통 시멘트보다 경화성은 느리지만 황산염을 함유하는 물에 저항이 크므로 바다나 지하수의 기초 공사용에 널리 사용한다.

③ 실리카 시멘트(silica cement) : 시멘트 클링커에 규산질 혼합재 20～25 %와 소량의 석고를

배합한 것을 실리카 시멘트라고 하며, 성질은 고로 시멘트와 비슷하고 고로 시멘트와 더 불어 혼합 시멘트라 한다.

④ 시멘트의 성질 : 시멘트의 성질은 조성만으로 결정되는 것이 아니고 제조 조건, 입자의 크기 등에 영향을 받는다. 시공할 때 충분히 습기를 주거나 물에 양생시키면 강도가 증가한다. 일반적으로 응고는 물과 혼합면 한 시간 후부터 시작해서 10시간 내에 끝난다. 또한 저장중 공기중의 수분 등과 혼합하면 풍화되어 품질이 나쁘게 되므로 습기가 적은 곳에 저장하는 것이 좋다.

**(2) 몰탈**(mortar)

몰탈은 시멘트와 모래를 물에 섞어 비빈 것으로 바닥이나 벽 등을 바르며 벽돌의 접합, 틈새 메우기, 볼트 등을 고정할 때 사용한다. 그 성질은 재료의 성질, 배합, 시공 조건 등에 따라 다르며 시멘트와 모래의 부피의 비는 1 : 1~1 : 3이 보통이다.

**(3) 콘크리트**

① 배합 : 보통 콘크리트의 배합은 시멘트 : 모래 : 자갈의 부피비로써 결정하며 철근 콘크리트의 표준 배합은 1 : 2 : 4이고 이보다 시멘트의 양이 많은 1 : 1 : 2 또는 1 : 1 : 3 등의 경우 압축 강도가 크고 수밀성이 우수하다. 기계 설치의 경우 1 : 2 : 5 정도로 배합한다.

② 콘크리트의 성질 : 콘크리트의 비중은 약 23, 무게 약 2300~2350 $kgf/m^3$ 정도이다. 콘크리트의 강도는 혼합 후 28일의 강도를 표준으로 하며, 압축 강도 100~400 $kgf/cm^2$이나 보통 150~250 $kgf/cm^2$의 범위가 많다. 인장 강도는 압축 강도의 약 1/10, 휨 강도는 압축 강도의 1/5~1/7 정도이다. 콘크리트는 응고할 때 수분이 감소되면서 0.05 mm 정도의 수축이 생기므로 균열이 생기는 경우도 있다.

# 2. 합성수지

## 2-1 합성수지의 일반적인 성질

열을 가하면 자유로이 그 모양을 변화시킬 수 있는 성질을 가소성이라 하고 유기 물질로 합성된 가소성이 큰 물질을 플라스틱(plastic) 또는 합성수지(synthetic)라 하며 경화 현상에 의하여 열경화성 수지와 열가소성 수지로 나눈다.

열경화성 수지는 가열하여 가압 성형하면 다시 가열하여도 연해지거나 용융되지 않으나 열가소성 수지는 성형 후에도 가열하면 연해지고 냉각하면 다시 본래의 상태로 굳어지는 성질을 가지고 있다.

합성수지의 공통된 성질은 다음과 같다.

① 가볍고 튼튼하다(비중 1~1.5).

② 가공성이 크고 성형이 간단하다.

③ 전기 절연성이 좋다.

④ 산, 알칼리, 유류, 약품 등에 강하다.

⑤ 단단하나 열에 약하고 투명한 것이 많으며 착색이 자유롭다.

⑥ 비중과 강도의 비인 비강도가 비교적 높다.

[합성수지의 성질 및 용도]

| 종 류 | | 특 징 | 용 도 |
|---|---|---|---|
| 열경화성 수지 | 페놀수지 | 경질, 내열성 | 전기 기구, 식기, 판재, 무음 기어 |
| | 요소수지 | 착색 자유, 광택이 있음 | 건축 재료, 문방구 일반 성형품 |
| | 멜라닌수지 | 내수성, 내열성 | 책상판, 테이블판 가공 |
| | 폴리에스테르수지 | 성형이 쉽고, 가볍고 튼튼함 | 파상 형상판 판재 |
| | 규소수지 | 전기 절단성, 내열성, 내한성 | 전기 절연 재료, 도료, 그리스 |
| 열가소성 수지 | 스티롤수지 | 성형이 쉽고 투명도가 큼 | 고주파 절연 재료, 잡화관, 판재, 마루, 건축 재료 |
| | 염화비닐 | 가공이 용이함 | |
| | 폴리에틸렌 | 유연성이 있음 | 관, 필름 |
| | 초산비닐 | 접착성이 좋음 | 접착제, 껌 |
| | 아크릴수지 | 강도가 크고, 투명도가 특히 좋음 | 방풍 유리, 광학 렌즈 |

합성 수지의 성형 방법으로 사출성형, 압출성형, 압축성형 등이 가장 많이 이용된다.

## 2-2 공업용 합성수지

### (1) 염화비닐

염화비닐은 석회석, 석탄, 소금 등을 원료로 사용하므로 원료의 자급이 쉽다. 내산, 내알칼리성이 풍부하고 황산, 염산, 수산화나트륨 등의 약품, 바닷물에 녹거나 부식되지 않고 기름이나 흙에 파묻혀도 침식되지 않는다.

전기 및 열의 불량 도체로서 전기적인 부식이 거의 없으므로 전선관이나 수도관에 사용하는 것이 적당하다. 비중은 1.4로서 철의 1/5, 납의 1/8로 가벼우며 인성이 크고 가공이 쉬우나 열에 약하다.

### (2) 폴리에틸렌

폴리에틸렌은 무색 투명하며 내수성, 전기 절연성이 좋고 산이나 알칼리에도 강하고 120~180℃로 가열하면 쉽게 액체가 되므로 사출(injection) 성형에 알맞다. 석유 상자, 브러시, 장난감 등에 이르기까지 그 용도는 헤아릴 수 없을 정도로 많다.

폴리에틸렌은 비중 0.92~0.96으로 염화비닐보다 가볍고, −60℃에서도 경화되지 않으며, 충격에 대단히 강하고 내화성도 고무나 염화비닐보다 좋다.

### (3) 베이클라이트

베이클라이트는 페놀계 수지(phenol resin)로 페놀, 크레졸 등과 포르말린을 반응시켜 만든 것으로 나무 조각, 솜, 석면 등을 충분히 섞어 만든 제품이 전기 기구, 가정 용품 등에 사용된다. 또 종이, 천, 석면 등과 적층으로 만들면 전기 기구용 재료, 무음 기어 등에도 사용된다.

액체 상태의 것은 페인트, 접착제 등으로 사용된다.

# 3. 도 료

## 3-1 도료의 개요

도료는 재료의 부식 방지 및 미관을 좋게 하기 위해 사용하나 특수 목적으로서는 방화, 방수, 발광 또는 전기 절연을 위하여 사용할 수 있다. 도료는 각종 안료를 적당한 전착제 액체 성분에 용해 또는 혼합하여 만드는데 그 조성에 따라 보통 페인트와 니스로 구분한다.

### (1) 페인트(paint)

페인트는 안료를 액체의 전착제로 섞어 비빈 것으로 불투명하다.

전착제로 물, 기름, 니스 등이 있으며 수성 페인트, 유성 페인트, 에나멜(enamel) 페인트가 있다.

### (2) 니스

수지 또는 합성수지를 용제로 용해한 정제 니스와 정제 니스에 건성유를 융합한 유성 니스가 있다. 또한 정제 니스에 질산셀룰로즈를 첨가한 것을 래커라 한다.

### (3) 방청 도료(내식 도료)

① 연단 도료($Pb_2O_3$ : 과산화납)를 아마인유에 혼합한 것으로 밀착력이 좋고 풍화에 대한 저항력이 커서 다른 도료의 밑바탕 도장에 사용한다.

② 아연화납 도료 : 납가루를 기름에 갠 것으로 치밀한 막을 만들며 녹막이 효과가 크다.

③ 산화철 도료 : 산화철의 양이 적을수록 빨갛고, 많을수록 짙은 자색을 나타내며 값이 싸서 많이 사용한다.

④ 크롬산납 도료 : 붉은색의 크롬산납을 안료로 하는 유성 페인트에 소량의 산화납을 첨가하여 사용한다.

⑤ 알루미늄 분말 도료 : 산화알루미늄($Al_2O_3$) 분말을 유성 니스에 혼합하여 녹막이 효과를 크게 한 것으로 밑바탕 도장 후에 유성 페인트를 바르면 녹막이 효과가 더 커진다.

### (4) 내산 도료

① 아스팔트 : 산이나 알칼리에 대한 저항력이 커서 화학 공업용으로 많이 사용한다.

② 합성수지계 도료 : 내산성이 강한 비닐수지, 페놀계수지, 프탈계수지 등을 액체로 하고 가소제, 용제 등을 배합한 도료로서 모든 약품에 저항력이 강하다.

③ 염화 고무계 도료 : 염화 고무에 안료, 가소제, 용제 등을 배합한 것으로 내산, 내알칼리성이 강하다.

### (5) 내열 도료

① 소부 니스 : 100~200℃ 정도 소부하는 투명 니스와 180℃ 이상 소부하는 흑색 니스가 있다.

② 멜라닌 도료 : 내열도 150℃ 정도

③ 실리콘 도료 : 내열도 200℃ 정도로 내열 도료 중 가장 내열도가 높다.

# 제관 재료

## 1. 제관 재료의 개요

### 1-1 제관 재료의 특성

#### (1) 제관 재료의 구비 조건

제관 재료로 사용되는 금속은 재질이 균일하고 성분이 좋아야 하며, 기계에 의한 성형이나 프레스 가공에 사용되는 금속 재료는 두께의 치수 정밀도가 높고 표면이 아름답고 매끄러워야 한다.

제관 재료로 가장 많이 사용되는 것은 철강 재료이며, 다음과 같은 특성이 있다.

① 전연성이 풍부하여 소성이 크므로 성형 공작이 쉽다.
② 비교적 전단이나 용접하기 쉽다.
③ 강도가 높고 제품이 매우 견고하다.
④ 경도가 크고 내마멸성이 있어 오래 사용할 수 있다.
⑤ 열에 잘 견디고 비교적 부식이 잘 안된다.
⑥ 제조 과정을 자동화하기 쉬워 대량 생산이 가능하다.
⑦ 재료를 구하기 쉽고 비교적 가격이 싼 편이다.

#### (2) 제관 재료의 범위

① 강판 : 연강, 고장력강, 내식강, 내열강 등의 합금강이 사용된다.
② 특수 강판 : 알루미늄이나 스테인리스강을 표면에 입힌 클래드강판, 합성수지를 입힌 특수 피막 강판, 중량이 가벼운 형강 등으로 나누어진다.
③ 비철금속 재료 : 구리합금, 알루미늄합금 등 열전도성, 전기 전도성, 내식성, 비자성, 경량성 등의 우수한 성질을 이용하여 특수 목적으로 사용한다.
④ 비금속 재료 : 금속 재료의 대용으로 합성수지를 개발하여 사용하고 기초용 재료로 석제 시멘트, 도장 재료로 페인트, 니스, 에나멜 등을 사용한다.

# 2. 철강 판재

일반적으로 철강 재료는 그림 [강재의 제조 공정도]와 같이 용광로에서 제조한 선철을 평로, 전로 등에서 탈탄 및 탈산하여 강괴(ingot)로 만들어 분괴 압연 공장에서 블룸(bloom), 슬래브(slab), 빌릿(billet), 시트 바(sheet bar) 등의 강편으로 만든 뒤 제품 압연 공장으로 보내진다.

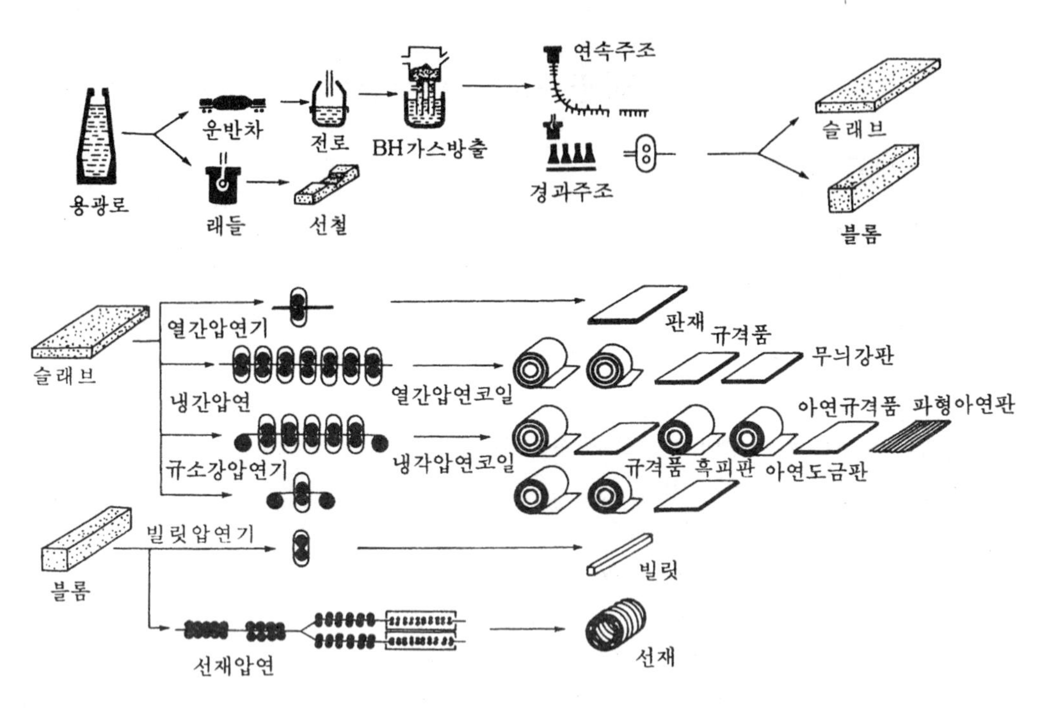


[강재의 제조 공정도]

강괴를 가열하여 압연 공장에서 소요 치수로 압연하고 전단한 후 제품 압연 공장에 보내는 중간 압연 공정을 분괴(blooming) 또는 코깅(cogging)이라 한다. 중간 압연 공정을 거친 재료는 제품 압연 공장에서 각종 판재, 봉재, 각재, 형강으로 제조한다.

## 2-1 철강 판재의 분류

일반적으로 널리 사용되고 있는 철강 판재로서 얇은 강판은 탄소 함유량이 0.13~0.18 % 두꺼운 강판은 0.18~0.3 %인 연강판으로 박판, 중판, 후판으로 구분하며 제조 방법에 따라 열간 압연 강판, 냉간 압연 강판으로 나눈다.

### (1) 제조 방법에 따른 강판의 분류

① 열간 압연 강판(rolled steel sheet) : 강괴를 균열로에서 장시간 가열하여 분괴 압연기로 얇은 시트 바로 만든 후 1200 ℃ 정도로 가열, 반복, 압연을 거쳐 두께 3 mm 미만의 판재로 만든다.

열간 압연을 하면 재료의 내부에 산재해 있는 기공이 밀착되어 없어지고 재질이 균일하게 된다. 이 강판은 드럼통, 양철판 및 함석판의 소재, 흑피, 강판 등에 사용한다.

다음은 KS D 3501에 규정된 열간 압연 강판의 규격으로 기계적 성질을 나타낸 것이다.

**[열간 압연 강판의 규격]** (KS D 3501)

열간 압연 강판의 화학 성분

| 종류 | 기호 | 화학 성분(%) | | | | |
|---|---|---|---|---|---|---|
| | | C | Si | Mn | P | S |
| 1종 | SBH 1 | 0.12 이하 | 0.08~0.15 | 0.25~0.50 | 0.05 이하 | 0.05 이하 |
| 2종 | SBH 2 | 0.10 이하 | 0.05~0.08 | 0.25~0.50 | 0.05~0.08 | 0.05 이하 |
| 3종 | SBH 3 | 0.12 이하 | 0.05 이하 | 0.25~0.50 | 0.08~0.11 | 0.05 이하 |

열간 압연 강판의 기계적 성질

| 종류 | 기호 | 인장 시험 | | 굴곡 시험 | | 비고 |
|---|---|---|---|---|---|---|
| | | 인장 강도 (kg/mm²) | 연신율 (%) | 굴곡 각도 | 안쪽 반지름 | |
| 1종 | SBH 1 | – | – | 180° | 두께 1.6mm 이하의 경우 밀착 | 일반용 |
| 2종 | SBH 2 | 28 이상 | 26 이상 | 180° | 두께 1.6mm 초과의 경우 두께의 1.0배 | 일반용, 아연 도금 및 주석 도금용 |
| 3종 | SBH 3 | 28 이상 | 26 이상 | 180° | | |

② 냉간 압연 강판(cold rolled sheet) : 열간 압연 강판을 산(acid)으로 세척하여 판 두께의 50 % 정도로 냉간 압연하여 풀림처리한 후 조절 압연기에서 다듬질한 것을 냉간 압연 강판이라 한다. 냉간 압연을 하면 재질이 치밀하고 표면이 매끄러워지므로 프레스 가공용으로 널리 사용된다. 다음 [표]는 KS D 3512에 규정된 냉간 압연 강판의 기계적 성질을 나타낸 것이다.

**[냉간 압연 강판의 기계적 성질]**

| 종류 | 구분 / 두께(mm) / 기호 | 기계적 성질 | | | | | | | 비 고 |
|---|---|---|---|---|---|---|---|---|---|
| | | 연신율 (%) | | | | | | 인장강도 (kg/mm²) | |
| | | 0.25 이상 0.45 미만 | 0.45 이상 0.60 미만 | 0.60 이상 1.00 미만 | 1.0 이상 1.6 미만 | 1.6 이상 2.5 미만 | 2.5 이상 | | |
| 1종 | SBC 1 | 32 이상 | 34 이상 | 36 이상 | 37 이상 | 38 이상 | 39 이상 | 28 이상 | 일 반 용 |
| 2종 | SBC 2 | 34 이상 | 36 이상 | 38 이상 | 39 이상 | 40 이상 | 41 이상 | 28 이상 | 쥠 용 |
| 3종 | SBC 3 | 36 이상 | 38 이상 | 40 이상 | 41 이상 | 42 이상 | 43 이상 | 28 이상 | 깊이쥠용 |

### (2) 두께에 의한 강판의 분류

① 박판 : 두께 3mm 이하의 판재를 박판이라 하며 판금 재료에 사용된다. 규격의 표시는 단위는 피트(feet)로 하며 3′×6′(914×1829), 4′×8′(1219×2438), 5′×10′(1524×3048) 등이 있다.

② 중판 : 두께 3~6mm 사이의 강판을 중판이라 하고 크기는 박판과 같다.

③ 후판 : 두께 6mm 이상의 강판을 후판이라 하며, 주로 제관용에 많이 사용된다. 크기는 보통 박판과 같으나 수요자의 요구에 따라 대형의 것도 제작되어 공급하고 있다.

### (3) 재질에 의한 분류

강판의 재질에 의해 KS의 규정은 일반 구조용 압연 강판(SS), 용접 구조용 압연 강판(SWS), 보일러용 압연 강판(SBB)으로 분류하고 있다.

① 일반 구조용 압연 강판(SS) : 보통 림드강이나 세미킬드강으로 만들며 복잡한 냉간 가공에는 사용되지 않으나 강도를 요구하는 부품으로서 건축, 토목, 차량, 선박 등에 많이 사용된다. 이 강판은 두께가 3mm 이상으로 탄소 함유량이 1종 0.08~0.12%, 2종 0.06~0.26%, 3종 및 4종이 0.28~0.35%이다. 기호 SS 뒤의 숫자는 인장 강도를 나타낸 것이고, 뒤에 P를 붙이면 강판을, F를 붙이면 평강을, A를 붙이면 형강을, B를 붙이면 봉강을, S를 붙이면 강재를 나타낸다.

예 SS 34 - P

**[일반 구조용 압연 강판]** (KS D 3505)

| 종 류 | 기 호 | 화 학 성 분(%) | | | | 인 장 시 험 | | | | |
|---|---|---|---|---|---|---|---|---|---|---|
| | | | | | | 항복점 또는 내력 (kgf/mm²) | | | 인장 강도 (kgf/mm²) | 연신율(%) (40 초과) |
| | | | | | | 판 두 께(mm) | | | | |
| | | C | M | P | S | 16 이하 | 16 이상 40 이하 | 40 이상 | | |
| 1종 | SS 34 | — | — | 0.050 이 하 | 0.050 이 하 | 21 이상 | 20 이상 | 18 이상 | 34~44 | 28 이상 |
| 2종 | SS 41 | — | — | 0.050 이 하 | 0.050 이 하 | 25 이상 | 24 이상 | 22 이상 | 41~52 | 23 이상 |
| 3종 | SS 50 | — | — | 0.050 이 하 | 0.050 이 하 | 29 이상 | 28 이상 | 26 이상 | 50~62 | 21 이상 |
| 4종 | SS 55 | 0.30 이하 | 1.60 이하 | 0.040 이 하 | 0.040 이 하 | 41 이상 | 40 이상 | — | 55 이상 | 17 이상 |

② 용접 구조용 압연 강판(SWS) : 용접성을 양호하게 한 강판으로 용접 구조물에 많이 사용한다.

**[용접 구조용 압연 강판]** (KS D 3515)

| 종류 | 기 호 | | 화 학 성 분(%) | | | | | 인 장 시 험 | | | | 연신율(%) (40 초과) |
|---|---|---|---|---|---|---|---|---|---|---|---|---|
| | | | | | | | | 항복점 또는 내력 (kgf/mm²) | | | 인장 강도 (kgf/mm²) | |
| | | | | | | | | 강재의 두께(mm) | | | | |
| | | | C | Si | Mn | P | S | 16 이하 | 16 이상 40 이하 | 40 이상 | | |
| 1종 | A | SWS 41 A | 0.23 이하 | — | 2.5×C 이상 | 0.040 이하 | 0.040 이하 | 25 이상 | 24 이상 | 22 이상 | 41~52 | 24 이상 |

| | | | | | | | | | | | | |
|---|---|---|---|---|---|---|---|---|---|---|---|---|
| 1종 | B | SWS 41 B | 0.20 이하 | 0.35 이하 | 0.60 1.20 | 0.040 이하 | 0.040 이하 | 25 이상 | 24 이상 | 22 이상 | 41~52 | 24 이상 |
| | C | SWS 41 C | 0.18 이하 | 0.35 이하 | 1.40 이하 | | | | | | | |
| 2종 | A | SWS 50 A | 0.20 이하 | 0.55 이하 | 1.50 이하 | 0.040 이하 | 0.040 이하 | 33 이상 | 32 이상 | 30 이상 | 50~62 | 23 이상 |
| | B | SWS 50 B | 0.18 이하 | 0.55 이하 | 1.50 이하 | | | | | | | |
| | C | SWS 50 C | 0.18 이하 | 0.55 이하 | 1.50 이하 | | | | | | | |
| 3종 | A | SWS 50 YA | 0.20 이하 | 0.55 이하 | 1.50 이하 | 0.040 이하 | 0.040 이하 | 37 이상 | 36 이상 | 34 이상 | 50~62 | 21 이상 |
| | B | SWS 50 YB | | | | | | | | | | |
| 4종 | B | SWS 53 B | 0.20 이하 | 0.55 이하 | 1.50 이하 | 0.040 이하 | 0.040 이하 | 37 이상 | 36 이상 | 34 이상 | 53~65 | 21 이상 |
| | C | SWS 53 C | | | | | | | | | | |
| 5종 | | SWS 58 | 0.18 이하 | 0.55 이하 | 1.50 이하 | 0.040 이하 | 0.040 이하 | 47 이상 | 46 이상 | 44 이상 | 58~73 | 20 이상 |

③ 보일러용 압연 강판(SBB) : 선박, 기관차 보일러 등의 고압용기에 많이 사용되며 고도의 안전성과 고온 · 고압에 견딜 수 있게 엄격한 규제가 따른다.

**[보일러용 압연 강판]** (KS D 3560)

| 종 류 | 기 호 | 화 학 성 분(%) | | | | | | 인 장 시 험 | | | |
|---|---|---|---|---|---|---|---|---|---|---|---|
| | | C | Si | Mn | P | S | Mo | 항복점 ($kgf/mm^2$) | 인장 강도 ($kgf/mm^2$) | 연신율 (%) | 시험편 |
| 2종 | SBB 42 | 0.24~0.30 | 0.15~0.30 | 0.90 이하 | 0.035 이하 | 0.040 이하 | — | 23 이상 | 42~56 | 21 이상 | 1A호 |
| | | | | | | | | | | 25 이상 | 10호 |
| 3종 | SBB 46 | 0.28~0.33 | 0.15~0.30 | 0.90 이하 | 0.035 이하 | 0.040 이하 | — | 25 이상 | 46~60 | 19 이상 | 1A호 |
| | | | | | | | | | | 23 이상 | 10호 |
| 4종 | SBB 49 | 0.31~0.35 | 0.15~0.30 | 0.90 이하 | 0.035 이하 | 0.040 이하 | — | 27 이상 | 49~63 | 17 이상 | 1A호 |
| | | | | | | | | | | 21 이상 | 10호 |

### (4) 기타 제관용 강판

① 도금 강판 : 열간 압연 강판을 산으로 세척하고 아연이나 주석 용탕에 넣어 도금한 뒤 냉간 압연하여 만든다.

② 아연 도금 강판 : 아연 도금 강판(함석판 ; galvanize sheet)은 강판에 아연 도금하여 산화되지 않도록 한 것이다. 함석판은 도금 두께가 일정하고 부풀어오르는 일이 없으며 내식성이 좋다. 함석판의 크기는 914×1828mm가 많으며 평판, 파형판, 코일판 등으로 생산되고 보통 지붕, 덕트, 방열커버, 냉장고 라이닝 및 가정용 기구 등에 사용된다.

파형판은 평판을 세로 방향의 파형으로 만든 것으로 파형에는 대파와 소파가 있다. 소파는 SBHG 다음에 $W_2$를 붙이고, 대파는 SBHG 다음에 $W_1$을 붙인다.

3″ 파형판($W_1$) : 파형의 피치 3″(76.2), 깊이 18mm

$1\frac{1}{4}$″ 파형판($W_2$) : 파형의 피치 $1\frac{1}{4}$″, 깊이 9mm

코일판은 강판의 세로 방향을 코일 모양으로 감은 것이다.

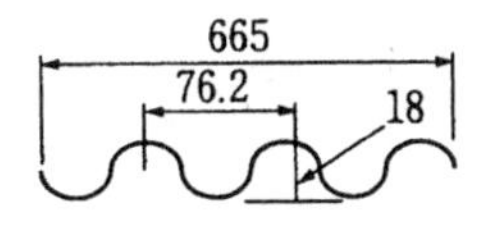


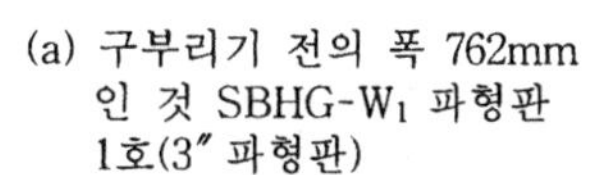

(a) 구부리기 전의 폭 762mm 인 것 SBHG-$W_1$ 파형판 1호(3″ 파형판)

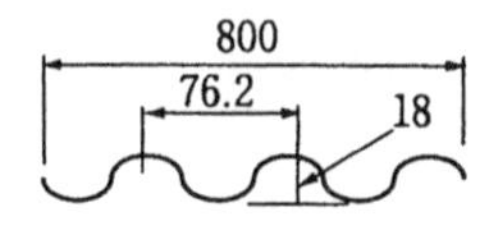


(b) 구부리기 전의 폭 914mm 인 것 SBHG-$W_1$ 파형판 1호(3″ 파형판)

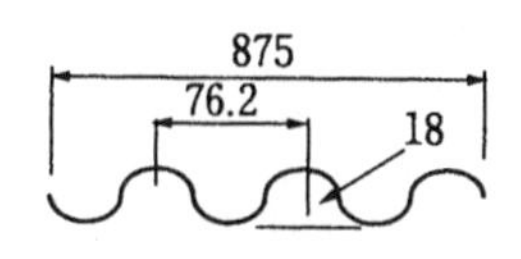


(c) 구부리기 전의 폭 1000mm 인 것 SBHG-$W_1$ 파형판 1호

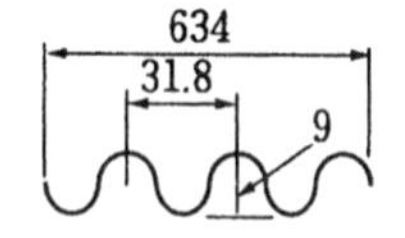


(d) 구부리기 전의 폭 762mm 인 것 SBHG-$W_2$ 파형판 2호( $1\frac{1}{4}$ 파형판)

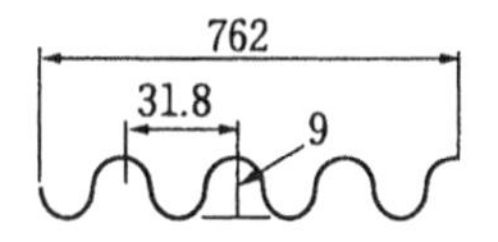


(e) 구부리기 전의 폭 914mm 인 것 SBHG-$W_2$ 파형판 2호( $1\frac{1}{4}$ 파형판)

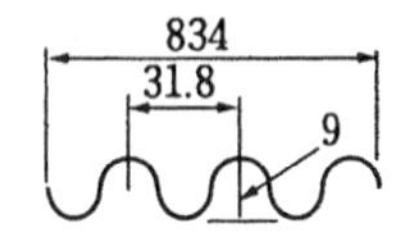


(f) 구부리기 전의 폭 1000mm 인것 SBHG-$W_2$ 파형판

**[파형 아연 강판]**

아연 도금 강판은 1종에서 4종까지 4종류로 분류되며 1종은 일반용, 2종은 굴곡용, 3종은 드로잉용, 4종은 구조용으로 사용되며, 생산되는 아연 도금 강판의 두께는 0.2~3.2mm이고, 아연의 부착량은 183~381g/m$^2$ 이상을 나타내며, 연신율은 3종(SBHG3)의 원판 두께 1.6mm 이상에서 38%의 높은 비율을 나타내고 있다.

**[판의 종류와 아연 최소 부착량]** (KS D 3560-1978)

| 종 류 | 기 호 | 주용도 | 적용 두께 | 표준 부착량 (시험방법의 구분) | 아연의 표준 부착량(g/m$^2$(OZ/ft$^2$)) | | | |
|---|---|---|---|---|---|---|---|---|
| | | | | | 183 (0.60) | 244 (0.80) | 305 (1.00) | 381 (1.25) |
| 1종<br>2종<br>3종<br>4종 | SBHG1<br>SBHG2<br>SBHG3<br>SBHG4 | 일반용<br>굴곡가공용<br>죕용<br>구조용 | 32mm 이하<br>0.20~2.3mm<br>0.30~1.6mm<br>0.40~3.2mm | 중량법 (직접법) | 137 (0.45) | 198 (0.65) | 244 (0.80) | 305 (1.00) |
| | | | | 영화안티몬법 (간접법), 3점법 | 122 (0.40) | 183 (0.60) | 214 (0.70) | 275 (0.90) |

〔비 고〕 1. 판 및 코일의 부착량은 양면의 부착량이다.
2. 최대 부착량은 주문자와의 협의에 따른다.
3. ( ) 내의 값은 수출상품의 경우에 적용된다.

③ 주석 도금 강판 : 주석 도금 강판(양철판 ; tinned steel sheet)은 주석 도금한 것으로 가공성이 풍부하고 내식성이 강하며, 독성이 없으므로 식품 저장용 용기 및 주방용 기구에 사용된다. 주석 도금 강판은 도금 방법에 따라 전기 주석 도금 강판과 용융 주석 도금 강판으로 구분한다.

(가) 용융 주석 도금 강판(HD) : 주석(Sn)을 녹여 담은 도금 탱크 안에 강판을 넣어 도금한 것이다.

(나) 전기 주석 도금 강판(ET) : 주석을 전해액에 얇은 강판의 스트립코일(strip coil)을 통하여 도금한 것이다.

도금 후의 처리 방법에 따라 마트 주석판(무광택)과 광택 주석판(전기 도금 후 주석을 용융 처리하여 광택을 낸 것)으로 분류한다.

주석 도금 강판의 크기는 보통 508×711.2mm(20″×28″), 762×914.4mm, 두께 0.35, 0.40, 0.45, 0.50, 0.80mm가 있으며, 762×1829mm로 두께 0.6, 0.7mm의 종류가 있다.

주석 도금 강판의 주석 호칭 부착량은 5.6~33.6g/$m^2$이며, 최소 평균부착량은 4.9~26.7g/$m^2$이다. ET-D는 양면 주석 부착량이 서로 다른 전기 주석 도금 강판을 의미한다.

**[도금 방법에 의한 분류]**

| 종 류 | 기 호 |
|---|---|
| 전기 주석 도금 강판 | ET |
| 용융 주석 도금 강판 | HD |

**[주석 부착량에 의한 분류 ]**

| 종 류 | 기 호 |
|---|---|
| 양면의 주석 부착량이 다른 주석판 | D |
| 마트 주석판 | M |
| 코일 | C |

**[주석판의 호칭 부착량과 최소 평균부착량]** (KS D 3516)

| 기 호 | 주석 부착량 표시 | 호칭 부착량(g/$m^2$) | 최소 평균부착량(g/$m^2$) |
|---|---|---|---|
| ET | #25 | 5.6(2.8/2.8) | 4.9 |
| | #50 | 11.2(5.6/5.6) | 10.5 |
| | #75 | 16.8(8.4/8.4) | 15.7 |
| | #100 | 22.4(11.2/11.2) | 20.2 |
| ET-D | #50/25 | 5.6/2.8 | 5.05/2.25 |
| | #75/25 | 8.4/2.8 | 7.85/2.25 |
| | #75/50 | 8.4/5.6 | 7.85/5.05 |
| | #100/25 | 11.2/2.8 | 10.1 /2.25 |
| | #100/50 | 11.2/5.6 | 10.1 /5.05 |
| | #100/75 | 11.2/8.4 | 10.1 /7.85 |
| HD | #110 | 24.6 | 19.0 |
| | #125 | 28.0 | 22.4 |
| | #135 | 30.2 | 23.5 |
| | #150 | 33.6 | 26.7 |

④ 스테인리스 강판 : 스테인리스 강판의 종류는 크롬이 12~15% 함유된 13크롬 강판과 16% 이상 함유된 18크롬 강판 및 18% 함유된 18-8스테인리스 강판 등이 있으며, 그 특성은 다음 [표]와 같다. 일반적으로 가장 많이 쓰이는 것은 크롬-니켈계 스테인리스 강판인데, 이것은 기계적 성질이 우수하여 전단, 굽힘, 드로잉, 용접 등의 가공이 비교적 용이할 뿐만 아니라 강도가 보통 강판의 2배나 된다. 또한 내식성 · 내산성 · 내열성 · 내한성이 우수하고 기계적 성질, 가공성, 용접성 등은 좋으나 560~600°C 정도에서 탄화물이 결정립계에 석출되어 뜨임 취성(tempering brittleness) 현상이 발생되므로 이의 방지책으로 탄소 함유량을 낮게 하거나 1000~1100°C로 가열하였다가 급랭시켜 방지해야 한다.

이러한 스테인리스 강판은 내열성 · 내식성 · 내산성이 우수하여 제관 재료로 많이 사용되며 각종 화학 용기, 주방 기구, 각종 구조물, 증기 터빈 날개, 항공기 부품, 로켓 연소실, 의료용 기구 등의 산업용뿐만 아니라 건축 구조물 등에 이르기까지 사용범위가 넓다.

**[스테인리스강의 특성]**

| 구분 / 성분 | 조직계 | 특 성 |
|---|---|---|
| Cr-Ni(18-8) | 오스테나이트계 | 광택이 화려하고, 내식성 · 내산성이 강하며, 자성은 없으나 가격이 비싸다. 용접성이 좋다. |
| Cr-Ni(18-8) | 페라이트계 | 자성이 있고, 가격은 저렴하다. 염산, 황산에 침식된다. |
| Cr-Ni(18-8) | 마텐자이트계 | 자성이 있고, 주방 기구 등 생활용품에 주로 사용된다. |

다음 [표]는 KS D 3700에 규정된 규격으로 화학적 성분과 용도를 나타낸 것이다.

**[스테인리스강의 종류 · 화학성분 · 용도]**

| 종 류 | 기 호 | 화 학 성 분(%) | | | | 용 도 |
|---|---|---|---|---|---|---|
| | | 탄소 | 니켈 | 크롬 | 몰리브덴 | |
| 1종 | STS 1 | 〈0.2 | — | 12.00~14.00 | — | 식탁용 기구, 가정용 기구, 800°C까지의 내산용 |
| 2종 | STS 2 | 0.12~0.10 | — | 11.50~13.50 | — | 증기 터빈 날개 |
| 3종 | STS 3 | 0.25~0.40 | — | 12.00~14.00 | — | 의료 기구, 공구 |
| 4종 | STS 4 | 〈0.12 | — | 16.00~18.00 | — | 내아세트산용 |
| 5종 | STS 5 | 〈0.1 | 3.00~11.00 | 17.00~19.00 | — | 내식용 강재, 강판, 식기 용구 |
| 6종 | STS 6 | 〈0.12 | 3.00~11.00 | 18.00~20.00 | — | 내식용 강재, 강판, 식기 용구 |
| 7종 | STS 7 | 〈0.04 | 3.00~11.00 | 18.00~20.00 | — | 내식용 강재, 강판, 식기 용구 |
| 8종 | STS 8 | 〈0.08 | 9.00~12.00 | 18.00~20.00 | — | 내식용 강재, 강판, 요업 · 화학용 및 풀림용 상자 |
| 9종 | STS 9 | 〈0.08 | 8.00~11.00 | 17.00~19.00 | — | 내식용 강재, 강판, 내부식 기구 |
| 11종 | STS 11 | 〈0.10 | 10.00~14.00 | 17.00~19.00 | 17.00~2.75 | 내식용 강재, 강판, 내황산용 |
| 12종 | STS 12 | 〈0.08 | 10.00~14.00 | 17.00~19.00 | — | 내식용 강재, 강판, 내황산용 |
| 13종 | STS 13 | 〈0.04 | 12.00~16.00 | 17.00~19.00 | — | 내식용 강재, 강판, 내황산용 |
| 14종 | STS 14 | 〈0.10 | 10.00~14.00 | 17.00~19.00 | 1.20~2.70 | 내식용 강재, 강판, 내황산용 |
| 15종 | STS 15 | 〈0.08 | 10.00~14.00 | 17.00~19.00 | 1.20~2.70 | 내식용 강재, 강판, 내황산용 |
| 16종 | STS 16 | 〈0.04 | 12.00~16.00 | 17.00~19.00 | 1.20~2.70 | 내식용 강재, 강판, 내황산용 |
| 17종 | STS 17 | 0.08~0.18 | — | 12.00~13.50 | 0.30~0.60 | 증기 터빈 날개, 기계 구조 |

### (5) 특수 피복 강판

① 인산염 피복 강판(phosphate film steel sheet) : 냉간 압연 강판에 전기 아연 도금으로 아연을 얇게 입히고 표면에 인산염을 처리하여 내식성을 향상시킨 것이다. 판의 두께는 0.5~3.2mm이고, 인산염 피막은 4.5g/$m^2$, 아연 부착량은 3.0g/$m^2$ 정도이다.

② 크로메이트 강판(chromate steel sheet) : 냉간 압연한 강판에 전기 아연 도금하고 크로메이트 처리한 강판으로 내식성이 좋고 가공성이 우수하여 강판제 기구 등에 사용한다. 두께 0.5~3mm, 아연 부착량은 한쪽 면에 18.3g/$m^2$ 이상이다.

③ 스테인리스 클래드 강판(stainless clad steel sheet) : 탄소 강판에 스테인리스 강판을 압착시켜 제조한 판으로 가격이 비싼 스테인리스 강판 대용으로 쓰이며 내식성, 내산성이 크므로 재료비를 절약할 수 있다. 일반적으로 보온용 용기, 석유화학, 식품공업 등 사용범위가 넓다.

④ 착색 아연 강판(colouring galvanize sheet) : 착색 아연 철판은 아연 도금 강판에 인산염 피복을 표면에 입힌 후 착색용 수지 도료로 도장한 것으로, 외관이 좋고 가공성이 우수하며 내구성도 커서 공기 조화용 덕트, 난방용 패널(panel) 및 강판제 기구 등에 사용된다.

⑤ 알루미늄 피복 강판(aluminized steel sheet) : 알루미늄을 강판에 입힌 것으로 값이 비싼 결점은 있지만 알루미늄 특유의 성질인 내식성, 열의 반사성 등이 우수하므로 난방용 기기 및 전기 제품 생산용으로 사용된다.

⑥ 비닐 강판(vinyle steel sheet) : 염화비닐을 강판 표면에 입힌 강판을 비닐 강판이라 하며, 기계 가공도 가능하고 내구성이 뛰어날 뿐만 아니라 외관이 아름다운 장점이 있어 착색 아연 철판과 동일한 용도로 사용되나 비닐 피복 때문에 용접하기가 곤란하다. 피복 비닐의 두께는 0.1~1.0mm 정도이고, 강판의 두께는 0.3~3.2mm이다.

⑦ 자동차 구조용 열간 압연 강판 : 자동차의 프레임, 바퀴 등에 사용되는 우수한 프레스 가공성을 가지는 열간 압연 강판이다.

### (6) 강판의 결함

강판의 결함은 표면과 내부에 나타나며, 강도와 성형 가공성을 저해하고, 완제품까지 영향을 미치므로 충분한 검사를 해야 한다. 모든 강판에서 나타나기 쉬운 결함은 다음과 같은 것이 있다.

① 피트(pit) : 강판의 표면에 둥글고 거칠거칠하게 패인 것으로 이물질이 부착된 것도 있다. 강판 표면에 기름, 페인트, 스케일 등이 가열되어 생긴 흠집이 피트의 원인이 되는 경우가 있다.

② 스케일(scale) : 강판 압연시 가열되어 늘어난 산화물이 선, 점, 고리 모양으로 표면에 남아 촉감으로도 알 수 있다. 또한 성형 가공시 롤의 표면이 거칠거나 모재의 스케일이 완전히 제거되지 않아서 판 표면에 파고 들어가므로 생기는 경우도 있다.

③ 웨이브(wave) : 강판의 가장자리와 중앙부에 생기는 물결 무늬로서 롤의 휘어짐과 진동 등의 원인이 되어 생긴다.

④ 스캐브(scab) : 강판의 가장자리에 많이 나타나는 흠집으로 표면이 찢어져서 붙어 있거나 떨어져 있다. 강괴의 표면에 거친 기공(blow hole)이 원인이 되어 압연할 때 생긴다.

⑤ 핀칭(pinching) : 판이 우그러져 생긴 주름이 겹쳐져서 압연된 것으로 압연기의 스트리퍼가 중앙으로 유동하여 압연될 때 생긴다.

⑥ 단면 균열(section crack) : 제강 과정에서 생긴 기포로 기공이 압연할 때 늘어나 압착되지 않고 남는 것으로 강판 전체 면에 나타나는 경우는 없으나 나비 방향에 부분적으로 갈라질 수도 있다. 육안으로 판별하기 어렵고 성형 가공시 이따금 나타나며 매우 위험한 결과를 초래한다.

⑦ 그리스 피트(grease pit) : 검게 얼룩진 모양으로 마크(mark)된 것 또는 압연기에 더러운 그리스가 부착되어 탄화물을 형성한 것으로 문질러도 잘 떨어지지 않는다.

⑧ 롤 마크(roll mark) : 압연 롤의 표면에 국부적인 흠 또는 전반적으로 거친 경우 강판에 프린트된 것이다. 작업중 불순물에 의해 움푹 패인 것, 휜 것, 모퉁이가 떨어진 것, 표면이 불량한 것, 두께가 일정하지 않은 것이 있다. 결함의 발견은 프레스, 열간 가공, 성형시 알게 되므로 주의해야 한다.

### (7) 재료의 사용제한

압력용기의 재료 가운데 고온도 사용에 있어서는 극단으로 강도가 감소되고, 저온도 사용에 있어서는 급격히 취성이 되는 경향이 있다. 이 때문에 재료가 허용한 사용온도 범위 혹은 최고 사용압력을 미리 정해 두는 것이 필요하다.

① 탄소 강재의 사용제한 : 압력용기의 동체, 경판 등과 같이 압력을 받는 주요 부품에는 이미 기술한 바와 같이 일반 구조용, 용접 구조용, 압력용기용, 기타 탄소강 강판이 사용되나 이 가운데 어떠한 것에는 다음과 같은 사용제한이 규정되어 있다.

(가) 압력용기용 강판 : 압력용기용 강판은 최고 사용온도가 350°C를 넘는 제1종 압력용기의 동체, 경판, 기타 여기에 속하는 부분에 사용해서는 안 된다.

(나) 용접 구조용 압연 강재 : 용접 구조용 압연 강재의 최고 사용압력이 30kg/cm$^2$를 넘는 제1종 압력용기 또는 최고 사용온도가 350°C를 넘는 제1종 압력용기의 동체, 경판, 기타 여기에 속하는 부분에 사용해서는 안 된다.

(다) 일반 구조용 압연 강재 : 일반 구조용 압연 강재는 다음 부분에 사용해서는 안 된다.

㉮ 최고 사용압력이 16kg/cm$^2$를 넘는 제1종 압력용기의 동체, 경판, 기타 여기에 속하는 부분

㉯ 최고 사용온도가 350°C를 넘는 제1종 압력용기의 동체, 경판, 기타 여기에 속하는 부분

㉰ 최고 사용압력이 10kg/cm$^2$를 넘는 제1종 압력용기의 동체에 길이 이음으로 용접하는 것

㉱ 치사적 물질을 보유하는 제1종 압력용기의 동체, 경판, 기타 여기에 속하는 부분

② 주철의 사용제한 : 주철은 최근의 압력용기용 재료로는 거의 사용되고 있지 않으나 주철도 따로 사용제한이 규정되어 있다.

③ 기타 재료의 사용제한 : 압력용기용 재료로는 구리, 알루미늄, 납, 기타의 내식 재료가 단품에서 사용되는 것과, 비교적 적으나 이들 재료에 대해서도 다음과 같은 사용제한이 규정되어 있다.

# 3. 형강 재료

## 3-1 일반 형강

### (1) 평재

① 평강(flat steel) : 강괴를 열간 압연하여 만들며, 강판보다 두껍고 나비가 좁으며 길다. 평강의 단면적은 직사각형으로 되어 있고, 나비와 두께는 mm, 길이는 m로 나타내며, 치수는 두께×나비－길이로 나타낸다.

② 띠강(hoop steel) : 평강보다 나비와 두께의 비가 크고 매우 긴 것으로 보통 코일 모양으로 감는다. 밴드(band)나 리본(ribbon) 등도 이에 속하는데 두께 0.6~6.0mm, 나비 19~300mm의 것이 많이 사용된다. 띠강은 전극봉 강판의 소재로 쓰이며, 그 밖에 기계 부품의 소재로도 사용된다.

③ 연마 스트립(strip) : 열간 압연하여 만든 띠강을 산으로 씻고 냉간 압연과 풀림을 반복하여 필요한 두께로 압연한 매끈한 띠강이다. 표면이 깨끗하고 치수 정밀도가 높아 딥드로잉(deep drawing) 등이 잘 되므로 자전거, 자동차, 전기 기구 등의 부품에 사용된다.

### (2) 봉재

봉재는 주로 강제봉이 많이 사용되고 구리봉, 황동봉, 알루미늄봉 등도 사용된다. 단면 모양에 따라 환봉, 각봉(4각, 6각, 8각)이 있으며 강괴를 홈 롤러로 압연하여 필요한 모양과 치수로 만든다.

봉재의 치수는 단면의 모양에 따라 지름이나 대변 길이를 mm로, 길이를 m로 나타내는데 다음 [표]는 봉강의 모양에 따라 표시법을 나타낸 것이다.

**[봉강 제품의 분류]** (단위 : mm)

| 형상 / 명칭 | 원형강 | 4각강 | 6각강 | 평　강 | 8각강 | 반원형강 |
|---|---|---|---|---|---|---|
| | a | a | a | a | a | a |
| 대형 봉강 | $a>100$ | $a>100$ | $a>100$ | $a>100$ | $a>100$ | $a>100$ |
| 중형 봉강 | $100\geq a\geq 50$ | $100\geq a\geq 50$ | $100\geq a\geq 50$ | $130\geq a\geq 65$ | $130\geq a\geq 50$ | $130\geq a\geq 65$ |
| 소형 봉강 | $a>50$ | $a<50$ | $a>50$ | $a\leq 65$ | $a>50$ | $a\leq 65$ |

**[봉강의 종류]**

| 종　류 | 형　　상 | 치 수 표 시 | 표 준 길 이(m) |
|---|---|---|---|
| 원형강 | 지　름 | 지름을 mm로 표시<br>길이를 m로 표시 | 지름 25mm 이하 : 3.5, 4.0, 4.5, 5.0, 5.5, 6.0, 6.5, 7.0<br>지름 25mm 초과 : 3.5, 4.5, 5.5 |

| 4각강 | 대변거리 | 대변 거리를 mm로 표시<br>길이를 m로 표시 | 3.5, 4.5, 5.5 |
|---|---|---|---|
| 6각강 | 대변거리 | 대변 거리를 mm로 표시<br>길이를 m로 표시 | 3.5, 4.0 |
| 8각강 | 대변거리 | 대변 거리를 mm로 표시<br>길이를 m로 표시 | 3.5, 4.0 |

### (3) 선재

상온에서 다이스(dies)를 통과시켜 천천히 단면적을 감소시켜 인발 가공한다. 종류에는 강선(wire rod), 구리선, 황동선이 있다.

① 강선 : 지름이 5~12mm 정도이며, 탄소 함유량이 0.06~0.25%, 용도는 외장선, 전선, 철선, 아연 도금 철선, 못 등을 만드는 데 사용된다.

② 구리선 : 전기전도율이 우수하고 내식성, 전연성 등이 커서 프레스 가공 재료에도 많이 사용된다.

③ 황동선 : 전연성과 강도가 좋아 장식품 및 복잡하게 가공해야 할 물건 등에 사용되며, 내식성이 우수하여 판금 가공용으로 널리 이용된다.

연강 선재는 판금 공작에서 제품의 와이어링 등에 사용되며 1종(MSWR6), 2종(MSWR8), 3종(MSWR10), 4종(MSWR12), 5종(MSWR15), 6종(MSWR17), 7종(MSWR20), 8종(MSWR22)까지 있으며, 특히 4종은 아연 도금을 하여 사용한다.

## 3-2 형 재

형재는 압연에 의해 단면 모양을 ㄱ형, I형, ㄷ형 등으로 만들며 치수 표시는 단면의 모양, 기호, 높이×나비×두께(mm)-길이(m)로 나타낸다. 형재는 각형 단면의 빌릿을 약 1200~1300°C로 가열하여 압연기로 성형하고 마지막에는 교정롤로 수정하여 제품을 만든다. 형재는 무게가 가볍고 굽힘 강도가 커서 철교, 철탑, 철골 구조물, 건축물 등에 사용된다. 다음 [표]는 KS D 3502에 규정되어 있는 단면 형상에 따른 치수 단면적 단위 m당 무게를 나타낸 것이다.

**[형강의 규격]** (KS D 3502)

| 종별 치수 표시 | 형 상 | 치 수 | | 단면적 ($cm^2$) | 단위 중량 (kg/m) |
|---|---|---|---|---|---|
| | | A×B | ($t$) | | |
| 등변 ㄱ형강 $LA\times A\times t-L$ | | 20×20 | 3 | 1.119 | 0.898 |
| | | 25×25 | 5 | 2.009 | 1.58 |
| | | 30×30 | 5 | 2.523 | 1.98 |
| | | 40×40 | 6 | 4.114 | 3.23 |
| | | 50×50 | 6 | 5.333 | 4.19 |
| | | 65×65 | 7 | 8.207 | 6.44 |
| | | 75×75 | 8 | 10.83 | 8.50 |
| | | 90×90 | 9 | 14.75 | 11.6 |
| | | 100×100 | 10 | 18.15 | 14.2 |

| | | | | | |
|---|---|---|---|---|---|
| 부등변 ㄱ형강 $LA \times B \times t - L$ | | 75×55 | 5 | 6.303 | 4.95 |
| | | 75×55 | 7 | 8.663 | 6.80 |
| | | 75×65 | 6 | 8.109 | 6.37 |
| | | 75×65 | 8 | 10.63 | 8.34 |
| | | 99×75 | 9 | 14.11 | 11.1 |
| | | 100×65 | 9 | 14.15 | 11.1 |
| I형강 $IA \times B \times t - L$ | | 80×42 | 3.9 | 7.583 | 5.95 |
| | | 100×50 | 4.5 | 10.62 | 8.32 |
| | | 120×58 | 5.1 | 14.21 | 11.2 |
| | | 140×66 | 5.7 | 18.32 | 14.4 |
| | | 160×74 | 6.3 | 22.81 | 17.9 |
| ㄷ형강 ㄷ $A \times B \times t - L$ | | 80×45 | 6 | 11.02 | 8.64 |
| | | 100×50 | 6 | 13.51 | 10.6 |
| | | 120×55 | 7 | 17.77 | 13.4 |
| | | 140×60 | 7 | 20.41 | 16.0 |
| | | 160×65 | 7.5 | 24.02 | 18.8 |

### (1) 경량 형강(light gage steel)

판두께 4mm 이하의 강판을 롤 성형하여 제조한 형강을 경량 형강이라 한다. 재질은 일반 구조용 압연 강판(SS 41), 띠강, 알루미늄 합금 등이 사용되며, 그 표시방법은 그림 [경량 형강의 표시방법]과 같다. 이외에 섀시바(chassis bar), 섀시 프레임(chassis frame) 등을 제조하여 건축 구조물 등에 많이 이용하고 있다.

경량 형강의 특징은 보통 압연 형강에 비하여 복잡한 모양의 것을 쉽게 얻을 수 있다는 것이다. 단면 강도의 기본적인 것은 그 단면이 가지는 관성 모멘트(inertia moment)이다.

따라서 동일 단면적일 경우라도 그 재료의 관성 모멘트를 크게 하면, 구부림에 대한 강도는 크게 된다. 관성 모멘트는 그 단면에 대한 미소면적 $dA$×중립축까지의 거리($d$)의 제곱이므로 단면적을 $A$, 두께를 $t$라 할 때 $\frac{A}{t}$의 값이 클수록 관성 모멘트는 커진다.

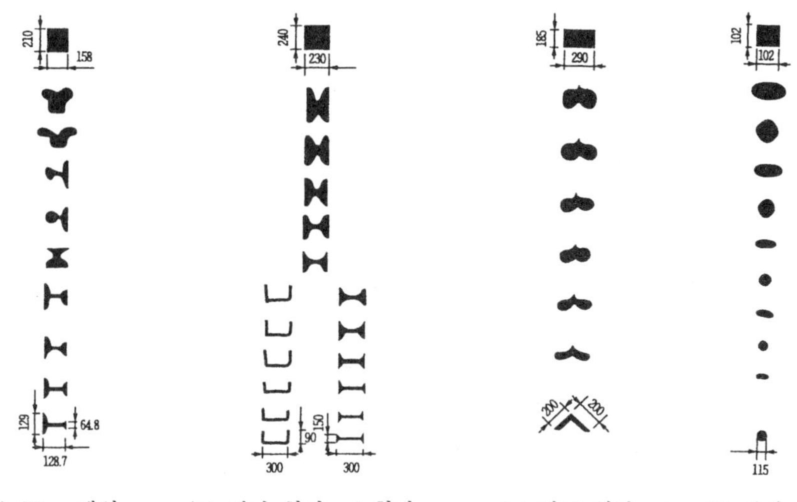


(a) 37kg 레일 (b) 채널 형강, I 형강 (c) 앵글 형강 (d) 봉강

**[형강의 제조 과정]**

열간 압연 형강은 보통 $\frac{A}{t}$값이 대략 40이므로 경량 형강의 관성 모멘트는 대단히 크며, 단면 성능도 양호하다.

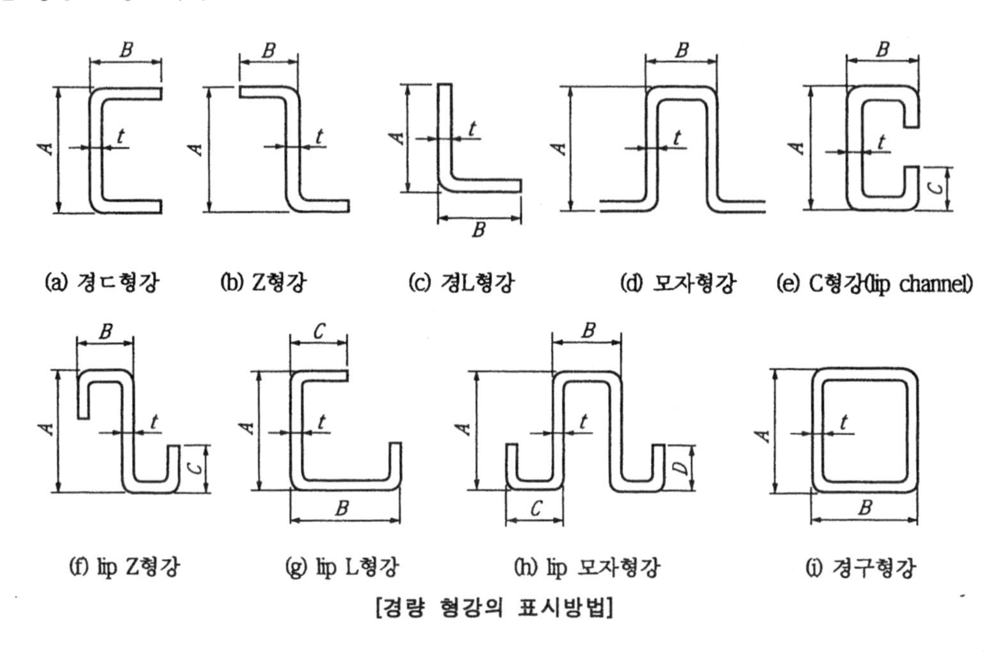


[경량 형강의 표시방법]

## 3-3 관 재

관을 크게 나누면 이음매 없는 관과 심 용접관으로 분류되고, 제관 공작에는 주로 탄소 강관이 사용되며 스테인리스 강관, 구리관, 황동관, 알루미늄관 등도 경우에 따라 사용한다.

이음매 없는 관은 강괴에 천공기로 구멍을 뚫은 소재관을 만네스만 천공기, 원판형 천공기, 원뿔형 천공기로 제조하나, 제관 공작에 사용되는 관은 성형 롤로 성형하여 심 용접한 것을 쓴다.

[관의 호칭과 치수]

| 관의 호칭 (mm) | 바깥 지름 (mm) | A관 | | B관 | | 관의 호칭 (mm) | 바깥 지름 (mm) | A관 | | B관 | |
|---|---|---|---|---|---|---|---|---|---|---|---|
| | | 근사 두께 (mm) | 근 사 안지름 (mm) | 근사 두께 (mm) | 근 사 안지름 (mm) | | | 근사 두께 (mm) | 근 사 안지름 (mm) | 근사 두께 (mm) | 근 사 안지름 (mm) |
| 6 | 10.00 | 1.8 | 6.40 | 2.0 | 6.00 | 65 | 75.50 | 3.25 | 69.00 | 3.65 | 68.20 |
| 8 | 13.25 | 2.0 | 9.25 | 2.35 | 8.55 | 80 | 88.25 | 3.65 | 80.95 | 4.05 | 80.15 |
| 10 | 16.75 | 2.0 | 12.75 | 2.35 | 12.05 | 100 | 113.50 | 3.65 | 106.20 | 4.50 | 104.50 |
| 15 | 21.25 | 2.35 | 17.05 | 2.65 | 15.95 | 125 | 139.00 | 4.05 | 120.90 | 4.85 | 129.30 |
| 20 | 26.75 | 2.35 | 22.05 | 2.65 | 21.45 | 150 | 164.50 | 4.05 | 156.40 | 4.85 | 154.80 |
| 25 | 33.50 | 2.9 | 27.70 | 3.25 | 27.00 | 200 | 216.00 | — | — | 5.85 | 203.8 |
| 32 | 42.25 | 2.9 | 36.45 | 3.25 | 35.75 | 250 | 267.00 | — | — | 6.40 | 253.7 |
| 40 | 48.25 | 2.9 | 42.45 | 3.25 | 41.75 | 300 | 318.00 | — | — | 7.00 | 704.0 |
| 50 | 60.00 | 3.25 | 53.50 | 3.65 | 52.70 | | | | | | |

**[화학성분과 기계적 성질]**

| 종 류 | 기 호 | 화학성분(%) | | 인장시험 | | 굴곡시험 | | 구 분 | 비 고 |
|---|---|---|---|---|---|---|---|---|---|
| | | 인 | 황 | 인장 강도 (kgf/mm$^2$) | 연신율 (%) | 굴곡 각도 | 안 쪽 반지름 | | |
| A관 | SPP A | 0.050 이하 | 0.060 이하 | 28 이상 | 30 이상 | 90° | 바깥지름의 6배 | 흑관<br>백관 | 아연 도금하지 않은 관<br>아연 도금한 관 |
| B관 | SPP B | 0.050 이하 | 0.060 이하 | 28 이상 | 30 이상 | 90° | 바깥지름의 6배 | 흑관<br>백관 | 아연 도금하지 않은 관<br>아연 도금한 관 |

# 4. 비철금속 판재

## 4-1 구리 및 구리 합금판

### (1) 구리판(copper sheet)

구리판은 구리 잉곳(ingot)을 압연 가공하므로 가공 경화되어 풀림하여 사용되며 완전 풀림은 600~700°C에서 30분간 가열하여 서냉시키거나 물에 급랭시켜도 연질 구리가 된다. 이 판은 제조 과정에서 끝마무리에 따라 연마판, 풀림판, 풀림산 세척판, 흑피판 4종류가 있고, 판재의 크기는 압연하여 기준 치수로 절단한 것으로 300×600mm, 365×1200mm, 1000×2000mm, 1250×2500mm, 1500×3000mm 등이 있다.

**[구리판(선)의 규격]** (KS D 5504)

| 종 류 | 질 별 | 기 호 | 두께 (mm) ($t$) | 인 장 시 험 | | 굴 곡 시 험 | |
|---|---|---|---|---|---|---|---|
| | | | | 인장 강도 (kg/mm$^2$) | 연신율 (%) | 굴곡각도 (°) | 안쪽 반지름 |
| 1종 | 연 질 | $CuS_1$-O | | 26 이하 | 35 이상 | 180 | 밀착 |
| | 1/4 경질 | $CuS_1$-1/4H | | 22 이상 | 25 이상 | 180 | 0.5$t$ |
| | 1/2 경질 | $CuS_1$-1/2H | | 25 이상 | 15 이상 | 180 | 1.0$t$ |
| | 경 질 | $CuS_1$-H | 10 미만 | 28 이상 | — | 180 | 1.5$t$ |
| | | | 10 이상 | 26 이상 | — | — | — |
| 2종 | 연 질 | $CuS_2$-O | | 26 이하 | 30 이상 | 180 | 밀착 |
| | 1/4 경질 | $CuS_2$-1/4H | | 22 이상 | 25 이상 | 180 | 0.5$t$ |
| | 1/2 경질 | $CuS_2$-1/2H | | 25 이상 | 15 이상 | 180 | 1.0$t$ |
| | 경 질 | $CuS_2$-H | 10 미만 | 28 이상 | — | 180 | 1.5$t$ |
| | | | 10 이상 | 26 이상 | — | — | — |

### (2) 황동판(brass sheet)

황동판은 황동 잉곳을 압연하여 필요한 치수로 절단하며 그 치수는 구리판과 같다.

7·3황동판은 황금색으로 아름답고 연하여 장식품, 가정 용품, 전기 기구의 부품 등에 많이 쓰인다. 6·4황동판은 7·3황동판보다 단단하고 강하여 기계 부품 등에 많이 쓰인다.

일반적으로 7·3황동조는 상온에서 가공하고, 6·4황동조는 상온 가공보다 고온 가공이 쉽다. 황동조(판, 선)의 종류에는 4종류가 있고 등급은 보통급과 특수급이 있으며, 제조 과정에서 끝마무리에 따라 연마판(1/4 경질, 1/2 경질, 경질), 풀림판(연질), 풀림산 세척판(연질)의 3종류로 기계적 성질이 다르다. 다음 [표]는 황동조의 기계적 성질을 나타낸 것이다.

**[황동조의 기계적 성질]**

| 종 류 | 질 별 | 기 호 | 두 께 (mm) | 인 장 시 험 | | 굴 곡 시 험 | | 참 고 |
|---|---|---|---|---|---|---|---|---|
| | | | | 인장 강도 ($kg/mm^2$) | 연신율 (%) | 굴곡 각도 | 안쪽 반지름 | 하중($H_V$) 0.5kg 이상 |
| 황동조 1종 (7 : 3 황동조) | 연 질 | BST 1-10 | 1 미만 | 28 이상 | 40 이상 | 180 | 밀착 | — |
| | | | 1 이상 | 28 이상 | 50 이상 | | | |
| | 1/4 경질 | BST 1-1/4H | | 33~42 | 35 이상 | 180 | 두께의 0.5배 | 55 이상 |
| | 1/2 경질 | BST 1-1/2H | | 36~45 | 28 이상 | 180 | 두께의 1.0배 | 65 이상 |
| | 경 질 | BST 1-H | | 42~55 | — | 180 | 두께의 1.5배 | 100 이상 |
| | 특 경 질 | BST 1-EH | | 53 이상 | — | — | — | 140 이상 |
| 황동조 2종 A (65 : 35 황동조) | 연 질 | BST 2A-O | 1 미만 | 28 이상 | 40 이상 | 180 | 밀 착 | — |
| | | | 1 이상 | 28 이상 | 50 이상 | | | |
| | 1/4 경질 | BST 2A-1/4H | | 33~42 | 35 이상 | 180 | 두께의 0.5배 | 55 이상 |
| | 1/2 경질 | BST 2A-1/2H | | 36~45 | 28 이상 | 180 | 두께의 1.0배 | 65 이상 |
| | 경 질 | BST 2A-H | | 42~55 | — | 180 | 두께의 1.5배 | 100 이상 |
| | 특 경 질 | BST 2A-EH | | 53 이상 | — | — | — | 140 이상 |
| 황동조 2종 B (63 : 37 황동조) | 연 질 | BST 2B-O | 1 미만 | 28 이상 | 40 이상 | 180 | 밀 착 | — |
| | | | 1 이상 | 28 이상 | 50 이상 | | | |
| | 1/4 경질 | BST 2B-1/4H | | 33~42 | 35 이상 | 180 | 두께의 0.5배 | 55 이상 |
| | 1/2 경질 | BST 2B-1/2H | | 36~45 | 28 이상 | 180 | 두께의 1.0배 | 65 이상 |
| | 경 질 | BST 2B-H | | 42 이상 | — | 180 | 두께의 1.5배 | 100 이상 |
| 황동조 3종 (6 : 4 황동조) | 연 질 | BST 3-O | 1 미만 | 33 이상 | 35 이상 | 180 | 두께의 1.0배 | — |
| | | | 1 이상 | 33 이상 | 40 이상 | | | |
| | 1/4 경질 | BST 3-1/4H | | 36~45 | 25 이상 | 180 | 두께의 1.5배 | 65 이상 |
| | 1/2 경질 | BST 3-1/2H | | 42~50 | 15 이상 | 180 | 두께의 1.5배 | 90 이상 |
| | 경 질 | BST 3-H | | 48 이상 | — | 90 | 두께의 1.0배 | 125 이상 |

### (3) 터프피치 동판(KS D 5504)

전기 및 열의 전도성이 우수하고 전연성, 드로잉 가공성, 내식성, 내후성이 좋다. 전기부품, 증류솥, 건축용, 화학공업용, 개스킷 등으로 사용되며 기호는 TCuS이다. 표준 치수에는 300×600, 365×1200, 1000×2000, 1250×2500mm 등이 있다.

### (4) 인청동판(KS D 5506)

청동에 인을 첨가한 합금판으로서 기호는 PBS로 나타낸다. 폭은 100, 150, 180, 200, 250, 300, 365mm 등이 있고, 길이는 두께 0.35mm 미만의 판은 최소길이가 500mm 이상이고, 0.35mm 이상의 판은 길이가 1000 또는 1200mm 등이 있다.

### (5) 인탈산 동판(KS D 5523)

화학성분에 따라 2종류로 나누고 다시 1종을 화학성분(P)의 정도에 따라 A, B로 나눈다. 치수는 300×600, 365×1200, 1000×2000, 1250×2500mm 등이 있다.

[인탈산 동판] (KS D 5523)

| 종 류 | | 기 호 | 용 도 |
|---|---|---|---|
| 인탈산 동판 1종 | A | D CuS 1A | 전연성, 딥드로잉 가공성, 용접성, 내식성이 우수하다. 건축용, 화학공업용, 개스킷 등에 사용된다. |
| | B | D CuS 1B | |
| 인탈산 동판 2종 | | D CuS 2 | |

### (6) 백동판(KS D 5526)

내식성, 특히 내해수성이 좋고, 비교적 고온 사용에 적합하며 보일러 복수기용 관·판 등에 사용된다. 기호는 NCuS로 나타내며, 1종과 3종이 있다. 화학성분은 Cu+Ni+Fe+Mn이다.

### (7) 네이벌 황동판(KS D 5528)

내식성, 특히 내해수성이 좋다. 두꺼운 것은 복수기용 관·판, 공기 냉각기 관·판, 얇은 것은 선박 해수 취급 용기에 사용된다. 기호는 NBsS로 나타내며, 1종과 2종이 있다.

### (8) 베릴륨 구리 합금판(KS D 5532)

내식성이 좋고, 시효경화 처리 전에는 전연성이 뛰어나며, 시효경화 처리 후에는 내피로성, 도전성이 증가하여 고성능 스프링재로 많이 쓰인다. 기호는 BeCuS로 나타내며, 1종과 2종 2가지 종류가 KS에 지정되어 있다. 폭은 100, 150이 있으며, 길이는 1000 또는 1200이 있다.

### (9) 특수 알루미늄 황동판

강도가 높고 내식성이 특히 우수하다. 내해수성이 좋아 기계부품, 화학공업용, 선박용 등에 사용된다. 기호는 ABS로 나타내며, 1종, 4종 5종이 있다.

### (10) 니켈 구리 합금판(KS D 5546)

내식성, 특히 내산성이 좋으며, 강도가 높고 고온 사용에 적합하다. 복수기용 관·판 및 식품 공업용 등에 사용되며, 기호는 NCuP로 표시한다.

### (11) 함연 황동판(KS D 5552)

황동에 납을 첨가하여 만든 판재로서 다음 [표]와 같은 특징이 있다.

[함연 황동판의 특징] (KS D 5552)

| 종 류 | 기 호 | 용 도 |
|---|---|---|
| 1종<br>2종 | Pb Bs S1<br>Pb Bs S2 | 타발성이 특히 우수하며, 절삭성도 좋다. |
| 3종<br>4종 | Pb Bs S3<br>Pb Bs S4 | 타발성이 좋아 치차, 시계부품 등에 많이 사용된다. |

# 4-2 알루미늄 및 알루미늄 합금판

## (1) 알루미늄판(aluminium sheet)

알루미늄을 용해 전해하여 제련한 잉곳을 압연하여 만든 것으로 전연성이 풍부하여 프레스 가공용으로 우수한 판재이며, 순도가 높을수록 전연성이 풍부하여 상온 가공이 쉽고 가공 경화로 전연성을 잃었을 때 300~450°C에서 풀림하면 연화되어 전연성이 회복된다.

알루미늄판은 전연성이 좋고 열, 전기의 전도성이 크므로 식기류, 전기 부품, 전자 기기, 자동차 및 철도 차량 부품, 화학공업용 장치 등에 널리 사용한다. 알루미늄판의 종류는 1종에서 4종까지 있고 재질은 각종마다 연질, 1/4 경질, 1/2 경질, 3/4 경질 등 5가지가 있으며, 화학적 성분과 기계적 성질이 다르다. 다음 [표]는 알루미늄판의 화학성분과 기계적 성질을 나타낸 것이다.

**[알루미늄판의 화학성분]** (KS D 6701)

| 종 류 | 기 호 | 화 학 성 분 | | | | | 용 도 |
|---|---|---|---|---|---|---|---|
| | | 불 순 물 | | | | | |
| | 판 | 규소+철 | 구리 | 망간 | 아연 | 알루미늄 | |
| 1종 | AlS1 | 0.30 이하 | 0.03 이하 | — | — | 99.7 이상 | 화학공업 탱크, 해상 선박 등 고도의 내식성 및 가공성이 요구되는 것 |
| 2종 | AlS2 | 0.50 이하 | 0.05 이하 | — | — | 99.5 이상 | 일반 전선, 송전반 등 도선용 |
| 3종 | AlS3 | 1.00 이하 | 0.20 이하 | 0.10 이하 | 0.10 이하 | 99.0 이상 | 가정용 여러 가지 판금 제품, 전구, 화학공업 탱크 등 기물 제조용 |
| 4종 | AlS4 | 1.0+1.0 이하 | 0.05 이하 | 0.20 이하 | 0.20 이하 | 98.0 이상 | |

**[알루미늄의 기계적 성질]**

| 종 류 | 상 태 | 인 장 시 험 | | | 브리넬 경도 ( $H_B$ ) |
|---|---|---|---|---|---|
| | | 인장 강도 (kg/mm$^2$) | 항복점 (kg/mm$^2$) | 연신율 (%) | |
| 99.996% | 풀림재 | 4.8 | 1.25 | 48.8 | 17 |
| | 75% 냉간 가공 | 11.5 | 11.0 | 5.5 | 27 |

## (2) 내식 알루미늄 합금판

내식성에 영향을 주지 않고 강도를 개선하기 위하여 망간, 구리, 마그네슘, 규소 등을 첨가한 것으로 특히 크롬을 첨가하면 부식 및 균열을 방지하는데 효과가 있다.

내식 알루미늄 합금판은 가공성, 내식성이 풍부하기 때문에 화학공업용 장치, 선박용 기기, 가정용 기구 등에 많이 사용되고 있다. 이 판의 종류는 1종에서 6종까지 있고 각각 화학성분이 다르며 재질은 연질, 1/2 경질, 경질, 용체화처리, 시효 경화처리 등이 있어 기계적 성질이 다르다. 다음 [표]는 내식 알루미늄 합금판의 화학적 성분을 나타낸 것이다.

[내식 알루미늄 합금판의 규격 (화학 성분)] (KS D 6711)

| 내식 알루미늄 합금판 종류 | 기호 | 화학 성분(%) | | | | | | | | | 유사 미국 알루미늄 협회 기준 기호 | 합금 구알코아, BS 기호 |
|---|---|---|---|---|---|---|---|---|---|---|---|---|
| | | Cu | Si | Fe | Mn | Mg | Zn | Cr | Ti | Al | | |
| 1종 | Al₂P 1 | 0.10 이하 | 0.45 이하 | | 0.10 이하 | 2.2~2.8 | 0.10 이하 | 0.15 이하 | – | 나머지 | 5052 | 52 S |
| 2종 | Al₂P 2 | 0.10 이하 | 0.30 이하 | 0.40 이하 | 0.55 이하 | 4.5~5.6 | 0.10 이하 | 0.05~0.20 | – | 나머지 | 5056 | 56 S |
| 3종 | Al₂P 3 | 1.20 이하 | 0.6 이하 | 1.7 이하 | 1.0~1.5 | – | 0.10 이하 | – | – | 나머지 | 3003 | 3 S |
| 4종 | Al₂P 4 | 0.15~0.40 | 0.40~0.3 | 0.70 이하 | 0.15 이하 | 0.8~1.2 | 0.25 이하 | 0.15~0.35 | – | 나머지 | 6061 | 61 S |
| 6종 | Al₂P 6 | 0.10 이하 | 0.40 이하 | 0.40 이하 | 0.30~1.0 | 3.8~4.8 | 0.10 이하 | 0.50 이하 | 0.20 이하 | 나머지 | 5087 | BS Np 5/6 |

### (3) 고력 알루미늄 합금판

고력 알루미늄 합금판으로 두랄루민판, 초두랄루민판이 사용되며 두랄루민판은 500~510℃에서 가공한 뒤 찬물로 냉각하면 시효 경화성이 있어 기계적 성질이 개선된다. 이 합금판은 전연성이 풍부하여 프레스 가공에 적당하며 내식성이 내식 알루미늄 합금판보다 떨어지므로 알루마이트(alumite)처리하여 내식성을 증가시킨다. 가공 경화가 일어난 경우 350~380℃에서 풀림하면 연화되어 전연성이 좋아진다. 초두랄루민판은 두랄루민판 보다 강도가 크므로 항공기의 주요 구조물, 자동차, 철도, 차량용 부품 등이 사용된다. 다음 [표]는 두랄루민의 종류로서 화학 성분, 열처리, 기계적 성질 등을 나타낸 것이다.

[두랄루민의 종류]

| 합금명 | 화학 성분(%) | | | | | 열처리 온도(℃) | | | 항복점 (kg/mm²) | 인장 강도 (kg/mm²) | 연신율 (%) | 경도 ($H_B$) |
|---|---|---|---|---|---|---|---|---|---|---|---|---|
| | Cu | Mn | Mg | Zn | Cr | 풀림 | 담금질 | 뜨임 | | | | |
| 두랄루민 | 4.0 | 0.5 | 0.5 | – | – | 415 | 505 | – | 28 | 43 | 22 | 105 |
| 초두랄루민 | 4.5 | 0.6 | 1.5 | – | – | 415 | 495 | 190 8~10 hr | 29 | 45 | 19 | – |
| 초강두랄루민 | 1.6 | 0.2 | 2.5 이하 | 5.6 이하 | 0.3 | 415 | 465 | 120 22~26 hr | 50 | 57 | 11 | 150 |

# 5. 리벳용 재료

## 5-1 리벳의 재질

리벳은 판재 뿐만 아니라 ㄱ 형강, ㄷ 형강 등의 접합에도 사용되며 접합부의 강도에 신뢰성이 있고 강도 계산이 쉬워 보일러, 탱크, 교량, 건축, 철골구조 등 강도만 요구되는 곳에 광범위하게 사용된다.

리벳의 재질은 연강, 구리, 황동, 알루미늄, 두랄루민 등이 있고 특별한 경우 강도와 내식성이 요구될 때는 특수강을 사용하기도 했다. 일반적으로 접합하려는 모재와 같은 재질의 리벳을 사용하나 재질이 다른 판재를 접합할 때 강도가 약한 재료를 기준으로 선택하여 사용한다.

**[리벳의 종류 및 기호]** (KS D 3557)

| 종 류 | 기 호 | 인 장 시 험 | | | 굽 힘 시 험 | | | 화 학 성 분(%) | |
|---|---|---|---|---|---|---|---|---|---|
| | | 인장강도 (N/mm²) | 시험편 | 연신율 (%) | 굽힘강도 | 안 쪽 반지름 | 시험편 | P | S |
| 1종 | SBV 34 | 34-41 (333-402) | 2호 | 27 이상 | 180° | 밀착 | 2호 | 0.040 이하 | 0.040 이하 |
| | | | 3호 | 34 이상 | | | | | |
| 2종 | SBV 41 | 41-50 (402-490) | 2호 | 25 이상 | 180° | 밀착 | 2호 | 0.040 이하 | 0.040 이하 |
| | | | 3호 | 30 이상 | | | | | |

[비 고] ( )로 표시한 것은 국제단위계(SI)로서 참고로 한 것이다. 1 N/mm² = 1MPa 이다.

## 5-2 리벳용 재료의 검사

그림 [리벳재질의 시험법]은 리벳의 재질을 간단히 시험하는 방법으로 그림 [리벳재질의 시험법]의 (a)는 리벳 머리를 연홍색으로 가열하여 리벳 지름의 2.5배로 늘려 가장자리의 균열 유무를 확인하는 검사 방법이다.

그림 [리벳재질의 시험법]의 (b)는 연홍색으로 가열한 머리를 늘려서 물에 냉각시킨 후 구부려서 균열의 유무를 확인하는 검사 방법이다.

그림 [리벳재질의 시험법]의 (c)는 리벳 머리를 연홍색으로 가열하고 리벳 지름과 같은 구멍을 뚫어 균열의 유무를 검사하는 방법이다.

그림 [리벳재질의 시험법]의 (d)는 상온에서 리벳 지름과 같은 환봉에 말아서 균열의 유무를 검사하는 방법이다.

그림 [리벳재질의 시험법]의 (e)는 리벳을 180° 로 구부려 굽힘시험을 하는 방법이다.

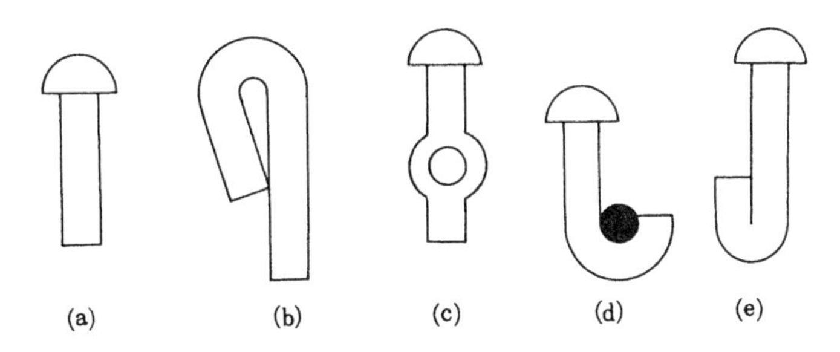


[리벳재질의 시험법]

리벳 작업이 끝나면 리벳 이음의 상태를 다음과 같은 방법으로 검사한다.

① 리벳의 머리 모양을 검사한다.

② 리벳의 조임 상태를 검사한다.

③ 재료의 균열 여부를 검사한다.

④ 재료가 서로 밀려난 현상 유무를 검사한다.

⑤ 타격을 가하여 검사한다.

# 제2편

# 제관 가공 설비

# 제관용 수공구

## 1. 마름질 공구

### 1-1 금긋기 공구

**(1) 금긋기 바늘**(scriber)

금긋기 바늘은 고탄소강으로 만들고 끝은 담금질되어 있으며 전체 길이가 200 mm정도의 것이 사용하기 편리하다. 제관 재료를 마름질할 때 필요한 금을 긋는 데 사용되고 절단선 금긋기 이외에는 사용하지 않는 것이 좋다. 다음 그림은 금긋기 바늘의 종류를 나타낸 것이다. 용도에 따라 편리하게 이용할 수 있는 구조로 되어 있다.

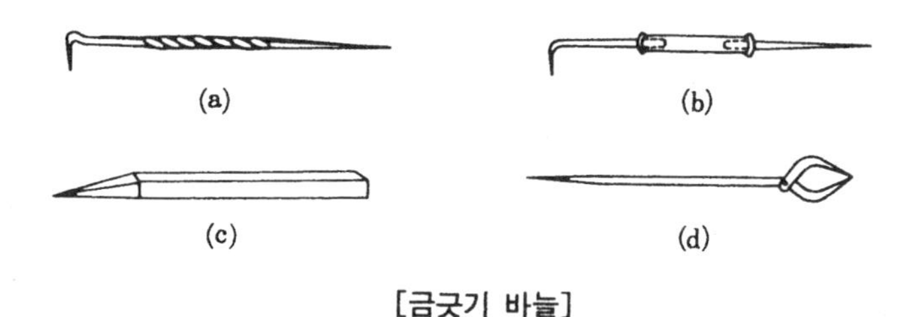


[금긋기 바늘]

**(2) 센터 펀치**(center punch)

센터 펀치는 공구강으로 만들며 금을 그은 선의 중심점을 잡기 위해 사용한다. 끝을 60°의 원뿔 모양으로 만들어 담금질하며 치수가 다양하다. 펀칭할 때에는 펀치를 목표에 수직으로 맞추고 그림 [편칭 사용 방법]과 같이 중심선에 펀칭한다.

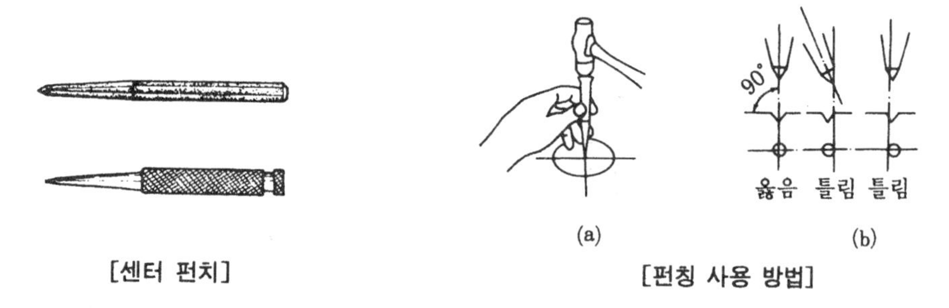


[센터 펀치] [펀칭 사용 방법]

**(3) 컴퍼스**(compass)

컴퍼스는 원호나 원을 그을 때 주로 사용하나 선분을 옮기거나 등분할 때에도 사용된다. 그림 [컴퍼스의 종류]의 (a)는 보통 컴퍼스이며, (b)는 스프링 컴퍼스로 미세한 조정이 가능한 컴퍼스이며, (c)는 지름이 큰 원을 그리거나 비교적 긴 선분을 옮길 때 사용하는 빔 컴퍼스(beam compass)이다.

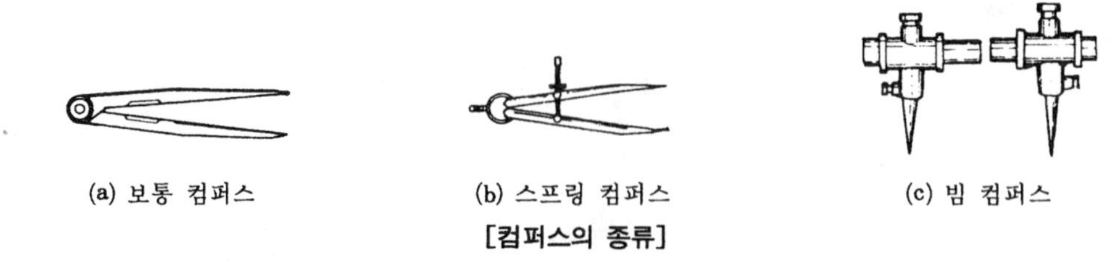

(a) 보통 컴퍼스 (b) 스프링 컴퍼스 (c) 빔 컴퍼스

**[컴퍼스의 종류]**

### (4) 서피스 게이지(surface gauge)

정반 위를 평행하게 움직여서 공작물에 평행선을 긋거나 평행면의 검사, 중심 내기 등에 사용하는 공구이다. 프레임과 지지대, 금긋기 바늘 등 세 부분으로 구성되며 금긋기 바늘은 나사로 임의의 위치에 고정할 수 있다. 다음 그림은 여러 가지 종류의 서피스 게이지를 나타낸 것이다.

(a) 고정 서피스 게이지 (b) 회전 서피스 게이지 (c) 만능 서피스 게이지

**[서피스 게이지의 종류]**

### (5) V-블록(V-block)

V-블록은 주강 또는 탄소강재이며 원통형의 평행대 등을 V홈에 얹어서 금긋기할 때 사용하는 보조 공구이다. 크기는 길이로 나타내며 50~200 m 정도의 것이 있고 같은 것 두 개를 한 조로 하여 사용하며, 그림 [V-블록의 종류]의 (a), (b), (c)는 중심에서 양쪽으로 45° 씩 90°의 홈을 설치한 것이고, (d)는 조정 블록이며, (e)는 중심에서 30°와 60°로 나누어 90°의 V홈을 설치한 것으로 30°와 60°로 금긋기할 때 사용한다.

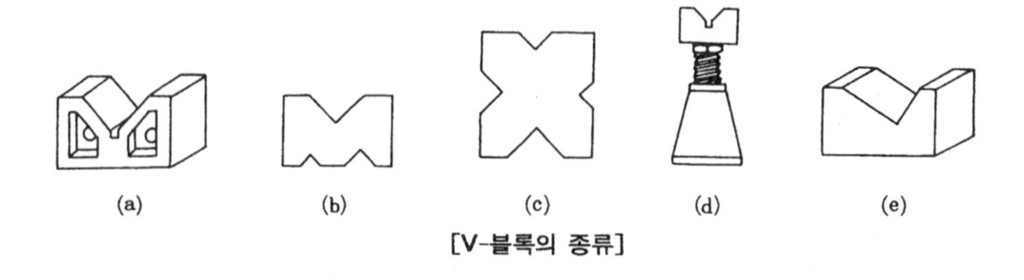

(a) (b) (c) (d) (e)

**[V-블록의 종류]**

(6) 자(scale, rule)

스테인리스 강제의 강철자가 많이 사용되고 곧은자, 직각자, 곡자 등도 쓰인다.

강철자에는 눈금이 새겨 있으며, 길이 300 mm 또는 1000 mm의 것이 적당하다. 곧은자는 눈금이 없고 마름질 선을 연결하여 직선을 긋는 데 사용한다.

곡자는 강제, 스테인리스 강재, 황동제 등이 있고 긴쪽이 45 mm, 짧은 쪽이 250 mm 의 눈금이 새겨져 있다. 치수를 측정하거나 직각으로 된 선을 긋는데, 다각형을 긋거나 구배를 취할 때도 이용된다. 직각 정규(square)는 경강재로 직선부, 평면부 및 각도 등이 정확히 만들어져 있으며 직각 및 수선을 긋거나 직각도를 검사하는 데 사용한다.

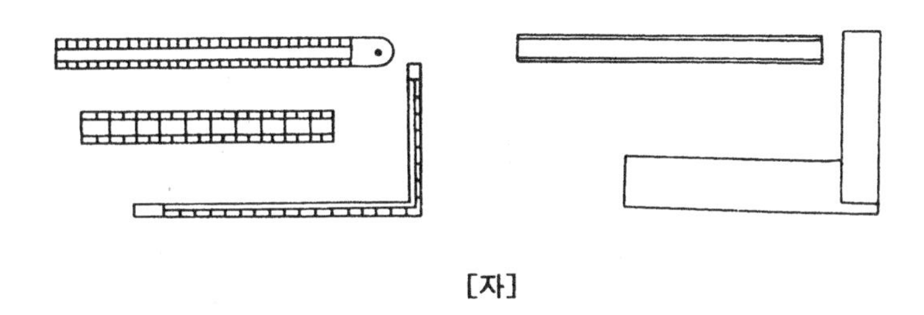

[자]

(7) 먹줄통

제관 작업에서 주로 석필가루, 분필가루 등을 사용하여 긴 길이를 그을 때 사용한다.

(8) 추

추는 강제 동합금제와 이들 재료에 수은을 넣은 것이 있고 먹줄이나 피아노선 등의 튼튼한 실로 메단다. 추가 정지된 위치에서 수직선이나 수직위치를 측정할 때 사용한다. 추 사용시 주의점은 다음과 같다.

① 추의 실은 규정의 크기로서 잘 꼬여지지 않고 취급이 용이한 것을 사용할 것
② 높이가 높은 경우 바람이 심하게 부는 경우 물통에 물을 넣고 중심에 추를 담그면 정지가 쉽게 되는 것을 사용할 것
③ 반드시 규정된 추를 사용할 것

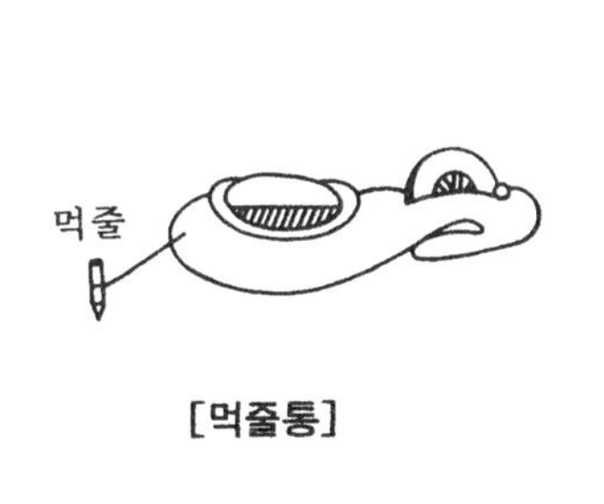


[먹줄통]

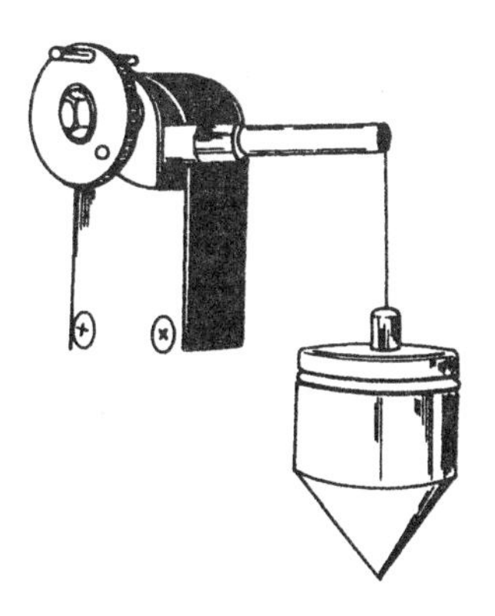

[추]

# 2. 절단 공구

## 2-1 절단 공구의 개요

절단 공구는 전단용 기계로 절단할 수 없는 경우에 재료를 자르거나 깎아 내며 구멍을 따내는 데 쓰이는 공구로 판금 가위, 판금 펀치, 쇠톱, 정, 줄 및 절단 토치 등이 사용되고 있다.

## 2-2 절단용 공구의 종류

### (1) 판금용 가위(shear snip)

얇은 판재를 자르는 데 사용하며 크기는 가위의 전체 길이로 나타낸다.

① 직선 가위(stright snip) : 주로 직선 부분을 자를 때 쓰이는 것으로 다른 가위보다 날의 길이가 길다.

② 복합 가위(combination snip) : 모양은 직선 가위와 비슷하나 날 부분이 약간 짧고 단면이 둥글게 되어 있어 잘라 버릴 부분이 밀려 올라가서 가위질하기가 쉬우며 직선이나 곡선을 자르는데 사용하다.

③ 곡선 가위(curve snip) : 날이 굽은 가위로서 굽은 가위와 둥근 가위가 있다. 굽은 가위(hawk-bill snip)는 곡선이나 원형의 안팎을 자르는 데 쓰이는 둥근 가위(circular snip)는 곡선이나 원형의 안쪽을 오려 낼 때 쓰인다.

④ 항공 가위(aviation snip) : 날 끝이 짧고 뾰족하여 원이나 직각 불규칙적인 곡선을 자르는 데 쓰이며, 다른 가위보다 힘이 적게 든다.

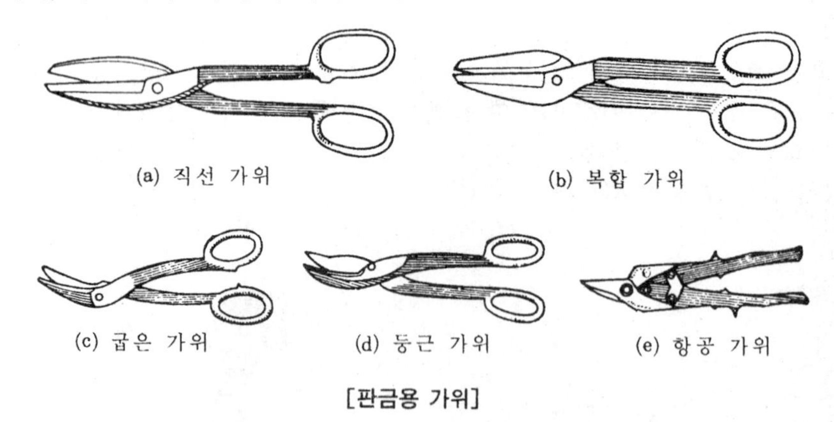


[판금용 가위]

### (2) 정(chisel)

탄소 공구강을 단조한 뒤 열처리하여 만든 것으로 평정, 홈정, 다이아몬드정, 캡정, 코킹정 등이 있다. 정은 기계 및 줄 작업으로 가공할 수 없는 곳을 따내거나 줄 다듬질하기 전에 여분의 살이나 거스러미를 따내는 데 쓰이며, 또는 얇은 판을 자를 때 구멍을 뚫을 때, 일감을 쪼갤 때 사용되고 코킹정은 리벳 이음에서 코킹 작업할 때 사용한다. 정날의 각도는 재질에 따라 다르며 다음 표와 같이 연한 재료일수록 작고, 굳은 재료일수록 크며, 보통 철강용은

60° 정도로 한다. 또한, 재관용에 사용하는 대형 자루정으로 상온 절단용과 고온 절단용이 있다.

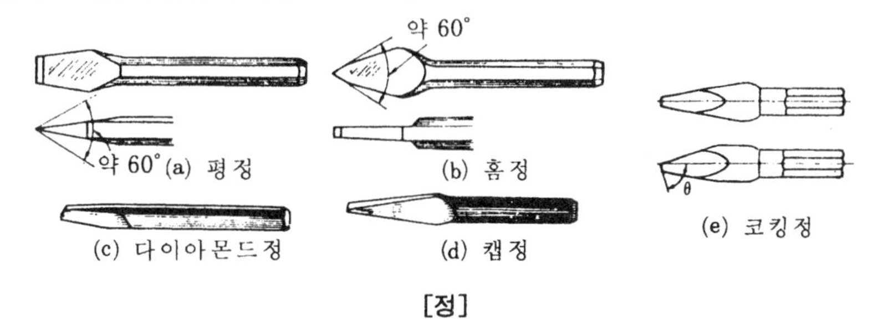


[정]

[재질과 날끝각]

| 재질 | 정의 날끝각 | 재질 | 정의 날끝각 |
|---|---|---|---|
| 납, 구리 | 25~30° | 연강 | 50~60° |
| 주철, 청동 | 45~50° | 경강 | 60~70° |

① 상온 절단용 정 : 타격에 견딜 수 있게 견고하게 만들어져 있고 날끝만 담금질되어 있다. 날끝각은 상하 60° 로 되어 있고 전단 두께는 4~5mm 정도이다.

② 고온 절단용 정 : 두께가 얇고 너비를 넓게 만들 것으로 담금질을 하지 않고 탄소 함유량이 0.8~1.0% 의 탄소 공구강으로 만들며 날 끝각은 30° 로 되어 있다.

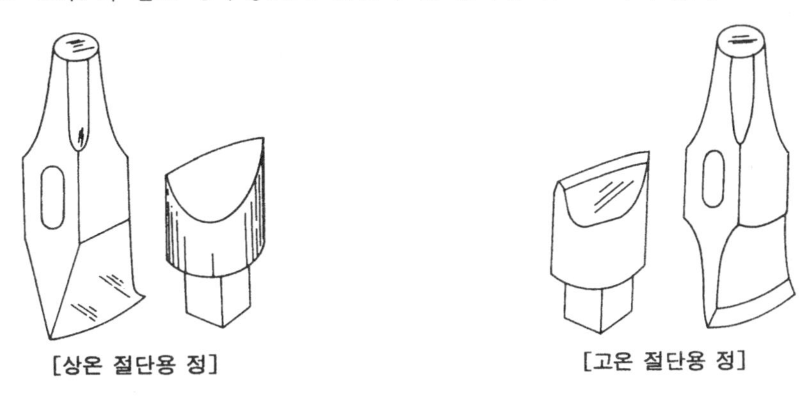

[상온 절단용 정] [고온 절단용 정]

### (3) 쇠톱과 줄

① 쇠톱(hacksaw) : 주로 두꺼운 판재, 봉재, 형재, 평재 등을 절단할 때 사용하며 톱날은 고속도강이나 특수강으로 만든다. 톱날의 크기는 양 끝의 구멍 중심 사이의 거리로 나타내며 보통 많이 사용되는 것은 200, 250, 300 mm 가 많다.

② 줄(file) : 보통 탄소 공구강이나 합금 공구강에 줄눈을 새긴 뒤 열처리하여 만든 것으로 줄의 크기는 자루를 끼우는 슴베를 제외한 전체 길이로 나타내며, 보통 100~400 mm 가 사용된다.

줄은 단면 모양에 따라 둥근줄, 삼각줄, 사각줄, 반원줄, 타원줄 등이 있고 줄날에 따라 홑줄날, 겹줄날이 있으며 줄눈의 크기에 따라 거친줄, 중간줄, 고운줄 등이 있다.

### (4) 가스 절단용 토치(cutting torch)

가열 화구와 산소 분출구가 동심원형으로 된 프랑스식과 이심형으로 된 독일식이 있다. 가스 절단에 사용되는 가스는 주로 산소-아세틸렌을 많이 사용하며, 철강 재료가 약 1350℃에서 연소하는 현상을 이용하여 절단한다.

# 3. 성형 공구

## 3-1 성형 공구의 개요

성형 공구는 판재를 구부리거나 원하는 모양으로 타출 또는 성형할 때 쓰이는 것으로 해머, 집게, 받침쇠 등이 있다.

## 3-2 성형 공구의 종류와 용도

(1) 해머(hammer)

해머는 탄소강으로 만들며 내부는 인성을 크게하여 잘 깨지지 않도록 하고, 머리부분은 단단하게 열처리 한다. 크기는 머리의 무게로 나타내며 볼핀 해머, 세팅 해머, 범핑 해머, 레이징 해머, 연질 해머, 용접 해머 등이 있다.

① 볼핀 해머(ball peen hammer) : 둥근 머리와 약간 볼록한 면이 있어 제관 작업에 많이 쓰이는데 재료의 펴기 작업, 접기 작업에 사용되는 세로핀 해머와 가로핀 해머가 있다.
② 세팅 해머(setting hammer) : 머리 부분에 사각형의 편평한 면으로 되어 있어 판재에 상처를 입히지 않고 심(seam)을 마무리하는 데 알맞으며 다른쪽 경사된 납작한 끝은 판재를 오무리거나 늘리는 데 사용한다.
③ 범핑 해머(bumping hammer) : 찌그러진 판재의 펴기 작업에 사용한다.
④ 레이징 해머(raising hammer) : 원형 판재를 접시 모양으로 만들거나 이음매 없는 그릇 모양을 타출하여 성형하는 작업에 주로 사용한다.
⑤ 연질 해머(soft faced hammer) : 경질 고무, 합성수지, 나무 등으로 만들어 판재를 손상시키거나 변형시키지 않고 가공할 수 있고 변형을 바로 잡는 데 효과가 있다.
⑥ 리베팅 해머(riveting hammer) : 리벳 머리를 마무리할 때, 리벳을 떼어 낼 때 사용한다.

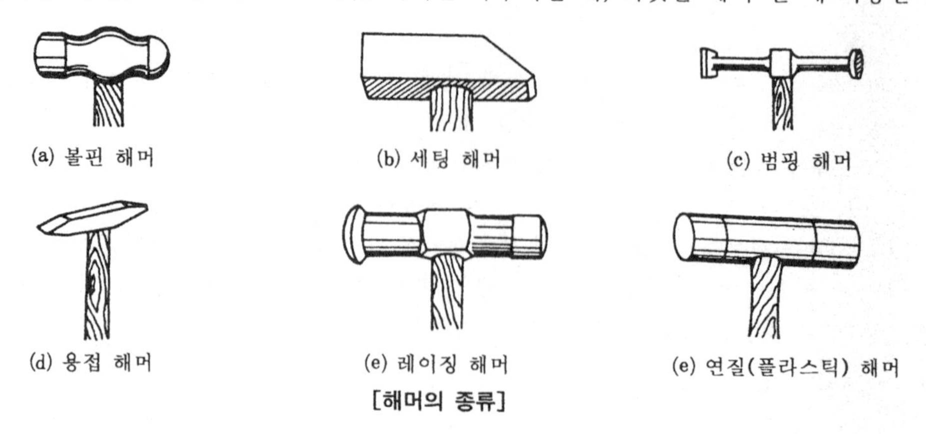

(a) 볼핀 해머 (b) 세팅 해머 (c) 범핑 해머
(d) 용접 해머 (e) 레이징 해머 (e) 연질(플라스틱) 해머

[해머의 종류]

### (2) 판금 집게(tongs, plier)

판재를 잡고 끝을 구부리거나 변형시키는 데, 자를 때 사용하는 것으로 연강이나 경강으로 만들며 크기는 전체 길이로 표시된다.

① 곧은 집게(straight tongs) : 판재를 잡거나 일반 공작용으로 사용한다.
② 굽은 집게(bend tongs) : 굽은 공작물을 잡는데 주로 사용한다.
③ 콤비네이션 플라이어(combination plier) : 두께를 조정하여 잡는데 사용한다.
④ 클램프 플라이어(clamp plier) : 공작물을 겹쳐 집어 움직이지 않게 고정할 때 사용한다.
⑤ 라운드 노즈 플라이어(round nose plier) : 공작물을 둥글게 구부리거나 원통으로 마는데 사용한다.
⑥ 플랫 노즈 플라이어(flat nose pllier) : 판금 재료를 절단하는데 사용한다.

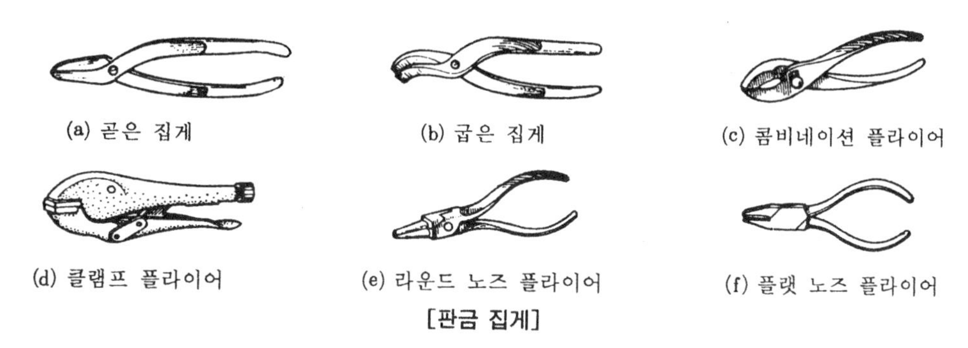

(a) 곧은 집게 (b) 굽은 집게 (c) 콤비네이션 플라이어
(d) 클램프 플라이어 (e) 라운드 노즈 플라이어 (f) 플랫 노즈 플라이어

[판금 집게]

### (3) 판금정과 굽힘대

① 굽힘대(bending stock) : 목제대에 1,000~1,500 mm 의 앵글(angle)을 부착시킨 것으로 얇은 판재를 직선으로 마름질한 선을 따라 굽히는데 사용한다.
② 판금칼(bend edge) : 두께 2 mm, 나비 32 mm, 길이 300 mm 정도의 강판재로 가장자리를 경사지게 깎아 다듬은 것으로 판재를 꺽어 접을 때 사용한다.
③ 박자목(evenly bar) : 경질의 나무로 길이 300~360 mm 가 되게 만든 막대로 판재를 굽힘대에 얹어 놓고 굽히거나 접을 때 사용한다.
④ 판금정(bend hisel) : 고탄소강으로 만들어 열처리한 것으로 마름질 선에 대고 망치로 가볍게 두드려 꺾는 작업을 할 때 사용한다.

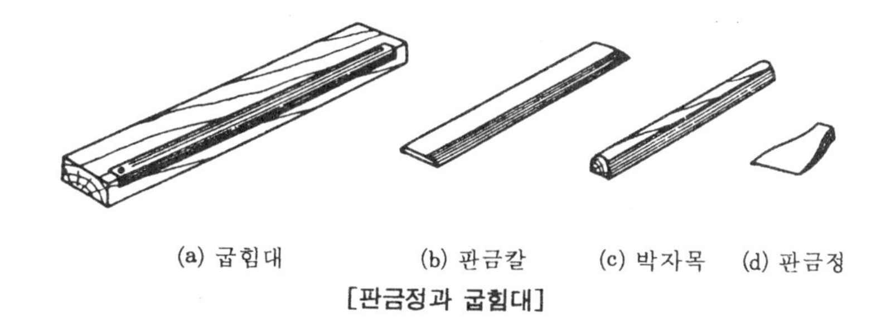

(a) 굽힘대 (b) 판금칼 (c) 박자목 (d) 판금정

[판금정과 굽힘대]

### (4) 받침대와 받침판

① 받침대(bench stake) : 스테이크(stake)라고도 통용되며 리베팅, 시밍, 접기 작업 등 여러 가지 모양으로 성형할 때 사용되는 것으로 그림 [받침대(bench stake)와 받침판(bench plate)]과 같은 것들이 있다.

② 받침판(bench plate) : 여러 가지 모양의 받침대의 자루가 끼워질 수 있도록 크기와 모양이 다른 여러 개의 구멍이 뚫려 있으며 그림 [받침대(bench stake)와 받침판(bench plate)]과 같은 것이 있다.

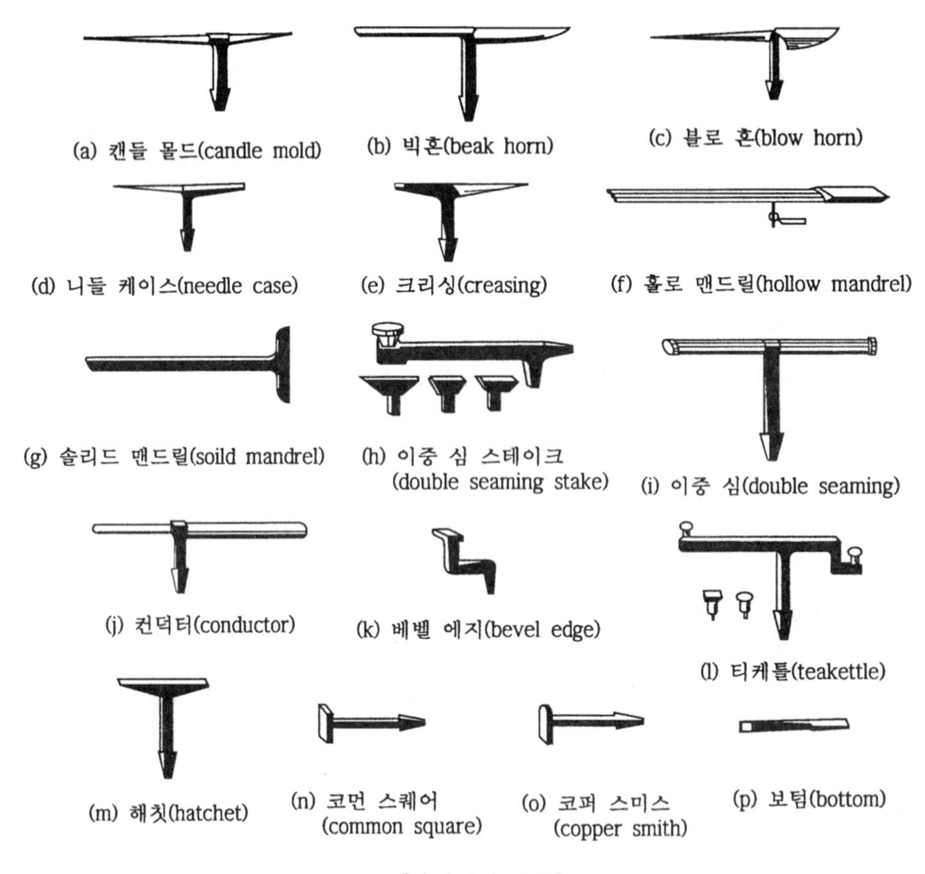


「받침대의 종류」

### (5) 바이스와 클램프

① 바이스(vise) : 나사의 힘을 이용하여 공작물을 고정시키는 것으로 몸체는 연강이나 주강으로 만들며 크기는 조(jaw)의 나비로 나타낸다. 핸드 바이스, 수평 바이스, 수직 바이스, 파이프 바이스 등이 있다.

② 클램프(clamp) : 작은 일감을 고정하는데 쓰이는 것으로 금속 판재, 앵글, 플랜지 등을 일시적으로 또는 부분적으로 고정할 때 사용한다.

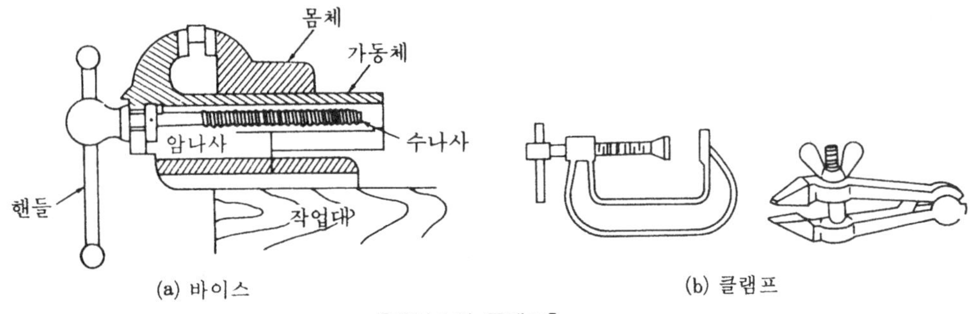


[바이스와 클램프]

### (6) 제관용 정반과 스웨이지 블록

① 제관용 정반 : 보통 정반과는 달리 주강 고탄소강으로 만들며 벤딩 도그(bending dog), 벤딩 핀(bending pin)을 사용할 수 있도록 많은 구멍이 뚫려 있다.

② 스웨이지 블록(swage block) : 이형 공대라고도 하고 300~500 mm 정도의 크기로 앤빌의 대용으로 사용하며 여러 가지 모양의 이형 틀이 있으므로 조형용으로 사용한다.

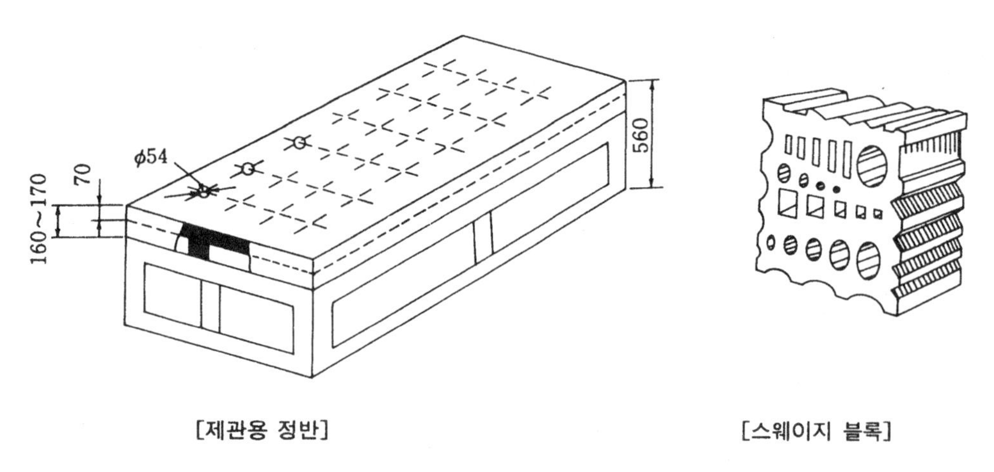


[제관용 정반] [스웨이지 블록]

### (7) 턴 버클(turn buckle)

왼나사와 오른나사를 이용하여 그림 [턴 버클]과 같이 긴 너트에 볼트를 넣고 너트를 돌려서 제관 공작물의 거리, 간격 등의 교정에 사용되는 공구이다.

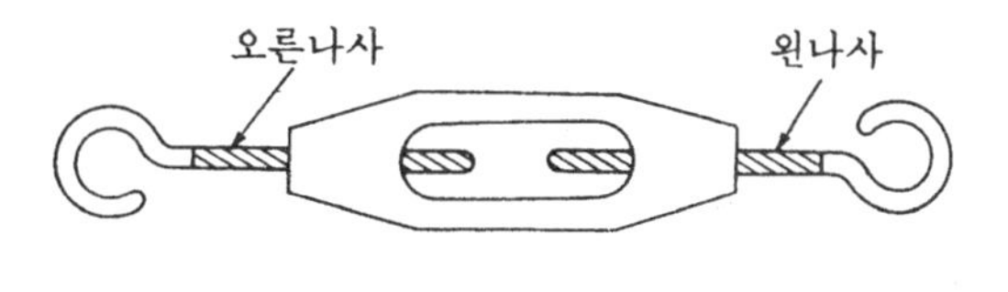


[턴 버클]

# 4. 리벳용 공구

### (1) 드리프트(drift)

판을 리벳 이음할 때 리벳 구멍을 일치시켜 주기 위해 그림 [드리프트]와 같이 테이퍼로 되어 있는 둥근 환봉이다.

[드리프트]

### (2) 리베팅 돌리와 스냅

① 리베팅 돌리(riveting dolly) : 그림 [리베팅 돌리]와 같이 리벳 작업시 리벳 머리를 누르는 공구로 리벳에 닿는 부분을 리벳 모양으로 오목하게 만들어 리벳이 이탈하지 못하도록 고정시켜 준다.

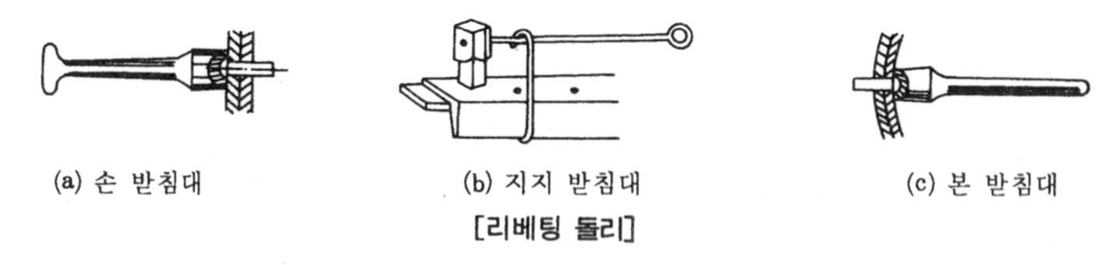

(a) 손 받침대　　(b) 지지 받침대　　(c) 본 받침대

[리베팅 돌리]

② 리베팅 스냅(riveting snap) : 그림 [리베팅 스냅]과 같이 리벳 머리를 해머로 두들겨 대략 모양을 성형한 후 머리 부분을 잘 다듬는데 사용되며 리벳 머리 주변의 거스러미를 제거하는 데도 사용한다.

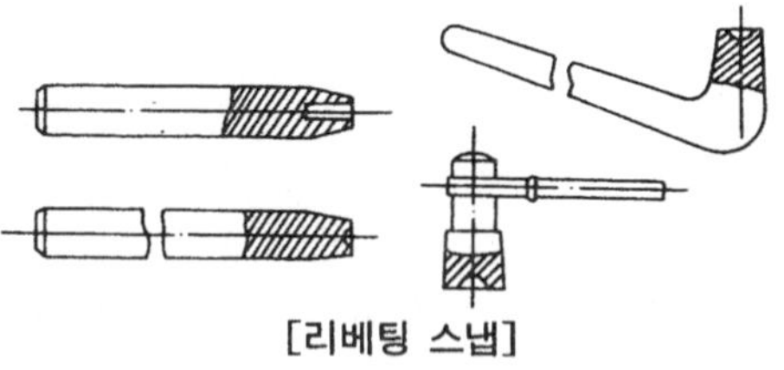

[리베팅 스냅]

### (3) 코킹 정(caulking chisel)

리벳 이음 후 기밀을 유지하도록 판재의 끝이나 머리를 다듬는 공구로 그림 [코킹 정]은 용법을 나타낸 것이며 날끝은 4~6 mm 정도이다.

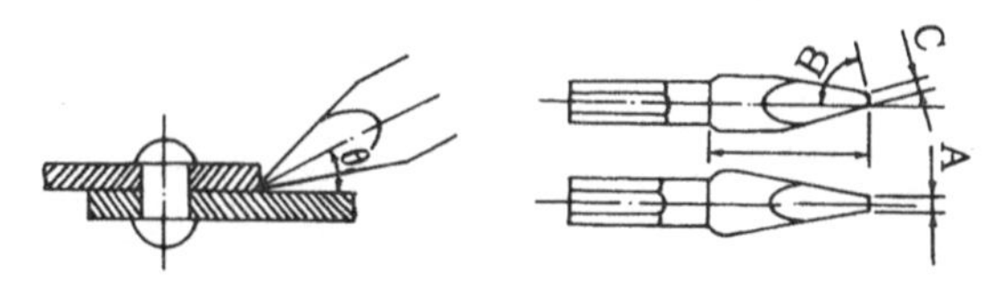

[코킹 정]

# 5. 측 정

## 5-1 측정의 개요

### (1) 측정의 목적

재료에 대한 검사를 제외한 치수로 모양, 표면 거칠기 등을 가공중이나 제작 후에 검사하는 것을 측정이라 한다. 만약, 각 부분의 모양과 치수가 허용 공차대로 제작되지 못하였다면 구조물은 기능을 발휘할 수 없을 뿐 아니라 조립도 불가능하므로 생산이 불가능해지고 막대한 재산상의 손해를 가져오므로 측정은 중요한 것이며 구조물의 각 부품은 가공할 때마다 치수를 측정하여 제품의 합격, 불합격을 판정해야 한다.

### (2) 측정기의 선택

측정기의 선택과 사용 방법이 부적당하면 불합격률이 증가되고 생산 효율이 감소된다. 구조물의 부품은 용도에 따라 요구되는 정도가 다르고 완성 정도가 다르므로 측정기의 선택은 도면에 표시된 치수의 정밀도에 따라 적당한 것을 선택해야 하며 각종 측정기의 성능을 충분히 숙지하고 요구된 모양, 치수의 정밀도에 따라 효과적으로 사용해야 한다.

## 5-2 측정 오차

### (1) 측정기 오차

측정기 자체의 오차로서 정도의 최소 눈금에 크게 영향은 없지만 한국공업규격(KS)의 규정은 20℃ 760 mmHg, 습도 58%의 가장 이상적인 상태에서 측정기의 정도를 규정하고 있다. 실제로 상온에서 측정하는 경우에 온도 습도의 변화가 심하므로 측정값에 변화를 가져올 수 있다.

측정기 오차＝지시값－이상 지시값

측정기의 오차를 줄이려면 다음과 같은 방법을 취하는 것이 좋다.

① 측정기를 소중히 다루고 언제나 최적의 상태로 보관한다.

② 측정기의 정도를 정확히 숙지하고 요구된 치수 정도에 적합한 측정기를 선택하여 사용한다.

③ 정도가 높은 측정을 하려면 반복 측정하여 최대와 최소값의 평균값을 차로하여 보정값을 구한다.

### (2) 시차

측정기가 정확하게 치수를 지시해도 측정자의 눈금 읽은 위치 선정의 잘못으로 생기는 오차를 시차라 하며 측정자의 눈의 위치에 따라 그림 [시차]와 같이 오차가 생긴다. 시차를 없애기 위해 다음과 같은 사항을 준수하는 것이 좋다.

① 눈의 위치는 항상 눈금판에 수직이 되도록 습관을 붙인다.

② 곧은 자를 피측정물에 고정하고 측정할 때 모서리 부분이나 중심에 눈금을 맞추어 측정

한다.

③ 지침이 있는 측정기는 눈금판 밑에 거울을 놓고 지침의 영상과 바늘이 일직선으로 겹치는 눈의 위치에서 눈금을 읽는다.

④ 눈금선의 굵기에 의해 생기는 시차를 방지하기 위해 이중 표선이 쓰여지기도 한다.

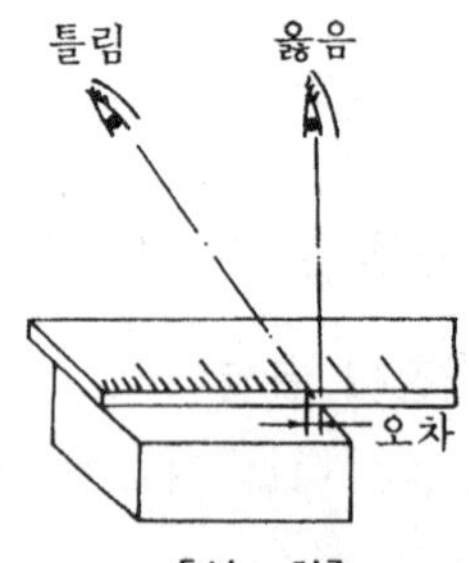

[시 차]

### (3) 온도의 영향

일반적으로 모든 물체는 온도에 따라 수축, 팽창하므로 피측정물을 측정할 때에도 같은 현상이 일어나는데 우리 나라를 비롯하여 각국에서도 공업적인 표준 온도를 1기압에서 20℃로 규정하고 있다.

온도의 변화 $\Delta t$℃에 따라 생기는 변화하는 양을 $\lambda$, 길이를 $l$, 선팽창 계수를 $\alpha$라 하면 다음 관계가 성립된다.

$$\lambda = l \cdot \alpha \cdot \Delta t°$$

강의 선팽창 계수가 $11.3 \times 10^{-6}$m/℃이므로 1 m에서 표준온도와의 온도차가 1℃였다면 11.3$\mu$가 된다. 그러나 측정기도 같이 신축한다고 생각하면 측정기에 표시된 측정값의 오차는 없겠지만 실제로 모양의 차이, 재질에 따라 선팽창 계수가 달라지므로 피측정물과 측정기가 같은 조건이 되지 않는다.

### (4) 기타 영향

측정 오차는 이 외에도 측정기 구조에 따른 영향, 접촉, 오차, 기계에서 발생하는 소음, 진동 등 주위 환경에서 오는 오차 또는 자연현상의 급변 등으로 생기는 오차 등이 있다.

## 5-3 측정의 기본

### (1) 직접 측정

강철자, 보통자 등에 의해 제품의 길이를 직접 측정하는 것으로 측정기의 측정 범위가 넓고, 측정물의 실제 치수를 잴 수 있으며, 양이 적고 많은 종류의 제품의 측정에 적당한 장점이 있다. 그러나 눈금을 잘못 읽기 쉽고 측정 시간이 많이 걸리며, 측정기가 정밀할 경우 많은 경험이 필요한 단점이 있다.

### (2) 비교 측정

그림 [비교 측정]과 같이 표준 게이지와 제품을 측정기로 비교 측정하여 측정기의 지침이 지시하는 눈금에 의하여 그 차를 읽는 것으로 측정기를 적당한 위치에 고정시켜 높은 정도의 측정을 비교적 쉽게 할 수 있고, 제품의 치수가 고르지 못한 것을 계산하지 않고 할 수 있으며, 면의 각종 모양이나 공작 기계의 정밀도 등을 측정할 수 있다. 또한, 치수의 편차를 원격 조정할 수 있으므로 자동화 할 수 있는 장점이 있으나 측정 범위가 적고, 제품의 치수를 직접 읽을 수 없으며, 표준이 되는 기준 게이지가 필요한 단점이 있다.

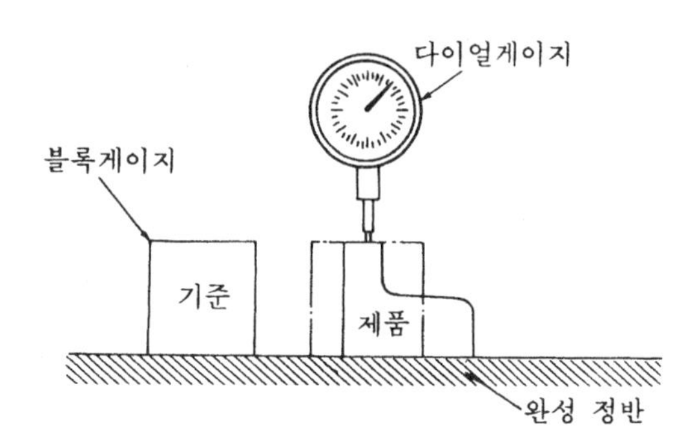


[비교 측정]

## 5-4 측정기

(1) **자**(scal)**와 캘리퍼스**(calipers)

① 강철자 : 탄성이 강한 강철로 만들었고 표준원기에 의해 직접 또는 간접적으로 맞추어 눈금을 메긴 것으로 300, 600, 1000, 2000 mm 의 것이 있다.

② 캘리퍼스 : 2개의 다리를 조합한 것으로 측정하려는 공작물의 크기에 따라 다리를 벌려 맞추고 이를 자에 옮겨 길이를 측정하는 공구이다. 종류로 외경을 측정하는 외경 캘리퍼스, 내경을 측정하는 내경 캘리퍼스가 있으며, 이것을 복합하여 만든 사이드 캘리퍼스가 있다. 그러나 캘리퍼스를 자에 대고 읽을 때 개인의 오차가 크므로 매우 정확한 측정에는 부적당하다.

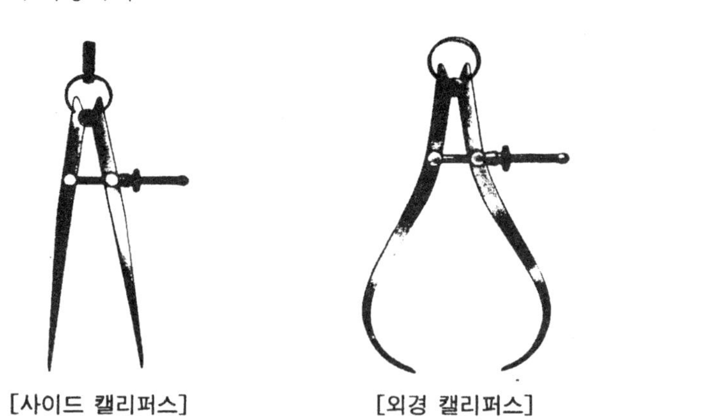

[사이드 캘리퍼스] [외경 캘리퍼스] [내경 캘리퍼스]

(2) **버니어 캘리퍼스**(vernier calipers)

버니어 캘리퍼스는 자와 캘리퍼스를 조합한 것으로 공작물의 내경, 외경, 깊이 등을 측정하는 데 사용되며 150, 200, 300, 500, 1000 mm 의 것이 있다.

보통 버니어 캘리퍼스의 아들자 눈금이 가장 많이 사용되는 것으로 어미자의 $(n-1)$눈금을 $n$등분한 것으로 어미자와 아들자의 한 눈금 길이의 차이는 $1-\frac{n}{n+1}=\frac{n}{n+1}$ 이 된다. 따라서, $x$번째가 어미의 눈금과 함쳐지면 그 읽는 치수는 $\frac{1}{n+1}$가 된다. 그림 [아들자의 눈금 읽는 방

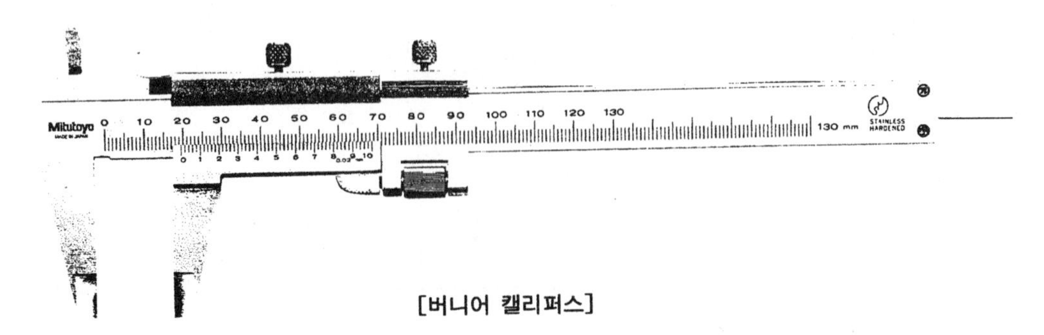


[버니어 캘리퍼스]

법]에서 아들자가 읽을 수 있는 치수는 아들자가 20이 되어 있으므로 $\frac{n}{n+1}=\frac{1}{20}=0.05\,\text{mm}$ 이다. 따라서 어미자의 눈금과 아들자의 눈금이 만나는 지점은 13번째(*)이므로 이 길이의 치수는 $4+\frac{1}{20}\times 13=4.65\,\text{mm}$ 이다.

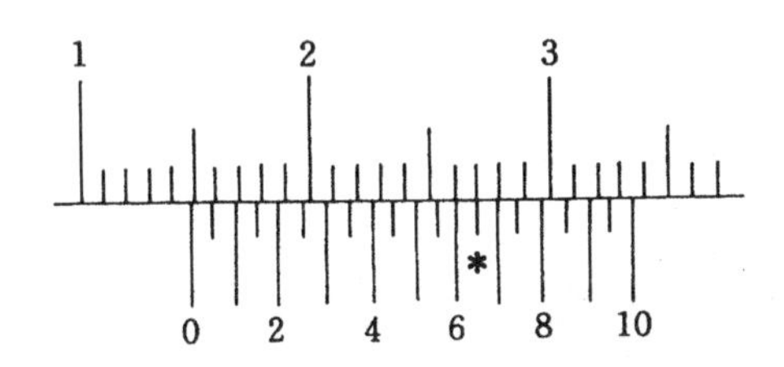


[아들자의 눈금 읽는 방법]

### (3) 하이트 게이지(hight gauge)

하이트 게이지는 주로 정반에서 정반면을 기준으로 높이의 측정, 정밀한 금긋기를 할 때 사용한다. 원리는 버니어 캘리퍼스와 같으며 용도상 구조, 정도 등이 약간 다르다. 하이트 게이지로 금긋기 작업을 하기 위해 이동조에 스크라이버나 다이얼 게이지 등을 부착하여 사용할 수 있다.

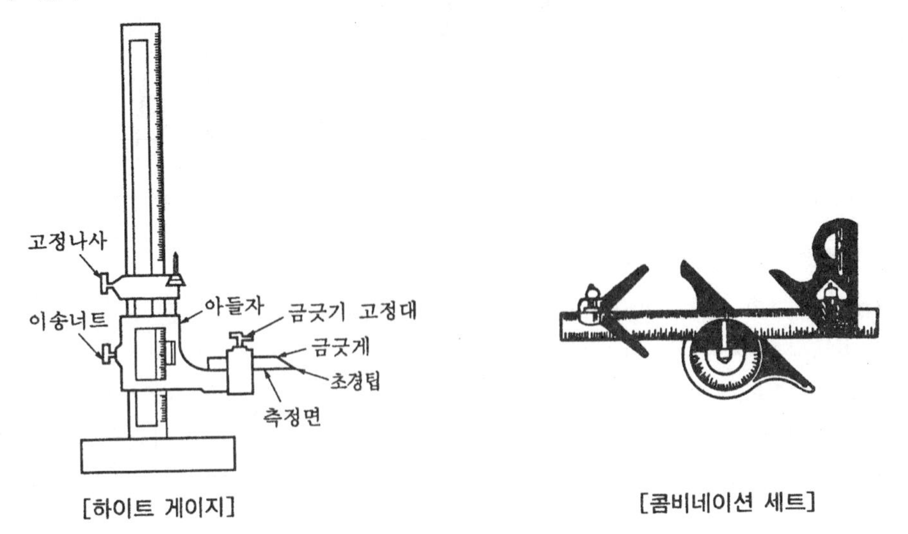


[하이트 게이지]

[콤비네이션 세트]

### (4) 각도자

① 콤비네이션 세트(combination set) : 콤비네이션 스퀘어(combination square)에 각도기가 붙은 형으로 두 면이 이루는 각도를 측정할 때 쓰인다. 곧은자의 좌측에 스퀘어 헤드(square head)가 있고 우측에는 센터 헤드(center head)가 있으며, 높이 측정에 사용하거나 중심을 표시하는 금긋기 작업에 사용된다. 또한 각도기 및 직각측에 수준기가 붙어 있는 것도 있다.

② 직각정규(square) : 호칭치수는 긴 변의 길이로 표시하며 직선과 직선, 직선과 평면, 평면과 평면이 직각 여부를 검사할 때 쓰이며 직각정규를 공작면에 밀착시켜 틈새를 빛으로 판정하거나 틈게이지, 블록게이지 등을 사용하여 측정하기도 한다.

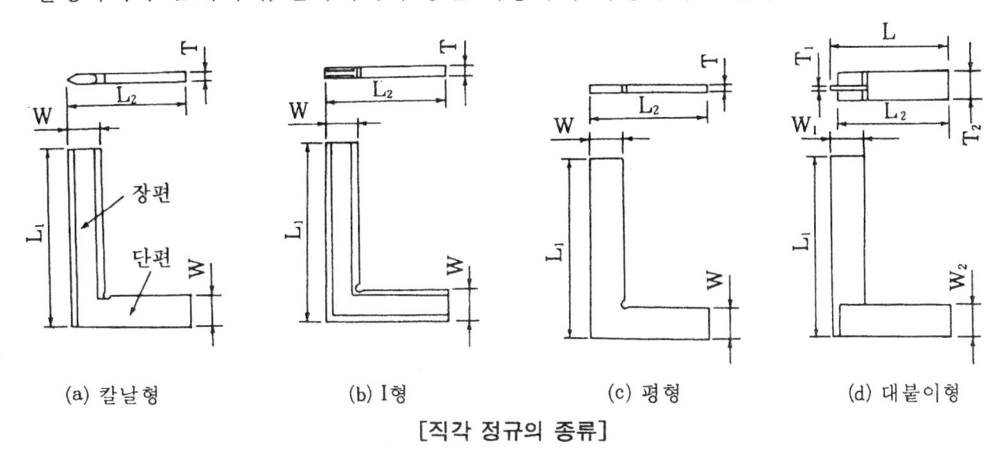


[직각 정규의 종류]

③ 수준기 : 수준기는 본체의 모양에 따라 평형 수준기(block level)와 수평면 및 연직면을 가진 각형 수준기(square level) 등이 있고 수평 또는 수직을 측정하고 약간의 경사진 곳을 측정하는 데 쓰인다. 수준기의 원리는 수준기 내부의 기포관의 기포 이동으로 경사각이 되며 경사각의 눈금을 읽어 각도로 환산한다. 경사각을 라디안으로 나타내면 $\theta=\frac{L}{R}$(라디안)이 된다. 수준기는 그림 [수준기]와 같이 수준기, 몸체, 주기포관, 부기포관, 기포 조절나사 등이 있고 기포관 내부에 에테르 또는 알콜이 들어 있어 약간의 기포를 남기고 있다.

수준기로 경사면을 측정할 경우 영점을 정반 위에서 조정하여 사용해야 한다.

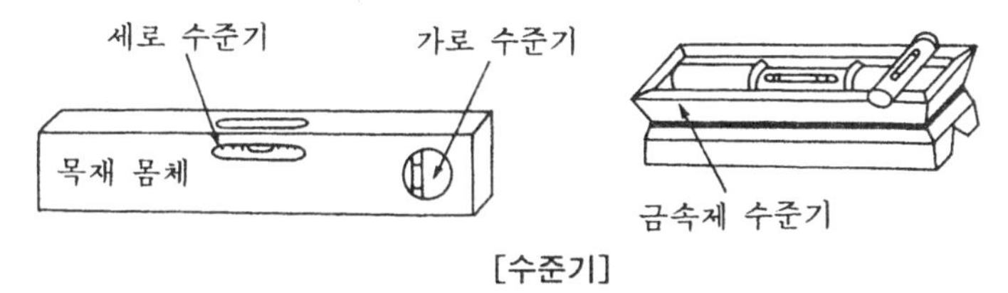


[수준기]

### (5) 각도 게이지

① 요한슨식 각도 게이지 : 길이 약 50 mm, 폭 19 mm, 두께 2 mm의 열처리한 합금강으로 만들어진 판 게이지로서 길이가 긴 방향에 양 측면의 측정면이 서로 평행하며 이 평행한 측면에 대하여 각도 게이지면은 네 귀퉁이에 경사진 짧은 면에 각도가 표시되어 있으며 각도를 측정할 때 이들 게이지를 조합하여 사용한다.

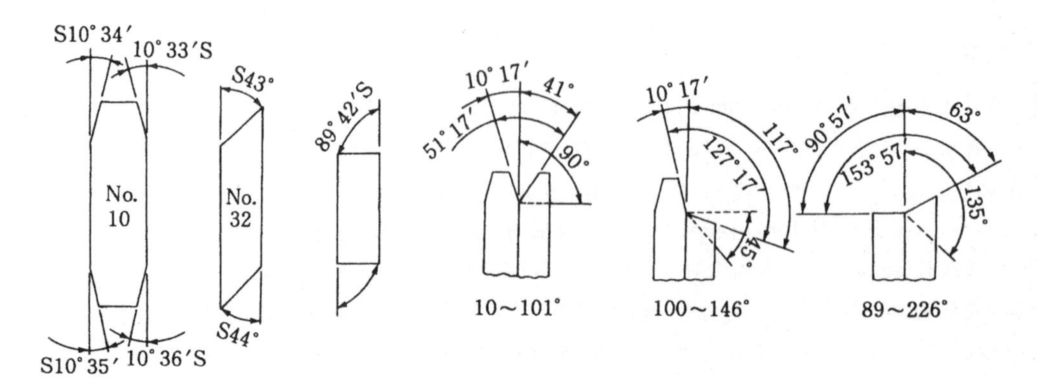


[요한슨식 각도 게이지와 조합 예]

② 일반 각도 게이지 : 간단히 각도를 비교 측정하는 데 쓰이며 구조는 두께 1mm 정도의 강판에 여러 가지의 정확한 각도가 만들어져 있으며 일반적으로 1°, 2°, 3°, 4°, 5°, 8°, 12°, 14°, $14\frac{1}{2}$°, 15°, 25°, 30°, 35°, 40°, 45°의 16매가 그림 [각도 게이지]과 같이 조합되어 있다.

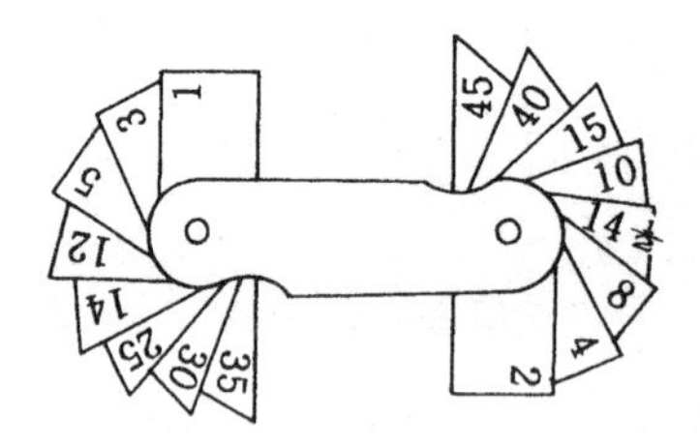


[각도 게이지]

### (6) 기타 게이지

① 반지름 게이지(round gauge) : 내식 · 내열성이 강한 합금강으로 만들어 졌으며 여러 가지 규격의 반지름 게이지가 조합으로 이루어 내 · 외경을 측정하기 편리하도록 되어 있다.

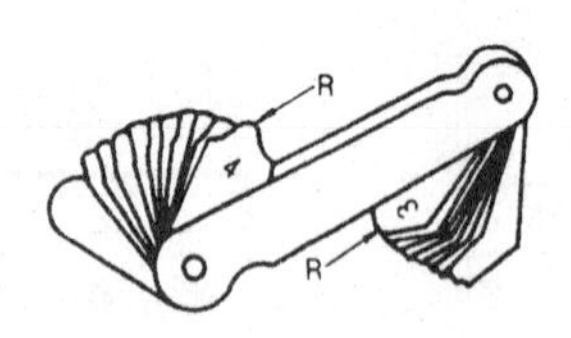


[반지름 게이지]

② 와이어 게이지(wire gauge) : 철사의 굵기나 두께를 측정하는 데 사용하며 철사의 굵기나 판재의 두께는 구멍이나 갈라진 틈 사이에 끼워 검사한다.

③ 드릴 게이지(drill gauge) : 드릴의 굵기를 측정할 때 게이지에 뚫린 구멍에 끼워 보아 검사한다.

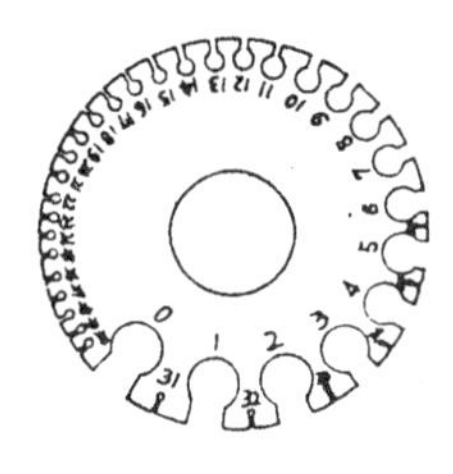

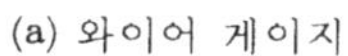
(a) 와이어 게이지

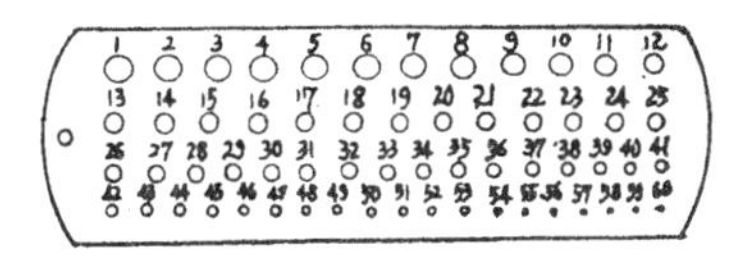
(b) 드릴 게이지

[판금 게이지]

④ 나사 피치 게이지(screw pitch gauge) : 나사의 피치를 쉽게 측정할 수 있도록 여러 가지 피치가 만들어진 조합으로 구성되어 있다.

⑤ 두께 게이지(thicknes gauge) : 틈새를 간단히 측정할 수 있도록 여러 가지 두께의 틈새 게이지가 조합으로 구성되어 있다.

[나사 피치 게이지]

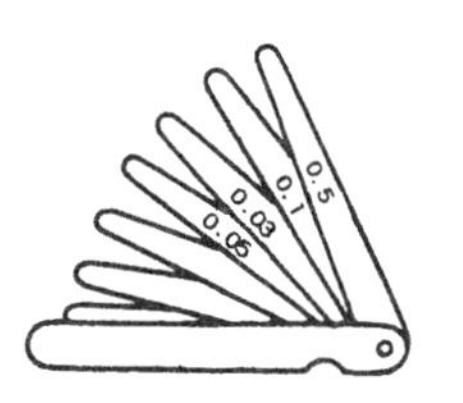


[두께 게이지]

# 제관용 기계

## 1. 전단용 기계

### 1-1 전단용 기계의 개요

전단 작업에서 가장 중요한 것은 재료의 두께에 따라 전단기의 선택과 전단기 윗날과 아랫날의 간격(틈새)이 정확해야만 양호한 전단면을 얻을 수 있다. 또한 전단기를 사용할 때 항상 위험하므로 안전 수칙을 준수해야 한다. 소형 기계는 일반 판금용으로 대형 기계는 제관용으로 이용한다.

### 1-2 인력 전단기

사람의 힘으로 직선 전단날을 움직이는 것으로 수동식과 족답식이 있다. 크기는 전단이 가능한 판재의 두께와 나비로 나타낸다.

#### (1) 수동 전단기(hand shear)

얇거나 작은 판재를 자르는데 쓰이는 것으로 레크와 피니언 기구를 이용하여 핸들을 당기면 윗날이 내려와 판재를 자르게 된다. 특히 강판뿐만 아니라 평강, 환봉, 각강, 앵글, 형강 등 여러 가지 모양의 판금 재료를 자를 수 있는 특수 장치가 되어 있는 복합 전단기가 있다.

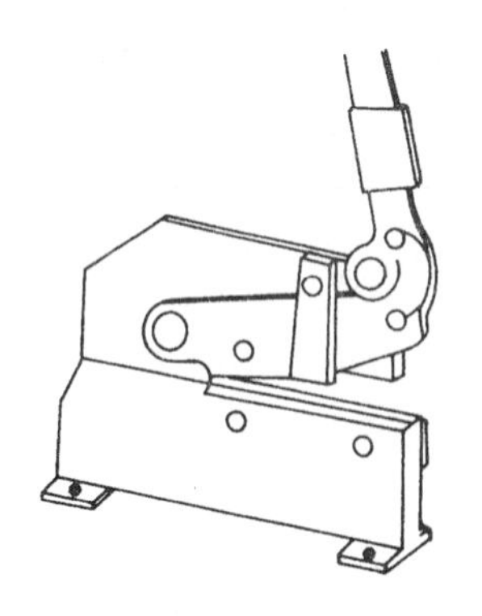

[수동 전단기]

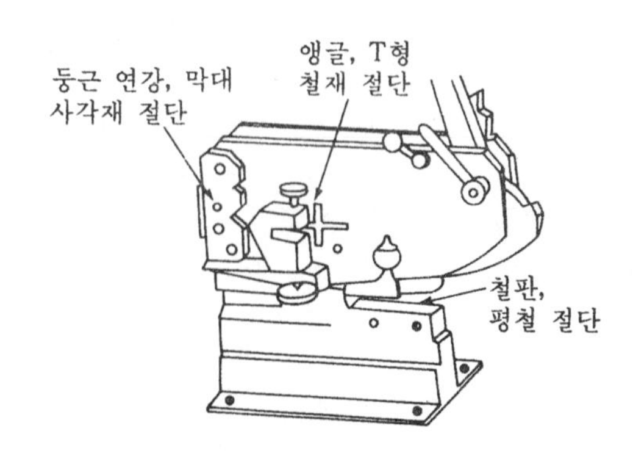


[복합형 수동 전단기]

### (2) 발디딤 전단기(foot squaring shear)

레버 기구를 이용하여 발판을 세게 밟으면 윗날이 내려와 판재를 전단하는 전단기로서 크기는 전단 가능한 판재의 두께와 나비로 나타내며 전단기의 윗날이 일부분씩 내려와 전단선에 닿도록 하여 전단력을 작게 하도록 되어 있다. 또한 전단각은 일반적으로 1 ~ 6° 정도를 준다. 작동 방법은 판재를 전단기의 베이스에 올려 놓고 전단선과 아랫날에 일직선으로 겹치게 맞추고 압력판을 눌러 판재가 움직이지 못하도록 하고 발로 발판을 눌러 전단한다. 발디딤 전단기의 전단 가능한 두께는 보통 1.2 mm 이하이다.

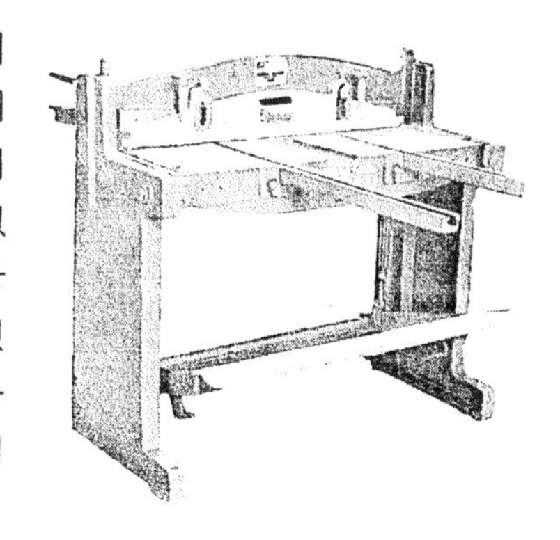

[발 디딤 전단기]

### (3) 동력 직선 전단기(power straight shear)

판재를 직선으로 전단하는 전단기로서 동력에 의해 회전하는 플라이 휠의 회전력을 클러치를 통하여 편심축에 전달하고 수평으로 고정된 아랫날에 윗날이 상하운동을 하면서 전단하는 기계이다. 주축의 회전이 항상 끊어져 있으므로 페달을 밟으면 클러치가 풀려서 작동하도록 되어 있고 자동판 누르개가 프레임에 내려올 때 자동으로 재료를 눌러주고 전단이 끝난 후 원래의 위치로 돌아가도록 되어 있다. 그림 [동력 전단기]는 모터 직결식 전단기이고 유압에 의해 전단날이 상하 운동을 하며 전단하는 유압 전단기도 있다.

전단각은 보통 1 ~ 6° 정도이고 얇은 판재나 정밀도를 요구할 때는 전단각을 작게 한다. 날끝각은 얇은 판의 전단에는 70 ~ 80°, 두꺼운 판은 90°를 사방으로 한 전단날을 사용하며, 틈새각은 2 ~ 3°로 한다.

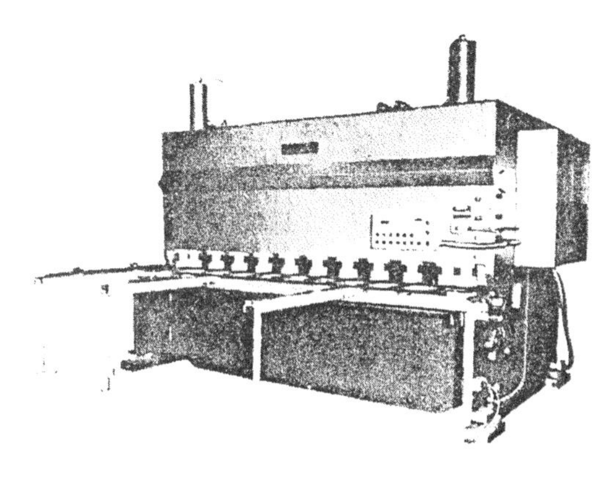

[동력 전단기]

[유압 전단기]

### (4) 원형날 전단기

갱 슬리터(gang slitter)와 롤러 시어(roller shear)가 있다. 갱 슬리터는 나비가 넓은 판을 띠 모양의 긴 판재를 전단하는 기계로 좁은 띠판을 변형 없는 정확한 치수로 대량 절단할 수 있다. 이 기계는 위아래의 두 평행축에 둥근 전단날이 여러 개 있으며 전단날이 회전하면서 날과 날 사이에서 잘라지게 된다. 롤러 시어는 원형으로 된 윗날과 아랫날을 회전시켜 판재를 직선이나 원형 및 임의의 곡선으로 전단하는 기계인데 서큘러 시어(circular shear)라고도 한다. 이 기계는 두께 10 mm 이하의 판재를 전단하는 데 이용되며 윗날은 원형날로 되어 있고 아랫날은 전단날로 되어 있어 2개가 서로 반대 방향으로 회전하며 전단한다.

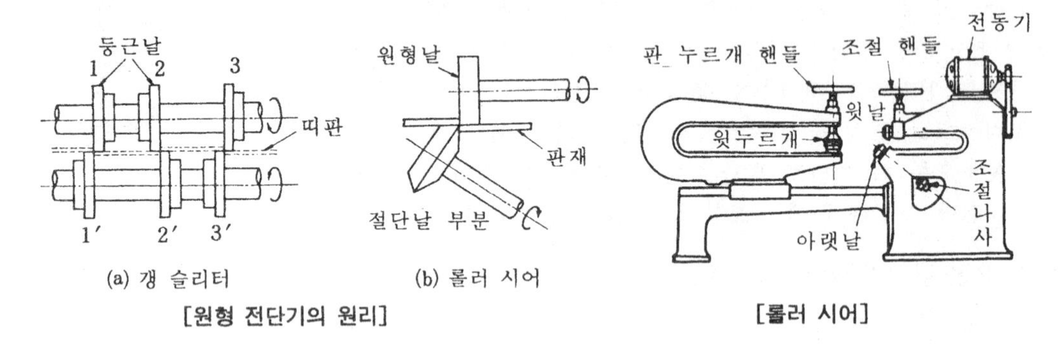


(a) 갱 슬리터 (b) 롤러 시어

[원형 전단기의 원리] [롤러 시어]

### (5) 갭 시어(gap shear)

갭 시어는 강력한 프레임에 틈새(gap)를 설정하여 두껍고 긴 판재를 연속 이송 전단할 수 있다. 대형 기계에서는 틈새 깊이를 480 mm, 650 mm, 800 mm 등으로 하여 표준 치수의 강판을 반으로 전달할 수 있도록 되어 있으며 제관 작업 등에 많이 사용된다. 이 기계는 윗날을 구동하는 편심 또는 크랭크 장치와 윗날의 운동과 연동하는 편심식 판 누름 장치가 있다.

### (6) 바이브러 시어(vibro shear)

좁은 전단날을 고속으로 진동시켜 재료를 직선, 곡선 전단과 프레스 작업을 하여 굽혀진 판도 전단이 가능하다. 그림 [바이브러 시어 및 날의 종류]와 같이 넓은 판재를 직선으로 전단할 때에는 어태치먼트(attachment)를 사용하고 보통 윗날의 진폭이 1.8 mm 정도로 매분 3400회 정도 진동한다.

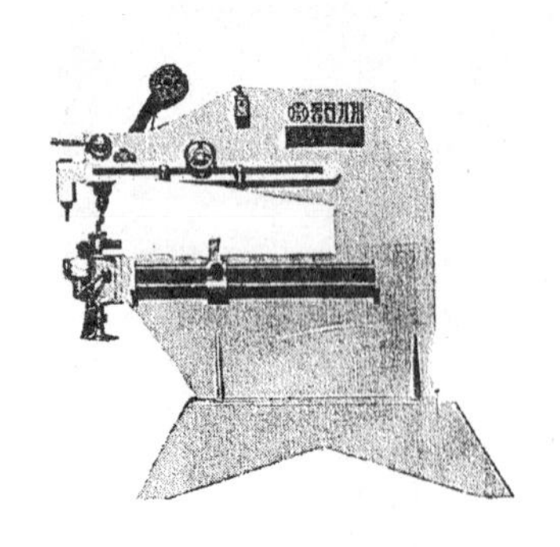

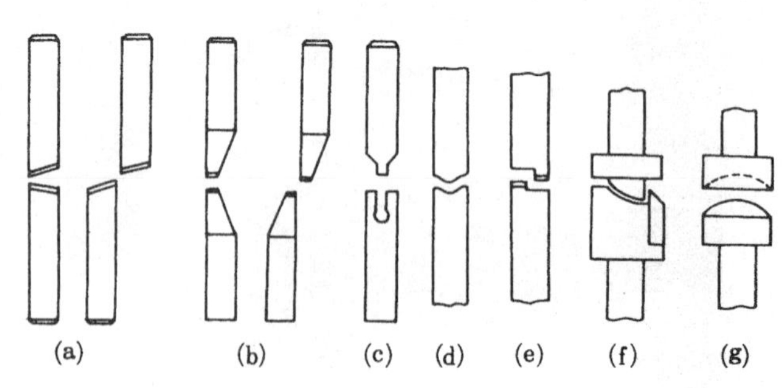


(a) 직선용 (b) 자유 전단용 (c) 홈 전단용 (d) 비딩용 (e) 단짓기용 (f) 환기통용 (g) 조리기용

[바이브러 시어 및 날의 종류]

전단날은 마모되면 다시 연마하여 사용하고 그림 [바이브러 시어 및 날의 종류]와 같은 모양의 지그를 사용하여 슬리트 홈 전단, 비딩(beeding), 접시 모양 만들기(dishing), 판재의 단짓기(off setting) 등의 가공도 할 수 있다.

(7) **핸드 시어**(hand shear)

바이브러 시어(vibro shear)와 같은 원리를 이용하여 만든 것으로 전동식 판금 가위, 휴대용 전단기라고도 하며 소형으로 판금 작업에서 주로 직선, 곡선 등의 전단에 이용되었으나 사용자에게 극히 적은 진동을 받게 하는 기계가 개발되어 2~8 mm 의 두께를 전단할 수 있는 것이 시판되고 있다.

(8) **만능 형강 전단기**

만능 형강 전단기는 환봉, 사각봉, 앵글, 형강, 평철, 철판 등의 절단과 모따기, 펀칭 작업도 할 수 있도록 여러 가지 모양의 전단날이 갖추어져 있다. 작동중 가공 불량 상태가 자주 발생되면 유압 펌프가 손상되므로 기계의 작동 전에 반드시 점검해야 하고 유의 사항을 숙지하여 전단기에 무리한 하중을 받지 않도록 해야 한다.

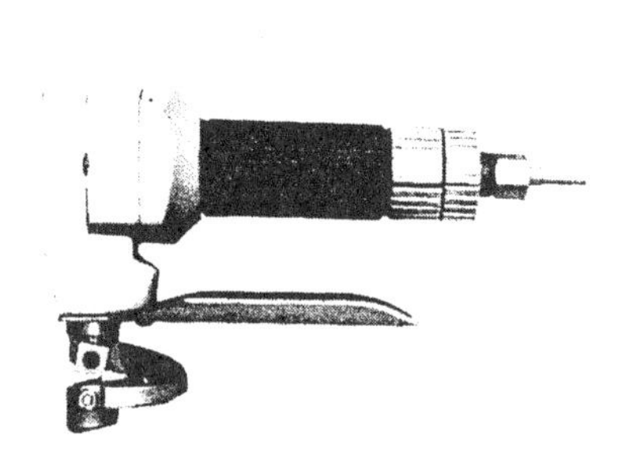

[핸드 시어]

[만능 형강 전단기]

(9) **용접 면취기**(beveling machine)

용접할 부분의 면을 개선하는 전용 기계로서 연속적으로 면취개선 작업을 할 수 있다. 가스 절단에 비해 비용이 적게 들고 작업 속도가 매우 빠르며, 거의 한 공정에 V 양면 V, K, Y 형 등의 제반, 면취 작업이 가능하다. 휴대용 면취기는 공작물이 무겁고 큰 경우 자유롭게 움직여 작업할 수 있고 수직, 수평 및 곡선 면취 작업이 가능하며 면취각이 15 ~ 60° 까지 조정할 수 있고 최소 면취 반경이 40 mm 정도 되는 것도 있다.

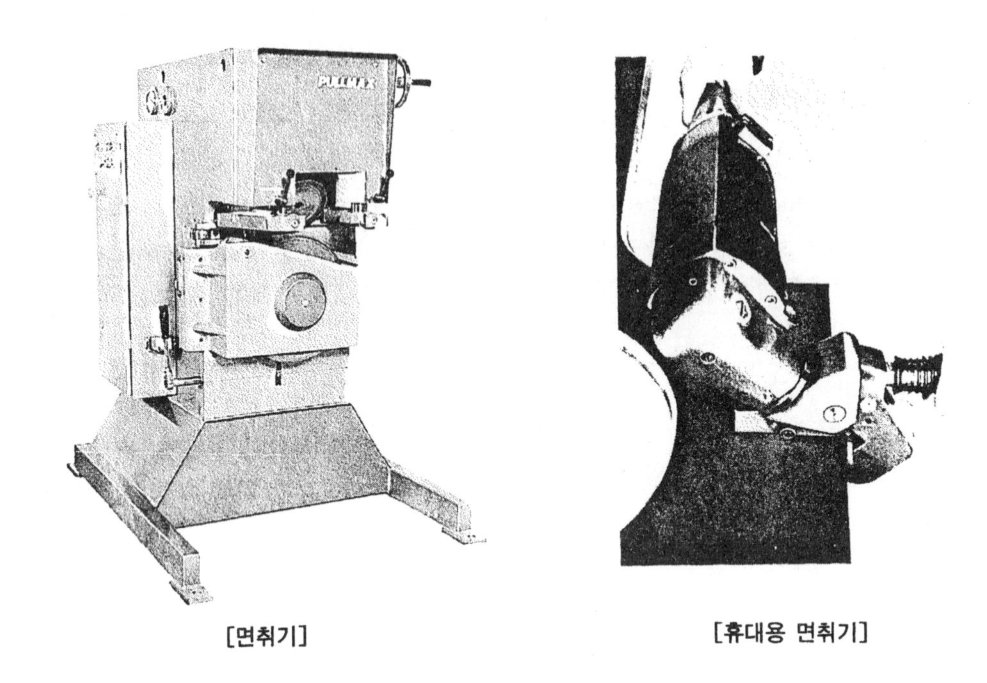


[면취기] [휴대용 면취기]

# 2. 성형 기계

## 2-1 성형 기계의 개요

성형 기계는 제관 재료를 꺾어 굽히거나 둥글게 굽히며 접거나 원하는 모양으로 성형시키는 기계로 성형하는 모양에 따라 여러 가지 기계가 이용되고 있다.

### (1) 프레스 브레이크(press break)

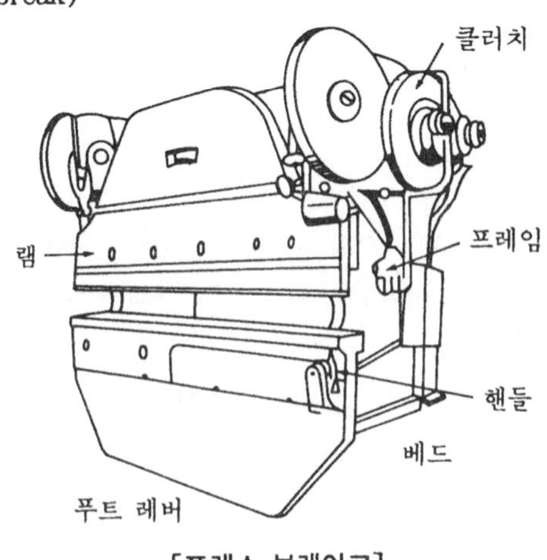


[프레스 브레이크]

프레스 브레이크는 긴 판재를 굽히는 데 쓰이는 굽힘 전용 기계로서 기계의 크기는 전체의 나비와 굽힐 수 있는 판의 두께나 톤수로 나타낸다. 프레스와 같이 램의 구동 방식에 따라 크랭크식, 편심식, 유압식 등이 널리 사용되며 건축용, 금속제품, 전기 기기, 조명 기기, 통신 기기, 차량, 선박 그 밖에 여러 가지 제관용 용기 제작에 이르기까지 활용 범위가 넓다. 프레스 브레이크는 마찰 클러치가 많이 쓰이며 행정(stroke)의 길이는 행정 조정용 보조 전동기에 의해 조정된다.

프레스 브레이크의 장점은 다음과 같다.

① 작업면이 길므로 여러 가지 소재의 동시 가공이 가능하다.

② 강력한 압력이 작용하므로 굽힘 정도가 좋다.

③ 상하 성형 금형을 바꾸어 끼우면 여러 가지 응용 가공이 가능하다.

④ 유압식의 경우 행정 조정이 가능하고 대량 생산용으로 적당하다.

### (2) 바 폴더(bar folder)

바 폴더는 판 두께 1mm 이하의 얇은 소재의 가장자리를 접을 때 사용되며 위의 누르개판과 아랫 누르개판 사이에 끼워 굽힘판(wing)을 회전시켜 굽힘 가공을 한다. 굽힘 길이를 맞추기 위하여 그림 [바 폴더의 깊이 게이지]와 같이 게이지를 조절하여 필요한 깊이의 굽힘을 할 수 있다.

일반적으로 굽힘 성형 기계를 폴딩 머신(folding machine)이라고 하며 브레이크 바 폴더 등의 직선 접기용 기계가 있다.

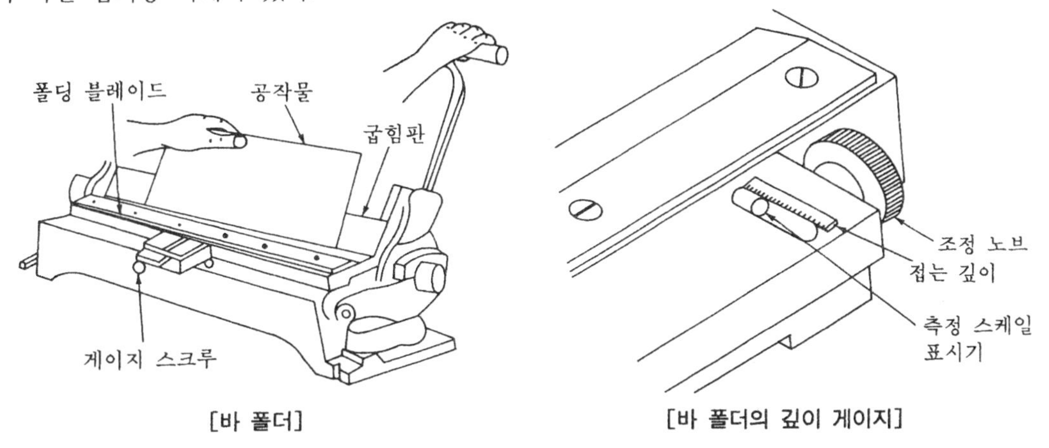


[바 폴더]　　[바 폴더의 깊이 게이지]

### (3) 탄젠트 벤더(tangent bender)

탄젠트 벤더는 플랜지가 붙은 제품이나 파형의 판금을 굽히는 데 사용하는 기계이며 플랜지 부분을 양면에서 누르고 굽힘 다이(bending die)에 따라 구름 접촉을 하면서 굽히게 된다.

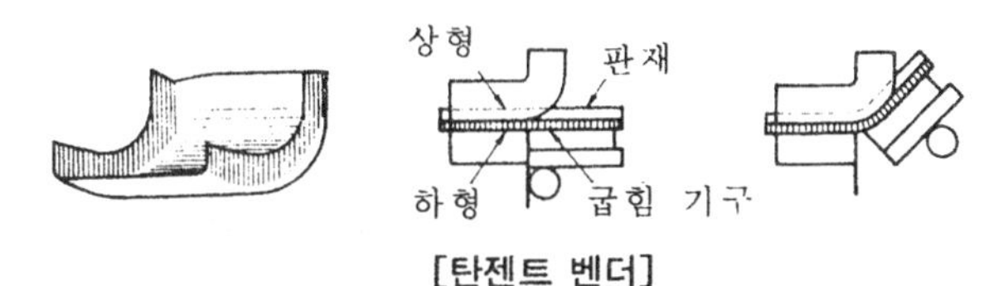


[탄젠트 벤더]

이 기계는 텔레비전의 캐비닛, 세탁기나 냉장고 등의 케이스를 제작하는 데 널리 사용된다. 동력으로 유압 또는 공기압을 사용하며 한쪽을 구부리는 단식과 양쪽을 동시에 구부릴 수 있는 복식이 있다.

(4) **비딩 머신**(beading machine)

한 쌍의 오목하고 볼록한 롤러 사이에 판재를 넣고 롤러를 회전시켜 비드(beed)를 만드는 기계로서 비드는 판금 제품의 보강이나 겉모양을 보기 좋게 하기 위하여 만들며, 원통 모양의 동체 가장자리를 접을 때에도 이용된다. 이 기계는 서로 반대 방향으로 회전하는 두 축의 끝에 필요한 모양을 가진 롤러를 고정시키고 그 사이에 원통의 동체나 판재를 넣어 회전시키면서 점차로 성형시킨다.

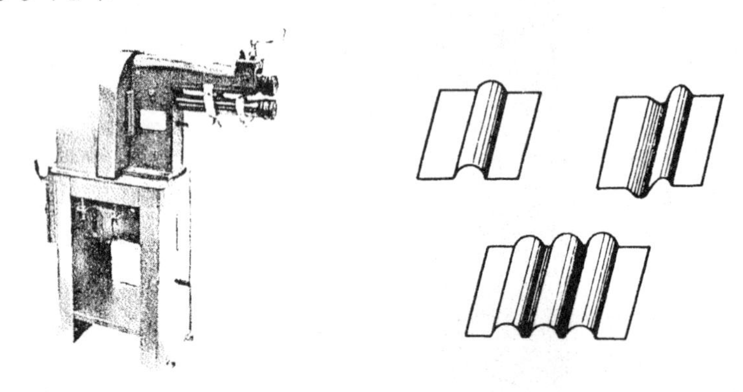

[비딩 머신]

(5) **포밍 머신**(forming machine)

포밍 머신은 슬립 롤 포밍 머신(slip roll forming machin) 또는 벤딩 롤러(bending roller), 삼본 롤러(three rollers)라고도 하며 판재를 원통 원뿔형으로 굽히는 데 사용한다.

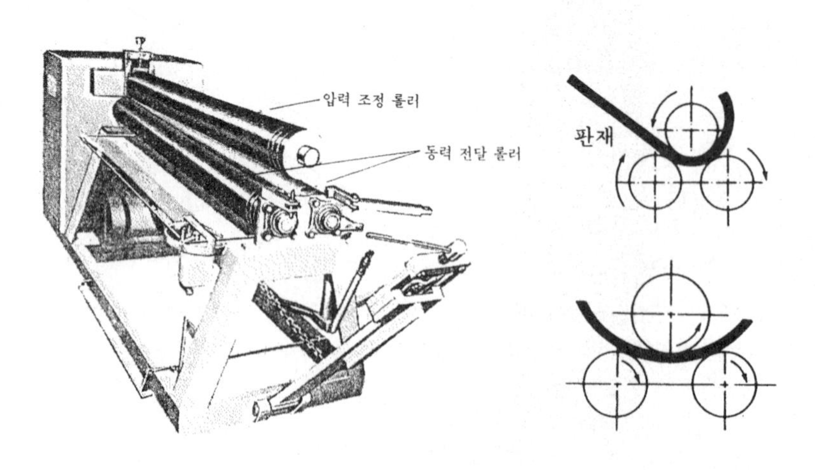


[벤딩 롤러]

크기는 롤러의 전체 나비로 굽힐 수 있는 판재의 길이와 두께로 나타내고 3개의 롤러 중 2개는 같은 방향으로 회전하며 회전력을 전달하고 위의 롤러는 축받침을 상하로 조절하여 지름을 크거나 작게 또는 원통이나 원뿔 모양으로 굽힐 수 있다. 대형 포밍 머신은 큰 힘을 받으므로 롤러가 구부러지는 위험이 있으므로 하부에 롤러를 받치는 보조 롤러가 있다. 성형 가공하기 전에 판재의 가장자리를 수공구를 사용하여 약간 굽혀서 롤러에 걸어 완전한 원통형으로 만들어야 한다. 경우에 따라서 평탄부가 생기는 부분 만큼 길게 마름질하여 굽히고 평탄부를 잘라 내기도 하며, 판재에 구멍이 크게 뚫려 있으면 정확하게 굽혀지지 않으므로 성형 후 구멍을 뚫으며, 리벳과 같이 작은 구멍은 미리 뚫어 놓는 것이 작업 공정상 좋은 경우가 많다.

### (6) 이송 굽힘 롤러(feed forming roller)

띠판을 여러 가지 모양으로 계속 굽히는 데 사용하는 기계로서 그림 [이송 굽힘 롤러]와 같이 띠판은 1번 이동 롤러로 들어가서 화살표 방향으로 차례로 이동하여 마지막 롤러를 거치면서 필요한 모양으로 성형시킨다.

### (7) 유압 파이프 벤딩 머신(hydro-pipe bending machine)

관을 벤딩 가공시 두께가 얇거나 강하게 굽힐 때 안쪽에 주름이 생기거나 찌그러지기 쉽다. 이러한 것을 방지하기 위하여 굽힘 다이에 홈을 파서 파이프의 접촉을 구속하여 벤딩하는 유압식 벤딩 머신은 램형(굽힘각 : 0~90°)과 로터리형(굽힘각 : 0~180°)으로 대별한다. 램형은 수동으로 레버를 작동시켜서 피스톤을 시동시켜 파이프를 지지롤러에 지지하며 앤드-포머(end former)가 굽혀 준다.

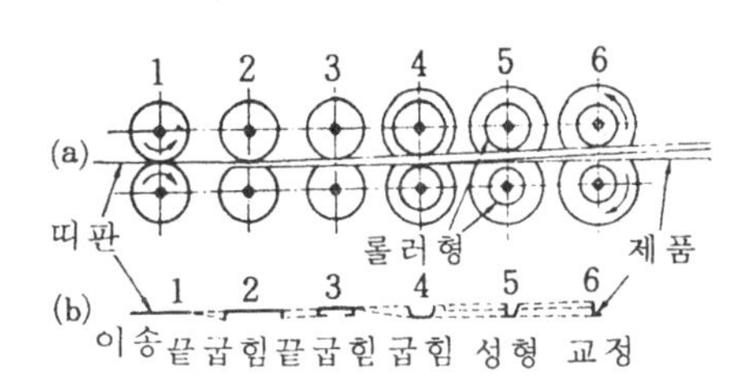


[이송 굽힘 롤러]

[유압 파이프 벤딩 머신]

# 3. 변형 교정 기계

## 3-1 변형 교정 기계의 개요

제관용 재료는 기계 가공 또는 전단이나 용접 등에 의하여 변형을 일으킨다.

프레스 가공에 사용되는 제관용 재료에 변형이 있으면 프레스의 안내면에 이송되기 어렵고 펀치나 다이 등에 상처를 입히며 제품의 정밀도도 떨어지게 된다. 이러한 재료의 변형을 교정하는 기계가 변형 교정기(leveller)이다.

### (1) 변형 교정 프레스(strightening press)

환봉, 각봉, 형강 및 레일 등의 대형 재료의 변형 교정은 손작업으로 곤란하므로 변형 교정 프레스를 사용한다. 이에 사용되는 프레스는 크랭크 프레스와 유압 프레스가 있으며 유압 프레스는 행정 길이 조작을 자유롭게 할 수 있고 크랭크 프레스는 행정이 일정하므로 램을 조정하여 누름량을 가감한다. 변형 교정 프레스는 수평형과 수직형이 있으나 수평형은 비교적 능력이 작으므로 짧은 소재에 적합하고 수직형은 강력하므로 긴 소재의 교정에 적합하다.

### (2) 롤 교정기(roll leveller)

롤 교정기는 울퉁불퉁한 판재의 앞면과 뒷면에 인장과 압축을 교대로 주어 판재면을 바르게 잡는 기계인데 연속 교정 작업이 가능하기 때문에 대량 생산 방식에 적합하다. 교정할 판재를 아래 위에 배치된 롤러 사이를 통과시키면 교대로 굽혀 인장 및 압축 변형을 반복하면서 교정하는 것이다.

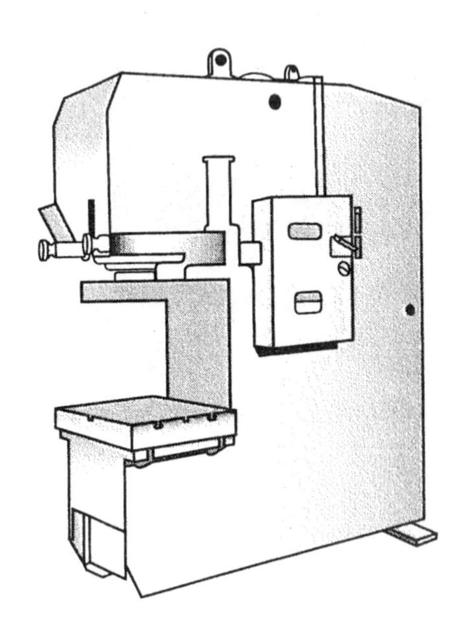

[유압식 변형 교정 프레스]

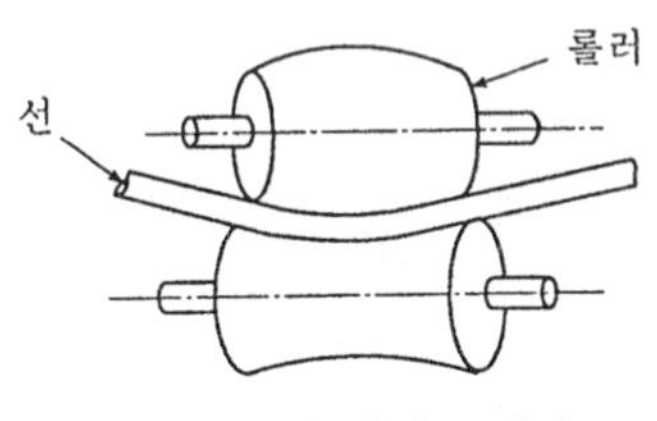


(a) 롤에 의한 교정기

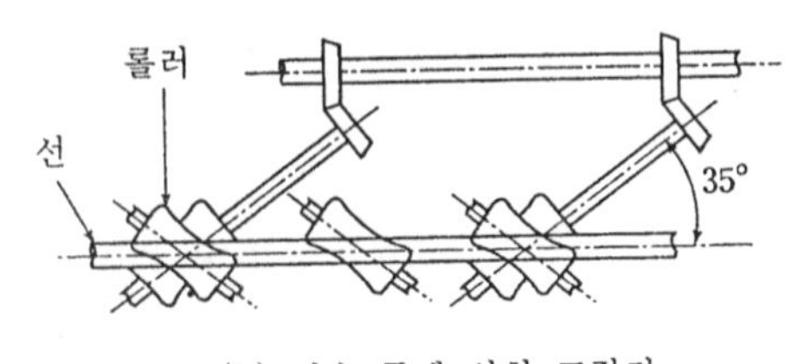


(b) 연속 롤에 의한 교정기

[롤 교정기]

(3) **스트레처 교정기**(stretcher leveller)

스트레처 교정기는 교정할 판재의 앞면에 인장력을 주어 고르게 바로 잡는 기계로서 대량 생산에 적합하지 않다. 이 기계는 교정할 재료의 양끝을 잡는(clipper)와 주강제의 클리퍼 헤드(clipper head)가 테이블 위에 놓여 있고 한쪽에 인장용 실린더가 장치되어 판재를 고정한 후 실더에 의해 가압하면 교정된다.

# 4. 판금용 성형 기계

## 4-1 판금용 성형 기계의 개요

주로 얇은 판재의 성형을 능률적으로 쉽게 하기 위해 사용하며 소재가 박판이므로 제관용 기계에 비해 그 규모가 작은 것이 특징이다. 스피닝 선반, 시밍 머신, 폴딩 머신, 플랜징 머신, 클림핑 머신 등이 사용된다.

## 4-2 판금용 성형 기계의 종류와 특징

(1) **스피닝 선반** (spinning lathe)

스피닝 선반은 판재로 이음매 없는 그릇 모양의 회전체를 만드는 데 사용하는 기계로 구리, 황동, 알루미늄, 연강, 스테인리스강 등의 금속제 식기, 쟁반, 대야, 남비 등을 만드는 데 사용된다. 선반의 주축에 죔형(drawing die)을 고정한 다음 여기에 판재를 붙여 축과 함께 고속으로 회전시키면서 스틱(stick)이나 롤러(roller)로 형틀의 밑면에서부터 눌러가며 성형시킨다.

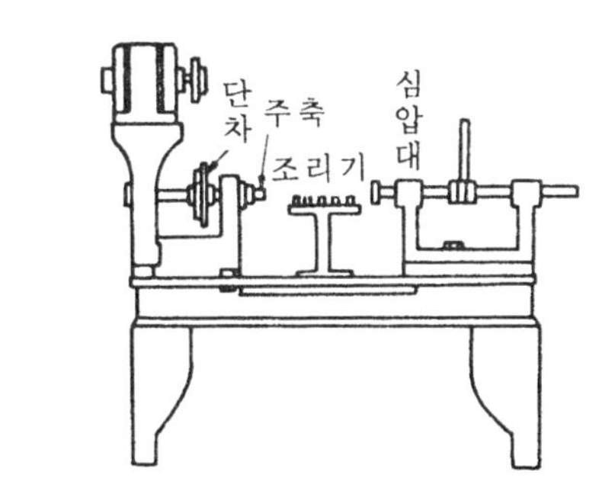


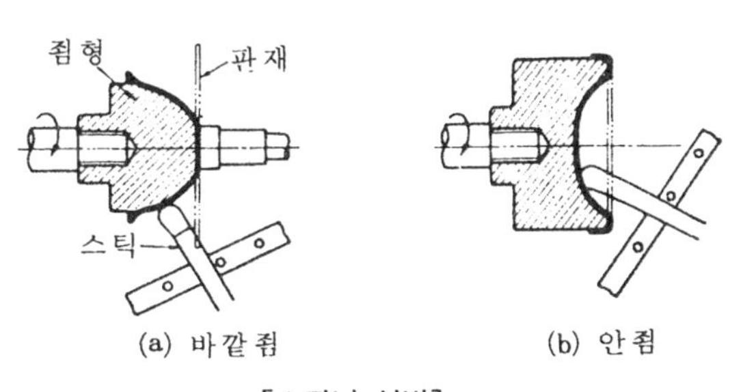


(a) 바깥죔 (b) 안죔

[스피닝 선반]

(2) **폴딩 머신**(folding machine)

폴딩 머신은 판재를 누르고 꺾어 굽히는 데 쓰이는 기계로 판재를 위아래의 누르개판 사이에 넣고 굽힘판을 회전시켜 판재를 꺾어 굽힌다.

(3) **시밍 머신**(seaming machine)

시밍 머신은 제품의 가장자리를 보호하며 보기 좋고 튼튼하게 하기 위하여 사용되는 기계로 그릇의 가장자리를 롤러로 눌러서 원하는 모양으로 성형시킨다.

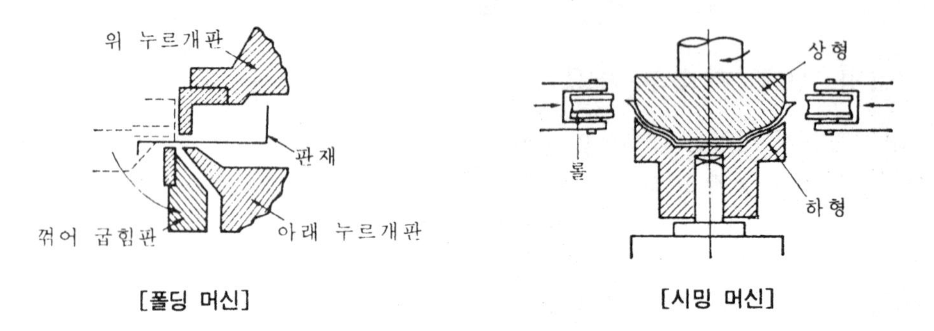


[폴딩 머신] [시밍 머신]

(4) **그루빙 머신**(grooving machine)

그루빙 머신은 판재를 원통으로 굽힘 성형한 후 세로로 심하기 위한 기계로 그루브 모양을 한 부분을 이송시켜 원통 용기의 심 작업을 한다. 이음할 때 접합 부분을 반대방향으로 접어서 합친 다음 눌러서 결합시킨다.

(5) **와이어링 머신**(wiring machine)

와이어링 머신은 제품의 강도를 보강하고 겉 모양을 보기 좋게 하기 위하여 판재 또는 제품의 끝 부분을 둥글게 성형한 후 테두리에 철사를 넣고 와이어링할 때 사용하는 기계이다.

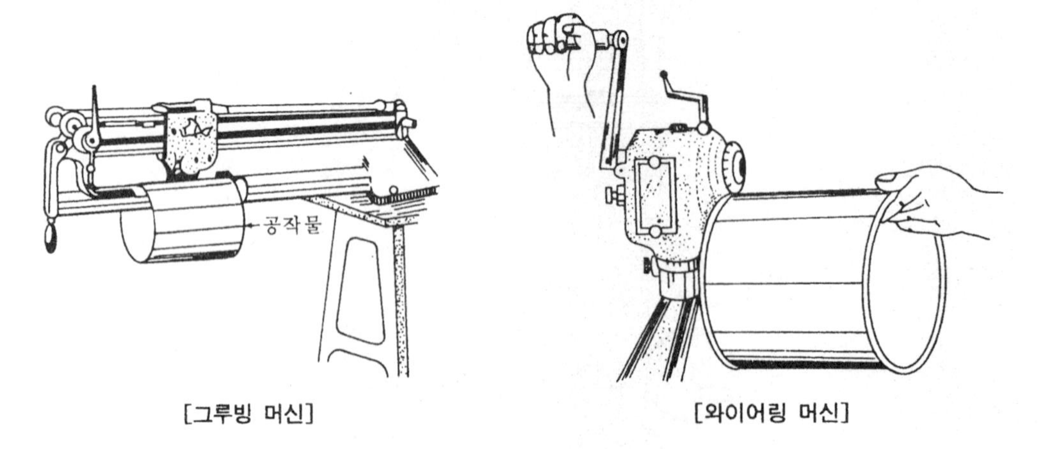


[그루빙 머신] [와이어링 머신]

(6) 그 밖의 성형 기계

① 세팅 다운 머신(setting dawn machine) : 원통이나 캔, 그릇의 밑부분을 심하는 데 쓰이며 더블 심작업에도 사용한다.
② 크림핑 머신(crimping machine) : 원통의 끝을 오므리기 위해 주름을 잡는 기계로서 수동식과 동력식이 있다..
③ 플랜징 머신(flanging machine) : 보일러의 양 끝 물탱크의 바닥 등의 가장자리를 직각으로 굽혀 성형시키는 기계이다.
④ 터닝 머신(turning machine) : 제품의 가장자리를 둥굴게 성형하여 강도를 보강하고 아름답게 만드는 기계이다.

# 5. 리벳용 기계

## 5-1 리벳용 기계의 개요

강판 또는 형강 등을 영구적으로 결합하기 위하여 사용하는 체결 요소를 리벳이라 부른다. 비교적 간단한 작업으로 구멍 뚫기와 펀칭 작업이 있으며, 리벳 머리를 만들어 주는 기계로서 드릴링 머신, 펀칭 머신, 리벳팅, 공기 해머 등이 주로 이용된다.

## 5-2 리벳용 기계의 종류와 특징

(1) 드릴링 머신(drilling machine)

가장 기본적인 공작기계로서 드릴링 머신의 주축에 부속된 드릴척에 드릴날을 끼워서 회전 절삭운동을 시키며 주축의 직선 이송운동을 자동 또는 수동으로 하여 공작물에 구멍을 뚫는 기계이다.

드릴링 머신을 기능에 따라 분류하면 주축이 정위치에 고정되어 있는 직립 드릴링 머신과 주축과 베드를 임의의 위치로 이동시킬 수 있는 레이디얼 드릴링 머신이 대표적이며 그밖에 한 번에 여러 개의 구멍을 정확한 위치에 뚫을 수 있는 다축 드릴링 머신과 특수 드릴링 머신이 있다.

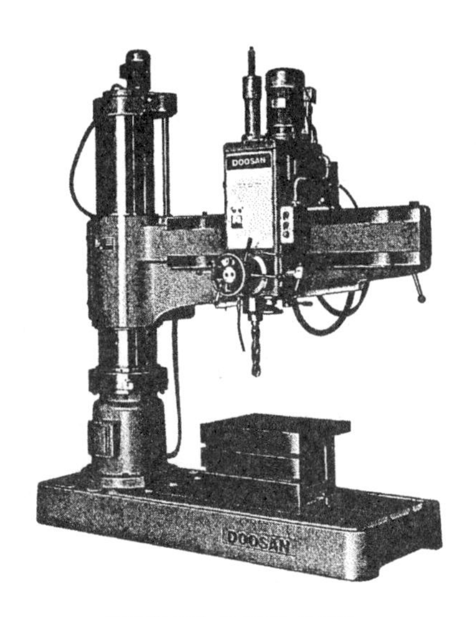

[레이디얼 드릴링 머신]

드릴링 머신을 이용한 구멍 뚫기 작업은 구멍의 종류, 깊이, 직경 등에 따라 공구와 기계를 선정하는 것이 중요하며 드릴 작업 후 드릴의 외경보다 구멍이 커지는 경우 드릴의 연삭이 정확하게 되지 못한 것으로 드릴날의 각도가 118° 로 중심부에 정확하게 위치하도록 연삭해야 한다.

드릴링 머신의 크기는 주축 중심에서 칼럼 표면까지의 거리의 두배 즉, 스윙쪽으로 결정한다. 또한 레이디얼 드릴링 머신은 주축의 중심선과 칼럼 표면까지의 최대 거리, 구멍을 뚫을 수 있는 최대 직경 주축공의 모스테이퍼 번호 등으로 표시한다.

### (2) 펀칭 머신(punching machine)

드릴링 머신은 작업 속도가 느리므로 제관 작업이나 판금 작업에서 펀칭 머신을 사용하며 이 기계는 하형에 다이를 고정하고 상형에 펀치를 고정하여 전동기의 회전에 의하여 펀치의 상하 운동으로 구멍을 따낸다. 이 경우 펀치의 지름과 리벳의 구멍의 지름을 똑같은 지름으로 하고 다이의 지름은 펀치의 지름 보다 판두께의 약 1/6 정도 크게 하면 펀칭 가공한 구멍은 약간의 원뿔 모양으로 된다. 30 톤의 능력을 가진 펀칭 머신을 판두께 19 mm 까지 구멍을 뚫을 수 있고, 유압과 공기압을 원동력으로 하는 기계가 있으며 이동용 펀칭 머신이 개발되어 그 유용성을 높이고 있다.

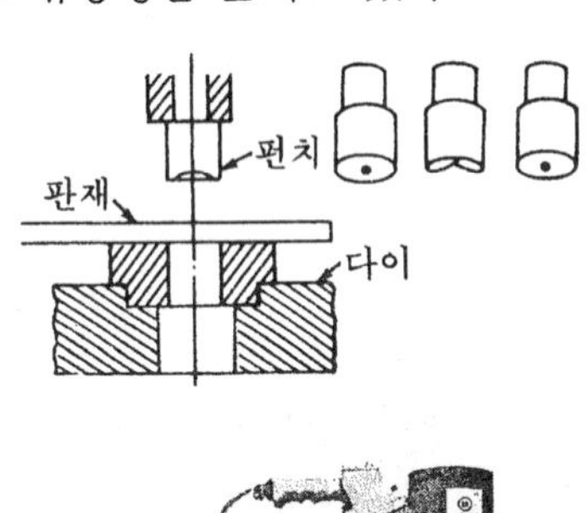


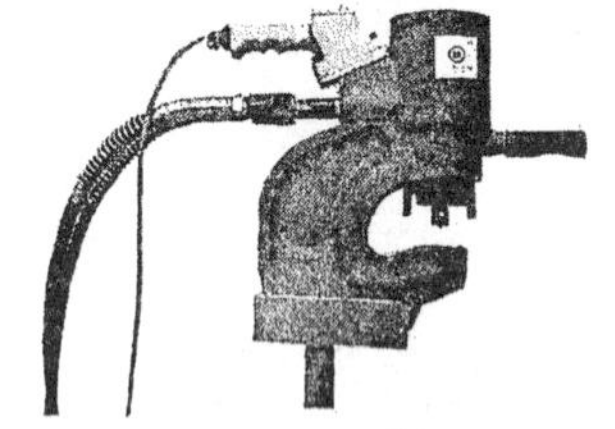

[포타블 펀칭머신]

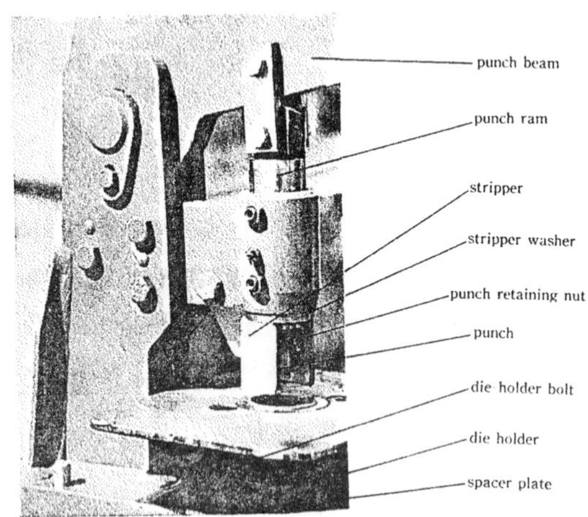


[펀칭 머신]

### (3) 공기 해머(air hammer)

공기 해머는 공기 압축기가 장착되어 있는 것과 별도의 공기 압축기에서 압축 공기를 공급받는 기계로 구분하고 압축 공기를 피스톤에 유도하여 해머를 상하 운동을 시켜 타격을 가하여 소재를 가공한다. 공기 해머는 실린더의 밸브를 조정하여 타격의 단속과 머리의 낙하거리 및 낙하속도를 조절할 수 있으며 운전이 간편하다.

공기 해머는 구조가 간단하고 취급이 쉬우므로 리벳용 해머로 많이 사용되며 크기는 낙하 부분의 전체 무게를 톤(ton)으로 나타낸다.

### (4) 증기 해머(steam hammer)

증기 해머는 단동식과 복동식이 있으며 단동식은 해머가 상승할 때에만 증기 압력이 걸리고 복동식은 상하 운동할 때에도 증기 압력이 작용하도록 설계되어 있다. 용량은 1/4 ~ 20 톤의 것이 많이 사용되며 조작이 쉽고 연속 타격이 가능하며 수동으로 미세한 조정이 가능하다.

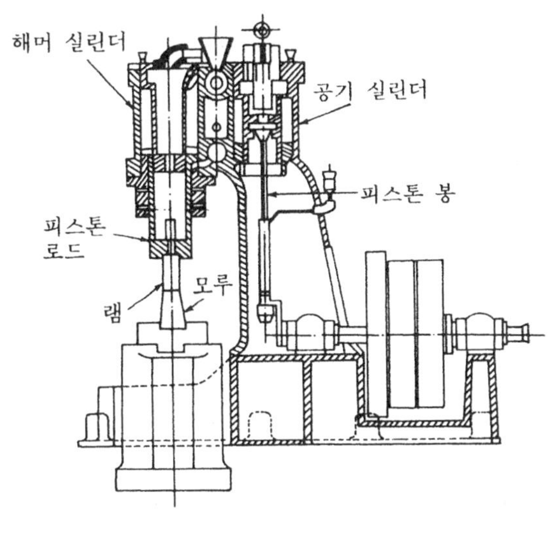


[공기 해머의 구조]

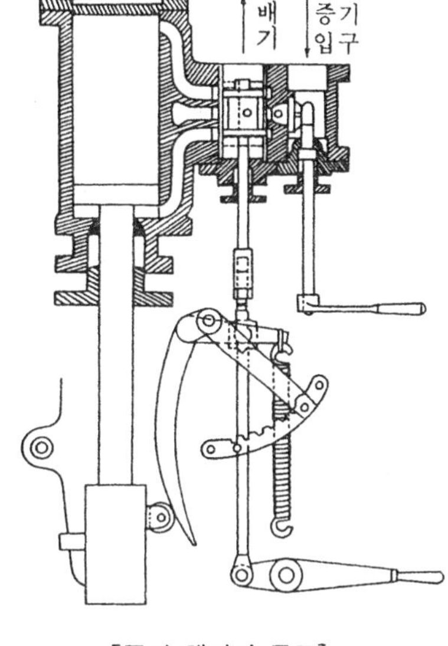


[증기 해머의 구조]

# 6. 프레스

## 6-1 프레스의 개요

여러 가지 금형을 설치하여 압축력에 의해 금속 판재를 소요의 치수로 자르거나 원하는 모양으로 소성 변형시키는 기계를 프레스라 한다.

작동 방법이나 동력원에 따라 여러 가지 종류가 있으며 사람의 힘으로 작동하는 인력 프레스와 기계의 힘으로 작동되는 동력 프레스로 대별할 수 있다.

## 6-2 프레스의 종류와 특징

### (1) 핸드 프레스(hand press)

압력을 가하는 방법에 따라 나사 프레스(screw press), 편심 프레스(eccentric press), 아버 프레스(arbor press) 등이 있고 비교적 얇고 작은 판재로 간단한 제품을 제작할 때 손으로 핸들을 돌려서 작업하는 조작이 아주 간단한 프레스이다.

① 나사 프레스(screw press) : 펀치의 상하 기구에 사각 나사를 이용한 것으로 양 손으로 핸들을 돌려서 작업하게 된다. 이 프레스는 수량이 적은 제품 시작 금형의 시험, 펀칭 시험, 드로잉 시험, 코이닝 시험, 압축 시험 등에 사용한다.

② 편심 프레스(eccentric press) : 펀치의 상하 운동에 슬라이드(slide)를 이용하고 핸들의 회전축이 편심 운동을 하도록 되어 있다. 이 프레스는 소형이고 값이 싸서 가내 공업용으로 많이 사용되고 있다.

③ 아버 프레스(arber press) : 피니언(pinion)과 래크(rack)에 의해 핸들을 돌리면 펀치가 상하 운동을 하도록 되어 있는 기계로 용도는 편심 프레스와 같다.

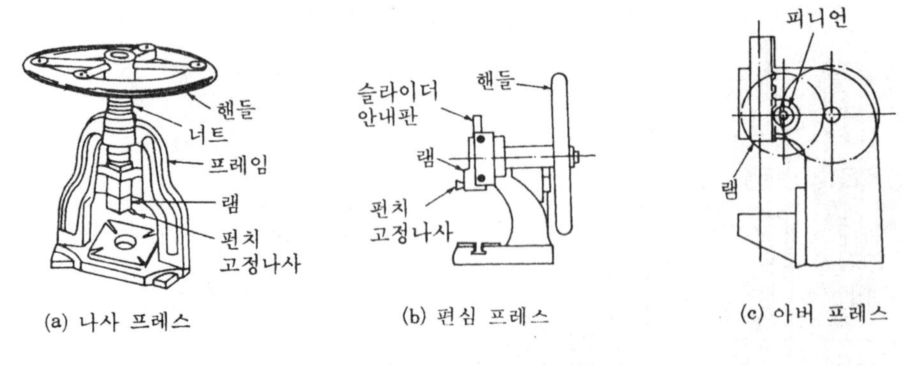


(a) 나사 프레스 (b) 편심 프레스 (c) 아버 프레스

[핸드 프레스의 종류]

(2) **크랭크 프레스**(crank press)

크랭크 프레스는 파워 프레스(power press)라고도 하며 가장 널리 사용되고 있는 프레스로 단동식과 복동식이 있으며 단동식이 많이 사용된다. 이 프레스는 주동축에서 공급되는 에너지를 플라이 휠(fly wheel)에 전달하고 저축하여 크랭크 기구에 의해 회전 운동을 왕복 직선 운동으로 바꿔 슬라이드에 상하 운동을 줌으로써 작업하게 된다.

크랭크 프레스는 작업하는 형태에 따라 프레임(frame)을 경사시킬 수 있는 형식의 것도 있고 프레임의 모양에 따라 C 형, 2 주형, 4 주형 등이 있다.

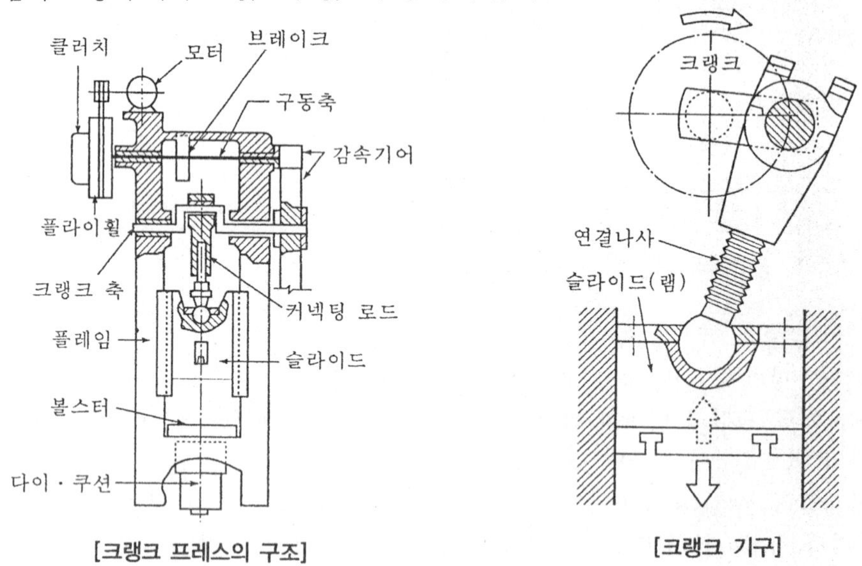


[크랭크 프레스의 구조] [크랭크 기구]

(3) **캠 프레스**(cam press)

캠 프레스는 크랭축(crank shaft)의 회전에 의하여 슬라이드가 상하 운동을 하도록 되어 있고 캠(cam)에 의하여 슬라이드가 일정 시간 정지시켜 놓거나 급속히 직선 운동을 일으키게 할 수 있다. 또 캠을 급속히 작동시켜 가공물의 원둘레를 전단하는 동시에 원둘레를 누르고 있을 때 펀치가 죔 가공을 할 수 있다.

이 프레스는 비교적 소형의 제품을 신속히 때려 뽑으면서 죔 가공을 하거나 깊이 죔 가공 등의 사용에 적당하다.

**(4) 익센트릭 프레스**(eccentric press)

익센트릭 프레스는 전동기에 의하여 플라이휠이 회전하면 플라이휠축의 다른 끝에 있는 편심부에 의하여 연결봉(connecting rod)가 움직이며 연결봉을 통하여 슬라이드가 상하로 움직인다.

편심부에는 축의 편심에 편심 부시(bush)가 끼여 있기 때문에 행정(strock)의 조정이 가능하며 편심부 높이 조정은 웜 기어(worm gear)에 의하여 이루어진다. 이 프레스도 크랭크 프레스와 비슷한 용도이나 그보다 대형물의 가공에 적합하다.

**(5) 마찰 프레스**(friction press)

마찰 프레스는 수직면을 회전하는 좌우 2개의 원판이 있고 수평면에서 회전하는 중앙 원판이 마찰력에 의하여 회전하면서 너클나사에 의하여 램이 상하 운동을 하게 되어 있다.

이 프레스는 램의 하사점이 일정하지 않고 또 램이 급격한 충격을 받아도 견딜 수 있는 구조로 되어 있는데 하사점이 불규칙하므로 오히려 융통성이 있어 편리한 점도 있다.

마찰 프레스는 플라이휠이 내려가면 마찰판의 바깥둘레에 가까와지므로 회전 속도가 크게 되어 때려뽑기에 적당하고 제관 및 판금 재료의 변형, 교정, 얇게 죔, 굽힘 가공 등에 이용되나 행정이 일정하지 않으므로 정밀가공에는 부적당하다.

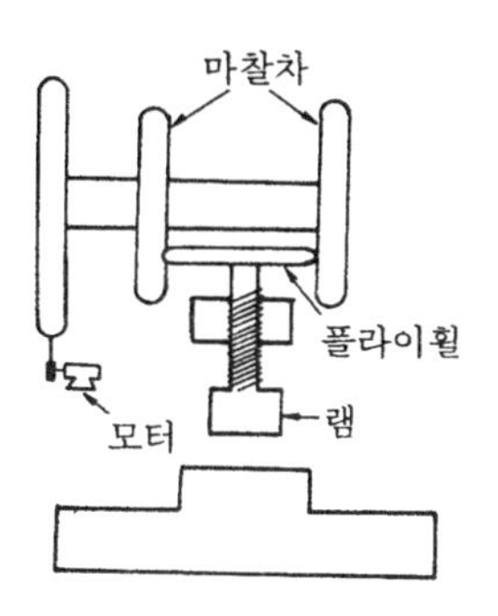


**[마찰 프레스]**

**(6) 토글 프레스**(toggle press)

너클 프레스(knuckle press)라고도 하며 토글(toggle)은 일반적인 역학 관계로 힘의 증가비가 큰 능률적인 기구로서 널리 이용되고 있다. 토글 프레스는 플라이휠의 회전 운동을 크랭크 기구에 의하여 왕복 운동으로 바꾸고 다시 힘의 비를 증가시키기 위하여 토글 기구에 의해 슬라이드에 일정한 행정을 주게 되어 있다. 이 프레스는 슬라이드의 운동에서 최후의 압축이 천천히 이루어지고 더욱 힘의 비가 뚜렷이 증가하므로 코닝 작업에 아주 좋다.

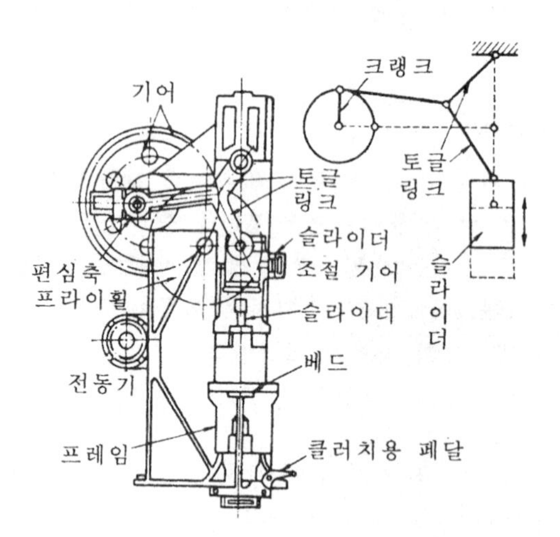


[토글 프레스]

(7) **유압 프레스**(hydraulic press)

수압이나 유압에 의하여 작동하는 프레스로서 가압력은 약간 조절되지만 행정이 일정하지 않으므로 각종 성형 작업에는 적합하나 압력에 비하여 슬라이드를 오르내리게 하기 위한 속도가 느리다. 이 프레스는 전동기에 의하여 유압 펌프를 작동시켜 고압의 유체를 직접 실린더에 보내 슬라이드가 직선 운동을 하게 한다. 이 프레스의 장점은 압력을 가하는 시간을 길게 유지할 수 있고, 과도한 압력이 작용했을 때 안전장치에 의해 기계나 금형의 파손을 방지할 수 있으며, 소음이 적다는 점이다.

유압 프레스의 주요 구성 요소는 본체, 가압 장치, 운전 장치 및 배관으로 이루어졌으며 용도에 따라 수십톤에서 수만톤의 대형 프레스가 있다.

(8) **다잉 머신**(dying machine)

다잉 머신은 대량 생산용 프레스로서 대량의 작은 가공물을 때려뽑기 가공할 때 적합하다. 보통 많은 공정을 거쳐 제품을 만들 때 많은 프레스와 인력이 필요하나 이 프레스는 고속 자동 이송 작업에 알맞으므로 여러 개의 공정을 동시에 할 수 있다.

다잉 머신은 스트립(strip)이나 코일(coil)로 된 제관 및 판금 재료를 자동 이송 금형에 통과시켜 차례로 가공하며 최후 공정에서 제품의 모양을 전단하여 완성한다. 때려뽑기, 굽히기 및 죔 등의 성형 가공을 때려뽑기와 동시에 할 수 있는 능률적인 프레스이다.

(9) **트랜스퍼 프레스**(transfer press)

일명 아일릿 머신(eyelet machine)이라고도 하며 여러 개의 프레스를 하나로 만든 것으로 매우 능률이 높은 프레스이다. 이 프레스는 롤(roll), 피드(feed), 교정기(leveler), 스크랩(scrap), 커터(cutter) 등을 갖추고 있으므로 각 공정을 자동으로 연속 가공할 수 있어 생산성이 우수하여 용도가 매우 넓은 프레스로 주로 소형 가공물의 연속 죔 가공에 사용된다.

# 제관 공작

제1장 마름질 및 전단

제2장 성 형

제3장 프레스 가공

제4장 단 조

제5장 전개도법

# 마름질 및 전단

## 1. 마름질

판재를 사용하여 여러 가지 제품을 만들려면 먼저 판재 위에 현척의 도형을 금긋기하는 것을 마름질이라 한다. 이 도형은 재료의 표면의 적당한 위치에 만들고자 하는 제품의 모양을 한 평면 위에 펼친 것이다.

판금에서 마름질 작업은 직접 판재 위에 그리는 방법도 있으나 보통 전개도에 도형을 그려서 이것을 판재 위에서 마름질한다. 같은 제품을 다량으로 만들 때 함석판이나 박판에 모형을 만들어 판재 위에 얹어놓고 금긋기한다. 어느 경우에나 재료의 낭비가 없도록 도형의 배치를 고려해야 한다. 마름질은 판금 및 제관 작업의 기본이고 제품의 완성 정도는 마름에 의하여 결정된다고 보아야 한다.

다음으로 판금 제관에서 중요한 것은 금긋기로 금긋기 바늘을 주로 사용하여 마름질할 때 직선, 곡선, 원, 원호 등을 그린다.

원, 원호, 곡선 등을 그릴 때에는 컴퍼스나 디바이더의 두 다리를 지면에 수직으로 세우고 항상 일정한 힘이 미치도록 주의하면서 시계방향으로 돌려 그린다.

원을 등분하여 직선으로 옮길 때 12등분하면 전체 원주 길이의 1.15%, 16등분하면 0.64%, 24등분하면 0.31%의 오차가 생긴다. 그러므로 오차를 될 수 있는 대로 적게 하려면 등분을 많이 하는 것이 좋다.

따라서 원을 직선으로 옮길 때 원주 길이는 원주율×지름의 공식에 의하지 않고 편의상 등분하여 이용한다. 또, 평행선을 금긋기할 때 다음 그림 [치수 옮기는 법]과 같이 판재의 가장자리를 기준으로 하여 치수를 취한다.

즉, 곧은자 또는 곡자의 눈금을 판재의 가장자리에 맞추고 곧은자의 오른쪽 끝 또는 곡자의 굽은 쪽을 따라서 금긋기 바늘로 금을 긋는다.

곧은자의 눈금을 맞출 때에는 그림 [눈금 보는 방법]과 같이 읽을 눈금의 바로 위에 눈을 맞추고 정확히 치수를 읽는다.

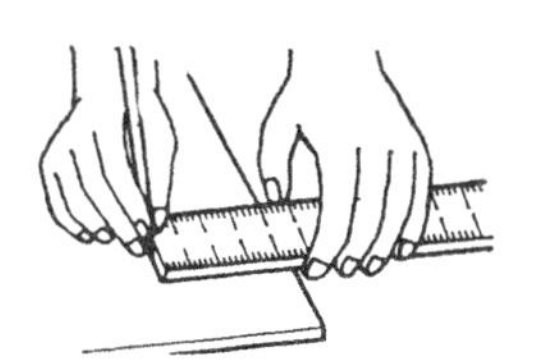

[치수 옮기는 법]

[눈금보는 방법]

# 2. 전단(shearing)

## 2-1 전단 가공의 원리

전단 가공(shearing)이란 마름질선을 따라 전단 공구나 기계를 사용하여 전단하는 작업으로 칼날 끝이 재료에 접촉하기 시작하면 재료가 먼저 소성 변형을 일으켜서 조금씩 물려들어가 소성 변형 영역이 확대되지만 날 끝에서 조금 떨어진 곳은 응력이 작고 변형이 국부적으로 작용한다. 이와 같이 재료에 전단력을 생기게 하여 원하는 모양으로 분리시키는 것을 전단이라 한다.

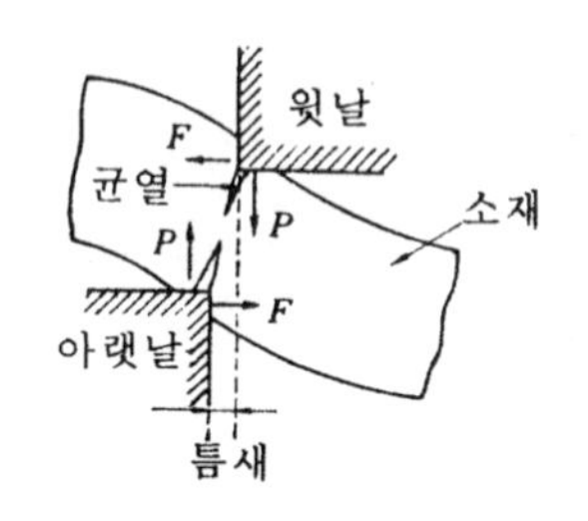


[전단 작용]

전단 작용은 [그림]과 같이 윗날이 내려와서 소재에 접촉되기 시작하면 윗날과 아랫날의 접촉부에는 수직력 P와 측압력 F 및 소재와 공구 사이의 마찰력으로 쐐기 작용이 일어나 균열이 생긴다.

이 균열이 진행되어 결국에는 재료가 절단된다.

전단 작업에는 다음과 같은 사항을 고려하여야 한다.

### (1) 틈새(clearance)

전단 가공에서 가장 큰 영향을 주는 것은 공구 간의 틈새이다.

다음 [그림]의 (a)와 같이 윗날과 아랫날의 틈새가 작으면 균열이 서로 엇갈리고 [그림] (b)와 같이 너무 크면 깨끗한 절단면을 얻을 수 없으므로 상하의 균열이 무리없이 잘 만나도록 [그림] (c)와 같이 적절한 틈새를 가져야 한다.

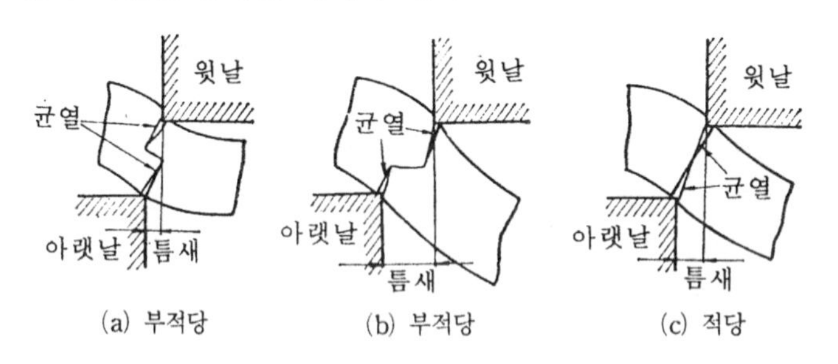


[틈새의 균열]

다음 [표]는 일반적인 전단 가공의 표준 틈새의 값을 나타낸 것이다.

[전단 가공의 표준 틈새]

| 재 질 | 틈 새 | 재 질 | 틈 새 |
|---|---|---|---|
| 순 철 | 6~9% t | 황 동(연질) | 6~10% t |
| 연 강 | 6~9% t | 인 청 동 | 6~10% t |
| 경 강 | 8~12% t | 양 은 | 6~10% t |
| 규 소 강 | 7~11% t | 알 루 미 늄(경질) | 6~10% t |

| | | | |
|---|---|---|---|
| 스테인리스강 | 7~11 % t | 알 루 미 늄(연 질) | 5~ 8 % t |
| 구 리(경 질) | 6~10 % t | 알루미늄합금(경질) | 6~10 % t |
| 구 리(연 질) | 6~10 % t | 알루미늄합금(연질) | 6~10 % t |
| 황 동(경 질) | 6~10 % t | 납 | 6~ 9 % t |

### (2) 전단각

전단 가공할 때 판재의 두께가 두꺼우면 하중도 증가하고 절단 길이가 길어도 하중이 많이 걸리므로 길이가 긴 재료를 동시에 전단하는 것보다 조금씩 전단하는 것이 힘이 적게 들므로 효율적이다.

[그림]은 전단각(shear angle)을 나타낸 것으로 날 끝을 판재에 대하여 기울이게 되면 가공할 때 충격이 작아진다. 그러나 전단각이 지나치게 크면 재료가 미끄러져 후퇴하거나 전단 후 전단면이 구부러지므로 보통 5°~10° 정도로 하고 12°를 넘지 않도록 한다.

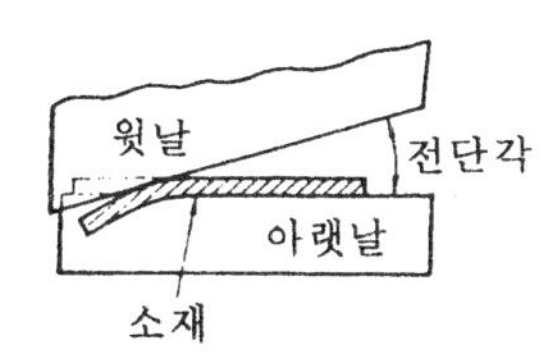


[전 단 각]

### (3) 전단 저항

전단에 필요한 하중의 최대값을 전단면의 총단면적으로 나눈값 즉 전단면의 단위 면적당 "최대 전단 하중"을 전단 하중이라 한다.

최대 전단하중(또는 최대 전단력) $P$는 다음 식으로 구할 수 있다.

$$P = l \cdot t \cdot k_s$$

여기서, $l$ : 전단 길이(mm), $t$ : 판의 두께(mm), $k_s$ : 전단 저항(kg/mm²)

예를 들어 최저 인장강도가 40 kg/mm²인 일반 구조용 압연 장재(SS 41) $t$ 3.2×3′×6′의 판재를 전단할 때 최대 전단력을 계산하면 다음과 같다. 전단길이 3′=918 mm이므로 다음과 같다.

$$P = 3.2 \times 918 \times 40 = 107,504 \text{ kg}$$

전단강도가 인장강도의 80 % 정도라고 하면 전단력은 다음과 같다.

$$P = 3.2 \times 918 \times 40 \times 0.8 \fallingdotseq 86003.2 \text{ kg}$$

다음 [표]는 각종 재료의 전단 강도를 나타낸 것이다.

[각종 재료의 전단강도]

| 재 질 | 전단강도 (kgf/mm²) | | 재 질 | 전단강도 (kgf/mm²) | |
|---|---|---|---|---|---|
| | 연 재 | 경 재 | | 연 재 | 경 재 |
| 납(Pb) | 2~3 | – | 탄소강 C=0.1 % | 25 | 32 |
| 주 석 (Sn) | 3~4 | – | 탄소강 C=0.2 % | 32 | 40 |
| 알 루 미 늄 (Al) | 7~11 | 13~16 | 탄소강 C=0.3 % | 36 | 48 |
| 두 랄 루 민 | 22 | 38 | 탄소강 C=0.4 % | 45 | 56 |
| 아 연 (Zn) | 12 | 20 | 탄소강 C=0.6 % | 56 | 71 |
| 구 리 (Cu) | 18~22 | 26~30 | 탄소강 C=0.8 % | 72 | 90 |
| 황 동 | 22~30 | 35~40 | 탄소강 C=1.0 % | 80 | 101 |
| 청 동 | 32~40 | 40~60 | 규 소 강 판 | 54 | 56 |
| 양 은 | 28~36 | 45~56 | 스 테 인 리 스 강 판 | 52 | 56 |
| 연 철 판 | 32 | 40 | 피 혁 | – | 6 |
| 강 철 판 | 45~50 | 55~60 | 종 이 | – | 5 |

## 2-2 수공 전단

### (1) 가위 전단

판재의 두께가 1 mm 이하일 때 판금 가위를 사용하여 절단한다. 판금 가위로 절단할 때에는 사이각과 여유각 그리고 날끝각이 절단 작용에 큰 영향을 준다.

① 사이각 : 그림 [판금 가윗날의 각도]의 (a)와 같이 날이 나란하여 사이각이 0이면 한 번에 큰 힘이 필요하지만 그림 [판금 가윗날의 각도]의 (b)와 같이 경사를 이루면 판재를 한 끝에서 차례로 절단하게 되므로 힘이 적게 든다. 판금 가위나 작두는 받침점에 의한 지렛대의 작용으로 절단되므로 받침점에서 벌어질수록 사이각은 좁아지고 힘이 더 든다. 따라서 처음의 사이각을 될 수 있으면 끝까지 유지하기 위하여 판금 가위에는 그림 [날 끝각의 날끝 모양]과 같이 날 끝의 약 $\frac{1}{3}$ 되는 ①, ② 부분을 둥글게 만든다.

② 날 끝각 판금 가위의 날 끝각은 약 65°로서 그림 [날 끝각의 날끝 모양]과 같다. 동력 전단기에서 전단하는 판재는 일반적으로 판금 가위로 전단하는 판재보다 두꺼워서 많은 힘이 들게 되므로 날 끝 각은 75~85°로 판금 가위의 날끝각보다 크며 반대로 천이나 종이를 자르는 가정용 가위의 날끝각은 45°이다.

③ 여유각 : 판금 가위나 동력 전단기는 그림 [여유각]과 같이 여유각이 약 2°이다. 이 여유각이 없으면 날 사이에 마찰이 생겨서 힘이 많이 들고 잘라지지 않는다.

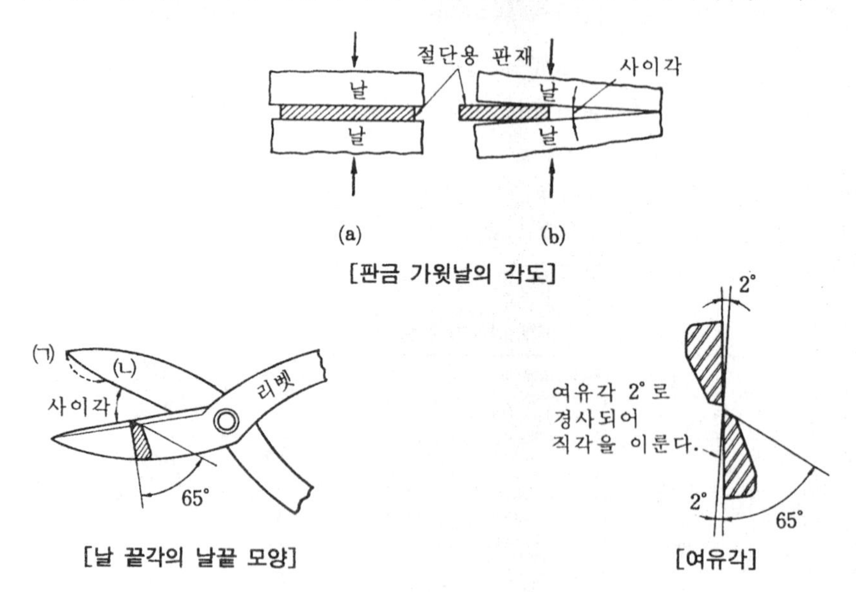


(a) (b)

[판금 가윗날의 각도]

[날 끝각의 날끝 모양]

[여유각]

### (2) 정에 의한 전단

두께 1~2 mm 정도의 강재는 평정(flat chisel)으로 절단할 수 있고, 두꺼운 강재는 자루가 달린 정을 사용하며, 자루 달린 정으로 전단할 수 있는 두꺼운 4~5 mm 정도가 적당하다. 자루정은 상하 2개가 한 조로 되어 있으며 상온 전단용과 고온 전단용 두 가지가 있다. 상온 전단용 정은 날의 전단각이 커서 충격을 받아도 파손되지 않게 만들어졌으며 날끝만 담금질 되어 있다.

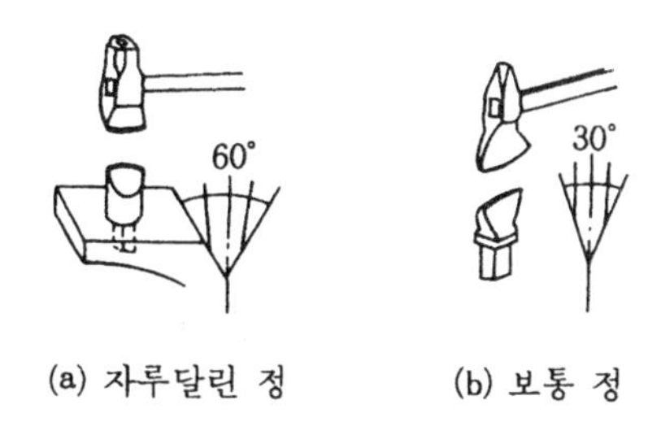


(a) 자루달린 정　　(b) 보통 정

[제관용 정]

## 2-3 전단기를 이용한 전단

전단선을 미리 그려서 전단하는 경우 판재의 전단선을 아랫날의 끝면에 맞추어 놓은 다음 판재가 움직이지 않도록 하고 페달이나 스위치를 눌러 전단한다. 수동식 전단기는 압판이 판재를 고정시켜 주고 동력 전단기는 윗날이 하강할 때 압판이 윗날보다 먼저 판재를 눌러준다.

스토퍼(stopper)를 이용하는 경우 [그림]과 같이 윗날 끝면과 스토퍼 사이의 길이 $Y$를 전단하려고 하는 치수로 맞춘 후 스토퍼를 고정시켜 연속 전단 작업이 가능하다. 또한, 전단 작업중 가끔 전단된 소재의 치수와 절단면을 확인하여 스토퍼 간격의 이상유무 및 틈새의 크기를 조절해야 한다.

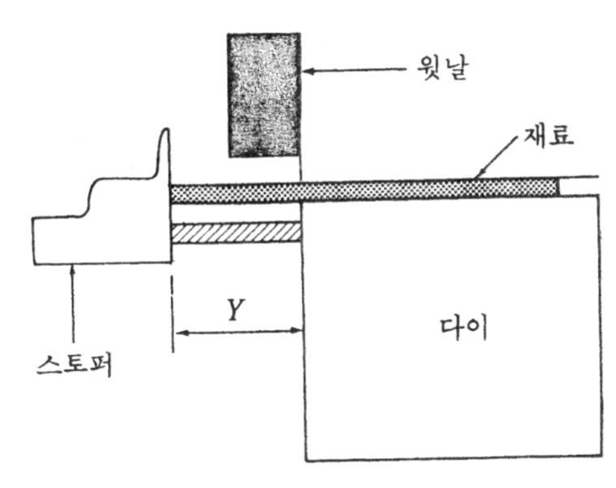


[전단기의 스토퍼]

# 성 형

## 1. 성형의 개요

성형이란 판재의 소성을 이용하여 원하는 모양으로 만드는 것을 말하며 판금 재관에서 제품의 형태와 치수가 같아도 판재를 성형하는 과정은 여러 가지가 있다. 따라서, 판재의 성형 가공은 재료의 응력 상태나 변형 구조에 따라 서로 다른 성형 방법을 선택해야 한다.

원하는 모양으로 만드는 방법에는 접기, 굽히기, 오므리기 등의 여러 가지 방법이 있으나 일반 판금에서는 상온 가공을 많이 한다.

## 2. 굽힘 가공의 원리

굽힘 가공을 할 때 판재에 나타나는 현상은 판재의 안쪽은 압축 변형이, 바깥쪽은 인장 변형이 생기며 인장과 압축이 생기지 않는 중립면이 존재한다.

그러므로, 굽힘 작업을 할 때에는 다음과 같은 여러 가지 사항을 고려해야 한다.

### 2-1 재 질

일정한 형태의 제품을 만들려면 재질이 균일해야 하며 만일 재질이 균일하지 않으면 일감이 불균일하게 된다. 기계적 성질과 가공성의 관계에 있어서 탄성 강도 및 인장 강도가 높은 것일수록 스프링 백(spring back)이 크게 되며 큰 구부림 하중을 필요로 하게 된다.

### 2-2 방향성

압연한 재료는 두께가 균일하며 면도 매끈하나 압연시 변형에 의하여 [그림]과 같이 내부 조직이 섬유모양으로 압연 방향과 그 직각 방향의 기계적 성질이 다른 성질을 가지는데 이것을 재료의 이방성 또는 방향성이라 한다. 굽힘 작업할 때 변형률이 큰 압연 방향과 직각으로 구부리거나 45°가 되도록 굽히는 것이 좋다. 또, 갈라짐이나 뒤틀림도 압연 방향에 따라 달라지므로 주의해야 한다.

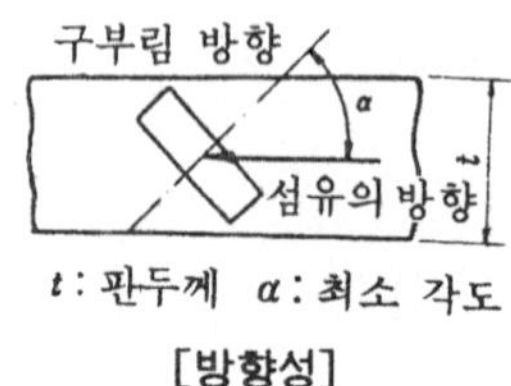


[방향성]

## 2-3 최소 굽힘 반지름

최소 굽힘 반지름의 한도는 갈라짐이 생기지 않고 구부릴 수 있는 최소 굽힘 안쪽 반지름으로 나타내며 일감의 두께, 나비, 재질 등에 따라 달라진다.

### (1) 판의 두께

다음 그림[최초 굽힘 반지름에 있어서 판 두께의 영향]과 같이 최소 굽힘 반지름은 두께운 판일수록 커지지만 두께가 어느 한도 이상에서는 굽힘 반지름과의 관계는 일정하게 된다.

### (2) 판의 나비

다음 그림[최초 굽힘 반지름에 있어서 판 나비의 영향]과 같이 판의 나비가 두께의 8배 이상 되면 최소 굽힘 반지름에 대한 판 두께의 값은 거의 일정해 진다. 그림[최초 굽힘 반지름에 있어서 판 나비의 영향]은 알루미늄 합금(24 ST)을 사용한 것이다.

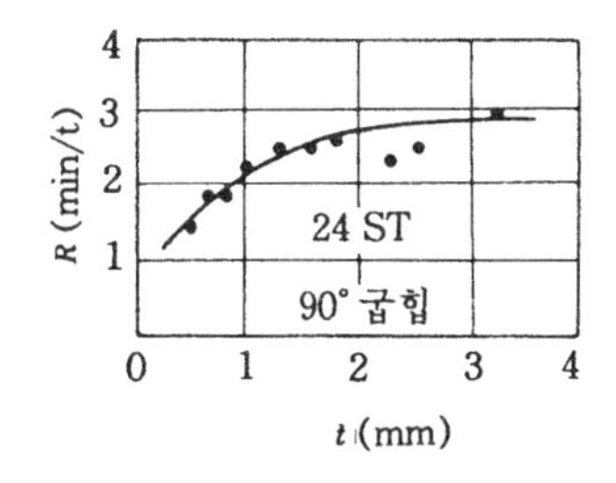


[최소 굽힘 반지름에 있어서 판 두께의 영향]

[최소 굽힘 반지름에 있어서 판 나비의 영향]

판 두께에 대한 판 나비의 비가 변할 때에는 변형 상태, 응력 상태도 달라지게 된다.

나비가 좁은 판에서는 비교적 변형이 자유롭게 되므로 바깥 표면에서는 단축 인장되고 나비가 넓은 판의 가장자리 이외에서는 나비 방향의 변형이 구속되므로 2축 인장의 평면 변형 상태로 된다. 한편, 안장 모양의 변형 때문에 원주 방향의 늘임 변형은 가장자리 부근에서 최대로 된다. 그러므로 나비가 좁은 판에는 가장자리에서 먼저 갈라지고 나비가 넓은 판은 나비의 중앙에서 비교적 큰 반지름으로 갈라져 들어간다.

### (3) 재 질

최소 굽힘 반지름은 다음 [표]에서 알 수 있는 바와 같이 같은 재료라도 가공 방법, 열처리 등에 따라서 많은 차이가 있으므로 재료를 취급할 때 많은 주의가 필요하다.

[최소 굽힘 반지름]

| 재 료 | 상태 | 최소 굽힘 반지름 | | 재 료 | 상태 | 최소 굽힘 반지름 | |
|---|---|---|---|---|---|---|---|
| | | 압연과 직각 | 압연과 평행 | | | 압연과 직각 | 압연과 평행 |
| 놋 쇠 | 연 | 0 | 0~0.5 | 양 은 | 경 | 1.5~2 | 5~6 |
| 놋 쇠 | 경 | 1~2 | 10~12 | 모넬메탈 | 경 | 1.5 | 6~7 |
| 인 청 동 | 경 | 1~2 | 10~13 | | | | |

[최소 굽힘 반지름]

| 재 질 | 상태 | Rmin/t | 재 질 | 상태 | Rmin/t |
|---|---|---|---|---|---|
| 극 연 강 | 압연 | 0.5 이하 | 알루미늄 합금 | 경 | 2~3 |
| 반 연 강 | 압연 | 1.5 | 두 랄 루 민 | 풀 림 | 1 이하 |
| 강 | 압연 | 1~2 | 두 랄 루 민 | 경 | 3~4 |
| 알 루 미 늄 | | 0.5 이하 | 마그네슘 합금 | 풀 림 (상 온) | 4~5 |
| 알루미늄 합금 | 연 | 1 이하 | 마그네슘 합금 | 경 (상 온) | 8~9 |

㈜ Rmin/t는 최소 굽힘 반지름과 판 두께의 비이다.

## 2-4 스프링 백과 뒤틀림

### (1) 스프링 백(spring back)

[그림]과 같이 금속 재료에 굽힘 가공을 할 때에 외력을 제거하면 실선과 같이 되돌아가는 현상을 스프링 백이라 하는데 화살표와 같이 잔류 응력이 작용하기 때문이다. 이러한 스프링 백은 가공품의 재료, 구부림, 정도, 판 두께 등과 밀접한 관계가 있다.

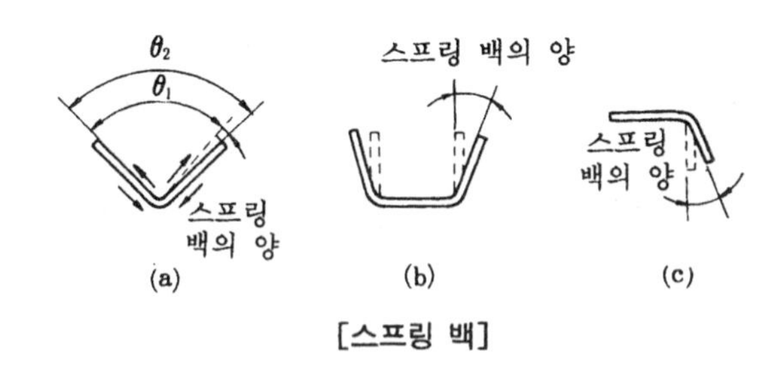


[스프링 백]

스프링 백에 관계되는 사항은 다음과 같다.

① 탄성 한계 및 강도가 높을수록 스프링 백의 양이 커진다.
② 재료의 두께가 동일할 때 굽힘 반지름이 클수록 스프링 백의 양은 커진다.
③ 같은 두께의 판에서 굽힘 각도가 예리할수록 스프링 백의 양은 커진다.
④ 다이의 어깨 나비가 작을수록 스프링 백의 양은 커진다.

다음 [표]는 각종 재료의 스프링 백의 양을 나타낸 것이다.

[각종 재료의 스프링 백의 양(굽힘 각도 90°)]

| 재 료 | 판 두께(mm) | 굽힘 반지름(mm) | 스프링 백(도) | 재료의 상태 |
|---|---|---|---|---|
| 저 탄 소 강 | 6~25 | 탈 | 1~2 | 풀 림 |
| 0.5% 탄소강 | 6~25 | 탈 | 3~4 | 풀 림 |
| 스 프 링 강 | 6~25 | 탈 | 10~15 | 풀 림 |
| | | 1.0 이하 | 4 | 풀 림 |
| 연 강 판 | 0.8 이하 | 1.5~5.0 | 5 | 풀 림 |
| 연 황 동 판 | | 5.0 이하 | 6 | 풀 림 |
| 알 루 미 늄 | | 1.0 이하 | 0 | 풀 림 |
| 아 연 판 | 2.0 이하 | 1.0~5.0 | 1 | 풀 림 |
| | | 5.0 이하 | 2 | 풀 림 |

| | | | | |
|---|---|---|---|---|
| 강 판 | 0.8~2.0 | 1.0 이하 | 4 | 풀 림 |
| | | 1.0~5.0 | 5 | 풀 림 |
| | | 5.0 이하 | 7 | 풀 림 |

다음 [그림]은 V형 굽힘의 경우 스프링 백의 양을 감소시키는 방법을 나타낸 것이다. [그림] (a)와 같이 다이를 둥글게 하여 구부리는 힘을 강하게 가하면 스프링 백의 양은 일정하게 되어 균일한 제품이 되고 [그림] (b)와 같이 펀치의 끝단을 가늘게 하여 압력을 집중시키는 방법도 있다. 또한 [그림] (c)와 같이 다이의 각도를 소요 각도로 하고 펀치의 각도는 작게 하여 스프링 백을 감소시킬 수 있다.

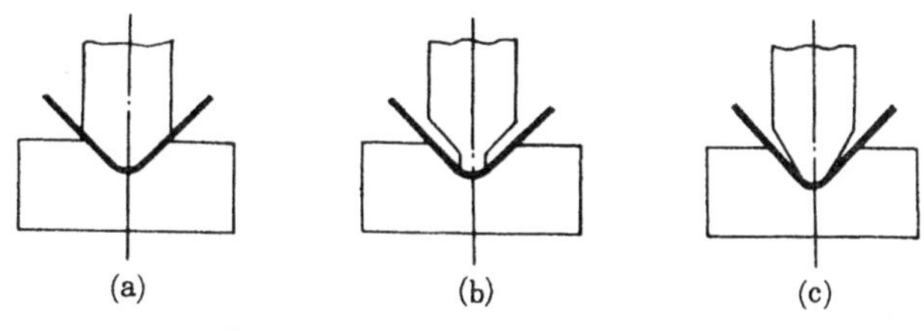

(a) (b) (c)

**[V형 굽힘시 스프링 백 억제 방법]**

U형 굽힘의 경우도 일반적으로 V형 굽힘의 방지 방법과 같으나 다음 [그림]과 같은 방법을 많이 이용한다.

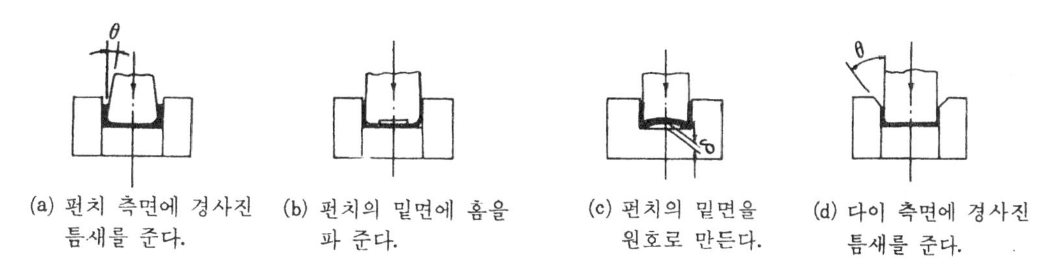


(a) 펀치 측면에 경사진 틈새를 준다. (b) 펀치의 밑면에 홈을 파 준다. (c) 펀치의 밑면을 원호로 만든다. (d) 다이 측면에 경사진 틈새를 준다.

**[U형 굽힘시의 스프링 백 억제 방법]**

펀치 아래면에서 판 누르게(flad)를 받쳐서 그림 [판 누르개 사용법]과 같이 스프링 백을 감소시키는 방법도 있다.

그림 [인장 성형법]과 같이 인장을 변형시키면 판 단면내의 응력이 균일하게 작용되어 스프링 백이 감소된다.

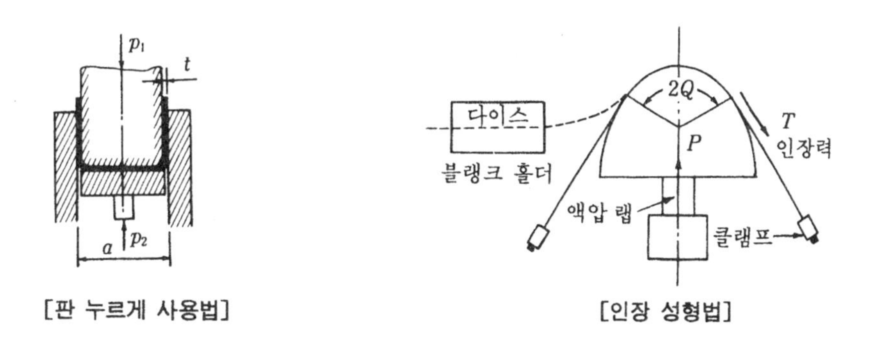


**[판 누르게 사용법]** **[인장 성형법]**

다음 [그림]과 같이 표준 V형 굽힘은 판 두께 L의 8배의 폭으로 다이와 굽힘 부분에 스퀴즈(squeeze)를 일으키지 않는 반지름으로 90° V형 굽힘을 표준 V형 굽힘이라 하며 다음 [표]는 표준 V형 굽힘의 최소 굽힘 반지름을 나타낸 것이다.

**[벤딩부분에 스퀴즈를 일으키지 않는 V벤딩 최소 반지름]**(단, $L = 8t$)

| 판두께 ($t$) | 굽힘 반지름 ($ri$) |
|---|---|
| 3 | $1.0t$ |
| 3~6 | $1.2t$ |
| 6~9 | $1.3t$ |
| 9~12 | $1.4t$ |
| 12~15 | $1.5t$ |

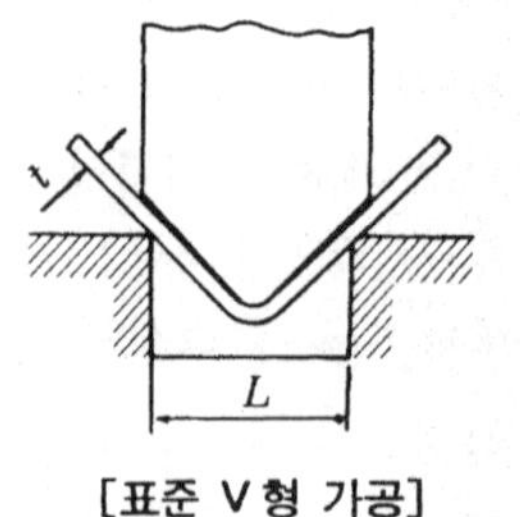


**[표준 V형 가공]**

### (2) 뒤틀림

판을 구부릴 때에는 다음 [그림]의 (a)와 같이 볼록면에 가까운 조직은 세로방향으로 늘어나며 오목면에 가까운 조직은 반대로 줜다. 만약, 각 조직이 구속되지 않고 자유로이 변형할 수 있다면 볼록면에 가까운 조직은 가로방향으로 수축하고, 오목면에 가까운 조직은 가로 방향으로 팽창한다. 그 결과 가로방향으로 구부림률을 가지게 되며 구부러진 가로 단면은 어깨 나비로 되어 판재는 [그림]의 (c)와 같이 안장모양(캠버(camber)현상)의 뒤틀림이 생긴다.

판재의 중앙부만 날카롭게 구부릴 때에는 뒤틀림은 거의 나타나지 않고 약간 가장자리에 가까운 부분에 [그림]의 (b)와 같이 판재 두께의 1~3배 정도 뒤틀림이 생긴다. 캠버현상에 의해서 생기는 변형량은 굽힘 길이의 1/1000~5/1000 정도가 된다.

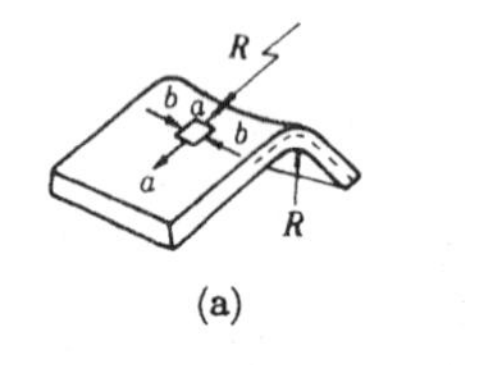


(a)

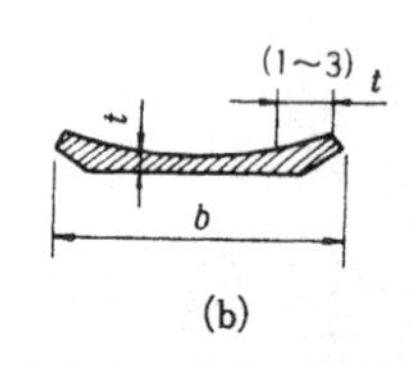


(b)

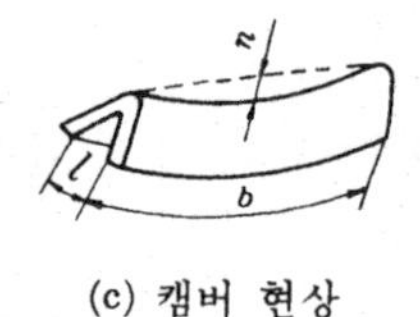


(c) 캠버 현상

**[판 두께의 뒤틀림]**

## 2-5 굽힘에 필요한 재료의 길이

판재를 굽혀 만든 제품의 치수가 정확하려면 소재의 길이를 정확히 알아야 한다. 이 때 인장과 압축의 영향을 받지 않는 중립면이 판뜨기의 기준이 된다. 굽힘 길이는 굽힘 반지름이 판두께의 5배 이상되면 중립면은 거의 판두께의 중앙에 있으며 굽힘이 날카로와짐에 따라 중립면은 점차 안쪽(압축)으로 이동하게 된다. 그림 [중립면의 이동]에서 굽힘에 필요한 재료의 전체 길이 $L$은 계산식으로 다음과 같이 나타난다.

$$L = a + x + b$$

### (1) 중립면에 변화가 없는 경우

다음 [그림]의 (a)와 같이 굽에 의하여 중립면이 만드는 면을 원으로 가정하면 이 원의 $\alpha$ 각이 만드는 굽힘 길이는 다음과 같은 식으로 나타난다.

굽힘 길이 $x = \frac{\alpha^{\circ}}{360^{\circ}} \times 2\pi\left(R+\frac{t}{2}\right)$

여기서 $x$ = 굽힘 길이(mm), $\alpha$ = 굽힘 각도, $R$ = 반지름,
$t$ = 판재의 두께, $L$ = 전체의 길이

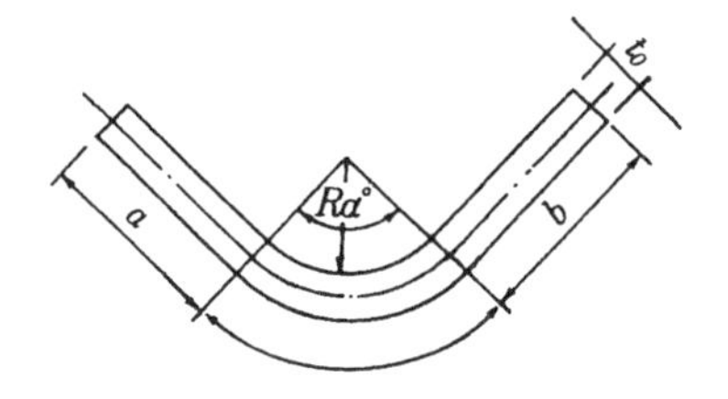

(a) 중립면의 변화가 없는 경우

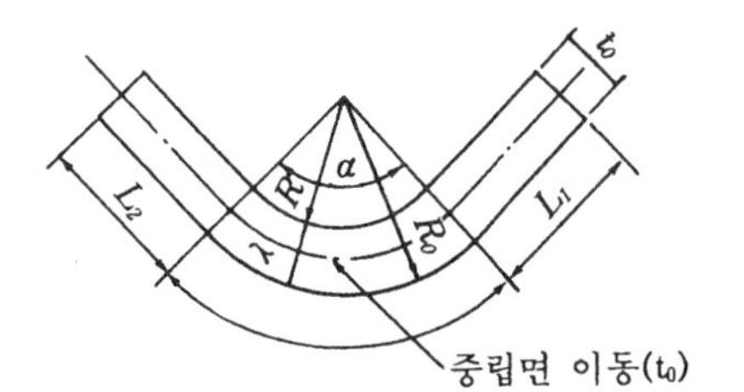

(b) 중립면의 이동이 있는 경우

**[중립면 이동]**

일반적으로 90° 굽힘이 가장 많이 이용되며, $\alpha$를 90°로 하면 다음과 같다.

$$L = a+\frac{90^{\circ}}{360^{\circ}} \times 2\pi\left(R+\frac{t}{2}\right)+b$$

$$\therefore\ L = a+1.57\left(R+\frac{t}{2}\right)b$$

### (2) 중립면에 이동이 있는 경우

[그림]의 (b)와 같이 이동 중립면의 굽힘 반지름은 $R+\frac{t_0}{x}$가 되므로 다음 식이 성립된다.

$$L = a+\frac{\alpha^{\circ}}{360^{\circ}} \times 2\pi\left(R+\frac{t_0}{x}\right)+b$$

여기서 $\alpha$ = 90°이면 다음과 같이 된다.

$$L = a+1.57\left(R+\frac{t_0}{x}\right)+b$$

다음 [표]는 굽힘 반지름과 판두께의 비를 나타낸 것이다.

**[굽힘 반지름과 판 두께와의 관계]**

| $R/t$ | $t_0/t$ |
|---|---|
| 0.5 이하 | 약 0.4 |
| 0.5~1.5 | 0.6 |
| 1.5~3.0 | 0.66 |
| 3.0~5.0 | 0.8 |
| 5 이상 | 1.0 |

### (3) 바깥 치수 가산법에 의한 계산식

[그림]과 같이 구부리는 곳의 수가 많은 것은 다음 식과 같이 바깥 치수 가산법이 일반적으로 이용된다.

$$L=(l_1+l_2+l_3\cdots l_n)-\{(n-1)c\}$$

여기서, $L$ = 재료의 길이, $c$ = 늘음 보정값, $l$ = 바깥 치수, $n$ = $l$의 수

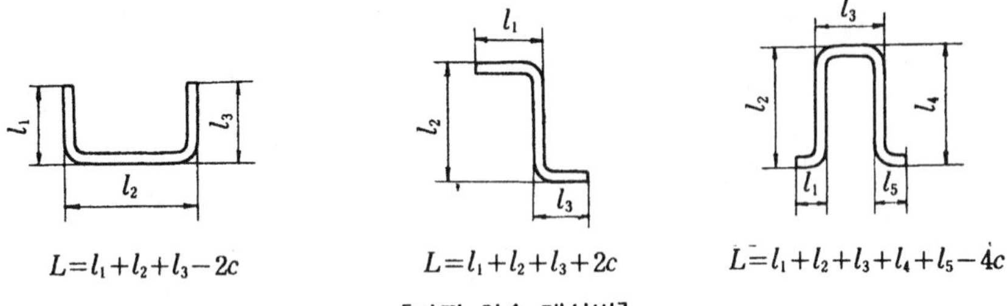


[바깥 치수 계산법]

다음 [표]는 판두께에 대한 늘음 보정값을 나타낸 것이다.

[늘임 보정값 $c\,(R=0)$]

| 판두께 | 1.0 | 1.2 | 1.6 | 2.0 | 2.3 | 3.3 |
|---|---|---|---|---|---|---|
| 한 각에 대한 늘임 ($c$) | 1.5 | 1.8 | 2.5 | 3.0 | 3.5 | 5.0 |

## 2-6 굽힘에 필요한 힘

굽힘에 필요한 힘은 재질, 제품의 형상, 가공 방법 등에 따라 다르나 굽힘에는 [그림]과 같이 V 형 굽힘, U 형 굽힘 등이 있다. 각, 굽힘 모양에 따른 압력 계산은 다음과 같다.

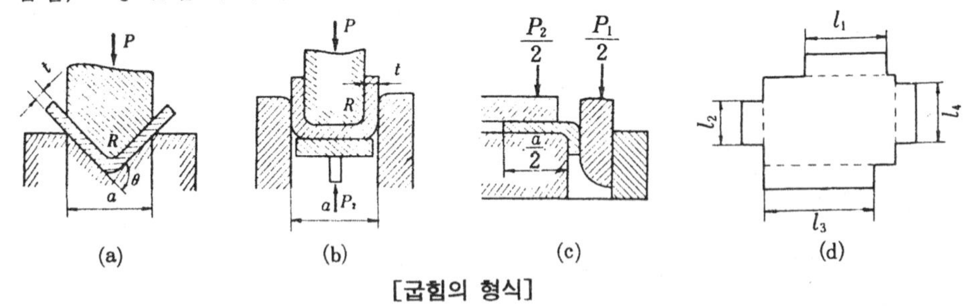


[굽힘의 형식]

### (1) V 형 굽힘에 필요한 힘

① 자유 굽힘 : 위 형틀이 눌러 잘라지기 직전에서 가공을 중지하는 형식의 굽힘이다. 그림 [굽힘의 형식]의 (a)에서 구부리는 힘 $P$는 다음과 같다.

$$P=c\times\frac{2b\cdot t^2\times\sigma_b}{3a}$$

여기서, $a$ : 다이스의 어깨 나비, $b$ : 판의 나비, $t$ : 판의 두께

$T$ : 펀치의 굽힘 반지름, $\sigma_b$ : 인장 응력, $c$ : 상수

가공 경화를 무시하고 안전성을 고려하여 항복 응력 대신 인장 응력을 이용하면 구부리는 힘 $P$는 다음과 같다.

$$P = \frac{b \times t^2 \times \sigma_b}{2\left(R+\frac{t}{2}\right)\tan(\theta/2)}$$

② 충돌 굽힘 : 스프링 백을 적게 하고 정확한 치수를 내기 위하여 행정의 최후에 펀치(punch)와 다이스(dice) 사이에 판을 세게 압축하는 가공을 충돌 굽힘이라 한다. 이 때 구부리는 힘은 자유 굽힘의 10~15배 정도이지만 면압이 재료의 인장 항복응력 또는 내력($\sigma_b$)의 1~2배 정도가 되면 스프링 백을 일정한 값으로 얻을 수 있으므로 구부리는 힘은 다음 식과 같이 된다.

$$P = (1\sim2)b \cdot l \times \sigma_e$$

여기서, $l$ : 면압을 받는 전체 투상 길이

이 때 $(R+t)$가 다이스의 나비 $a$에 비해 작으면 $l \fallingdotseq a$이다.

### (2) U형 굽힘에 필요한 힘

스프링 백을 고려하지 않은 자유 굽힘에서 배트의 밑눌림의 힘 $P_2$가 없을 경우에는 다음과 같다.

$$P_1 = \frac{c}{3} \cdot b \cdot t \cdot \sigma_b$$

여기서, $c$ : 상수 (c−2)

밑눌림 힘 $P_2$는 그림 [굽힘의 형식](b)에서 다음과 같다.

$$P_2 = \frac{c}{3} \cdot b \cdot t^2 \cdot \frac{\sigma_b}{a}$$

밑눌림을 포함한 펀치의 힘 $P$는 다음과 같이 된다.

$$P = P_1 + P_2$$

그림 [굽힘의 형식]의 (d)와 같이 2번 이상을 동시에 구부릴 때에는 그 전체의 구부리는 길이 $l = l_1 + l_2 \cdots l_n$을 구하여 다음 식으로 계산한다.

$$P_1 = \frac{c}{3} \cdot l \cdot t \cdot \sigma_b$$

그림 [굽힘의 형식]의 (c)와 같이 직각으로 내려 눌러 구부리면 U형 굽힘의 한쪽이 되므로 다음과 같다.

$$P = \frac{\frac{c}{3} \cdot b \cdot t \cdot \sigma_b + \frac{c}{3} \cdot b \cdot t^2 \cdot \frac{\sigma_b}{a}}{2}$$

# 3. 수공구에 의한 성형

## 3-1 판재 꺾기

판재를 꺾는 작업에는 직선 꺾기, 가장자리 접기, 곡선 꺾기 등이 있다. 직선을 바르게 꺾으려면 마름질선을 꺾음대의 가장자리에 바르게 고정하고 처음에는 박자목으로 꺾는 판재의 양 끝을 가볍게 두드린 다음 가운데 부분을 두드린다. 그 후에 전체를 두드려서 곧게 만든다.

꺾는 작업 전에 먼저 꺾는 순서를 정하여 재료의 파손이 없고 능률적인가를 생각해야 한다.

다음 [그림]은 꺾어 접는 방법을 나타낸 것으로 처음 작업은 박자목으로 ①, ②를 때린 다음 ③을 때려 꺾고 제품을 뒤집어 판금칼을 사용하여 마지막 작업을 한다.

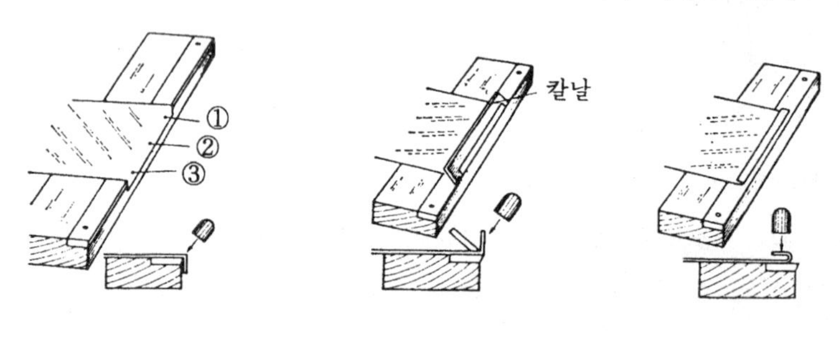


[판재 꺾기]

## 3-2 원통 굽힘

판재를 원통으로 굽히는 방법은 다음과 같다.

① 받침쇠 또는 바이스에 물린 쇠 파이프에 판재를 올려 놓고 그림 [쇠 파이프를 이용한 굽힘]과 같이 박자목이나 나무 해머로 두드린다.

② 두드리는 순서는 판재의 가장자리부터 조금씩 두드리며 원통이나 원뿔의 심(seam) 이음할 곳은 원형으로 굽히기 전에 미리 꺾어 둔다. 큰 원뿔이나 긴 연통 등을 원형으로 굽혀서 말 때에는 그림 [고정된 파이프를 이용한 굽힘]과 같이 두 손으로 눌러서 굽힌다.

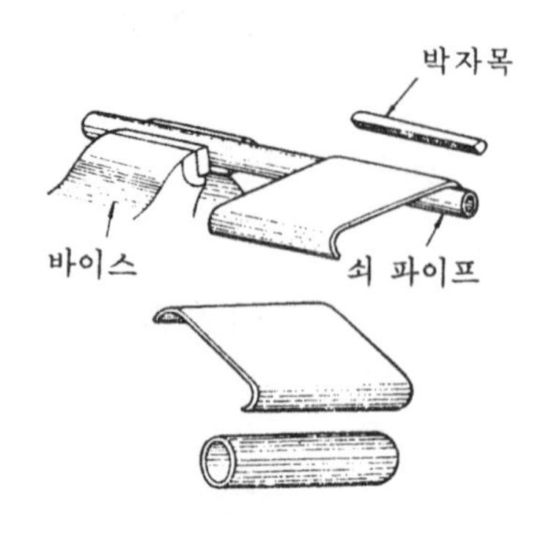


[쇠 파이프를 이용한 굽힘]

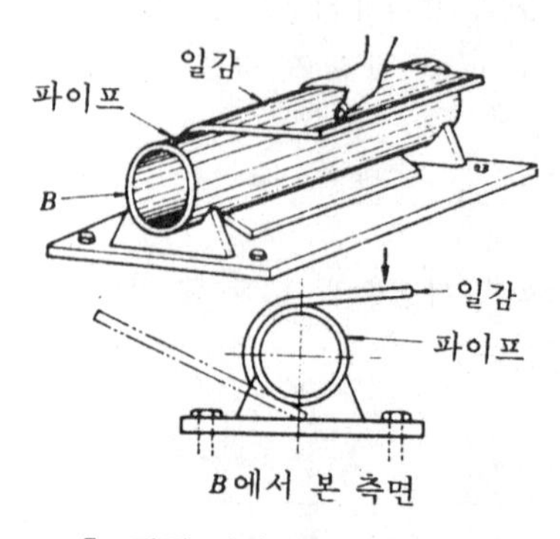


[고정된 파이프를 이용한 굽힘]

## 3-3 원뿔 굽힘

부채꼴 모양의 판재를 원뿔로 굽히기 위해서 [그림]과 같이 블로 혼 스테이크 위에 판재를 놓은 다음 양 끝에서부터 모가 나지 않게 나무 해머나 박자목으로 두드리면서 둥글게 굽힌다.

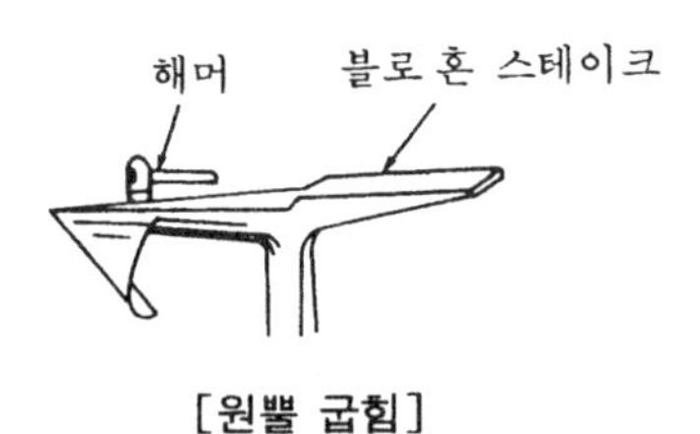


[원뿔 굽힘]

## 3-4 원통 접어 잇기

접어 잇는 선을 꺾음대 밑에 맞추고 재료가 미끄러지지 않게 꽉 누르면서 박자목 혹은 나무 해머 등으로 두들긴다. 이 때 심 나비의 한쪽은 3～5 mm로 하고 이것과 이어지는 쪽은 그의 2배로 잡는 것이 적당하다.

꺾음대에서 직각으로 접은 다음 박자목으로 다시 겹치게 접고 서로 끼운 다음 받침쇠에 올려 놓고 두들겨 고정시킨다. 그러나 물림이 빠질 염려가 있으므로 다시 핸드 그루버로 쳐서 턱을 만들어 심으로 완성한다.

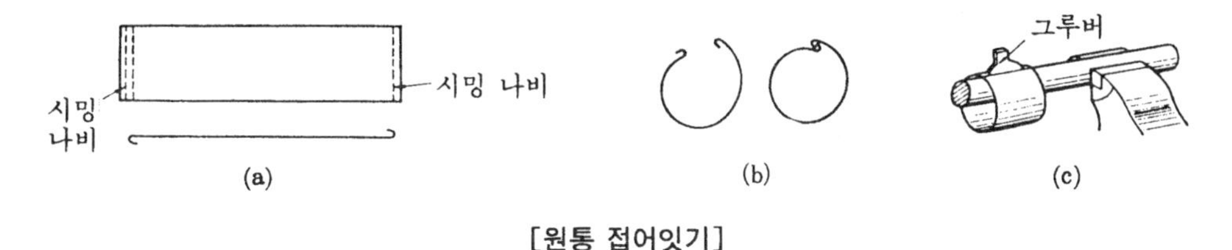


[원통 접어잇기]

## 3-5 곧게 말기

철사를 넣기 위하여 곧게 마는 작업은 [그림]과 같이 한다.

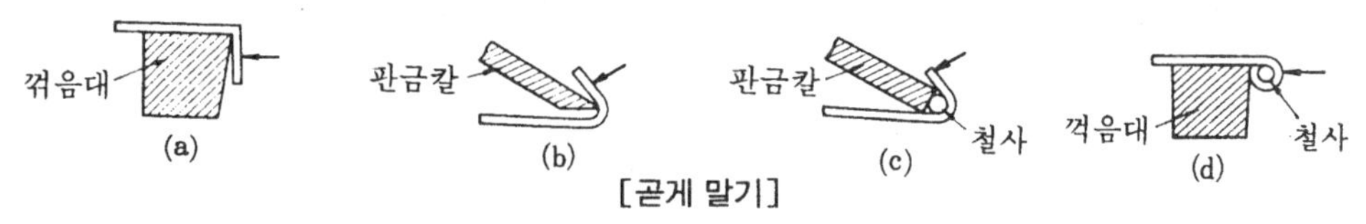


[곧게 말기]

① [그림]의 (a)와 같이 판재를 직선으로 길게 꺾기 위해서 꺾음대에 놓고 박자목으로 마름질선을 따라 직각으로 꺾어서 굽힌다.

② [그림]의 (b)와 같이 판재를 뒤집어 놓고 판금칼을 대고 약간 굽힌다.

③ [그림]의 (c)와 같이 철사를 넣고 철사를 누르며 다시 굽힌다.

④ [그림]의 (d)와 같이 판재를 다시 뒤집어 꺾음대에 밀착시키고 박자목으로 화살표 방향으로 차례로 두들겨서 철사에 판재가 밀착되도록 한다.

## 3-6 원통에 철사 넣기

원통 그릇의 윗부분에 철사를 넣을 때에는 곧은 철사 넣기와 같은 방법으로 한 다음, 오른쪽 [그림]과 같이 한쪽 철사를 제품보다 약간 길게 하고 다른 한쪽에 이 철사 끝을 끼워넣는다. 그림 (c)와 (d)는 굽힘 롤러에서 원통으로 굽히거나 쇠파이프를 이용하여 굽힌 다음에 철사를 반대쪽에 꽂고 납땜하여 완성한다.

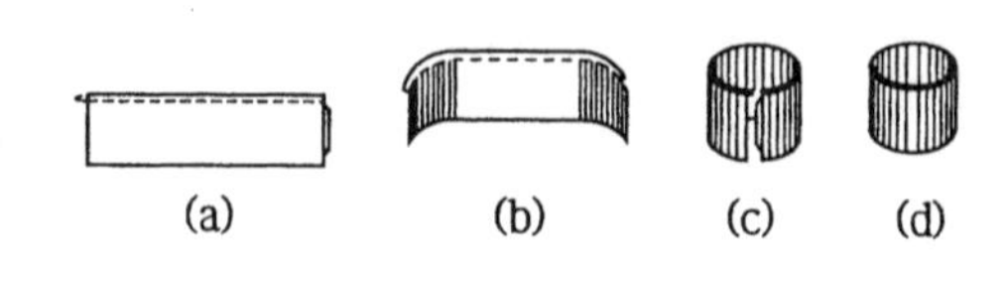

[철사 넣기]

일반적으로 와이어링하기 위한 판재의 여유치수는 철사 지름의 2.5~3배가 되도록 하며, 정확한 계산식은 다음과 같다.

$$x=\pi d \times \frac{3}{4}+\frac{d}{2}$$

여기서, $x$ : 와이어링 여유치수(mm)

$d$ : 철사 지름(mm)

오른쪽 [표]는 와이어링 여유치수의 보기이다.

[와이어링 여유 치수]

| 계 산 식 | 철사 지름 (mm) | 여유치수 (mm) |
|---|---|---|
| $x=\pi d \times \frac{3}{4}+\frac{d}{2}$ | 3.0 | 8.6 |
| | 3.5 | 10.0 |
| | 4.0 | 11.4 |
| | 4.5 | 12.9 |
| | 5.0 | 14.3 |
| | 5.5 | 15.7 |

## 3-7 둘레 말기

원형 그릇의 둘레 말기는 제품의 둘레를 보강하고 모양을 보기 좋게 하기 위해서 철사를 넣는다. 다음 [그림]의 (a)와 같이 가장자리를 굽힌 다음에 [그림] (b)와 같이 둥글게 만든 철사를 끼우고 [그림] (d)와 같이 받침쇠에 받쳐 놓고 나무해머로 천천히 두들기면서 회전시킨다. 끝으로 [그림] (e)와 같이 받침쇠 위에 놓고 홈정을 사용하여 철사가 밀착되도록 마무리한다.

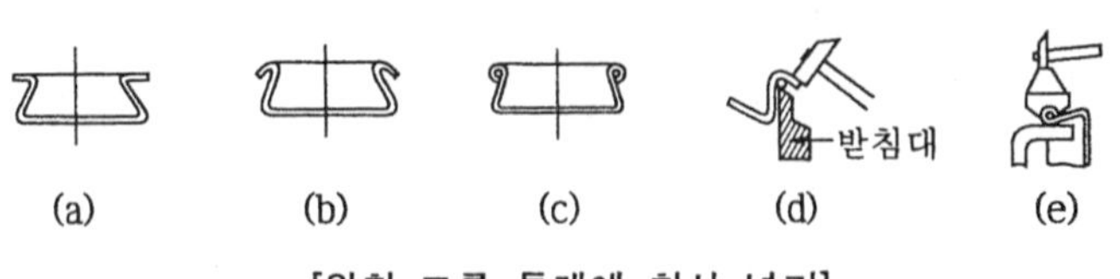

[원형 그릇 둘레에 철사 넣기]

## 3-8 원판의 가장자리 접기

다음 [그림]의 (b)와 같이 원판을 받침쇠 위에 놓고 마름질선을 따라 가장자리를 쇠해머 또는 나무해머로 조금씩 돌리면서 천천히 접어 나가야 한다. 한번에 길게 접으려고 하면 주름이 생기거나 갈라지고 진원이 되지 않는다.

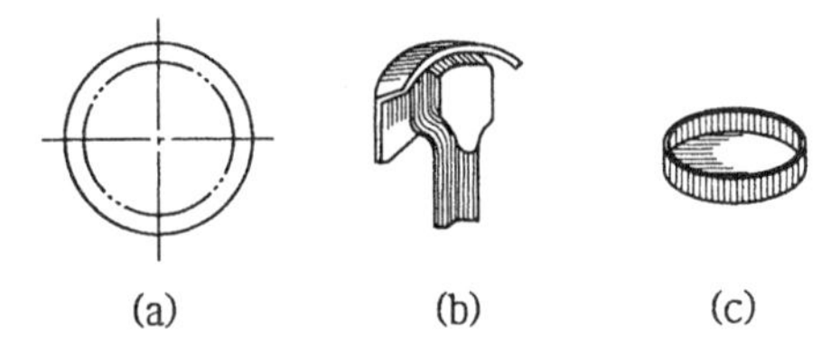


[원판의 가장자리 접기]

## 3-9 원통의 가장자리 접기

원통의 가장자리를 바깥쪽으로 접을 때에는 오른쪽 [그림]과 같이 받침쇠 위에 원통의 마름질선을 대고 쇠해머로 두드리고 천천히 돌리면서 접어 나가야 하며, 원판의 가장자리를 접을 때와 같은 현상이 일어나므로 주의하여야 한다.

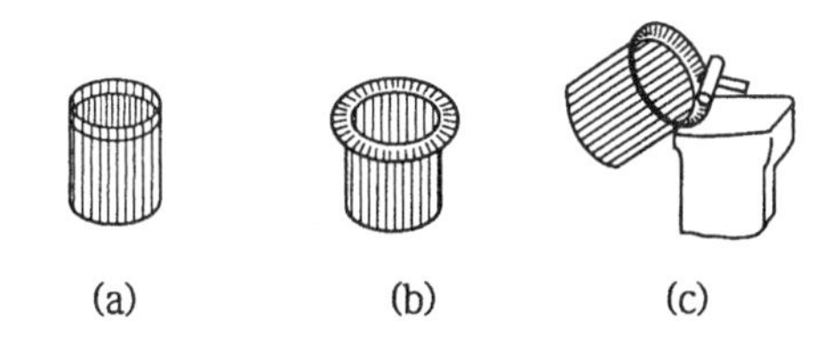


[원통의 가장자리 접기]

## 3-10 끝부분 두 번 접기

오른쪽 [그림]의 (a)와 같이 원통의 가장자리를 다시 직각으로 접는 것을 끝부분 두 번 접기라 하며, [그림] (b)와 같은 받침쇠를 바이스에 고정시키고 [그림] (c)와 같이 받침쇠 위에서 조금씩 회전시키면서 나무해머나 쇠해머로 두드리면서 가장자리를 천천히 접는다.

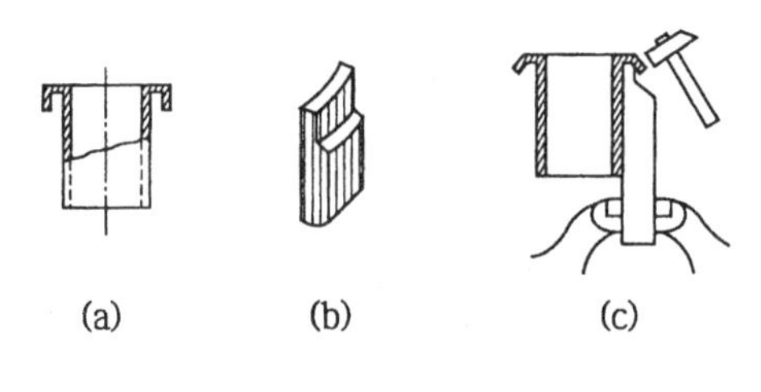


[끝부분 두 번 접기]

## 3-11 형틀을 사용하여 접기

특별한 저항을 필요로 하는 일감의 접기 가공에서 대량의 일감은 프레스를 사용하나 소량일 때는 간단한 지그(jig)를 사용하여 접는다.

그림 [지그를 사용하여 접기 (1)]은 지그를 사용하여 곧게 접는 방법으로 판재를 그림 [지그를 사용하여 접기 (1)]의 (a)에 끼워 볼트를 죄어 성형한 다음 [그림] (b)와 같이 해머로 두들겨 접는다. 이 때에는 지그를 바이스에 물려 작업하면 편리하다.

아래 그림 [지그를 사용하여 접기 (2)]의 (c)와 같이 두 번 접는 방법은 그림 [지그를 사용하여 접기 (2)]의 (d)와 같은 지그를 사용하면 쉽게 만들 수 있다. 그림 [지그를 사용하여 접기 (2)]의 (a), (b), (c)는 두 번 접는 순서를 나타낸 것으로 한 번 접은 그림 [지그를 사용하여 접기 (2)]의 (b)를 지그에 물리고 접히는 높이에 알맞은 지그를 사용하며, 그림 [지그를 사용하여 접기(2)]의 (d)와 같은 캡 너트(cap nut)로 접히는 부분을 조정하여 해머로 두들겨 접는다. 이 때에는 일감을 나무에 끼워 안전하게 작업한다.

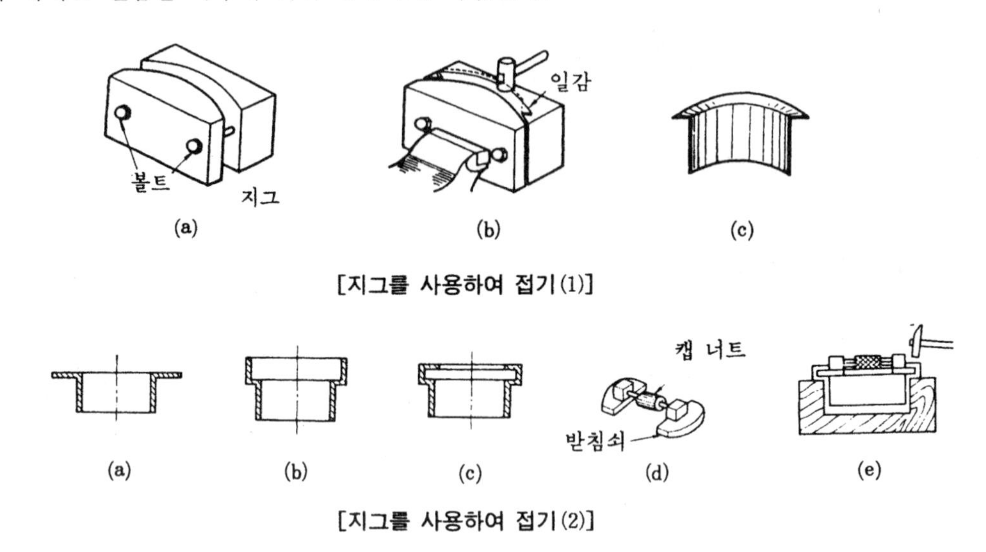


[지그를 사용하여 접기(1)]

[지그를 사용하여 접기(2)]

# 4. 기계에 의한 성형

## 4-1 롤러에 의한 굽힘

판재를 원통으로 굽히는 데 쓰이는 롤러도 표면이 단단한 강 또는 칠드 주철로 되어 있다. 롤러의 크기는 판재의 면적 최소 굽힘 지름에 따른다. 굽힘 롤러는 수동 롤러와 동력 롤러가 있으며 동력 롤러는 정지할 때 클러치(clutch)를 사용한다.

다음 [그림]은 3개의 롤러, 4개의 롤러 굽힘이다.

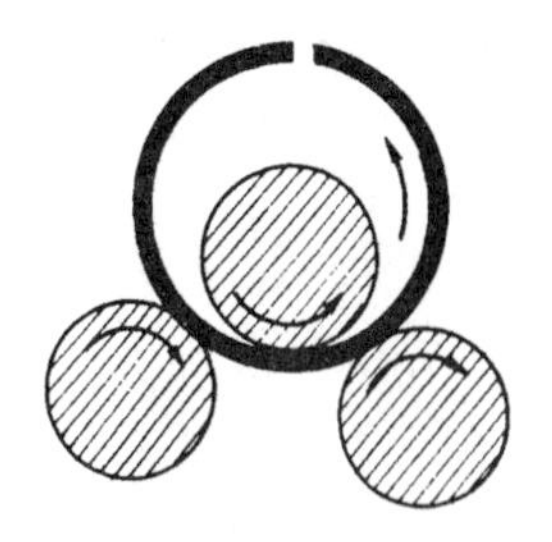

[3개의 굽힘 롤러를 사용하여 둥근 굽힘 작업을 할 경우]

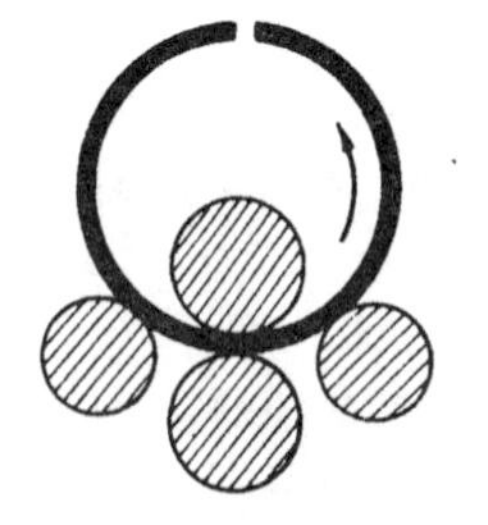

[4개의 굽힘 롤러를 사용하여 둥근 굽힘 작업을 할 경우]

롤러로 굽힘 작업할 때 주의사항은 다음과 같다.

① 롤러 작업하기 전에 판재의 양 끝을 조금 구부린다.

② 단번에 급하게 굽히면 판의 저항이 커져 균일하게 굽힐 수 없으므로 1회마다 롤러의 간격을 조정하면서 반복 작업으로 원형을 만든다.

③ 판재는 변형이 없는 것을 사용하며 판두께에 비하여 지름이 클 때에는 변형이 국부적으로 남는다. 또 얇은 판을 대량 굽힐 때는 동력 굽힘 롤러로 굽히며 작업 과정은 다음과 같다.

(가) 윗롤러와 아랫롤러가 기어에 물려서 회전하며 두 롤러 사이에 직각이 되도록 판재를 넣는다.

(나) 윗롤러와 아랫롤러의 간격을 조절하면 얇은 판재를 물려 자유롭게 회전시킬 수 있다.

(다) 조절 롤러를 조금씩 돌리면서 원하는 대로 구부린다.

## 4-2 철사 넣은 가장자리 구부리기

양동이 깡통 등의 가장자리에 철사를 넣고 구부릴 때의 작업은 다음과 같다.

① [그림]과 같이 한쪽 끝은 일감보다 철사를 약간 길게 넣는다.

② 다른 쪽 테두리의 구멍에 짧은 철사를 끼워 넣은 다음 서로 맞닿도록 굽힌다.

③ 짧은 철사를 빼내고 서로 접합시켜 롤러를 회전시킨다.

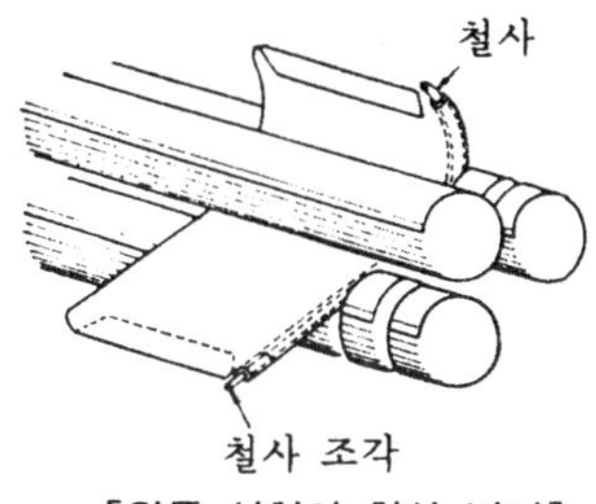


[원통 성형의 철사 넣기]

## 4-3 터닝 머신에 의한 굽힘

다음 [그림]과 같이 철사 넣는 가장자리의 나비를 철사 지름의 2~3배가 되도록 [그림]의 (a)와 같이 게이지를 조정한다.

첫 회전은 판재에 홈이 약간 생기도록 핸들을 돌려 회전시킨 다음 다시 조정 나사를 죄어 롤러 간격을 좁혀 가면서 회전시킨다. 같은 방법을 반복하여 철사를 넣는다.

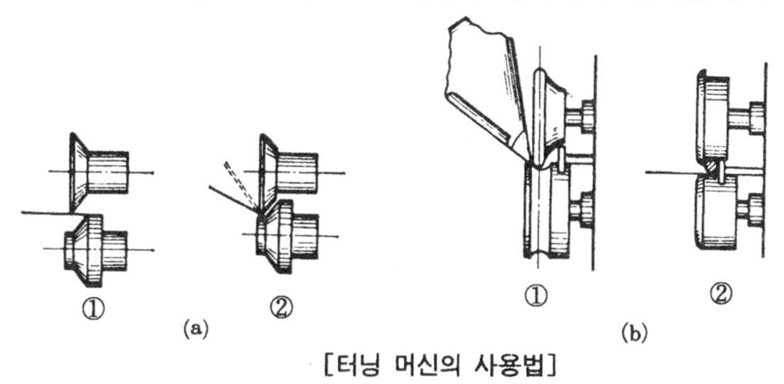


[터닝 머신의 사용법]

## 4-4 버닝 머신으로 모서리 만들기

버닝 머신은 다음 [그림]과 같이 그릇 뚜껑이나 밑판을 굽히는 데 사용한다. 이 기계를 돌릴 때마다 제품을 조금씩 들어 올려서 필요한 각을 얻을 수 있도록 하며 작업 순서는 다음과 같다.

① 제품을 엄지손가락과 집게손가락으로 잡는다. 제품의 가장자리가 날카롭기 때문에 헝겊 조각으로 제품을 싸서 손을 보호하도록 한다.
② 일감이 두 롤러 사이에서 빠지지 않도록 조정 나사를 롤러 간격을 조정하고 [그림]의 (a)와 같이 1회전시켜 가볍게 홈을 낸다.
③ [그림]의 (b)와 같이 필요한 각이 될 때까지 롤러의 간격을 조정하면서 제품을 점점 위로 경사시키면서 핸들을 돌려 나간다.

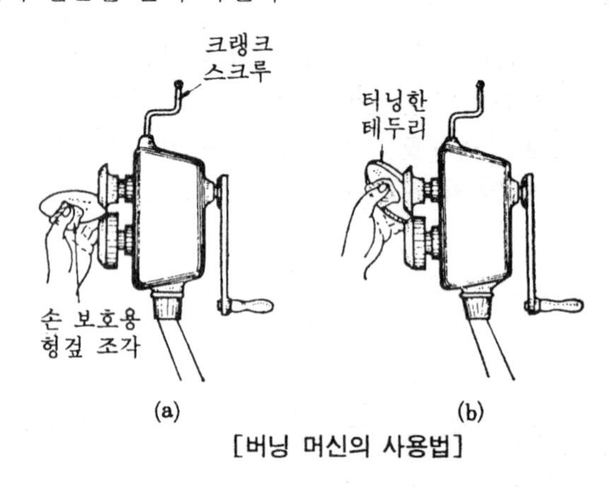

[버닝 머신의 사용법]

## 4-5 폴딩 머신에 의한 접기

폴딩 머신(folding machine)은 판재를 위 누르개판과 아래 누르개판 사이에 넣어 누르고 꺾어 굽힘판을 회전시켜 굽힘 가공하는 기계로 그 원리는 [그림]의 (a)와 같다.

[그림]의 (a)는 판재를 누르게판 사이에 끼우는 방법이고 [그림]의 (b)는 ㄱ자 모양으로 굽힘판을 회전시키는 것이다.

[그림](c), (d), (e) 등은 형틀을 이용하여 굽힘·가공하는 것이다.

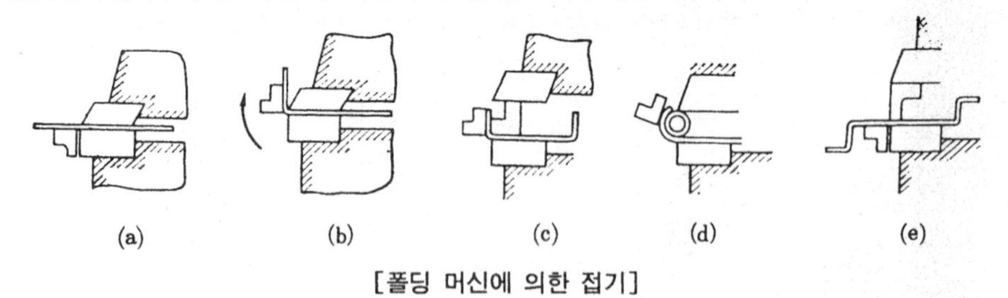

[폴딩 머신에 의한 접기]

## 4-6 탄젠트 벤더에 의한 접기

탄젠트 벤더(tangent bender)는 [그림]과 같이 플랜지가 있는 제품을 만드는 데 사용되는 기계이다. [그림] (b)와 같이 플랜지부를 양면으로 누르고 굽힘형 다이에 따라 구름 접촉하면서 판재를 굽힌다.

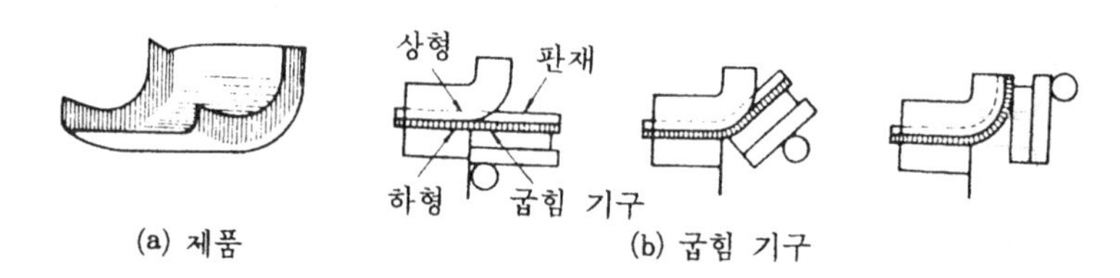


[탄젠트 벤더에 의한 굽힘]

## 4-7 바 폴더에 의한 접기

바 폴더의 작업 전의 주의사항은 다음과 같다.

① 판재의 두께를 고려해야 한다.

② 접히는 테두리의 정도를 고려해야 한다.

③ 로크(lock) 또는 가장자리의 나비를 알맞게 해야 한다.

④ 바 폴더에 맞는 판재의 두께를 선택해야 한다.

⑤ 접는 각도를 정해야 한다.

⑥ 판재의 종류와 재질을 알아야 한다.

바 폴더의 작업 방법은 폴딩 머신과 같다.

## 4-8 프레스 브레이크에 의한 접기

판금 제관 작업에서 쓰이는 대표적인 프레스 브레이크(press brake)는 코니스 브레이크(cornice brake)로서 작업할 때 여러 가지 판 두께에 따라 클램프 바(clamp bar)를 조절한다. 즉, 클램프 바를 붙들고 있는 세트 스크루를 늦추고 조절 나사를 돌려 클램핑 사이의 압력을 늦춘 다음 다시 세트 스크루를 죄어 바를 지지한다.

또, 성형에 쓰이는 몰드(mould)는 프릭션 클램프(friction clamp)에 의하여 벤딩 리프(bending leaf)에 부착되어 있다. 이 몰드에는 여러 가지 형태의 것이 있어서 반대 방향으로 구부리거나 둥근형으로 만들 때 널리 사용한다.

코니스 브레이크는 일반적으로 오른쪽으로부터 작동하나 때로는 왼쪽에서부터 작동할 수 있다. 일감을 날카롭게 또는 직각으로 굽힐 때는 [그림] (a)와 같이 클램핑 바를 열고 [그림] (b)와 같이 일감을 클램핑 바와 평행하게 프릭 펀치를 놓은 다음 벤딩 리프 핸들을 알맞게 돌려 [그림] (c)와 같이 굽힌다.

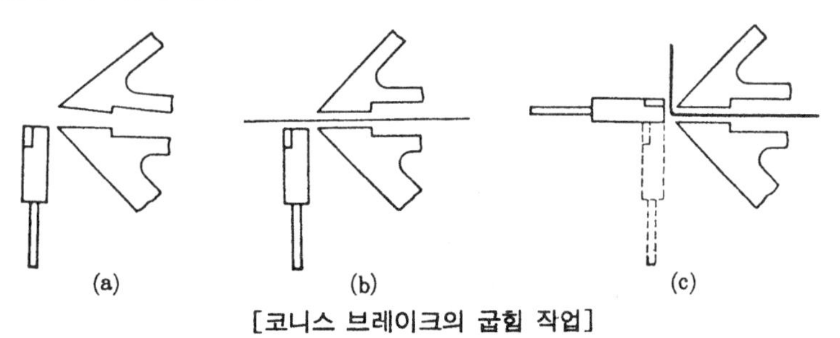


[코니스 브레이크의 굽힘 작업]

## 4-9 스피닝 선반에 의한 오므리기

스피닝 선반은 [그림]과 같은 모양의 형틀에 소재를 붙여 축과 회전시키고 롤러나 스틱(stick) 등으로 밀어 눌러 가면서 원형과 같은 모형을 만드는 방법을 스피닝이라 한다.

선반으로 간단히 가공할 수 있으므로 수량이 적고 복잡한 축 및 대칭 제품의 가공에 적합하다.

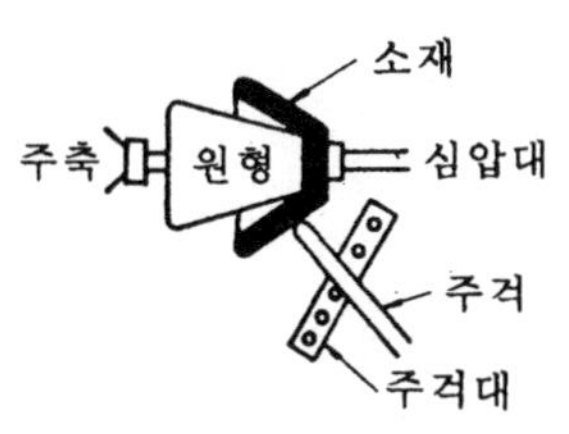


[스피닝 선반 가공]

# 5. 성형에 대한 주의사항

## 5-1 끝면의 상태

블랭크(blank)는 대부분 전단 가공에 의하여 형성되며 끝면의 아래 파단면은 그림 [끝면에 의한 구부림 방향(절단면 및 구부러짐)]과 같이 표면이 매우 거칠며 뒤틀림이 있고 잔유 응력이 큰 부분이므로 파단면 바깥쪽으로 굽히면 그 끝면에서 갈라지기 쉽다. 따라서 굽힐 때는 단면을 구부림의 안쪽으로 하도록 고려해야 하지만 열처리하면 어느 정도 좋아진다. 그림 [압연 방향으로 구부리는 방법(화살표는 압연 방향을 표시한다)]은 압연 방향으로 꺾으면 좋은 것을 나타낸 것이다.

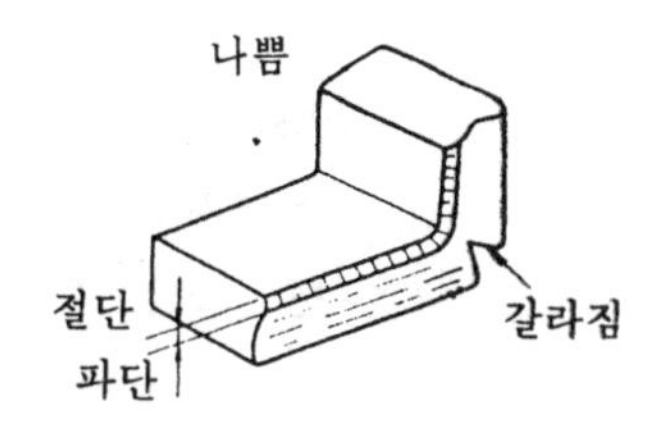


[끝면에 의한 구부림 방향]
(절단면 및 구부러짐)

[압연 방향으로 구부리는 방법]
(화살표는 압연 방향을 표시한다)

## 5-2 플랜지의 최소 높이

다음 [그림]과 같이 직각으로 굽힐 때 플랜지의 최소 높이는 안쪽 $R$의 중심에서 $2t$까지이며, 특히 $R=0$일 때 주의하여 구부리면 $1.5t$까지 가능하다. 그 이하의 플랜지는 [그림]의 (c)와 같이 가늘게 되어 치수가 정확하지 않게 된다.

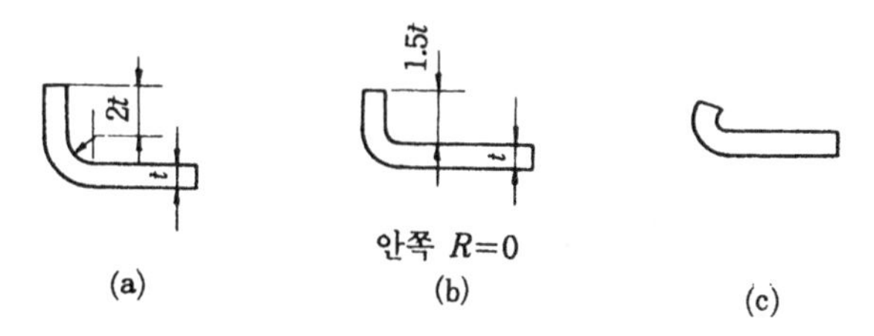


[구부림 플랜지의 최소 높이]

## 5-3 구멍이 있는 판을 굽힐 때 주의사항

다음 [그림]과 같이 직각으로 굽힐 때 구부림의 가까운 위치에 있는 것이 인장되어 변형되므로 설계할 때 특히 주의해야 한다. 이것을 방지하기 위해서는 작업 후에 구멍을 뚫거나 [그림]의 (b)와 같이 $S>t$가 되게 한다.

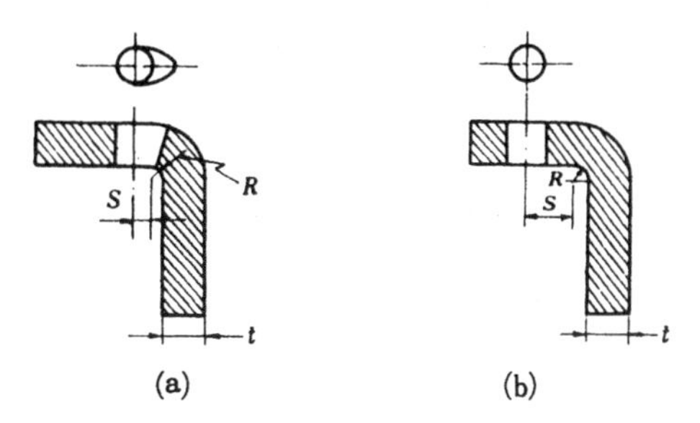


[구멍이 있는 판을 굽힐 경우]

## 5-4 굽힘선과 노칭

다음 [그림]과 같이 굽힐 때에는 $a$의 간격만큼 띄어서 굽히도록 설계해야 한다.

[그림]의 (a)는 노칭하여 구부린 것이며, [그림] (b)는 상자 모양의 제품을 만들 때 구석 부분의 노칭 모양을 나타낸 것으로 노칭을 하지 않고 굽히면 구석 부분에 남은 살이 외부로 빠져 나가거나 갈라져 들어가게 된다.

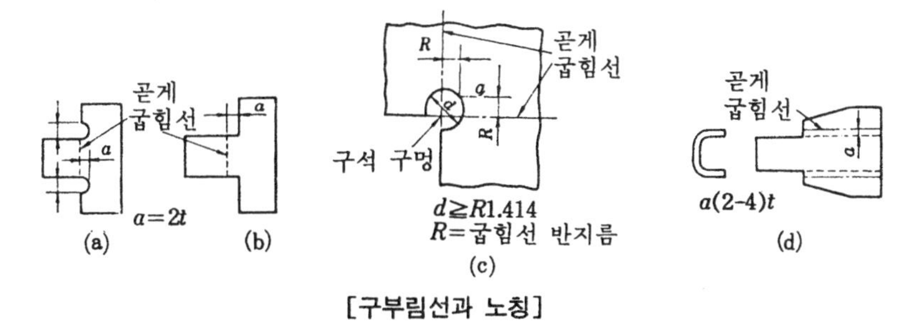


[구부림선과 노칭]

### 5-5 면의 보강 리브 비드

얇은 판의 굽힘은 외력 또는 자중에 의하여 변형하기 쉬으므로 [그림]과 같이 보강 공작을 하면 강도가 1~2배로 된다. 제품에 따라서 다른 부품을 용접 또는 리벳으로 보강하기도 한다.

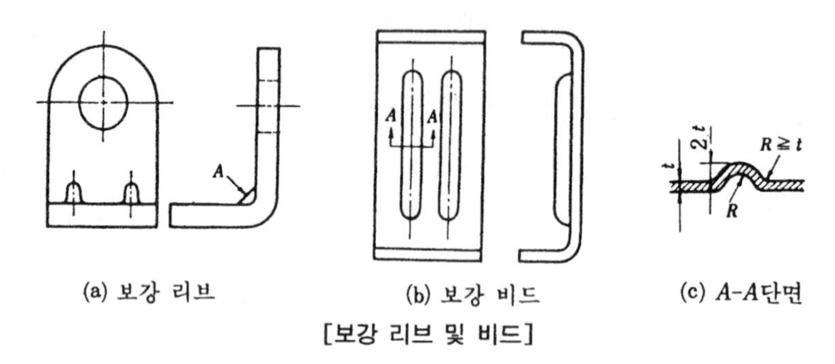

[보강 리브 및 비드]

## 6. 기타 성형 방법

### 6-1 바이스를 이용하여 접기

[그림]과 같이 판재를 바이스에 물리고 나무 해머로 양 끝을 두드려 자리를 잡게 한 후 차례로 꺾은 방법으로 작업상 주의할 점은 다음과 같다.

① 판재를 바이스에 고정할 때 적당한 물림쇠(angle bar)를 이용한다.

② 해머는 되도록 부피가 큰 것을 사용한다.

③ 접는 선이 길 때 조금씩 접어 처지지 않게 한 다음 중앙부를 접는다.

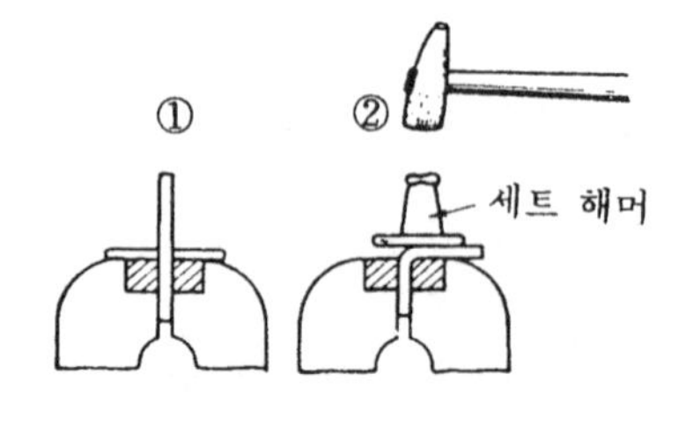

[바이스에 의한 꺾기]

### 6-2 판금정을 이용한 꺾기

상자와 같은 일감의 사방접기하는데 이용되며 먼저 양 끝을 두들겨 자리를 잡은 다음 [그림]과 같이 차례로 접는다.

① 정반 위에 고무판 판재의 순서로 올려 놓고 판재를 눌러 접는 선을 긋고 해머로 두들겨 접기 홈을 만든다.

② 정반 위에서 판금칼, 판금정을 사용하여 필요한 각으로 접는다.

③ 받침쇠가 적당하지 못하면 접는 상태가 나빠지므로 복잡한 형태를 곧게 접을 때에는 접는 순서에 주의해야 한다.

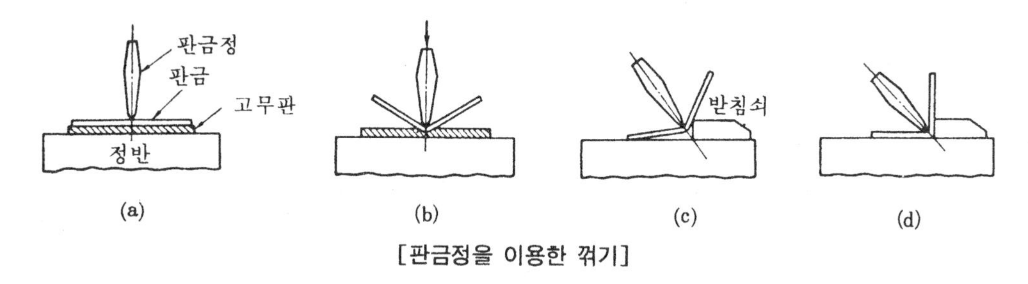

[판금정을 이용한 꺾기]

그림 [각통 접는 순서]는 각통을 만들 때 접는 순서를 나타낸 것으로 측면을 (d), (e)와 같이 곧게 접을 경우, 그림 [판금칼을 사용한 접기]의 (a)와 같이 먼저 마름질선을 판금정으로 치고 판금칼을 댄 다음 박자목으로 두들겨 곧게 접는다.

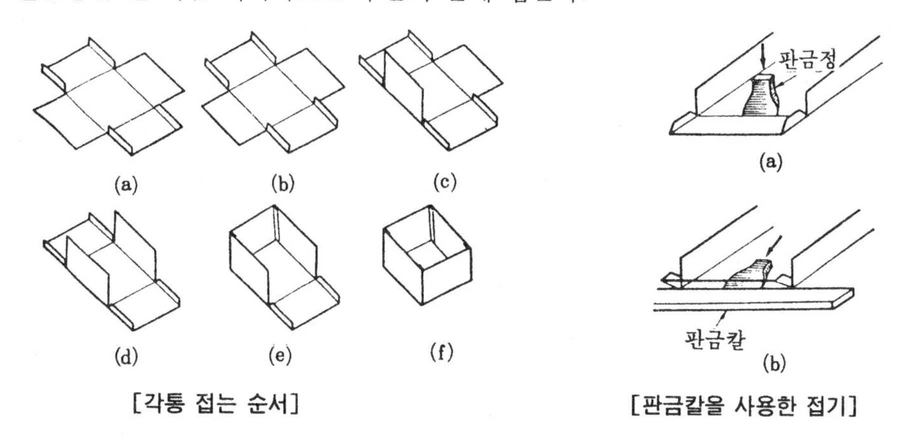

[각통 접는 순서] [판금칼을 사용한 접기]

곧게 접는 선이 만난 점은 갈라지기 쉬우므로 판재의 두께 재질에 따라 아래의 [그림]과 같이 작은 구멍을 뚫는다. 특히 알루미늄 등은 이러한 구멍이 필요할 때가 있다.

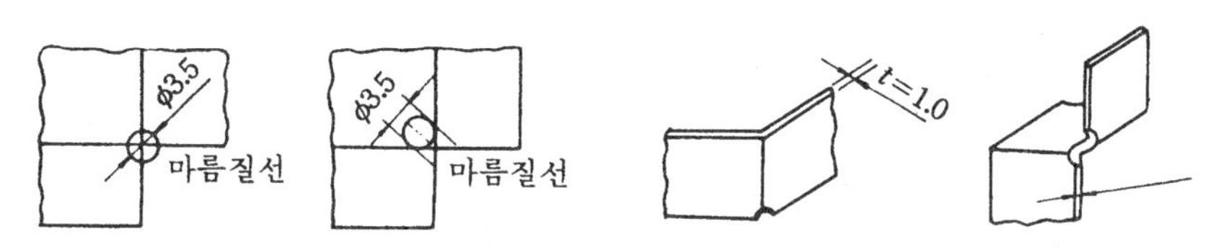

[갈라지는 것을 막기 위한 구멍 뚫기]

# 7. 타출 판금

손작업으로 철판을 늘이고, 오므리고, 굽히고, 잇는 과정을 거쳐 반구나 구형의 용기를 만들거나 자동차, 비행기 등의 유선형 몸체를 만드는 성형 작업을 통틀어 타판 판금(pannel beating)이라 한다. 타출 판금은 얇은 철판으로 이음매 없이 판뜨기한 소재를 늘이기 가공과 오므리기 가공으로 제품을 만든다.

## 7-1 마름질

### (1) 판뜨기

타출 판금의 판뜨기는 제품의 두께가 소재판의 두께보다 얇아지는 부분과 두꺼워지는 부분이 생기나 차이가 아주 작아 변하지 않는 것으로 보고 작도와 판뜨기를 한다. 타출 판금의 판뜨기는 특히 다음과 같은 사항에 유의해야 한다.

① 제품의 모양과 가공 방법을 미리 생각해야 한다.

② 재료에 흠의 유무를 조사하고 흠이 있는 부분은 피하고 경제적인 판뜨기가 되도록 한다.

③ 절단 늘이기 및 오므리기 등의 가공 작업이 쉽도록 판뜨기 한다.

④ 제품의 각 부분을 가공한 다음 서로 접한 방법을 고려한 판뜨기를 한다.

### (2) 원형 용기의 판뜨기

원통 용기와 반구형과 같이 평면 모양이 원형인 용기의 판뜨기는 용기의 표면적과 같은 면적의 소재판의 표면적을 구할 때에는 계산에 의한 방법과 작도에 의한 방법 두 가지가 있다.

### (3) 접시형 판뜨기의 작도

다음 그림 [접시형 판뜨기 작도]와 같은 방법으로 아래와 같이 작도한다.

① 단면도의 $A$점을 중심으로 하여 $\overline{AB}$를 반지름으로 원호를 긋고 밑면의 연장선과 만나는 점 $C$를 구한다.

② $\overline{OC}$를 반지름으로 하는 원 $O'C'$를 그리면 접시형 판뜨기 작도가 된다.

③ 밑면을 표시하는 원과 같은 적당한 지름의 동심원을 그려 넣으면 가공할 때 눈대중하기가 쉽다.

### (4) 반구형의 판뜨기 작도

다음 그림 [반구형 판뜨기 작도]와 같은 방법으로 아래와 같이 작도한다.

① 반구형의 중심점 $O$를 중심으로 하여 $\overline{OA}$를 반지름으로 하는 원호를 그리고 수평선과 만나는 점 $C$를 구한다.

② $\overline{OA}$를 반지름으로 하는 원 $O'C'$를 그리면 이 원이 구하려는 소재판이 된다.

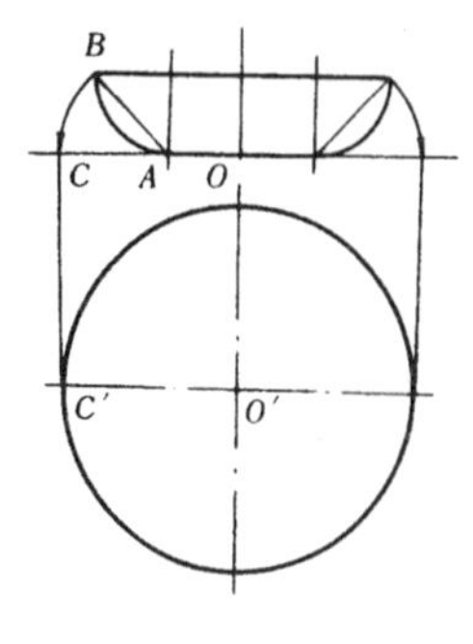

[접시형 판뜨기 작도]

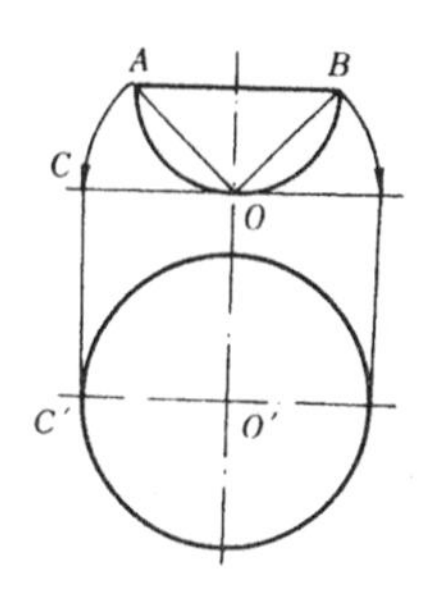

[반구형 판뜨기 작도]

### (5) 단지형(원형)의 판뜨기

다음 그림 [단지형 판뜨기 작도]와 같이 아래의 방법으로 작도한 다음 판뜨기 한다.

① A점을 중심으로 $\overline{AB}$를 반지름으로 하는 원호를 그리고 밑면의 연장선과 만나는 점 C를 구한다.

② $\overline{O}$를 반지름으로 하는 원 O′C′를 그린 다음 적당한 간격의 동심원을 그린다.

### (6) 플라스크 형(flask type) 꽃병의 판뜨기 작도

다음 그림 [꽃병의 판뜨기]과 같이 플라스크형을 구면부와 원통부로 나누어 표면적을 구한 다음 소재판으로 판뜨기 한다.

구면부와 원통부의 계산 방법은 다음과 같다.

$$\text{표면적} = \text{구면부의 표면적} + \text{원통부의 표면적}$$
$$= \left(\pi D^2 + \frac{1}{4}\pi d^2\right) + (\pi dl)$$

판뜨기의 지름을 $D_0$라고 하면 $D_0$는 다음 식으로 구할 수 있다.

$$D_0^2 = \frac{\left(\pi D^2 - \frac{1}{4}\pi d^2\right) + (\pi dl)}{\frac{1}{4}\pi}$$

$$\therefore\ D_0 = \sqrt{4D^2 - d^2 + 4dl}$$

이 제품은 하나의 소재판으로 성형 작업하기가 매우 어려우므로 구면부와 원통부로 구분하여 판뜨기하는 것이 성형하기 쉽다.

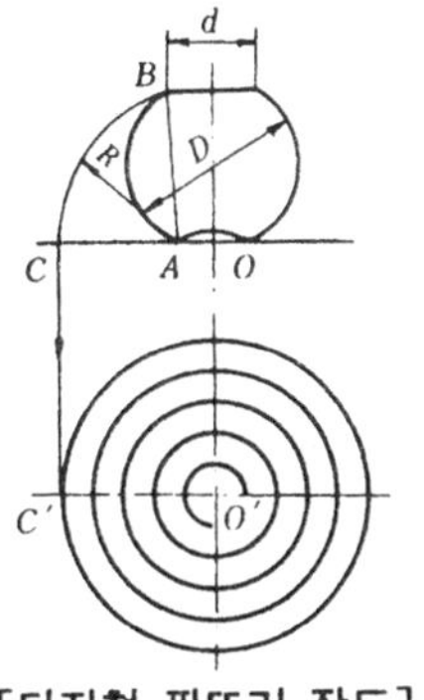

[단지형 판뜨기 작도]

[꽃병의 판뜨기]

### (7) 사각통 용기의 판뜨기

[그림]과 같이 4개의 측벽은 굽힘 가공으로 생각하고 A부분과 같이 전개하고 네 구석의 둥근 부분은 원통의 $\frac{1}{4}$로 생각하여 전개하면 된다. 이 때 사각 모양의 판뜨기를 하면 [그림]의 (b)와 같이

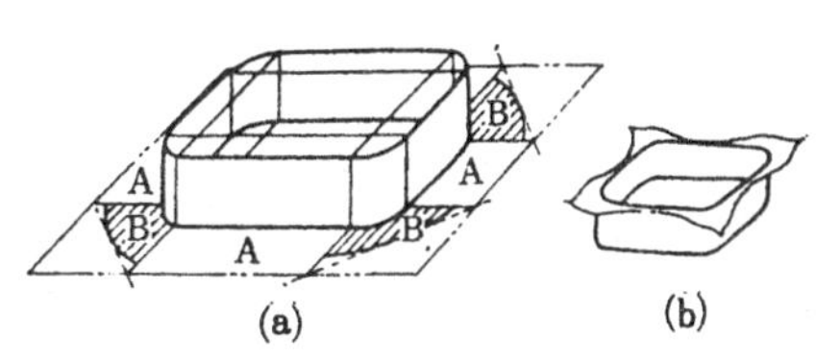

[사각 용기의 판뜨기 그리기]

네 구석 부분의 재료가 남아 가공이 힘들고 어려워지므로 A, B부분이 포함되도록 완만한 곡선이나 직선으로 표시하여 절단한다.

## 7-2 측정판 만들기

가공할 때에 모양과 치수를 확인할 때마다 측정 공구를 사용하면 작업 속도가 늦어지고 공구의 소모가 커지는 것을 막기 위해서 측정판(gauge)을 사용한다.

일반적으로 측정판은 측정에 적합하고 원형에 정확히 맞아야 하므로 제작할 때 다음과 같은 사항을 유의해야 한다.

① 제품 단면의 모양과 치수를 고려하여 측정하기 쉽도록 판의 모양과 치수를 결정한다.

② 측정하는 데 외부 측정인지, 내부 측정인지를 미리 결정하고 만든다.

③ 측정판을 세부 치수나 부품을 측정하는 부분 측정판과 완성 제품을 측정하는 총형 측정판 두 가지로 구분하여 만든다.

④ 제품을 정확하게 만들려면 측정판이 많아야 하므로 제품 측정에 알맞는 적당한 치수의 측정판을 미리 정하여 만든다.

⑤ 측정판은 우그러지거나 모양이 변하는 일이 없이 정확히 측정할 수 있도록 측정하는 반대쪽을 접어서 보강한다.

## 7-3 성 형

### (1) 늘이기 가공

늘이기 가공은 타출 가공이라고도 하며 통나무, 모래주머니 또는 흙받침, 정반 등을 이용하여 성형 작업을 한다.

① 통나무에 의한 늘이기: 그림 [통나무 성형]과 같이 통나무 윗부분을 적당한 모양으로 오목하게 파낸 곳에 소재판을 놓고 해머로 바깥둘레를 두들겨 가운데 부분으로 이동하면서 성형 작업을 한다.

통나무를 이용하여 늘이기 작업을 쉽게 하려면 다음과 같은 방법으로 한다.

(가) 제품의 표면적과 소재판의 면적이 같도록 판뜨기 한다.

(나) 작업은 외주 부분부터 시작하여 소재판을 회전시키면서 동심원 위를 두들기며 점차 가운데 부분으로 향하면서 가공한다.

(다) 깊은 용기를 성형할 때 소재판이 무리하게 인장되면 가장자리가 균열되기 쉬우므로 특히 주의하면서 작업해야 하며 이 때 가장자리는 줄이기 가공으로 만드는 것이 좋다.

(라) 늘이기 가공을 할 때에 균열되기 쉬운 곳은 소재판의 가운데 부분이므로 너무 강하게 두들겨 균열이 생기는 일이 없도록 한다.

(마) 끝 마무리는 다듬질 받침쇠를 이용하여 매끈하게 다듬고 치수를 맞추어 완성한다.

통나무에 의한 가공은 재료가 넓은 범위로 늘어나므로 정반에 의한 가공이나 오무리기 가공보다 성형 속도가 빠르며 소재판의 가운데 부분은 늘어나서 두께가 얇아지고 가장자리 부분은 줄어들어 두께가 두꺼워지는 경향이 있음을 유의해야 한다.

② 모래주머니 또는 흙받침에 의한 늘이기: 외형이 크거나 곡률 반지름이 큰 제품의 늘이기 성형은 모래를 넣은 주머니 또는 굳은 흙을 오목하게 파서 만든 흙받침을 이용하여 통나무에 의한 늘이기와 같은 방법으로 작업하면 성형을 능률적으로 할 수 있다.

③ 정반에 의한 늘이기: 다음 그림 [국부적 늘리기]와 같이 소재판을 국부적으로 두들겨 튀어나오게 성형할 때에는 늘이기용 정반이나 다듬질 받침쇠 위에서 소재판의 뒷면을 강하게 두들겨 튀어 나오도록 하면 효과적이다. 이 때 철판은 정반과 해머의 타격면 사이에서 압축되어 늘어나 성형되기 때문에 재료가 인장력을 받지 않게 되므로 찢어지는 일이 적고 통나무 가공보다 비교적 두께를 얇게 가공할 수 있으나 변형범위가 해머의 머리 넓이와 같으므로 가공 능률이 좋지 못하다.

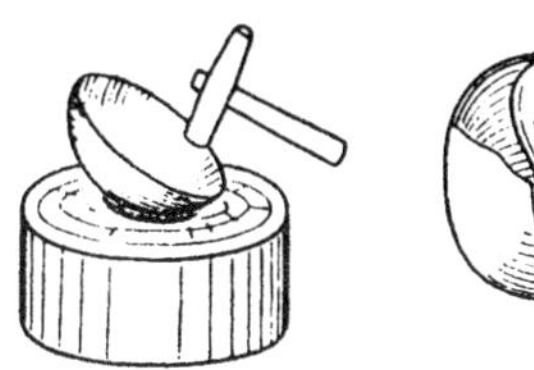
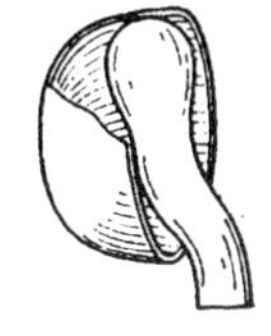

[통나무 성형]

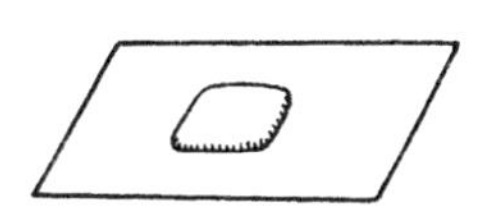

[국부적 늘이기]

(2) 오므리기 가공

오므리기 가공은 우그리기 가공이라고도 하며 깊이가 깊은 용기의 성형에 이용된다. 이 가공은 늘이기 가공과 병용하여 작업하면 편리할 때가 많다.

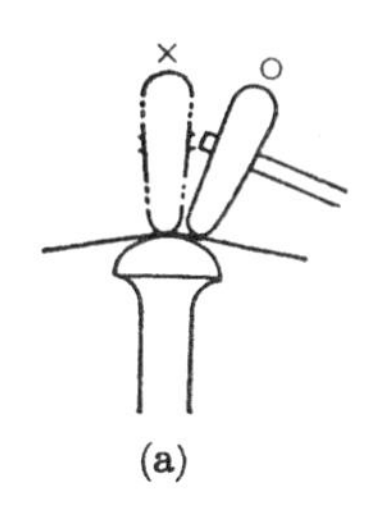


(a)

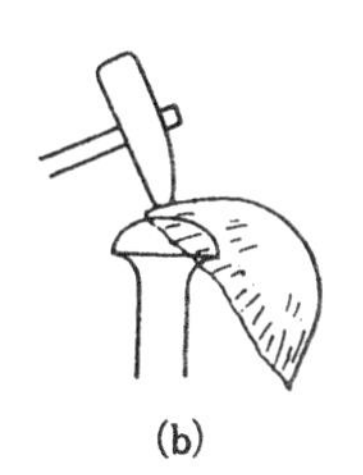

(b)

[반구형 용구 만들기]

그림 [반구형 용구 만들기]는 반구형 제품의 오므리기 가공을 나타낸 것으로 다음 사항에 유의하여 작업하면 능률적이다.

① 제품의 표면적과 소재판의 면적이 같도록 판뜨기 한다.

② 가공 작업은 가운데 부분부터 시작하고 소재판을 천천히 회전시키면서 동심원 위를 두들겨 점차 가장자리를 향하면서 가공한다.

③ 해머의 타법은 소재관과 다듬질 받침쇠가 접촉되어 있지 않은 곳(○표)을 두들겨 오므리기 작업을 하도록 한다. 만일 접촉된 부분(×표)을 두들기면 오므라들지 않고 반대로 늘어나며 접촉 부분에서 너무 떨어진 곳을 두들기면 접혀져 구부러질 뿐이며 오므라들지 않는다.

④ 오므리기 작업이 진행됨에 따라 그림 [반구형 용구 만들기]의 (b)와 같이 주름이 생기므로 주름이 겹치거나 세로 균열이 생기지 않도록 주의하여 가공해야 한다.

⑤ 오므리기 가공은 재료가 원주 쪽으로 줄어드는 변형을 일으키기 때문에 두께는 가운데 부분이 얇아지고 원주 부분으로 갈수록 두꺼워진다.

⑥ 원주 부분을 더 오므리기 위해서 주름 가공용 공구로 주름을 만들어 성형해야 한다.

⑦ 오므리기 가공은 재료가 인장되어 늘어나는 일이 적기 때문에 균열의 발생이 적어 깊은 용기를 성형하는 데 유리하나 가공 속도가 느린 것이 결점이다.

다음 그림 [오므르기 가공]과 같이 지름 $D$인 소재판을 지름 $d$의 원통 제품을 만들 경우 제품 지름 $d$에 대하여 소재판 지름 $D$가 클수록 재료의 오므리기 변형이 커지므로 가공이 어려워지고 제품의 높이가 높아진다. 이 때 소재판의 지름과 제품의 지름과의 비율은 다음과 같이 표시된다.

오므림률＝소재판 지름에 대한 제품 지름의 비$=d/D$
오므림비＝제품의 지름에 대한 소재판 지름의 비$=D/d$

따라서 오므림률의 수치가 클수록 작업은 쉬워지고 제품 높이가 낮아지며 오므림비의 수치가 클수록 오므리기 가공이 어렵고 제품 높이가 높아진다.

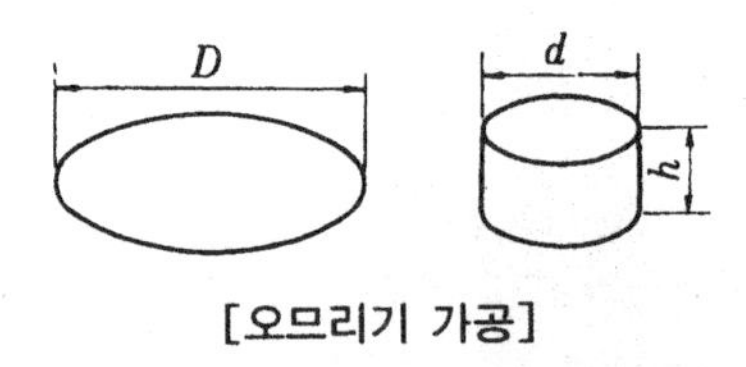

[오므리기 가공]

## 7-4 그밖의 가공

### (1) 버링(burring)

다음 [그림]과 같이 소재판에 구멍을 뚫고 둘레를 두들겨 실선으로 표시한 모양으로 만드는 가공법으로서 가운데가 튀어나오게 만드는 굽힘 작업을 버링이라 한다.

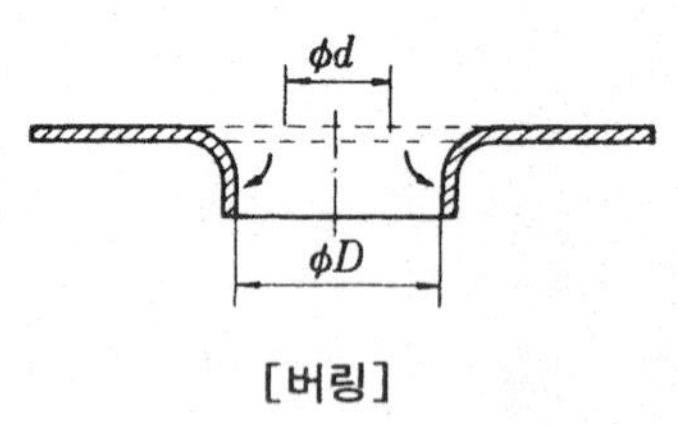

[버링]

버링 가공은 지름이 $d$였던 구멍을 $D$가 되도록 늘이는 가공 작업으로서 재료가 원주 쪽으로 심하게 늘어나므로 튀어나온 부분의 가장자리가 얇아진다. 이 때 늘어나는 한도를 넘어서면 세로 방향에 균열이 생기므로 주의해야 한다.

### (2) 응용 가공

① 오므리기와 버링 가공의 조합 : 그림 [응용 성형(1)]은 바깥쪽은 오므리기, 안쪽은 버링 가공을 하는 것을 나타낸 것이다. 가공 작업은 바깥쪽을 오므리기 가공한 다음 중심에 필요한 크기의 구멍을 뚫어 버링 가공을 하면 쉽게 만들 수 있다.

② 오므리기 굽힘 및 버링 가공의 조합 : 그림 [응용 성형(2)]의 (b)부분은 오므리기 가공하고 (d)부분은 버링 가공해야 할 제품이다. (b)부분의 오므리기 작업으로 인하여 가장자리는 두꺼워지고 (d)부분은 심하게 늘려야 하기 때문에 가장자리는 얇아진다. 더욱이 (d)부분은 (c)부분이 화살표 방향으로 인장되기 때문에 판뜨기 여유를 주어야 한다.

③ 늘이기와 굽힘 가공의 조합 : 그림 [응용 성형(3)]은 소재판을 원뿔 모양으로 굽힘 가공하여 성형한 다음 용접하여 완성한 것이다. 그림에서 (A)와 같은 방법일 때 가운데 부분을 많이 굽히기 때문에 가공이 곤란하다. 또 (C)와 같은 방법은 위아래를 심하게 늘여서 넓혀야 하기 때문에 가장자리가 매우 얇아지는 결점이 있으므로 가공도가 적은 (B)와 같은 판뜨기를 하는 것이 가장 좋다.

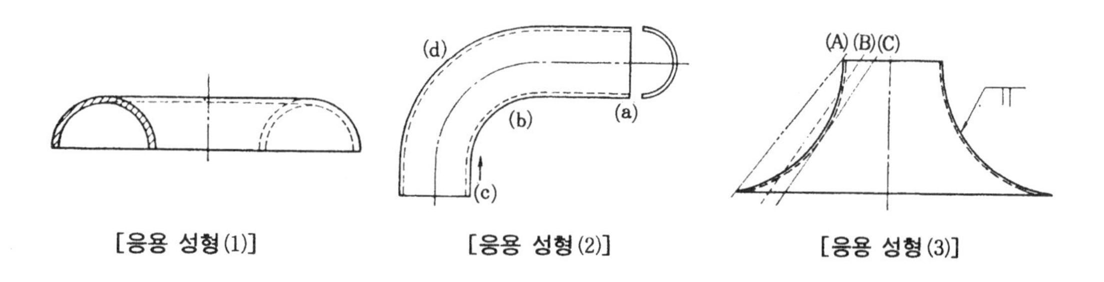


[응용 성형(1)] [응용 성형(2)] [응용 성형(3)]

# 8. 관, 형재의 성형

## 8-1 관 굽힘

관 굽힘 작업에는 냉간 굽힘과 열간 굽힘이 있으며 강관을 열간 굽힘할 때 가열 온도는 750～850℃ 정도이다. 가열 온도가 너무 높으면 산화가 심하고 균열이 생기기 쉽고 반대로 너무 낮으면 굽힘부의 관경이 일정하게 되지 않거나, 변형이 생기므로 강관의 경우 750℃가 넘지 않도록 하며 가열 시간이 길면 가열 온도가 높을 때와 같은 현상이 생기므로 가열 시간을 되도록 짧게 하는 것이 좋다.

강관을 열간 굽힘할 때 그림 [관 굽힘의 불량]과 같이 인장을 받는 부분은 줄어들고 압축을 받는 부분은 주름이 생기므로 관 속에 내열성이 큰 건조한 모래를 채워 구부린다.

관을 구부리는 데 사용하는 벤더는 일반적으로 유압식 파이프 벤더를 많이 사용하여 굽힘 가공 후 스프링 백에 의해 굽힘 각도가 틀려지므로 굽힘 형틀의 반지름을 약간 작게하거나 소요 각도 이상으로 구부린다.

그림 [수동 파이프 벤더]는 간단한 수동 파이프 벤더의 구조이다. 굽힘 형틀의 한쪽 끝으로 관을 고정시키고 바깥쪽에 있는 롤러를 핸들로 회전시켜 굽힌다.

굽힘 형틀과 롤러에는 반원형의 홈이 있으므로 작은 지름의 관을 상온에서 깨끗이 굽힐 수 있다.

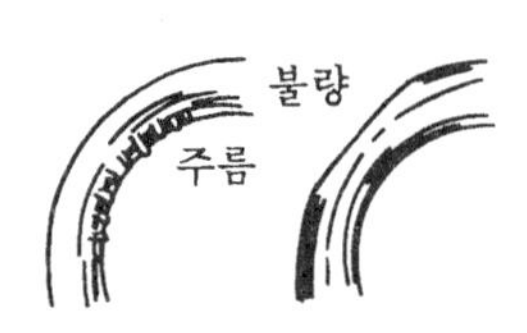


[관 굽힘의 불량]

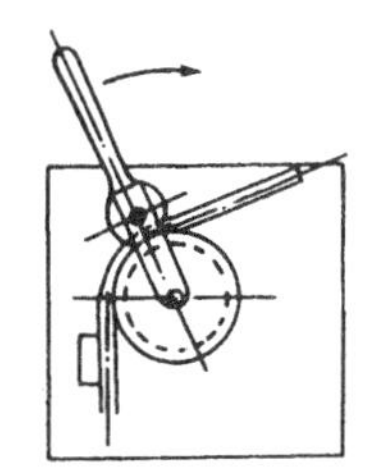

[수동 파이프 벤더]

그림 [가열 자유 굽힘]은 간단히 굽힘 형틀을 바이스에 고정시키고 토치 램프로 가열하여 관을 굽히는 방법을 나타낸 것이다. 이 때 굽힘 형틀을 사용하지 않고 얇은 판재로 R 게이지를 만들어 굽힘부에 맞춰가면서 작업하는 방법도 있다.

지름이 큰 관에 모래를 넣고 목전으로 막은 다음 그림 [정반에 의한 굽힘]과 같이 정반을 이용하여 굽힌다. 관의 한쪽 끝에 받침대를 대어 고정시키고 굽히는 부분에도 받침대를 놓고 다른 끝단을 윈치(winch) 또는 체인 블록(chain block) 등으로 인장하여 굽힌다. 이 경우 인장 방향이 정확히 수평을 유지하도록 해야 한다.

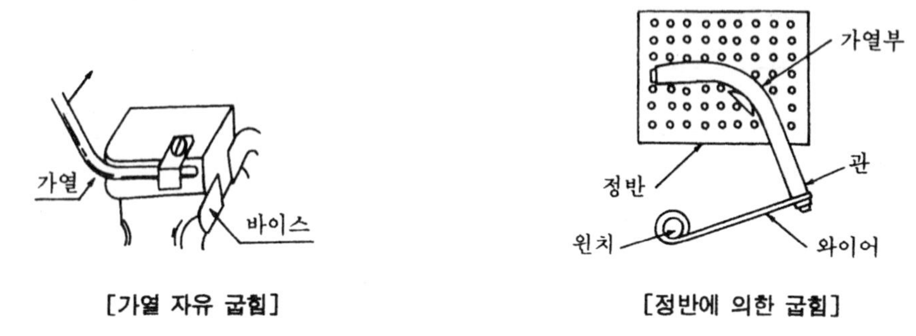


[가열 자유 굽힘] [정반에 의한 굽힘]

열간 굽힘 가공중 온도를 조절하기 위해 굽힘부에 냉수를 뿌리는 경우 직선부를 냉각하여 구부러지지 않게 하거나 부분적으로 관이 얇아지는 것을 방지하기 위하여 냉각한다. 그러나 온도 조절은 특수 강관의 경우에는 수냉에 의하여 경화되거나 가공중 균열이 생기기 쉬우므로 주의해야 한다.

## 8-2 관 넓히기

관 끝을 크게 하는 작업을 관 넓히기(pipe expending)라 하며 다음 그림 [관 넓히기 작업]과 같이 관의 끝을 가열하여 심봉을 박아 넓히며 이 때에 관 끝의 둘레를 균일하게 가열하는 것이 매우 중요하다. 보일러 등의 관군에 관을 붙일 때에는 그림 [관 넓힘기]과 같이 파이프 익스펜더를 사용한다.

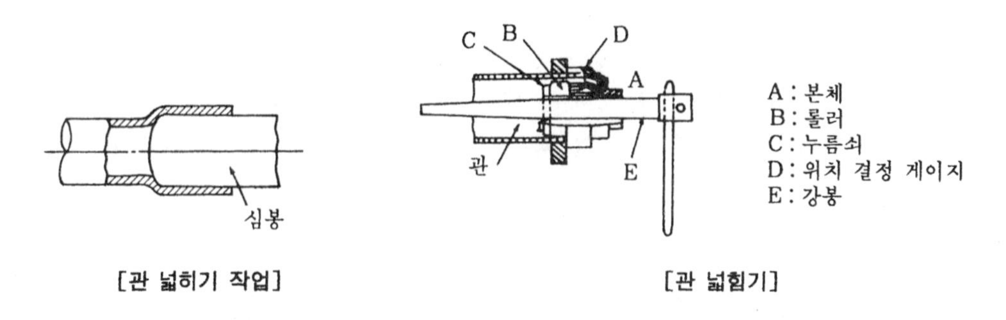


[관 넓히기 작업] [관 넓힘기]

## 8-3 형재 굽힘

앵글과 같은 형재를 굽힐 때에는 그림 [굽힘 블록]과 같은 것을 이용하며 앵글의 윗면에 주름이 생기기 쉬우므로 가열하여 작업하는 것이 좋다.

그림 [프로필 벤더]로 앵글을 굽히는 방법을 나타낸 것으로 한 면이 롤러의 홈에 끼워져 굽혀지므로 주름이 생기는 것을 방지할 수 있다.

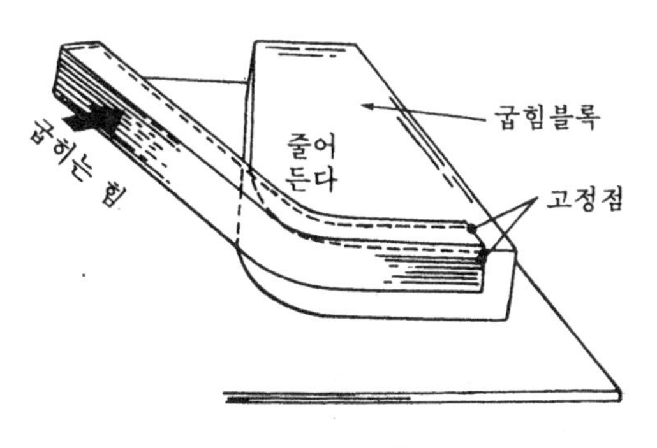


[굽힘 블록]

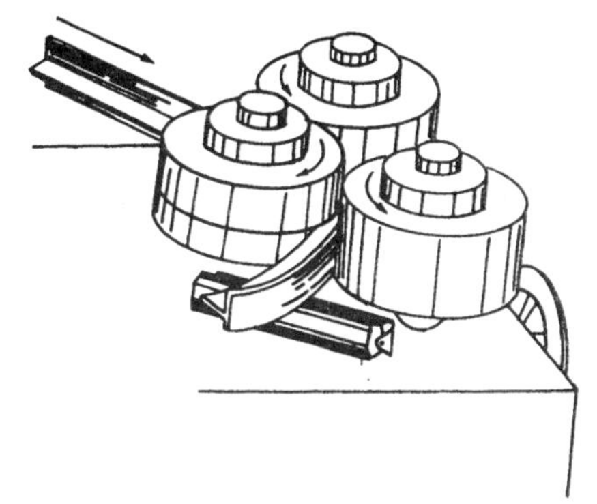

[프로필 벤더]

# 프레스 가공

## 1. 프레스 가공의 개요

프레스(press) 가공은 펀치(punch)와 다이(die) 사이에 소재를 넣고 외력을 가하여 소성 변형시켜 가공하는 방법으로 널리 사용되고 있다.

프레스 가공은 연강판, 구리판과 같이 소성이 큰 금속판을 이용하여 각종 용기, 가구, 장식품, 자전거 부품, 일반 기계, 자동차 등 공업 제품을 제작하는 데 이용된다.

일반적으로 제품을 제작할 때 정확한 치수의 제품과 가공 시간의 단축 및 대량 생산에 적합하며 가공 종류가 많고 가공 방법 및 내용이 복잡하지만 주로 판재를 사용하여 전단 및 필요한 모양으로 성형하는 것이다. 형의 종류에 따라 다음과 같이 분류한다.

① 전단 가공 : 전단(shearing), 블랭킹(blanking), 펀칭(punching), 트리밍(trimming), 셰이빙(shaving), 브로칭(broaching) 등

② 굽힘가공 : 충격 굽힘, 이송 굽힘, 꺾어 접기

③ 드로잉 가공 : 커핑(cupping), 디프 드로잉(deep drawing) 등

④ 압축 가공 : 업세팅(upsetting), 코이닝(coining), 엠보싱(embossing), 스웨이징(swaging), 사이징(sizing), 벌징(bulging), 압출 가공(extruding) 등

## 2. 전단 가공

### 2-1 전단 가공의 원리

상하 한 쌍의 전단 공구를 사용하여 재료에 압축력을 가하면 날끝 부분에서 집중 응력이 발생하여 재료가 탄성한계를 넘어 소성 변형을 일으키게 되어 전단이 시작된다. 다음 [그림]은 전단 과정을 나타낸 것이다.

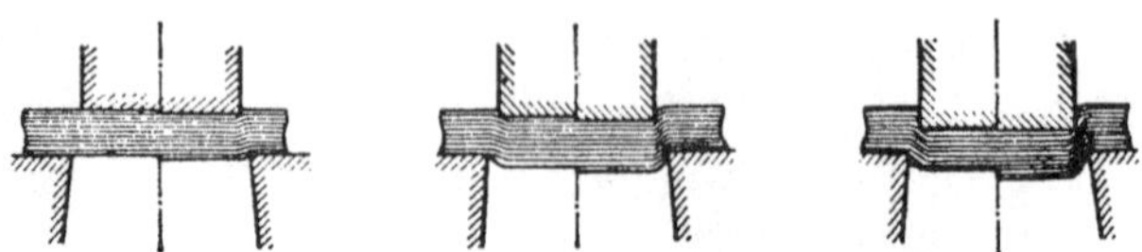
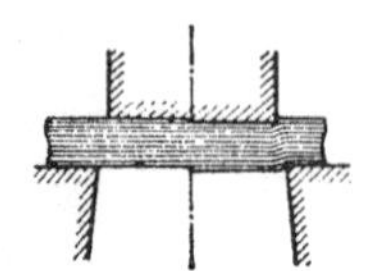
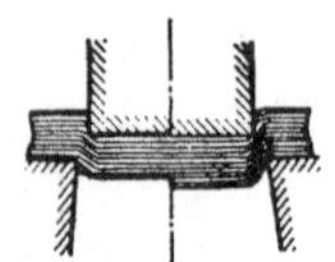

[전단 가공 과정]

재료의 절단은 정으로 자르는 절단, 전단기의 날과 날 사이에서 일어나는 절단, 프레스의

펀치와 다이 사이에서 일어나는 전단으로 분류할 수 있으며 전단 작업을 할 때 틈새와 전단각은 매우 중요하다.

### (1) 틈새(clearance)

틈새는 펀치와 다이 사이의 한쪽 틈을 말하는 데 이 틈새가 적당하지 않으면 과대한 압력이 생기거나 전단 부분에 늘어지는 부분이 생겨 거친 단면이 생긴다. 틈새($C$)는 다음 식으로 표시된다.

$$C=\frac{A-B}{2t}\times 100$$

여기서, $A$ : 다이의 크기, $B$ : 펀치의 크기, $t$ : 소재의 두께

다음 [그림]은 균열의 발생 상태를 나타낸 것인데 이것으로 틈새가 적당하여야 좋은 단면을 얻을 수 있음을 알 수 있다.

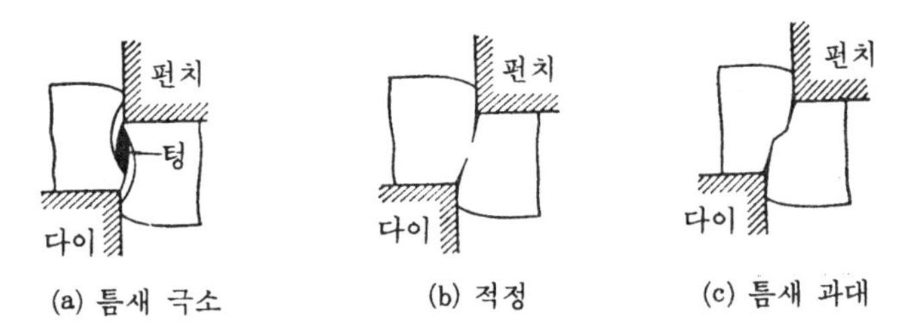


(a) 틈새 극소 (b) 적정 (c) 틈새 과대

**[크랙의 발생 상태]**

다음 [표]는 틈새의 신용값을 나타낸 것이다.

**[틈새의 실용값]** (단위 : % × $t$/한쪽 커팅 에지에 대하여)

| 구 분 | 재 질 | 정밀 블랭킹 또는 극박판 | 일반 블랭킹 또는 박판, 중후판 |
|---|---|---|---|
| 금 속 | 순 철 | 2~4 | 4~8 |
| | 연 강 | 2~5 | 5~10 |
| | 고탄소강 | 4~8 | 8~13 |
| | 규소강판 T급 | 5~6 | 7~12 |
| | 규소강판 B급 | 4~5 | 6~10 |
| | 스테인리스강 | 3~6 | 7~11 |
| | 구 리 | 1~3 | 3~7 |
| | 황 동 | 1~4 | 4~9 |
| | 인 청 동 | 2~5 | 5~10 |
| | 양 은 | 2~5 | 5~10 |
| | 알루미늄(연질) | 1~3 | 4~8 |
| | 알루미늄, 알루미늄 합금(경질) | 2~5 | 6~10 |
| | 아연, 납 | 1~3 | 4~6 |
| | 퍼멀로이 | 2~4 | 5~8 |
| 비금속 | 에보나이트 | 0 | |
| | 셀룰로이드 | | |
| | 베이클라이트 | | |
| | 운 모 | | |
| | 와니스크로스 | 틈새가 거의 없음 | |
| | 종이 · 파이버 | (0.01~0.03 mm) | |

### (2) 전단각

다음 [그림]과 같이 재료를 전단 가공할 때에는 두께에 따라 전단각(shear angle)의 크기를 결정해야 한다. 소재가 두꺼울 때 전단각이 크면 미끄러져 뒤로 후퇴하므로 적당한 전단각을 주어야 하는데 보통 5~10°로 한다.

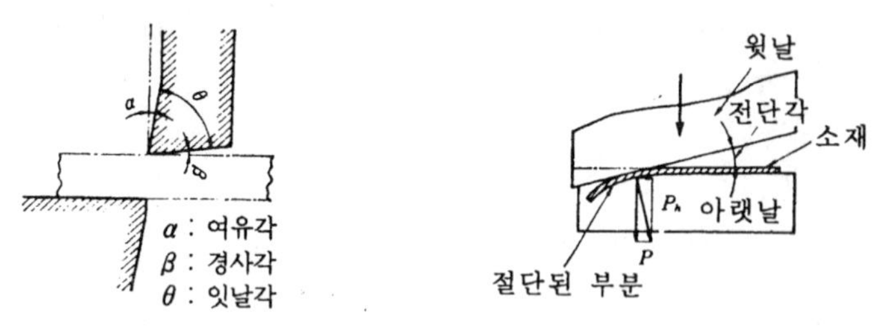


[전단각]

## 2-2 전단 가공

### (1) 전단(shearing)

매우 접근되어 있는 예리한 2개의 날로 소재를 일단으로부터 가로질러서 직선 또는 곡선으로 절단하는 것을 전단이라 한다.

그리고 분단(parting)은 같은 형의 부품을 분리하는 작업이며, 노칭(notching)은 제품의 가장자리를 여러 가지 모양으로 잘라 내는 작업이다.

### (2) 블랭킹(blanking)

펀치와 다이를 프레스에 설치하여 필요한 모양의 제품을 뽑아 내는 작업을 블랭킹이라 한다. 펀치와 다이 사이의 틈은 판재의 두께에 따라 약간씩 달라진다. 다이의 크기는 제품의 모양과 같고 펀치는 다이의 구멍보다 약간 작게 만든다.

다음 [그림]은 프레스에 의한 여러 가지 전단 방식을 나타낸 것이다.

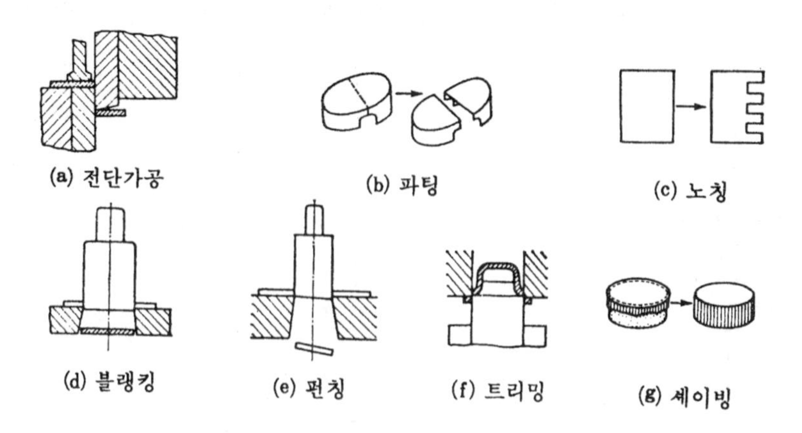


[전단 가공의 종류]

### (3) 펀칭(punching)

제품의 요소에 구멍을 따내는 작업을 펀칭이라 하며 펀칭에 의하여 뽑힌 부분이 스크랩(scrap)이 되고 남은 부분이 제품이 된다. 블랭킹 작업에서는 이와 반대이다.

### (4) 트리밍(trimming)

트리밍은 펀칭 작업에서 생긴 지느러미(fin) 부분을 바른 모양의 제품을 얻기 위하여 정한 절취선 부분을 절단하는 작업이다.

### (5) 셰이빙(shaving)

셰이빙은 펀칭이나 전단 가공한 제품의 전단면을 바른 치수로 다듬질하거나 아름답지 못한 면을 매끈한 면으로 다듬질하는 작업을 말한다.

### (6) 브로칭(broaching)

브로치 가공은 이미 뚫려 있는 일감에 브로치라고 하는 특수한 모양을 가진 브로치로서 가공하고자 하는 모양으로 완성시키는 작업이다.

브로치 가공은 브로치의 작용 방향에 따라 잡아 당기는 인발식(pull type)과 밀어 주는 압입식(push type)이 있다.

다음 [그림]은 브로치 가공을 나타낸 것이다.

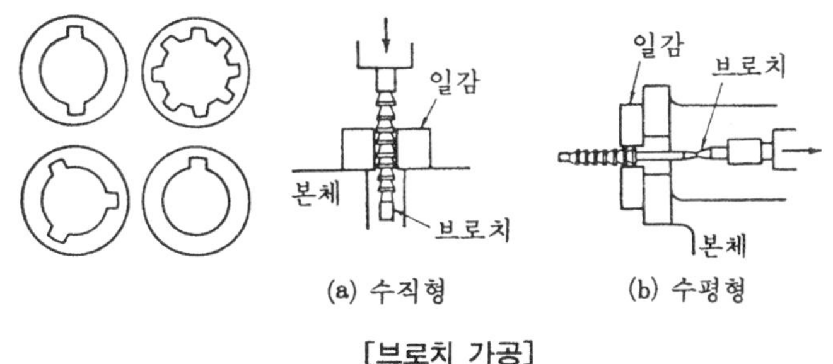


[브로치 가공]

# 3. 굽힘 가공

## 3-1 굽힘 가공의 원리

굽힘(bending) 가공은 냉간 가공과 열간 가공이 있으며 가공품의 모양에 따라 가장자리가 직선인 경우의 직선 굽힘과 곡선인 경우 곡선 굽힘으로 나눈다.

일반적으로 굽힘 작업은 판을 굽힐 때 바깥쪽에는 인장 응력이 생기고 안쪽에는 압축 응력이 생기기 때문에 어려운 점이 많으며 가공 방법에 따라 소재의 응력 상태와 변형이 다른 특징을 갖는다.

판, 봉, 관 등 재료의 두께, 재질, 모양 등에 따라 열간 가공도 하지만 일반적으로 상온 가공을 많이 한다.

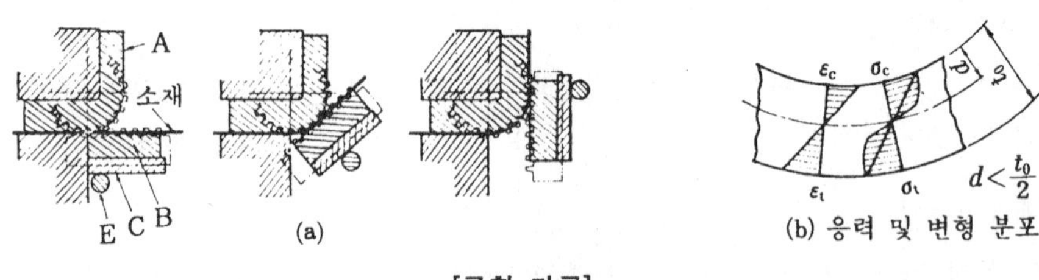


[굽힘 가공]

## 3-2 V형 굽힘

V형 굽힘은 굽힘 가공의 대표적인 것으로, 가장 많이 사용한다. 가공 형상은 앵글 형상의 단순한 1공정 굽힘에서 건축재, 새시 등에 사용하는 복잡한 다공정 굽힘까지 용도가 넓고, 일상생활에서도 많이 볼 수 있다.

V형 굽힘에서 접을 수 있는 피가공재(워크)의 판두께는 0.5mm 정도의 극박판에서 30mm 정도의 두꺼운 판까지 범위가 넓다.

### (1) 굽힘의 종류

V형 굽힘 다이로서 굽힘은 3가지로 구분한다. 다음 [그림] (a)에 표시하는 A, B, C의 3점에 워크가 금형에 접촉하는 굽힘이며, 다이와의 사이에서 가압을 하지 않는 자유 굽힘이다. 이것을 퍼셜 벤딩이라 한다.

굽힘의 특징은 접기 각도의 범위를 자유로이 선택할 수 있다는 점이며, $V$폭은 판두께의 12~15배가 좋다.

코이닝(coining)은 높은 면압과 펀치 선단부가 먹어듦으로써 스프링백을 없애는 굽힘이다. 이것은 매우 좋은 정밀도를 얻지만 소요톤수가 커진다. 여기서 $V$폭은 판두께의 5배가 좋다.

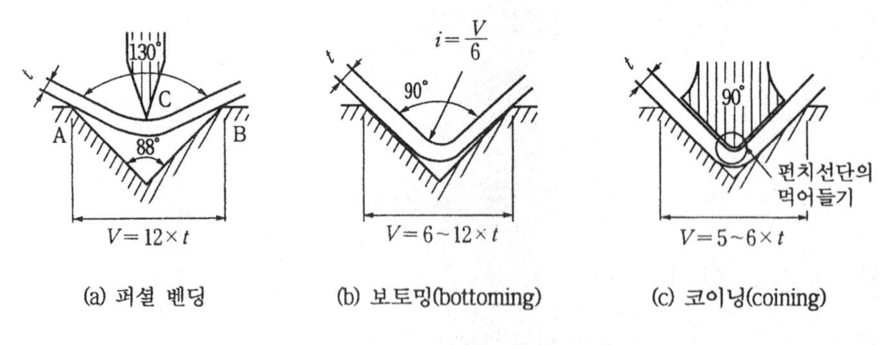


(a) 퍼셜 벤딩 (b) 보토밍(bottoming) (c) 코이닝(coining)

[V형 다이에 의한 굽힘 가공]

### (2) 판두께와 $V$폭

V형 굽힘 다이의 숄더폭을 $V$폭이라 하며, $V$폭은 판두께에 따라 적정한 것을 선택하여야 하며, 임의의 $V$폭은 좋은 굽힘을 할 수 없다. 보토밍에서 판두께와 $V$폭는 다음 [표]와 같다.

**[판두께 $t$와 $V$폭의 관계]**

| 판두께($t$) | 0.5~2.6 | 3.0~8 | 9~10 | 12 이상 |
|---|---|---|---|---|
| $V$폭 | $6t$ | $8t$ | $10t$ | $12t$ |

**[V형 굽힘의 종류]**

| 굽힘의 종류 | $V$폭 | $i_r$ | 굽힘 각도의 불균형 | 면 정 도 | 특 징 |
|---|---|---|---|---|---|
| 퍼셜 벤딩 | 12~15$t$ | 2~2.5$t$ | ±45′ 이상 | 큰 곡률 반지름이 있는 면으로 된다. | 굽힘 각도의 범위를 자유롭게 취할 수 있다. |
| 보토밍 | 6~12$t$ | 1~2$t$ | ±30′ | 양호 | 비교적 약한 힘을 사용하여 좋은 정밀도를 얻는다. |
| 코이닝 | 5$t$ | 0.5~0.8$t$ | ±15′ | 양호 | 매우 좋은 정밀도를 얻지만 소요톤수가 보토밍의 5~6배가 걸린다. |

## 3-3 90° 굽힘

90° 굽힘 금형은 펀치, 다이 등 종류가 많다. 금형의 메이커쪽에서 보아도 가장 많은 표화가 진행되고 있는 유형이므로 시판중인 금형 중에서 필요한 형을 선택하는 것이 유리하다.

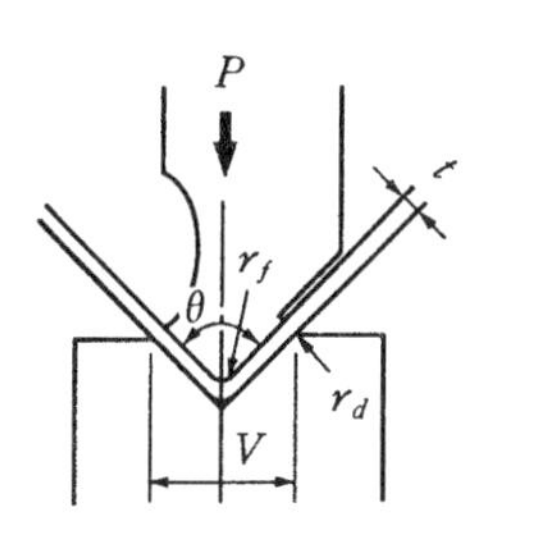


$P$ : 가압력
$t$ : 판두께
$\theta$ : 펀치선단 각도
$r_p$ : 펀치선단 $R$
$w$ : 펀치폭
$\Delta\theta$ : 스프링백
$V$ : 다이 숄더폭
$\theta'$ : 다이 홈각도
$r_d$ : 다이 숄더 $R$

**[90° 굽힘]**

### (1) 펀치 다이의 선택

다이의 $V$폭은 판두께와 $V$폭의 관계에서 결정되지만, 플랜지길이, 제품 안의 $R$에 따라 최종적으로 결정하도록 한다.

① 다이의 홈각도는 $V$폭에 따라 변화한다.
$V$=4~12는 90°, $V$=12~25는 88°, $V$=32~100은 85°, $V$=125 이상은 80°이다.

② 펀치선단 각도 $V$=4~25는 다이 홈각도와 일치한다. $V$=32 이상은 60° 예각 펀치 또는 $R$펀치를 사용하면 좋다.

③ 펀치선단 $R$은 보통 제품 안의 $R$보다 약간 작은 $R$이 좋다. 표준치수는 0.2, 0.8, 1.5, 3, 6, 10, 15, 17, 25, 30 등이 있다.

④ 다이 숄더(어깨) $R$의 크기는 제품의 홈깊이와 관계가 있다. 제품에 흠이 생기지 않게 하기 위해 $R_{rd} \geq 1.7t$이지만, 홈 중심에서 단면까지의 치수가 커지므로 역굽힘(크랭크의 형상)할 때 최소 층계차가 커지는 것은 피할 수 없다.

⑤ 얇은 판의 다이에는 센터링 장치가 있어야 하며, 자동 조심(調心)형이 간편하고 가장 좋은 센터링 방법이다. 판두께 4.5 이상의 워크에 대해서는 공정형의 금형에서도 좋은 정밀도를 얻을 수 있다.

⑥ 분할 펀치 박스 형상의 제품은 긴 변두리와 짧은 변두리로 되어 있어 크기가 여러 가지로 변하는 것이 보통이다. 따라서 펀치의 길이를 세분하게 조합하여 모든 조건에 적합하게 한 것이 분할 펀치이다. 분할치수에는 10, 15, 20, 50, 100, 200, 300 등이 있다.

**[시판하고 있는 90° 굽힘 금형]**

| 종 류 | 단 면 형 상 | 종 류 | 단 면 형 상 |
|---|---|---|---|
| 1<br>SCM4<br>전면담금질<br>HRC43~48 | 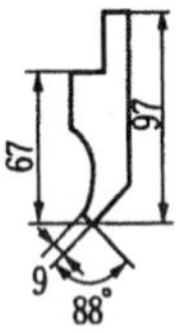 선단<br>R0.2<br>R0.8<br>R1.5<br>R3.0 | 6<br>분할형<br>DM<br>전면담금질<br>HRC43~48 | 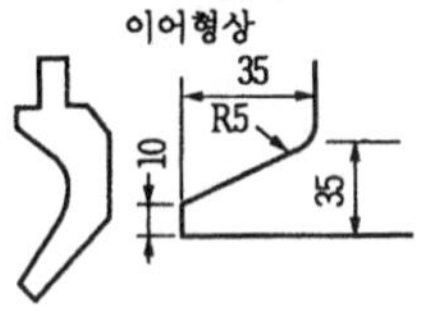 이어형상<br>단면 형상은 No.15와 같다.<br>선단 R0.2, R0.8, R1.5, R3.0 |
| 2<br>분할형<br>SCM4<br>전면담금질<br>HRC43~48 | 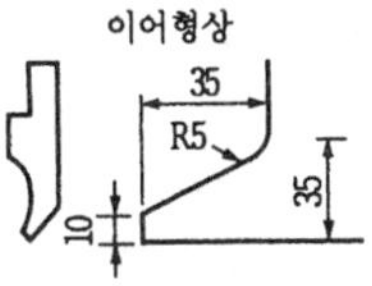 이어형상<br>단면 형상은 No.1과 같다.<br>선단 R0.2, R0.8, R1.5, R3.0 | 7<br>DM<br>전면담금질<br>HRC43~48 | 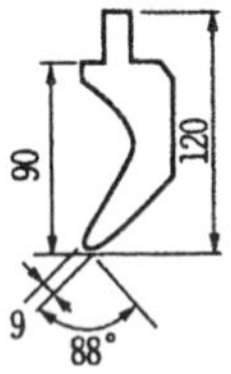 선단<br>R0.2<br>R0.8<br>R1.5<br>R3.0 |
| 3<br>DM<br>전면담금질<br>HRC43~48 | 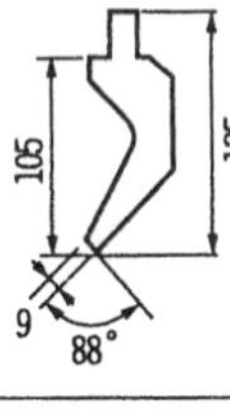 선단<br>R0.2<br>R0.8<br>R1.5<br>R3.0 | 8<br>직검<br>날끝만 DM<br>전면담금질<br>HRC43~48 | 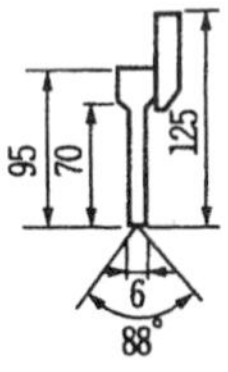 선단<br>R0.2 |
| 4<br>분할형<br>DM<br>전면담금질<br>HRC43~48 | 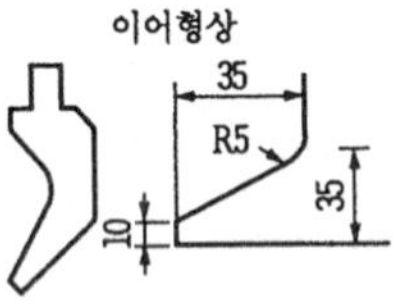 이어형상<br>단면 형상은 No.3과 같다.<br>선단 R0.2, R0.8, R1.5, R3.0 | 9<br>새시용<br>DM<br>전면담금질<br>HRC43~48 | 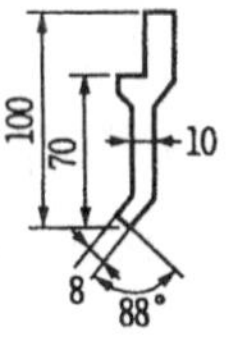 선단<br>R0.2 |
| 5<br>DM<br>전면담금질<br>HRC43~48 | 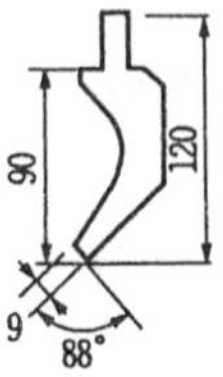 선단<br>R0.2<br>R0.8<br>R1.5<br>R3.0 | 10<br>SCM4<br>전면담금질<br>HRC43~48 | 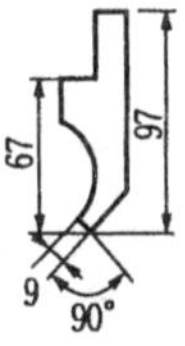 선단<br>R0.2<br>R0.8<br>R1.5<br>R3.0 |

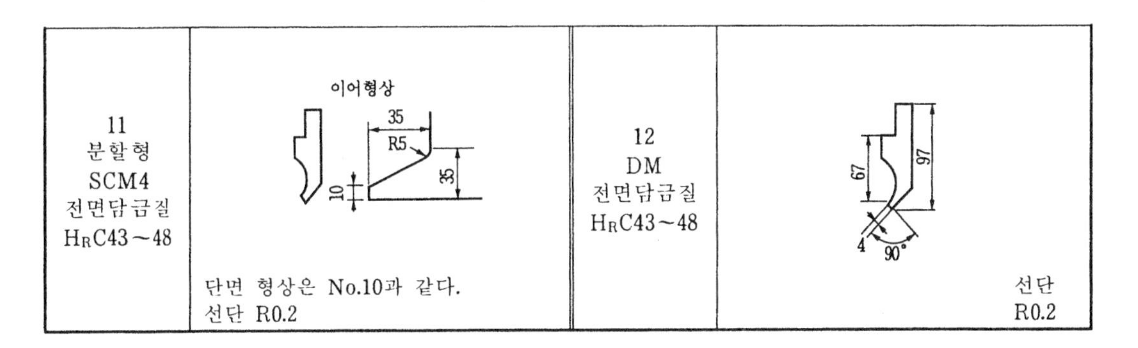

| 11<br>분할형<br>SCM4<br>전면담금질<br>$H_RC43 \sim 48$ | 이어형상<br>단면 형상은 No.10과 같다.<br>선단 R0.2 | 12<br>DM<br>전면담금질<br>$H_RC43 \sim 48$ | 선단<br>R0.2 |
|---|---|---|---|



## 3-4 예각 굽힘

예각 굽힘은 가공 형상 그 자체를 최종 목적으로 하는 경우와 헤밍 가공의 1공정에 사용하는 경우가 있으며, 금형에는 자유 굽힘, 굽힘 가압의 2가지 형이 있다. 예각 굽힘 금형은 90° 굽힘 금형과 같은 모양의 시판품이 있는데 종류가 매우 다양하다.

### (1) 펀치 다이의 선택

① 다이 숄더폭은 90° 굽힘과 같은 기준으로 생각하면 된다. 표준치수로는 8, 12, 18, 25, 32, 40 등이 있다. 예각 굽힘의 최소 플랜지길이는 90° 굽힘보다도 길어진다(다음 [표] 참조).

**[예각 굽힘의 최소 플랜지 길이**(—은 가공할 수 없음)**]**

| 판두께(mm) | | 1.6 | 2.0 | 2.3 | 2.6 | 3.0 | 3.2 | 3.5 | 4.0 | 4.5 | 5.0 |
|---|---|---|---|---|---|---|---|---|---|---|---|
| 최소 플랜지길이 (mm) | 30° | 10 | 16 | 24 | 24 | 24 | 35 | 35 | — | — | — |
| | 45° | 10 | 10 | 19 | 19 | 19 | — | — | 35 | 35 | 41 |

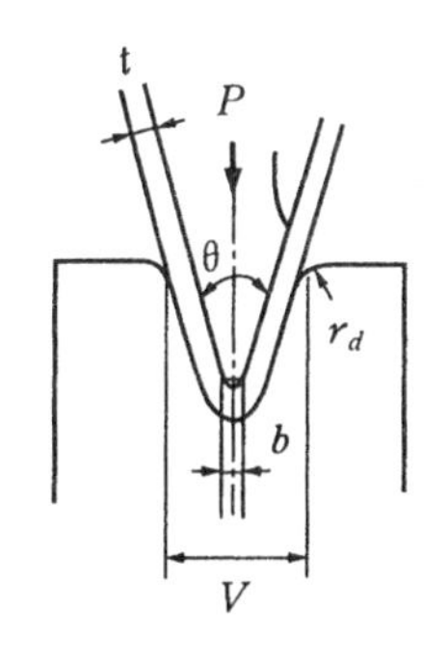



펀치선단 각도 $\theta = 30°, 45°$
다이 숄더 $R_{rd} \geq 1.7\,t$
다이 홈각도 $\theta' = 30°, 45°$
$P$ : 가압력
$t$ : 판두께
$b$ : 펀치선단 플레이트의 폭
$V$ : 다이 숄더폭

**[예각굽힘]**

② 예각 굽힘의 펀치 제1선단부는 일반적으로 $R$로 하지만 엄밀하게 말하면 각은 플레이트로 되어 있다.

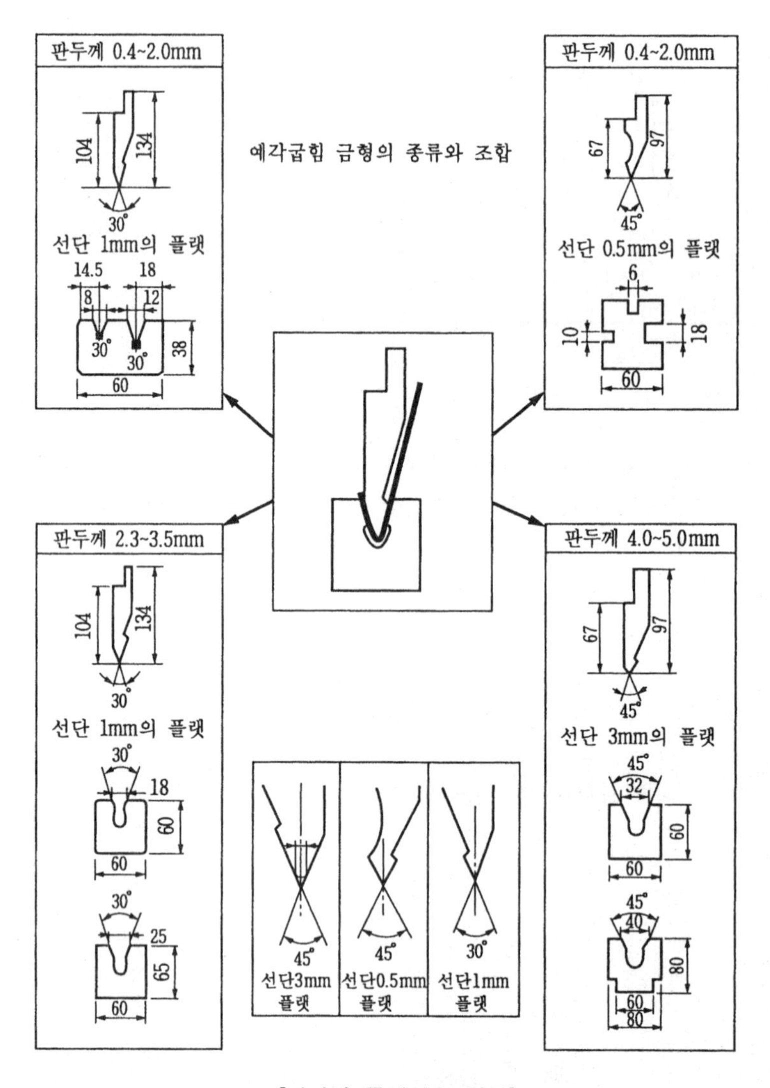


[펀치의 플레이트 형상]

## 3-5 *R*굽힘

제품의 판두께 $t$와 제품 안 $R_{ir}$의 비가 큰 제품 형상의 굽힘 가공을 *R*굽힘이라 한다. 보통 90° 굽힘에서도 제품 안의 *R*은 생기지만, 이런 벤딩이나 코이닝으로서의 굽힘은 여기서 말하는 *R*굽힘과 구별된다. 보통 $i_r$과 $t$의 비가 큰 굽힘은 스프링백이 크고, 조건에 따라서는 다단으로 굽힘이 생긴다. 결국 *R*굽힘은 스프링백의 영향이 크고, 다단 굽힘 현상이 생기기 쉬운 굽힘 가공이다.

### (1) 스프링백의 결정법

*R*굽힘의 스프링백과 펀치 *R*을 구할 때는 다음 [표]를 사용한다. 예를 들어 재질이 SPC-

C이며, 판두께 1mm의 것을 제품 안 R20으로 굽힐 때 스프링백 $\Delta\theta$는 9°, 펀치 $R$은 R18로 하면 좋다.

스프링백이 크게 영향을 주는 요소는 판두께와 제품 $R$의 비 외에 워크의 최대 인장 강도와 금형의 형이다.

이 [표]의 값, 곧 SPC를 1로 할 때 SUS는 1.5배, 알루미늄, 동, 놋쇠 등의 비철금속은 0.5배로 된다. 또 이 [표]는 에어밴드의 값이며, 에어밴드를 1로 할 때 보토밍(종합형) 금형은 0.5배, 우레탄 공구는 $\frac{2}{3}$배의 스프링백량이 된다.

[SPC - C 스프링백과 펀치 $R$]

| $t$ \ $i_r$ | 10 | 15 | 20 | 25 | 30 | 35 | 40 | 45 | 50 | 55 | 60 |
|---|---|---|---|---|---|---|---|---|---|---|---|
| 0.8 | 9.3 | 13.5 | 17.6 | 21.4 | 25.0 | 28.8 | 32.0 | 35.0 | 36.1 | 37.9 | 40.0 |
| | 6 | 9 | 11 | 13 | 15 | 16 | 18 | 20 | 25 | 28 | 30 |
| 1.0 | 9.4 | 13.8 | 18.0 | 21.9 | 25.7 | 29.2 | 32.9 | 36.0 | 38.9 | 41.6 | 43.3 |
| | 5 | 7 | 9 | 11 | 13 | 15 | 16 | 18 | 20 | 22 | 25 |
| 1.2 | 9.6 | 14.0 | 18.2 | 22.5 | 26.3 | 29.9 | 33.8 | 37.5 | 41.1 | 42.0 | 46.0 |
| | 4 | 6 | 8 | 9 | 11 | 13 | 14 | 15 | 16 | 18 | 20 |
| 1.6 | 9.6 | 14.3 | 18.7 | 23.1 | 27.0 | 31.1 | 35.1 | 38.8 | 42.2 | 45.8 | 49.7 |
| | 3.5 | 4.5 | 6 | 7 | 9 | 10 | 11 | 12.5 | 14 | 15 | 15.5 |
| 2.3 | 9.7 | 14.4 | 19.0 | 23.5 | 27.8 | 32.3 | 36.4 | 40.5 | 44.4 | 48.3 | 52.0 |
| | 2.5 | 3.5 | 4.5 | 5.5 | 6.5 | 7 | 8 | 9 | 10 | 11 | 12 |
| 2.6 | 9.8 | 14.5 | 19.1 | 23.6 | 28.2 | 32.5 | 36.7 | 41.0 | 44.7 | 48.9 | 53.0 |
| | 2 | 3 | 4 | 5 | 5.5 | 6.5 | 7.5 | 8 | 9.5 | 10 | 10.5 |
| 3.2 | 9.8 | 14.6 | 19.3 | 23.9 | 28.5 | 32.9 | 37.3 | 41.5 | 45.8 | 50.1 | 54 |
| | 2 | 2.5 | 3 | 4 | 4.5 | 5.5 | 6 | 7 | 7.5 | 8 | 9 |

| $r_p$ |
|---|
| $\Delta\theta$ |

$\Delta\theta$ : 스프링백량
$r_p$ : 펀치 $R$
$i_r$ : 제품 안의 $R$
$t$ : 판두께

**예제 1.** SUS 304, 판두께 1mm, 제품 안 R20, 우레탄 공구로 접을 때의 스프링백량은?

해설 $\Delta\theta = 9 \times 1.5 \times \frac{2}{3} = 9$

# 3-6 전용 굽힘

전용 굽힘이란 임시로 단 이름이며 정의는 없다. 다량인 제품에 대해서는 굽힘 공정수를 되도록 줄이려는 요구가 선행된다.

새시(sash) 제품은 주로 틀, 방립(方立), 무목(無目), 폭목(幅木), 문짝 등에 의해 구성되어 있는 것으로서 부재의 종류가 매우 많은 것이 특징이다.

### (1) 새시용 금형

새시용 금형은 표준화된 부재를 굽힐 수 있는 금형으로 그 이용도가 높다.

① 펀치는 새시용 금형 조합표에서 보듯이 A~J까지 10종류의 특수 금형과 25, 29의 범용 금형을 사용하고 있다.

② 다이는 a~c의 특수 금형과 다이 홀더를 포함하여 No. 116, 127, 139 등 4종류의 금형이 사용된다.

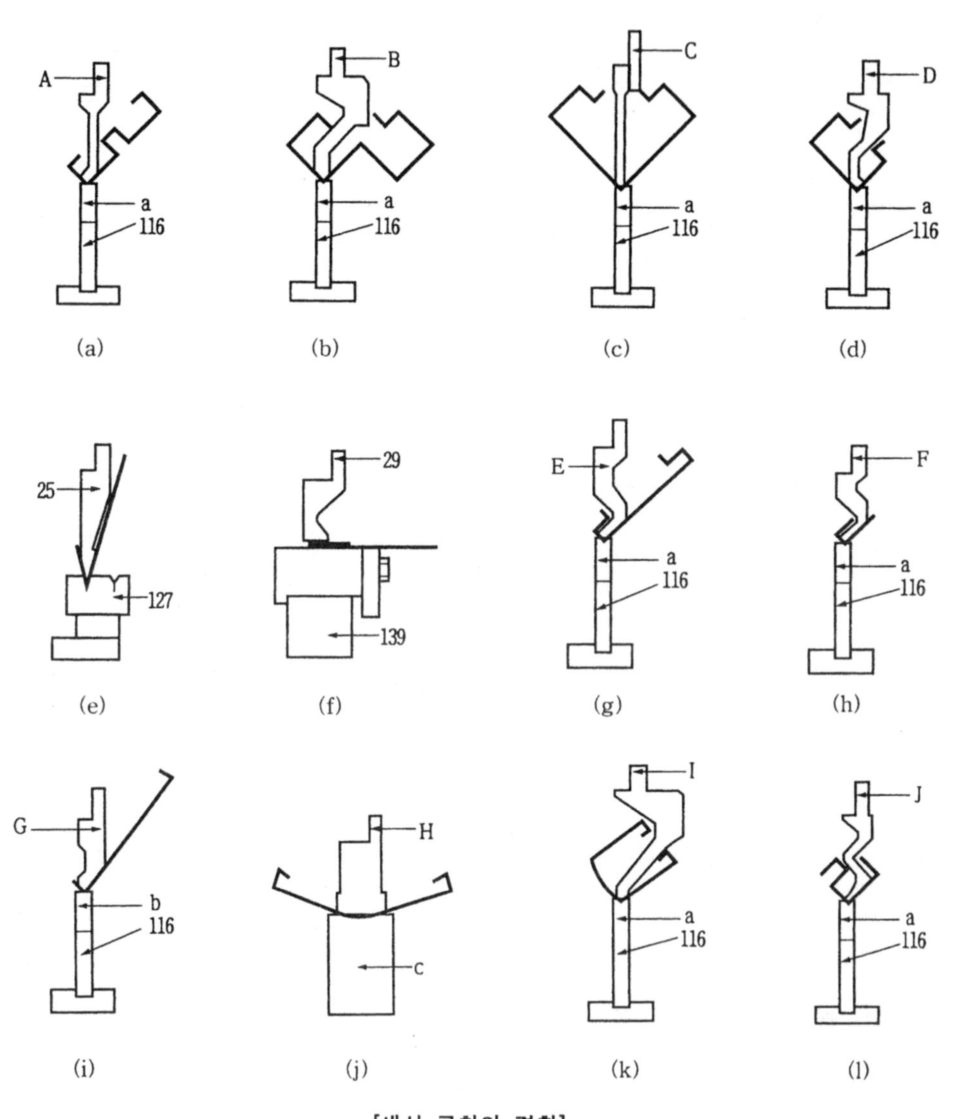


[새시 금형의 결합]

[제품 형상에 따른 가공순서의 예 1]

| 제 품 형 상 | 공 정 | 제 품 형 상 | 공 정 |
|---|---|---|---|
| 16 ⑤ ④ ② 15 ⑦ ⑧ 25 ⑥ ① ③ 40.5 13.5 40 94 | ①~⑧ | ⑥ ⑨ ① ⑤ ⑧ 50 ② ③ 50 21 ④ ⑦ | ①~⑨ |
| 54 ⑤ ④ ① 26 54 ② ③ 28 32 | ①~⑤ | 11.5 12.5 ③ ② ① 17.5 ⑤ ④ 21.5 43.5 12 | ①~⑤ |
| 12.5 ④ ① 55.5 43 ② ⑤ ③ 20 55.5 | ①~⑤ | 18 14 ⑥ 13 ③ 21.5 50 ① 14 ② ④ 18 ⑦ 75 ⑤ | ①~⑦ |
| 13 17.5 19.5 12.5 ④ ③ ① ② 42.5 55 ⑥ 50 ⑤ | ①~⑥ | | |
| ⑤ ④ 21 ① 14 100 ② ③ 43 ⑦ ⑥ 100 | ①~⑥<br>⑦ | 19.5 59 21.5 14 ① ② ③ ④ 42.5 ⑤ ⑥ 100 | ①~⑥ |

**[제품 형상에 따른 가공순서의 예 2]**

| 제 품 형 상 | 공 정 | 편 치 | 제 품 형 상 | 공 정 | 편 치 |
|---|---|---|---|---|---|
| | ①~④ | D | | ① | A |
| | | | | ② | 25 |
| | | | | ③ | 29 |
| | | | | ④ | E |
| | | | | ①~② | F |
| | ①~⑤ | A | | ①~② | G |
| | | | | ③~④ | A |
| | ⑥ | C | | ⑤ | H |
| | | | | ⑥~⑦ | I |
| | ①~⑧ | A | | ①~④ | G |
| | | | | ①~⑥ | E |

## 3-7 굽힘 작업

굽힘 작업할 때 판재에 나타나는 현상은 판의 안쪽에는 압축변형이 바깥쪽에는 인장변형이 생기고 판두께의 중심부에서는 압축변형이나 인장변형이 생기지 않는 중립면이 존재하므로 굽힘 작업할 때에는 재질, 방향성, 최소 굽힘 반지름 등 여러 가지 면을 고려해야 한다.

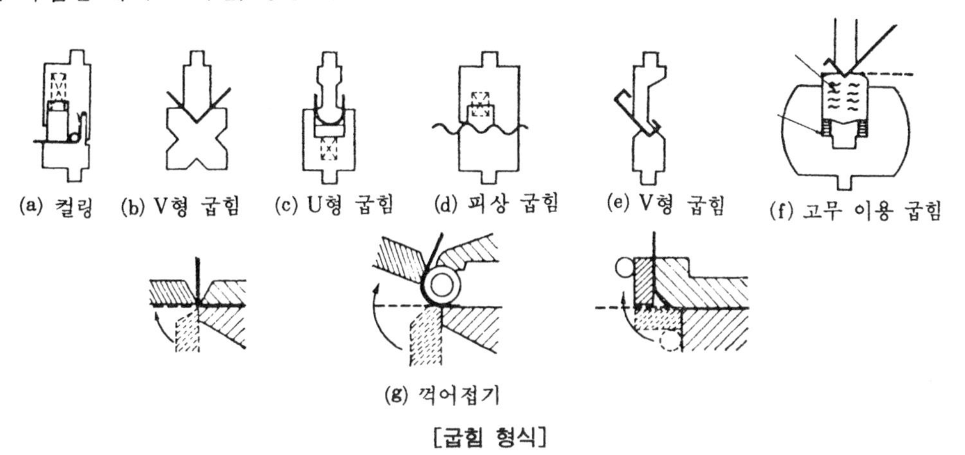


[굽힘 형식]

## 3-8 굽힘에 필요한 힘

굽힘에 필요한 힘은 판재의 재질, 제품의 모양, 가공 방법 등에 따라 다르며 같은 V형, U형 굽힘이라 하더라도 사용 목적에 따라 각각 다르다.

즉 펀치로 소정의 반지름까지 정확하게 제품을 만드는 경우와 소정의 반지름까지 굽힐 수는 없으나 비슷한 형태의 모양을 만드는 경우가 있는데 이 때 전자와 후자 사이에는 가공에 필요한 힘의 차이가 있다.

그러나 일반적으로 굽힘에 필요한 힘은 다음과 같은 계산식에 의하여 구할 수 있다.

### (1) V형 굽힘

$$Pi = C \cdot \frac{L \cdot t^2 \cdot \sigma_b}{b} \text{ (kg)}$$

여기서, $Pi$ : V형 굽힘에 필요한 힘(kg), $L$ : 굽힘선의 길이(mm)

$t$ : 판두께(mm), $C$ : 상수, $\sigma_b$ : 판의 인장 강도(kg/mm$^2$)

$b$ : 형틀 홈의 나비(mm)

다음은 V형 굽힘에서 $C$의 값을 나타낸 것이다.

$L = 8t$에서 $C = 1.33$

$L = 12t$에서 $C = 1.24$

$L = 16t$에서 $C = 1.20$

이와 같이 굽힘 상수($C$)의 값은 대체로 1.0~1.33의 값을 가진다.

### (2) U형 굽힘

$$P_2 = C \cdot \frac{L \cdot t \cdot \sigma_b}{1000} \text{ (kg)}$$

여기서, $L$ : 굽힘선의 길이(mm), $t$ : 판두께(mm),
$C$ : 상수, $\sigma_b$ : 판재의 인장 강도($kg/mm^2$)

계산에 의하면 U형 굽힘의 굽힘 상수($C$)의 값은 0.22~0.4이다. U형 굽힘에 필요한 힘은 대략 V형 굽힘에 필요한 힘의 2배 정도로 해도 얻을 수 있다.

# 4. 드로잉

## 4-1 드로잉의 개요

편평한 판재를 사용하여 이음매가 없는 용기를 성형하는 가공법을 드로잉(drawing)이라 한다. 드로잉 가공은 일상 생활에 쓰고 있는 일용품으로부터 가전 제품, 자동차, 항공기 등에 이르기까지 광범위하게 이용되고 있다. [그림]은 드로잉 다이의 구조를 나타낸 것이다. 드로잉 가공을 분류하면 다음과 같다.

① 형 드로잉 : 다이와 펀치를 사용하여 성형하는 가공
② 타출법(pannel beating) : 해머 등으로 두들겨 성형하는 가공
③ 스피닝(spinning) : 선반을 이용하여 판재를 금형과 함께 회전시키면서 성형하는 가공

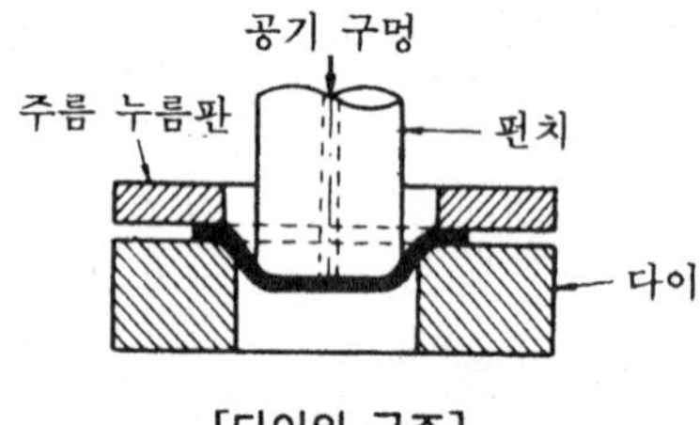

[다이의 구조]

### (1) 드로잉 가공의 원리

드로잉 가공은 다이와 펀치 사이에서 성형이 이루어진다. 이 때 다이의 구멍은 제품의 바깥 지름과 거의 같고 펀치의 지름은 제품의 안지름과 거의 같다.

[그림]은 성형 과정을 나타낸 것으로 [그림] (a)의 소재가 [그림] (b)의 모양을 거쳐 [그림] (c)와 같은 제품이 된다.

펀치가 다이 사이로 들어가면 소재는 원주 방향으로 압축되어 줄어 들고 반지름 방향으로 인장되어 늘어난다. 이 때 판이 얇을 경우 [그림] (d)와 같이 주름이 생기기 때문에 주름 누름판(blank holder)을 사용하여 방지해야 한다.

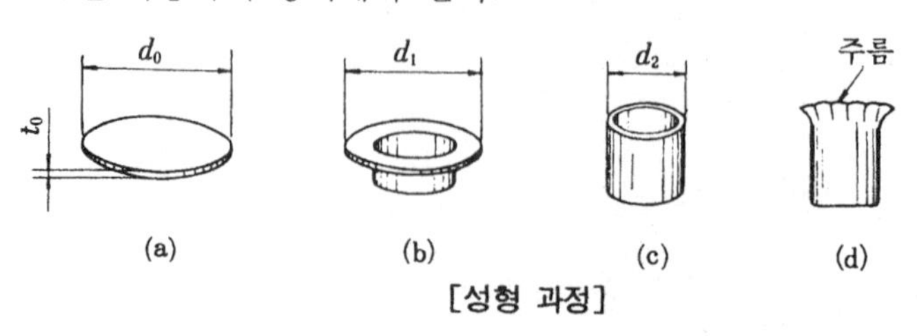

[성형 과정]

① 드로잉 가공에 필요한 힘 : 펀치를 다이 사이로 삽입하는 데 필요한 드로잉의 힘을 $P_m$이 라 하면 다음과 같은 관계가 성립한다.

$$P_m = \eta(\sigma_b + \sigma_s)(d_0 - d_i - r_d)t_0 \text{ (kg)}$$

여기서, $\sigma_b$ : 소재의 인장 강도(kg/mm²), $\sigma_s$ : 소재의 항복 응력(kg/mm²)
$d_0$ : 소재의 지름(mm), $d_i$ : 펀치의 지름(mm)
$r_d$ : 다이 입구 어깨 부분의 반지름(mm), $t_0$ : 소재의 처음 두께(mm)

② 드로잉률 : 지름이 같은 재료라도 깊이를 깊게 하면 소재의 지름이 커져야 하며 따라서 변형해야 할 부분도 넓어진다.

펀치의 지름 $d_i$와 제품의 평균 지름 $d_0$의 비를 $m$이라 하면 드로잉률 $m$은 다음과 같다.

$$m = \frac{d_i}{d_0}$$

$d$ 값은 드로잉 작업에 영향을 끼치기 때문에 드로잉 작업할 때 기준으로 취하는 경우가 많다. 다음의 표는 실용한계 드로잉률과 주름 누름판 압력의 최소값을 나타낸 것이다.

**[실용 한계 드로잉률]**

| 재 료 | 드로잉률 | 재 료 | 드로잉률 |
|---|---|---|---|
| 디프드로잉용 동판 | 0.55~0.60 | 황 동 | 0.50~0.55 |
| 스 테 인 리 스 강 | 0.50~0.55 | 아 연 | 0.65~0.70 |
| 도 금 강 판 | 0.58~0.65 | 알 루 미 늄 | 0.53~0.60 |
| 구 리 | 0.55~0.60 | 두 랄 루 민 | 0.55~0.60 |

**[주름 누름판 압력의 최소값]**

| 재 료 | 주름 누름판 압력(kg/mm²) | 재 료 | 주름 누름판 압력(kg/mm²) |
|---|---|---|---|
| 연 강 | 0.16~0.18 | 구 리 | 0.08~0.12 |
| 스테인리스강 | 0.18~0.20 | 황 동 | 0.11~0.16 |
| 알 루 미 늄 | 0.03~0.07 | | |

원통 용기의 드로잉에 필요한 힘 $P$는 다음 식으로 나타낸다.

$$P = \pi \cdot d \cdot t \frac{\sigma_S \cdot \sigma_B}{2}$$

여기서, $t$ : 판두께(mm), $\sigma_S$ : 항복점 응력(kg/mm²), $\sigma_B$ : 인장 강도(kg/mm²)

$$d : \text{평균 지름} = \frac{\text{다이의 지름} + \text{펀치의 지름}}{2} \text{(mm)}$$

③ 펀치와 다이 사이의 간격 : 드로잉 가공할 때 펀치의 입구 쪽에서는 소재의 두께보다 두껍고 아래로 내려 가면서 점점 얇아져 밑면이 가장 얇은 현상으로 나타난다.

펀치와 다이 사이의 틈새가 너무 좁으면 드로잉의 종말에서 펀치력이 커지고 틈새가 너무 넓으면 원뿔형의 모양이 된다. 이 간격은 가공 방법과 판의 두께에 따라서 달라지게 된다. 다음의 [표]는 틈새의 실용값을 나타낸 것이다.

**[원통 드로잉의 틈새]**

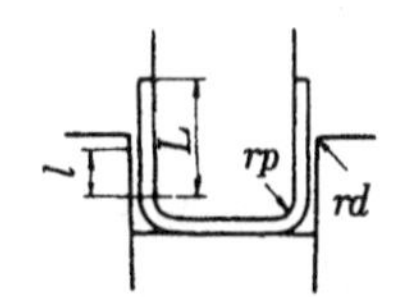


$C$ : $t_{max}+t_n$
$C$ : 상하형의 틈새
$t_{max}$ : 최대 판 두께
$n$ : 계수

| L〔mm〕 | 0.5 mm 이하 | | | 0.05～2 mm | | | 2～4 mm | | | 4～7 mm | | |
|---|---|---|---|---|---|---|---|---|---|---|---|---|
| | $l$ | $rd$ | $n$ | $l$ | $rd$ | $n$ | $l$ | $rd$ | $n$ | $l$ | $rd$ | $n$ |
| 10 | 6 | 3 | 0.1 | 10 | 3 | 0.1 | 10 | 4 | 0.08 | | | 0.06 |
| 20 | 8 | 3 | 0.1 | 12 | 4 | 0.1 | 15 | 5 | 0.08 | 20 | 8 | 0.06 |
| 35 | 12 | 4 | 0.15 | 15 | 5 | 0.1 | 20 | 6 | 0.08 | 25 | 8 | 0.08 |
| 50 | 15 | 5 | 0.2 | 20 | 6 | 0.15 | 25 | 8 | 0.1 | 30 | 10 | 0.1 |
| 75 | 20 | 6 | 0.2 | 25 | 8 | 0.15 | 30 | 10 | 0.1 | 35 | 12 | 0.1 |
| 100 | | | | 30 | 10 | 0.15 | 35 | 12 | 0.1 | 40 | 15 | 0.1 |
| 150 | | | | 35 | 12 | 0.2 | 40 | 15 | 0.15 | 50 | 20 | 0.1 |
| 200 | | | | 40 | 15 | 0.2 | 50 | 20 | 0.15 | 65 | 25 | 0.15 |

④ 소재판의 크기 : 다음의 [그림]과 같은 드로잉 제품을 만들 때에는 어떤 크기의 소재가 필요한데 이 때 소재의 면적은 제품의 면적과 거의 같다고 생각하여 소재의 크기를 결정한다. 각종 용기를 제작할 때 소재의 지름($D$)은 다음과 같이 나타낼 수 있다.

$$\frac{\pi D^2}{4}=\frac{\pi d^2}{4}+\pi dh$$

$$\therefore\ D=\sqrt{d^2+4dh}$$

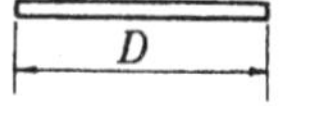


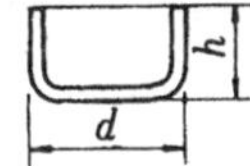


[원통 조리기의 마름질]

## 4-2 드로잉용 다이

### (1) 다이의 종류

① 단동식 드로잉 다이 : 다음의 [그림]은 단동식 도로잉 다이를 나타낸 것으로 다이 위에 소재판을 놓고 펀치를 내려서 다이의 구멍을 통과시키면 판은 오므라들면서 성형되어 아래로 떨어지고 펀치는 다시 위로 올라간다. 이 때 성형된 용기의 주둥이 부분은 탄성에 의하여 약간 넓어지므로 펀치에서 이탈된다.

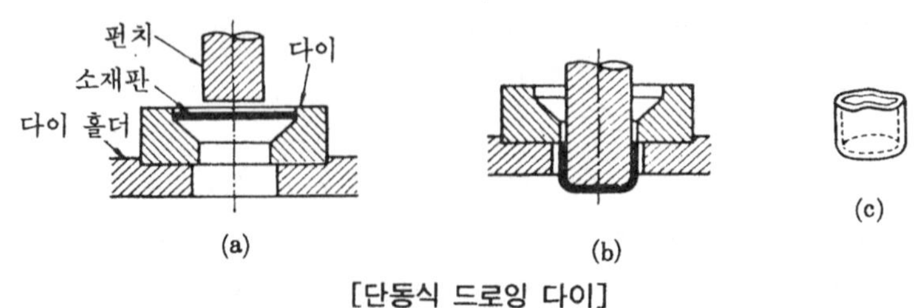


[단동식 드로잉 다이]

② 준 복동식 드로잉 다이 : 다음의 [그림]은 준 복동식 드로잉 다이를 나타낸 것으로 그림에 펀치 $B$는 용기의 바깥지름과 같고 다이는 용기의 안지름과 같게 되어 있어 펀치가 강하하면서 다이 위의 소재를 용기의 모양과 같게 성형한다.

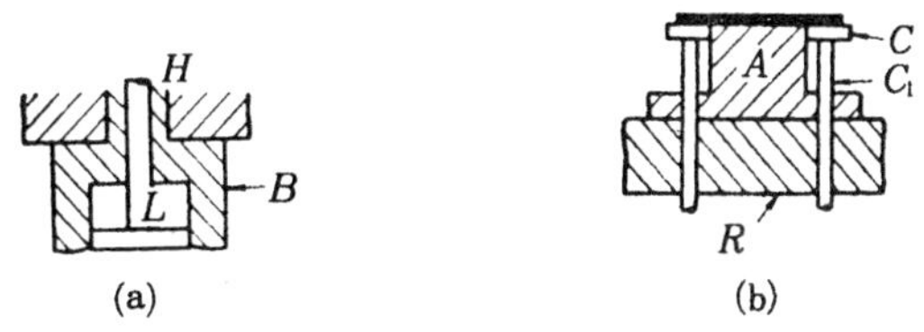


[준 복동식 드로잉용 다이]

다음의 [그림]은 복동식 드로잉 다이를 나타낸 것으로 그림에서 펀치 $A$가 내려가면 소재누름판 $C$가 소재판을 누르며 다이 $B$를 통과하면서 소재를 오므려 성형한다. 그리고 펀치 $A$가 올라가면서 누름판 $C$도 같이 올라가서 자기 위치로 돌아온다.

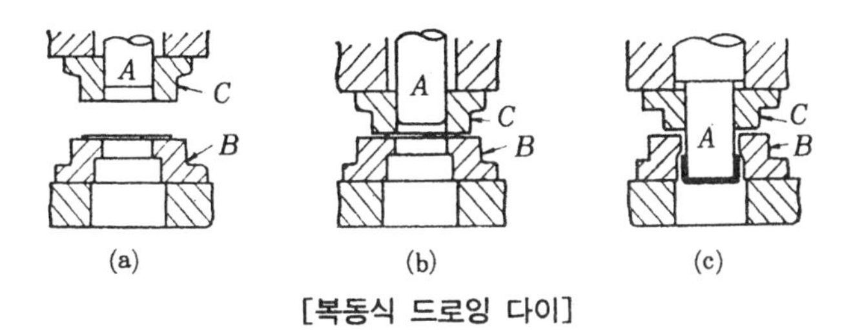


[복동식 드로잉 다이]

## 4-3 드로잉 가공

### (1) 커핑(cupping)

다음 [그림]의 (a)와 같이 단일 공정에서 만들어진 제품을 컵 모양으로 한 디프 드로잉하기 전의 1차 과정의 제품을 만드는 가공을 커핑이라 한다.

### (2) 디프 드로잉

다음 [그림]의 (b)와 같이 1차 공정에 의하여 커핑된 것을 디프 드로잉하여 소재를 성형 완성시킨다. 디프 드로잉 가공은 다음과 같이 분류된다.

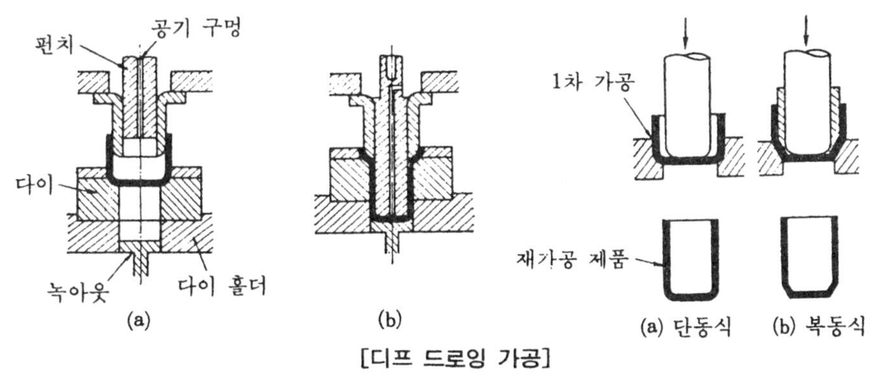


[디프 드로잉 가공]

① 직접 디프 드로잉(direct deep drawing) : [그림]의 (a)와 같이 1차 가공된 제품을 풀림 작업한 후 다시 가공하는 방법과 (b)와 같이 연속적으로 디프 드로잉하는 방법이 있다.
② 역식 디프 드로잉(inverse deep drawing) : [그림]과 같이 디프 드로잉으로 가공된 제품의 반대로 펀치를 압입하여 가공하는 방법이다.

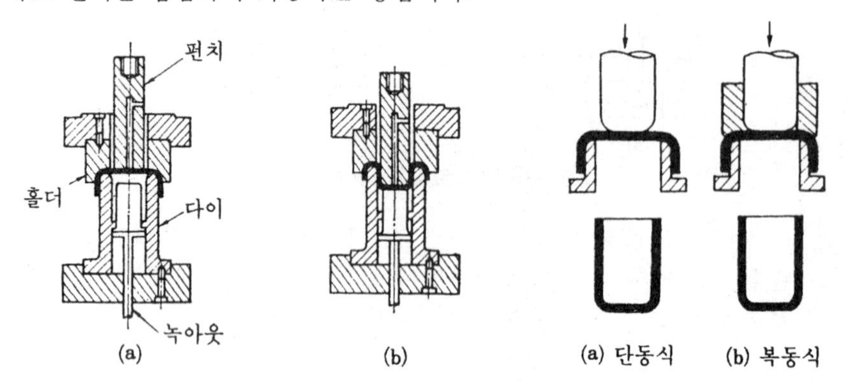


[역 디프 드로잉 가공]

일반적으로, 역식 디프 드로잉 방법보다 직접 디프 드로잉 방법을 많이 사용하고 있다.

# 5. 압축 가공

## 5-1 압축 가공의 원리

압축 가공은 소재의 다이 사이에 놓고 강한 압축력을 가하여 재료 내에 높은 압축 응력을 발생시켜 소재를 요철 모양의 변형을 주어 성형하는 방법이다.

이 때 압축력 $P$는 다음 식으로 주어진다.

$$P = k_f \cdot A$$

여기서, $k_f$ : 압축 변형 저항(kg/mm$^2$), $A$ : 단면적(mm$^2$)

그런데 $k_f$는 $\dfrac{h_0-h_1}{h_0} \times 100\,(\%)$의 압축 함수로서 재질에 따라 다르다.

여기서, $h_0$ : 소재의 높이, $h_i$ : 변형 후의 높이

특히 프레스 가공에서는 다이와 펀치가 한 조로 된 형을 사용하지만 형의 관계 운동의 부정확도 때문에 제품의 정도, 수명의 저하, 소음 등을 초래하고 비경제적이 되므로 주의해야 한다.

다음 [그림]은 압축 가공 방법을 나타낸 것이다.

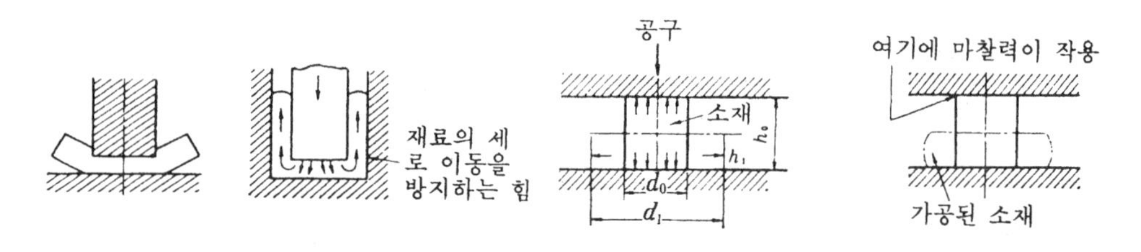


[압축 가공 방법]

## 5-2 압축 가공

### (1) 업세팅(upsetting)

업세팅은 재료의 길이 방향으로 압축력을 가하여 길이를 감소시키고 길이 방향과 직각 방향으로 재료를 유동시켜 단면을 크게 만드는 성형 가공법이다.

### (2) 코이닝(coining)

코이닝은 조각된 한 쌍의 다이 사이에 소재를 넣고 위아래의 전면에 압축력을 주어 주화, 메달 및 여러 가지 장식품 등의 모양을 만들어서 두께를 감소시키는 가공 방법으로 압인 가공이라고도 한다.

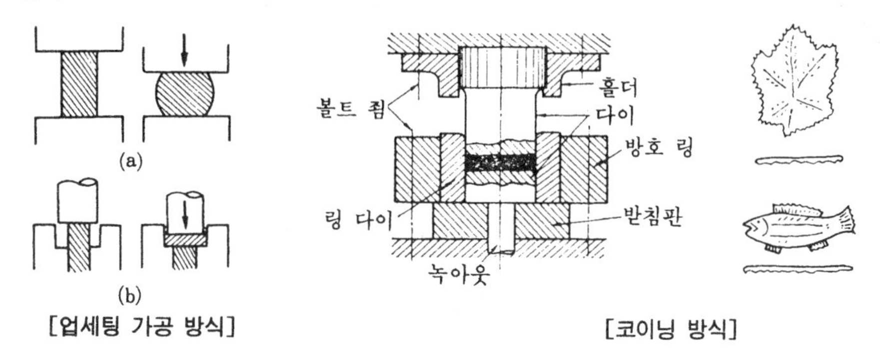


[업세팅 가공 방식] [코이닝 방식]

코이닝을 하기 전에 주의할 사항은 다음과 같다.

① 볼스터(bolster)의 라이저 블록(riser block) 등의 수평 검사를 한다.

② 형틀의 중심을 조절한다.

③ 섕크를 슬라이더(slider)에 끼우고 최하점까지 내린 다음 볼트를 잠그고 섕크(shank)를 확실하게 고정한다.

④ 시험편을 사용하여 가공 결과를 검사한다.

⑤ 제품의 두께가 균일하지 않을 때에는 펀치와 다이의 경사와 슬라이드의 행정을 다시 조정한다.

⑥ 제품을 다시 검사하여 합격되면 척으로 형틀을 완전히 고정한다.

다음 [그림]은 위의 주의 사항을 나타낸 것이다.

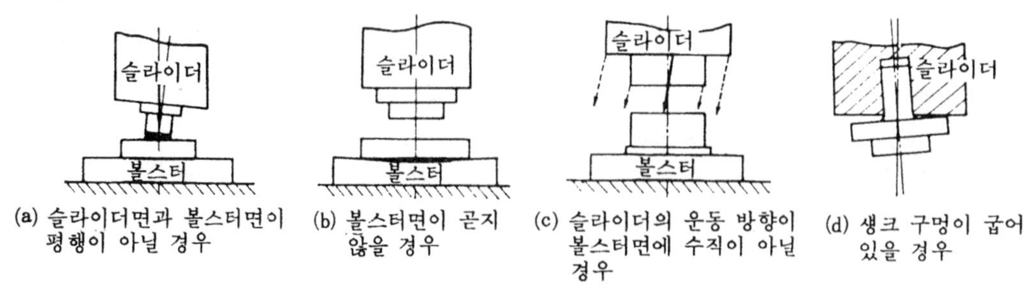


(a) 슬라이더면과 볼스터면이 평행이 아닐 경우 (b) 볼스터면이 곧지 않을 경우 (c) 슬라이더의 운동 방향이 볼스터면에 수직이 아닐 경우 (d) 생크 구멍이 굽어 있을 경우

[코이닝 가공시 다이의 설치 불량인 경우]

### (3) 엠보싱(embossing)

엠보싱은 요철이 서로 반대로 되어 있는 한 쌍의 다이 사이에 얇은 판재를 놓고 압축력을 가하여 제품을 성형 가공하는 방법이다. 그림 [엠보싱 가공]은 위아래 다이가 요철로 되어 있기 때문에 소재의 두께 감소가 없다.

엠보싱과 코이닝의 다른 점은 코이닝은 가공 제품의 양면이 서로 다른 모양이지만 엠보싱한 제품은 양면이 같은 모양이고 한 면이 오목하면 그 뒷면은 볼록 부풀어 오른 모양이다.

### (4) 스웨이징(swaging)

그림 [스웨이징 가공]과 같이 재료의 면적에 비해 다이면의 접촉 부분이 작아 소재의 일부가 형의 윤곽대로 변형되어 두께를 감소시키는 가공 방법이다. 이 때 가공을 받지 않는 부분은 변형되지 않고 원형대로 남는다.

### (5) 사이징(sizing)

사이징은 단조, 주조 또는 스탬핑 가공한 전부나 일부를 압축에 의하여 보다 정밀하게 가공하는 것이다. 다음 그림은 [사이징 가공]을 나타낸 것이다.

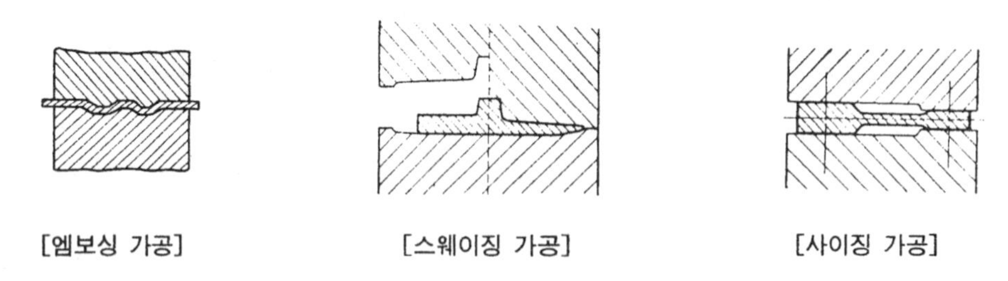

[엠보싱 가공] [스웨이징 가공] [사이징 가공]

### (6) 벌징(bulging)

벌징 가공은 다음 [그림]과 같이 원통 용기, 관 등의 내부에 압력을 가하여 배를 부르게 하는 가공이다. 이 때 배를 불리는 데 사용되는 물체는 공기, 물, 지방, 고무 등이며 내부로부터 압력을 가하는 장치로서는 방사성으로 분할된 펀치 등이 사용된다.

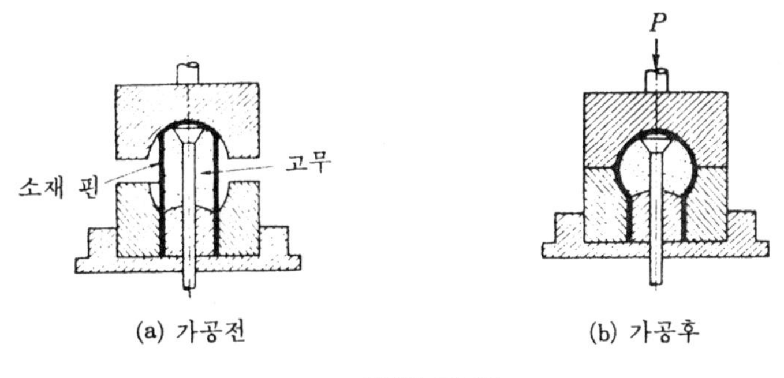


(a) 가공전 (b) 가공후

[벌징 가공]

# 6. 금 형

## 6-1 금형의 개요

일반적으로 금형은 제품을 뽑기 위한 금속 형틀로서 재료의 소성, 연성, 전성, 유동성 등을 이용하여 성형 가공하는 데 사용하는 공구이다.

금형은 대체로 프레스 금형과 단조 금형으로 분류하는데 단조 금형에는 플라스틱, 고무 유리용, 요업용 금형 등 여러 가지 종류가 있으며 가전 제품, 전자 제품, 산업 기계 등에 이르기까지 그 용도가 다양하다.

## 6-2 프레스 금형의 종류

### (1) 전단 금형

적절한 공구를 사용하여 소재에 전단 응력을 일으켜 필요한 치수와 모양으로 절단하는 작업을 모두 전단 가공이라 하고, 전단 작업에 사용되는 금형을 전단 가공 금형이라 하며, 절단 다이(cut off die), 노칭 다이(notching die), 다발 다이(blanking die), 피어싱 다이(piercing die), 트리밍 다이(trimming die), 셰이빙 다이(shaving die), 복합 다이(compound die), 분할 다이(sectional die) 등이 있다. 다음 [그림]은 피어싱 다이와 셰이빙 다이, 트리밍 다이를 나타낸 것이다.

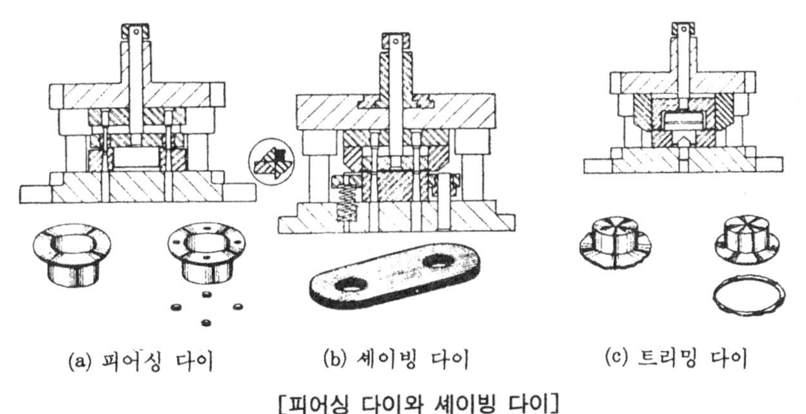

(a) 피어싱 다이 (b) 셰이빙 다이 (c) 트리밍 다이

[피어싱 다이와 셰이빙 다이]

### (2) 굽힘 금형

재료를 필요한 모양으로 굽힐 때 사용하는 금형으로 다음과 같이 분류할 수 있다.

① V형 굽힘 다이 : 표준 V형 굽힘 다이, 88° V형 굽힘 다이, 다중 V형 굽힘 다이, 구스넥 다이(gooseneck die), 에어 벤딩 다이(air bending die)

② U자 굽힘 다이
③ 복합 굽힘 다이
④ 누름 굽힘 다이
⑤ 복동 굽힘 다이
⑥ 캠식 굽힘 다이
⑦ 커링형 굽힘 다이

다음 [그림]은 굽힘형 다이를 나타낸 것이다.

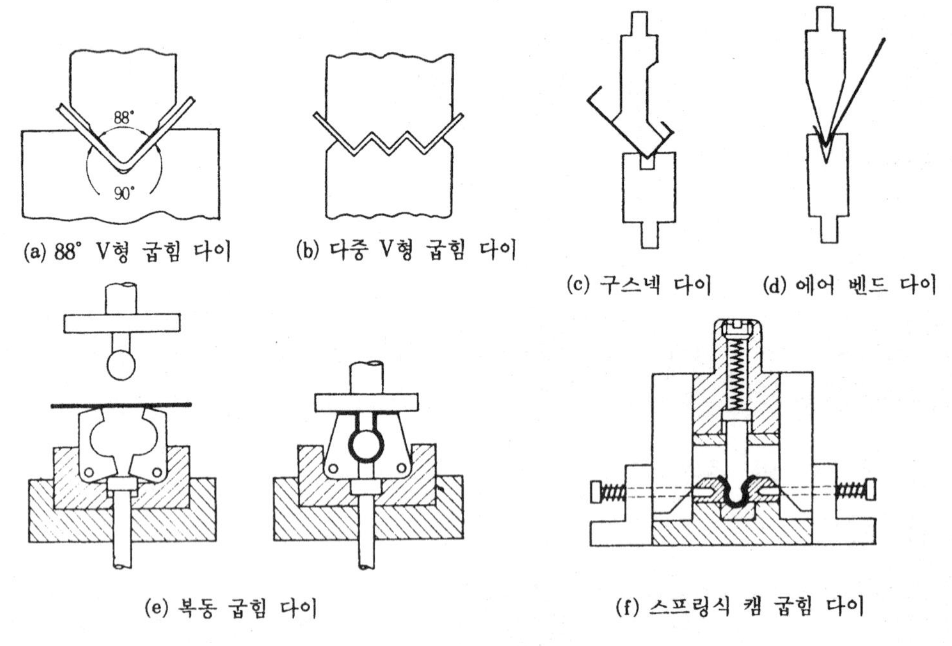

(a) 88° V형 굽힘 다이 (b) 다중 V형 굽힘 다이 (c) 구스넥 다이 (d) 에어 벤드 다이

(e) 복동 굽힘 다이 (f) 스프링식 캠 굽힘 다이

**[굽힘 금형]**

### (3) 드로잉 다이

두께가 같은 평판으로 여러 가지 모양의 제품을 가공할 때 쓰이는 금형으로 원통형 드로잉 다이, 원뿔형 드로잉 다이, 각통 드로잉 다이, 연속 가공 다이 등이 있다.

### (4) 연속 가공형 금형

제품의 대량 생산과 기계의 자동화로 작업의 개선과 적절한 방법이 개발되고 있다.

종래의 가공 방법은 단일 가공 방법이었으나 근래에는 연속 가공 방법에 의하여 다량 생산하게 되었다.

### (5) 압축 가공 금형

압축 가공은 소재의 일부 또는 전부를 가공하는 힘에 직각 방향으로 유동시켜 요구하는 모양으로 제작하는 데 쓰이는 금형으로 업세팅 다이(upsetting die), 스웨이징 다이(swaging die),

엠보싱 다이(embossing die), 코이닝 다이(coining die) 등으로 분류된다.

다음 [그림]은 스웨이징 다이를 나타낸 것이다.

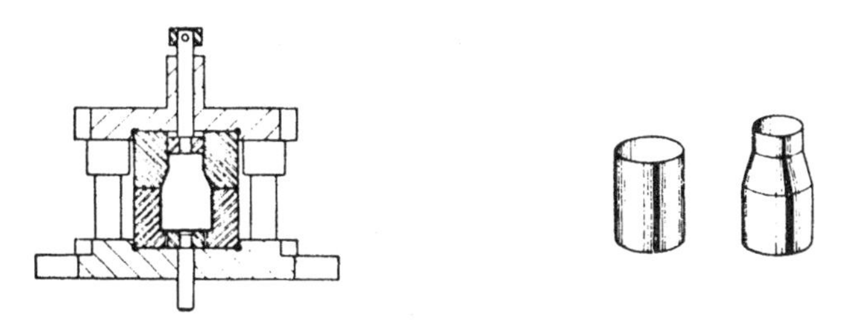

[스웨이징 다이]

## 6-3 금형 재료

### (1) 금형 재료의 구비 조건

금형은 매우 심한 하중을 받기 때문에 될 수 있는 한 우수한 성질을 가진 재료를 사용해야 한다. 금형 재료의 구비 조건은 다음과 같다.

① 내마멸성이 높을 것

② 인성이 높을 것

③ 피로 한도가 높을 것

④ 압축 내력이 높을 것

⑤ 내열성이 좋을 것

⑥ 가공이 쉬울 것

⑦ 열처리가 쉽고 변형이 적을 것

### (2) 탄소 공구강(STC)

정밀도가 크게 요구되지 않는 소량의 생산용 금형에 사용되며 C 0.6~1.5%, $H_{RC}$가 54~63 정도이다.

### (3) 특수 공구강(STS)

합금 공구강으로 블랭킹용에 사용되며 중급 정도의 금형 재료이다. C 0.75~1.5 %, Cr 0.5~1.0 % 이외에 소량의 Mn, W을 첨가시킨 특수 공구강이다.

### (4) 다이스강(STD)

합금 공구강으로 고탄소, 고크롬강이다. 재질이 우수하고 대량 생산에 적합하며 성분은 C 1.0~2.4 %, Cr 12~15 % 이외에 Mo, W, V를 첨가시킨 것이다.

### (5) 고속도강

W-Cr-V의 합금 비율 18-4-1로 구성된 합금 공구강으로 고경화, 고내마멸성 등 성질이 우수하여 지름이 작은 구멍을 뚫는 피어싱 펀치, 다이 인서트 등에 사용된다. 이 밖의 재료로서

초경합금, 페로틱(ferrotic), 회주철품, 기계 구조용 탄소강 등이 사용된다.

다음 [표]는 금형 각 부품의 사용 재료를 나타낸 것이다.

**[금형 각 부품의 사용 재료]**

| 사용 구분 | 부품명 | 재 질 |
|---|---|---|
| 펀치 · 다이부 | 펀치 | STC 5, STS 3, STD 1, 11, SKH 2, 9, 초경합금 페로틱 |
| | 다이 | STC 5, STS 3, STD 1, 11, SKH 2, 9, 초경합금 |
| | 펀치고정판 | SB 41 C, SM 20 C, STC 3, 5 |
| | 펀치뒤판 | STC 3, 5 |
| 펀치 · 다이 안내부 | 스트리퍼 | SB 41, STC 3, 5, STS 3 |
| | 스트리퍼부시 | STC 4 |
| | 녹아웃 | STC 5 |
| | 녹아웃핀 | STC 5 |
| | 녹아웃링 | STC 5 |
| 소재 안내부 | 위치 결정 게이지 | STC 4, STC 5 |
| | 위치결정핀 | STS 2, 3, STC 5 |
| | 파일럿 | STS 2, 3, STC 4, 5 |
| | 파일럿 안내 부시 | STC 4 |
| | 수동정지구 | STC 5 |
| | 자동정지구 | STC 5 |
| | 자동 정지구 지레핀 | STC 5 |
| | 스톱핀 | STS 2, 3, STC 5 |
| 다이 세트부 | 생크 | SM 20 C |
| | 펀치홀더 | GC 20, SM 20 C |
| | 다이홀더 | GC 20, SM 20 C |
| | 가이드부시 | STC 4 |
| | 가이드포스트 | STC 4 |
| | 볼스터판 | SB 41, GC 25 |
| 기 타 | 스프링 | PWR 2, SPS 4 |
| | 맞춤핀 | STC 4 |
| | 고정나사 | SM 35 C |
| | 캠 | STC 5 |

# 7. 특수 성형법

## 7-1 특수 성형

### (1) 마폼법

탄성이 풍부한 고무 다이를 사용하여 성형 가공하는 방법이다. 가공할 때 밀폐된 다이 내의 고무는 펀치와 같은 모양으로 성형되므로 마폼법을 사용하면 다이의 가공이 필요 없고 고무의 특성을 충분히 이용하여 효과적인 성형을 할 수 있다.

다음 [그림]은 작업할 때의 성형 과정을 나타낸 것이다. 리테이너 안에 고무를 충상으로 가득 채우고 필요한 모양의 펀치에 소재판을 올려 놓고 압력을 가하면서 리테이너를 아래로 작동시키면 소재 누름판은 리테이너 밑부분에 밀착하면서 작업이 끝날 때까지 그 위치를 유지한다. 그리고 리테이너가 올라가면 고무판은 제품을 밀어내며 다시 본래의 수평으로 되돌아가 작업을 계속한다.

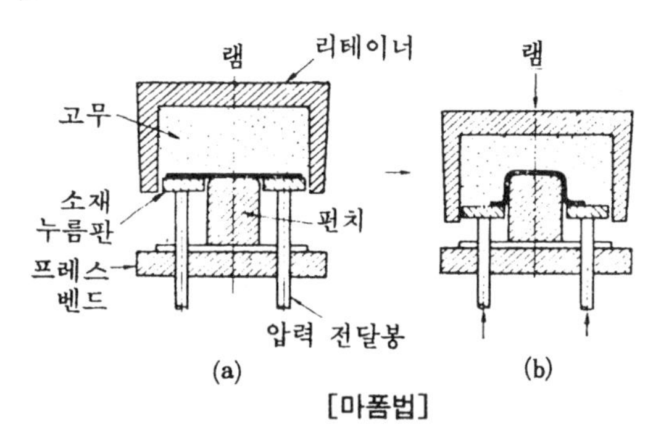


[마폼법]

다음 [표]는 드로잉 깊이, 최소 판두께 및 플랜지 반지름을 나타낸 것이다.

[고무 압력 400(kg/cm$^2$)에서의 드로잉 깊이, 최소 판 두께 및 최소 플랜지 반지름]

| 재 료 | 용기 지름에 대한 깊이(%) | 용기 지름에 대한 최소 판 두께(%) | 최소 플랜지 지름 ($T$: 판 두께) |
|---|---|---|---|
| 순알루미늄 재료 | 100<br>50 | 1.0<br>0.5 | 1.5~2.0$T$ |
| 강력 알루미늄 합금계 재료 | 75<br>38 | 1.0<br>0.5 | 3$T$ |
| 디프드로잉용 강판 | 75<br>80 | 0.5<br>0.25 | 4$T$ |
| 스테인리스강 | 33 | − | 8$T$ |

### (2) 하이드로폼법

고무 또는 유연한 재료로 만든 밀폐한 압력실 속에 액체를 가득 채우고 다이나 펀치를 사용하여 성형하는 가공법이다.

압력실의 액체는 밸브의 조정에 의하여 펀치를 밀어 넣을 수 있으며 이 때 액체는 고무보다 점성이 작기 때문에 제품의 모양이 복잡해도 성형이 가능하다.

다음 [그림]은 하이드로포밍(hydrofoming) 작업의 과정을 나타낸 것이다.

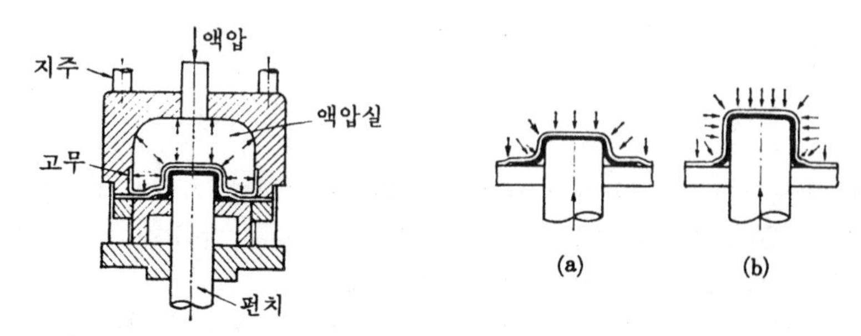


[하이드로폼]

램이 내려가면 액압실 밑면의 고무막과 누름판 위의 소재와 접촉하며 액압실을 움직이는 램은 지주에 고정된다. 이 때 액압실의 압력을 높이며 [그림]과 같이 소정의 성형 펀치를 상승시키면서 액압실에 삽입시켜 성형한다. 램을 위로 상승시켜 펀치를 현 위치로 복귀시키면서 성형 작업을 끝낸다.

이 때 가장 밑에 있는 고무판은 사용 후 교환할 수 있으며, 마폼법과는 달리 소재의 누름판은 하반 위에 고정되어 있다.

### (3) 폭발 성형법

폭발 성형법(explosive forming)은 그림 [폭발 성형법]과 같이 케이스 속에 다이를 넣고 소정의 판을 다이 위에 설치한 후 케이스 내에 장치된 폭약을 일정 거리에서 폭발시켰을 때 발생되는 충격파와 분출되는 가스의 압력에 의해서 성형하는 방법이다.

### (4) 전자력 성형법

그림 [전자력 성협법]과 같이 전자 에너지를 이용하여 짧은 시간에 에너지를 방출시켜 성형하는 방법이다.

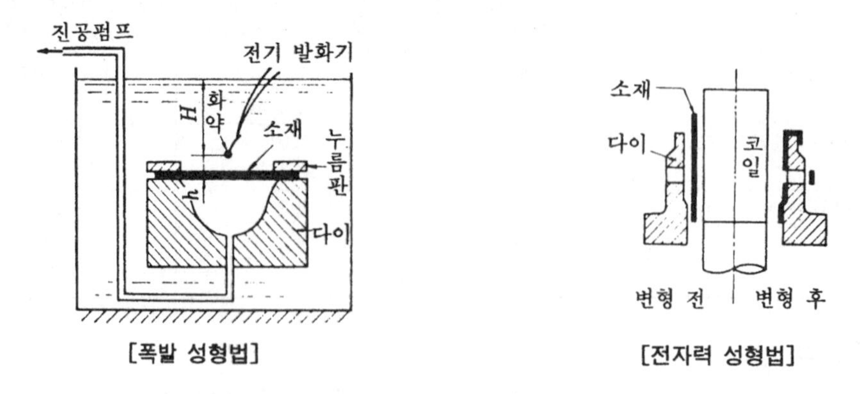


[폭발 성형법] [전자력 성형법]

폭발 성형법 액중 방전 성형법과 함께 고속 성형법이라 하며 다음과 같은 특징이 있다.

① 다른 성형에서 곤란한 제품도 성형이 가능하다.

② 대형 제품의 성형이 가능하다.

③ 스프링 백 작용이 적어 정밀한 제품을 얻을 수 있다.
④ 다량 생산에 적합하지 않다.
⑤ 금형의 재료를 절감할 수 있다.

### (5) 액중 방전 성형법

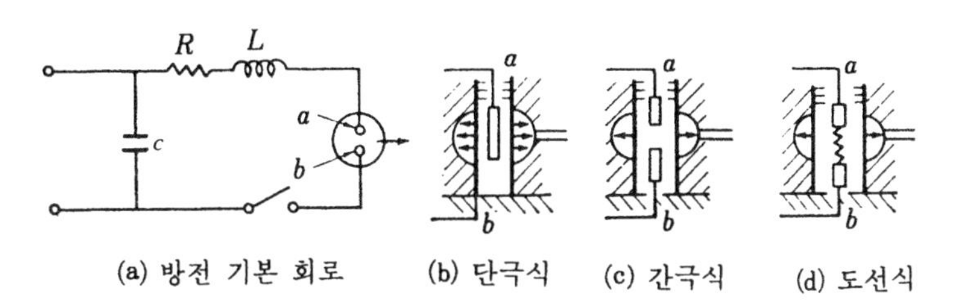


[액중 방전 성형법]

앞의 [그림]과 같이 콘덴서에 저장된 전하를 물 속에서 불꽃 방전시켰을 때 생기는 방전에너지의 충격파를 이용하여 성형하는 방법이다. 폭발 성형은 화약의 사용에 따라 대형 제품을 성형할 수 있으나 방전 성형은 소형 제품의 생산에 적합하다.

## 7-2 그 밖의 성형

### (1) 비딩

비딩(beading)은 [그림]과 같이 평판 소재나 성형된 제품에 견고성을 주기 위하여 오목볼록한 모양으로 생긴 롤러 사이에 소재를 넣고 압력을 가하면서 회전시켜 홈(bead)을 만드는 작업이다.

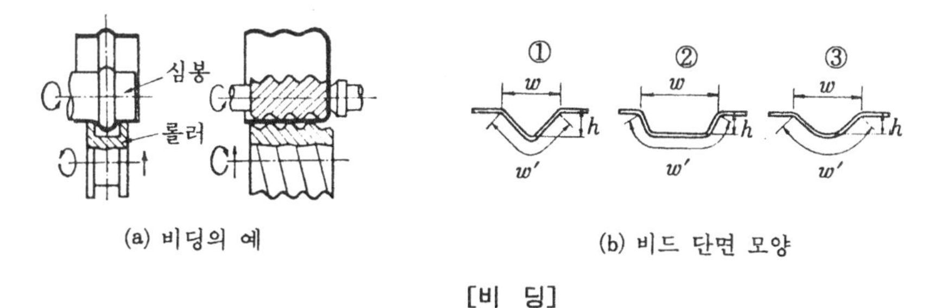


[비 딩]

### (2) 컬링

컬링(curling)은 [그림]과 같이 소재의 끝 부분을 상형과 하형의 형틀에 넣고 둥글게 성형하는 작업이다. 소재의 끝 제품의 입구 부분이 가장 약하므로 보강을 하며 장식을 목적으로도 사용한다. 말려지는 부분을 더욱 보강하기 위하여 와이어 링(wire ring)을 넣는 경우도 있다.

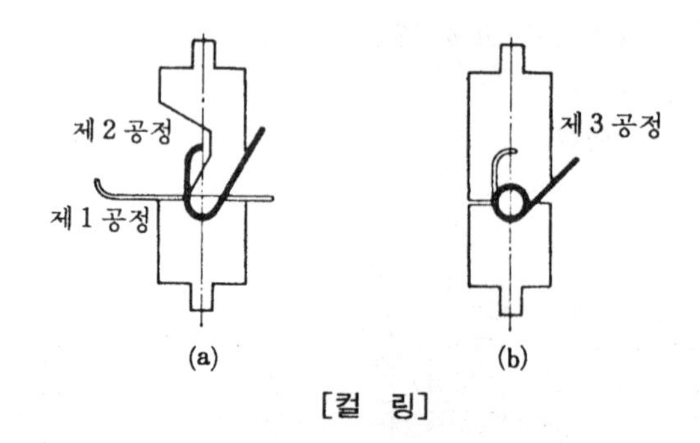

[컬 링]

### (3) 플랜징

플랜징(flanging)은 제품의 끝을 보강하기 위하여 가장자리를 굽혀 플랜지를 만드는 작업으로 플랜지를 만드는 그 자체가 목적일 때도 있다. 플랜지는 굽힘선이 곡선이므로 직선 굽힘 가공과는 구별된다.

플랜지 가공은 [그림]과 같이 인장 플랜지와 수축 플랜지로 구별된다.

① 인장 플랜지(stretch flange) : 원통의 가장자리를 바깥쪽으로 굽혀 플랜지를 만드는 경우이며 플랜지 부분에 인장 응력이 작용된다.

② 수축 플랜지(shrink flange) : 인장 플랜지와 반대 경우이며 압축 응력을 받는다. 플랜지는 작업할 때 균열이나 주름을 막고 좋은 성형을 하기 위하여 고무 성형법이 많이 사용되고 강성체의 다이를 사용하면 성형 시간은 짧아지나 플랜지 부분이 평면이 되지 않는 결함이 발생한다.

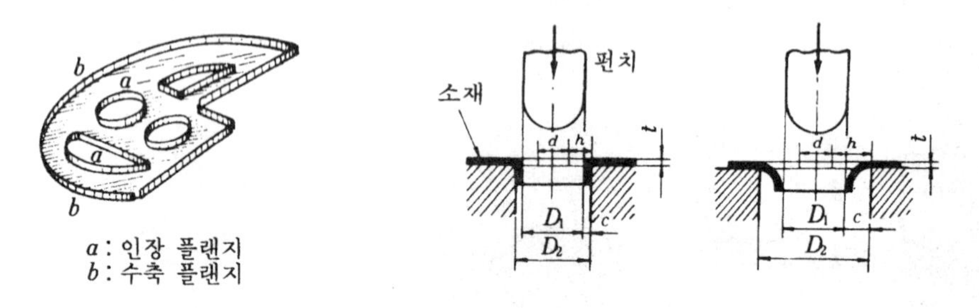

[플랜지 가공]

# 단 조

## 1. 단조의 개요

단조는 가열한 금속 재료에 압력을 가하여 소성 변형, 주어 성형과 동시에 재료의 기계적 성질을 개선하는 가공법이다. 단조품은 주물에 비하여 조직이나 기계적 성질의 신뢰성이 높아 기계의 주요 부품에 많이 사용되어 왔다. 그러나 비교적 제품이 비싸고 또, 너무 복잡한 모양이나 큰 것은 만들기 어렵다.

## 2. 단 조(forging)

### 2-1 단조의 특징

강철 등을 가열하여 여러 차례 반복하여 해머와 같은 단조 기계로 때려서 원하는 모양으로 완성시키는 작업이 단조로서 재료 내부의 기포나 불순물이 제거되며 거칠고 큰 결정 입자는 파괴되어 미세화하고 치밀하며, 강인한 조직이 된다.

단조로 한 방향으로 가공한 것은 결정 입자가 특정 방향으로 미끄러져 섬유상 조직(firbrous structure)으로 나타나며, 섬유 방향에서는 인장 강도와 인성이 크다. 이 섬유상 조직을 단류선(flow line)이라고도 한다. 다음 [그림]의 (b)는 단류선의 한 예를 나타낸 것이다.

단조는 주조한 재료의 단련과 여기서 얻은 막대 또는 사각 막대를 절단하여 기계 부품으로 성형하는 일로 크게 나눈다.

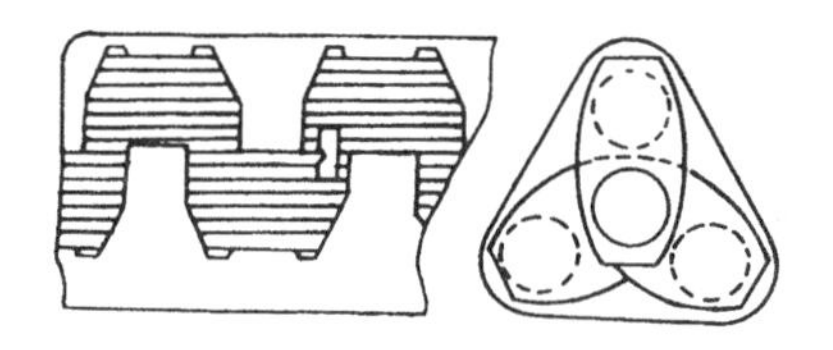

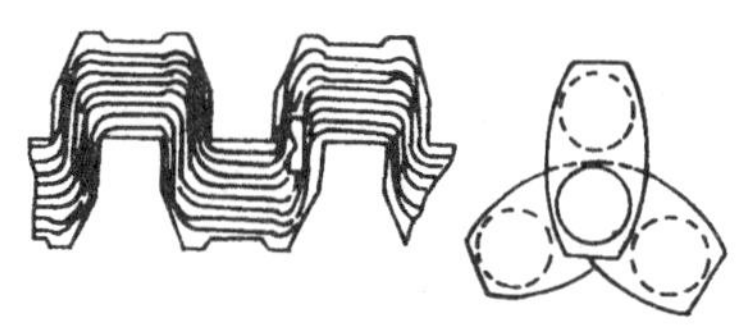

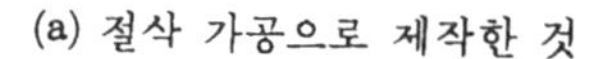
(a) 절삭 가공으로 제작한 것

(b) 단조로 제작한 것

[크랭크축의 단류선]

### 2-2 단조의 종류

단조 작업은 온도에 따라 열간 단조와 냉간 단조로 구분하고 또한 금형을 사용하지 않는 자유 단조와 금형을 사용하는 형단조로 분류할 수 있다. 또 작업 방법에 따라 해머 단조와 프레스 단조로 구별하기도 한다.

- 단조
  - 열간 단조
    - 해머 단조(hammer forging)
      - 자유 단조(free forging or open die forging)
      - 형 단조(stamping or drop foring)
    - 프레스 단조(press forging)
      - 자유 단조
      - 형 단조
    - 업셋 단조(upset machine forging)
    - 압연 단조(roll forging)
  - 냉간 단조
    - 콜드 헤딩(cold heading)
    - 코이닝(coining)
    - 스웨이징(swaging)

① 해머 단조 : 주로 열간 가공을 하고 고속도로 충격적인 힘을 가하여 재료를 압축 변형시키는 방법이다.

해머 단조에는 자유 단조, 형단조, 업셋 단조 등이 있다. 자유 단조는 해머 또는 간단한 성형 공구를 사용하여 소재를 변형시키는 것이며, 형단조는 한 쌍의 금형 사이에 소재를 넣고 해머로 두드리면 소재가 압축되어 금형 속에 성형되는 방법으로 대량 생산에 적합하나 금형이 비싸다.

업셋 단조는 냉간, 열간에서 비교적 작은 지름의 막대의 일부를 축 방향으로 두드려 지름을 크게 하거나 여러 가지 모양으로 성형하는 가공 방법이다. 처음에는 볼트나 리벳 머리를 만드는 작업으로 시작되었으나 현재는 비교적 복잡한 큰 제품에도 응용된다.

② 프레스 단조 : 해머 단조로 큰 제품의 소재 중심부까지 단련 효과가 미치지 못하므로 프레스를 사용하여 정적인 큰 압력을 가하여 변형시키면 중심부까지 단련 효과를 얻을 수 있다. 프레스 단조에는 보통 수압 프레스나 유압 프레스가 사용된다.

# 3. 단조용 재료와 단조 온도

## 3-1 단조용 재료

단조용 재료는 가공 온도에서 파손되지 않고 소성 변형이 잘되는 전연성이 큰 것이 좋다. 기계 재료로는 강재가 가장 많고 구리 합금, 알루미늄 합금도 사용된다.

### (1) 기계 구조용 탄소강

탄소 함유량이 0.05~0.6% 정도로서 0.2% 이하의 것이 단조가 쉽고 값이 싸므로 많이 사용된다. 탄소량이 많으면 단조 온도 범위가 좁고 단조하기 힘들다.

### (2) 탄소 공구강

탄소 함유량이 비교적 많으며(0.6~1.5% 정도) 단조용으로 0.8~1.0%의 재료가 많이 사용된다.

### (3) 합금강

니켈, 크롬, 망간, 텅스텐 등의 금속 원소를 첨가한 재료로서 탄소강보다 단조성이 나쁘지만 단련 후 적절한 열처리를 하면 강도와 그 밖의 우수한 성질을 얻을 수 있다. 황동이나 두랄루민 등의 비철금속 계통의 재료는 단조의 최적 온도 범위가 강재에 비해 매우 좁으므로 단조할 때 주의해야 한다. 또 주철은 고온에서 취약하므로 단조하지 못한다.

## 3-2 단조 온도

단조 온도는 가열로에서 소재를 꺼내어 가공을 개시할 때의 온도부터 가공이 끝날 때까지의 온도를 가리킨다.

재료의 가열 온도가 높을수록 단조하기 쉬우나 재료에 따라 적합한 가열 온도와 가공 종료 온도가 있다. 다음의 [표]는 여러 가지 재료의 표준 단조 온도를 나타낸 것이다.

**[단조온도]** (단위 : ℃)

| 단조 재료 | 최고단조온도 | 단조완료온도 | 단조 재료 | 최고단조온도 | 단조완료온도 |
|---|---|---|---|---|---|
| 탄소강강괴 | 1200 | 800 | 고속도강 (H.S.S) | 1250 | 950 |
| 특수강강괴 | 1200 | 800 | 스프링강 | 1200 | 900 |
| 탄소강 | 1300~1100 | 800 | 니켈청동 | 850 | 700 |
| 니켈 (Ni) 강 | 1200 | 850 | 인청동 | 600 | 400 |
| 크롬 (Cr) 강 | 1200 | 850 | 두랄루민 | 550 | 400 |
| 니켈-크롬강 | 1200 | 850 | 구리 | 800 | 700 |
| 스테인리스강 | 1300 | 900 | 황동 | 750~850 | 500~700 |

가열 온도를 재료의 재결정 온도 이상으로 하여 가공하면 가공 경화가 생기지 않고 연속으로 단조할 수 있어 결정 조직이 미세하게 된다. 그러나 온도가 너무 높으면 재료의 표면이 부분적으로 용융한다든지 산화 연소나 탈탄이 되고 취약해져 갈라지기 쉬우므로 필요 이상의 고온으로 가열해서는 안된다.

재결정 온도 이하까지 단조를 계속하면 가공 경화 때문에 재료가 갈라져 단조가 불가능하므로 단조 종료 온도는 재결정 온도 이상이 되도록 해야 한다. 강은 300~500°C에서 재질이 취약해지므로 단조를 피해야 하며, 단조 종료 온도가 너무 높으면 결정 입자가 성장하여 기계적 성질이 나쁘게 되므로 주의해야 한다.

가열로의 온도 측정은 열전쌍 고온계, 복사 고온계, 광고온계, 광전관 제게르 콘(seger cone) 및 육안 식별법 등이 이용되며 열전쌍 고온계는 최고 1200°C까지 측정 가능하고, 복사 고온계, 광고온계, 제게르 콘 등은 500~2000°C까지 측정이 가능하다.

육안 식별법은 다음의 [표]와 같이 고온의 물체에서 복사되는 열이 빛깔에 의해 판별하는 것으로 고도의 숙련된 경험이 필요하며 불확실한 점이 있으나 기구가 필요하지 않고 편리하므로 이용하는 경우가 많다.

[온도와 색깔]

| 온도범위(°C) | 색 깔 | 온도범위(°C) | 색 깔 |
|---|---|---|---|
| 520~580 | 암 갈 색 | 830~880 | 황 적 색 |
| 580~650 | 갈 적 색 | 880~1050 | 담 황 적 색 |
| 650~750 | 연분홍적색 | 1050~1150 | 황 색 |
| 750~780 | 분 홍 색 | 1150~1250 | 담 황 색 |
| 780~800 | 담분홍적색 | 1250~1350 | 황 백 색 |
| 800~830 | 담 적 색 | | |

# 4. 단조 설비

## 4-1 가열로

단조용 노는 가열용과 열처리용으로 나눌 수 있고 사용 연료에 따라 고체 연료로, 가스로 및 중유로 등으로 나눌 수 있다.

### (1) 중유로

그림 [중유로]와 같이 상자형 연소실에 오일 버너로 중유를 연소시킨다. 중유는 완전 연소되므로 가열되는 재료가 연소에 의한 유해 성분의 영향을 적게 받고 또 온도 조절이 비교적 쉬우며, 재(ash)를 처리할 필요가 없다. 구조는 반사식이 많다.

### (2) 코크스로

큰 단조물이나 두꺼운 재료의 가열에는 그림 [코크스로]와 같은 반사로형의 코크스로가 사용된다. 구조는 연소실, 가열실, 배기부 등으로 되어 있고 연료는 미분탄, 코크스가 사용되며 중유가스도 사용될 수 있으나 코크스를 사용하므로 코크스로라 한다.

불꽃이 천장이나 측벽을 따라 흘러 그 복사열로 가열한다. 노안의 온도는 보통 1300°C 정도이다.

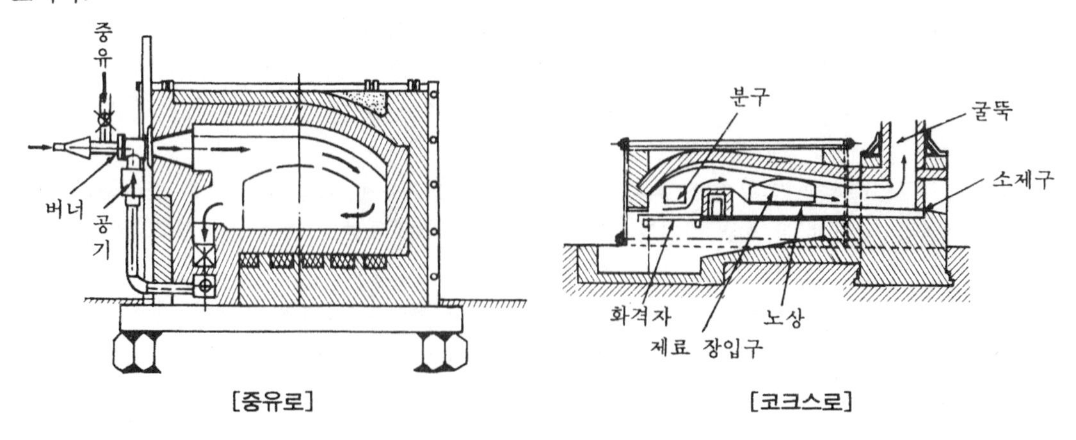


[중유로] [코크스로]

### (3) 화덕

작은 소재의 가열에 사용되며 가반식 화덕(forge fire), 벽돌 화덕, 주철제 화덕 등이 있다. [그림]은 가장 흔히 볼 수 있는 벽돌 화덕을 나타낸 것이다. 이 노는 배기를 상부에서 굴뚝으로 자연 통풍으로 빠져 나가도록 한다. 공기는 송풍기로 공급되며 댐퍼로 풍량이 조절되고 바람 구멍으로 나와 연료에 공급된다. 연료는 코크스, 분탄, 목탄 등이다.

바람 구멍은 과열을 방지하기 위하여 이중으로 만들며 냉각수로 냉각한다. 송풍기는 원심 송풍기가 사용되고 풍량은 회전수에 비례하며 풍압은 수주로 15~25 cm 이다.

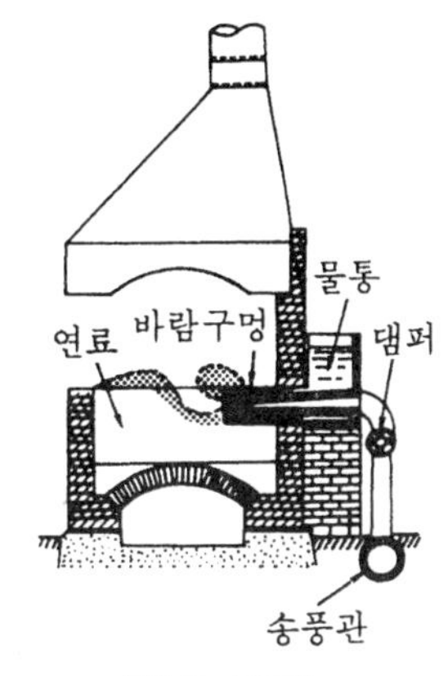


[벽돌 화덕]

## 4-2 단조용 공구와 자유 단조의 기본 작업

### (1) 절단 작업

재료를 절단하는 작업이며 [그림]과 같은 정과 절단용 공구를 사용한다.

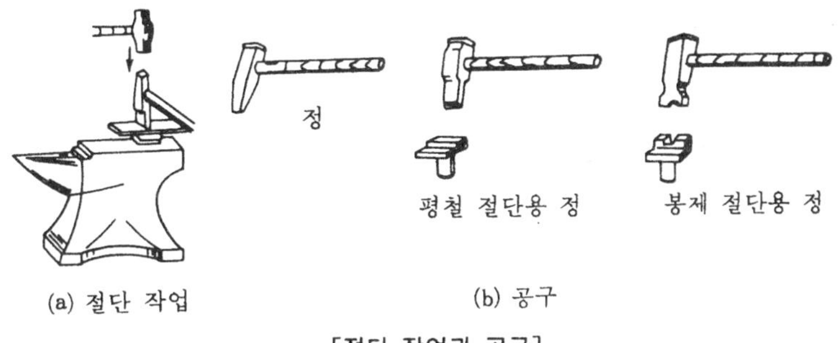


(a) 절단 작업 (b) 공구

[절단 작업과 공구]

### (2) 늘이기 작업

다음 [그림]의 (a)와 같이 가늘게 늘이는 작업이며 앤빌 위에 소재를 놓고 망치로 두드린다. 소재가 작으면 집게로 잡고 한다.

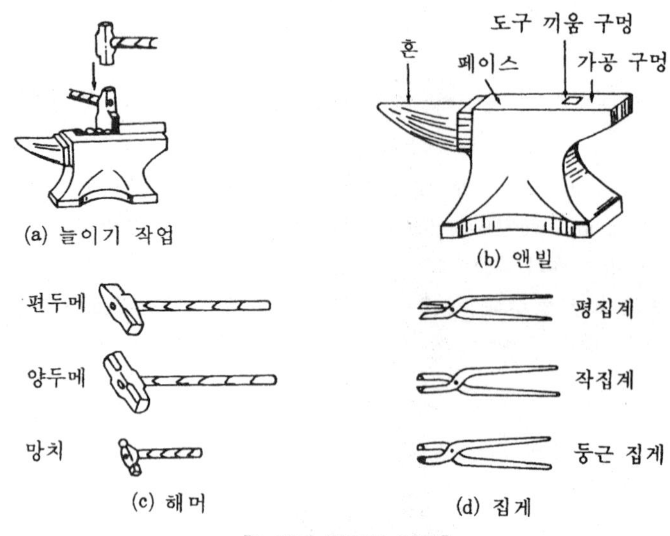

(a) 늘이기 작업 (b) 앤빌 (c) 해머 (d) 집게

[늘이기 작업과 공구]

### (3) 압축 작업

그림 [압축 작업의 공구]와 같이 단면적을 넓게 하고 길이를 줄이는 작업이며 앤빌 또는 스웨이지 블록(swage block)을 사용하여 해머를 두드려서 만든다.

### (4) 넓히기 작업

그림 [넓히기 작업과 공구]와 같이 얇게 늘이는 작업이며 앤빌 위에서 해머로 두드려 대략의 모양을 만들고 다듬개(set hammer)로 완성한다.

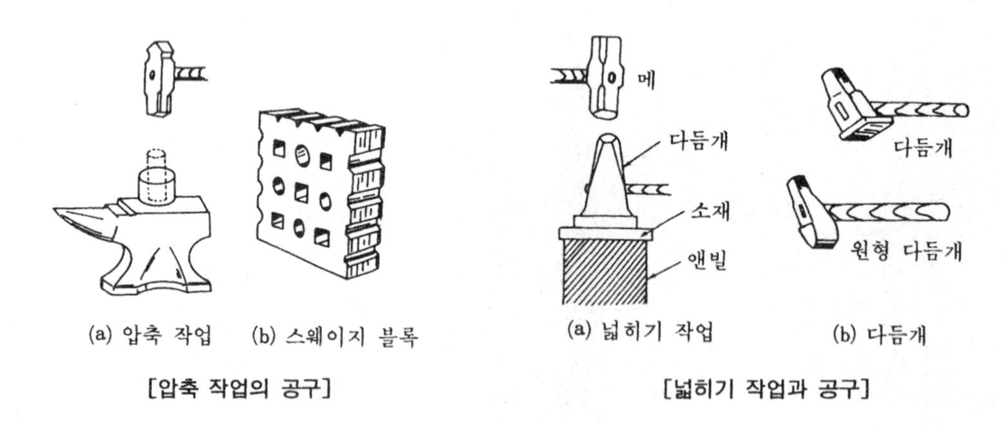

(a) 압축 작업 (b) 스웨이지 블록

[압축 작업의 공구]

(a) 넓히기 작업 (b) 다듬개

[넓히기 작업과 공구]

### (5) 단짓기 작업

소재에 단이 지게 만드는 작업이며 정과 다듬개를 사용한다.

### (6) 탭 작업

다음의 그림 [탭 작업과 공구]와 같이 특별한 모양으로 소재를 성형하는 작업이며 탭과 스웨이지 블록을 사용한다.

### (7) 구부기리 작업

그림 [구부리기 작업]과 같이 재료를 구부리는 작업이며 앤빌의 혼이나 스웨이지 블록을 이용하여 만든다.

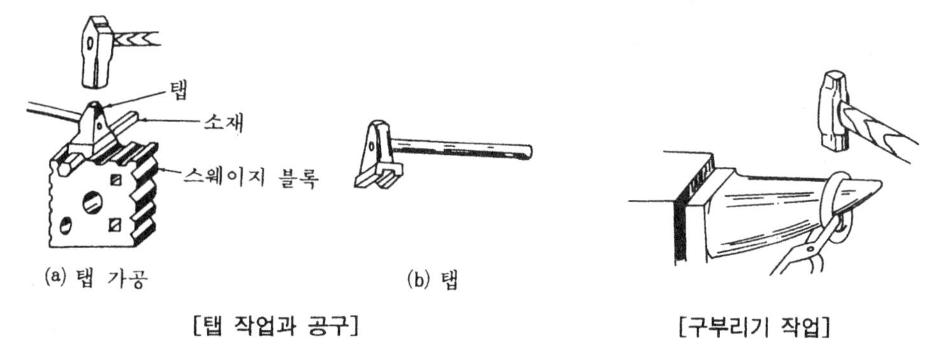


[탭 작업과 공구]　　[구부리기 작업]

### (8) 구멍 뚫기 작업

그림 [구멍뚫기 작업과 공구]와 같이 구멍을 뚫거나 넓히는 작업이며 펀치와 해머 등을 사용한다.

### (9) 측정

재료를 측정하기 위하여 그림 [여러 가지 측정구]와 같이 정반(surface plate) 위에서 자, 컴퍼스, 켈리퍼스, 직각자 등을 사용한다.

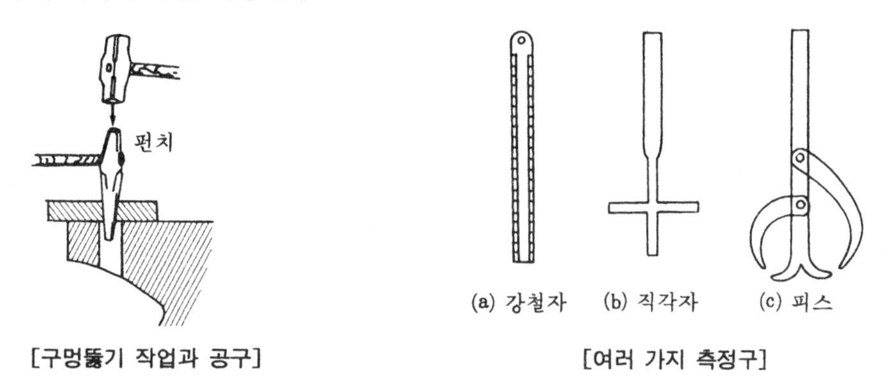


[구멍뚫기 작업과 공구]　　[여러 가지 측정구]

## 5. 단조용 기계

기계 해머는 진동이 큰 것이 결점이며 앤빌을 크게하여 진동을 흡수해야 한다. 기계 해머의 크기는 해머를 포함한 낙하 무게로 표시한다.

### (1) 스프링 해머(spring hammer)

해머의 머리 속도를 크게 하기 위하여 판 스프링 또는 코일 스프링을 사용한 것이다. 다음 [그림]과 같이 크랭크가 회전하여 그 운동을 스프링을 통해서 해머 머리에 전달한다.

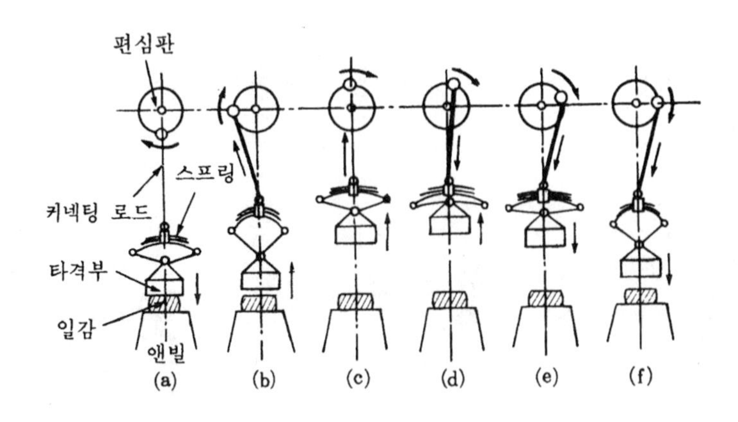


[스프링 해머 운동]

(2) **증기 해머**(steam hammer)

보일러와 배관을 필요로 하는 결점이 있으나 큰 타격력을 가지므로 강괴 등의 큰 소재의 단조에 적합하다.

(3) **공기 해머**(air hammer)

압축 공기로 피스톤에 붙어있는 해머 머리를 상하 운동시킨다. 이 기계는 공기 압축 장치 부분과 해머 머리가 직결된 타격 부분으로 구성된다.

(4) **드롭 해머**(drop hammer)

다음의 [그림]과 같은 판 드롭 해머가 사용된다. 이 기계는 선단에 해머를 붙인 판을 마찰력으로 일정한 높이까지 상승시킨 다음 해머 머리를 낙하시키므로 타격을 주는 것이다.

이 밖에도 동력 프레스나 유압 프레스도 사용된다.

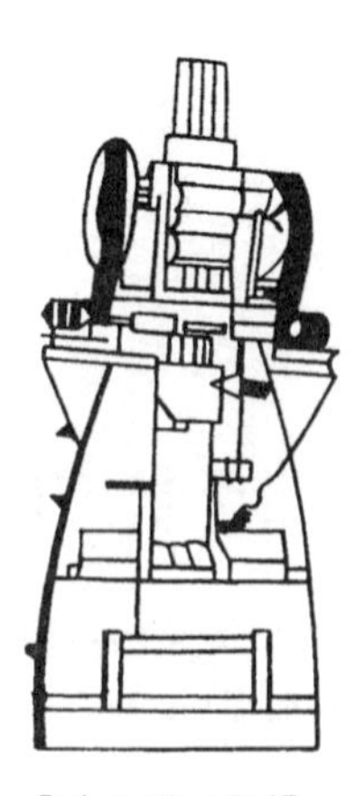

[판 드롭 해머]

# 6. 자유 단조

### (1) 재료의 변형

자유 단조 때의 재료의 변형은 원형 기둥 소재를 예로 들면 재료의 상하 끝면은 공구나 앤빌의 마찰로 변형이 제약되고 또 공구와 접촉으로 다른 부분보다 빨리 냉각되므로 변형이 힘들게 된다. 따라서 그림 [자유 단조에서의 재료 변형]의 (a)와 같이 배가 나온 모양이 된다. 사각 기둥의 경우도 마찬가지로 그림 [자유 단조에서의 재료 변형] (b), (c)와 같이 배가 나오는 데 모서리는 냉각이 빠르고 또 양쪽으로 인장력을 받아 변형 저항이 더욱 커지기 때문이다. 따라서 이와 반대로 가압력이 작을 때나 가압 면적이 재료의 단면적에 비해 작을 때에는 중심 부분에 힘이 미치지 못하여 그림 [가압력이 작을 때의 원기둥의 변형]과 같이 된다.

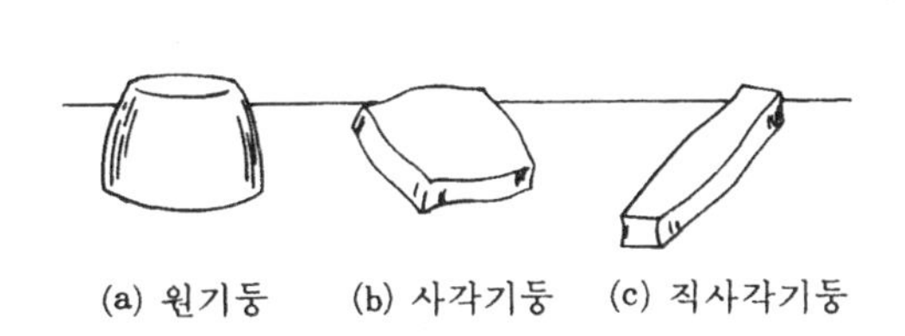


[자유 단조에서의 재료 변형]

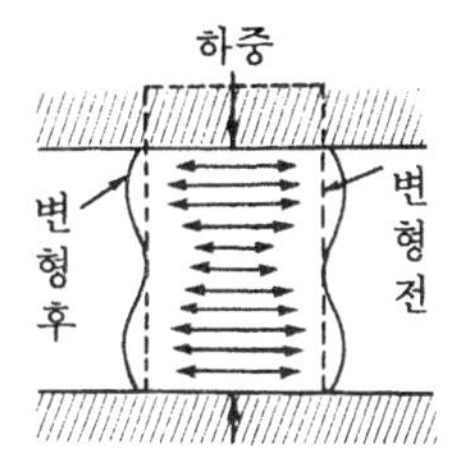


[가압력이 작을 때의 원기둥의 변형]

### (2) 단련 계수

단조의 변형량은 단조의 목적인 성형과 성질 개선에 관계가 있다. 단조품의 가공 후 단면적과 소재의 가공 전단면적의 비를 단련 계수라 하며 충분한 단련 효과를 얻으려면 적어도 $\frac{1}{3}$ 정도의 단면 계수까지 작업해야 한다. 가열이 불충분하거나, 가압력이 너무 작거나, 앤빌이나 해머의 면이 작을 때에는 단련 효과도 감소된다.

### (3) 단조품의 결함

① 소재의 결함 : 소재를 제조할 때 내부에 인, 황, 구리 등의 불순물이 많으면 가공중 소재가 갈라질 우려가 있다. 슬래그, 기포 수축공, 균열 편석 등이 있을 때에도 갈라지거나 흠이 생긴다.

② 단조중의 결함 : 가열이 적절하지 않고 고르지 못하면 산화 탈탄으로 표면 조직이 변화하거나 재료 내부에 응력이 남아서 기계적 성질이 나빠진다.

### (4) 소재의 견적

단조용 소재의 크기는 단조 전 소재의 부피 및 무게와 가공 후 제품의 부피 및 무게가 같다고 생각하여 계산한다. 그러나 실제로는 가열중에 산화하여 스케일이 생겨서 손실이 생기며 또 작업중 집게로 잡는 부분을 여분으로 두는 경우 그 무게를 가산해야 한다.

스케일로 인한 손실은 가열로의 분위기, 가열 시간, 가열 횟수 등에 따라 다르나 5~10 kg

의 제품이면 5~7.5% 정도로 본다. 집게로 잡는 부분의 여유는 13mm 정도가 보통이다.

## 7. 형단조

### (1) 형단조의 특징

필요한 모양의 금형의 상형과 하형 사이에 가열한 재료를 넣고 증기 해머, 드롭 해머 등으로 타격을 가하면 [그림]과 같이 형(die) 속을 거의 재료가 채우게 된다. 그리고 남은 재료는 플래시(flash) 부분으로 밀려 나온다.

플래시 부분은 얇아서 빨리 냉각되고 변형이 어려워지므로 저항이 작은 재료는 금형 속의 부분을 완전히 채우게 되고 나머지는 거터(gutter)부분으로 밀린다.

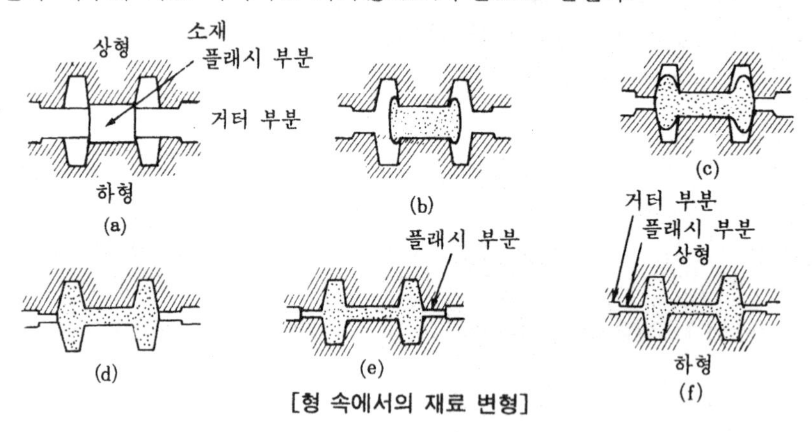


[형 속에서의 재료 변형]

### (2) 단조 금형

금형의 재질이나 모양이 제품의 정밀도 등에 큰 영향을 미치므로 금형의 설계와 제작에 특별히 주의 해야 한다.

## 8. 압연 가공

### 8-1 중간재 반제품과 제품

판, 봉, 관, 형재 등을 만들 때 강괴(잉곳)를 단조, 압연 등의 공정을 거쳐 중간재를 만들고 이것을 다시 가공하여 제품으로 완성한다.

### (1) 중간재

① 슬랩(slap) : 두께 50~400mm, 나비 220~1000mm인 편평한 강편이며 두꺼운 판재의 재료가 된다.

② 시트 바(sheat bar) : 두께 7~38mm, 나비 200~300mm 이며 얇은 중간판을 포함하는 두

께 5.5mm 이하의 판이며 프레스 가공의 제료가 된다.

③ 빌릿(billet) : 38~150mm 의 사각 또는 원형의 봉재, 그밖의 비교적 단면이 작은 것의 재료가 된다.

④ 블룸(bloom) : 150~250mm 의 사각 단면을 가진 재료이며 빌릿, 슬랩, 시트 바 등의 재료가 된다.

⑤ 스켈프(skelp) : 사각의 강편을 압연한 띠 모양의 재료이며 이 중 폭이 좁은 것을 스트립(strip), 폭이 넓은 것을 후프(hoop)라 한다.

⑥ 팩(pack) : 최종 치수까지 압연하지 않고 중간 압연한 강판이다.

### (2) 재품

① 판(plate) : 강판의 경우 보통 두꺼운 판 두께 6mm 이상, 중간판 3.2~5.5mm, 얇은 판 3mm 이하로 분류한다.

② 바(bar) : 단면 모양에 따라 사각형, 원형, 직사각형 등이 있다.

③ 형재(shape) : 산형, 홈형, I 형, L 형 등이 있다.

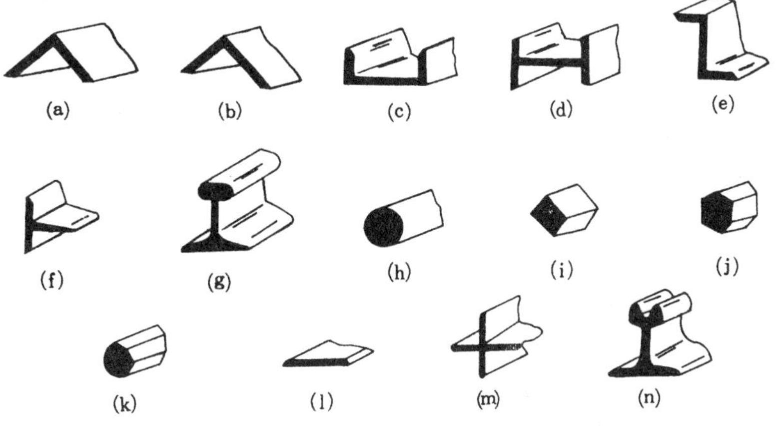


(a) 등변 산형강 (b) 부등변 산형강 (c) 홈 형강 (d) I 형강 (e) Z 형강
(f) T 형강 (g) 레일 (h) 원형 단면봉 (i) 사각 단면봉 (j) 육각 단면봉
(k) 팔각 (l) 평강 (m) 크로스 바 (n) 홈 레일

**[여러 가지의 압연 형재]**

## 8-2 롤 압연

### (1) 압하율

압연은 단조 작업과 같은 내용이지만 그보다 더 강력하며 연속적이다.

롤 압연(rolling)에서 재료의 늘어남과 나비의 증대에는 가공 온도, 롤 지름, 압하량, 압연, 압력, 두께, 속도 등이 관계되나 원재료의 나비에는 관계없다. 그림[롤 압연]과 같이 압연하기 전의 원 재료의 두께를 $H$, 압연 후의 두께를 $h$, 압연하기 전의 나비를 $b$, 압연 후의 나비를 $B$라 하면 다음과 같다.

압하량 $= H-h$

나비의 증가량 $= B-b$

$$B-b \fallingdotseq 0.35(H-h)$$

또, 압하율(1회의 가공도)은 다음과 같다.

$$\text{압하율}(\%)=\frac{H-h}{H}\times 100$$

압하율이 커질수록 필요한 공정수가 줄어 들어 능률적이지만 너무 크면 재료가 상하기 쉽다. 열간 압연에서는 냉간 압연보다 압하율을 크게 할 수 있다.

냉간 압연의 압하율은 최후 공정에서 10%정도이고 중간 압연 공정에서는 30%정도이다. 열간 압연에서는 1공정에 30~40%가 보통이고 때로는 50~60%에 달한 때도 있다.

소재의 속도는 롤의 원주 속도에 비하여 롤로 들어갈 때에는 느리지만 나올 때에는 빠르다. 따라서 압연 도중에 롤의 속도와 같은 속도가 되는 점이 있으며 이를 중립점 또는 등속점(no slip point)이라 한다(그림 [롤 압연기구]의 G점).

재료를 롤에 잘 물려들게 하려면 온도를 높게, 속도를 느리게 하여 판 두께에 비하여 되도록 지름이 큰 롤을 사용하면 된다. 그러나 롤의 지름이 크면 판의 두께가 얇아도 압연에 큰 힘이 필요하므로 효율이 나빠지기 때문에 롤 지름은 작은 편이 좋다.

롤에 물려들 수 있는 두께는 롤 간격이나 롤 반지름과 깊은 관계가 있으며 어느 한도 이상 되면 물려들지 못한다.

그림 [롤 압연 기구]에서 마찰각(fricttion angle)을 $\beta$라 하면 $\alpha \leqq \beta$의 경우 재료가 롤에 물려 들어가 압연이 가능하나 $\alpha > \beta$인 경우에는 물려들지 못한다. 그러나 $2\beta > \alpha > \beta$인 경우 처음에 재료를 밀어 넣으면 압연이 가능하게 된다.

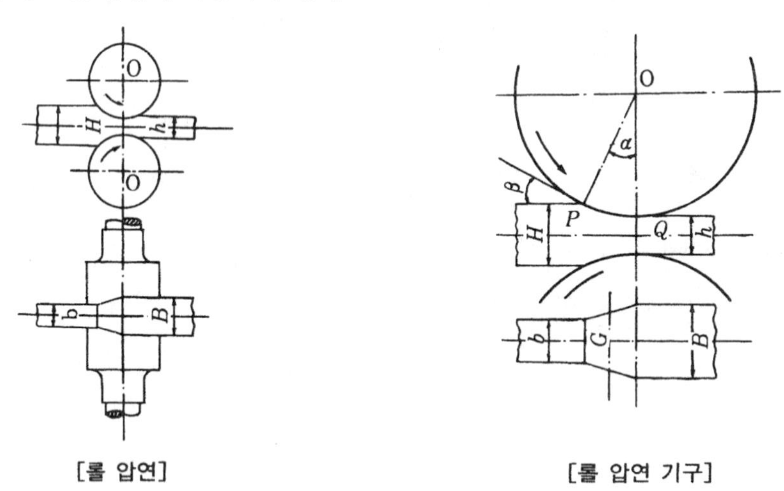


[롤 압연]　　　　[롤 압연 기구]

또 마찰계수를 $\mu$라 하면 $\mu=\tan\beta$가 되며 매끄러운 롤을 사용하였을 때의 값은 다음 [표]와 같다. 압연에 소요되는 동력은 가공 재료의 종류, 크기, 온도, 롤 지름, 롤 표면 상태 등에 따라 다르며 여러 가지의 영향을 받아 계속 변화한다.

[롤면과의 마찰 계수($\mu$)]

| 재 질 | 상 태 | $\mu$ |
|---|---|---|
| 연강 | 냉간 압연 표면 윤활 | 0.07 |
| 연강 | 냉간 압연 윤활 없을 때 | 0.10 |
| 알루미늄 | 냉간 압연 | 0.17 |
| 알루미늄 | 350°C에서 압연 | 0.74 |
| 구리 | 냉간 압연 | 0.085 |
| 구리 | 750°C에서 압연 | 0.36 |

### (2) 압연 롤

주철제 롤 : 연질 롤이며, 주로 형강 등의 소형 압연용으로 사용한다.

② 주철제 세미 칠드 롤 : 반경질이며, 표면이 약간 굳다. 소형재 중간 압연용으로 사용한다.

③ 주철제 칠드 롤 : 경질 롤이며, 강판 압연용으로 사용한다.

④ 주강제 롤 : 주철제보다 인생이 크고 강하다. 형강, 강판의 예비 압연용으로 사용된다.

⑤ 단강제 롤 : 분괴 압연, 비철제 열간 압연, 만네스만식 압연용으로 사용된다.

판재의 압연은 원기둥형 롤(plain roll)을 사용하고 봉이나 형재의 압연에는 형상을 주기 위한 홈을 파 놓은 홈 롤(grooved roll)을 사용한다. 홈의 모양을 공형(caliber) 또는 패스(pass)라 한다. 패스에는 열린 패스(open pass)와 닫힌 패스(closed pass)의 두 가지 종류가 있다.

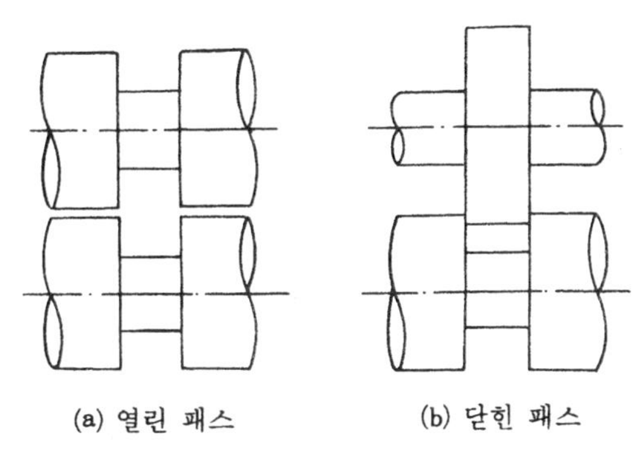

(a) 열린 패스　　(b) 닫힌 패스

[홈 롤]

닫힌 패스는 홈이 한쪽 롤 깊숙이 파져 있고 나머지 롤의 돌기부가 깊이 끼어 들어가서 뚜껑 역할을 하는 구조로 되어 있다. 재료의 억센 압연(예비 압연)에서 일반적으로 열린 패스의 홈 롤을 사용하고 완성 가공은 닫힌 홈 패스의 홈 롤을 사용한다.

열린 패스의 홈 롤로 압연하면 반드시 지느러미가 생겨서 제품의 모양도 나빠지고 롤이 파손되기 쉬우므로 다음 롤로 넘어갈 때 반드시 90° 회전시켜 발생하기 시작하는 지느러미(fin)를 억제하도록 한다. 다음 [그림]은 여러 가지 롤의 홈 모양을 나타낸 것이다.

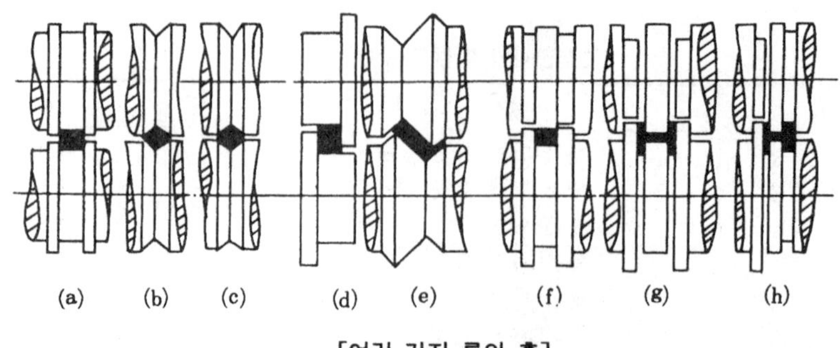


[여러 가지 롤의 홈]

판재의 압연 롤은 작업할 때 열이 발생하여 롤이 팽창하거나 쳐져서 제품이 정확하게 완성되지 않는 경우가 많다. 이를 방지하기 위하여 보통 [그림]과 같이 냉간 압연에서는 롤 중앙부를 양끝보다 굵게 하고 열간 압연에서는 롤의 팽창을 고려하여 중앙부를 약간 가늘게 만든다. 이를 롤 크라운이라 한다.

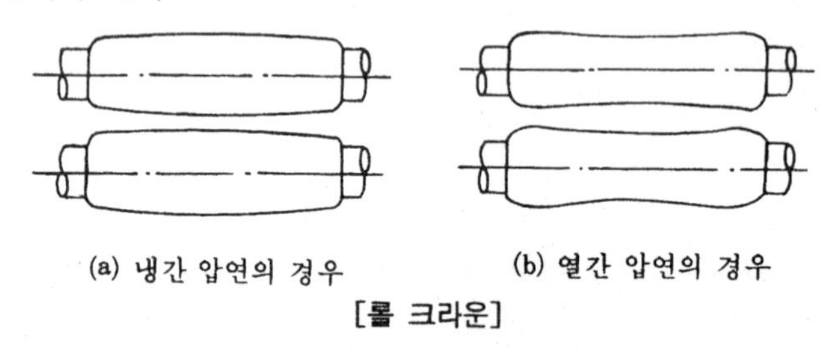

(a) 냉간 압연의 경우 (b) 열간 압연의 경우

[롤 크라운]

### (3) 압연기

압연기의 형식은 목적이나 용도에 따라 다르나 언제나 롤은 롤 스탠드로 지지되어 튼튼한 프레임 속에서 회전한다. 압연기를 조립 형식으로 분류하면 다음 [표]와 같다.

다음 그림은 압연기와 재료와의 관계를 나타낸 것이다. 롤의 수가 많은 것을 일반적으로 다단 압연기라 하며, 재료에 직접 접하게 되는 2개의 롤만이 작업 롤(working roll)이고, 나머지 롤들은 작업 롤의 처짐을 방지하기 위한 지지 롤(back up roll)이다.

작업 롤은 지름이 작을수록 효율이 좋고 금속박의 압연용으로 작업 롤의 지름이 수 mm의 20단식 압연기도 있다. 그림의 (9)는 유니버설 롤로 수평 롤과 수직 롤을 장치하여 1회의 공정으로 판의 두께와 나비가 동시에 압연할 수 있게 되어 있다.

일반적으로 실제 압연에서 한 쌍의 롤을 한번 통과시켜서 끝나는 일은 드물고 여러 차례 롤 사이를 통과시켜야 하며 또 여러 가지 공정을 거쳐 제품으로 완성된다.

| 압연기의 형식과 용도 | | | |
|---|---|---|---|
| 형 식 | 용 도 | 형 식 | 용 도 |
| (1) 2단식 | 소형재 | (5) 2단 연속식 | 시트 바, 선재 |
| (2) 역전 2단식 | 대형재, 분괴, 두꺼운 판 | (6) 4단식 | 얇은 판, 띠판, 냉압 |
| (3) 복 2단식 | 소형재 | (7) 4단 연속식 | 띠판, 냉압 |
| (4A) 3단 비역전식 | 대형재, 분괴, 중간판 | (8) 6단식 | 띠판, 냉압 |
| (4B) 강재용 3단식 | 대형재, 분괴, 중간판 | (9) 유니버식 | 형재, 관재 |

여러 가지 압연기와 재료와의 관계

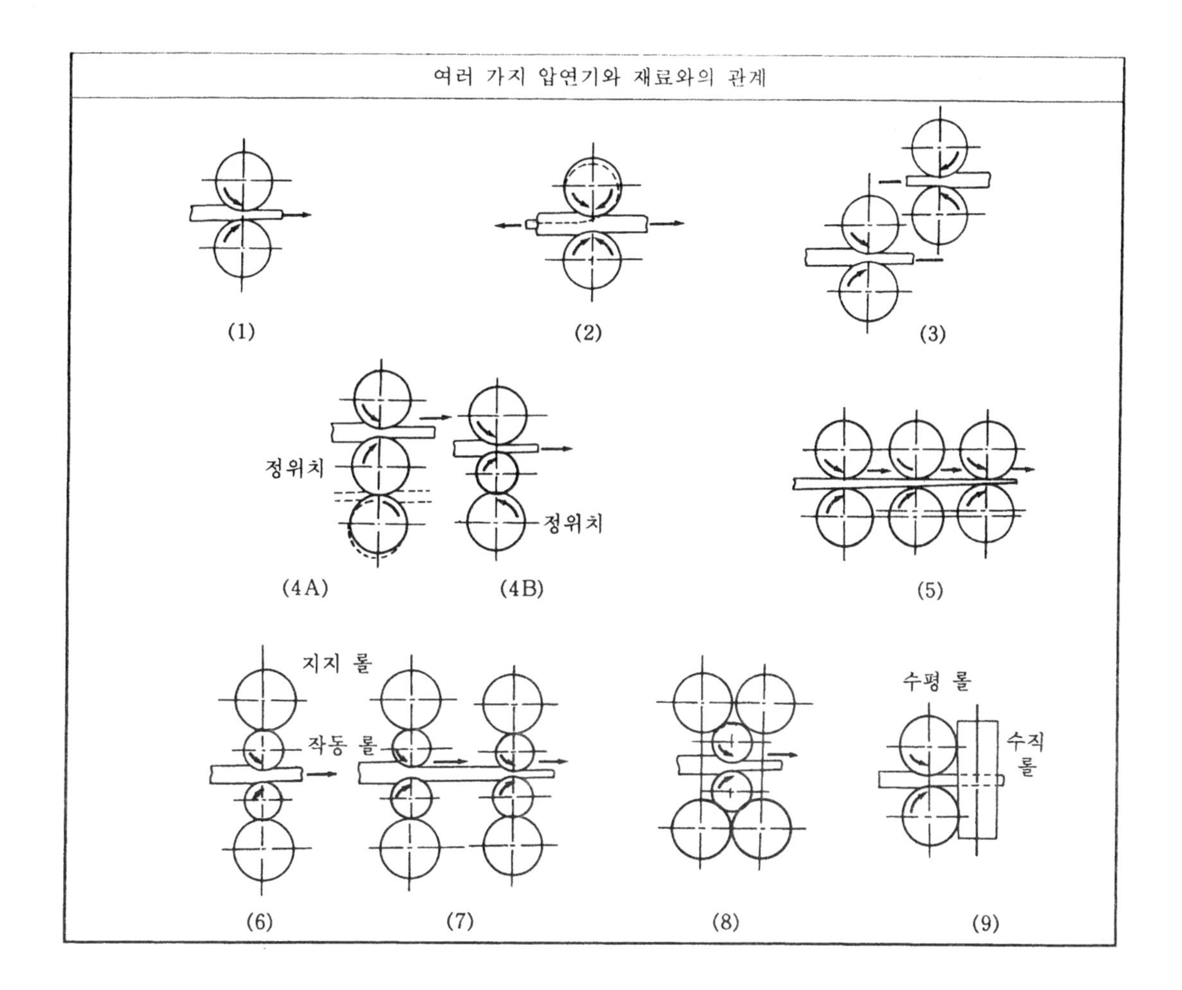

# 전개도법

## 1. 전개도법의 개요

어떤 입체의 표면을 하나의 평면 위에 펼쳐 놓은 도형을 전개도라 하며 전개도는 투상도를 기본으로 하여 그려진다. 전개도를 그리는 목적은 물체의 투상도에서 물체 각부의 실제 길이를 구하는 것이다. 2개 이상의 입체가 결합되어 있을 때에는 상관선을 먼저 구하여 전개도를 그린다. 일반적으로 일감이 복잡할 때 먼저 종이 위에 전개도를 그린 다음 이를 철판에 옮겨 판뜨기 한다. 판뜨기할 때에는 치수가 정확해야 하며 접혀지는 가장자리 또는 접합되는 부분에는 접힘 여유 치수를 고려해야 한다.

### 1-1 직선의 실제 길이 구하기

전개도를 그리는 데 가장 중요한 것은 투상도에서 물체 각부의 실제의 길이를 구하는 것으로 실제 길이를 확실히 알아야 정확한 전개를 할 수 있기 때문이다.

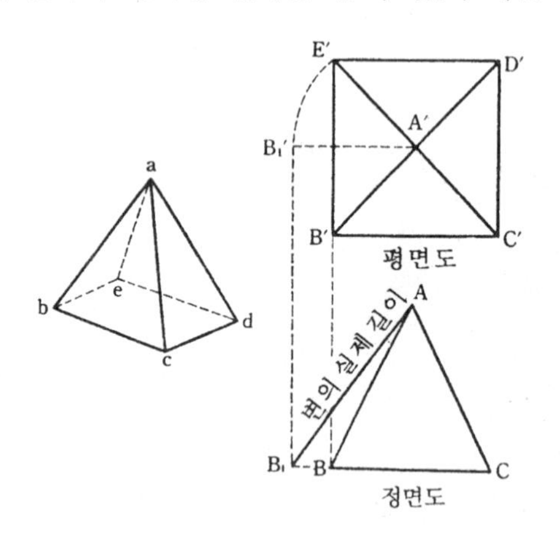


[직선의 실제 길이 구하기]

[그림]과 같이 사각뿔의 전개도를 그리려면 변의 실제 길이와 밑변의 실제 길이가 필요하지만 [그림]의 평면도에는 변의 실제 길이가 나타나 있지 않다. 즉, 평면도에서 밑변 $\overline{B'C'}$, $\overline{C'D'}$, $\overline{D'E'}$, $\overline{E'B'}$는 모두 실제 길이지만 변의 투영을 표시한 평면도의 $\overline{A'B'}$, $\overline{A'C'}$, $\overline{A'D'}$, $\overline{A'E'}$ 및 정면도의 $\overline{A'B'}$, $\overline{A'C'}$는 축소된 길이이고 실제 길이는 아니다. 이것의 실제 길이를 구하는 방법은 다음과 같다.

① 평면도 변의 투영 $\overline{A'E'}$를 반지름으로 하여 A′점에서 수평으로 만난 점 $B_1'$를 정한다.

② $B_1'$에서 정면도에 수직선을 내려 $\overline{BC}$선의 연장선과 만난 점 $B_1$를 구하면 $\overline{AB_1}$은 변 $\overline{A'B'}$의 실제 길이가 된다.

이러한 방법으로 구한 변의 길이와 알고 있는 밑변의 실제 길이로 전개도를 그릴 수 있다.

### 1-2 전개도법의 종류

전개도법에는 평행선법을 이용한 전개도법, 삼각형법을 이용한 전개도법, 방사선법을 이용한 전개도법의 세 종류가 있으며 복잡한 제품은 이들 세 가지 방법을 부분적으로 혼합한 혼합법을 쓰기도 한다.

## 2. 평행선법을 이용한 전개도법

### 2-1 직각 엘보

직각 엘보의 전개도는 평행선을 이용한 방법으로 다음과 같이 그린다.

① 원통의 정면도를 그리고 평면도 및 측면도에 해당하는 두 원통의 반원을 그려 6등분하여 0, 1, ……, 6으로 하고 각 등분점에서 수평선 또는 수직선을 그어 같은 번호의 연장선이 서로 만나는 점 a, b, ……, g를 연결하면 상관선이 된다(지름이 같은 두 원통은 단순 상관체이므로 상관선이 직선으로 나타난다).

② 원통의 밑변에서 연장선을 긋고 원의 $\frac{1}{12}$등분 길이로 0″, 1″, ……, 6″를 정하고 각 점에서 수선을 긋는다.

③ 각 상관점 a, b, ……, g에서 원통의 밑변에 평행하게 연장선을 그어 만나는 점을 a′, b′, ……, g′로 하고 각 점을 부드러운 곡선으로 이으면 전개도가 완성된다.

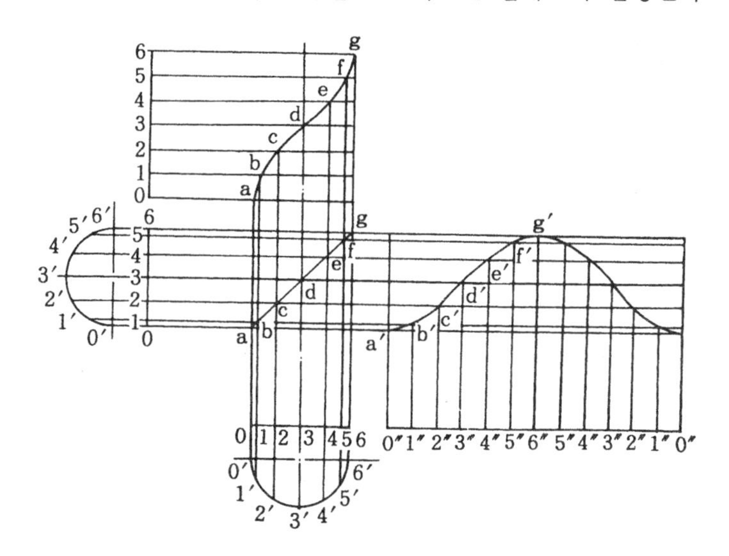


[직각 엘보]

## 2-2 3편 엘보(3편 마이터관)

같은 지름의 3편 엘보(3편 마이터관)의 전개도는 다음과 같이 그린다.

① 수평 수직의 기준선을 잡고 정면도와 절단면도에 해당하는 반지름을 그린다.

② 편수에 따라 90°를 $n-1$되게 등분한다(3편 : 3−1=2등분, 4편 : 4−1=3등분, 5편 : 5−1=4 등분……). 등분된 선은 각 편의 중심선이 되며 원통의 중심선과 수직으로 만나게 된다. 또한 [그림]과 같이 3편 엘보의 중심은 U, M, T 3점이 되며 4편, 5편 엘보는 5점이 된다.

③ 등분한 각(3편 : 45°, 4편 : 30°, 5편 : 22.5°)을 2등분하여 원점 O에서 선을 그으면 상관선이 된다.

④ 반원을 6등분하여 수선을 세우고 상관선과 만나는 점이 상관점이 된다. 원통과 평행하고 면의 중심선과 수직으로 기준선을 긋고 중심선과 평행으로 각 상관점을 연장하여 동일 번호의 점을 구하여 각 점을 부드럽게 연결하면 전개도가 완성된다.

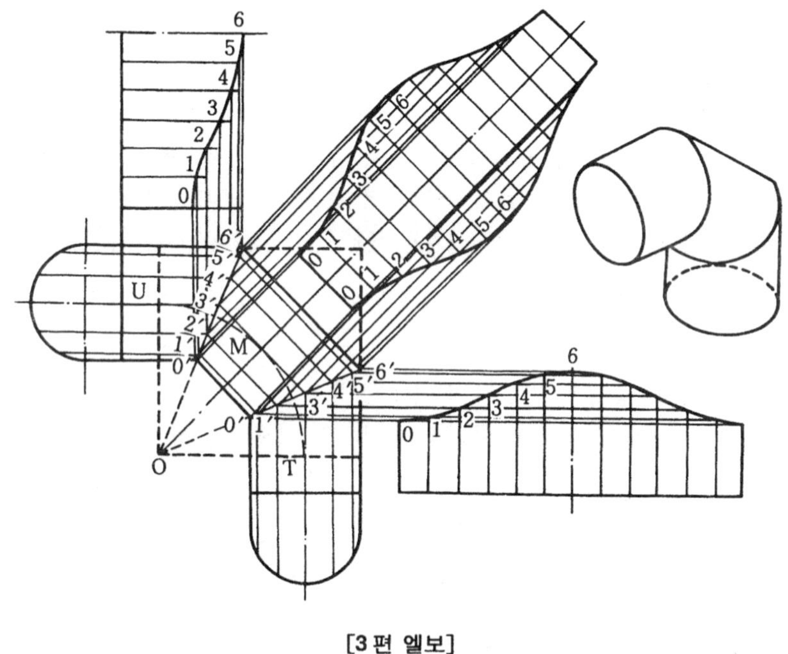


[3편 엘보]

## 2-3 지름이 같은 T형 원통

① 정면도와 절단면도에 해당하는 원 $O_1$, $O_2$를 그리고 12등분하여 각 점을 수직, 수평으로 연장하여 상관점을 찾고 상관선을 긋는다.

② 원통의 밑면에서 연장선을 긋고 원의 $\frac{1}{12}$등분 길이로 등분하여 각 등분점에서 수선을 긋는다.

③ 각 상관점 a, b, c, d에서 원통의 밑면에 평행하게 연장선을 그어 만나는 점 a″, b″, c″,

d″을 부드러운 곡선으로 연결하면 하부 원통의 전개도가 된다.

④ 상부 원통의 전개도는 측면도에서 나타난 것과 같이 원통의 중심에 상관점이 있는 것을 주의하고 펼쳐진 그림의 중심부에 기준선을 긋고 좌우로 3칸씩 원의 $\frac{1}{12}$간격으로 등분하여 기준선에 평행하게 긋고 정면도의 상관점에서 연장선을 그려 동일 번호를 찾아 완만하게 연결하면 된다.

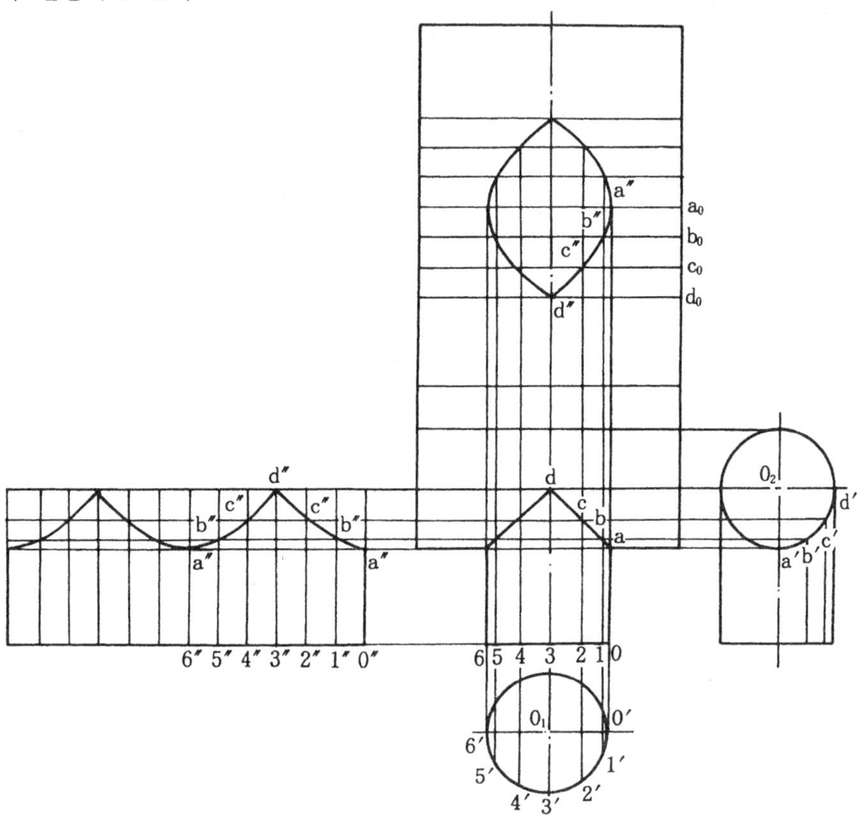


[T형 원통(동경 T형관)]

## 2-4 y형 원통(동경 y형관)

[그림]은 지름이 같은 두 원통이 60°에서 만나는 상관체로서 어떤 각도로 만나든지 전개방법은 90° 엘보나 T형 원통관과 같으며 상관선은 직선으로 나타나고 상관선이 이미 주어진 상태이므로 전개하기가 쉽다.

① 정면도와 절단면에 해당하는 반원을 그리고 6등분하여 각 점에서 수선을 내린다(좌우 대칭형이므로 반원을 그렸다).

② 중심선 d점에서 60°로 접하는 원통의 중심선을 긋고 $\overline{ad}$ $\overline{dg}$를 직선으로 연결하여 상관선을 얻는다.

③ 반원의 6등분점에서 내린 수선의 발과 상관선과 만나는 점을 상관점으로 잡는다.

④ 경사진 원통의 전개도는 접합선을 $\overline{O'a}$로 하고 경사진 원통과 평행하게 기준선 $\overline{O''a''}$를

긋고 원통과 수직으로 각 상관점에서 연장선을 그려서 같은 번호와 문자의 교점을 얻고 각 점을 완만하게 곡선으로 연결하여 전개도를 완성한다.

⑤ 좌우 대칭의 전개도는 한쪽 면만 정확하게 그려도 된다.

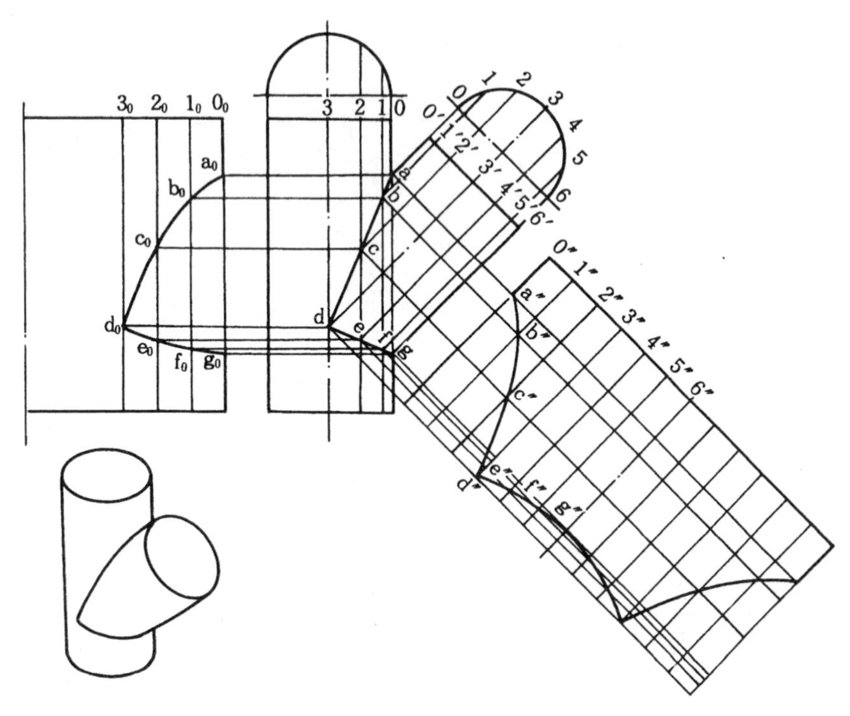

[y형 원통(동경 y형관)]

## 2-5 y형 분기 원통(동경 y형 분기관)

지름이 같은 원통이 60°의 대칭으로 만난 Y형 분기관으로 그 전개도는 다음과 같은 방법으로 그린다.

① Y형 원통 분기관은 단순 곡면의 상관체이므로 정면도를 그려서 기준선을 $\overline{mp}$로 잡고 $\overline{mp}$에 좌우로 30°씩 벌려 두 원통의 중심선을 그린다.

② 중심선에 수직으로 반원을 그려 6등분하고 각 등분점에서 수선의 발을 내린다.

③ 상관선은 원통의 끝이 서로 만나는 $\overline{mps}$에서 직선으로 연결하여 얻고 반원의 6등분점에서 내린 수선과 만나는 m, n, o, p, q, r, s의 상관점을 얻는다.

④ 원통의 중심선과 평행하게 기준선 O′AM을 잡고 $\overline{O6}$의 연장선 위에 반원의 $\frac{1}{6}$등분 간격으로 0′, 1′, 2′, ……, 6′을 등간격으로 한다.

⑤ 0′, 1′, ……, 6′점에서 $\overline{O'AM}$에 평행선을 긋고 각 상관점을 원통과 수직으로 연장선을 그려 a를 A에, b를 B에, d를 D에, e를 E에, f를 F에, g를 G에 옮기고 m을 M에, n을 N에, o를 O에, p를 P에, q를 Q에, r를 R에, s를 S에 각각 옮겨 각 점을 원활하게 연결하여 전개도를 완성한다(원통의 각도가 여러 가지로 변화되어도 전개 방법은 같다).

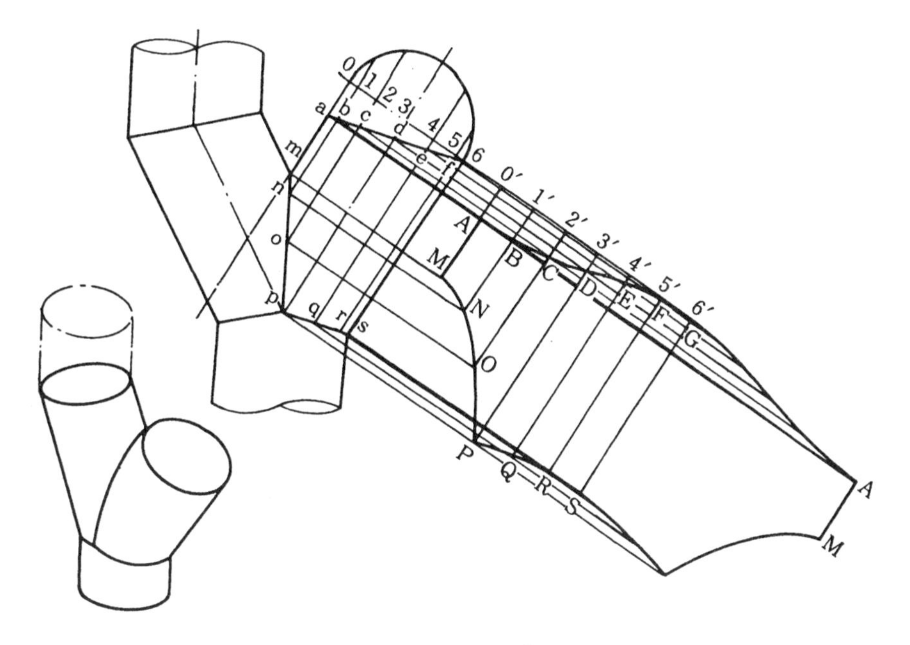

[Y형 분기 원통]

## 2-6 이경 T형 원통

상하 원통의 지름이 서로 다른 관으로서 다음과 같이 전개도를 그린다.

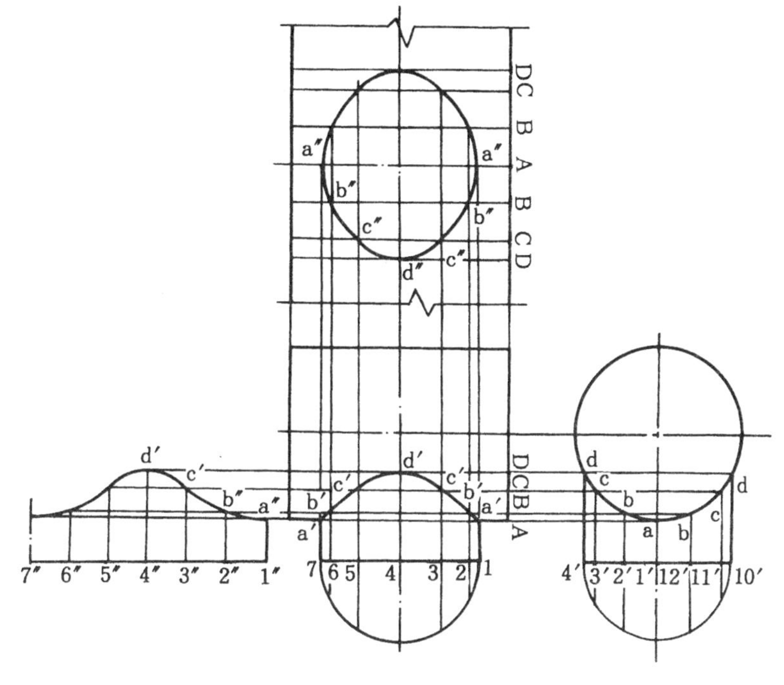

[이경 T형 원통]

① 중심선을 수직·수평으로 긋고 도면의 치수에 맞게 정면도를 그린다.
② 측면도를 그려서 큰 원통과 작은 원통이 만나는 부분을 찾는다. 하부 원통의 12등분점을 수직으로 연장선을 그어 측면도에서 a, b, c, d의 상관점을 구하고 이 상관점에서 각각 수평 연장선을 그려서 정면도의 원통의 12등분점을 수선으로 올린 선과의 교점(상관점)을 구하여 연결하면 상관선이 된다.
③ 하부 원통의 전개도는 원통에 평행으로 기준선을 긋고 원의 12등분 간격으로 분할된 점과 상관점에서 수평 연장선을 그어 교차되는 동일 번호의 점을 구하여 원활하게 연결하면 된다.
④ 상부 원통의 전개도는 원주의 $\frac{1}{2}$지점인 A에 중심점을 정하고 좌우로 측면도의 상관선 등분 길이 $\overset{\frown}{ab}=\overline{AB}$, $\overset{\frown}{bc}=\overline{BC}$, $\overset{\frown}{cd}=\overline{CD}$로 하여 각 점에서 큰 원통과 평행선을 그은 후 정면도의 상관점을 수직 연장시켜 교점을 찾아 원활하게 연결하여 완성한다.

## 2-7 이경 y형관

큰 원통에 작은 원통이 경사지게 만난 상관체로서 다음과 같이 전개도를 그린다.

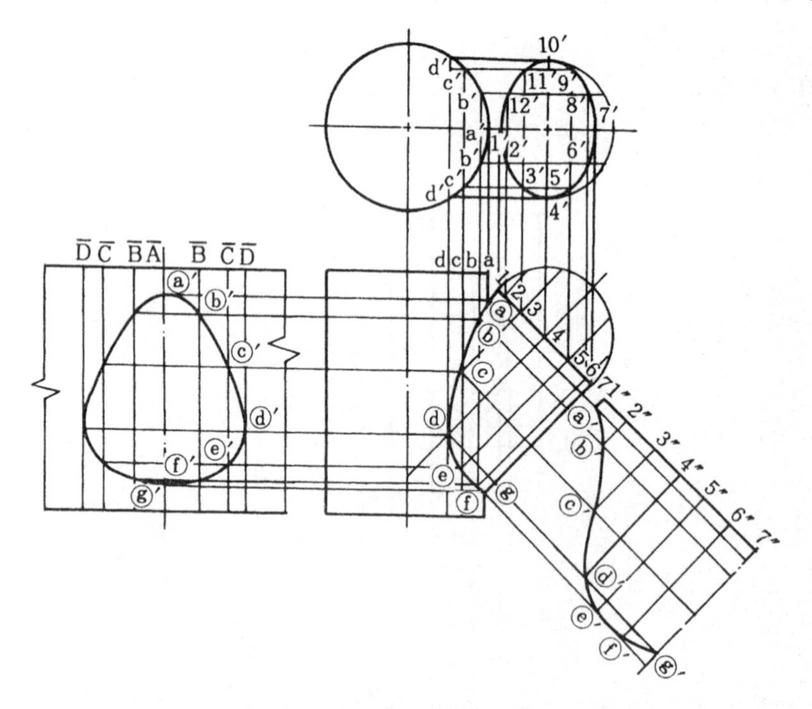

[이경 Y형관]

① 정면도와 평면도를 도면의 치수대로 정확하게 그린다.
② 정면도에 경사지게 만나는 작은 원통의 윗면에 반원을 그리고 6등분하여 1, 2, ……, 7로 표시한다.
③ 1, 2, ……, 7에서 수직 연장선을 그려 평면도에 타원을 그리고 1′, 2′, ……, 12′로 표시

한다.

④ 타원을 그리는 방법은 1, 2, ……, 7의 수직 연장선 위에 평면도의 $\overline{a'1'7'}$를 중심으로 하여 정면도의 2②, 3③, 4④의 폭을 상하로 옮겨 $\overline{2'12'}$, $\overline{3'11'}$ $\overline{4'10'}$를 구하고 각 점을 원활하게 연결하면 된다(원통의 앞과 뒤의 길이는 변하지 않고 오른쪽과 왼쪽의 길이는 짧게 보인다).

⑤ 정면도의 점 3에서 수직 연장선을 그어 평면도의 점 3′를 구하고 점 3′에서 수평 연장선을 그어 큰 원과 만나는 평면도의 상관점 C′를 찾아 C′를 수직으로 내려서 점 3에서 작은 원통의 중심선과 평행하게 그어 C′에서 내린 선과 만나는 점 ⓒ가 구하고자 하는 상관점이며 나머지 상관선도 같은 방법으로 구하여 상관선을 그린다.

⑥ $\overset{\frown}{a'b'} = \overline{AB}$, $\overset{\frown}{b'c'} = \overline{BC}$, $\overset{\frown}{c'd'} = \overline{CD}$로 하여 원통의 전개도를 완성한다.

# 3. 방사선법을 이용한 전개도법

## 3-1 경사 정육각뿔

방사선법은 꼭지점을 도면에서 찾을 수 있을 때 가능하다. [그림]은 머리가 경사지게 잘린 정육각뿔이지만 가상선으로 연결하여 쉽게 꼭지점을 찾을 수 있으므로 방사선법을 이용하여 전개도를 그릴 수 있다.

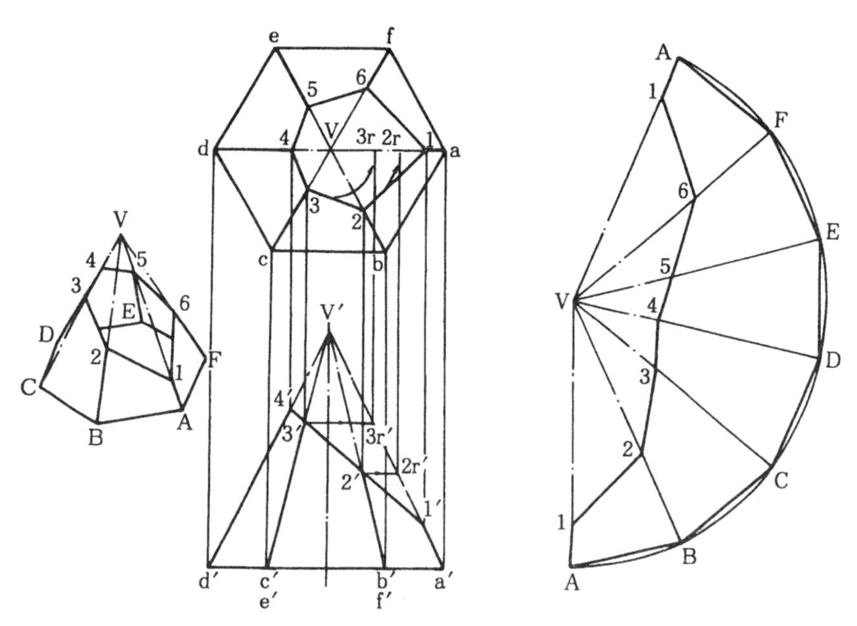


[머리가 경사지게 잘린 정육각뿔]

① 평면도와 정면도를 그리고 평면도에 표시한 선과 해당되는 기호를 정면도에 똑같이 조사한다.

② 정면도에서 직선으로 절단했을 때의 모양을 위에서 본대로 그린다. 즉, $\overline{V'c'}$를 통과한

3′를 수직으로 평면도에 옮겨 평면도의 $\overline{Vc}$ 와 만나는 점 3을 얻는다. 나머지 4′, 2′, 1′도 같은 방법으로 점 4, 2, 1을 얻을 수 있다.

③ $\overline{Va}$ 가 기준선에 평행이므로 $\overline{V'a'}$ 는 실장이다. 또 $\overline{Va}=\overline{Vb}=\overline{Vc}=\overline{Vd}=\overline{Ve}=\overline{Vf}$ 이므로 정육각뿔의 모든 모서리 실장은 $\overline{V'a'}$ 로 나타난다. 따라서 $\overline{V3}$, $\overline{V2}$ 도 $\overline{Va}$ 로 옮겨서 수직으로 내리면 정면도의 3′, 2′를 수평으로 옮긴 것과 같은 효과를 가져온다.

④ 꼭지점 V를 축으로 $\overline{V'a}$ 의 길이로 원호를 그려 정육각뿔 한 변의 길이 ab로 분할하고 절단부는 $\overline{V''2r'}$ 를 전개도의 $\overline{VB}$ 선 위에 $\overline{V2}$ 로 옮기며 다른 점도 같은 방향으로 그려서 각 점을 직선으로 연결하면 전개도가 완성된다.

## 3-2 경사 원뿔

머리가 경사지게 잘린 원뿔로서 다음과 같이 방사선법을 이용하여 전개도를 그린다.

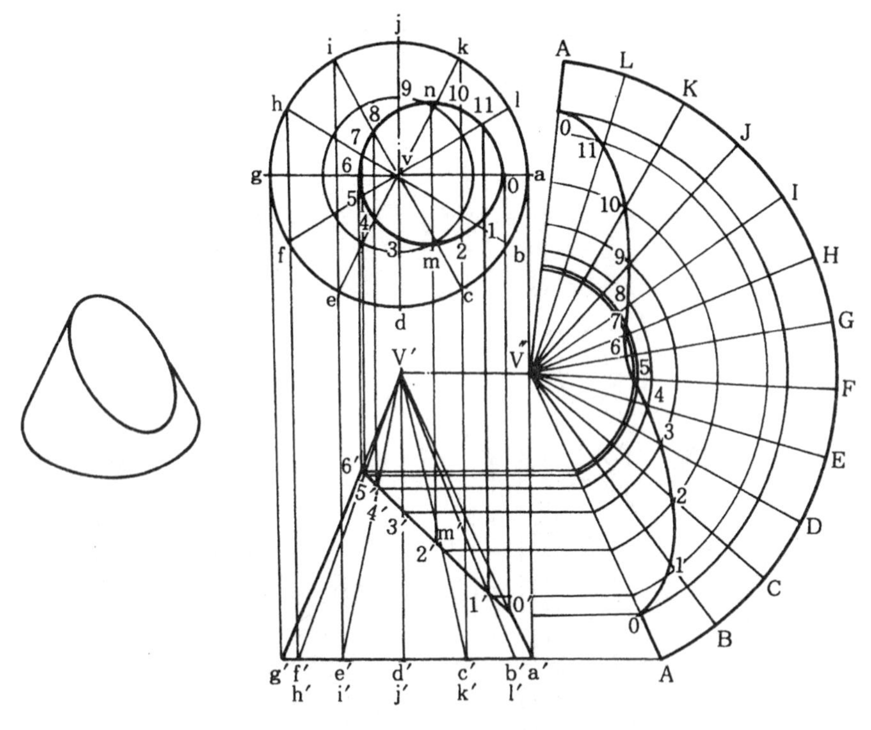


[머리가 경사지게 잘린 원뿔]

① 정면도와 평면도를 정확하게 그린다.

② 평면의 원을 12등분하여 각 점을 a, b, ……, l로 하고 수선의 발을 밑변에 내려 a′, b′, ……, l′를 구하고 꼭지점 V′에 연결하여 절단선과 만나는 교점 0′, 1′, ……, 6′를 구한다.

③ 절단면의 모양을 그리려면 0′, 1′, ……, 6′에서 수직연장선을 평면도까지 그려 교점 0, 1, ……, 11을 구하여 타원을 그린다.

④ 0′, 1′, ……, 6′에서 수평 연장선을 그려 $\overline{V'a'}$ 와 만나는 점들이 절단선의 실장이다.

⑤ V″점을 축으로 V′a′의 실장으로 원호를 그리고, 원의 $\frac{1}{12}$ 등분 길이로 분할하여 A, B,

……, L, A 로 하고 꼭지점 V″에 연결하면 원뿔 전체의 전개도가 된다.

⑥ 절단부의 전개는 이미 구해진 실장으로 원호를 그려서 교점을 구하여 완만하게 연결하여 완성한다.

## 3-3 편심 원뿔

꼭지점이 밑면 원의 중심을 벗어나 모양으로 수평 절단하면 단면이 원으로 되고 꼭지점이 원의 내부 또는 외부에 있어도 전개 방법은 같다.

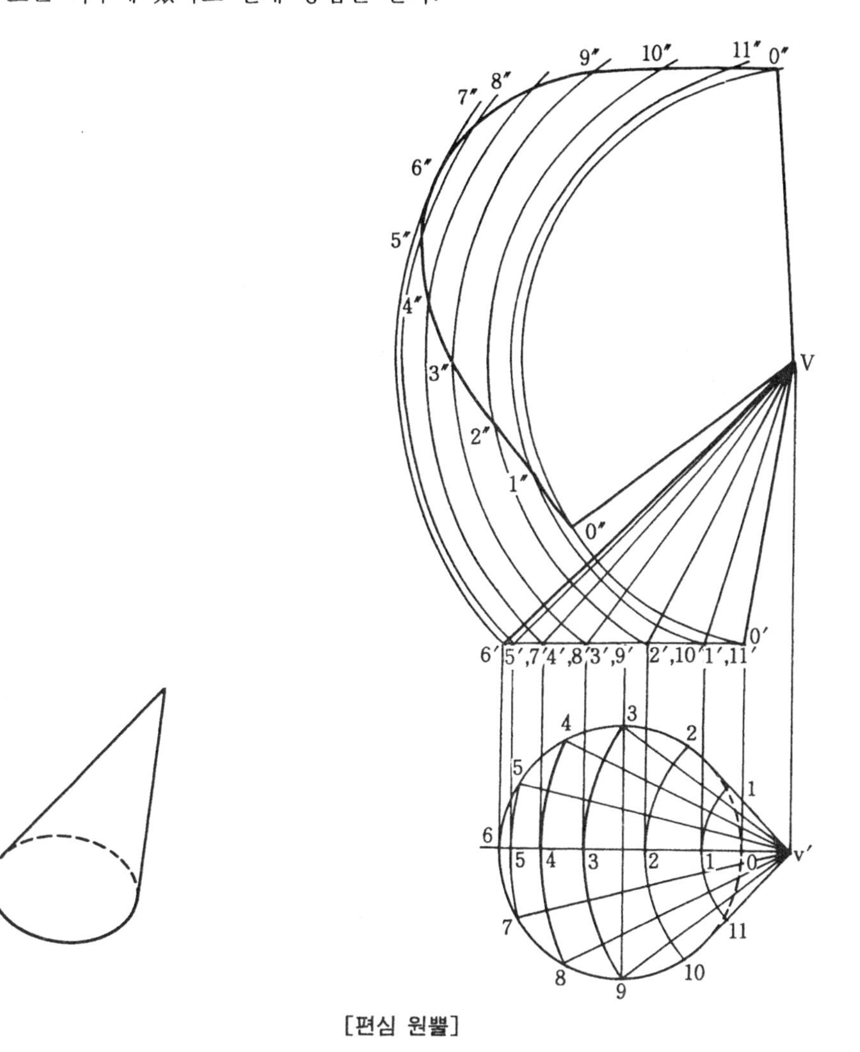


[편심 원뿔]

① 평면도와 정면도를 그리고 평면도의 원을 12 등분하여 각 등분점을 0, 1, ……, 11 로 한다.

② $\overline{V'0}$, $\overline{V'1}$, ……, $\overline{V'11}$ 의 실장은 평면도의 $V_1'$, $V_2'$, ……, $V_6'$을 중심선에 연장시켜 기준선에 평행하게 수직 연장선을 그리면 정면도에 나타낸 $\overline{V1'}$, $\overline{V2'}$, ……, $\overline{V11'}$가 실장이 된다. 정면도의 선들은 평면도에 나타낸 선의 실장이다(평면도의 선들이 정면도에 표시되어 있지 않다).

③ V를 축으로 하여 각 실장 원호를 그린다.

④ V0″를 기준으로 원의 $\frac{1}{12}$등분 길이로 0″에서 1″, 2″, 3″, ……, 0″까지 [그림]과 같은 방법으로 분할한다.

⑤ 각 점들을 완만한 곡선으로 연결하여 전개도를 완성한다.

## 3-4 장타원형 용기

직원뿔을 둘로 나누어 그 사이를 직사각형으로 이은 모양의 용기로서 다음과 같이 전개도를 그린다.

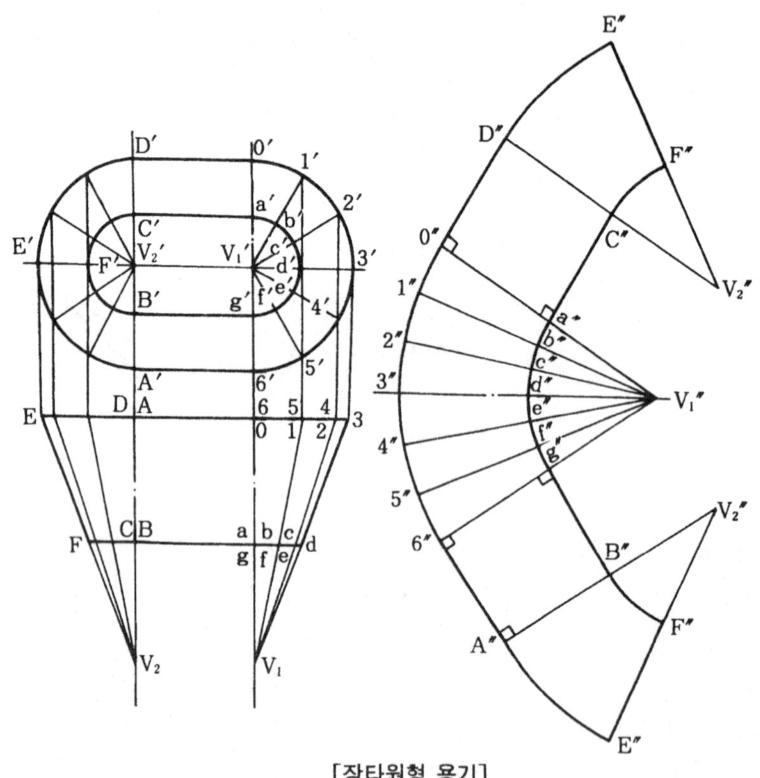


[장타원형 용기]

① 정면도와 평면도를 그리고 번호와 기호를 표시한다.

② 직원뿔의 실장은 정면도에 나타난 선의 높이와 같고 평면도에 대응되는 선들의 길이가 같으므로 $\overline{V_1 d}$, $\overline{V_1 3}$이 모든 선의 실장이 된다.

③ $\overline{EF}$를 접합선으로 하는 전개도는 $\overline{V_1 3}=\overline{V_1'3''}$로 기준선을 잡고 $V_1''$를 중심으로 $\overline{V_1''3''}$로 원호를 그리고 대칭이 되게 큰 원의 $\frac{1}{12}$등분선을 3″에서 2″, 1″, 0″ 또 4″, 5″, 6″를 잡는다($\overline{0'1'}=\overline{0''1''}$).

④ $V_1''$에서 0″, 1″, ……, 6″를 연결하고 $V_1''$에서 $\overline{V_1 d}=\overline{V_1''d'}$로 원호를 그려서 a″, b″, ……, g″를 구한다.

⑤ 6″와 g″에서 $\overline{6''g''}$에 수직으로 연결하고 $\overline{6A}=\overline{6''A''}=\overline{g''B''}$가 되는 선을 그어 A″, B″를 구하고 $\overline{A''B''}$의 연장선에 $\overline{3V_1}=\overline{A''V_2''}$ 되게 $V_2''$를 잡고 $V_2''$를 중심으로 A″점과 B″점에서 원호를 그려 E″, F″를 구하면 전개도가 완성된다.

## 3-5 원통에 직교하는 원뿔

수평 원통에 수직으로 교차한 상관체로 [그림]과 같이 전개도를 그린다.

① 정면도와 측면도를 정확하게 그리고 중심선을 표시한다.

② 정면도 원뿔의 반원주를 6등분하여 0, 1, ……, 6으로 하고 측면도에도 같은 방법으로 0′, 1′, ……, 6′를 구한다.

③ 측면도의 $\overline{V'2'}$와 상관선과의 교점 c′를 상관점으로 하고 c′를 원통의 수평 중심선에 평행선을 그어 정면도의 $\overline{V2}$선과 만나는 점 c를 구하고 나머지 상관점(a′, b′, d′)도 같은 방법으로 구하여 상관선을 긋는다.

④ c점에서 연장선을 그려 원뿔의 바깥선 $\overline{V6}$ 위에 $c_0$를 구하여 $\overline{Vco}$가 $\overline{Vc}$의 실장이 된다.

⑤ 꼭지점 V를 중심으로 원호를 그려 전체를 전개하고 $\overline{Vco}$의 길이로 원호를 그려 전개도상의 $\overline{V2''}$와 만나는 co를 구한다. 나머지 점들도 같은 방법으로 구하면 원뿔의 전개도가 된다.

⑥ 원통의 전개는 평행선법을 이용하면 간단히 그릴 수 있으므로 생략한다.

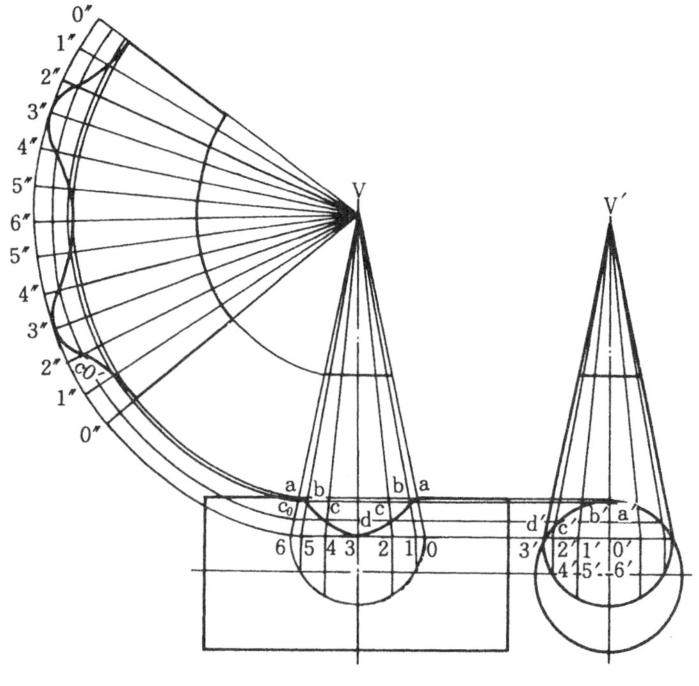


[원통에 직교하는 원뿔]

## 3-6 경사 원뿔 분기관

경사 원뿔이 대칭으로 결합된 상관체로서 바지형관이라고도 부른다.

① [그림]과 같이 정면도와 평면도를 그린다.

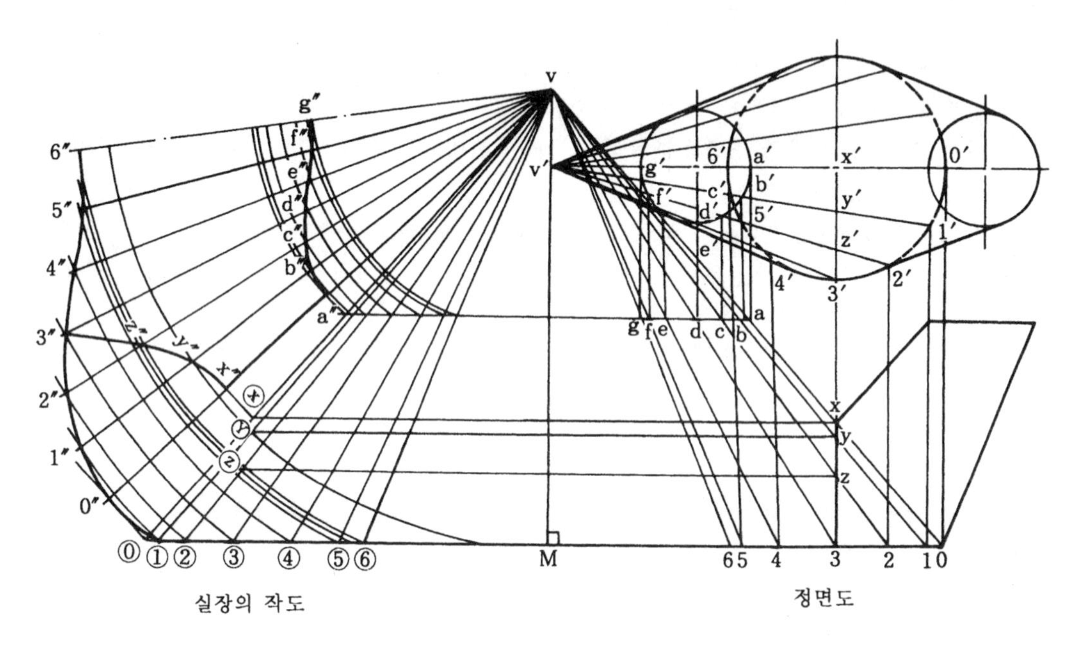


[경사 원뿔 분기관]

② 평면도의 큰 원을 12등분하여 0′, 1′, ……, 6′로 하고 각 점에서 수선을 내려 정면도의 밑변에 0, 1, 2, ……, 6을 구하여 표시한다.

③ 평면도의 작은 점을 12등분하여 a′, b′, ……, g′로 정하고 정면도에 수선의 발을 내려 a, b, ……, g로 표시한다.

④ 정면도의 $\overline{0a}$와 $\overline{6g}$에서 연장선을 그려 꼭지점 V를 구한다.

⑤ 평면도의 수평 중심선과 원뿔의 밑면 연장선에서 V점에 수선을 세운 $\overline{VM}$과의 교점 V′를 평면도의 꼭지점으로 정하고 V′에서 큰 원과 작은 원의 12등분 점을 잇는다. 정확하게 작도하면 V′와 b′1′가 일치된다.

⑥ 상관선이 직선으로 나타나므로 상관선과 $\overline{V0}$과의 교점을 X, $\overline{V1}$과의 교점을 Y, $\overline{V2}$와의 교점을 Z로 하여 상관점을 구한다. 평면도에서도 상관선을 통과하는 점을 X′, Y′, Z′로 정한다.

⑦ $\overline{VM}$를 기준으로 평면도의 각 선을 밑변에 옮겨 ⓪, ①, ……, ⑥으로 정하고 각 점을 V점과 연결하면 실장이 구해진다. 또, 상관점의 실장은 X, Y, Z에서 수평으로 연장선을 그어 $\overline{V⓪}$ 선상에 X를 옮겨 Ⓧ로 표시하고, $\overline{V①}$에 Y를, $\overline{V②}$에 Z를 옮겨 Ⓨ, Ⓩ로 표시하면 $\overline{VⓍ}$, $\overline{VⓎ}$, $\overline{VⓏ}$는 V점에서 상관선까지 실장이 된다.

⑧ V점을 축으로 하여 각 실장으로 원호를 그리고 0″에서 원뿔 밑면 $\frac{1}{12}$등분, 길이(0′1′=1′

2'…… 등)를 순차적으로 분할하여 1″, 2″,……, 6″을 구한다.

⑨ V점과 0″, 1″, ……, 6″를 잇고 원뿔 윗면의 실장으로 원호를 그려 교점 a″, b″, ……, g″를 구하면 상관부를 제외한 머리 잘린 모양의 경사 원뿔의 전개도가 된다.

⑩ $\overline{V Ⓧ}$로 원호를 그려 $\overline{V0''}$와의 교점을 X″로 하고, $\overline{V Ⓥ}$로 원호를 그려 Y″를 $\overline{V Ⓩ}$로 원호를 그려 Z″를 구하여 각 점을 원만하게 연결하면 전개도가 완성된다(좌우 대칭형이므로 전개도를 중심선을 기준으로 하여 반쪽만 그렸다).

## 3-7 세뿔관

[그림]과 같이 전개도를 그린다.

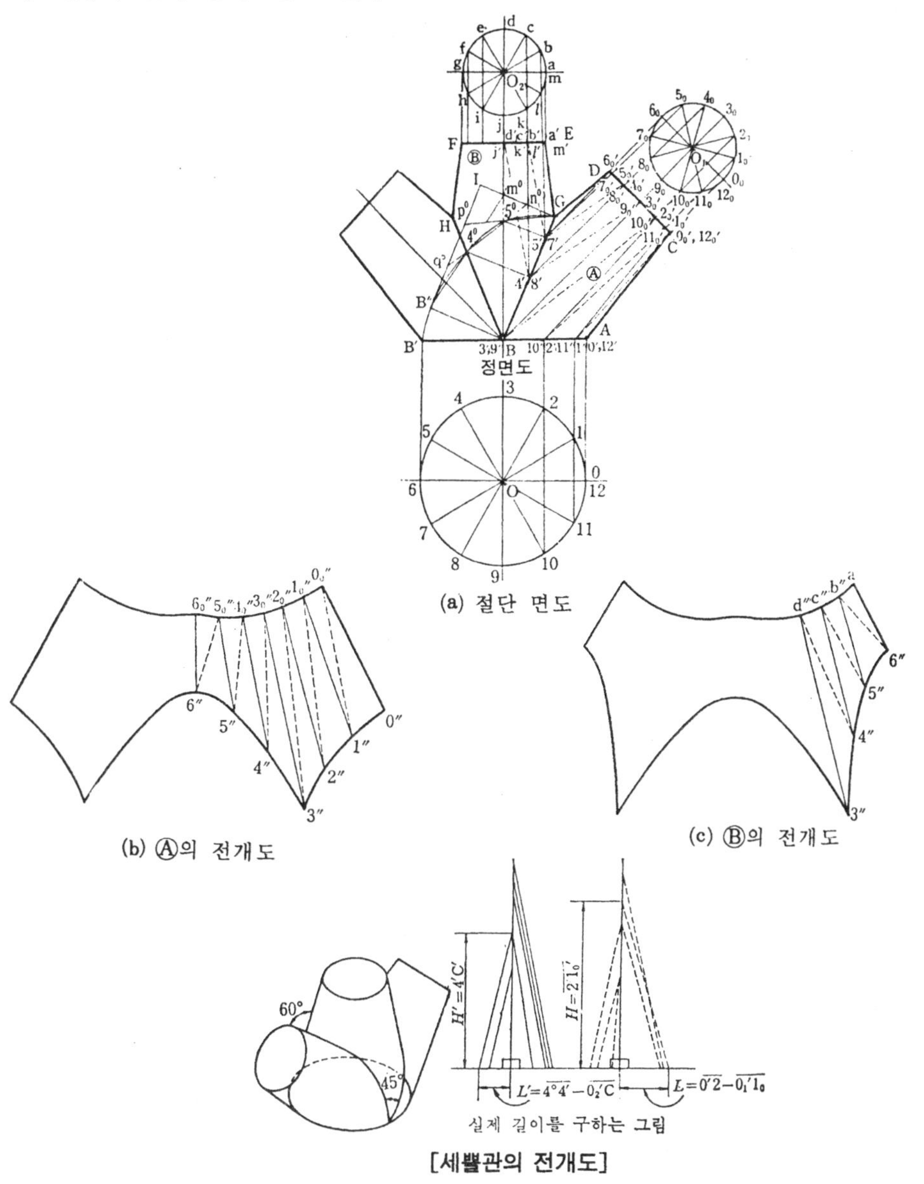


[세뿔관의 전개도]

① 세뿔관의 정면도와 절단면을 그리고 중심선을 긋는다.

② 정면도에서 단면의 $\overline{BG}$의 실형을 구하기 위하여 B에서 $\overline{BG}$에 대해 수선을 긋고 그 선 위에 B′점을 디바이더로 옮긴 다음 이 점을 B″로 정한다.

③ $\overline{BB''}$, $\overline{BG}$를 두 변으로 하는 사변형 BB″IG를 그리고 $\overline{B''I}$, $\overline{GI}$를 각각 3등분하여 $p^0$, $q^0$, $m^0$, $n^0$라 한다.

④ $m^0$와 B″, $n^0$와 $q^0$, G와 $p^0$를 연결하여 만나는 점 $4^0$, $5^0$와 BG를 곡선으로 연결하면 단면 BG의 실형 한 쪽 반분이 구해진다.

⑤ 4°, 5°에서 $\overline{BB''}$에 대해 평행선을 그어 $\overline{BG}$와 만나는 점을 4′(8′), 5′(7′)로 한다.

⑥ 원 O를 12등분한 점을 0, 1, 2, ……, 12, 원 $O_1$을 12등분한 점을 $0_0$, $1_0$, $2_0$, ……, $12_0$, 원 $O_2$를 12등분한 점을 a, b, c, ……, m으로 정한다.

⑧ 원 O의 등분점 위의 0, 1, 2, 3(12, 11, 10, 9)에서 $\overline{AB}$에 수선을 올리고 그 끝을 0′, 1′, 2′, 3′(12′, 11′, 10′, 9′)로 한다. 원 $O_1$의 등분점에서 $\overline{DC}$에 수선을 긋고 그 끝을 $0_0'$, $1_0'$, ……, $12_0'$로 정한다. 원 $O_2$의 등분점 a, b, c, d(m, l, k, j)에서 $\overline{EF}$에 수선을 긋고 그 끝을 a′, b′, c′, d′(m′, l′, k′, j′)로 정한다.

⑨ 0′, 1′, 2′, ……12′와 $0_0'$, $1_0'$, ……, $12_0'$ 및 3′, 4′, ……, 9′와 a′, b′, c′, d′, j′, k′, l′, m′를 정면도에 표시한 것과 같이 서로 어긋나게 점선으로 연결하여 각각 실제 길이를 구한다.

⑩ 예를 들어 $\overline{2'1_0'}$의 실제 길이를 구하려면 $\overline{0'2'}$와 $\overline{0'1_0'}$와의 차를 밑면 L로 $\overline{2'1_0'}$를 높이 H로 잡은 직삼각형을 그리면 그 빗면 길이 $\overline{2'1'}$의 실제 길이가 된다. 또 $\overline{4'c'}$의 실제 길이는 $\overline{4_0'4'}$와 $\overline{0_2'C}$와의 차를 밑변 L′로 $\overline{4'c'}$를 높이 H′로 잡았을 때의 직각삼각형의 빗변에 해당한다. 이와 같이 하여 다른 것의 실제 길이를 구한다.

### (1) 그림 Ⓐ부의 전개도 그리는 방법

① $\overline{0_0'0'}$가 실제 길이이므로 그대로 $\overline{0_0''0''}$로 설정한다.

② $0_0''$를 중심으로 $\overline{0_0'1'}$의 실제 길이로 원호를 그린다.

③ 0″를 중심으로 $\widehat{01}$로 그린 원호와 만난 점이 1″가 된다.

④ 1″를 중심으로 반지름 $\overline{1'1_0'}$의 실제 길이로 원호를 그린다.

⑤ $0_0''$를 중심으로 하여 $\overline{0_0 1_0}$으로 그린 원호와 만나는 점이 $1_0''$가 된다.

⑥ 이와 같이 하여 차례로 각 점을 구해 곡선으로 연결하면 Ⓐ의 전개도가 완성된다.

### (2) 그림 Ⓑ부의 전개도 그리는 방법

그림 Ⓑ의 전개도도 Ⓐ의 방법과 같은 방법으로 그린다.

## 3-8 원뿔에 수직으로 직교하는 원통

원뿔에 수직으로 직교하는 원통의 전개도는 [그림]과 같은 방법으로 그린다.

① 평면도와 정면도를 그리고 평면도의 작은 원은 상관선이 되므로 상관점을 임의로 정하면 된다. [그림]에서는 작도하기 편리하도록 원의 12등분점을 상관점으로 잡았다.

② 정면도의 상관선은 평면도의 꼭지점 V′에서 상관점 3을 지나는 연장선을 그려 원뿔의 밑면과 만나는 점 d를 구하여 수직 연장선으로 정면도의 g점을 정하고 꼭지점 V와 연

결하면 상관점 3은 반드시 $\overline{Vg}$ 위에 있게 되므로 평면도 3점에서 수직 연장선을 그어 $\overline{Vg}$와의 교점 3′를 구하면 된다. 나머지 상관선도 같은 방법으로 구한다.

③ 원뿔의 구멍 전개도는 중심선 $\overline{Va'}$를 정하고 $\overset{\frown}{ab} = \overset{\frown}{a'b'}$, ……, $\overset{\frown}{ef} = \overset{\frown}{e'f'}$로 하여 a′, b′, …, f′를 꼭지점 V와 연결하여 정면도의 상관점에서 수평 연장선을 그어 실제 길이를 구하여 원호로 교점을 연결하여 완성한다.

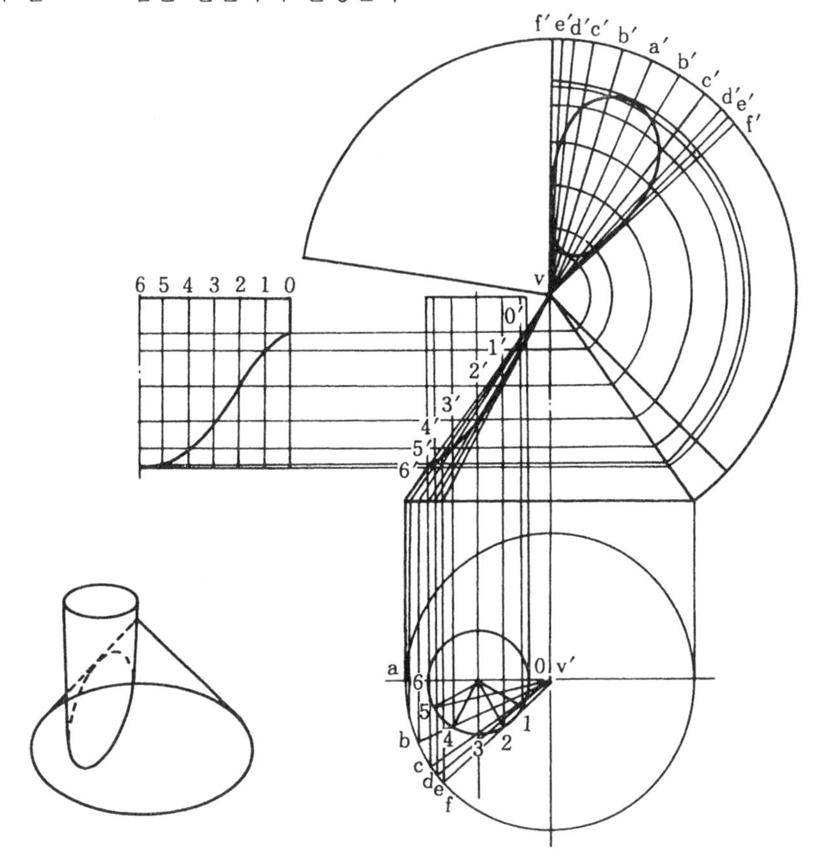


[원뿔에 수직으로 만나는 원통]

## 3-9 구와 직교하는 원뿔

구에 직원뿔 수직으로 만나는 상관체로서 전개 방법은 다음과 같다.

① 평면도와 정면도를 그리고 가상 원뿔의 밑면에서 반원을 그려서 6등분하여 0, 1, ……, 6으로 한다.

② $\overline{PP}$선으로 공통 절단한다. 원뿔의 절단된 모양은 $\overline{WS}$를 반지름으로 V′에서 원을 그린다면 구의 모양은 $\overline{XY}$를 반지름으로 u에서 원을 그린 것이다.

③ 원뿔의 절단면 (WP)와 (XP)가 서로 교차하는 점 q가 상관점이 되며 q에서 절단된 $\overline{PP}$ 위에 수선을 내리면 정면도의 상관점이 된다. 같은 방법으로 남은 상관점을 구하여 상관선을 얻는다.

④ 구해진 상관점을 연결하고 임의로 절단하여 구했던 상관점은 무시하고 원뿔의 $\overline{V0}$, $\overline{V1}$,

……, $\overline{V6}$과 상관선의 교점을 새로운 상관점으로 하여 a, b, ……, g로 한다. 각 상관점에서 수평 연장선을 그어 $\overline{V6}$과 만나는 점이 실제의 길이가 된다.

⑤ $\overline{V6}$과 평행하게 $\overline{V''0'}$의 기준선을 잡고 V″점을 중심으로 하여 방사선법에 의해 전개도를 그린다.

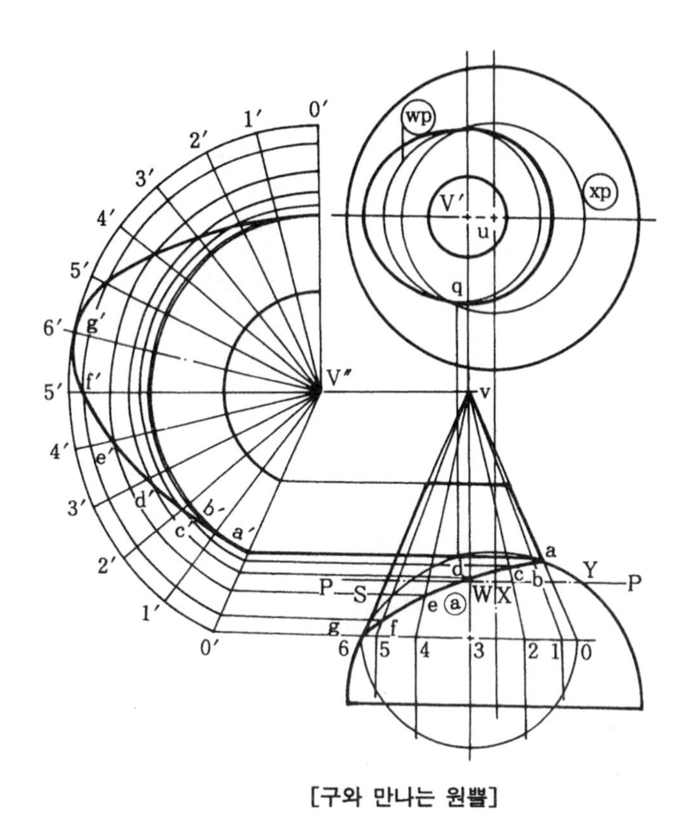


[구와 만나는 원뿔]

# 4. 삼각형법을 이용한 전개도법

상하 원의 중심이 서로 다르고 꼭지점을 도면에서 찾을 수 없을 경우, 꼭지점을 찾을 수 있어도 실제 길이가 너무 길어 컴퍼스를 사용하기 곤란할 경우에는 삼각형법을 이용하여 전개도를 그린다.

## 4-1 편심 원뿔대

정면도와 평면도를 그려 다음과 같은 방법으로 전개도를 그린다.

일반적으로 정면도와 평면도에 물체의 특징과 모양이 잘 나타나므로 전개도를 그릴 때에는 정면도와 평면도를 그려서 작도하며 평면도와 정면도에 의해 전개도를 그릴 수 없을 경우 보조 투상도를 그려서 전개도를 그린다.

① 기준선을 정하고, 평면도와 정면도를 그린다.

② 평면도의 밑원과 윗원의 반원을 8등분하여 각 등분점을 연결하여 사변형 모양을 만들고 점선으로 대각선을 그어 삼각을 이루게 한다.

③ 정면도의 높이로 XY를 정하고 XY를 기준선으로 하여 평면도의 실선과 점선의 길이를 옮겨 직삼각형을 만들면 삼각형의 빗변에 실제 길이가 된다.

④ $\overline{8i}$의 실제 길이는 정면도에 나타나므로 전개도에 $\overline{8''i''}$로 옮겨 기준선으로 하고 대각선 $\overline{8h}$의 실제 길이 $\overline{Y8_0}$로 8″점을 기준점으로 원호를 그리고, 큰 원의 $\frac{1}{16}$등분, $\widehat{i'h'}$로 원호를 그려서 교점 h″를 구한다. 다시 $\overline{h7}$의 실제 길이 $\widehat{Xh_0}$로 h″를 기점으로 원호를 그리고, 작은 원의 $\frac{1}{16}$등분점 $\widehat{8'7'}$로 원호를 그려서 교점 7″를 구한다.

이와 같은 방법으로 아래 위 원의 등분점을 이용하여 교점을 구하여 원만한 곡선으로 연결하면 전개도가 완성된다.

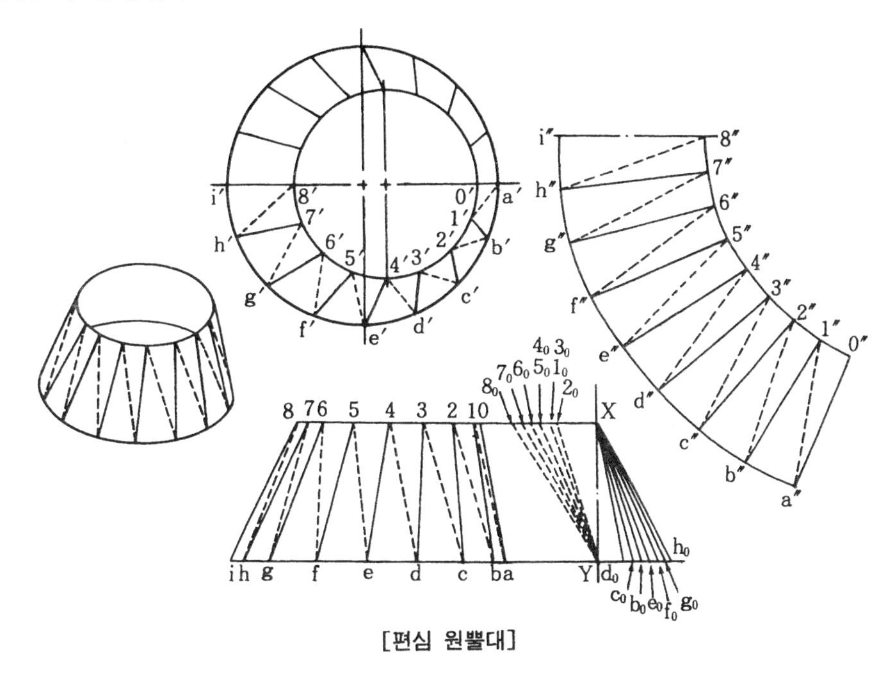

[편심 원뿔대]

## 4-2 사각 환기통(호퍼)

윗 부분은 원형이고 밑부분은 정사각형인 환기통으로 곡면부는 경사 원뿔 모양이며, 평면부는 삼각형 모양으로 볼 수 있다.

① 기준선을 정하고 평면도와 정면도를 그린다.

② 평면도의 사각형을 A′, B′, C′, D′로 정하고, $\frac{1}{4}$ 원호를 3등분하여 0′, 1′, 2′, 3′로 표시하고 정면에 수선의 발을 내려 A, B, C, D와 0, 1, 2, 3을 구한다.

③ 실제 길이를 구하려면 정면도의 높이를 XY축에 옮기고 평면도에서 $\overline{A'0'}=\overline{A'3'}$, $\overline{A'1'}=\overline{A'2'}$를 X점의 수평 연장선 위에 잡아 Y점과 연결하면 삼각형이 되며 그 빗면 $\overline{Y1_0}=\overline{Y2_0}$,

$Y0_0 = \overline{Y3_0}$가 실제 길이가 된다.

④ $\overline{A0}$의 실제 길이 $\overline{Y0_0}$를 전개도의 $\overline{A''0''}$와 같이 그려서 기준을 잡고 A″를 기준점으로 $\overline{Y1_0}$로 원호를 그리고 0″에서 원의 $\frac{1}{12}$길이로 원호를 그려 교점 1″를 구하고, 1″를 기준점으로 다시 원호를 그려 2″를 구한다. 이와 같은 방법을 반복하여 계속 펼쳐 나가면 [그림]과 같은 전개도가 완성된다.

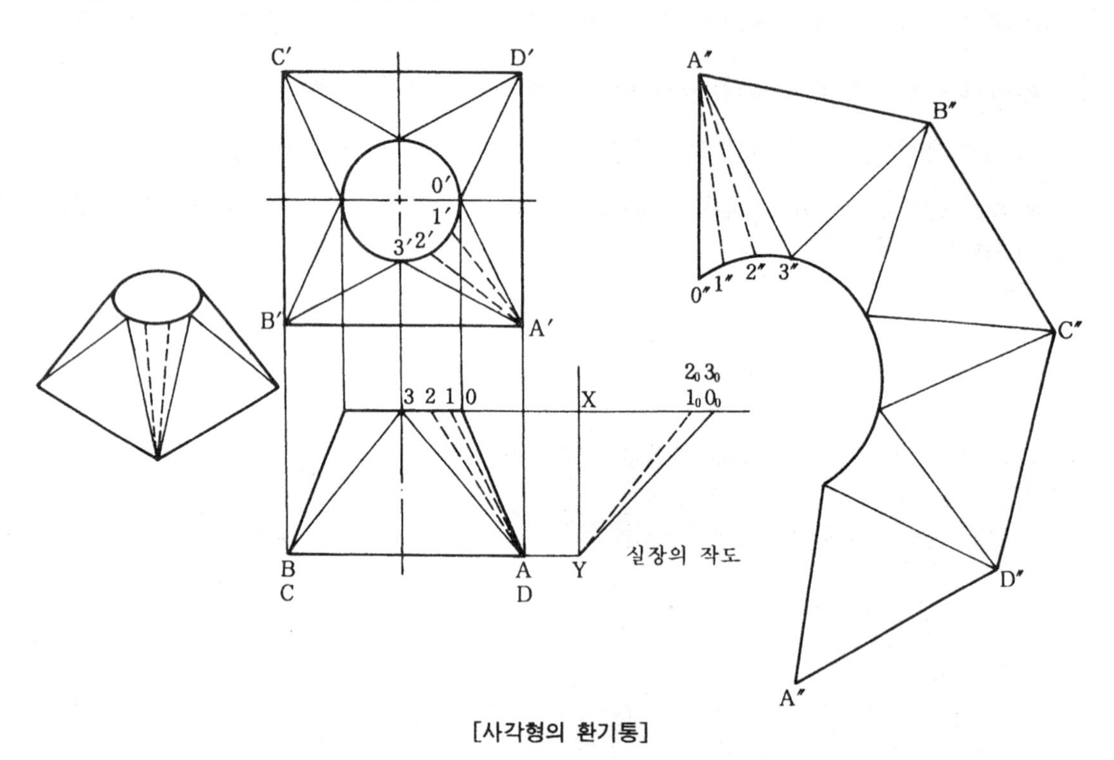


[사각형의 환기통]

## 4-3 경사진 사각 환기통

평면에 경사지게 놓인 사각 환기통으로 삼각형법을 이용하면 쉽게 전개도를 그릴 수 있다.

① 기준선을 설정하고 정면도와 평면도를 정확하게 그리고 평면도에서 반원을 6등분하여 0′, 1′, ……, 6′로 하고 각 등분점에서 정면도에 수선의 발을 내려 0, 1, 2, ……, 6으로 표시한다. 평면도의 사각부는 A′B′C′D′로 하고, 정면도의 사각부는 ABCD로 정한다.

② 실제 길이는 정면도의 각 선의 수직 높이를 X, Y, Z로 옮기고 평면도에 나타난 각 선의 길이를 [그림]과 같이 옮긴다. 즉 $\overline{A'0'} = \overline{X0_0}$가 되도록 옮기면 $\overline{A0}$의 실제 길이 $\overline{Y0}$를 구할 수 있고 $\overline{B'3'} = \overline{X3_0}$가 되도록 하면 $\overline{B3}$의 실제 길이 $\overline{Z3_0}$를 구할 수 있다.

③ 평면도에서 $\overline{PM}$을 기준으로 상하 대칭이 되므로 전개도를 반쪽만 그려도 된다. 그러므로 설명은 한쪽만 하기로 한다.

④ $\overline{O'M}$선을 결합선으로 하는 전개도는 $\overline{B'C'} = \overline{B''C''}$로 기준선을 잡고 B′6′의 실제 길이 $\overline{Z6_0}$로 B″와 C″에서 원호를 그려 교점 6″를, $\overline{B5}$의 실제 길이 $\overline{Z5_0}$와 원의 $\frac{1}{12}$등분 길이

$\overparen{6'5'}$ 로 원호를 그려 교점 5″를 잡는다. 같은 방법으로 3″까지 곡면부의 전개도를 그리고 $\overline{A'B'}$의 실제 길이가 정면도 $\overline{AB}$이므로 $\overline{AB}=\overline{A''B''}$로 B″를 기점으로 원호를 그리고 $\overline{A3}$의 실제 길이 $\overline{Y3_0}$로 3″에서 원호를 그려 A″를 잡는다. A″에서 $\overline{Y2_0}=\overline{A''2''}$, $\overline{Y1_0}=\overline{A''1''}$, $\overline{Y0}=\overline{A''0''}$가 되게 원호를 그리고 각 원호를 $\frac{1}{12}$원주 길이로 차례 차례 등분하여 2″, 1″, 0″ 점을 잡는다.

⑤ 평면도의 $\overline{A'M}$이 실장이므로 A″에서 원호를 그리고 결합선 $\overline{0'M}$의 실제 길이 $\overline{0A}$로 0″에서 원호를 그려 교점 M″를 구하면 전체의 전개도가 완성된다.

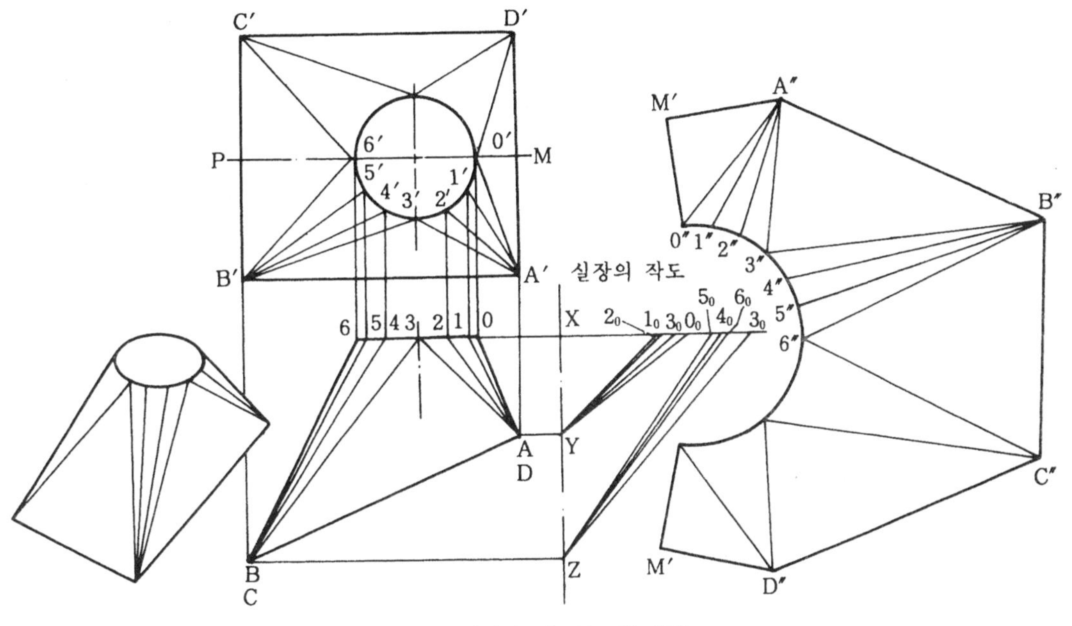


[경사면에 놓여 있는 환기통]

## 4-4 모서리가 둥글고 모난 환기통

각진 모서리와 둥근 모서리를 가진 환기통으로 [그림]과 같은 방법으로 전개도를 그린다.

① 중심선을 긋고 평면도의 원을 12등분하여 0, 1, ……, 6으로 표시한다.

② 사각과 R 부에서 평면과 R 부를 구분하는 선을 그린다.

③ 평면도에서 P, Q, R, S는 면을 나타내며 P와 R은 정면도에도 나타나고 정면도에는 선으로 보이는 Q면이 평면도에도 나타난다. 그러나 S면은 정면도와 평면도에 모두 선으로 보이는 것은 한면이 직각으로 서 있을 때 나타나는 현상으로 $\overline{b'b''}$를 밑변으로 하고 $\overline{a0}$을 중심 높이로 하는 이등변삼각형임을 알 수 있다.

④ 밑변의 R부 ($\frac{1}{4}$원)를 3등분하는 c′, d′, e′, f′로 정하고 윗면 원의 3′, 4′, 5′, 6′와 연결하고 보조선으로 대각선을 점선으로 표시하고 c′, d′, e′, f′에서 수선의 발을 내려 정면도에 c, d, e, f를 정한다.

⑤ 모든 선이 정면도의 수직 높이로 나타나므로 XY축을 정면도의 높이와 같게 수선을 세우고 $\overline{XY}$에 수직 연장선을 위아래로 긋는다. 평면도의 각 선의 길이를 연장선 상에 옮기면 옮겨진 점과 X 또는 Y점과 연결한 선이 실제 길이가 된다. 즉 점선 $\overline{e6}$의 실제 길이는 $\overline{XY}$의 높이와 평면도의 $\overline{e'6'}$를 X의 연장선에 옮긴 $\overline{X6_0}$를 밑변으로 하고 $\triangle 6_0XY$를 생각할 수 있다. 이 직각삼각형에서 빗변 $\overline{6_0Y}$가 실제의 길이가 된다.

⑥ 평면도의 $\overline{6'g'}$의 실제 길이는 정면도의 $\overline{6g}$로 나타나므로 $\overline{6g}=\overline{6''g''}$되게 기준선을 잡고 g″에서 $\overline{g'f'}=\overline{g''f''}$로 f″를 정하면 Q면의 전개도가 된다.

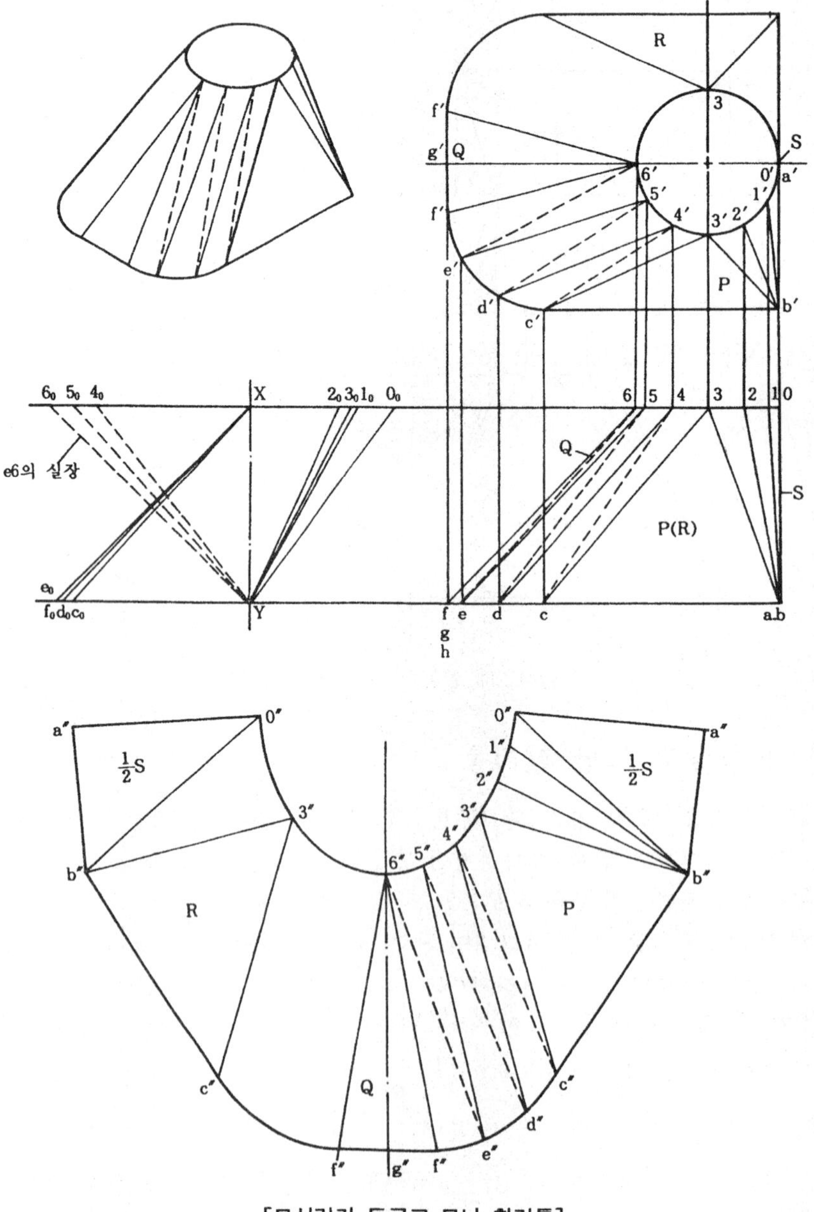


[모서리가 둥글고 모난 환기통]

⑦ b″에서 $\overline{Y2_0}$, $\overline{Y1_0}$, $\overline{Y0_0}$ 로 원호를 그리고 3″에서 원의 $\frac{1}{12}$ 등분선으로 2″, 1″, 0″를 잡아서 연결하면 곡면부의 전개도가 된다.

⑧ b″에서 $\overline{b'a'}$로 원호를 그리고 0″에서 정면도의 $\overline{0a}$로 원호를 그려 a″를 정하면 S면의 반쪽 전개도가 되면서 전체의 전개도가 완성된다.

## 4-5 경사 사각환기통에 연결된 원통

경사진 사각통과 수직 원통의 상관체로서 평면도와 같이 사각환기통이 90° 회전된 것이다.

① 정면도와 평면도를 그리고 평면도의 원통을 12등분하여 결합선부터 0′, 1′, ……, 11′로 표시하는 수선의 발을 내려 정면도의 윗면에 0, 1, ……, 11로 표시한다.

② 경사진 사각부의 결합선부터 A, B, C, D, E로 표시하고 평면도의 대응되는 점에 A′, B′, C′, D′, E′로 표시한다.

③ 정면도의 각 점에서 수평 연장선을 그어 수직 높이 X를 기준으로 하여 실제 길이를 구한다. 즉, $\overline{E0}$의 실제 길이는 $\overline{XE}$를 높이로 하고 E의 연장선 위에 평면도의 $\overline{E'0'}$의 길이로 $0_0$를 정하면 $\overline{X0_0}$가 $\overline{E0}$의 실제 길이가 된다. 이와 같은 방법으로 실제 길이를 구하면 $\overline{XⒶ'}$는 $\overline{A0}$의 실제 길이가 되며, $\overline{X1_0}$는 $\overline{B1}$의 실제 길이, $\overline{X0_0'}$는 $\overline{B0}$, $\overline{X3_0}$는 $\overline{C3}$, $\overline{X4_0}$는 $\overline{C4}$의 실제 길이가 된다.

④ (Ⅱ)의 전개도는 사각통의 밑변에서 연장선을 긋고 $A_0'$에서 $\overline{A'E'}$의 길이로 $E_0'$를 잡고 $\overline{E'D'}=\overline{E_0'D_0'}$, $\overline{D'C'}=\overline{D_0'C_0'}$, $\overline{C'B'}=\overline{C_0'B_0'}$, $\overline{A'B'}=\overline{A_0'B_0'}$가 되게 하여 각 점에서 수선을 올리고 상관점을 수평 이동시켜 A를 이동시킨 선과 $A_0'$의 수선과의 교점을 A″, E를 이동시킨 선과 $E_0'$의 수선과의 교점을 E″로 정한다. 같은 방법으로 D″, C″, B″를 구하여 각 점을 연결하면 (Ⅱ)의 전개도가 된다.

⑤ (Ⅱ)의 전개도에서 경사진 사각부의 실제 길이가 나타나 있다($\overline{A''E''}$, $\overline{E''D''}$, $\overline{D''C''}$ 등).

⑥ (Ⅰ)의 전개도는 $\overline{XⒶ'}$의 길이로 전개도상의 $\overline{Ⓐ0''}$를 정하고 Ⓐ에서 (Ⅱ) 전개도의 $\overline{A''B''}$로 원호를 그리고 0에서 $\overline{X0_0'}$로 원호를 그려 교점 Ⓑ를 잡는다.

⑦ Ⓑ에서 $\overline{X1_0}$와 $\overline{X0_0'}$로 원호를 그리고 0″에서 원의 $\frac{1}{12}$ 등분선으로 1″, 2″, ……, 3″를 잡는다.

⑧ 3″에서 $\overline{X3_0}$로 원호를 그리고 Ⓑ에서 (Ⅱ)의 전개도에 나타난 $\overline{B''C''}$로 원호를 그려 교점 Ⓒ를 구한다.

⑨ Ⓒ에서 $\overline{X3_0}$과 $\overline{X4_0}$로 원호를 그리고 원의 $\frac{1}{12}$ 등분선으로 4″, 5″, 6″를 잡는다.

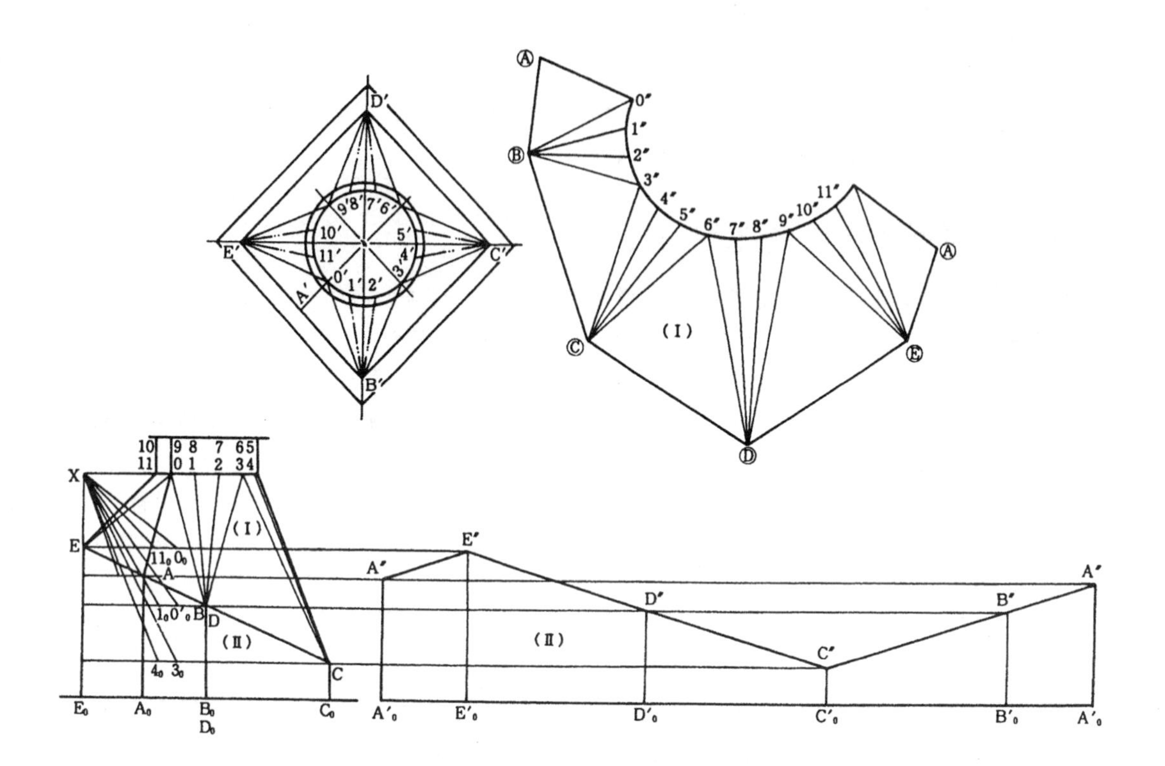


**[기울어진 사각부와 원통의 연결부]**

⑩ 이와 같은 방법으로 전개하여 평면부는 직선으로 곡면부는 원만하게 곡선으로 각 점을 연결하여 전개도를 완성시킨다.

## 4-6 두뿔관

경사 원뿔의 대칭으로 결합된 상관체로 바지와 같이 생긴 분기관으로 전개도는 [그림]과 같이 삼각형 전개도법 또는 방사선법으로 그릴 수 있다.

① 정면도와 평면도를 그리고 평면도의 큰 원을 12등분하여 0′, 1′, ……, 6′로 하고 작은 원을 12등분하여 a′, b′, ……, g′로 한다.

② 정면도에서 상관선이 주어져 있으므로 상관선에 $\overline{a'0'}$가 지나는 점을 $l'$, $\overline{b'l'}$가 지나는 점을 m′로 정하여 $\overline{c'2'}$에서 n′를 구한다.

③ 평면도의 높이를 $\overline{XY}$로 옮기고 평면도의 실선과 점선의 길이를 $\overline{XY}$선 좌우에 옮겨 삼각형을 만들어 빗변을 실제 길이로 구한다.

④ 상관점 까지의 실제 길이는 정면도에서 $l$, m, n을 수평으로 연장하여 상관점을 포함한 실제 길이에 높이만 다르게 정하면 구할 수 있다.

⑤ $\overline{X60} = \overline{6''g''}$가 되게 기준선을 잡고 이미 구한 실제 길이로 삼각형법에 의해 상관선에 관계없이 전개한 후 a″에서 $\overline{Xl_0b''}$에서 $\overline{Xm_0c''}$에서 $\overline{Xn_0}$로 잡아 $l''$, m″, n″를 구하고 부드럽게 연결하면 전개도가 완성된다.

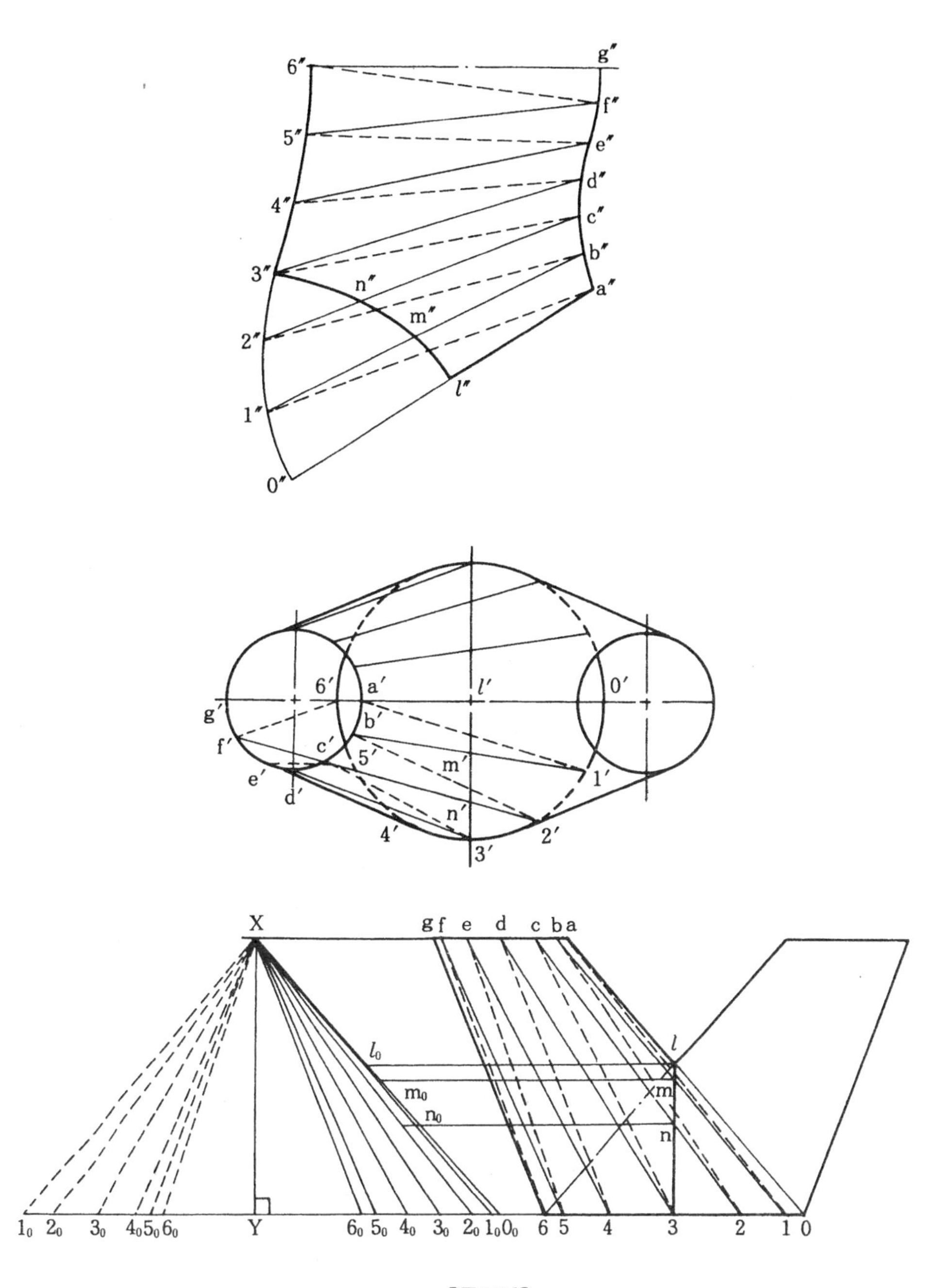
6″
g″
f″
5″
e″
4″
d″
c″
3″
b″
n″
a″
m″
2″
l″
1″
0″
6′
a′
l′
0′
g′
b′
f′
c′
5′
m′
1′
e′
d′
n′
4′
2′
3′
X
g f e d c b a
l
$l_0$
$m_0$
m
$n_0$
n
$1_0$ $2_0$ $3_0$ $4_0$ $5_0$ $6_0$ Y $6_0$ $5_0$ $4_0$ $3_0$ $2_0$ $1_0$ $0_0$ 6 5 4 3 2 1 0

[두뿔관]

## 4-7 바지형 분기관

[그림]과 같이 삼각형 전개도법으로 그린다.

① 정면도와 평면도를 그리고 평면도의 큰 원을 12등분하여 0′, 1′, ……, 6′로 하고 작은 원을 12등분하여 a′, b′, ……, g′로 표시한다.

② 정면도에 상관선이 직선으로 나타나 있으므로 상부 원과 하부 원의 12등분점을 연결한 선과 상관선과의 교점 p, q, r, s를 상관점으로 잡는다(평면도에는 p′, q′, r′, s′).

③ 정면도의 각점 a, b, c, d, …, g를 XY축으로 평행 이동하고 평면도에서 각 선의 길이를 구하고자 하는 선의 높이에 수평으로 그어진 보조선에 옮겨 삼각형을 만들면 그 빗변이 실제 길이가 된다.

④ 상관부의 실형은 정면도 상관선의 높이와 같도록 $\overline{mn}$을 잡고 p, q, r을 수평으로 연장선을 긋고 평면도의 $\overline{p'q'}$, $\overline{p'r'}$, $\overline{p's'}$를 [그림]과 같이 옮겨 $p_1$, $q_1$, $r_1$, $s_1$을 구하여 부드럽게 연결하면 전개도가 완성된다(도면은 절반만 나타낸다).

⑤ $\overline{gp}$를 결합선으로 하는 전개도는 $\overline{a0}=\overline{a''0''}$가 되게 기준선을 잡고 삼각형 전개도법으로 전개한다. 전개도에서 $\overline{s''r''}$는 상관부의 실형 $\widehat{s_1 r_1}$을 옮긴 것이다.

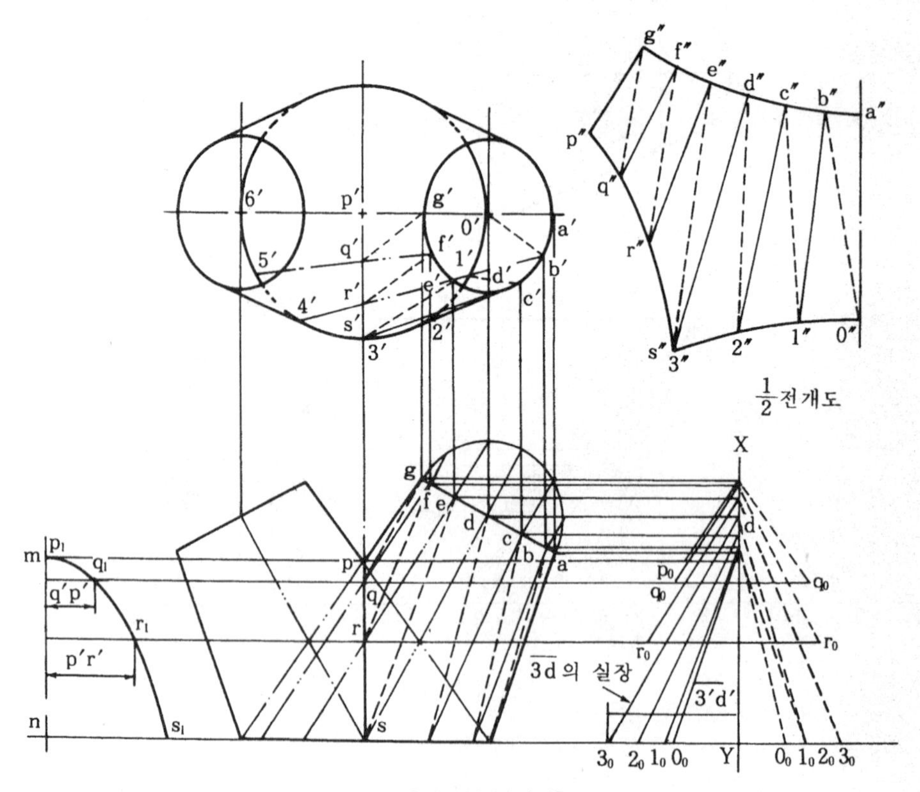


[바지형 분기관]

## 4-8 원뿔 중심에 직립하는 사각기둥

① 원뿔 중심에 직립하는 사각기둥의 정면도와 평면도를 그린다.

② ∠A′O′B′의 6등분선과 만나는 점 0, 1, ……, 6에서 정면도에 수선을 그어 상관선과 만나는 점들을 0″, 1″, ……, 6″로 한다.

③ O을 중심으로 $\overline{OE}$를 반지름으로 하는 원호를 그리고 원 O′의 원주와 같은 원호를 잡아 24등분하여 그 $\frac{1}{4}$에 a′, b′, ……, g′로 표시한다.

④ 0″, 1″, ……, 6″에서 옆으로 평행선을 그어 $\overline{OE}$와 만나는 점의 길이를 반지름으로 하는 원호를 그리고 O와 a′, b′, ……, g′를 연결하는 선과 만나는 점들을 연결하면 사각 기둥이 직립한 원뿔의 전개도가 된다(도면은 절반만 나타낸다).

⑤ 직립하는 사각기둥의 전개도는 정면도의 ABCD이므로 전개도로 대신할 수 있다.

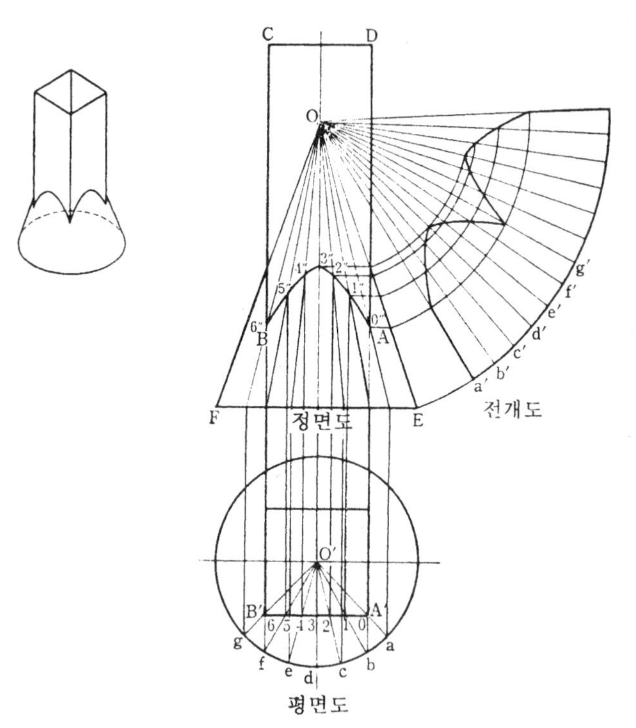


[원뿔 중심에 직립하는 사각기둥]

# 5. 판두께를 고려한 전개도

## 5-1 판두께를 고려한 평행선 전개도법

판두께를 고려하여 전개도를 그리려면 다음 사항에 유의해야 한다.

상관체의 전개도를 그렸을 때 판두께에 대한 "길이"의 실제 길이를 구하려면 판두께의 중립선 위치를 구하고 중립선의 길이를 구한다.

① 원통, 원뿔, 타원과 같이 평면도가 곡선으로 나타나는 것은 판두께의 중심을 잡는다.

② 각통, 각뿔과 같이 모나게 굽혀진 곳은 판두께의 중심보다 내측을 기준으로 하고 중립선의 이동량이 균일하게 되지 않는 경우가 많으므로 실제로 판두께의 중심을 기준으로 잡는 경우가 많다.

둘 이상의 상관체가 90° 외의 경사로 접속하는 경우 상관체를 전개하였을 때 후판 높이의 실제 길이를 구하려면 상관선의 위치마다 판두께의 외경과 내경 또는 외측과 내측 중 먼저 상대측에 접하는 쪽의 상관선을 그리고 이에 의해 실제 길이를 구해야 한다.

위와 같은 점을 유의해서 판뜨기 전개도를 그리면 복잡한 제품도 정확한 치수의 전개도를 쉽게 그릴 수 있다.

### (1) 경사 원통

후판의 전개도는 평면도에서 각 등분점의 내·외경에서 각각 수선을 긋고 외경이나 내경 중 접합측이 먼저 접속되는 쪽 즉, 짧은 쪽을 선택하여 전개도를 그리면 된다.

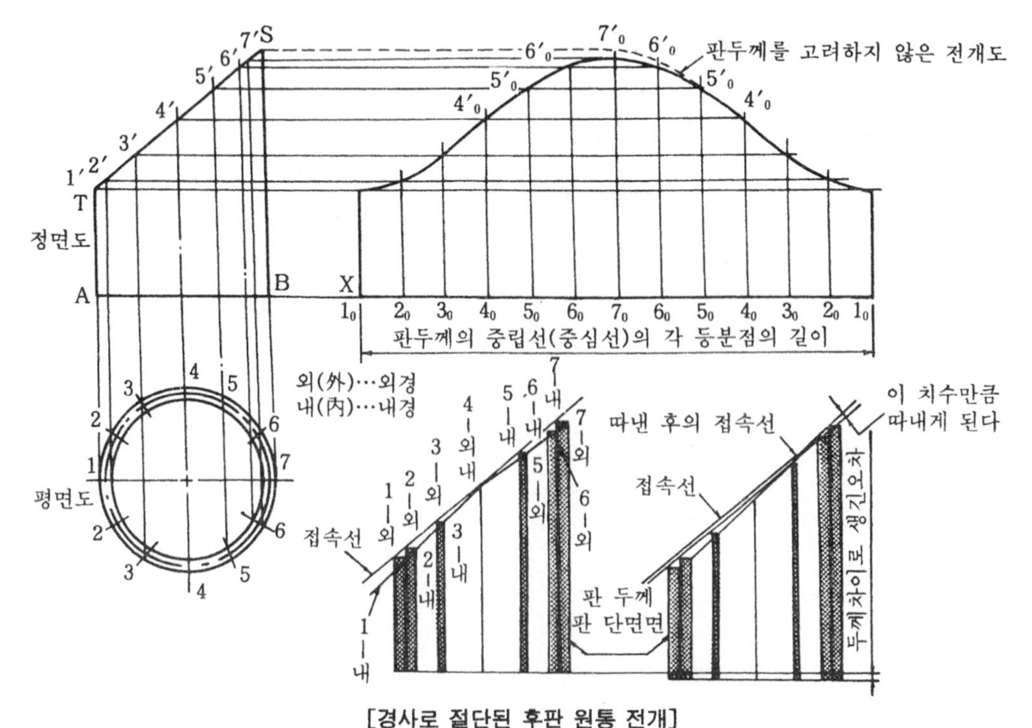


[경사로 절단된 후판 원통 전개]

① 평면도와 정면도를 그리고 판두께의 내경, 외경 및 중립선을 그려서 12등분하고 1, 2, 3, ……, 7로 한다.

② 외경 등분점 1, 2, ……, 7로부터 수직 연장선을 그려 정면도의 $\overline{TS}$와의 교점을 1′, 2′, ……, 7′로 표시한다.

③ 정면도에서 $\overline{AB}$의 연장선을 긋고 원의 $\frac{1}{12}$등분을 취하여 등분점을 $1_0$, $2_0$, ……, $7_0$로 정하고 각 등분점에서 수직선을 세운다.

④ TS 선상의 각 점 1′, 2′, ……, 7′에서 $\overline{AB}$에 평행선을 긋고 $1_0$, $2_0$, ……$7_0$, ……$1_0$의 수선과 교점을 구하여 각 교점을 부드러운 곡선으로 연결하면 전개도가 완성된다.

### (2) 90° 엘보

경사 원통과 같은 방법으로 평행선 전개도법을 이용하여 전개한다.

① 경사 원통에서 설명한 것과 같이 평면도에서 내경, 외경 및 중립선을 그리고, 반원을 6등분하여 외경 등분점을 각각 1, 2, ……, 7로 하고 수선을 세워서 $\overline{TS}$와 교점을 1′, 2′, ……, 7′로 표시한다.

② 평면도의 $\overline{AB}$에서 연장선을 그리고 $\widehat{12}$, $\widehat{23}$, …… $\widehat{21}$ 의 중립선 길이를 취하여 $1_0$, $2_0$, ……, $7_0$로 정하고 TS 선상의 각 등분점에서 $\overline{AB}$에 평행선을 긋고 교점을 구하여 원만한 곡선으로 연결하여 전개도를 완성한다.

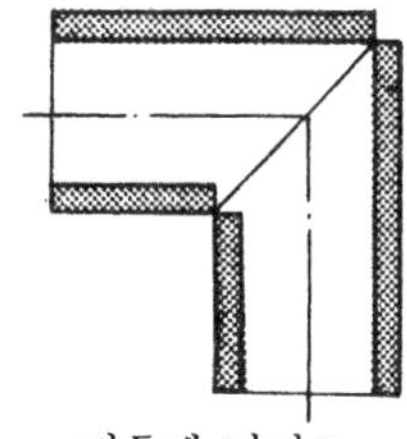

판두께 단면도

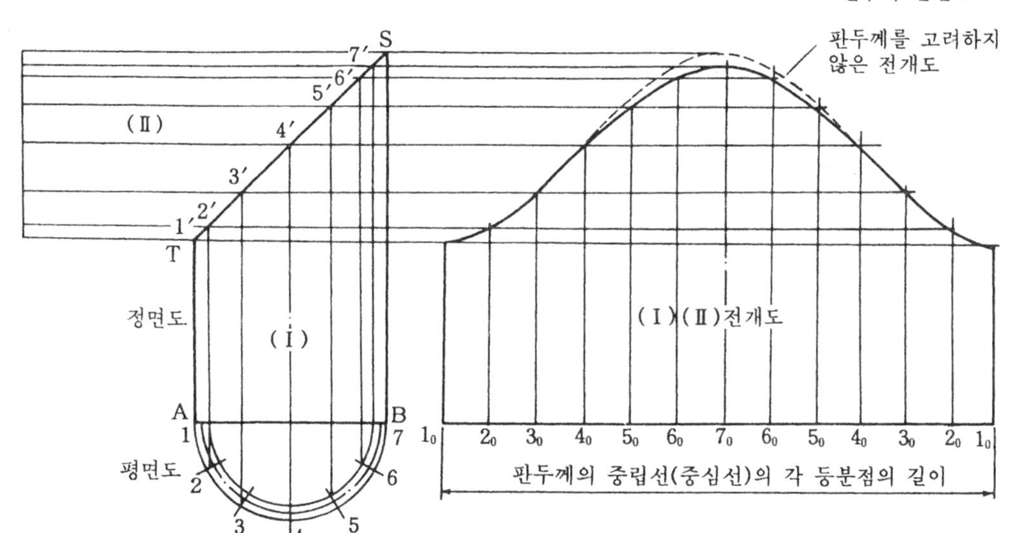


**[90° 엘보 전개도]**

참고 판두께를 고려한 실질적인 전개도는 복잡한 형상의 경우 내경, 외경, 중립선 중에서 어느 선이 서로 접속선으로 맞닿는지 알기 어려울 경우 내경과 외경의 실장을 모두 구하여 길이가 짧은 쪽을 선택하여 전개한다. 다음 [그림]은 3가지 경우 실장을 구했을 때 일어나는 현상을 나타낸 것이다.

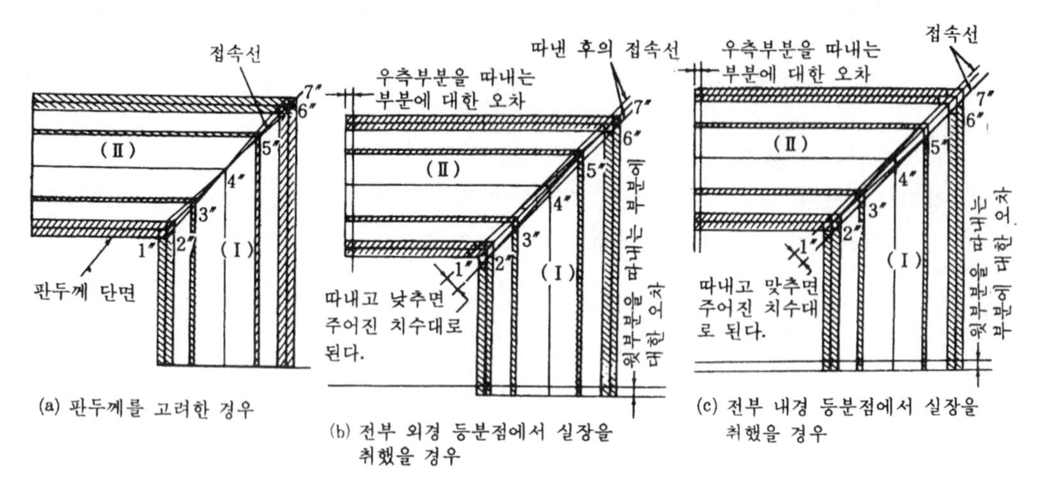


(a) 판두께를 고려한 경우

(b) 전부 외경 등분점에서 실장을 취했을 경우

(c) 전부 내경 등분점에서 실장을 취했을 경우

**[두께를 고려한 90° 원통 엘보 전개시 일어나는 현상]**

### (3) 3편 엘보

판두께의 단면도에 나타난 원통의 내경, 외경 중 먼저 접속되는 쪽을 이용하여 전개도를 그리면 되고 다음 [그림]은 판두께를 고려하여 그린 전개도와 외측 치수로 전개한 것을 나타낸 것이다.

① 정면도와 평면도(반단면도)를 그리고 내경, 외경, 중립선을 평면도에 작도한 다음 평면도의 반원을 6등분한다.

② 외경 등분점 1, 2, 3, 4와 내경 등분점 5, 6, 7에서 수직 연장선을 그어 $\overline{AB}$와 만난 교점을 1′, 2′, 3′, ……, 7′, $\overline{TS}$와 만난 교점을 1″, 2″, ……, 7″로 표시한다.

③ TS선상의 각 점에서 $\overline{FS}$에 평행선을 긋고 $\overline{EF}$와의 교점을 $1_0''$, $2_0''$, ……, $7_0''$로 하며 (Ⅱ)부품에서 $\overline{1_0''1''}$, $\overline{2_0''2''}$, …… $\overline{7_0''7''}$가 실장이다.

④ (Ⅰ)부품의 전개도는 $\overline{AB}$의 연장선 위에 중립선의 각 등분점 길이 $1_0$, $2_0$, ……, $1_0$로 작도한 다음 수선을 세우고 TS선상의 교점 1″, 2″, ……, 7″를 $\overline{AB}$의 연장선에 평행하게 긋고 교점을 구한다. 각 교점을 원만한 곡선으로 연결하여 전개도를 완성한다.

⑤ (Ⅱ)부품의 전개도도 (Ⅰ)부품을 그리는 방법으로 그린다.

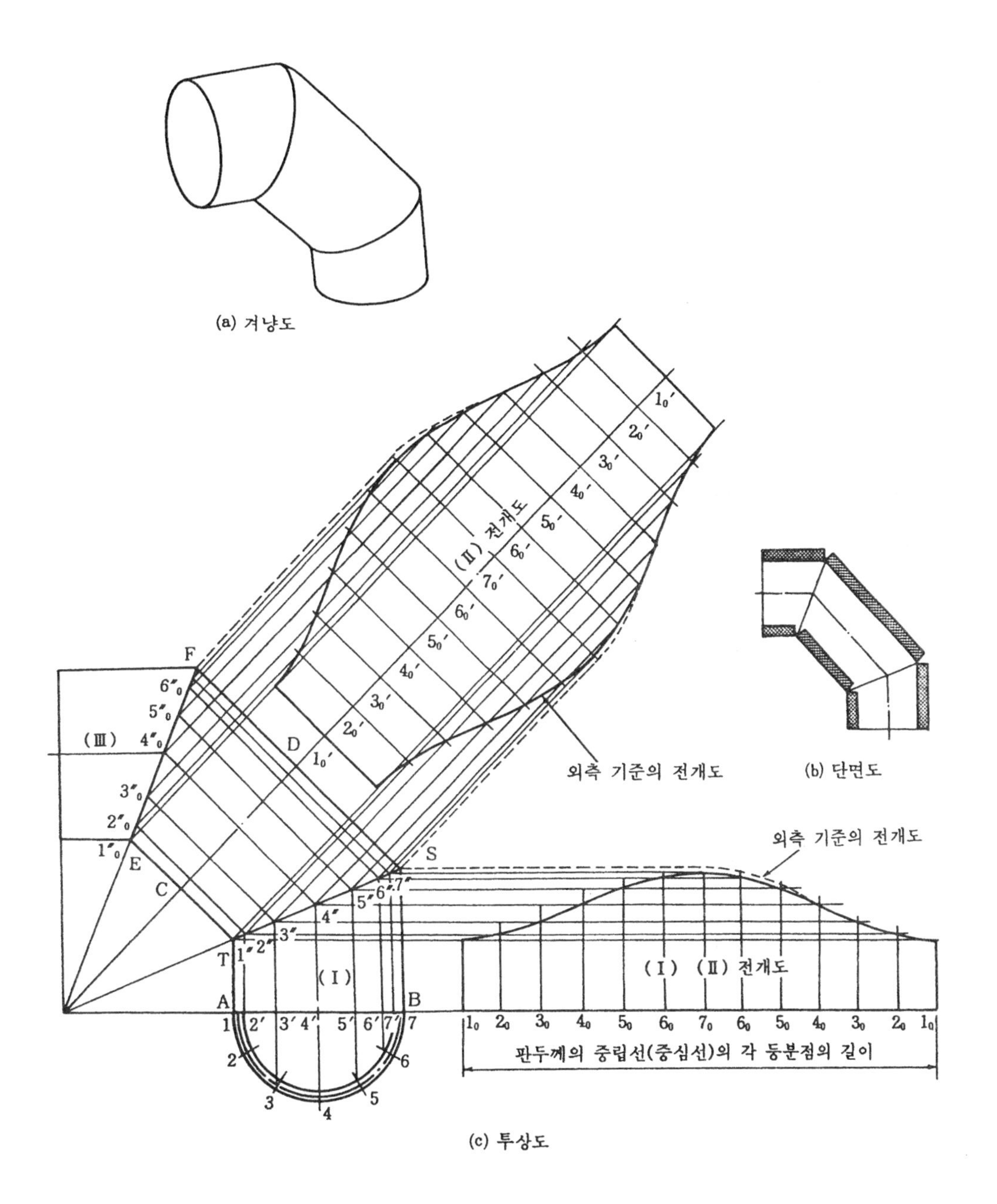


(a) 겨냥도

(b) 단면도

(c) 투상도

**[3편 엘보]**

### (4) T형 원통

판두께를 고려한 정면도와 평면도의 반단면도를 그리고 평행선법을 이용하여 전개도를 그린다.

① 투상도(a)에서 판두께의 내경, 외경과 중립선을 그리고 반원을 6등분하여 각 등분점을 1, 2, ……, 7로 하고 내경의 각 등분점에서 정면도에 수직 연장선을 긋는다.

② 측면도에서도 같은 방법으로 작도하고 1′, 2′, ……, 7′의 교점을 구하여 정면도의 연장선에 평행하도록 각 교점에서 선을 긋고 각 교점 1″, 2″, ……, 7″을 얻는다.

③ $\overline{AB}$의 연장선상에 $\widehat{12}$, $\widehat{23}$, …… $\widehat{21}$ 의 중립선의 길이를 취하여 $1_0$, $2_0$, …… $7_0$, $6_0$, $5_0$, …… $1_0$를 정하고 이 점에서 수직선을 긋는다.

④ 정면도의 교점 1″, 2″, ……, 7″에서 $\overline{AB}$의 연장선과 평행하게 선을 긋고 $\overline{AB}$ 연장선상의 수직 교점을 구하여 순서대로 매끄러운 곡선으로 연결하여 전개도를 완성한다.

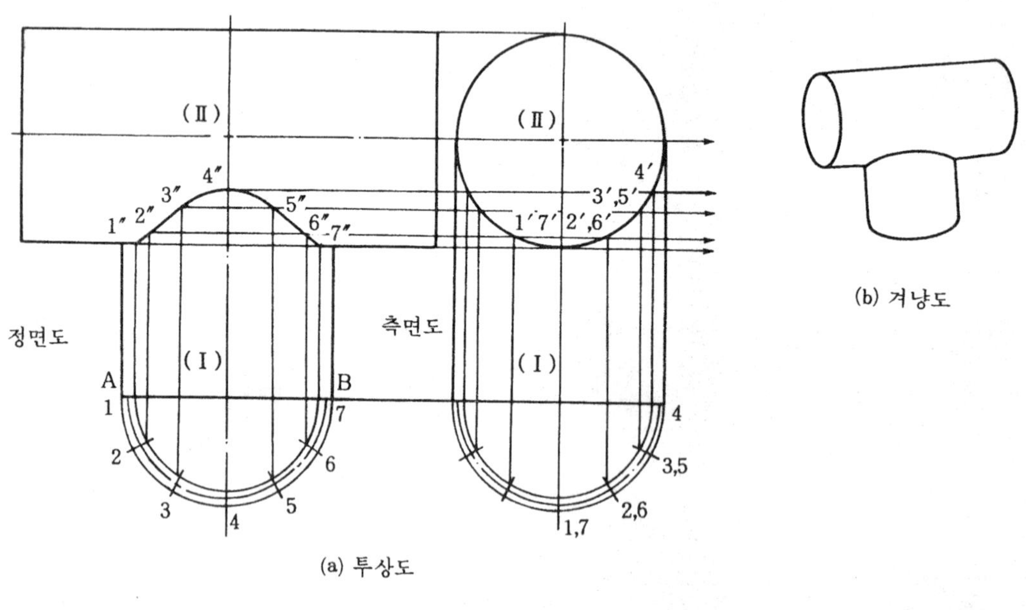


(a) 투상도

(b) 겨냥도

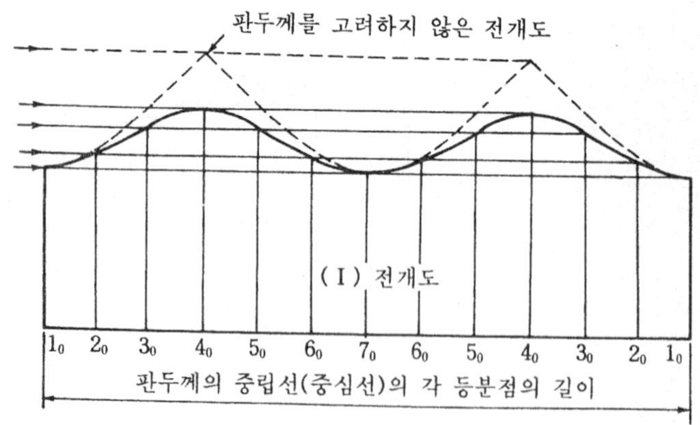


(c) 전개도

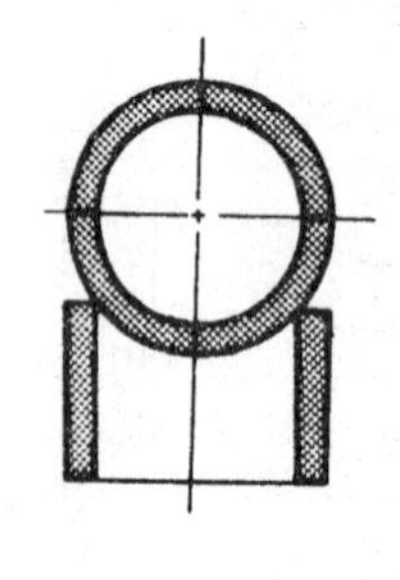

(d) 단면도

[T형 원통의 전개도]

### (5) 동경 Y형 분기관

내경, 외경의 상관선을 구하려면 투상도에서 관두께의 내경, 외경, 중립선과 등분점을 정확하게 그려야 하며 또한 전개도가 정확하게 이루어진다.

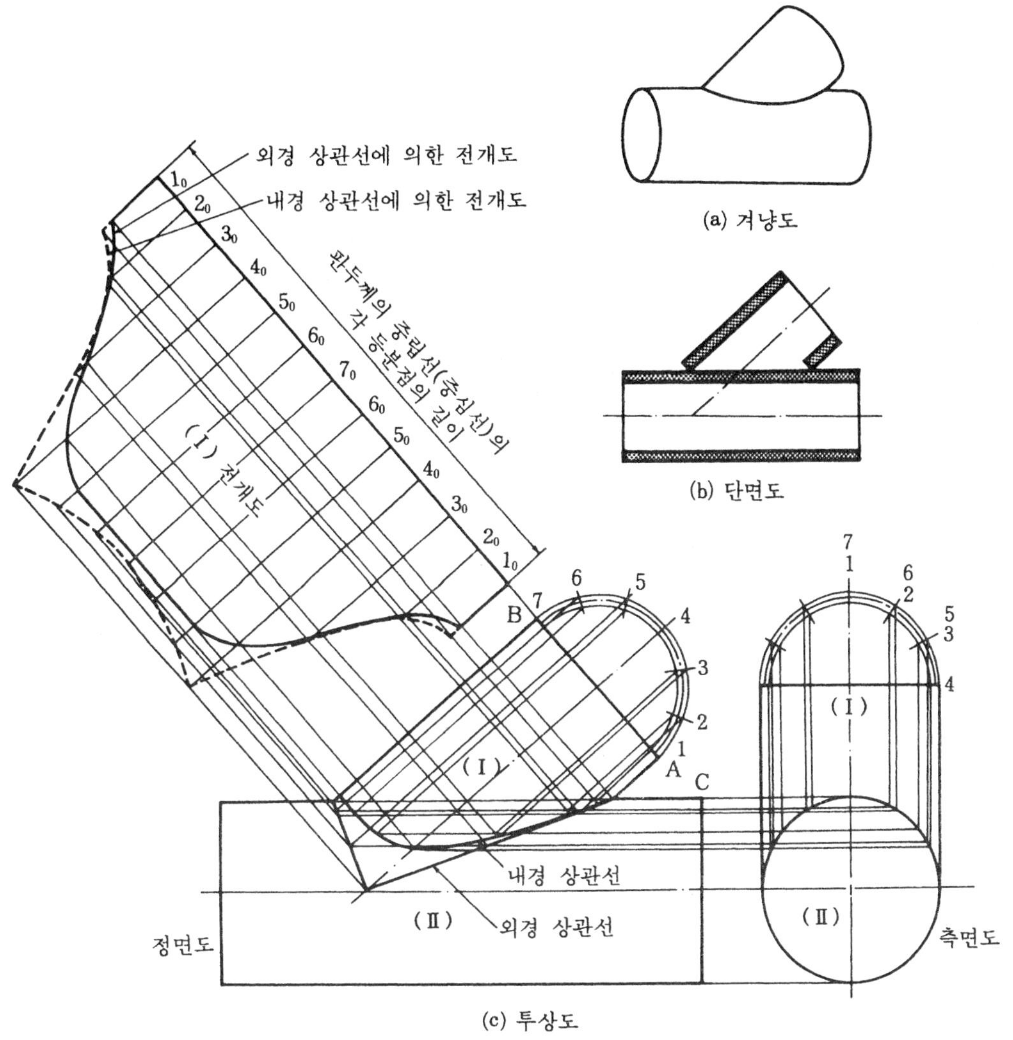


(a) 겨냥도

(b) 단면도

(c) 투상도

**[동경 y형 분기관의 전개도]**

① 위의 [그림]의 정도면에서 원통(Ⅰ)의 단면을 판두께의 내경, 외경, 중립선을 그리고 반원주를 6등분하고 등분점을 1, 2, ……, 7로 한다.

② 측면도 원통(Ⅰ)의 단면도를 같은 방법으로 등분하고 정면도의 단면도와 대응하는 각 등분점을 1, 2, ……, 7로 한 후 외경, 내경의 등분점 1, 2, ……, 7에서 수선의 발을 내려 원통(Ⅱ)에 교점을 구하여 각 교점에서 정면도의 CD선에 평행 연장선을 긋는다.

③ 정면도에서 원통(Ⅰ)의 단면 등분점 1, 2, ……, 7에서 외형선에 평행 연장선을 그은 등분선과 측면도에서 연장된 등분선과의 동일한 번호의 교점을 구하여 각 점을 매끄러운 선으로 연결하면 내경 및 외경의 상관선이 얻어진다.

④ AB선의 연장선에 $\overset{\frown}{1\,2}$, $\overset{\frown}{2\,3}$, …… $\overset{\frown}{6\,7}$, $\overset{\frown}{7\,6}$, …… $\overset{\frown}{2\,1}$의 중립선의 길이를 취하여 각 점을 $1_0$, $2_0$, ……$7_0$과 $6_0$, $5_0$, ……, $1_0$로 하고 각 점에서 수직선을 세운다.

⑤ 정면도의 내경, 외경의 상관점에서 각각 $\overline{AB}$에 평행 연장선을 긋고 $1_0$, $2_0$, ……, $7_0$, $6_0$, $5_0$, ……, $1_0$와 만난 교점의 동일한 번호를 순서대로 매끄러운 곡선으로 연결하면 정면도 (Ⅰ)의 전개도가 완성된다.

⑥ 정면도 (Ⅱ)의 전개도는 (Ⅰ)과 같은 방법으로 평행선법을 이용하여 쉽게 전개도를 그릴 수 있으므로 생략한다.

### (6) 이경 Y형 분기관

① 다음 [그림]은 이경 y형 분기관의 외경을 기준으로 한 상관선을 나타낸 것으로 내경을 기준으로 한 상관선의 차이점을 알기 쉽게 이해하기 위한 것이다.

② 이경 y형 분기관의 외경 등분에 의한 전개도를 그리기 위해 다음 [그림]은 정면도와 평면도에서 원통(Ⅰ)의 단면을 12등분하려고 동경 y형 분기관의 전 [그림]에서와 같이 외경 상관선을 그린 것이다.

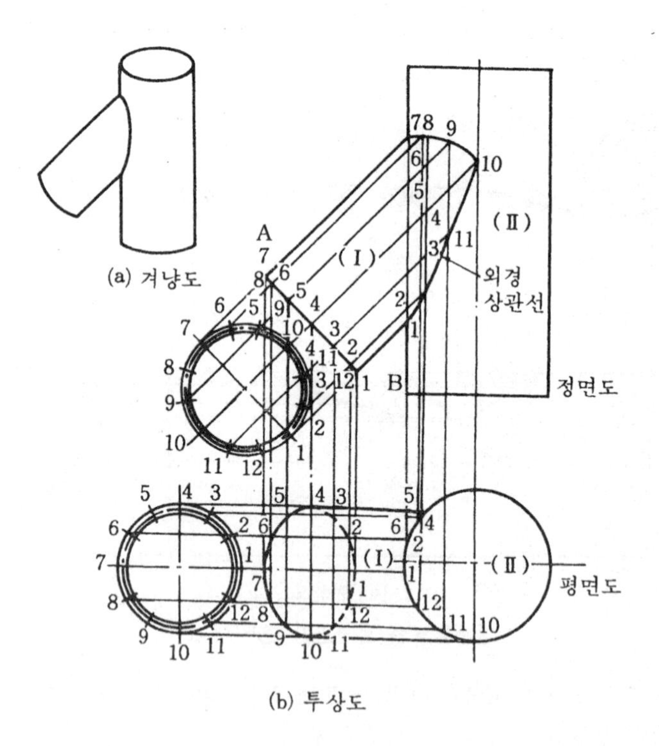


(a) 겨냥도

(b) 투상도

[이경 y형 분기관의 외경을 기준으로 한 상관선]

③ 그림 [이경 Y형 분기관의 내경 등분점에 의한 전개법]에서 원통(Ⅰ)이 빗면으로 원통(Ⅱ)에 교차하고 있으므로 어느 점이 내경, 외경으로 상대측에 접속하는가를 알기 어려우며 실질적으로 내경, 외경 양쪽의 상관선에 의한 전개도를 그려서 중간 것을 선택하는 경우가 많다.

④ 전개도를 그리는 방법은 동경 y형 분기관의 작도법에 따르면 쉽게 완성된다.

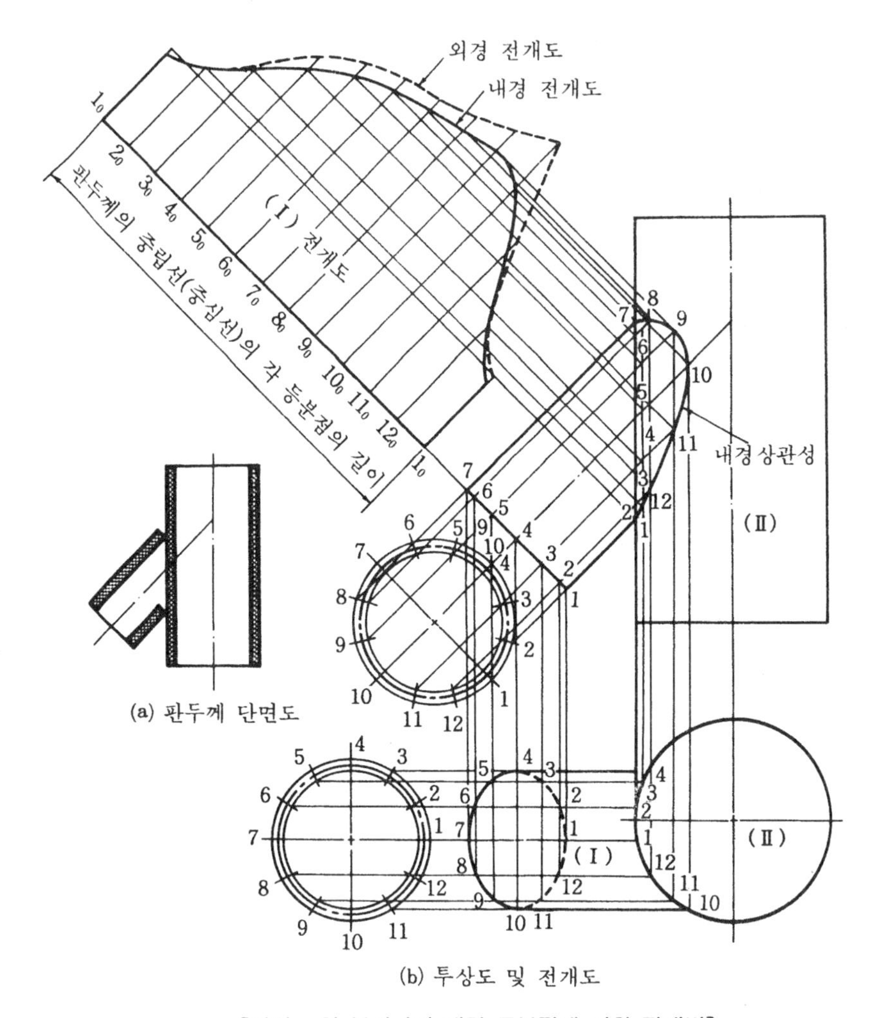


(a) 판두께 단면도

(b) 투상도 및 전개도

[이경 y형 분기관의 내경 등분점에 의한 전개법]

## 5-2 판두께를 고려한 방사선 전개도법

### (1) 수평으로 절단된 원뿔

수평으로 절단된 원뿔은 상부에서는 판두께의 외경이 먼저 상대측의 접속부에 접하고 하부에서는 판두께의 내경이 먼저 접하므로 상부의 외경에서 내경측으로 수선을 긋고 중립선, 내경선과 교점을 구하며 동일하게 하부에서는 내경에서 외경측으로 수선을 그어 중립선, 외경선과의 교점을 구하면 이 두 교점이 연결된 선 1′1″, 7′7″가 실장이 된다.

① 정면도와 평면도에 판두께의 내경, 외경, 중립선을 그려서 평면도의 반단면 원을 6등분하여 그 등분점을 1, 2, ……, 7로 한다.

② 각 등분점에서 $\overline{AB}$에 수직 연장선을 긋고 그 교점을 2′, 3′, ……, 6′로 하여 꼭지점 O와 연결하여 중립선과 교점을 구한다.

③ 중립선의 각 교점 2, 3, ……, 6 을 $\overline{TS}$ 에 연장선을 그어 꼭지점 O′까지 연결하여 분할선을 긋는다.

④ O′를 중심으로 $\overline{O'7'}$를 반경으로 하는 원호를 그려서 평면도의 중립선, 원, 등원 $\overset{\frown}{1\,2}$ , $\overset{\frown}{2\,3}$ , $\overset{\frown}{7\,6}$ , …… $\overset{\frown}{2\,1}$ 를 취하여 각 점과 O′를 연결한다.

⑤ O′를 중심으로 $\overline{O'7''}$를 반경으로 원호를 그려서 전개도를 완성한다.

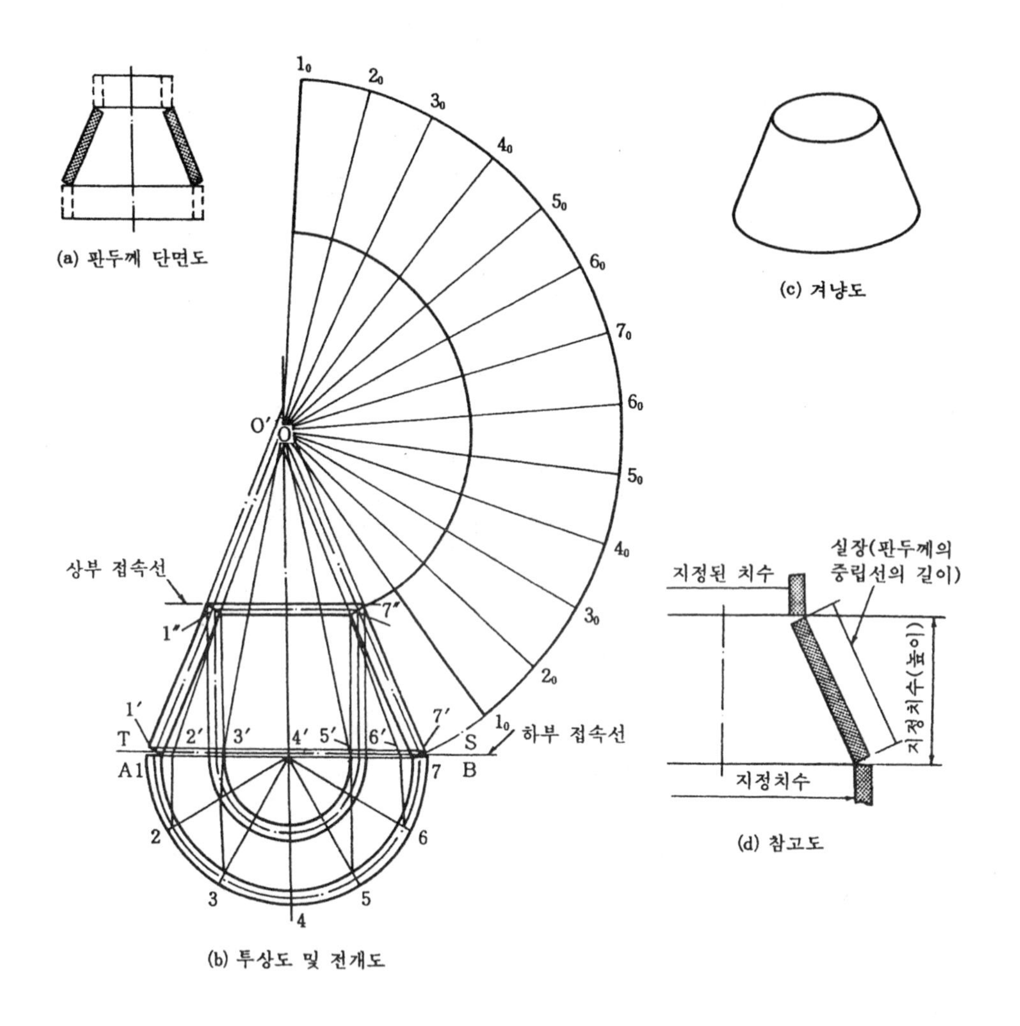

(a) 판두께 단면도

(b) 투상도 및 전개도

(c) 겨냥도

(d) 참고도

[수평으로 절단된 원뿔]

### (2) 경사지게 잘린 원뿔

다음 [그림]은 경사지게 잘린 원뿔의 판두께를 고려한 상관점 및 실장의 작도법을 그린 것으로 [그림]의 (a)에서 1′, 2′, 3′, 4′는 외경, 5′, 6′, 7′은 내경에서 상대측 접속면에 먼저 접하게 되므로 이 방법을 이용하여 전개도를 그리면 주어진 도면대로 제품을 만들 수 있다.

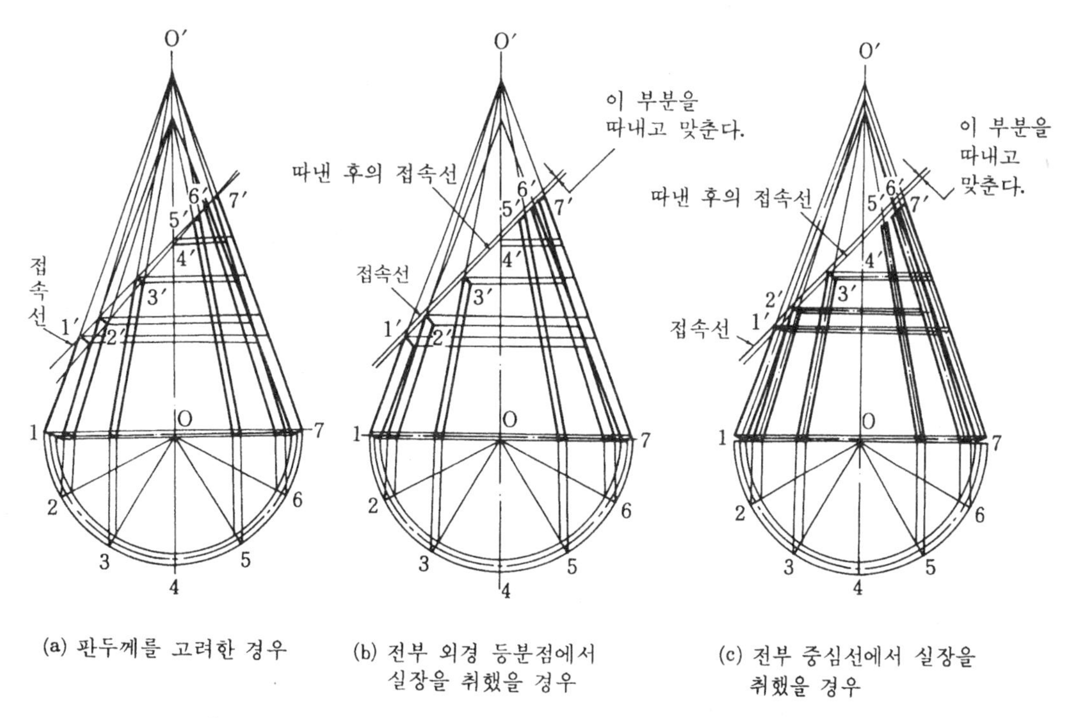


(a) 판두께를 고려한 경우 (b) 전부 외경 등분점에서 실장을 취했을 경우 (c) 전부 중심선에서 실장을 취했을 경우

**[경사지게 절단된 원뿔의 판두께를 고려한 상관점 및 실장의 작도]**

① 정면도에 판두께의 외경, 내경, 중심선을 그리고 반단면도(평면도)에서 각각 1, 2, ……, 7 의 등분점을 구한다.

② 평면도의 교점에서 1, 2, ……, 4 는 외경을 기준으로 하고 5, 6, 7 은 내경을 기준으로 하여 $\overline{AB}$ 까지 수직선을 세운다.

③ 각 교점 1, 2, 3, 4 는 외경 등분점을 기준으로 꼭지점까지 연결하고 5, 6, 7 에서는 내경 등분점에서 $O_2$ 까지 연결하여 $\overline{CD}$ 와의 교점을 각각 1′, 2′, ……, 7′로 정한다.

④ CD 선상의 1′, 2′, 3′, 4′에서 $\overline{AB}$ 에 평행선을 그어 외측선에 만난 점 $O_1$ 을 중심으로 하여 원호를 그린다.

⑤ O′를 중심으로 판두께의 중립선상 $\overline{O'7}$ 을 반경으로 하는 원호를 그리고 원주상을 $\widehat{12}$, $\widehat{23}$, ……, $\widehat{67}$ 으로 등분하여 $1_0$, $2_0$, ……, $6_0$ $7_0$, $6_0$, ……, $1_0$ 으로 표시하고 각 등분점을 O′와 연결한다.

⑥ ④번항에서 작도한 원호와 동일한 번호의 교점을 구하여 각 점을 순서대로 매끄러운 곡선으로 연결하면 전개도가 완성된다.

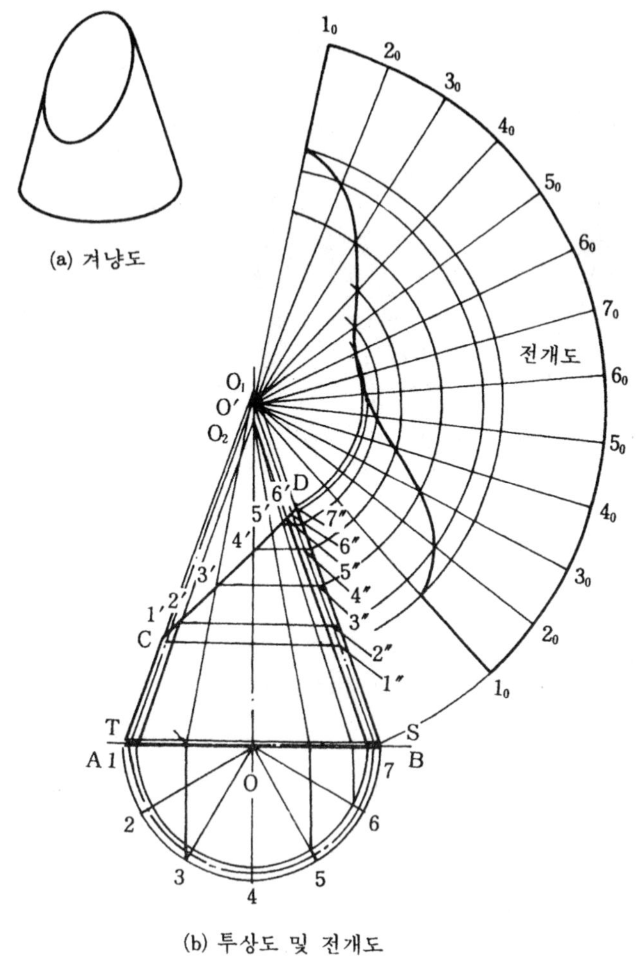


(a) 겨냥도

(b) 투상도 및 전개도

[경사지게 절단된 원뿔]

### (3) 원통이 관통하는 정사각뿔

정사각뿔에 원통이 관통한 상관체로서 방사선법을 이용하여 다음과 같이 전개도를 그린다.

① 정면도에서 원통의 원둘레를 12등분하고 각 등분점을 1, 2, ……, 7로 하고 각 등분점에서 $\overline{AB}$에 평행 연장선을 측면도 $\overline{E'E'}$와의 교점을 1′, 2′, 3′, 4′로 표시하고 등분점 5, 6, 7에서 평행 연장선을 그어 $\overline{EF}$와의 교점을 5′, 6′, 7′로 표시한다.

② 정면도의 점 A′, B′에서 수선의 발을 내려 $\overline{A_0'B_0'}$를 잡고, 또한 $\overline{C'D'}$와 같게 $\overline{C_0D_0}$로 한다. 이 때 구멍 부분은 측면도상의 1′, 2′, ……, 7′의 간격으로 전개도상의 $1_0'$, $2_0'$, ……, $7_0'$로 잡고 정면도의 12등분점에서 수선을 발을 내려 $1_0$, $2_0$, ……, $7_0$로 표시하고 각 교점을 매끄러운 곡선으로 연결하여 전개도를 완성한다.

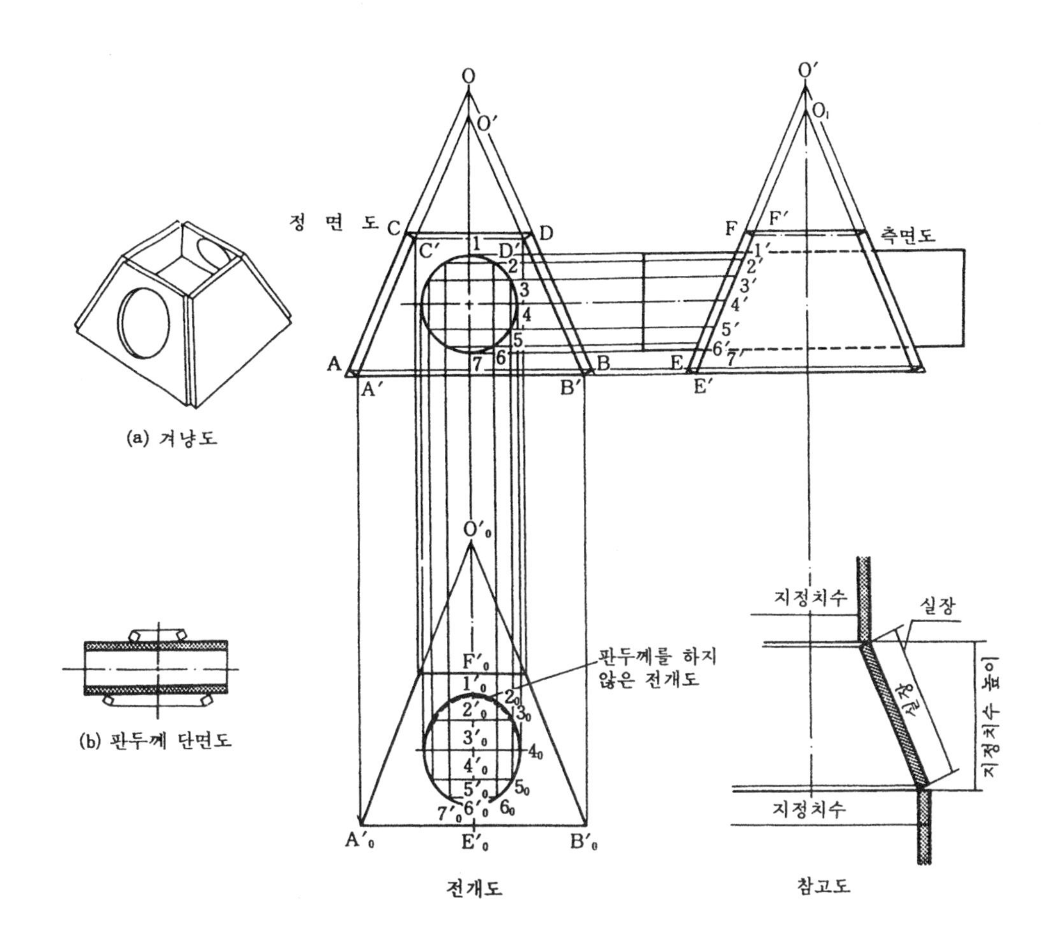


[원통이 관통하는 정사각뿔]

## 5-3 판두께를 고려한 삼각형 전개도법

### (1) 정사각호퍼와 원통의 상관체

상부의 상관체는 원통 하부는 사각통으로 이루어진 것으로 삼각형 전개도법을 이용하여 다음과 같이 그린다.

그림 [정사각통과 원통의 단면도와 실장]과 같이 실제의 길이가 O~O'로 주어졌으므로 그림 [정사각통과 원통의 단면도와 실장]의 (Ⅱ)와 같이 상부는 판두께 중립선으로부터 외측을 전개해야 한다. 실장을 구하기 위하여 상부 원형의 중립선을 판두께의 중심, 하부 사각형의 중립선은 판두께의 중심보다 약간 내측으로 이동하여 구한다.

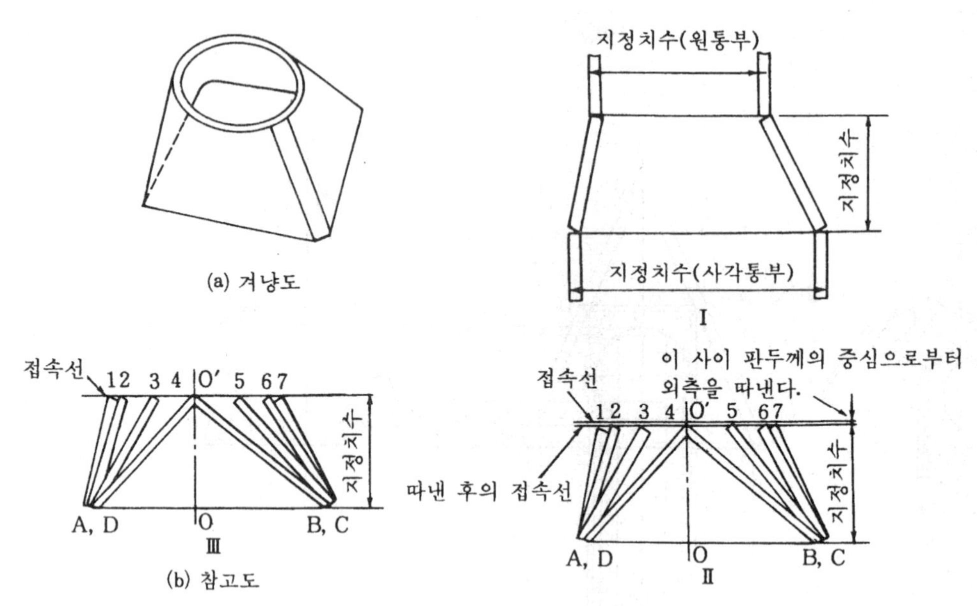


[정사각통과 원통의 단면도와 실장]

① 정면도와 평면도를 그리고 평면도의 원통형에 내경, 외경, 중립선을 그리고 외경을 기준으로하여 12등분하여 각각 1, 2, ……, 7로 한다.

② 사각형의 모서리 A, B, C, D에서 원의 등분점 1, 2, ……, 7에 연결하여 삼각형 전개도법으로 실장을 구하여 그리면 전개도가 완성된다.

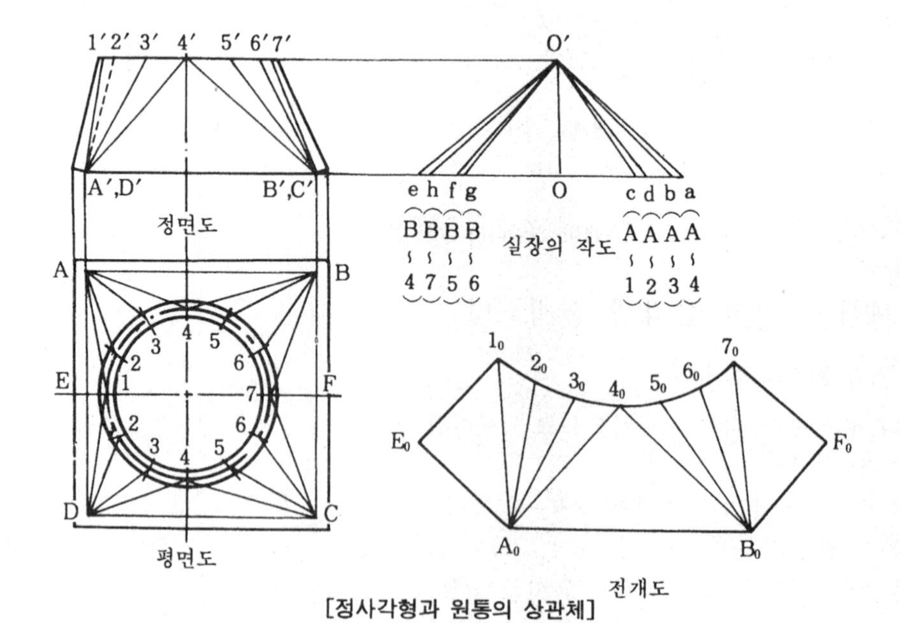


[정사각형과 원통의 상관체]

# 6. 계산에 의한 판뜨기

## 6-1 판뜨기의 계산 방법

### (1) 원뿔의 계산

원뿔의 전개도를 계산하려면 부채꼴 원호의 반지름 $l$과 중심각 $\theta$를 알면 된다.

$$l = \sqrt{h^2+r^2} \quad \cdots\cdots\cdots\cdots\cdots\cdots\cdots\cdots\cdots\cdots\cdots \ (1\text{-}1)$$

부채꼴의 중심각 $\theta$와 원의 전각도와의 비는 부채꼴 원호의 길이 $(2\pi r)$와 전원주의 길이와의 비와 같다. 따라서 다음과 같다.

$$\frac{\theta}{360} = \frac{2\pi r}{2\pi l} \quad \therefore\ \theta = \frac{r}{l} \times 360^\circ \quad \cdots\cdots\cdots \ (1\text{-}2)$$

여기서 식 (1-1)에 식 (1-2)를 대입하면

$$\theta = \frac{r}{\sqrt{h^2+r^2}} \times 360^\circ$$ 가 된다.

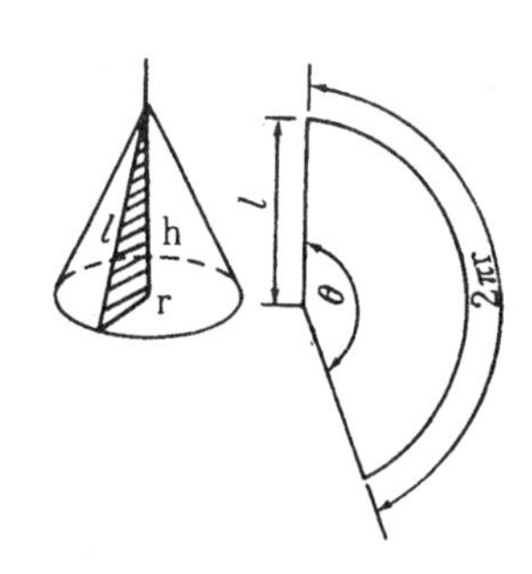


[원뿔의 전개도]

**예제 1.** 그림 [원뿔의 전개도]에서 $r = 900\,\text{mm}$, $h = 400\,\text{mm}$라면 부채꼴의 중심각 $\theta$는 얼마인가?

**해설**
$$l = \sqrt{300^2+400^2}$$
$$= \sqrt{250{,}000} = 500\,\text{mm}$$
$$\theta = \frac{r}{\sqrt{h^2+r^2}} \times 360^\circ$$
$$= \frac{r}{l} \times 360^\circ$$
$$= \frac{300}{500} \times 360^\circ = 216$$
$$\therefore\ \theta = 216^\circ$$

### (2) 사각뿔의 계산

[그림]에서 빗변의 길이 $l$을 구하면 쉽게 계산할 수 있다. 피타고라스의 정리에 의하면 $l^2 = \overline{AD}^2 + \overline{BD}^2$이므로 [그림]에서 $AD^2 = \overline{AE}^2 + \overline{DE}^2$이 된다. 따라서 다음과 같다.

$$l^2 = \overline{AE}^2 + \overline{DE}^2 + \overline{BD}^2$$
$$\therefore\ l = \sqrt{\overline{AE}^2 + \overline{E}^2 + \overline{BD}^2}$$

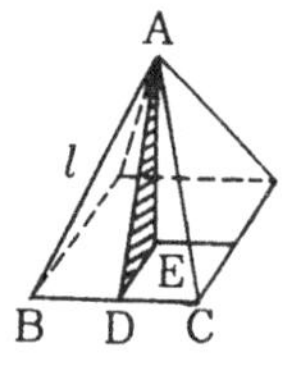


[사각뿔]

여러 가지 형태의 사각뿔의 계산은 다음과 같이 할 수 있다.

① 밑면이 정사각형인 경우: 다음 [그림]에 의해서 다음과 같은 관계식이 성립된다.

피타고라스의 정리에 의하여 다음과 같다.

$$c^2 = h^2+\left(\frac{a}{2}\right)^2 \quad \cdots\cdots (1\text{-}3)$$

$$r = \sqrt{c^2+\left(\frac{a}{2}\right)^2} \quad \cdots\cdots (1\text{-}4)$$

식 (1-3)에 식 (1-4)를 대입하면 다음과 같다.

$$r = \sqrt{h^2+\left(\frac{a}{2}\right)^2+\left(\frac{a}{2}\right)^2}$$

$$\therefore\ r = \sqrt{h^2+\frac{a^2}{2}}$$

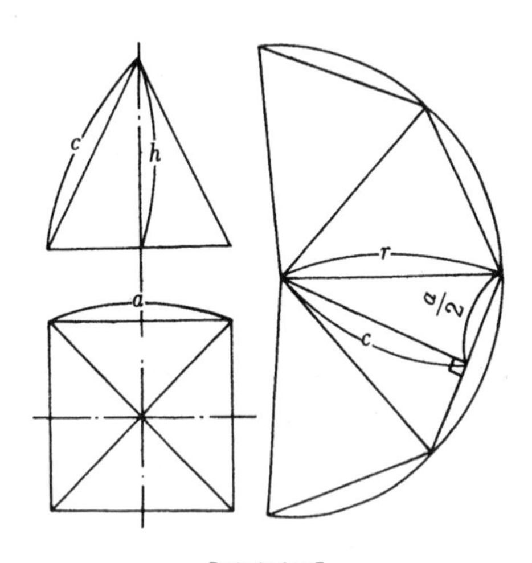


[정사각뿔]

**예제 2.** 위의 [그림]에서 $h = 500$, $a = 300$ 일 때, $r$ 은 얼마인가?

해설 $r = \sqrt{h^2+\frac{a^2}{2}}$

$= \sqrt{500^2+\frac{300^2}{2}}$

$= \sqrt{295{,}000} \fallingdotseq 543$

② 밑면이 직사각형인 경우: 피타고라스의 정리에 의하여 다음과 같은 관계식이 성립한다.

$$c^2 = h^2+\left(\frac{a}{2}\right)^2 \quad \cdots\cdots (1\text{-}5)$$

$$r^2 = c^2+\left(\frac{b}{2}\right)^2 \quad \cdots\cdots (1\text{-}6)$$

식 (1-5) 에 식 (1-6) 을 대입하면 다음과 같다.

$$r = \sqrt{h^2+\left(\frac{a}{2}\right)^2+\left(\frac{b}{2}\right)^2}$$

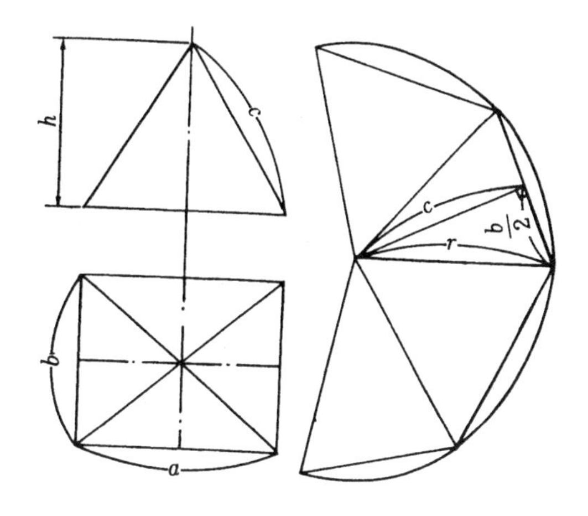


[직사각뿔]

**예제 3.** 위의 [그림]에서 $h = 800\,\text{mm}$, $a = 600\,\text{mm}$, $b = 400\,\text{mm}$ 일 때 $r$을 구하여라.

**해설** $r = \sqrt{h^2 + \left(\frac{a}{2}\right)^2 + \left(\frac{b}{2}\right)^2} = \sqrt{800^2 + \left(\frac{600}{2}\right)^2 + \left(\frac{400}{2}\right)^2}$

$= \sqrt{770,000} \fallingdotseq 877.5\,\text{mm}$

③ 편심 사각뿔: [그림]과 같이 편심 사각뿔을 이루고 있는 4개의 삼각형 중에서 △AOB 와 △BOC는 모두 이등변삼각형이므로 각각의 높이 $m$, $n$을 구하면 실제모양을 쉽게 그릴 수 있다. $m$, $n$은 다음과 같은 관계식으로 구한다.

$m = \sqrt{h^2 + a^2}$, $n = \sqrt{h^2 + b^2}$

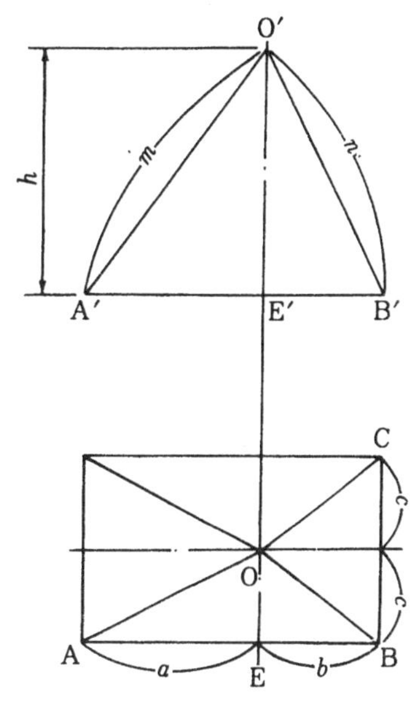


[편심 사각뿔]

**예제 4.** [그림]에서 $a=400$, $b=300$, $c=200$, $h=700$ 일 때 △ABO의 실제 모양을 구하여라. 먼저 $\overline{O'E'}$의 실제 길이를 구하면

**해설** $\overline{O'E'}=\sqrt{700^2+200^2}=\sqrt{530{,}000}\doteqdot 728\text{mm}$

④ 사각뿔대 : [그림]과 같이 사각뿔대를 성형하는 4개의 모양이 모두 다르다. 이 모양의 실제형을 각각 모양의 높이가 결정되면 쉽게 그릴 수 있다. 또한 각 모양의 높이는 다음과 같은 관계식으로 구할 수 있다.

⏢ ABFE 의 높이 $=\sqrt{h^2+(c-g)^2}$ ⏢ CDIG 의 높이 $=\sqrt{h^2+(d-i)^2}$

⏢ BCGF 의 높이 $=\sqrt{h^2+(b-f)^2}$ ⏢ DAEI 의 높이 $=\sqrt{h^2+(a-e)^2}$

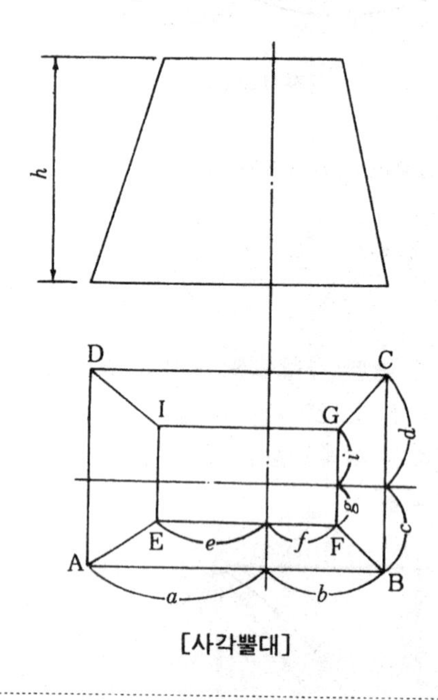


[사각뿔대]

**예제 5.** 위의 [그림]과 같은 사각뿔대의 ABFE의 실형을 구하시오.

**해설** ⏢ ABFE의 높이 $=\sqrt{h^2+(c-g)^2}$

$=\sqrt{900^2+(700-300)^2}=\sqrt{970{,}000}\doteqdot 984.9\text{mm}$

또한 실제형을 그리려면 그림 [사각뿔대의 실형 작도]의 (a)에서 $\overline{A_0B_0}$를 설정하고 $\overline{A_0M_0}=850\text{mm}$, $\overline{B_0M_0}=1100\text{mm}$가 되도록 $M_0$점을 설정한다.

점 $M_0$에서 수직선을 세우고 그 선상에 $\overline{M_0N_0}=900\text{mm}$가 되도록 $N_0$점을 잡은 다음 $N_0$점에 $\overline{A_0B_0}$의 평행 선분을 설정하고 그 선상에 $\overline{E_0N_0}=400\text{mm}$, $\overline{F_0N_0}=500\text{mm}$가 되도록 $E_0$와 $F_0$점을 잡으면 ⏢ $A_0B_0F_0E_0$가 구하는 실제형이 된다.

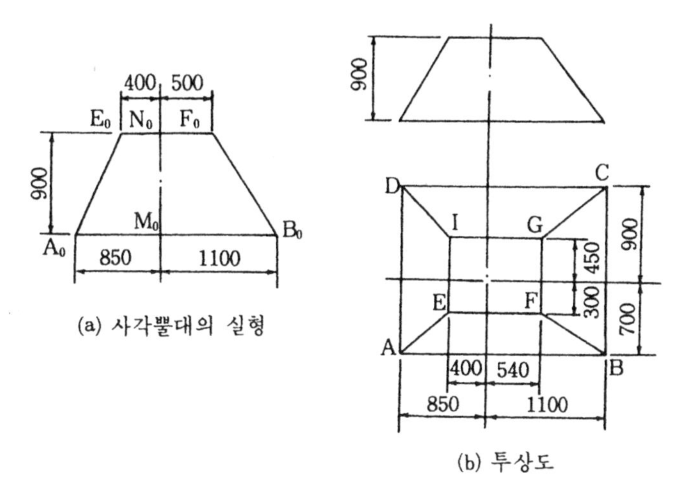


(a) 사각뿔대의 실형

(b) 투상도

[사각뿔대의 실형 작도]

⑤ 경사지게 절단한 사각뿔: [그림]과 같은 사각뿔은 밑면의 사변형이 가로 중심선으로 대칭이므로 사각뿔을 형성하고 있는 4개의 사변형 중에서 ▱ABFE와 ▱IDCGI는 ▱BCGF와 ▱ADIE는 대형이다. 대형의 실제형은 그림 [사각뿔대의 실형 작도]의 (a)와 같은 방법으로 구할 수 있으므로 ▱ABFE의 실제형만 구하면 된다. 이 경우 $\overline{AE}$와 $\overline{BF}$, 대각선 $\overline{AF}$와 $\overline{BE}$는 반드시 구해야만 된다. 각 등분선의 실장을 구하는 관계식은 피타고라스의 정리에 의하여 다음과 같다.

$\overline{AE}$의 실장$=\sqrt{h_1^2+(a-e)^2+(c-g)^2}$

$\overline{BF}$의 실장$=\sqrt{h_1^2+(b-f)^2+(c-d)^2}$

$\overline{AF}$의 실장$=\sqrt{h_1^2+(a-f)^2+(c-d)^2}$

$\overline{BE}$의 실장$=\sqrt{h_1^2+(b-e)^2+(c-g)^2}$

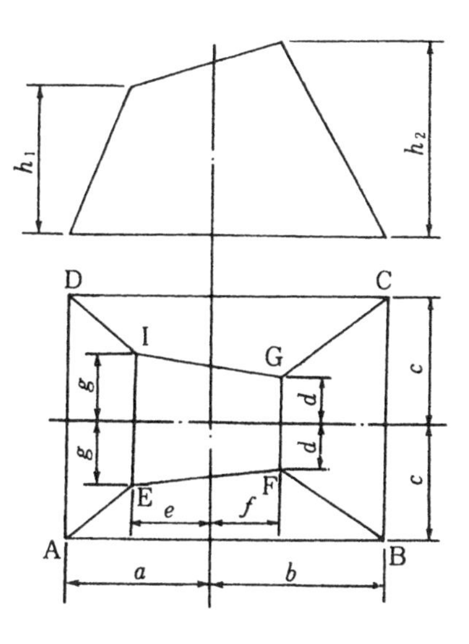


[경사지게 절단한 사각뿔]

**예제 6.** 그림 [경사지게 절단한 사각뿔]에서 □ABFE의 실형을 구하시오(단, 필요한 변의 실장을 구한다).

**해설** $\overline{AE}$의 실장 $=\sqrt{700^2+(800-450)^2+(600-340)^2} \fallingdotseq 824.7\,\text{mm}$

$\overline{BF}$의 실장 $=\sqrt{1000^2+(1200-450)^2+(600-220)^2} \fallingdotseq 1306.5\,\text{mm}$

$\overline{AF}$의 실장 $=\sqrt{1000^2+(800+450)^2+(600-220)^2} \fallingdotseq 1,645.3\,\text{mm}$

$\overline{BE}$의 실장 $=\sqrt{700^2+(1200+450)^2+(600-340)^2} \fallingdotseq 1,811.1\,\text{mm}$

위의 **예제** 6을 이용하여 다음 [그림]의 (b)와 같이 실형을 그리려면 먼저 $\overline{A_0B_0}=800+1200=2000\,\text{mm}$를 선정한다. $A_0$를 중심으로 반경 824.7 mm의 원호를 그리고 $B_0$을 중심으로 반경 1811.1 mm로 그린 원호와 교차점을 $E_0$로 표시한다. 같은 방법으로 $B_0$를 중심으로 반경 1306.5 mm로 원호를 그리고 A를 중심으로 반경 1645.3 mm로 그린 원호와의 교차점을 $F_0$로 하면 사변형 $A_0B_0F_0E_0$가 구하는 실형이 된다.

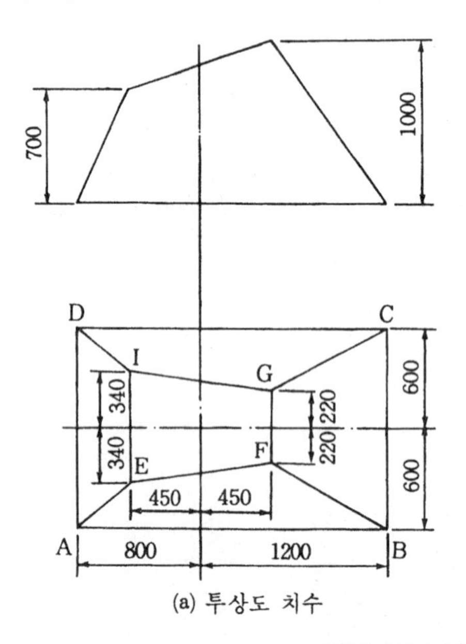

(a) 투상도 치수

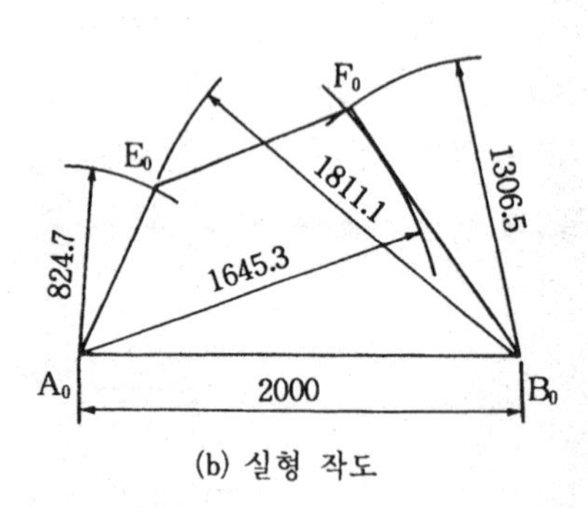

(b) 실형 작도

[경사지게 절단한 사각뿔의 실형]

### (3) 경사지게 절단한 원통의 계산

[그림]과 같이 원통을 경사지게 절단한 상관체의 전개도를 계산에 의하여 구하려면 도면의 치수를 $H$, $h$, $2R$로 정하고 원을 12등분하여 각 등분점에서 수직선을 세워 $h_1, h_2, \cdots\cdots, h_5$를 구하여 전개도를 그린다. 전개에 필요한 $l_1, l_2, \cdots\cdots, l_5$는 001은 506 = 30°, 002는 406 = 60°이므로 다음과 같은 관계식으로 구할 수 있다.

$$l_1 = R-R\cos 30° = R(1-\cos 30°) = 0.134\,R$$

$$l_2 = R-R\cos 60° = R(1-\cos 60°) = 0.5\,R$$

$$l_3 = R$$

$$l_4 = R+R\cos 60° = R(1+\cos 60°) = 1.5\,R$$

$l_5 = R + R\cos 30^\circ = R(1+\cos 30^\circ) = 1.886R$

(단, $\cos 30^\circ = 0.8666$, $\cos 60^\circ = 0.5$)

또한 $2R = (H-h)$

$$\therefore\ h_1 = \frac{l_1}{2R}(H-h)$$

$$h^2 = \frac{l_2}{2R}(H-h) = \frac{0.5R}{2R}(H-h) = 0.25(H-h)$$

$$h_3 = \frac{l_3}{2R}(H-h) = 0.5(H-h)$$

$$h_4 = \frac{l_4}{2R}(H-h) = \frac{1.5R}{2R} = 0.75(H-h)$$

$$h_5 = \frac{l_5}{2R}(H-h) = \frac{1.866}{2}(H-h) = 0.933(H-h)$$

앞에서와 같은 식에 의해서 $h_1$, $h_2$, ……, $h_5$가 계산되면 [그림]과 같이 전개도를 그릴 수 있다.

여기에 $i_1 = 0.134R$을 대입하면

$$h_1 = \frac{0.134R}{2R}(H-h)$$

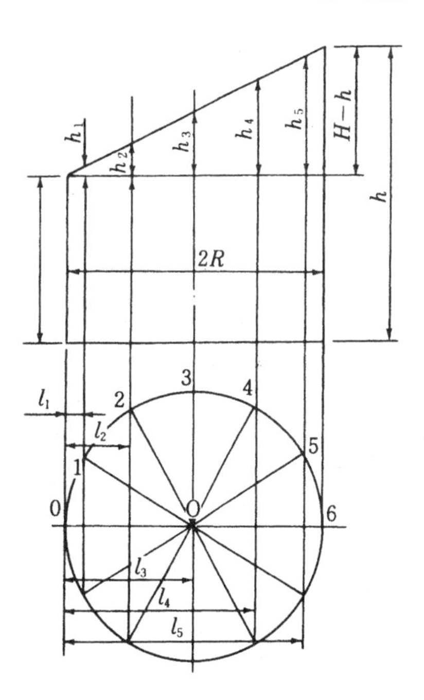


[경사지게 전단한 원통]

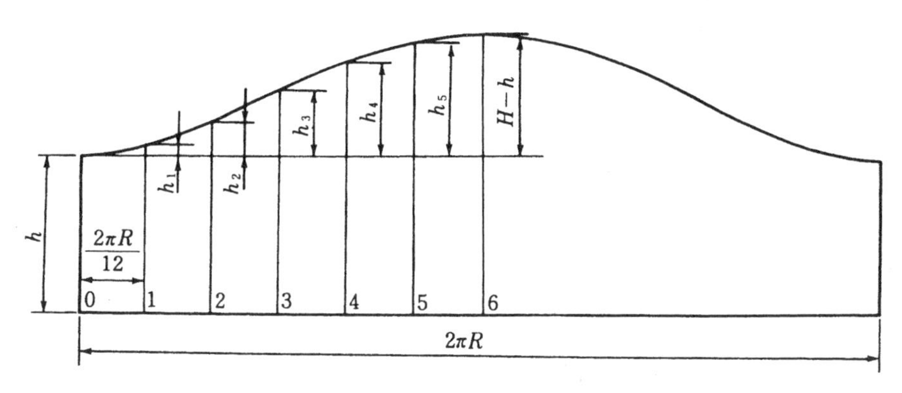


[경사지게 잘린 원통의 계산 전개도]

### (4) 앵글 브래킷의 계산

판금 제품의 보강이나 덕트의 연결 등에 브래킷을 이용한다. 다음은 앵글 조립방법을 나타낸 것으로 굽힘 반경의 여유 치수는 고려하지 않은 계산 방법으로 앵글의 두께에 따라 여유 치수를 계산하여 실제 길이를 계산해야 한다.

① $30^\circ \times 60^\circ$ 브래킷의 계산: 피타고라스의 정리에 의하여 각 부재의 전개 치수는 다음과 같은 방법으로 계산한다.

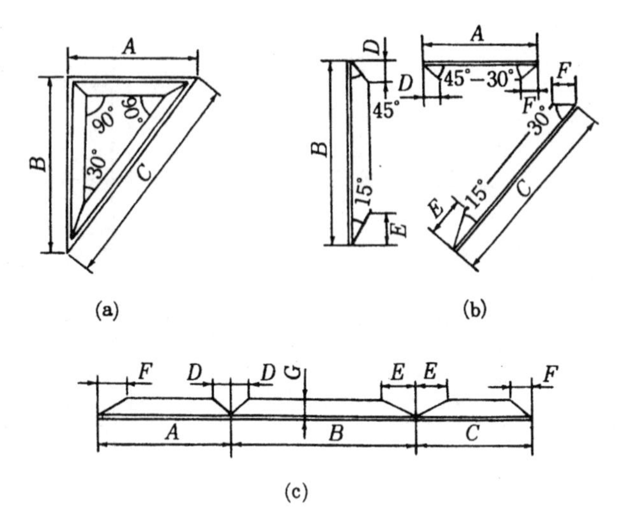

(a)
(b)
(c)

[30°×60° 앵글 브래킷의 전개]

$A = B \times \tan 30° = B \times 0.577$

$B = A \times \tan 60° = A \times 1.732$

$C = A \times 1.732$ 또는 $B \times 1.155$

$D = G$ (3편으로 만들 때)

$D = G - t$ (1편으로 만들 때)

$E = D \times \cot 15° = D \times 3.732$

$F = D \times \cot 30° = D \times 1.732$

여기서, $G$ : 앵글의 나비, $t$ : 앵글의 두께

② 45° 브래킷의 계산

$A = B$

$C = A \times 1.414$ 또는 $B \times 1.414$

$D = G$ (3편으로 만들 때)

$D = G - t$ (1편으로 만들 때)

$E = D \times 2.414$

$F = D \times 2.414$

여기서, $G$ : 앵글 나비, $t$ : 앵글 두께

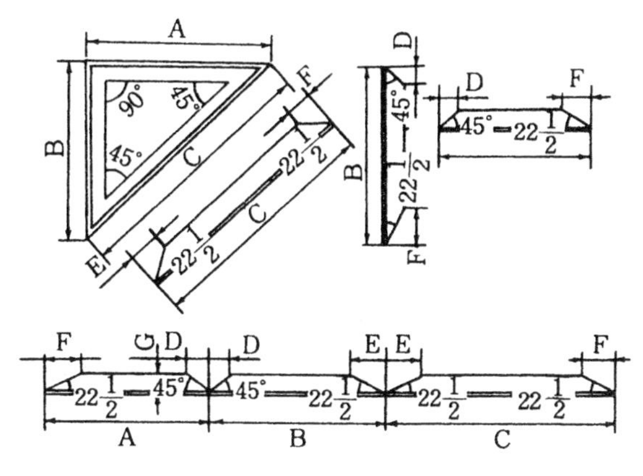


[45° 앵글 브래킷의 전개]

### (5) 앵글의 원형 굽힘 길이 계산

앵글의 바깥지름 $D_2$를 안쪽으로 굽힐 때의 길이 $L$은 중립면의 지름 $D_m$의 길이로 계산하며, 중립면의 위치는 앵글의 치수표에서 찾을 수 있고, 대략적인 값을 구하려면 앵글의 두께 $t$ 정도 안쪽으로 들어간 곳에 중립면이 있다고 가정하여 소요 길이를 계산한다.

$$L = \pi(D_0 - 2t_0)$$

또한, 앵글은 바깥쪽으로 굽힐 때의 필요한 길이는 다음과 같이 된다.

$$L = \pi(D_1 + 2t_0)$$ 여기서, $t_0$=앵글의 두께

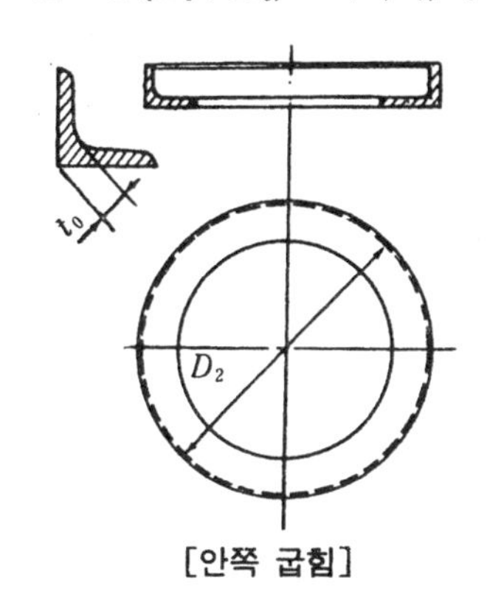


[안쪽 굽힘]

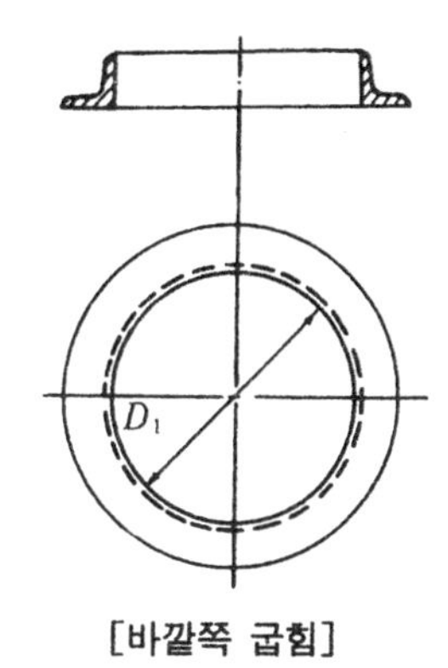


[바깥쪽 굽힘]

### (6) 큰 원호를 현척으로 그리는 방법

반경이 15~30 m 이상의 원호를 다른 컴퍼스나 작업장의 크기 등의 문제가 있으므로 [그림]과 같이 원의 직경 양단 OC에서 원주상의 각 점을 연결해서 얻어지는 각이 모두 직각이 되는 것을 응용하여 A, B, C 세 점을 삼각함수표에서 찾아서 계산에 의하여 그리고 A, B, C 점을 통과하는 원호를 그린다. [그림]의 (b)는 반경 15 m 원호의 각 45°인 것을 현척으로 그리는 방법이다.

[그림]의 (a)와 같은 방법으로 [그림]의 (b)의 원호를 그리기 위해서 그림 [원호의 등분 및 작도 방법]과 같이 A, B, C 세 점의 각도 값을 삼각함수표에서 찾아야 한다. [그림]의 (b)에서 ① 의 치수와 ②의 치수는 삼각함수 표에 의해 다음과 같이 계산한다.

① 의 치수 : $\sin 22°30' = 0.38268$ 이므로 $15000 \times 0.38268 = 5,740.2$이다.

② 의 치수 : $\cos 22°30' = 0.92388$ 이므로 $15000 \times 0.92388 = 13858.2$

$\therefore 15000 - 13858.2 = 1141.8$ 이 된다.

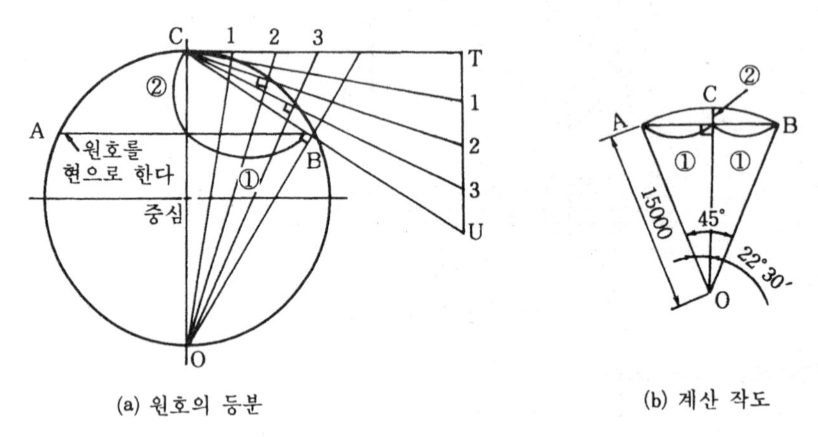


(a) 원호의 등분 (b) 계산 작도

[반구 15 m, 원호각 45°의 현척을 그리는 방법]

### [큰 원호의 작도법]

① [그림]과 같이 A, B, C 세 점을 그리고 $\overline{AB}$를 8등분(임의로 등분해도 됨)하여 번호를 기입한다.

② AC 및 CB간을 직선으로 연결하고 A, B에서 각각 직선 AC, BC에 대한 수선을 긋는다.

③ C를 지나고 직선 AB에 평행한 선분을 긋고 수선과의 교점을 각각 D, E로 한다.

④ DE간을 8등분하여 번호를 기입하고 AB선상의 각 등분점의 같은 번호와 직선으로 연결한다.

⑤ D에서 DC에 수직한 수선을 긋고 직선 AC의 연장선과의 교점을 F로 정한다.

⑥ FD간을 4등분하고 [그림]과 같이 번호를 기입한다. 같은 방법으로 E로부터 수선을 그어 G를 구하고 EG간을 4등분하여 번호를 기입한다.

⑦ $\overline{DE}$, $\overline{EG}$선상의 각 등분점과 C를 연결하고 동일한 번호와의 교점을 구하여 차례로 매끄러운 곡선으로 연결하면 구하는 원호가 완성된다.

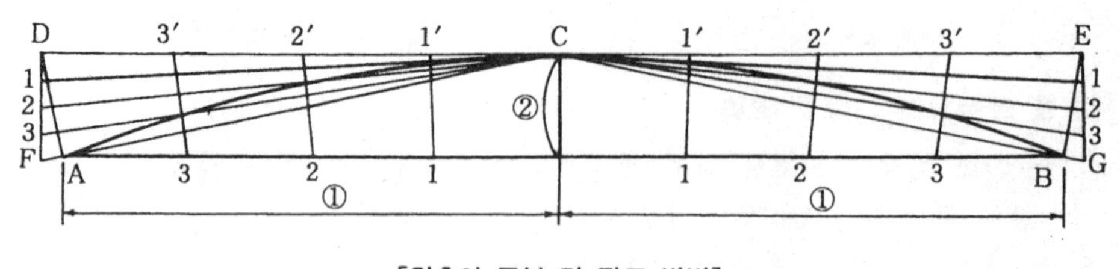


[원호의 등분 및 작도 방법]

### (7) 경판의 판뜨기

경판의 판뜨기는 전개한 치수에 가공상의 여유치수를 고려하여 원판의 소재를 결정한다. 경판의 판뜨기는 경판의 모양, 판두께, 작업방법에 따라 다르며 자세한 내용은 제관 공작에서 다루기로 하고 여기서는 접시형 경판의 판뜨기에 관해 알아보기로 한다.

접시형 경판의 판뜨기 치수는 다음과 같은 관계식으로 구할 수 있다.

$$D = L^2a + 4(10+H)(D+T)+20$$

$$L = \left\{\left(R+\frac{T}{2}\right)\theta + \left(r+\frac{T}{2}\right)\beta\right\} \times \frac{35}{1000}$$

여기서, $D$, $T$, $R$, $r$, $H$의 단위는 [mm]  $\theta$, $\beta$의 단위는 [radian]

$$\theta = \sin^{-1}\frac{D/2-r}{R-r} \qquad \beta = 0.9 \sim 0.95$$

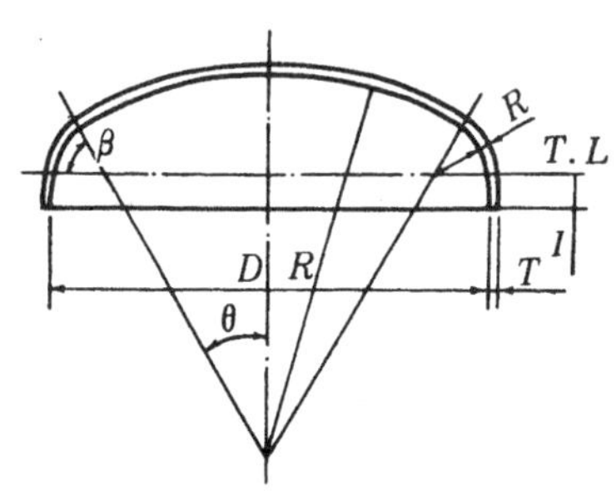


[접시형 경판의 판뜨기]

## 7. 현도 뜨기

축소된 설계도를 현장에서 실제 치수로 그려 공작물의 크기와 제작 가능 여부를 파악하고 제작에 필요한 자 또는 형판을 만들며 부재의 목록표(list) 또는 커팅 플랜(cutting plan)을 작성하는 작업을 현도라 한다. 현도 작업에 사용되는 재료는 다음과 같은 것이 있다.

① 자 : 두께 0.8 mm, 폭 18~25 mm, 길이 200~250 mm 정도의 크기로 강제로 만든다.

② 형판 : 아연 도금 강판이나 도금이 안된 코일이 사용되며 두께 0.25 mm, 폭 1280 mm, 길이 100 m 인 필름도 사용한다.

현도 작업에 사용되는 공구는 [그림]과 같은 것이 있다.

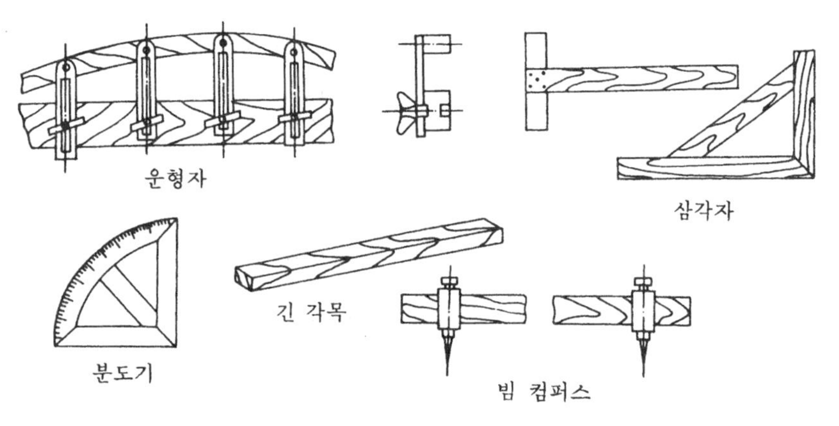


[현도용 공구]

현도 작업에 사용되는 기기는 다음과 같다.

① 피아노선 : 길고 정확한 직선을 그리는 데 사용

② 버텐 : 임의의 점을 연결하여 곡선을 그리는 데 사용하는 판재

③ 먹통 : 긴 선을 그리는 데 사용

④ 먹칼 : 먹물을 찍어서 선을 그리거나 글씨를 쓰거나 각종 표시에 사용되며 보통 대나무로 만든다.

⑤ 추 : 수직선을 내리는 데 사용

⑥ 수준기 : 수평을 측정하는 데 사용

## 7-1 현도 작성

### (1) 원척 현도

선체와 같이 복잡한 곡면으로 구성된 부재를 직접 강판에 마킹하여 절단하기 어려우므로 부재를 정확히 만들기 위해 축척된 설계도를 실물 크기로 확대하여 평면에 나타낸 것을 원척 현도라 한다.

### (2) 축척 현도

원척 현도에 사용하는 형판과 목형 등은 취급과 보관이 어려우므로 원척 현도 작업에서 하던 각 작업을 축척으로 하여 보관하였다가 다시 원척으로 확대 사용하는 작업법을 축척 현도라 한다.

## 7-2 사진 마킹법

### (1) 사진 마킹법

도면을 1/10 정도로 축척하여 음화(negative film)로 만든 다음 마킹용 프로젝터에 의해 강판에 원척으로 확대하여 비추고 이 광선의 음영을 따라 수동으로 마킹하는 방법이다.

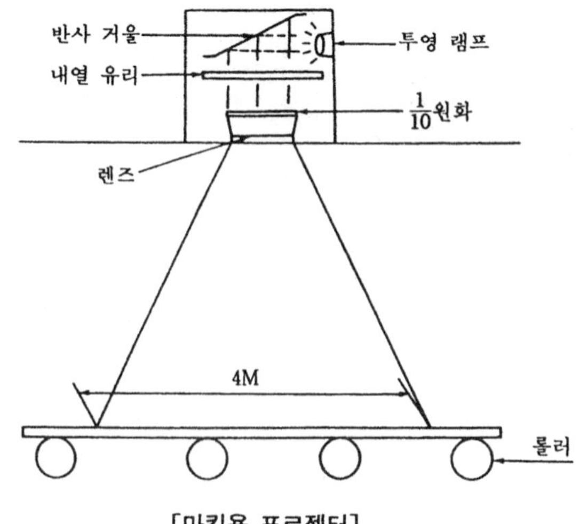


[마킹용 프로젝터]

### (2) 모노폴(monopol)

음화를 만들어 기계에 삽입하여 동작시키면 기계의 양측의 암(arm)에 부착된 가스 토치가 자동으로 필름의 영상을 따라 움직이며 직접 가스 절단하도록 된 절단기이다.

### (3) 옵티컬 시코매트(optical sicomat)

원도의 1/10 로 축척된 선을 따라 광학 눈이 움직이면 가스 절단 토치에서 10 배로 확대되어 현척으로 절단되는 절단기이다.

### (4) 수치 제어 가스 절단기(numerical control gas cutting machine)

프로그래밍한 구멍 뚫린 테이프(N. C punching tape)에 의해 가스 절단 토치가 강판 위를 이동하며 절단하는 기계이다. 지금은 CNC(Computer Numerical Control)이 개발되어 사용되고 있다.

마킹이 필요없이 직접 절단이 정확하게 되므로 공수(工數 ; man hour)를 줄일 수 있으나 1/10로 축척된 현도이므로 제도할 때 정확한 선의 굵기는 물론 페어링(fairing)에 특히 주의해야 하며 선의 굵기와 색이 일정해야 한다.

## 7-3 마 킹

현도 작업이 끝난 후 판재에 절단선, 굽힘선, 여유치수, 용접 기호, 부재 번호 등을 표시하는 작업을 마킹 (marking ; MK)이라 한다.

일반적으로 선을 그을 때에는 먹물 페인트, 매직잉크 등을 사용하며 가열되는 부분을 펀치로 표시한다.

사용하는 부재가 많을 경우 제작이 쉽도록 순서를 정하여 번호를 표시하고 부재가 서로의 연관성을 갖도록 고려하여 정확한 작업을 해야 한다.

### (1) 마킹 요령

마킹할 때의 주의 사항은 다음과 같다.

① 일정한 장소에 마킹의 방향, 부재명 등을 기입하여 보기 쉽도록 한다.

② 부재명을 기입할 때 보강 리브(rib) 등 극히 작은 부재 및 열간 가공이나 롤러 가공을 요하는 부분을 제외하고 보통 대붓으로 표시하고 니스를 발라 둔다.

③ 일반적으로 롤러 가공을 요하는 부재는 페인트로 기입한다.

④ 리브 등 작은 부품 및 열간 가공을 요하는 부재는 숫자 펀치로 마킹 기호를 각인한다.

⑤ 절단선을 절단이 정확하게 되었는지 확인하기 위해 절단선으로 부터 50~100 mm 정도 떨어진 곳에 평행으로 차월선을 마킹한다.

⑥ 브래킷 또는 스티프너를 부착하는 선은 판두께도 표시하여 마킹한다.

⑦ 용접부는 용접으로 인한 변형과 수축이 생기므로 1~3 mm 정도 판끝을 연장하여 마킹한다.

⑧ 일반적으로 마킹 작업에 사용하는 약자, 약호 및 기호는 다음과 같은 것이 있으나 회사별로 사용법이 다르므로 주의해야 한다.

OC : 중심선
MK : 맞춤표
FL : 플랜지(flange)
SE : 강판의 단면끝
도 : 강판이 꺾이는 각
BP : 버트 용접 포인트
M.H : 맨홀(man hole)
SL : 슬롯(slot)
PL8 : 판두께 8 mm
PE : 평면의 강판 끝
50 : 50 mm 반경의 스캘럽
RW : 랩 용접

### (2) 마킹 방법

① 강판에 마킹 작업할 때 강판의 크기에서 가로 세로 방향으로 약 10 mm 정도 여유를 주어 절단한다.

② 곡선 부분 등 공용 절단이 불가피할 경우 마킹 작업시 부재간의 여유 간격을 10~15 mm 정도 준다.

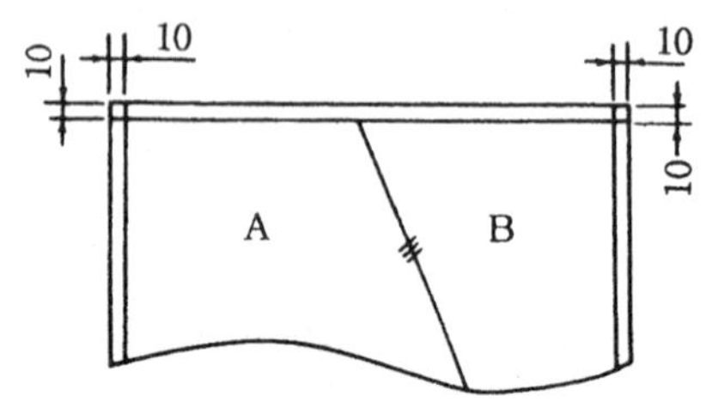


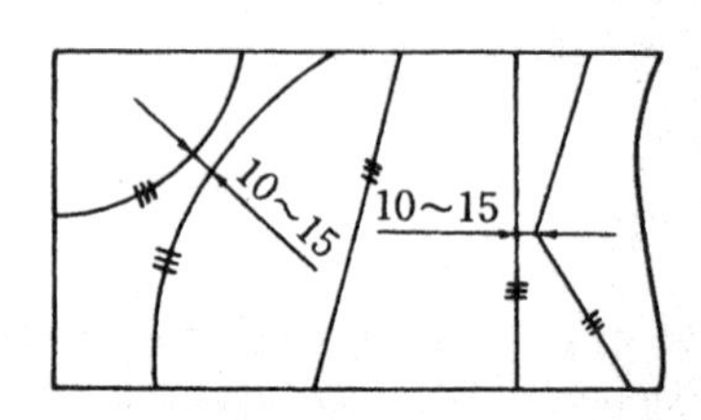


[마킹 방법]

③ 절곡 가공을 하는 경우 [그림]과 같이 마킹하고 굽혀지는 중심선의 양쪽에 적색 페인트로 각인을 표시한다. 또한 굽힘 방향을 적색 페인트로 표시하며 굽힘 각도는 너클선 밖으로 인출하여 각인을 표시한다.

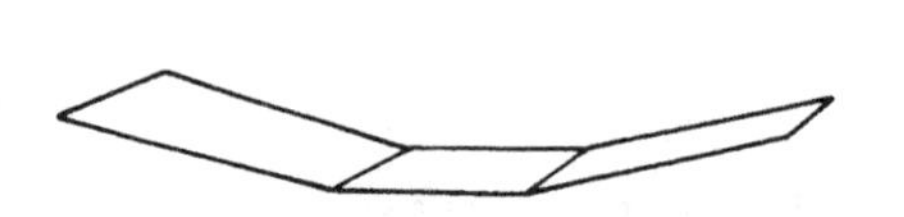

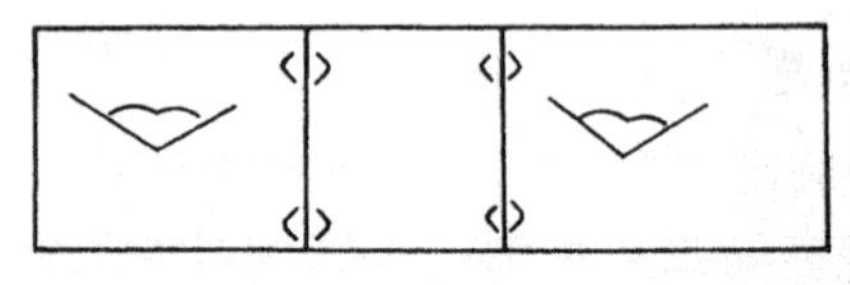

[절곡의 마킹 방법]

④ 벤딩하는 경우 [그림]과 같이 마킹하며 굽히는 양쪽 외측선에 굽히는 방향을 적색 페인트로 기입한다.

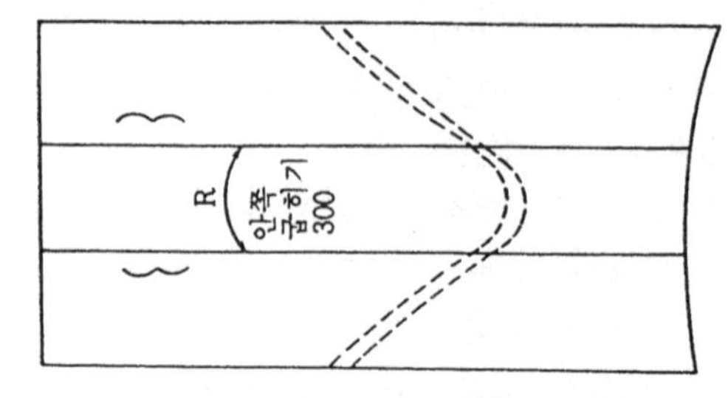


[판의 원호 굽힘 마킹 방법]

⑤ 리벳 및 볼트 구멍의 마킹 기호는 다음 [표]와 같다.

[볼트 및 리벳구멍의 마킹 기호]

| 리벳 및 볼트지름 | 둥근머리 | | 접시머리 | |
|---|---|---|---|---|
| | 형 판 | 정 규 | 형 판 | 정 규 |
| 12mm | | | | |
| 16mm | | | | |
| 19mm | | | | |
| 22mm | | | | |
| 25.4mm | | | | |

⑥ 일반적으로 많이 사용되는 마킹 방법은 다음 [표]와 같은 것이 있으며 회사별로 그 방법이 다르다.

[각종 마킹 방법]

| 구 분 | 기 호 | | 설 명 |
|---|---|---|---|
| | 정 규 | 형 판 | |
| 1. 절단선 | | | 모서리 각부는 색으로 표시할 것 |
| 2. 따내기 | | 기준선 | 형판 따내기는 기준선을 마킹할 것 |
| 3. 모서리 따내기 | R 30 | R 30 | |
| 4. 이 음 | | | |
| 5. 굽힘선 | 90° 표 합형있음 R L | 실도(實度) | 표(表)……내곡(內曲)<br>이(裏)……외곡(外曲)<br>합형(合型)……조립 부품이 있음을 표시<br>벤딩 작업의 실제 각도임 |
| 6. 재료의 끝 | | | |
| 7. 중심선 | | 좌 동 | 센터 표시 |
| 8. 기준선 | | | 절단선 또는 합선 내측에 기준선을 그어 작업 후 확인한다. |
| 9. 펀치선 | | 좌 동 | 화살표로 상하를 표시 |

| 10. 판의 교차 | ⋈t | | t : 판두께 |
|---|---|---|---|
| 11. L, ㄷ, H | L 150 ㄷ 150, H 300 | | 형강표시 |
| 12. 등따기 | ∥[ PF | | 별도 도시한다. |
| 13. 게이지(gauge) | g, FG | | g=게이지 약자<br>FG=플랜지 게이지<br>(Flange Gauge) |
| 14. 대 칭 | R, L | | |
| 15. 개선각 | 30° 표 2<br>2 01 30° | | 약도하여 표 또는 이를 표시한다. |

그러므로 정규의 기입 방법은 다음과 같다.

① 정규번호 ② 공사명 ③ 도번 ④ 사용 부재 ⑤ 부품 번호 ⑥ 수량 ⑦ 게이지 또는 구멍 지름 ⑧ 그 이외에 특기 사항 기록 ⑨ 게이지 폭

**보기** 1+−1 ㉮ 도 035 L 50×50×6−2000 $l$⟨g−30⟩$^{R}_{L}$ 2 개 ⟨SS 41⟩

사용 부재의 재질은 우측 끝부분에 황색으로 기록하고 테이프로 붙인다.

# 제4편

# 결합용 기계 요소

# 심, 납땜, 리벳

## 1. 심 (seam)

### 1-1 심의 개요

두 판재를 꺾음대, 판금칼, 판금정, 박자목 등의 수공구를 사용하여 접어 잇는 것을 심이라 하며 [그림]과 같이 여러 가지가 있는데 일반적으로 그루브 심이 가장 많이 이용된다.

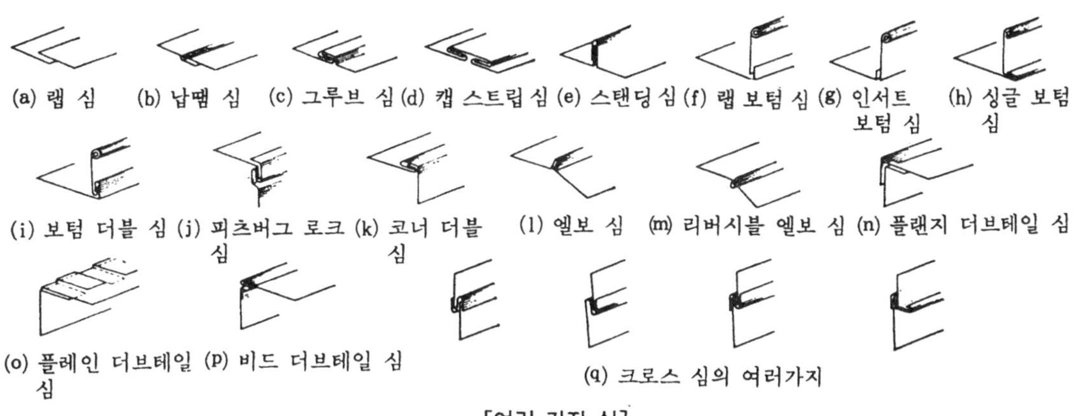


[여러 가지 심]

### 1-2 그루브 심 (grooved seam)

그루브 심은 일반적으로 얇은 판, 또는 중판 정도의 판재 이음에 널리 이용된다.

#### (1) 그루브 심 작업

그루브 심 작업은 다음 [그림]과 같은 순서로 한다.

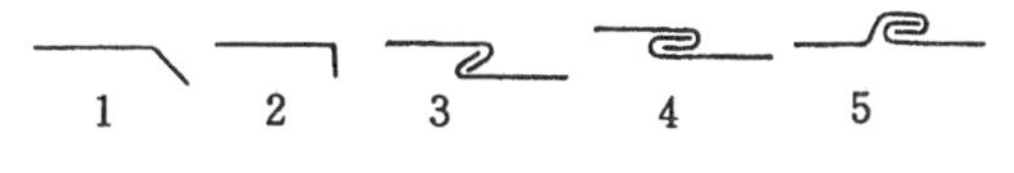


[그루브 심의 작업 순서]

① 심 여유로 금긋기를 한 선과 꺾음대 끝에 바르게 맞춘다.
② 판재가 미끄러지지 않도록 오른손으로 박자목을 사용하여 [그림]과 같이 판재의 한쪽 끝을 90°로 굽힌다.
③ 판재를 뒤집어 놓고 판금칼을 꺾음선에 맞추면서 박자목으로 쳐서 예리하게 꺾는다.

④ 다른쪽도 같은 방법으로 두 판을 서로 물리게 잇고 꺾음대 또는 정반 위에서 두들겨서 튼튼하게 잇는다.

⑤ 물림이 빠질 염려가 있으므로 그루브를 심부에 수직으로 세우고 해머로 두들겨 심 작업을 완성한다. 이때 그루브 홈의 크기는 심 나비보다 1~1.5 mm 정도 큰 것을 사용한다.

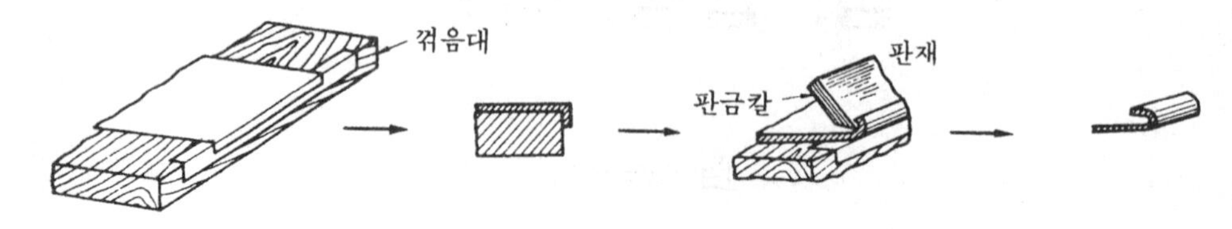


[꺾기 작업]

### (2) 그루브 심 작업상 주의 사항

① 그루브 심 작업할 때는 접는데 필요한 심 여유를 주어야 한다.

② 심 여유는 걸림 훅(hook)의 나비와 판두께에 의하여 정해진다.

(가) 두께 0.64 mm 이하의 판재 : 심 여유 = 3×심 나비

(나) 두께 0.64 mm 이상의 판재 : 심 여유 = 3×심 나비+5×판재의 두께

## 1-3 그 밖의 심

### (1) 캡 스트립 심 (cap strip seam)

캡 스트립 심은 가열 통풍기, 공기 조화 등 덕트(duct) 공사에 수평 이음을 하는 데 쓰인다. 캡 스트립 심은 이음 강도가 크고 모양이 좋으며 수리 및 해체가 간편하여 많이 이용한다.

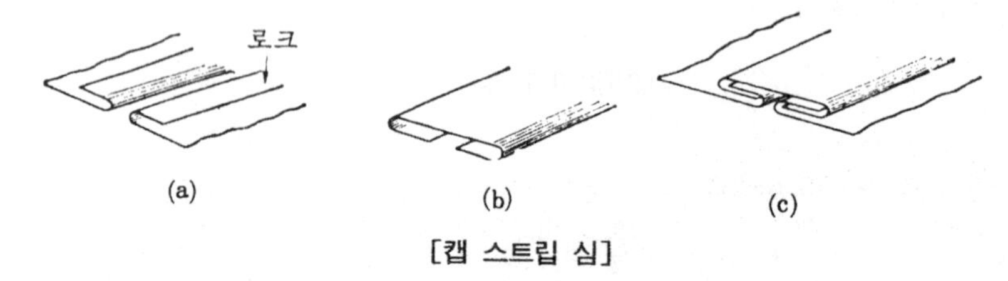


[캡 스트립 심]

### (2) 스탠딩 심 (standing seam)

스탠딩 심은 [그림]과 같이 철판의 두께와 상관 없이 많은 판금 공작에 사용된다. 다른 심에 비해 규모가 큰 환기통이나 공기 조화 조절 덕트 등에 사용되며 특징은 다음과 같다.

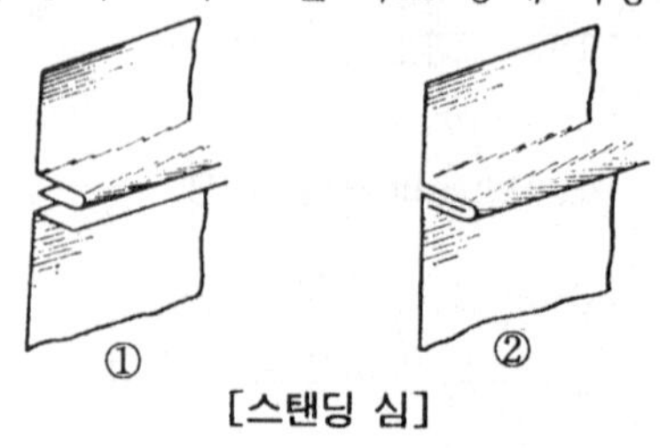


[스탠딩 심]

① 이음을 내부나 외부에 모두 만들 수 있다.

② 앵글의 보강이 필요 없도록 단단하고 다른 심에 비해 큰 힘에 견딜 수 있어 많이 이용되고 있다.

### (3) 피츠버그 심 (pittsburgh seam)

피츠버그 심은 해머 로크(hammered lock) 또는 호보 로크(hobo lock)라고도 하며 얇은 판재에 여러 가지 판재를 세로 모서리심으로 통풍 장치, 난방 장치에 이용된다.

다음의 [그림]과 같이 싱글 로크(singl lock)를 한 판재를 포켓 로크(pocket lock)를 한 판재 속에 넣고 [그림] (d)와 같이 테두리를 헤머질한 다음 구부려서 심한다.

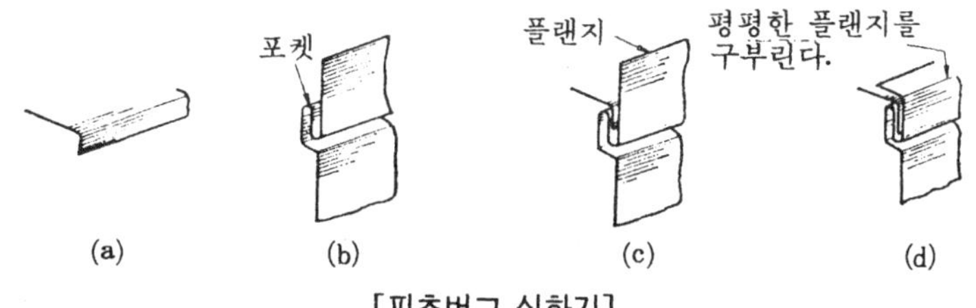


[피츠버그 심하기]

### (4) 슬립 에스훅 심 (slip S-hook seam)

슬립 에스훅 심은 구석진 곳, 작업하기 어려운 곳의 이음에 이용되는 것으로 S형으로 굽힌 좁은 판재를 결합될 판재에 끼워 연결시킨다. 그림 [슬립 에스훅 심]은 원래의 가장자리를 감침질하여 보기 좋게 한 것이다.

### (5) 슬립 조인트 심 (slip joint seam)

슬립 조인트 심은 세로 모퉁이 심에 이용된다. 그림 [슬립 조인트 심]과 같이 한 번 접은 것을 두 번 접은 판재에 끼워 넣어 접합한다.

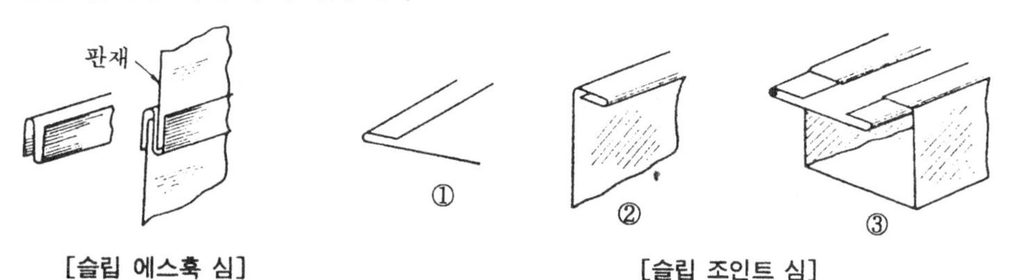


[슬립 에스훅 심] [슬립 조인트 심]

### (6) 슬립 에스로크 심 (slip S-lock seam)

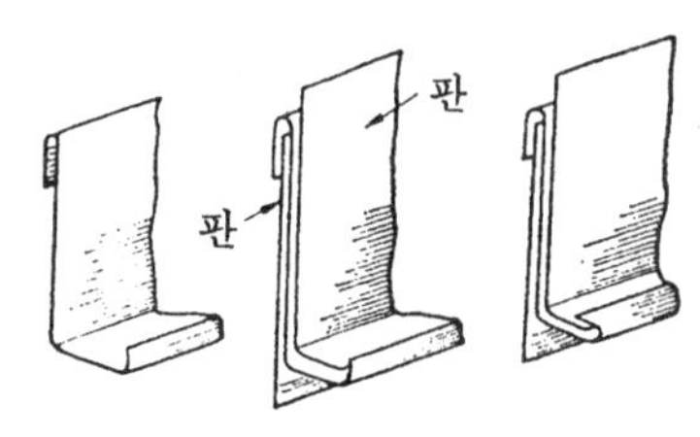


[슬립 에스로크 심]

슬립 에스로크 심은 결합력이 강하고 외관이 좋다. [그림]과 같이 연결되는 판의 벽이 더욱 단단하게 되며 진동이 있는 곳에 사용하면 좋다. 실제로 대부분의 공장에서 판에 직접 에스훅을 만든다.

### (7) 핸디 심 (handy seam)

그루브 심과 비슷하지만 핸디 심은 그루브를 사용하지 않고 [그림]과 같이 두 번 구부린 판재를 한 번 구부린 가장자리 위에 놓고 나무 해머로 두드린다. 여러 장의 금속판을 이어야 하는 큰 덕트 같은 것에 이용되는 방법으로 판재를 서로 결합시킬 때 테두리가 불쑥 튀어 오르지 않도록 한다.

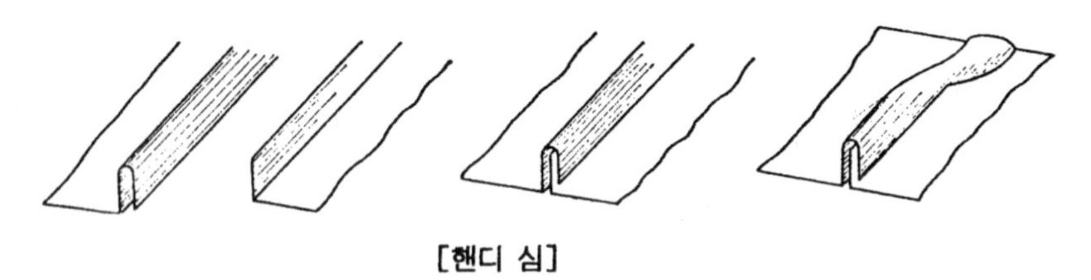

[핸디 심]

### (8) 더블 심 (double seam)

더블 심은 두 가지 형식이 있는데 그 중 한 가지는 오프셋(offset)으로 상자 등의 불규칙한 결합을 만들 때 이용된다. [그림]과 같은 공정으로 더블 심을 하며, 슬립 조인트 심과는 차이가 있다.

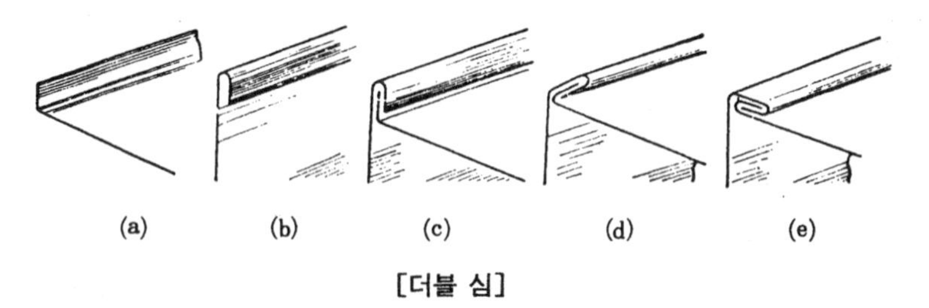


[더블 심]

### (9) 보텀 더블 심 (bottom double seam)

보텀 더블 심은 양동이 물 탱크와 같은 원형의 밑바닥을 붙이는 데 이용된다. [그림]과 같이 터닝 머신을 사용하여 [그림] (a)와 같이 원통의 가장자리를 구부리고 버링 머신으로 밑바닥을 성형한 후 [그림]과 같은 순서로 나무 해머를 사용하여 완성한다.

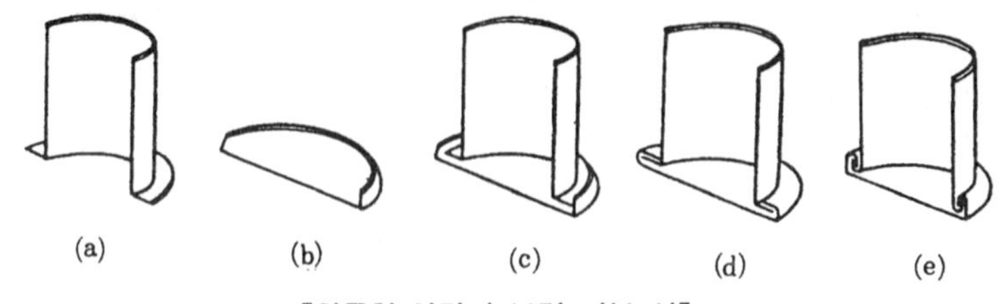


[원통형 일감의 보텀 더블 심]

### (10) 더브테일 심 (dovetail seam)

더브테일 심은 [그림]과 같이 일감에 테두리를 붙이는 방법으로 원통을 원주 방향으로 등분하고 절단하여 탭을 만들고 짝수와 홀수로 나누어 [그림]과 같이 90°가 되도록 굽히고 남은 탭은 플랜지를 끼우고 꺾으면 된다.

더브테일 심에는 플레인 더브테일 심(plain dovetail seam), 비드 더브테일 심(bead dovetail seam), 플랜지 더브테일 심(flange dovetail seam)의 세 가지 형이 있다.

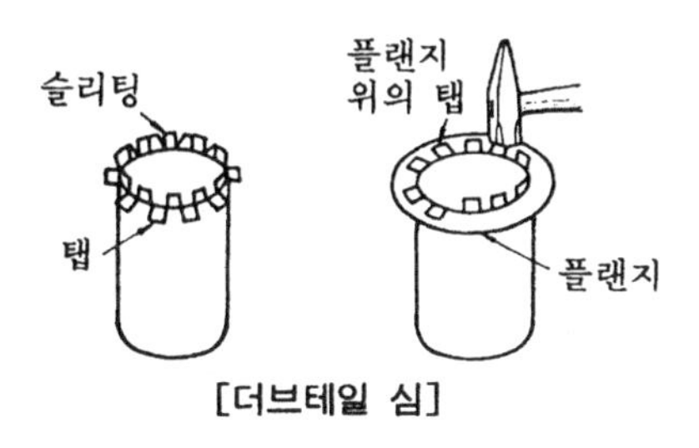


[더브테일 심]

# 2. 납 땜

## 2-1 납땜의 개요

납땜은 모재보다 낮은 용융점을 가진 땜납을 용해 첨가하여 모재를 녹이지 않고 접합하는 방법으로 용융점이 낮아서 접합이 쉽고, 열의 영향도 적으며, 특수한 경우 이외의 모든 금속에 응용할 수 있다.

일반적으로 납땜은 비교적 낮은 온도에서 하는 연납땜(soft soldering)과 높은 온도에서 하는 경납땜(brazing)이 있다.

## 2-2 연납땜의 종류

연납은 주로 납과 주석의 합금이 사용되며 납-카드뮴계, 은-납계, 납-주석-비스무트계의 저용융납이 사용된다. 용융 온도가 450℃ 이하인 경우를 연납으로 규정하고 있으며 이 중에서 중요한 것은 다음과 같은 것들이 있다.

① 주석-납 합금 : 주석-납은 연납 중 가장 대표적인 땜납으로 오랜전부터 가장 널리 사용되고 있다. 이 합금의 주요 성분은 [표]와 같다.

[주석과 납의 성분]

| 주 석 (%) | 100 | 63 | 50 | 40 | 30 | 0 |
|---|---|---|---|---|---|---|
| 납 (%) | 0 | 37 | 50 | 60 | 70 | 100 |
| 완전 액화 온도(℃) | 222 | 183 | 212 | 238 | 257 | 327 |
| 완전 응고 온도(℃) | 232 | 183 | 183 | 183 | 183 | 327 |

㈎ 주석-납(20 : 80) : 납의 함유량이 많으므로 용융 범위가 넓어 피복용 땜, 고온 땜 등에 사용되며 불꽃 땜에 적합하다.

㈏ 주석-납(30~40 : 60~70) : 용융 범위가 넓고 연신율이 좋으므로 자동차용 와이핑 솔더

(wiping solder), 수도용 연관을 접합할 때 사용한다.

(다) 주석-납(50 : 50) : 가장 널리 사용되는 땜납으로 유동성, 친화력, 내식성이 좋으므로 함석판, 주석판, 전기용 황동판 등의 납땜에 적합하다.

(라) 주석-납(65 : 35) : 주석의 함유량이 많고 납이 적어 독성이 적으므로 식품 용기, 전자 공업, 정밀부품 등의 납땜에 접합하다.

(마) 주석-납(60 : 40) : 공정점에 가까운 땜납으로 조직이 치밀하고 강도가 높아 밀폐한 부분이나 전기 기기 등의 납땜에 이용되며 주석의 함유량이 많아 스테인리스 등의 납땜에도 이용된다.

② 납-카드뮴(Pb-Cd)합금 : 인장 강도가 큰 납땜으로 주로 아연판, 구리, 황동, 납 등의 납땜에 이용되며 용제는 염화아연이나 송진이 사용된다.

③ 은-납(Ag-Pb)합금 : 주로 구리, 황동용 땜납으로 내열성 땜납이다. 공정 조성은 은 2.5%일 때이고, 용융점은 304℃ 이다. 주석 1 % 정도를 첨가하면 유동성이 개선되나 주석을 첨가할 때에는 은 1.5 % 미만이어야 한다. 주로 구리, 황동용 땜납으로 용제는 염화아연을 사용한다.

④ 저용점 땜납 : 주석-납-비스무트 다원계 합금 땜납을 이용하여 특히 낮은 온도에서 금속을 납땜할 때 사용되며, 일반적으로 용융점이 100 ℃ 미만의 합금 땜에 사용한다.

⑤ 카드뮴-아연(Cd-Zn)합금 : 용융 범위가 263～419 ℃ 정도로 모재에 가공경화를 일으키지 않고 큰 이음 강도가 요구될 때 쓰이며, 공정 조성 부근의 합금을 땜납으로 쓰고 있다. 특히 40 % 카드뮴, 60 % 아연 합금 땜은 알루미늄의 저항용 땜납으로 많이 이용되며 내식성도 좋다. 용제는 염화아연($ZnCl_2$)을 사용한다.

## 2-3 경납땜의 종류

경납은 용융점이 450 ℃ 이상으로 연납 땜보다 내열성, 내식성, 내마멸성이 요구되는 곳에 사용되는 데 다음과 같은 조건을 갖추어야 한다.

① 모재와 친화력이 있고 접합이 튼튼해야 한다.
② 용융 온도가 모재보다 낮아야 하며, 유동이 좋아 이음간에 흡인력이 커야 한다.
③ 용융점에서 땜납 조성이 일정하게 유지되고 휘발성이 없어야 한다.
④ 기계적, 물리적, 화학적 성질이 알맞아야 한다.
⑤ 모재와 야금학적 반응이 만족스러워야 한다.

다음의 [표]는 시판되고 있는 경납의 종류와 용도를 나타낸 것이다.

[경납과 용도]

| 경 납 | 용 도 | 경 납 | 용 도 |
|---|---|---|---|
| 은 납 | 구리, 니켈, 철합금 | 알루미늄납 | 알루미늄, 알루미늄 합금 |
| 황 동 납 | 주강, 비철 금속, 주철 | 망 간 납 | 구리, 철강, 고망간 합금 |
| 인 동 납 | 구리 및 구리 합금 | 양 은 납 | 구리 및 구리 합금 |

### (1) 은납

주성분이 은과 구리이고 아연, 카드뮴, 주석, 니켈, 망간 등을 첨가한 합금으로 알루미늄, 마그네슘 등의 용융점이 낮은 금속을 제외한 철, 구리 등 거의 모든 금속의 땜납에 사용한다. 유동성이 좋으므로 불꽃 땜, 고주파 유도 가열 땜, 노내 땜 등에 적합하다.

### (2) 황동납

구리와 아연의 합금으로 용융점이 800~1000℃ 정도이며 땜납에 사용되는 황동은 아연 60 % 정도로 아연의 양이 이보다 많으면 땜납으로 적합하지 못하다. 은납에 비하여 값이 싸므로 공업용으로 많이 이용되며 철, 비철금속의 땜납에 적합하다. 또한, 구리납은 구리 86.5 % 이상 함유된 것으로 철, 니켈, 구리-니켈 합금의 납땜으로 쓰인다.

### (3) 인청동납

인과 구리, 인-은-구리의 두 합금계로 나누어지며 일반적으로 구리 및 구리 합금의 땜납으로 쓰인다. 땜납 이음부가 전기 전도나 기계적 성질이 좋고, 황산 등에 내식성도 우수하다. 그러나 철이나 니켈을 함유한 금속의 납땜에 적당치 못하며 구리나 은의 납땜에는 납 중의 인(P)이 탈산제가 되므로 용제가 필요하지 않다.

### (4) 알루미늄납

규소 또는 알루미늄을 주성분으로 하여 소량의 구리 또는 아연을 첨가한 것으로 용융점이 600~658℃ 전후로서 모재의 녹는 점에 가깝기 때문에 알루미늄을 납땜할 때 작업성이 매우 나쁘다. 용융점이 낮은 땜납용은 아연이나 주석을 주성분으로 하고, 용융점이 450℃ 이하로 한 것도 있다.

### (5) 망간납

구리-망간의 2원 합금과 구리-망간-아연의 3원 합금 두 종류가 있으며 저망간 합금은 구리 및 구리 합금, 고망간 합금은 철, 강의 납땜에 쓰이며 용융점은 810~890℃ 이다.

### (6) 양은납

구리-아연-니켈의 3원 합금으로 보통 구리 47 %, 아연 42 %, 니켈 11 % 이고 구리, 황동, 백동 모넬메탈의 납땜에 쓰인다.

## 2-4 용 제

### (1) 용제의 개요

모재의 산화막은 가열됨에 따라 더욱 두꺼워지며 금속 사이에 접착력을 약하게 하므로 이를 방지하기 위하여 용제를 사용해서 모재의 표면을 깨끗이 하고, 친화력을 좋게 하며, 납이 모재에 잘 퍼지도록 한다.

### (2) 연납용 용제

① 염화아연($ZnCl_2$) : 연납땜에 가장 많이 사용되며 283℃에서 녹지만 보통 염화암모늄과

혼합하여 사용한다.

② 염화암모늄($NH_4Cl$) : 가열하면 염소가스를 발생하여 금속산화물을 염화물로 변화시키는 작용을 하며 가열해도 녹지 않으므로 단독으로 사용할 수 없다.

③ 인산($H_3PO_4$) : 인산 알콜 용액은 구리 및 구리합금의 납땜용 용제로도 쓰이나 가열할 때 금속산화물을 녹이는 성질이 있으므로 인산나트륨, 인산암모늄 등을 혼합하여 사용한다.

④ 염산(HCl) : 염산과 물을 1 : 1 로 섞어 사용하고 아연철판이나 아연판 납땜시 사용한다.

⑤ 송진(resin) : 청정작용이 적으나 부식작용이 없으므로 납땜 후 슬래그 제거가 힘든 전자기기 등의 전기 절연이 필요한 곳에 사용한다. 송진은 알콜, 벤젠, 테레빈유 등에 녹여 쓰기도 하지만 일반적으로 소량의 염산아닐렌, 염산나프탈렌, 테아르산, 오드유 등을 가하여 활성화 송진으로 해서 사용한다.

### (3) 경납용 용제

① 붕사($Na_2B_4O_7$, $10H_2O$) : 붕사는 결정수를 갖는 것은 760℃에서, 결정수를 갖지 않는 것은 670℃에서 녹아 액체로 되며 금속산화물을 녹이는 능력을 갖지만 Cr, Be, Al, Mg 등의 산화물은 녹이지 못한다. 은납땜, 황동납땜에서 붕사만 사용하나 용제의 작용을 개선하기 위해 알칼리금속의 플르오르화물, 염화물 등과 적당히 혼합하여 사용한다.

② 붕산 : 용해도 85 % 로 붕사보다 산화물의 용해 능력이 작으므로 단독으로 사용하지 않고 붕사와 혼합하여 사용한다. 보통 붕산 70 %, 붕사 30 % 정도로 혼합하여 사용한다.

③ 빙정석($3NaF \cdot AlF_3$) : 알루미늄, 나트륨의 플르오르화물은 구리 납땜의 용제로 사용한다.

④ 산화제일구리($Cu_2O$) : 탈산 작용을 하므로 보통 붕사와 혼합하여 주철의 경납땜에 사용한다.

⑤ 플루오르화합물, 염화물 : 리튬, 칼륨, 나트륨과 같은 염화물이나 플루오르화물을 가열하면 금속 또는 금속산화물과 반응하여 용해 또는 변형하는 작용이 있으므로 크롬, 알루미늄 등이 함유된 합금의 납땜에 필요한 용제이다. 플루오르화나트륨(NaF), 플루오르화칼륨(KF) 등은 붕산과 혼합하여 사용하면 용제의 유동성을 증가시킨다. 염화나트륨(NaCl)과 염화칼륨(KCl)은 저온에서 좋으나 고온에서 역효과를 얻을 수도 있다.

⑥ 알칼리 : 수산화나트륨, 수산화칼륨 등의 알칼리는 공기중의 수분을 흡수·용해하는 성질이 강하므로 소량을 사용하면 유효 작업 온도 범위를 넓혀 주며 몰리브덴 합금강의 납땜에 유용하다.

### (4) 용제의 구비 조건

① 모재의 산화막과 불순물을 제거하고 유동성이 좋을 것

② 납땜 후 슬래그 제거가 쉬울 것

③ 모재나 땜납에 대한 부식 작용이 극히 적을 것

④ 용제의 유효 온도 범위와 납땜 온도가 일치할 것

⑤ 땜납의 표면 장력이 알맞고 유효 온도 범위가 넓을 것

⑥ 용제의 탄화 및 산화가 잘 일어나지 않을 것

⑦ 인체에 해가 없을 것

## 2-5 납땜 작업

### (1) 인두 납땜

주로 연납땜에 사용하며 구리제의 인두가 쓰인다. 인두 납땜은 능률적이지 못하지만 국부적으로 가열되어 아주 세밀한 가공을 할 수 있는 것이 특징이다.

### (2) 가스 납땜(gas brazing)

산소-아세틸렌, 산소-프로판 등의 가스 불꽃으로 가열하여 작업하는 납땜법으로 약간 환원성의 불꽃이 좋으며 용제는 접합면과 땜납에 발라서 사용한다.

### (3) 저항 납땜(resistanc brazing)

납땜할 면에 용제를 바르고 땜납을 전극 사이에 끼워 가압하면서 통전하여 저항열에 의해 납땜하는 방법이다. 이 방법은 점 용접기를 사용하여 능률적으로 작업할 수 있으며 작은 물건이나 서로 다른 종류의 금속 납땜에 적합하다.

### (4) 노내 납땜(furance brazing)

노 안에 땜납이 들어있는 제품을 넣고 가스 불꽃이나 전열 등으로 가열시켜 납땜하는 방법이다. 땜납과 용제는 미리 접합면에 삽입하여 노에 넣는다. 비교적 작은 제품의 다량 납땜에 적합하다.

### (5) 침투 납땜(dip brazing)

접합면에 납을 삽입하고 미리 가열한 화학약품 속에 담가 침투시키는 방법과 용해된 용제가 들어 있는 땜납에 담가 납땜하는 두 가지 방법이 있다. 섬유통, 통조림통 등의 납땜에 이용되고, 다량 생산에 적합하다.

### (6) 아크 납땜(arc brazing)

모재를 1개 또는 2개의 전극 사이에서 발생하는 아크열에 의해 납땜하는 방법으로 단극 탄소 아크법과 쌍극 탄소 아크법이 있다.

### (7) 유도 가열 납땜(induction brazing)

가열 코일에 고주파 전류를 통하여 가열하는 방법으로 가열시간이 짧아서 모재의 변질이나 산화가 적고 소요 전력이 적게 드는 장점이 있어 다량 생산에 적당하다.

# 3. 리벳 이음

## 3-1 리벳 이음의 개요

리벳 이음(riveted joint)은 결합하려는 강판에 구멍을 뚫고 리벳을 끼워 머리를 성형하여 완성하는 반영구적인 접합 방법으로 옛날에는 널리 사용되었으나 최근 용접 기술의 발달로 점차 기능을 잃어가고 있다. 그러나, 철골 구조물, 교량, 경합금 등에는 지금도 사용되며 리벳 이음의 장점은 다음과 같다.

① 용접 이음과 달리 잔류 응력에 의한 변형이 생기지 않으므로 취성과 파괴가 일어나지 않는다.
② 철골 구조물 등에 직접 조립할 때 용접 이음보다 쉽고 상호 호환성이 있다.
③ 경합금과 같은 용접이 곤란한 재료에도 신뢰성이 있다.
④ 특별한 작업 이외에 숙련이 필요하지 않다.

## 3-2 리벳 재료

리벳 재료는 냉간 가공할 때에는 연강, 구리, 알루미늄 등을 쓰지만 강재 리벳으로 지름이 큰 것은 열간 가공하여 사용한다.

리벳 재료는 모재와 같은 재질을 사용하나 두 재질이 서로 다를 때 두 모재 중 강도가 약한 모재의 재질과 같은 리벳을 선택한다.

## 3-3 리벳의 분류

### (1) 리벳 제작에 따른 분류

리벳은 제작 온도에 따라 냉간 성형 리벳, 열간 성형 리벳이 있고 냉간 성형 리벳은 3~13 mm, 열간 성형 리벳은 10~44 mm 의 것이 있다.

일반용 리벳 재료의 인장 강도는 34~41 kg/mm$^2$ 와 41~45 kg/mm$^2$ 의 두 가지가 있으며, 보일러용은 41~46 kg/mm$^2$, 선박용은 39~46 kg/mm$^2$ 의 것을 사용한다.

### (2) 리벳 머리 모양에 따른 분류

[그림]과 같이 리벳 머리 모양에 따라 둥근머리 리벳, 접시머리 리벳, 납작머리 리벳, 둥근 접시머리 리벳, 얇은 납작머리 리벳, 냄비머리 리벳 등으로 나누어 진다.

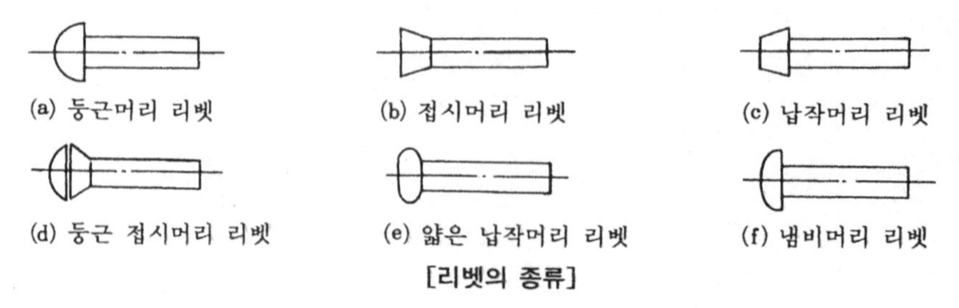


[리벳의 종류]

### (3) 용도에 따른 분류

① 보일러용 리벳 : 강도와 기밀을 필요로 하는 리벳으로 보일러, 고압탱크 등에 사용된다.
② 저압용 리벳 : 주로 수밀을 중요시하는 리벳으로서 저압 탱크 등에 사용한다.
③ 구조용 리벳 : 강도를 목적으로 하는 리벳으로서 차량, 철교, 철골 구조물 등에 사용한다.
④ 이음 장소에 따라 공장 리벳과 현장 리벳으로 분류하기도 한다.

## 3-4 리벳 이음의 종류

### (1) 겹치기 리벳 이음

다음의 그림 [겹치기 리벳 이음]과 같이 두 판을 겹쳐 잇는 방법으로 힘의 전달이 동일 평면이 아닌 편심 하중으로 되며 가스나 기체 용기의 리벳 이음 또는 보일러 원주 이음에 사용한다.

### (2) 맞대기 이음

그림 [맞대기 리벳 이음]과 같이 두 판을 맞대어 한쪽 또는 양쪽에 덧댐판(strap)을 맞대어 잇는 방법으로 동일 평면에서 결합되며 양쪽 덧댐판은 마찰 저항을 받는 면을 2개로 증가시킬 수 있다. 보일러의 세로 방향의 이음과 구조물 이음에 사용한다.

[겹치기 리벳 이음]　　　　[맞대기 리벳 이음]

### (3) 리벳의 배열 방법

리벳의 배열 방법은 [그림]과 같으며 [그림] (a)는 한 줄 리벳 이음, [그림] (b)는 두 줄 평행 이음, [그림] (c)는 두 줄 지그재그형 이음이다. 두 줄 평행이음에서 인접하고 있는 리벳열의 중심간 거리를 백 피치($Pb$), 판끝과 리벳열의 중심 사이의 거리를 마진($e$)이라 하며, 중심선상에 인접하고 있는 리벳 사이의 중심 거리를 피치($P$)라 한다.

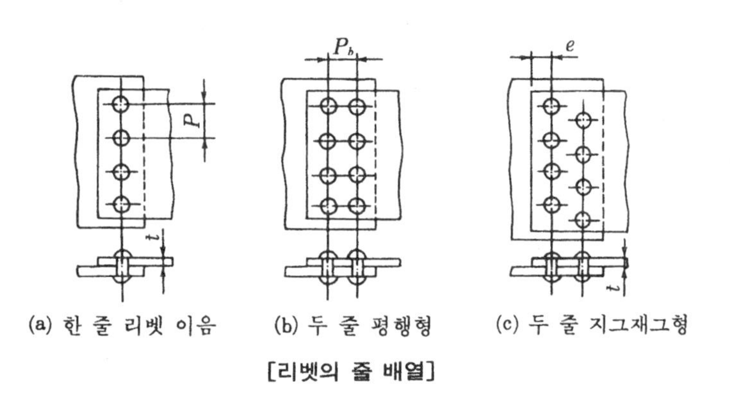


(a) 한 줄 리벳 이음　(b) 두 줄 평행형　(c) 두 줄 지그재그형

[리벳의 줄 배열]

## 3-5 리벳 이음 작업

### (1) 리벳 구멍 뚫기

일반적으로 리벳 구멍의 지름은 리벳 머리를 성형할 때 압축력을 받으므로 리벳 지름보다 약간 크게 뚫어야 한다. 다음의 [표]는 리벳 지름에 따라 리벳 구멍의 지름의 크기와 허용 공차를 나타낸 것이다.

[리벳 구멍 지름의 크기 및 허용 공차]

| 리벳 지름 | 10 | 12 | 16 | 20 | 24 | 30 | 36 |
|---|---|---|---|---|---|---|---|
| 리벳 구멍 지름 | 11 | 13 | 17 | 21. 5 | 25. 5 | 32 | 38 |
| 허용 공차 | +0. 6<br>−0 | +0. 6<br>−0 | +0. 6<br>−0 | +0. 8<br>−0 | +0. 8<br>−0 | +1. 0<br>−0 | +1. 0<br>−0 |

① 편치로 뚫기 : 펀치로는 지름 약 20 mm 까지 뚫을 수 있으며 구멍을 뚫을 때 납판, 또는 단단한 재질의 나무판을 받쳐야 한다. 재질이 너무 단단하거나 너무 연하면 펀치 날이 상하게 되며 뚫어지는 면이 깨끗지 못하므로 필요한 치수보다 1~2 mm 정도 작게 뚫고 리머(reamer)로 다듬질하는 것이 좋다.

② 드릴로 뚫기 : 일반적으로 두꺼운 판의 구멍뚫기에 사용되며 드릴로 구멍을 뚫기 때문에 재질을 해치지 않고 정확하게 작업을 할 수 있으므로 큰 힘이 작용하고 기밀을 요하는 경우에 적합하다. 또한, 접시머리 리벳을 사용할 때는 카운터 싱킹을 해야 한다.

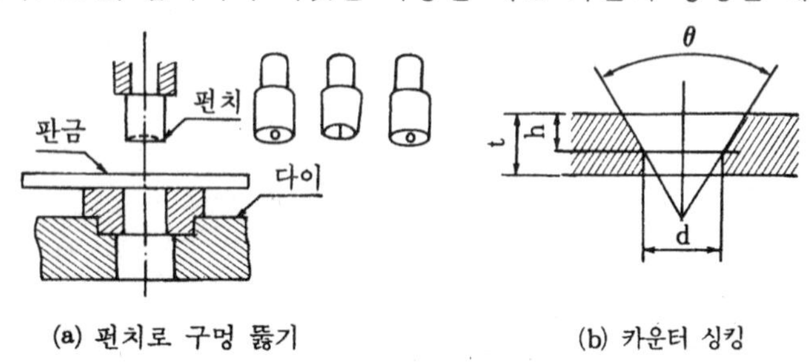


(a) 펀치로 구멍 뚫기 (b) 카운터 싱킹

[구멍 뚫기 작업]

### (2) 리벳의 가열

리벳 지름이 큰 경우 열간 가공을 하며 다음의 [표]는 연강용 리벳의 작업 온도에 따른 상태를 나타낸 것이다.

[온도와 상태]

| 가열 온도(℃) | 작업 상태 |
|---|---|
| 850 | 수압기나 기계 리벳 이음기를 사용할 때 |
| 900~950 | 가장 적당한 상태 |
| 950~1000 | 공기 손 해머로 리벳 이음을 할 때 |
| 1000~1100 | 보일러 등, 기밀, 수밀을 유지할 때 |

리벳의 가열 온도가 낮으면 리벳 구멍과 리벳 사이의 틈이 넓어져 머리 부분이 완전히 성형되지 않고, 가열 온도가 너무 높으면 리벳 표면이 산화되고 조직이 조대화되어 강도가 떨어진다. 냉간 작업하는 지름이 작은 리벳을 가열 후 서냉시키면 잔유 응력이 제거되어 작업이 용이해진다.

### (3) 리벳 이음 작업

① 리베팅용 해머로 리벳 머리 성형 : 리벳 머리를 성형하는 공기 해머(pneumatic hammer)는 보통 5 kg/mm² 정도의 압축 공기를 사용하며 타격 횟수는 700~1700 회/min 정도이다.

수압 리베터(hydraulic riveter)는 100 kgf/cm² 정도의 수압을 이용한다.

② 수공구에 의한 리벳 이음 : 판재의 표면에 있는 산화물을 제거하고 다음과 같은 순서로 한다.

(가) 하나의 일감에만 금긋기 작업과 센터 펀치 작업을 한다.
(나) 핸드 바이스나 클램프로 두 일감을 약하게 고정한다.
(다) 두 일감의 높이와 나비가 모두 같도록 정확하게 맞춘다.
(라) 두 일감을 단단히 고정한다.
(마) 겹친 일감의 구멍을 드릴로 한번에 정확하게 뚫는다.
(바) 리벳 구멍에 리벳을 꽂고 [그림]의 (a)와 같이 리벳 받침쇠를 대고 리벳을 해머로 수직 방향으로 때린다.
(사) 계속 해머로 때려 예비 성형한 후 [그림]의 (b)와 같이 리벳 세트(rivet set)를 사용하여 리벳 머리를 성형한다.
(아) 임시 맞춤 바이스나 클램프를 풀고 완성한다.

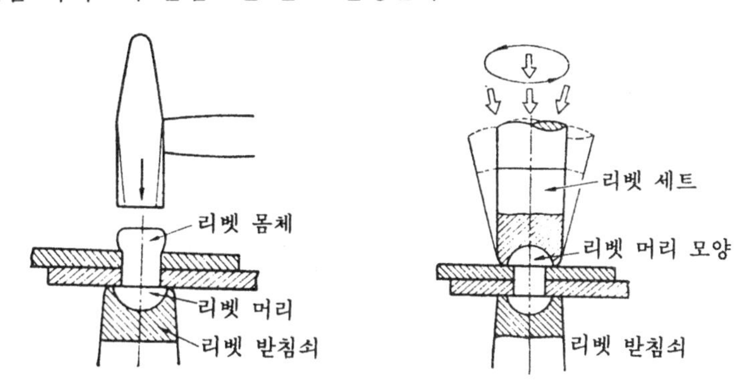


**[리벳 머리 만들기]**

다음과 같은 경우에 리벳 이음 작업의 결과가 불량하게 되므로 사전에 충분한 주의를 해야 한다.

(가) 리벳 길이가 너무 짧을 때
(나) 리벳 구멍이 너무 크거나 비뚤어지게 뚫였을 때
(다) 리벳 세트의 크기가 부적당할 때

㈑ 리벳 받침쇠가 부적당할 때
㈒ 부적당한 해머로 리벳 작업을 잘못했을 때

### ⑷ 리벳 이음의 검사

리벳 이음의 검사는 가는 자루 해머로 리벳 머리를 두들겨 보아 그 음향과 반동으로 식별하며 다음과 같은 순서로 검사한다.

① 무게 500 g 정도의 검사용 해머로 리벳 머리부를 [그림]과 같이 수평에서 30∼45°의 방향으로 때린다.
② 리벳이 잘된 것은 해머가 반발하며 맑은 소리가 나고 소리가 탁하며 해머의 반동이 작은 것은 리벳 이음이 잘못된 것이다.

다음의 [표]는 성형된 리벳의 검사 기준이다.

**[리벳 검사 기준]** (리벳지름 : 16 mm 이상)

| 결함종류 | 형 상 | 판정 기준 |
|---|---|---|
| 갈 라 짐 | | 깊이 0.3 mm 이하<br>길이 3 mm 이하 |
| 스냅자국 | | $\delta$ = 0.3 mm 이하 |
| 귀 남 음 | | $\delta$ = 1.0 mm 이하 |
| 틈 새 | | $\delta$ = 1.0 mm 이하 |
| 타 원 | | $\delta$ = 1.0 mm 이하 |
| 편 심 | | $\delta$ = 3.0 mm 이하 |

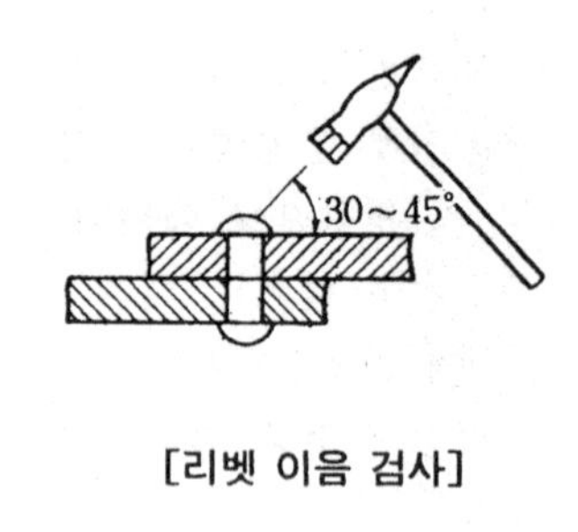


**[리벳 이음 검사]**

### ⑸ 코킹(caulking) 작업

코킹 작업은 리벳 이음한 판의 겹친 부분이나 맞댄 부분 등의 용기에서 유체가 새지 않도록 판재 끝이나 리벳 머리를 다듬어 틈을 없애는 작업으로 보일러, 증류기, 탱크, 선박 등에서 이용된다. 해머 또는 공구를 너무 강하게 치면 리벳이 헐거워지므로 가볍게 여러 번 치는 것이 좋다. 판재의 끝은 코킹하기 쉽도록 75∼80°로 경사지게 만든다.

풀러링(fullering)은 기밀을 더욱 완전하게 하기 위해 끝이 넓은 정으로 작업 하는 것을 말한다. 그러나 두께가 5 mm 이하의 얇은 철판은 코킹이 곤란하므로 안료를 묻힌 베, 종이, 석면 등의 패킹(paching)을 끼워 리베딩한다.

[그림]은 코킹 작업과 풀러링 작업을 나타낸 것으로 작업상 주의 사항은 다음과 같다.

① 코킹 작업은 액체가 접하는 반대쪽 면에서 하는 것이 정상이나 선박에서는 사정상 물에 접하는 면을 코킹한다.
② 리벳이나 판재 끝을 깨끗이 코킹하고 밑판에 큰 장애를 주지 않도록 한다.

③ 코킹에 적당한 해머를 사용하고 각 부분을 균일하게 해머링한다.

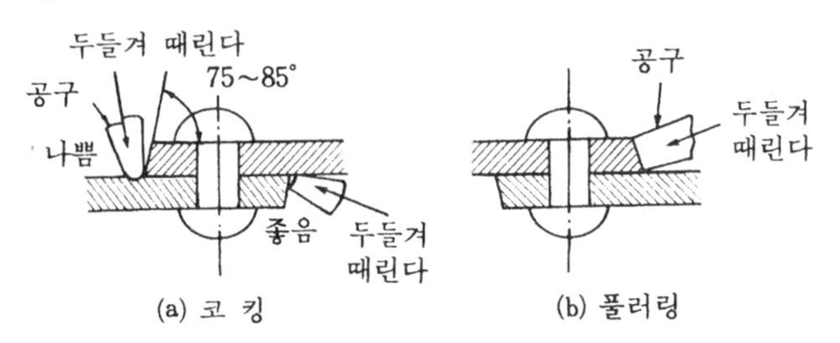


[코킹과 풀러링]

### (6) 리벳의 빼내기

리벳을 빼낼 때에는 드릴을 사용하거나 그림 [리벳 빼내기]와 같이 하여도 좋으며, 그림 [리벳 제거 작업]과 같이 리벳을 받침쇠 위에 올려 놓고 센터 펀치로 리벳 머리의 중심부에 자국을 낸 다음 솔릿 펀치를 사용하여 구멍에 상처를 내지 않고 제거한다.

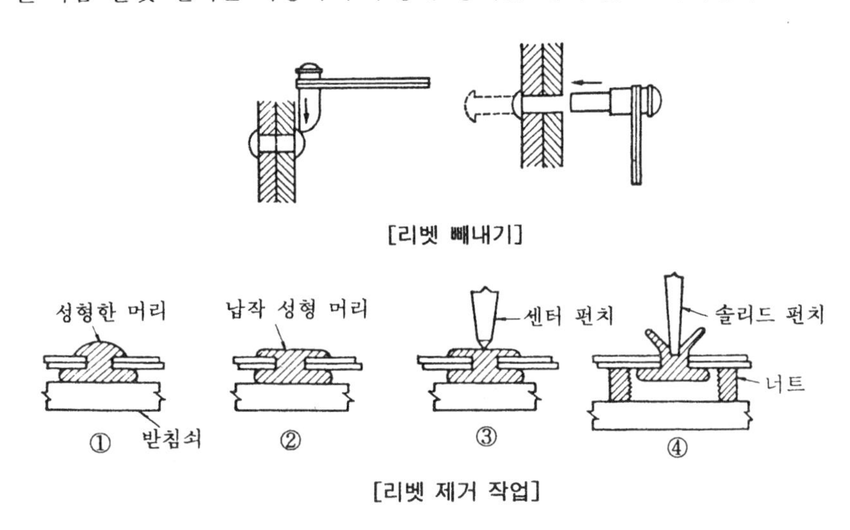


[리벳 제거 작업]

# 4. 리벳 이음의 강도

## 4-1 리벳 이음의 전단 및 판재의 전단

리벳 이음의 파괴는 [그림]과 같은 경우 리벳을 설계할 때에는 파괴가 일어나지 않도록 강도를 고려하여 치수를 결정해야 된다. 리벳의 이음 강도는 1피치 마다 생각한다.

$W$ : 1피치마다의 하중(kgf)
$t$ : 판재의 두께(mm)
$d$ : 리벳의 지름(mm)
$p$ : 리벳의 피치(mm)
$d_0$ : 리벳 구멍의 지름(mm)
$\sigma_t$ : 판재의 허용 인장 응력(kgf/mm$^2$)
$\sigma_c$ : 판재의 허용 압축 응력(kgf/mm$^2$)
$\tau_a$ : 리벳의 허용 전단 응력(kgf/mm$^2$)
$\tau_o$ : 판재의 전단 응력(kgf/mm$^2$)
$e$ : 판재의 가장자리에서 리벳의 중심까지 거리(mm)

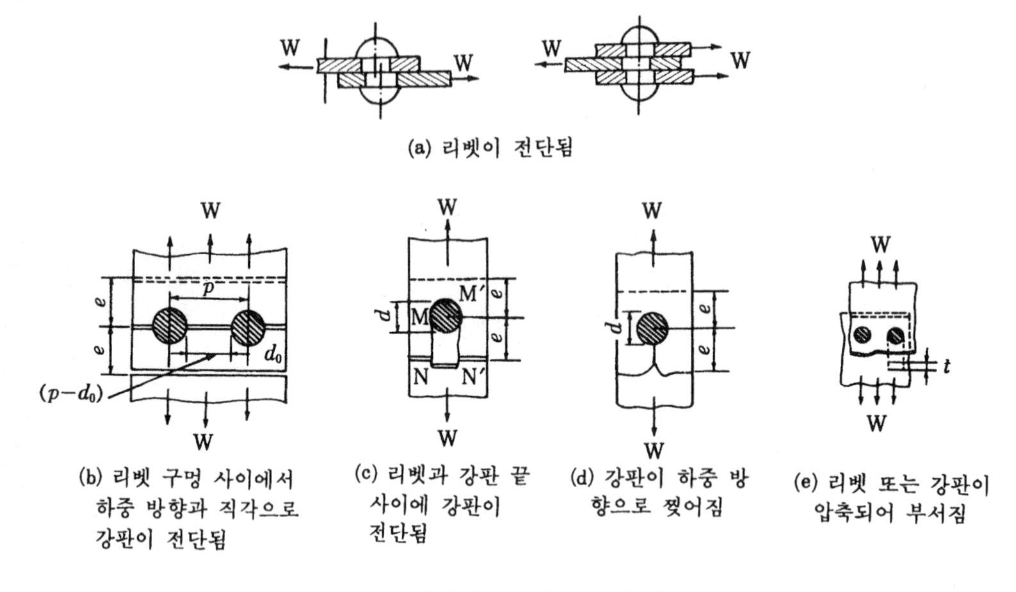


**[리벳 이음의 파괴 상태]**

### (1) 리벳의 전단 응력

그림 [리벳 이음의 파괴상태]의 (a)에서 다음과 같은 식이 성립된다.

$$W=\frac{\pi}{4}d^2 \cdot \tau_a \qquad \therefore \ \tau_a=\frac{4W}{\pi d^2}$$

복수 전단면 리벳 이음의 경우에는 전단면이 2배가 되므로 다음과 같다.

$$W=2\times\frac{\pi}{4}d^2\tau_a=\frac{\pi}{2}d^2\tau_a \qquad \therefore \ \tau_a=\frac{2W}{\pi d^2}$$

### (2) 판재의 인장 응력

그림 [리벳 이음의 파괴 상태]의 (b)와 같이 판재는 리벳 구멍 사이의 단면적이 가장 작은 곳에서 전단되므로 다음과 같다.

$$W=t(p-d_0)\sigma_t \qquad \therefore \ \sigma_t=\frac{W}{(p-d_0)t}$$

### (3) 판재의 전단 응력

그림 [리벳 이음의 파괴 상태]의 (c)와 같이 응력이 발생하는 면이 단면MN 관, 단면 M′N′이므로 단면적은 $2et$로 된다. 따라서 다음과 같다.

$$W=\tau_0 \ 2et \qquad \therefore \ \tau_0=\frac{W}{2et}$$

**(4) 판재의 압축 응력**

그림 [리벳 이음의 파괴 상태]의 (e)에서 다음과 같은 식이 성립한다.

$$W=\sigma_c dt \qquad \therefore \ \sigma_c=\frac{W}{dt}$$

## 4-2 리벳 이음의 설계

리벳에 작용하는 여러 가지 응력(전단 응력, 인장 응력, 압축 응력 등)은 동시에 발생하므로 각 부분의 강도가 같게 되도록 설계하면 가장 바람직하나 모두 만족시킬 수 없으므로 실제적인 경험값을 기초로 하여 결정한 값에 강도 계산 값을 적용시켜 그 한계 이내에 있도록 설계한다.

**(1) 리벳 지름의 설계**

리벳의 전단 응력과 판재의 압축 응력이 같다고 하면 다음과 같다.

$$\frac{\pi}{4}d^2\tau_a=dt\sigma_c \qquad \therefore \ d=\frac{4\sigma_c}{\pi\tau_a}$$

**(2) 리벳 피치의 설계**

리벳의 전단 응력과 판재의 인장 응력이 같다고 하면 다음과 같다.

$$\frac{\pi}{4}d^2\tau_a=(p-d_0)t\sigma_t \qquad \therefore \ p=d_o t\frac{\pi d^2\tau_a}{4t\sigma_t}$$

여기서, $\tau_a$와 $\sigma_t$의 관계는 일반적으로 $\tau_a=0.85\sigma_t$ 정도로 취한다. 한편 경험식에 의하면 저압 용기내의 액체의 종류와 압력에 따라서 피치는 다음과 같이 계산한다.

① 물이 누수되지 않을 정도의 이음 : $P=(4\sim4.5)d$

② 기름이 유출되지 않을 정도의 이음 : $P=(3\sim3.5)d$

③ 미세한 분말에 대한 이음 : $P=5d$

④ 굴뚝 배기관 등의 이음 : $P=6d$

리벳 배열 수에 따른 피치의 기준은 다음과 같다.

① 1열 겹치기 이음 : $P=2d+8$

② 2열 겹치기 이음 : 지그재그형 $P=2.6d+15$, 평행형 $P=2.6d+10$

③ 3열 겹치기 이음 : $P=3d+22$

**(3) 바하(Bach)의 경험식에 의한 리벳 지름 계산**

$$d=\sqrt{50t}-C$$

여기서, $C$는 상수로서 다음과 같은 값을 갖는다.

① 저압 용기 및 겹치기 이음 : $C=4$

② 양쪽 덧대 1열 맞대기 이음 : $C=5$

③ 양쪽 덧댐 2열 맞대기 이음 : $C=6$
④ 양쪽 덧댐 3열 맞대기 이음 : $C=7$

### (4) 보일러용 리벳 이음

보일러용 리벳 이음은 기밀과 강도가 요구되며 보일러는 강판을 원통으로 말아서 원통의 축방향으로 연결하는 세로 이음(longitudinal seam) 리벳과 원통을 원주 방향으로 결합하는 원주 이음(circumferential seam)으로 조립된다.

[그림]과 같이 원통에 내압력 $P$(kg/cm²)가 작용했을 때 원주 이음에 작용하는 축방향의 힘은 $\frac{\pi}{4}D^2P$가 되고 강판의 저항력은 $\pi Dt\sigma_t$이다.

이 두 힘이 같아야 평형상태를 이루므로 다음과 같다.

$$\frac{\pi}{4}D^2P=\pi Dt\sigma_t \qquad \therefore\ \sigma_t \frac{PD}{4t}$$

원통의 반지름 방향의 내압에 의해 상하로 분리하려고 하는 힘은 $PD$이고 이에 대한 강판의 저항력은 $2\sigma_c$이므로 다음과 같다.

$$PD=2t\sigma_c \qquad \therefore\ \sigma_c=\frac{PD}{2t}$$

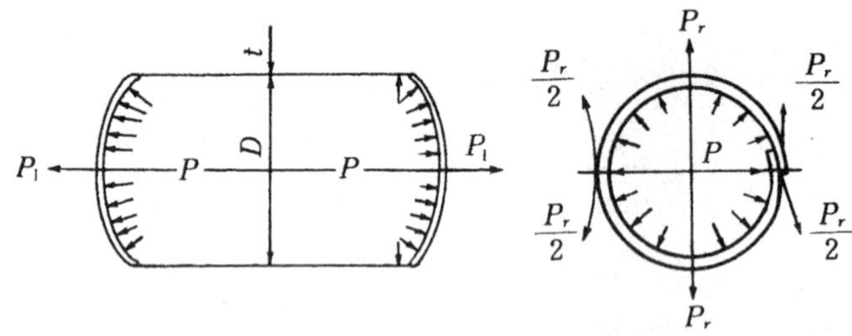


[보일러의 강도]

그러므로 원주 방향의 강도는 세로 이음 강도의 50 % 이상 필요하다.

보일러의 세로 리벳 이음에서 다음과 같은 사항을 유의해야 한다.

① 한쪽 덮개판 이음(strapped joint)을 하지 않는다.
② 안지름 1000 mm를 초과할 때 겹치기 이음(lap joint)으로 하지 않는다.
③ 안지름 1000 mm 이하 최고 사용 압력 7 kgf /cm² 을 초과할 때 겹치기 이음으로 하지 않는다.

보일러 동체의 강판 두께는 다음 식으로 계산한다.

$$t=\frac{PDS}{200\,\sigma_t\eta}+1$$

여기서, $\eta$ : 리벳 이음의 효율, $S$ : 안전율

다음 [표]는 안전율을 나타낸 것이다.

[안전율 S의 값]

| 리벳 작업 \ 이음의 종류 | 겹치기 이음 | 맞대기 이음 | | |
|---|---|---|---|---|
| | | 한쪽 덮개판 | 양쪽 덮개판 | |
| | | | 2열이며, 바깥 덮개판은 1열 | 2열 이상 |
| 손 작 업 | 4.75 | 4.75 | 4.35 | 4.25 |
| 기 계 작 업 | 4.50 | 4.50 | 4.10 | 4.00 |

보일러의 리벳 이음에서 피치는 강판의 두께를 기준으로 하여 다음과 같은 경험식으로 구한다.

$$P=C \cdot t+42$$

여기서, $P$: 최대 피치(mm), $t$: 동체의 강판 두께(mm), $C$: 상수

[C의 값]

| 피치 사이에 있는 리벳의 수 | 겹치기 이음 | 양쪽 덮개판 맞대기 이음 |
|---|---|---|
| 1 | 1.30 | 1.75 |
| 2 | 2.60 | 3.50 |
| 3 | 3.45 | 4.60 |
| 4 | 4.15 | 5.50 |
| 5 | | 6.00 |

피치가 너무 크면 코킹과 플러링이 곤란하므로 최소 피치를 고려해야 한다.

$$P_{min} \geqq 2.5d$$

또한, 리벳 구멍의 중심에서 강판 가장자리까지의 길이($e$)는 세로 이음$(1.5\sim1.75)d$이고 원주 이음$(1.25\sim1.75)d$ 정도이다.

또한, 맞대기 이음에 사용하는 판재의 최소 두께는 한쪽 덮개판 $t_0=t$, 양쪽 덮개판 $t_0=(0.6\sim0.7)t$ 정도로 한다.

[그림]과 같이 리벳의 길이는 리벳 머리를 만드는데 필요한 길이 $(1.3\sim1.6)d$를 포함하여 다음과 같이 구한다.

$$l=n \cdot t+(1.3\sim1.6)d$$

여기서, $n$: 판재의 수, $t$: 판재의 두께, $d$: 리벳의 지름

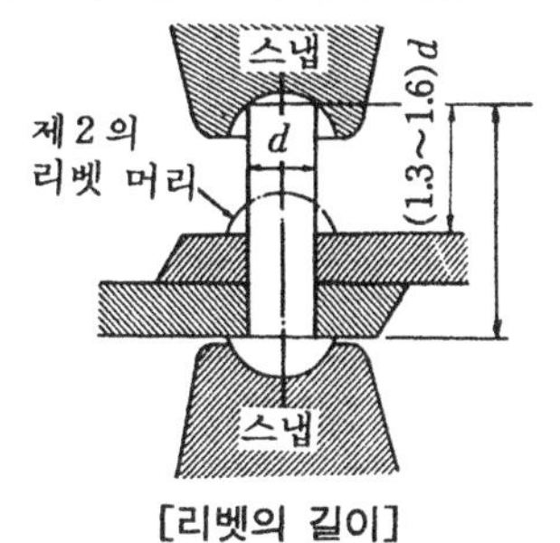


[리벳의 길이]

### (5) 구조용 리벳

구조용 리벳 이음은 힘에 대한 강도가 큰 것이 요구되므로 힘에 필요한 만큼의 리벳을 사용한다.

구조물은 교량 크레인, 건축물 등과 같이 일반적으로 대형이어서 부분 조립은 공장에서, 전체 조립은 현장에서 이루어진다. 현장 리벳의 강도는 공장 리벳 강도의 80 % 정도로 한다.

구조용 리벳의 지름을 포함한 각부 치수는 다음과 같이 구한다.

$$d=\sqrt{50t}-2, \qquad P=(3\sim3.5)d, \qquad e=(2\sim2.5)d$$

구조용 리벳은 전단력만 작용하게 하고 굽힘 또는 인장력이 작용하지 않도록 설계한다.

형강은 [그림]과 같이 $g$를 기준으로 하여 조립하므로 이것을 리벳 게이지라고 말하며 형강의 크기에 따라 적절한 값으로 한다.

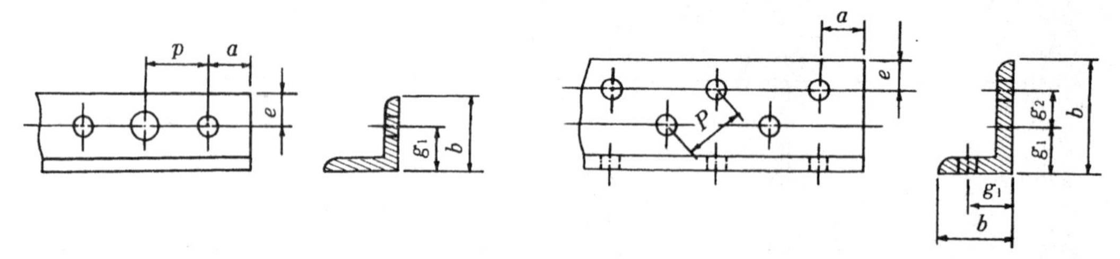


[앵글의 리벳 게이지]

### (6) 리벳의 효율

리벳 구멍을 뚫기 전의 강도와 구멍을 뚫은 후의 강판의 강도와의 비를 강판의 효율이라 하며 다음과 같이 구한다.

$$\eta_1=\frac{\sigma_t(P-d)t}{\sigma_t\cdot P\cdot t}=\frac{P-d}{P}=1-\frac{d}{P}$$

또, 리벳의 전단 강도와 구멍을 뚫기 전의 강판의 강도와의 비를 리벳 효율이라 하며 다음과 같이 구한다.

$$\eta_2=\frac{\tau_0\cdot n\cdot\frac{\pi}{4}d^2}{\sigma_t\cdot P\cdot t}=\frac{n\pi d^2\tau_0}{4P\cdot t\cdot\sigma_t}$$

여기서, $n$ : 1 피치 내의 리벳 전단면수

리벳 이음의 효율은 강도 설계의 기준이 되는 것으로 $\eta_1$과 $\eta_2$ 중 작은 쪽의 값을 취한다.

## (7) 쐐기

보통 SS 41 계통의 철판(25t 이상)을 잘라 사용하며 용도에 따라 다음 [그림]과 같이 2가지로 나누어 제작하고 끝면의 치수는 용도, 즉 고정물의 높낮이에 따라 선택 사용한다.

제작시에는 쐐기의 각도가 중요하며 스스로 빠져나오지 않으려면 $\alpha \leqq 2\rho$(한면 구배의 경우)이므로 보통 $\rho = 8.5° \sim 22°$이며, $\rho = 8.5°$를 취하면 $\alpha \leqq 2\rho$에서 $\alpha \leqq 2 \times 8.5°$이므로 $\alpha \leqq 17°$, 즉 쐐기의 각도는 17° 이내로 제작해야 스스로 빠져나오지 않는다. 보통 10°(A형)와 15°(B형) 2가지를 사용하며, A형은 오랫동안 고정시킬 때, B형은 한번 박았다 곧 빼내어야 할 곳에 사용된다.

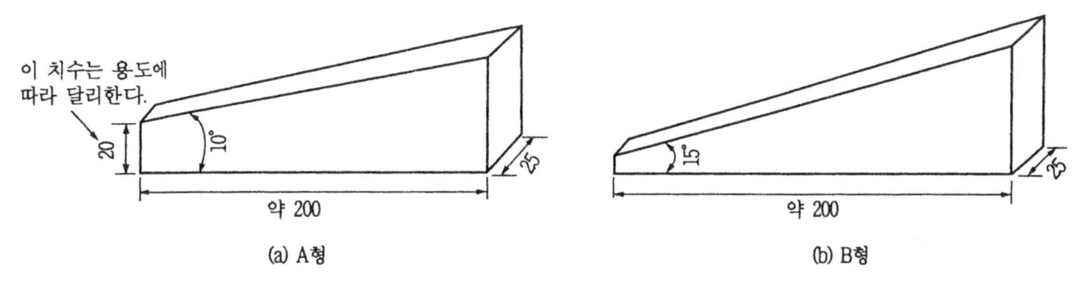

(a) A형 (b) B형

**[고정용 쐐기의 종류]**

쐐기의 고정력은 다음과 같다.

① 양면 구배의 경우 : 아래 그림에서 타격력 $Q$, 힘으로 쐐기를 치면 반력 $R$과 마찰력 $\mu R$이 생기며, 이때의 수직 고정력 $P$는 요소설계 공식에서,

$$P = \frac{Q}{2\tan(\alpha + \rho)}$$

스스로 빠져나오지 않는 자립조건 $\alpha \leqq \rho$

② 한면 구배의 경우

$$P_1 = \frac{Q}{\cos\alpha(2\mu + \tan\alpha)}, \quad P_2 = \frac{(1 - \mu\tan\alpha)Q}{2\mu + \tan\alpha}$$

자립조건 $\alpha \leqq 2\rho$

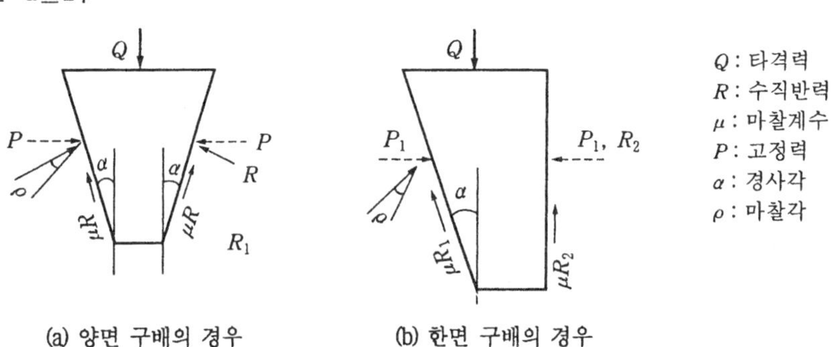

(a) 양면 구배의 경우 (b) 한면 구배의 경우

**[쐐기의 고정력]**

### (8) 잭(jack)

잭은 펌프가 부착된 유압식 잭과 나사식 잭 모두 사용되며, 유압식에는 호스(hose)가 2개 부착되는 양동식과 1개 부착되는 단동식이 있으며, 하중은 5~300ton 정도로 다양하다. 나사식 잭은 래칫(ratchet)이 있는 것과 없는 것이 있으며, 하중은 2~15ton 정도이다. 나사식 잭의 가압력은 다음과 같다.

$$Q=\frac{T_t}{0.15\times d_2}$$

여기서, $T$ : 토크, $Q$ : 가압력, $P$ : 토크 $T$를 주는 힘, $T_t$ : 전체 토크

$d_2$ : 나사의 유효지름, $\rho$ : 마찰각, $\lambda$ : 리드각

요소설계의 나사에 관한 식에 의해서 미터식 나사의 경우 토크 $T$는,

$$T=0.13Qd_2$$

또한 고정시킬 때 끝이 약간 뾰족하여 피고정물과 마찰력이 생기고, 이 마찰력이 $0.1d_2$에 집중되어 있다면 추가되는 토크 $T'$는,

$$T'=0.1\mu Qd_2$$

전체 토크 $T_t$는, $T_t=T+T'=0.13Q\cdot d_2+0.1\times0.2Q\cdot d_2=0.15\cdot Q\cdot d_2$, $T_t$=1200kg/cm, $d_2$=4.5cm라 하면,

$$Q=\frac{T_t}{0.15}=1778\text{kgf}$$

또한 미터식 나사의 경우에는 항상 자립조건 $\rho>\lambda$를 만족한다.

**예제 1.** 전체 토크가 1200kg/cm, $d_2$=4.5cm일 때 나사식 잭의 가압력 $Q$는 얼마인가?

해설 $Q=\frac{T_t}{0.15\times d_2}=\frac{1200}{0.15\times4.5}\fallingdotseq1778\text{kg/f}$

# 나 사

## 1. 나사의 개요

### 1-1 나사의 형성

#### (1) 나사 곡선과 리드

[그림]과 같이 원통 또는 원뿔 표면의 1점이 축방향으로 평형 이동과 축선 주위를 회전할 때 이루는 각의 비가 일정한 점의 자취를 연결하면 하나의 곡선이 된다. 이 곡선을 나사 곡선(helix)이라 한다.

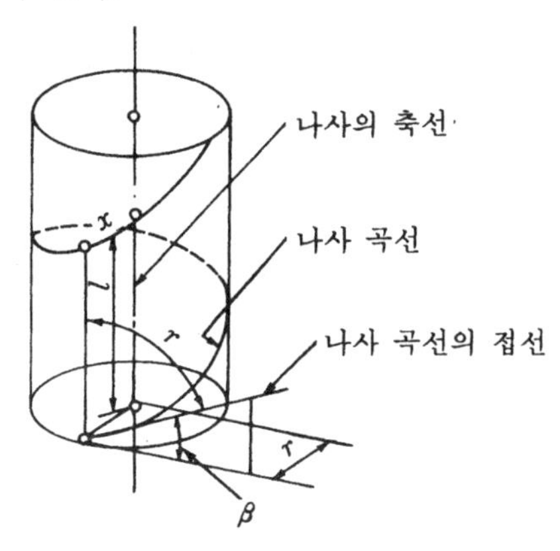


(a) 원통 표면의 나사 곡선

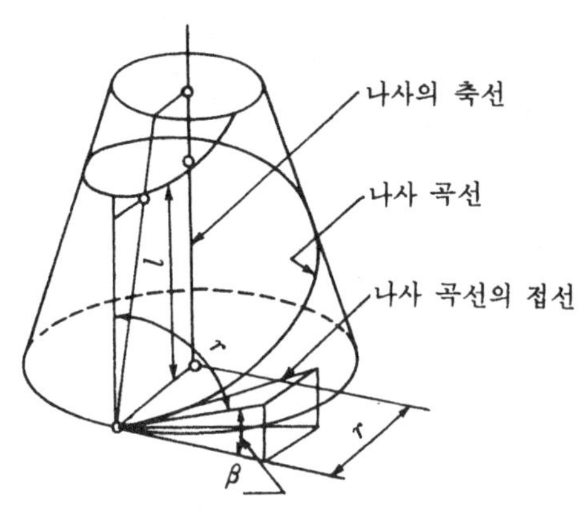


(b) 원뿔 표면의 나사 곡선

[나사 곡선]

나사 곡선을 따라 축의 둘레를 1회전 했을 때 축방향으로 이동하는 거리를 리드(lead) $l$이라 한다.

나사 곡선과 그 위의 1점을 통과하여 나사축에 직각인 평면과 이루는 각을 리드각(lead angle) $\beta$라 한다. 나사 곡선과 그 위의 1점을 통하는 축에 평행인 직선과 이루는 각을 나선각(helix angle) $\gamma$라 한다.

리드각 $\beta$와 나선각 $\gamma$는 다음 식으로 나타낸다.

$$\tan\beta = \frac{l}{2\pi r} \text{ 이므로, } \qquad \beta = \tan^{-1}\frac{l}{2\pi r}$$

$$\cot\gamma = \frac{l}{2\pi r} \text{ 이므로, } \qquad \gamma = \cot^{-1}\frac{l}{2\pi r} \qquad \therefore\ \beta + \gamma = 90^\circ$$

여기서, $r$ : 측정점에서 나사 곡선의 반지름

### (2) 나사산과 나사

나사 곡선에 따라 원통 또는 원뿔의 표면에 만들어진 일률적인 돌기를 나사산(thread ridge)이라 하고, 나사산과 나사산 사이의 공간을 나사홈(thread groove)이라 하며, 이러한 나사산을 가진 원통 또는 원뿔을 나사(screw thread)라 한다.

또한, 나사에서 서로 인접한 나사산의 서로 대응하는 2점을 축선에 평행하게 측정한 거리를 피치(pitch)라 하고 $P$로 나타낸다.

### (3) 수나사와 암나사

그림 [나사의 명칭]과 같이 원통 또는 원뿔 바깥 표면에 있는 나사를 수나사(external thread)라 하고 나사산이 속이 빈 원통 또는 원뿔 안쪽 표면에 있는 나사를 암나사(internal thread) 라 한다.

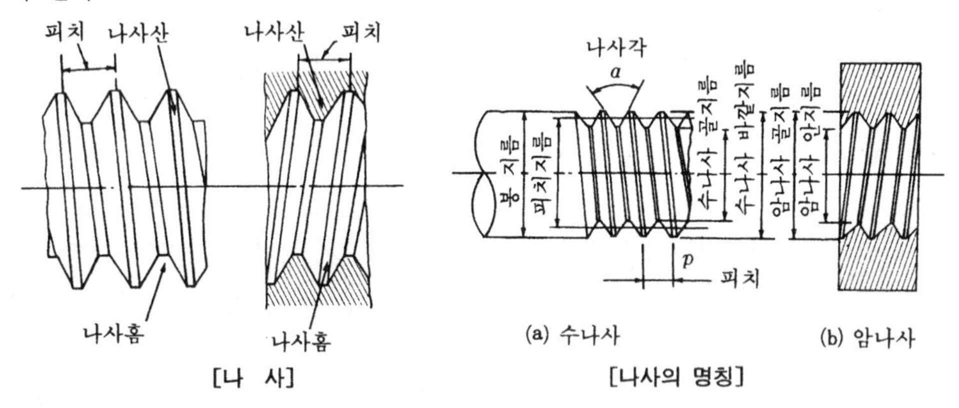


[나 사] [나사의 명칭]

### (4) 다중 나사

[그림]의 (a)와 같이 1개의 나사 곡선을 감아서 만든 나사를 한줄 나사(single thread)라 하고 [그림] (b)와 같이 2개의 나사 곡선을 동시에 감아서 만든 나사를 두줄 나사(double thread)라 한다. 또한 2개 이상의 나사곡선으로 만들어진 나사를 다중 나사(mulfiple thread)라 한다.

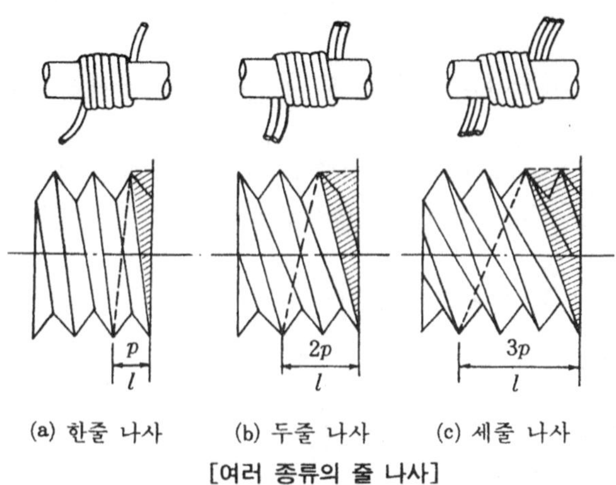


(a) 한줄 나사 (b) 두줄 나사 (c) 세줄 나사

[여러 종류의 줄 나사]

나사의 축을 중심으로 1회전하는 데 축방향으로 이동한 거리를 리드라 하며, 리드 $l$과 피치 $P$사이에는 다음과 같은 관계가 성립한다.

$$l = np$$

여기서, $n$: 나사의 줄수

## 1-2 나사 각 부분의 명칭

### (1) 플랭크와 나사산각

그림 [플랭크, 상봉우리, 골 밑]과 같이 나사산과 나사홈을 연결하는 면을 플랭크(flank), 나사산의 양쪽 플랭크를 연결하는 꼭지면을 나사산 봉우리(crest), 나사홈의 양쪽 플랭크를 연결하는 골을 나사골(root)이라 한다.

또한 그림 [나사산각과 플랭크각]과 같이 인접한 2개의 플랭크가 이루는 각을 나사산각(included angle) $\alpha$라 하며 플랭크가 축선의 직각인 선과 이루는 각을 플랭크각(flank angle) $\phi$라 한다.

나사산각 $\alpha$와 플랭크각 $\phi$의 사이에 다음과 같은 관계가 성립한다.

$$\alpha = 2\phi$$

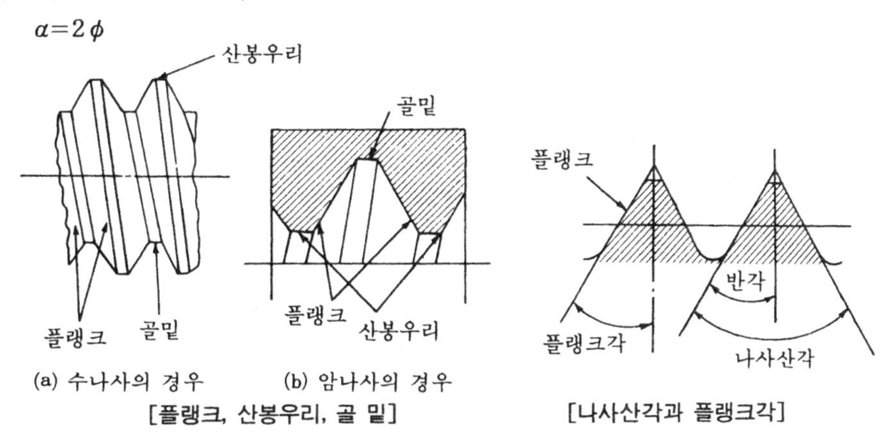


(a) 수나사의 경우　(b) 암나사의 경우

[플랭크, 산봉우리, 골 밑]　[나사산각과 플랭크각]

### (2) 유효 지름과 호칭 지름

[그림]과 같이 수나사의 산봉우리에 접하는 가상의 원통 또는 원뿔의 지름을 수나사의 바깥지름(major diameter of external thread) $d_0$이라 하고, 수나사의 골 밑에 접하는 가상의 원통 또는 원뿔의 지름을 수나사의 골지름(minor diameter of external thread) $d_1$이라 한다. 또 암나사의 산봉우리에 접하는 가상적인 원통 또는 원뿔의 지름을 암나사의 골지름(major diameter of internal thread) $D_0$이라 하고, 암나사의 골 밑에 접하는 가상의 원통 또는 원뿔의 지름을 암나사의 안지름(minor diameter of internal thread) $D_1$이라 한다.

또 나사홈의 높이가 나사산의 높이와 같게 되도록 한 가상의 원통 또는 원뿔의 지름을 유효 지름(pitch diameter) $d_e$, $D_e$라 하고, 유효 지름으로 만들어진 가상의 원통 또는 원뿔의 모직선을 피치선(pitch line)이라 한다.

또 나사의 크기를 나타내는 지름을 호칭 지름(nominal diameter)이라 하는데 호칭 지름은 주로 수나사의 바깥 지름의 기준치수가 사용된다.

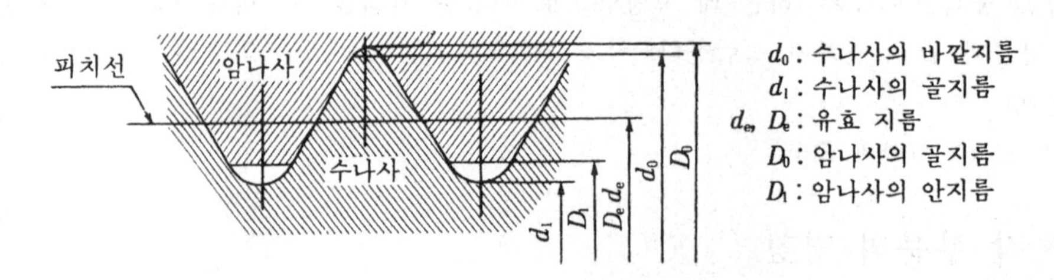


[여러 가지 종류의 지름과 피치선]

[그림]과 같이 바깥지름과 수나사의 골지름, 유효 지름의 리드각의 크기가 각각 틀리므로 보통 유효 지름의 리드각을 리드각의 대표로 표시한다.

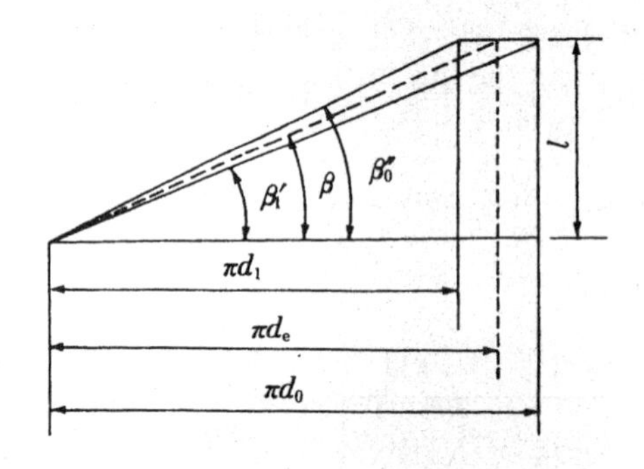


[여러 가지 크기의 리드각]

### (3) 나사의 규격화

나사는 호환성(exchangeability)이 요구되는 기계 요소로 나사의 모양, 지름, 피치 등에 관한 사항을 규격화(standaradization)하며, 우리 나라도 나사에 대한 여러 가지 사항을 한국 공업 규격(KS)으로 규정하고 있다. 그 중 중요한 나사의 KS 규격은 다음의 [표]와 같다.

[나사의 KS 규격]

| 규격 번호 | 규격명 | 규격 번호 | 규격명 |
|---|---|---|---|
| KS B 0003 | 나사 제도 | KS B 1005 | 나비, 볼트 |
| KS B 0201 | 미터 보통 나사 | KS B 1012 | 육각 너트 |
| KS B 0203 | 유니파이 보통 나사 | KS B 1013 | 사각 너트 |
| KS B 0204 | 미터 가는 나사 | KS B 1014 | 나비 너트 |
| KS B 0208 | 유니파이 가는 나사 | KS B 1020 | 홈붙이 나사못 |
| KS B 0221 | 관용 평행 나사 | KS B 1021 | 홈붙이 작은 나사 |
| KS B 0222 | 관용 테이퍼 나사 | KS B 1023 | +자 홈붙이 작은 나사 |
| KS B 0223 | 전선관 나사 | KS B 1033 | 아이 볼트 |
| KS B 0226 | 29° 사다리꼴 나사 | KS B 1034 | 아이 너트 |
| KS B 0227 | 30° 사다리꼴 나사 | KS B 1056 | +자 홈붙이 나사못 |
| KS B 1002 | 육각 볼트 | KS B 1324 | 스프링 와셔 |
| KS B 1004 | 사각 볼트 | KS B 1325 | 이붙이 와셔 |

# 2. 나사의 종류

## 2-1 결합용 나사

물체에 부품을 결합시킬 때 사용하는 나사는 주로 삼각 나사(trianglar screw thread)나 관용 나사, 둥근 나사도 사용된다. 삼각 나사는 미터 나사, 유니파이 나사, 관용 나사 등으로 나누어 진다.

### (1) 미터 나사(metric screw thead)

우리 나라, 독일, 일본, 프랑스 등에서 사용되고 있는 나사산 각이 60°인 미터계 나사로 기호 M으로 나타내며, 다음 [그림]과 같이 미터 보통 나사와 미터 가는 나사로 나누어 진다. 특히, 미터 가는 나사는 항공기, 자동차, 정밀 기계, 공작 기계 등의 이완 방지용(anti-locking) 기계 요소의 나사로 이용된다.

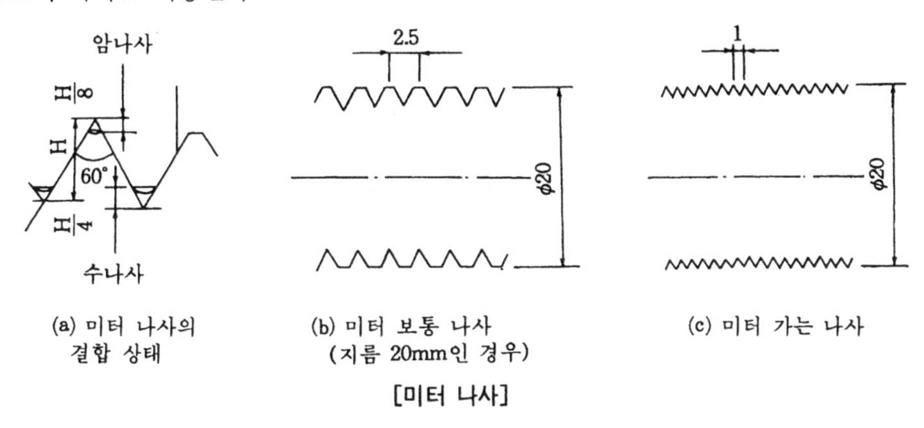


(a) 미터 나사의 결합 상태 (b) 미터 보통 나사 (지름 20mm인 경우) (c) 미터 가는 나사

[미터 나사]

### (2) 유니파이 나사(unified screw thread)

유니파이 나사는 영국, 미국, 캐나다 3국 협정에 의해 만들어진 나사산 각이 60°인 인치계 나사로 기호 U로 나타내며, [그림]과 같이 유니파이 보통 나사, 유니파이 가는 나사로 나누어 진다.

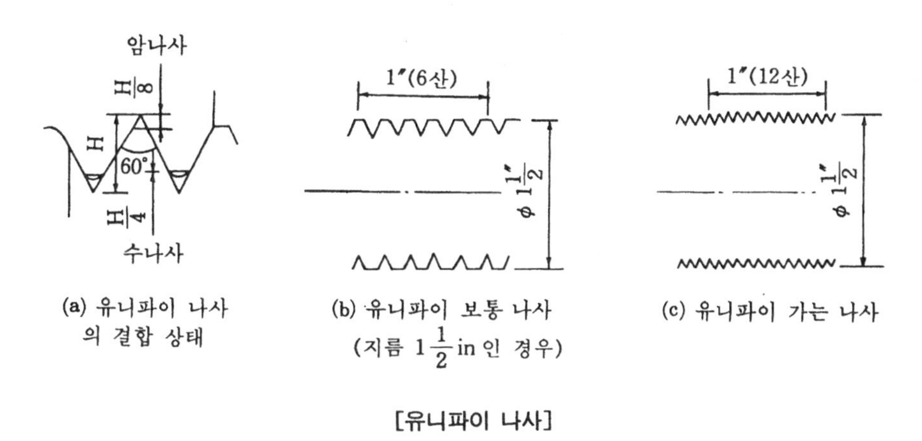


(a) 유니파이 나사의 결합 상태 (b) 유니파이 보통 나사 (지름 $1\frac{1}{2}$in인 경우) (c) 유니파이 가는 나사

[유니파이 나사]

### (3) 관용 나사(pipe thread)

관용 나사는 [그림]과 같이 관과 관용 부품 등의 두께가 얇은 곳의 결합에 이용되는 나사산 각이 55°인 인치계 나사이며 관용 평행 나사, 관용 테이퍼(1/16″) 나사가 있다.

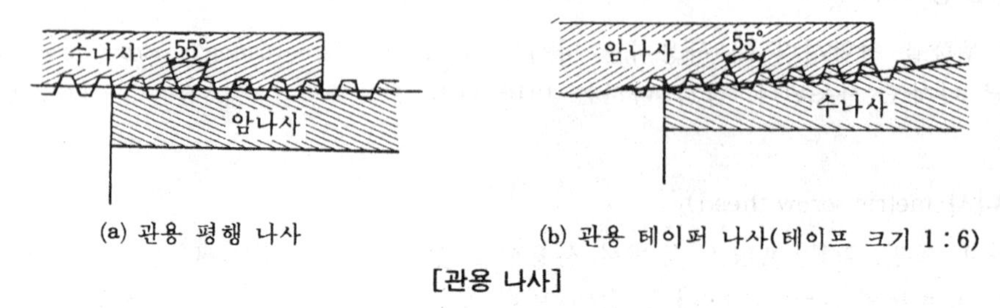


(a) 관용 평행 나사 (b) 관용 테이퍼 나사(테이프 크기 1 : 6)

[관용 나사]

### (4) 둥근 나사(round thread)

둥근 나사는 원형 나사(knukle thread)라고도 하며 쇠붙이, 먼지, 모래 등이 많은 곳에서 사용될 때 이들이 들어가지 못하도록 사다리꼴 나사의 산봉우리와 골 밑을 둥글게 한 나사이다.

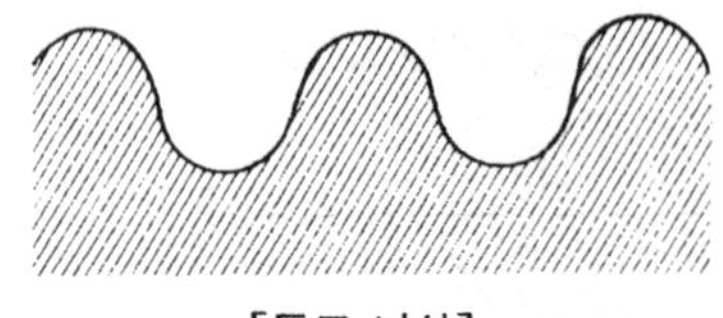

[둥근 나사]

## 2-2 운동용 나사

### (1) 사각 나사(square thread)

그림 [사각 나사]와 같이 축방향에 큰 하중을 받아서 운동을 전달하는 데 적합하게 만든 나사이며, 하중의 방향이 일정하지 않은 교번 하중(rnative load) 을 받을 때에는 효과적으로 이용될 수 있으나 가공이 어려워서 높은 정도를 요하는 부품에는 이용되지 않는다.

### (2) 사다리꼴 나사(trapezoidal thread)

그림 [사다리꼴 나사]와 같이 나사산 각이 미터계는 30°, 인치계는 29°인 나사이며, 추력(thrust)이 전달되는 부품의 나사로 적합하다. 또한 가공이 쉽고, 맞물림 상태가 좋으며, 마멸이 되어도 어느 정도 조정할 수 있으므로 공작·기계의 이송 나사로 많이 사용된다.

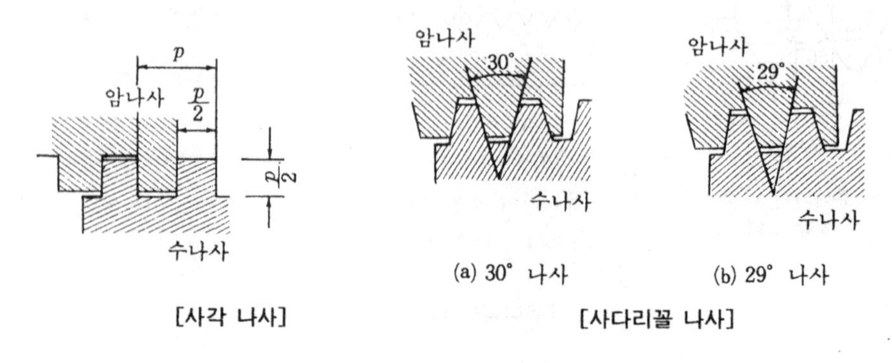


[사각 나사]

(a) 30° 나사 (b) 29° 나사

[사다리꼴 나사]

### (3) 톱니 나사(buttress thread)

그림 [톱니 나사]와 같이 힘을 한쪽 방향으로만 받는 부품에 이용되는 나사로 바이스, 압착기 등의 이송 나사에 사용된다.

### (4) 볼 나사(ball thread)

그림 [볼 나사]와 같이 나사 축과 너트 사이에 많은 강구(steel ball)를 넣어서 힘을 전달하는 나사로 마찰이 매우 적어 정밀 공작 기계의 이송 나사에 사용된다.

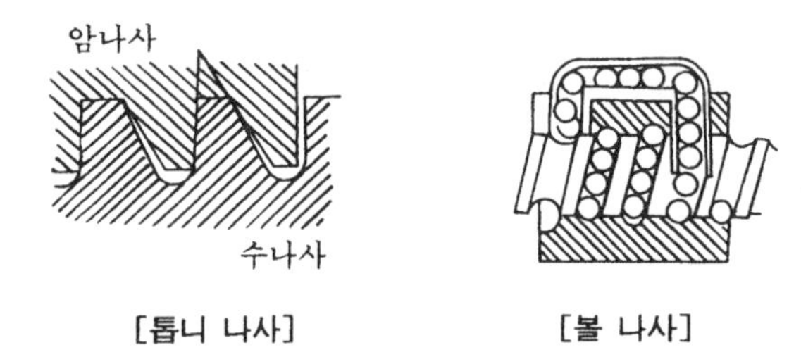


[톱니 나사] [볼 나사]

### (5) 계측용 나사

직선 변위를 회전 변위로 전환 확대시키는 데 사용하는 나사로 마이크로미터 등의 측정기와 같이 정밀 가공이 쉬운 삼각 나사가 주로 이용된다.

그림 [마이크로 미터용 나사]의 리드는 보통 0.5㎜ 정도이다.

리드를 더욱 작고 정밀하게 만들 수 있다면 정밀도를 더 높일 수 있지만 가공이 어렵고 제작비가 많이 들므로 리드를 0.5㎜ 이하로 만드는 것은 비현실적이다. 그러나 한 축에 리드가 약간 차이지게 가공하면 리드를 아주 작게 만든 효과를 얻을 수 있다. 이러한 나사를 가진 기구를 차동 나사 기구(differntial screw mechanism)라 하며 정밀 측정기에 사용한다.

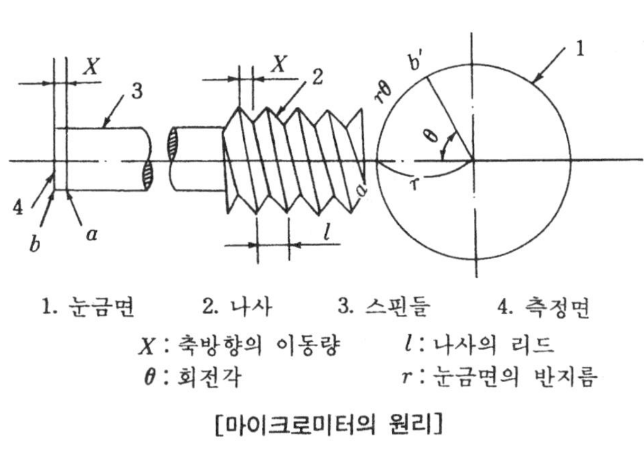


[마이크로미터의 원리]

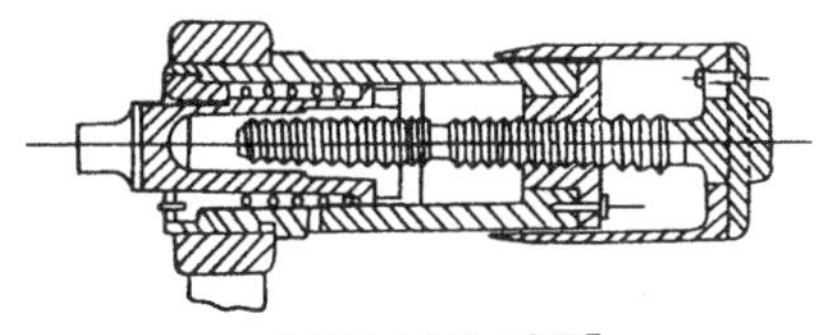

[차동 나사 기구]

# 3. 볼트, 너트 및 와셔

## 3-1 볼트(bolt)

### (1) 육각 볼트(hexagen head bolt)

머리 모양이 육각형인 육각 볼트는 일반적으로 부품을 결합할 때 널리 쓰이는 대표적인 볼트이다.

① 육각 볼트의 종류 : 육각 볼트의 종류에는 [그림]과 같이 볼트 원통부의 지름이 나사의 호칭 지름과 거의 같은 호칭 지름 육각 볼트와 유효 지름 육각 볼트 전체에 나사가 있어 원통부가 없는 육각 볼트로 구분된다.

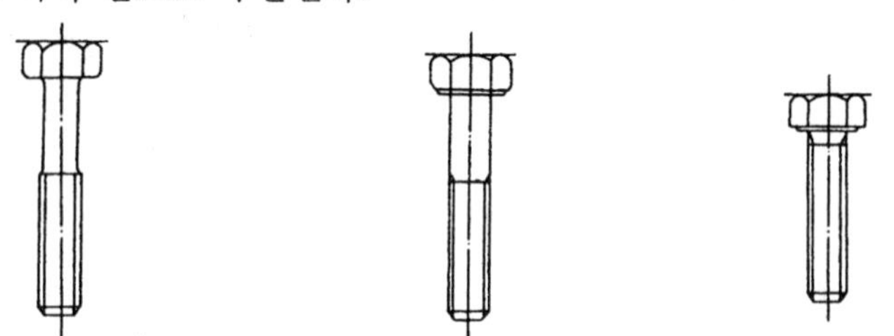

(a) 유효 지름 육각 볼트 (b) 호칭 지름 육각 볼트 (c) 온나사 육각 볼트

**[육각 볼트의 종류]**

② 육각 볼트의 등급 : 육각 볼트의 등급은 [표]에 표시한 부품 등급과 강도 구분(성상 구분)을 조합한 것으로 한다.

**[육각 볼트의 등급]**

| 볼트의 종류 | 재료에 따른 구분 | 등급 부품 등급 | 등급 강도 구분 (성상 구분) | 볼트의 종류 | 재료에 따른 구분 | 등급 부품 등급 | 등급 강도 구분 (성상 구분) |
|---|---|---|---|---|---|---|---|
| 호칭 지름 육각 볼트 | 강 | A | 8.8 | 온나사 육각 볼트 | 강 | A | 8.8 |
| | | B | | | | B | |
| | | C | 4.6, 4.8 | | | C | 4.6, 4.8 |
| | 스테인리스강 | A | A 2-70 | | 스테인리스강 | A | A 2-70 |
| | | B | | | | B | |
| | 비 철 금 속 | A | — | | 비 철 금 속 | A | — |
| | | B | | | | B | |
| 유효 지름 육각 볼트 | 강 | B | 5.8, 8.8 | | | | |
| | 스테인리스강 | | A 2-70 | | | | |
| | 비 철 금 속 | | — | | | | |

주 : 1. 8.8 : ① 소수점 앞의 8은 허용 인장 강도가 800 N/mm²임을 표시

② 소수점 뒤의 8은 $\dfrac{\text{호칭 항복점(호칭 항복 강도)}}{\text{호칭 인장 강도}} \times 10$으로 호칭

항복점(호칭 항복 강도)이 호칭 인장 강도의 0.8배임을 표시

2. 성상 구분은 스테인리스강 볼트의 기계적 성질에 따른다.

### (2) 특수 볼트

① 스터드 볼트(stud bolt) : [그림]과 같이 막대 양끝에 나사가 있어 한쪽 나사를 본체 등에 단단하게 끼워 놓고 사용하는 볼트로 한쪽 나사 볼트, 양쪽 나사 볼트(double end stud bolt), 긴 나사 볼트(continuous-thread bolt) 등이 있다.

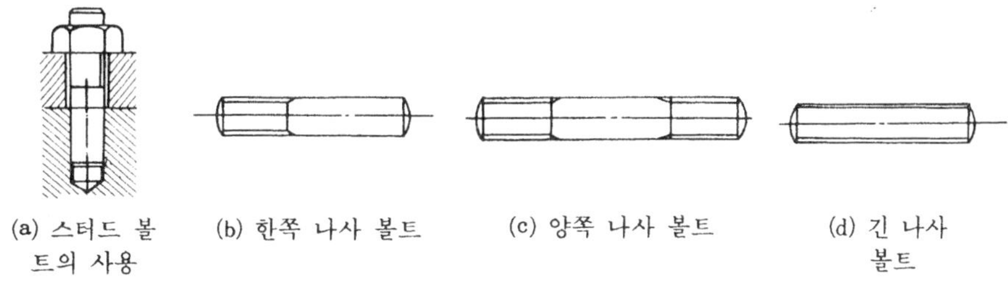


[스터드 볼트]

② 접시 머리 볼트(flad head bolt) : 그림 [접시머리 볼트]와 같이 볼트 머리가 밖으로 나오지 않아야 되는 곳에 사용되는 볼트로 홈붙이 접시머리 볼트, 키붙이 접시머리 볼트 등이 있다.

③ 둥근머리 4각목 볼트(cup head square neck bolt) : 그림 [둥근머리 4각목 볼트]와 같이 둥근머리 바로 밑에 4각목이 있어 목제 구조물의 4각 구멍에 끼워서 헛돌지 않게 한 볼트로 나사의 호칭 범위는 M 5～16이다.

④ 아이 볼트(eye bolt) : 기중 볼트(lifting bolt)라고도 하며 그림 [아이 볼트]와 같이 머리에 큰 둥근 구멍을 만들거나 머리부를 고리(ring) 모양으로 만들어 무거운 물체를 들어올릴 때 로프, 체인 또는 훅 등을 걸 때 사용되는 볼트로 재료는 일반 구조용 강(SB 41)이나 기계 구조용 강(SM 20C) 등이 쓰인다.

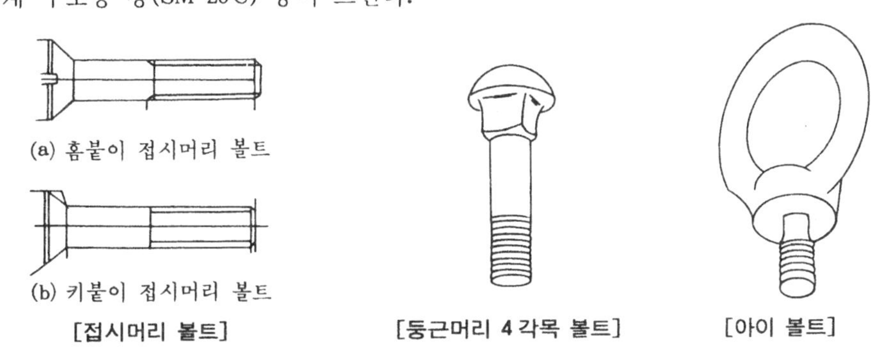


[접시머리 볼트] [둥근머리 4각목 볼트] [아이 볼트]

⑤ 나비 볼트(wing bolt) : 그림 [나비 볼트]와 같이 머리부를 나비의 날개 모양으로 만들어 손으로 쉽게 돌릴 수 있게 한 볼트이다. 이 볼트는 머리부와 축부를 용접 또는 리베팅하거나 볼트와 일체로 하여 두 부분이 견고하게 만들어져야 한다. 머리의 모양에 따라 1종, 2종, 3종 볼트가 있다.

⑥ 연신 볼트(externally reliefed bolt) : 연신 볼트는 충격적인 인장력이 작용하는 곳에 사용하기 위해 원통부의 일부 또는 전부의 지름을 가늘게 하여 죄는 힘에 의해 늘어나기 쉽게

한 볼트이다.

⑦ 스테이 볼트(stay bolt) : 스테이 볼트는 2개의 부품 간격을 유지할 수 있게 원통부 나사부보다 크게 하고 양 끝에 나사를 만든 볼트이다.

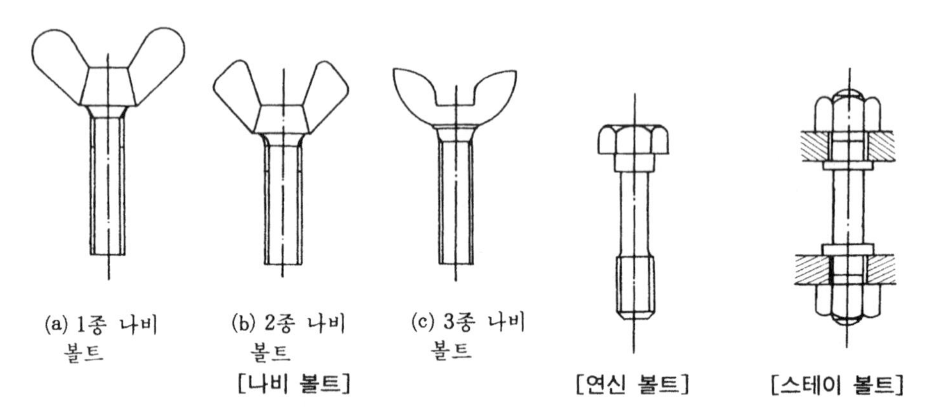


[나비 볼트] [연신 볼트] [스테이 볼트]

⑧ T 볼트(T bolt) : 머리부를 T자형으로 만들어서 공작 기계의 테이블의 T홈(T groove)에 끼워 일감이나 기계 바이스 등을 적당한 위치에 고정시킬 때 사용하는 볼트이다.

⑨ 리머 볼트(reamer bolt) : 리머로 다듬질한 구멍에 꼭 맞게 끼워 정확하게 결합시켜 주기 위하여 정밀 가공한 볼트이다.

⑩ 테이퍼 볼트(taper bolt) : 테이퍼 볼트는 다듬질한 구멍 속에 꼭 맞게 끼워 미끄럼을 방지할 수 있도록 원통부에 약간의 테이퍼를 주고 머리를 없앤 볼트이다.

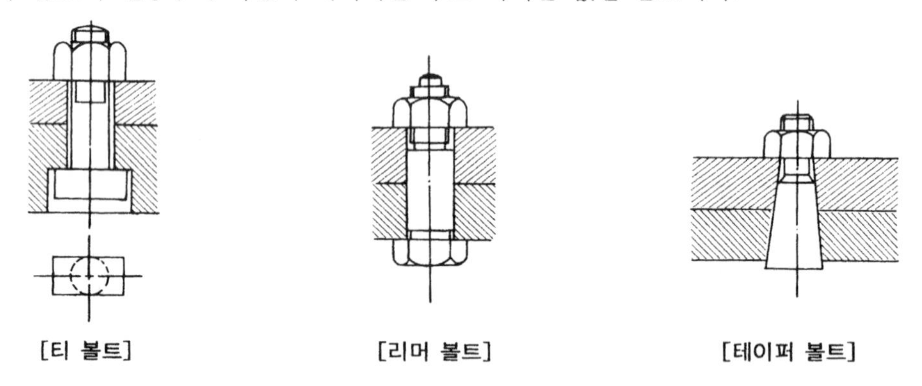

[티 볼트] [리머 볼트] [테이퍼 볼트]

⑪ 기초 볼트(foundation bolt) : 기초 볼트는 [그림]과 같이 여러 가지 모양의 원통부를 만들어서 기계 구조물을 콘크리트 기초 위에 고정시키기 편리하게 한 볼트이다.

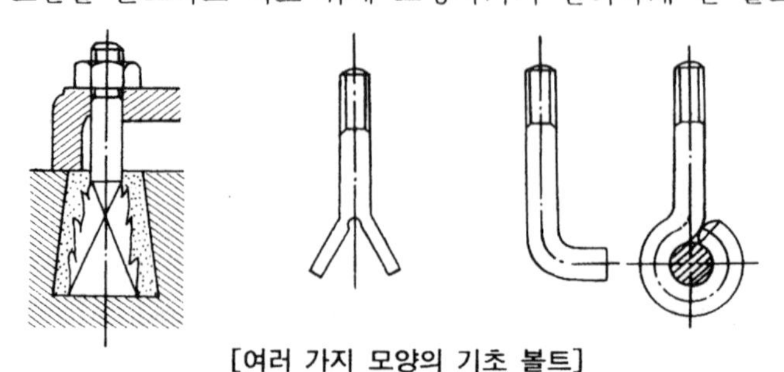

[여러 가지 모양의 기초 볼트]

(3) 작은 나사

① 작은 나사(machine screw) : 작은 나사는 호칭 지름이 8㎜ 이하이고 힘을 많이 받지 않는 작은 부품의 결합에 사용된다. 나사의 모양에 따라 냄비머리, 둥근머리, 납작머리, 둥근접시머리, 둥근 납작머리 등의 작은 나사가 있으며 나사의 재료로는 탄소강, 스테인리스강, 구리 합금 등이 쓰인다.

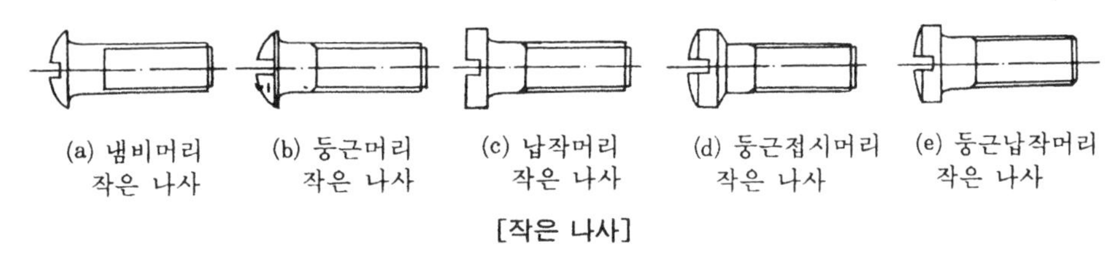
(a) 냄비머리 작은 나사 (b) 둥근머리 작은 나사 (c) 납작머리 작은 나사 (d) 둥근접시머리 작은 나사 (e) 둥근납작머리 작은 나사

[작은 나사]

② 멈춤 나사(set screw) : 멈춤 나사는 물체의 미끄럼이나 회전을 방지할 때 쓰이는 나사로 머리 모양에 따라 홈붙이, 육각 구멍붙이, 사각머리 멈춤 나사가 있으며 머리 끝은 대부분 담금질 되어 있다. 나사 끝 모양에 따라 납작 끝, 둥근 끝, 원통 끝, 뾰족 끝 및 오목 끝 멈춤 나사가 있다.

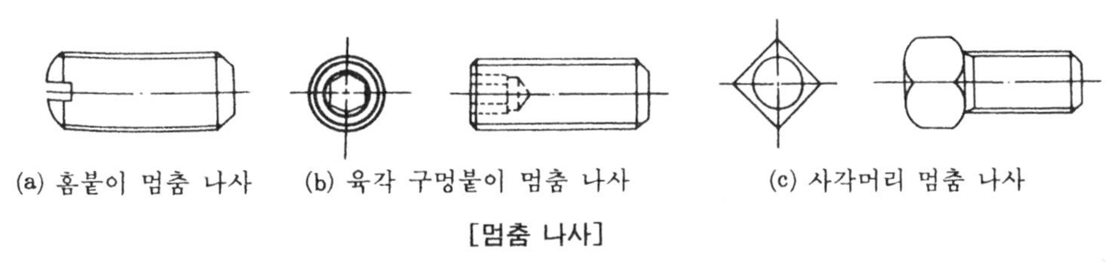
(a) 홈붙이 멈춤 나사 (b) 육각 구멍붙이 멈춤 나사 (c) 사각머리 멈춤 나사

[멈춤 나사]

③ 태핑 나사(self tapping screw) : 태핑 나사는 [그림]과 같이 스스로 암나사를 내면서 결합하는 나사로 나사 머리 부분의 모양에 따라 홈붙이, +자 구멍붙이, 육각 태핑 나사 등이 있다.

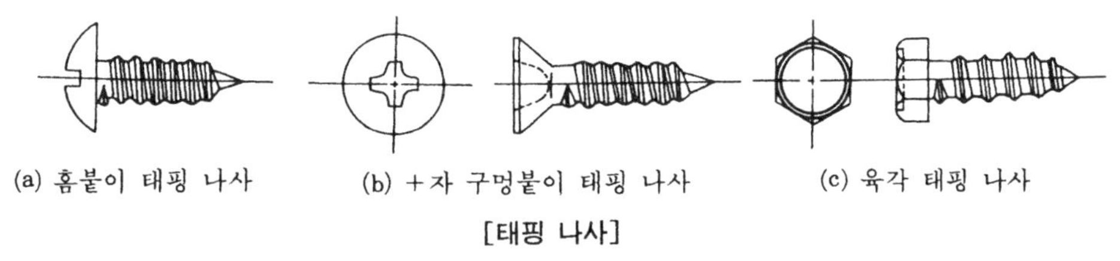
(a) 홈붙이 태핑 나사 (b) +자 구멍붙이 태핑 나사 (c) 육각 태핑 나사

[태핑 나사]

④ 나사못(wood screw) : [그림]과 같이 목재에 나사를 돌려 박는 데 적합한 나사산으로 되어 있으며 나사 끝이 드릴과 탭(tap)의 역할을 한다. 모양과 기능에 따라서 둥근 접시 나사못, 접시 나사못, 래그 나사못(lag screw), 코치 나사못(coach screw), 때려박음 나사못(drive screw), 스크루 스파이크(screw spike) 등의 여러 가지가 있다.

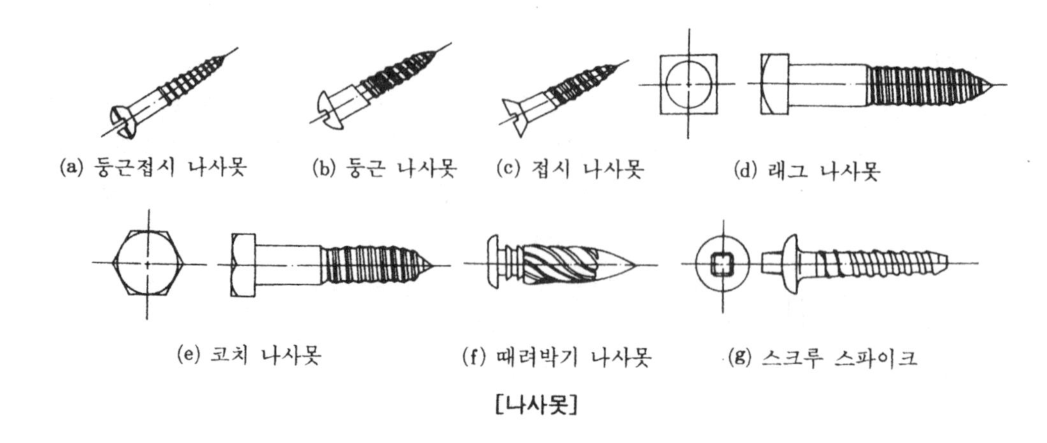
(a) 둥근접시 나사못 (b) 둥근 나사못 (c) 접시 나사못 (d) 래그 나사못

(e) 코치 나사못 (f) 때려박기 나사못 (g) 스크루 스파이크

[나사못]

## 3-2 너트(nut)

### (1) 육각 너트(hexagon nut)

육각 기둥의 모양을 가진 육각 너트와 함께 사용되는 대표적인 너트이다.

① 육각 너트의 종류 : [그림]과 같이 나사의 호칭 지름에 대하여 너트의 호칭 높이가 0.8배 이상인 너트와 0.8배 미만인 너트로 분류된다.

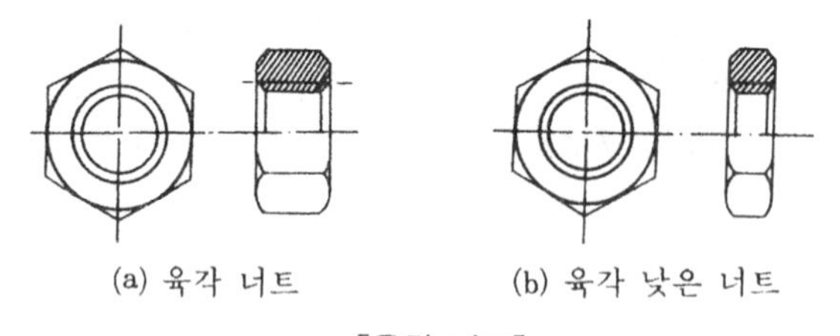
(a) 육각 너트 (b) 육각 낮은 너트

[육각 너트]

② 육각 너트의 등급 : [표]에 표시한 것과 같이 부품의 등급과 강도 구분을 조합한 것으로 한다.

[육각 너트의 등급]

| 너트의 종류 | 형 식 | 등 급 | |
|---|---|---|---|
| | | 부품 등급 | 강도 구분 |
| 육각 너트 | 1종 | A, B | 6, 8, 10 |
| | 2종 | A, B | 9, 12 |
| | — | C | 4, 5 |
| 육각 낮은 너트 | 양 모따기 있음 | A, B | 04, 05 |
| | 모따기 없음 | B | — |

주 : 강도 구분의 호칭 보증 하중 응력값

### (2) 특수 너트

특수한 용도에 알맞게 만든 너트를 특수 너트라 한다.

① 사각 너트(square nut) : 사각 너트는 [그림]과 같이 겉모양이 사각으로 된 너트로서 주

로 목재를 결합할 때 사용하며 가끔 기계에도 쓰인다.

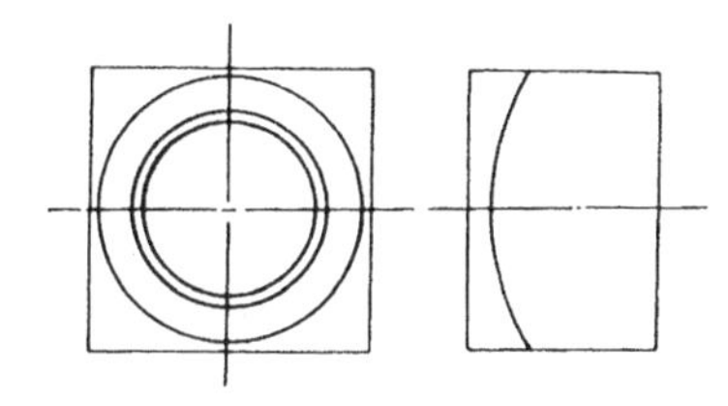

[사각 너트]

② 둥근 너트(round nut) : [그림]과 같이 원형으로 된 너트로 홈붙이 둥근 너트, 측면 홈붙이 둥근 너트, 구멍 붙이 둥근 너트 등이 있다.

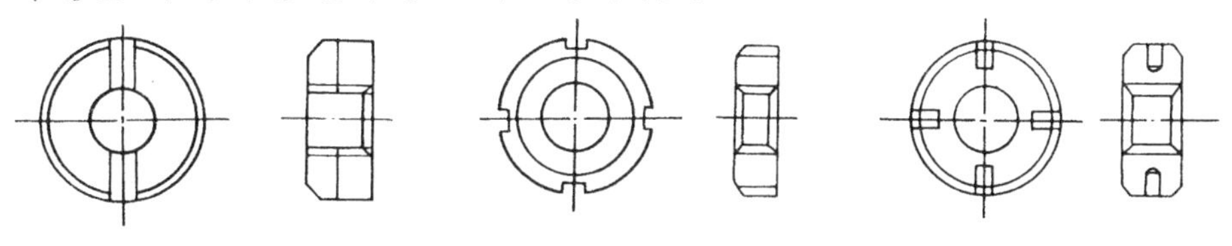

(a) 홈붙이 둥근 너트 (b) 측면 홈붙이 둥근 너트 (c) 구멍붙이 둥근 너트

[둥근 너트]

③ 와셔붙이 너트(washer faced nut) : 그림 [와셔붙이 너트]와 같이 대각선 거리보다 지름이 작은 자리면이 있는 너트이다.

④ 플랜지 너트(flange nut) : 그림 [플랜지 너트]와 같이 육각의 대각선 길이보다 지름이 큰 자리면이 있는 너트로 플랜지 너트, 이붙이 플랜지 너트 등이 있다.

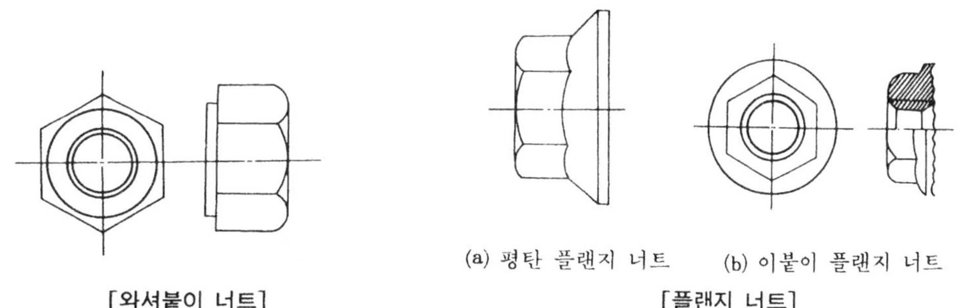

(a) 평탄 플랜지 너트 (b) 이붙이 플랜지 너트

[와셔붙이 너트] [플랜지 너트]

⑤ T 홈 너트(T-slot nut) : T 자 모양으로 만들어서 공작 기계의 테이블의 홈에 끼워 일감이나 기계 바이스 등을 적당한 위치에 고정시킬 때 사용되는 너트이다.

⑥ 아이 너트(eye nut) : 너트에 고리를 달아 주로 물품을 들어 올릴 때 고리 역할을 하도록 한 너트이다.

⑦ 육각 캡 너트(domed cap nut) : 그림 [육각 캡 너트]와 같이 너트의 한쪽 부분을 막아 유체가 흘러 나오는 것을 방지하는 너트이다.

⑧ 12 포인트 너트(12 point nut) : 외형이 같은 치수의 2개의 육각형을 30° 어긋나게 한 모양으로 된 플랜지를 붙인 너트이다.

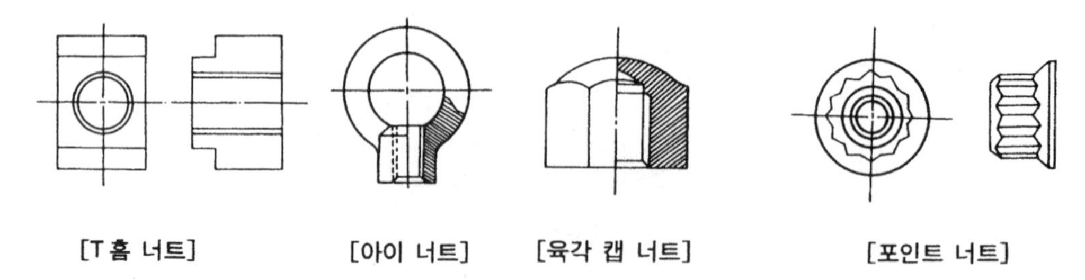

[T홈 너트] [아이 너트] [육각 캡 너트] [포인트 너트]

⑨ 나비 너트(wing nut) : 너트를 나비 모양으로 만든 너트로 머리 모양에 따라 1종부터 4종까지 있다.

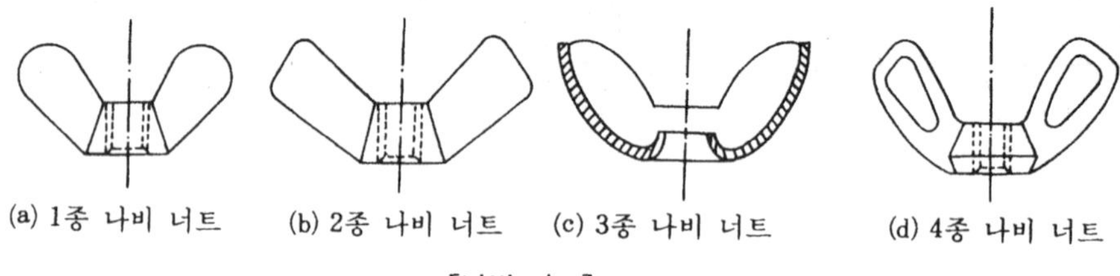

(a) 1종 나비 너트 (b) 2종 나비 너트 (c) 3종 나비 너트 (d) 4종 나비 너트

[나비 너트]

⑩ 손잡이 너트(thumb nut) : 손으로 쉽게 돌릴 수 있도록 손잡이를 붙인 너트이다.

⑪ 스프링판 너트(spring plate nut) : 스프링판 너트는 단 하나의 나사산만 있는 스프링 강판으로 만든 너트이다.

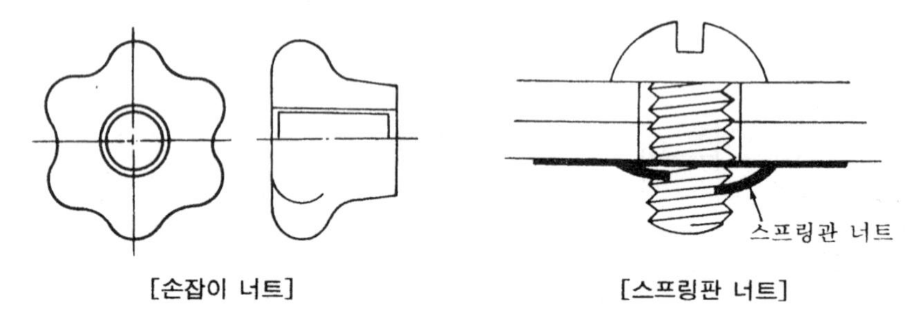


[손잡이 너트] [스프링판 너트]

⑫ 홈붙이 육각 너트(hexagon slotted and castle nut) : 너트의 한 끝에 육각홈을 판 너트로 1종과 2종의 홈붙이 육각 너트가 있다.

⑬ 슬리브 너트(sleeve nut) : 슬리브에 암나사를 만든 너트로 수나사 중심선의 편심을 방지하는 데 사용한다.

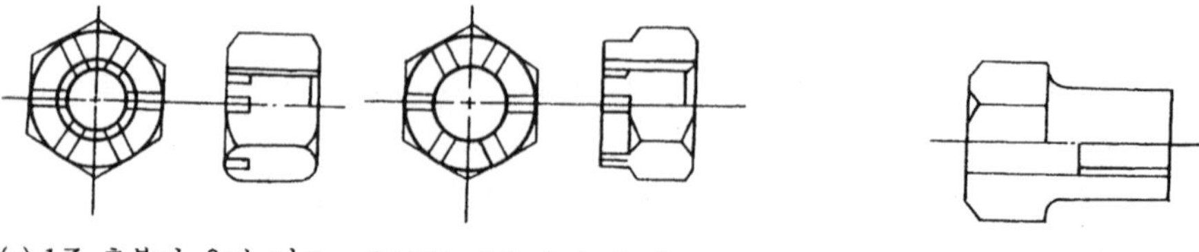

(a) 1종 홈붙이 육각 너트 (b) 2종 홈붙이 육각 너트

[홈붙이 육각 너트] [슬리브 너트]

## 3-3 와셔(washer)

와셔는 볼트 구멍이 너무 크거나 볼트나 너트의 자리면이 고르지 못할 때, 자리면의 재료가 너무 물러서 볼트의 죔 압력에 약할 때 사용하며 모양, 기능, 용도에 따라 분류한다.

### (1) 평와셔(plain washer)

평판 모양으로 된 평와셔는 육각 볼트, 육각 너트와 함께 일반적으로 쓰이는 와셔로 외형이 둥근 와셔와 사각형인 각와셔로 분류되고 또 둥근 와셔는 소형 원형, 광택 원형, 보통 원형으로 각와셔는 소형 사각, 대형 사각의 평와셔로 분류된다.

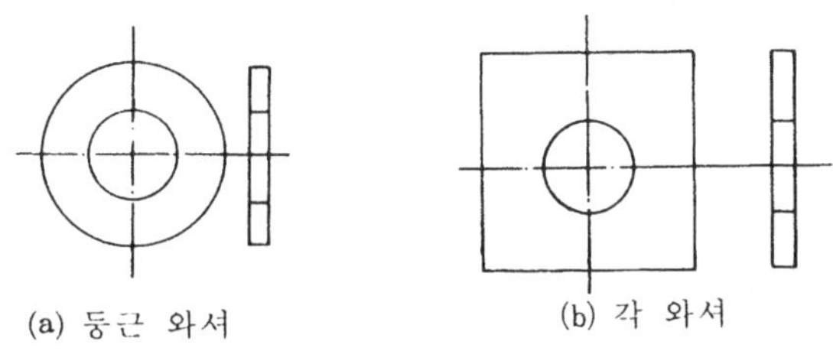

(a) 둥근 와셔 (b) 각 와셔

[평와셔]

### (2) 특수 와셔

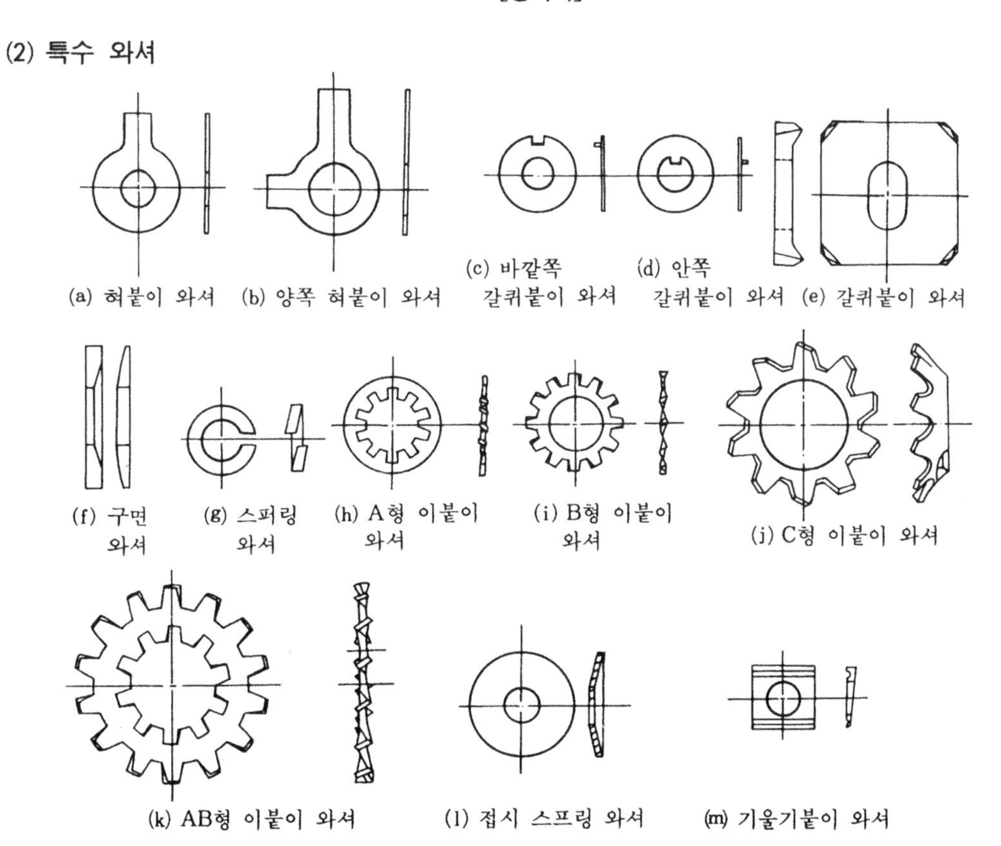

(a) 혀붙이 와셔 (b) 양쪽 혀붙이 와셔 (c) 바깥쪽 갈퀴붙이 와셔 (d) 안쪽 갈퀴붙이 와셔 (e) 갈퀴붙이 와셔

(f) 구면 와셔 (g) 스피링 와셔 (h) A형 이붙이 와셔 (i) B형 이붙이 와셔 (j) C형 이붙이 와셔

(k) AB형 이붙이 와셔 (l) 접시 스프링 와셔 (m) 기울기붙이 와셔

[특수 와셔]

특수한 기능과 용도에 맞게 만든 와셔를 특수 와셔라 한다. 너트의 풀림 방지에는 혀붙이 와셔, 갈퀴붙이 와셔, 구면 와셔, 스프링 와셔, 이붙이 와셔, 접시 스프링 와셔, 기울기붙이 와셔 등이 사용된다.

### (3) 그 밖의 나사 부품

다음 [그림]과 같이 양쪽에 왼나사와 오른나사가 있는 턴버클(turnbuckle) 와셔와 볼트를 일체로 하여 전조한 와셔 조립 나사, 플러그에 관용 평행 나사를 만든 플러그 등이 있다.

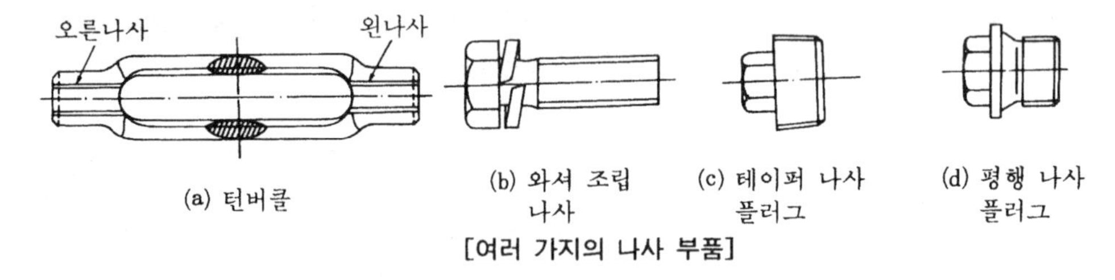


(a) 턴버클 (b) 와셔 조립 나사 (c) 테이퍼 나사 플러그 (d) 평행 나사 플러그

[여러 가지의 나사 부품]

## 3-4 너트의 풀림 방지

결합용 나사는 접촉면에 마찰력이 생겨 스스로 풀리지 않도록 설계되어 있으나 진동과 충격을 받으면 순간적으로 접촉 압력이 감소되어 마찰력이 거의 없게 되는 경우가 있는데 이와 같은 일이 반복되면 너트가 풀리게 된다. 너트가 풀리는 것을 방지할 때에는 다음과 같은 방법을 사용한다.

### (1) 와셔에 의한 방법

스프링 와셔나 이붙이 와셔 등의 특수 와셔를 사용하여 너트가 풀리지 못하게 한다.

### (2) 로크 너트에 의한 방법

그림 [로크 너트에 의한 너트의 풀림 방지]와 같이 2개의 너트를 충분히 죈 후 아래 너트를 약간 풀어 놓아 2개의 너트가 서로 미는 상태로 만들어서 볼트의 죄는 힘이 감소하더라도 나사면의 접촉 압력을 잃지 않게하여 너트가 풀리지 않도록 하는 것이다. 이 때 아래쪽의 너트를 로크 너트(lock nut)라 한다. 위쪽의 너트는 나사 본래의 하중을 받으므로 위쪽 너트는 보통 너트를 사용하고 록 너트는 저너트를 사용한다.

### (3) 자동 죔 너트에 의한 방법

볼트가 되돌아가는 것을 방지하게 하는 자동 죔 너트(self locking nut)를 사용하여 너트가 풀리지 못하게 하는 것이다.

그림 [자동 죔 너트]의 (a)는 6개의 갈라진 부분이 안쪽으로 휘어져 볼트를 압축하는 자동 죔 너트를 나타내었고, (b)는 너트에 삽입한 나일론 끈이 볼트에 의하여 나사가 나게 한 자동 죔 너트를 나타낸 것이다.

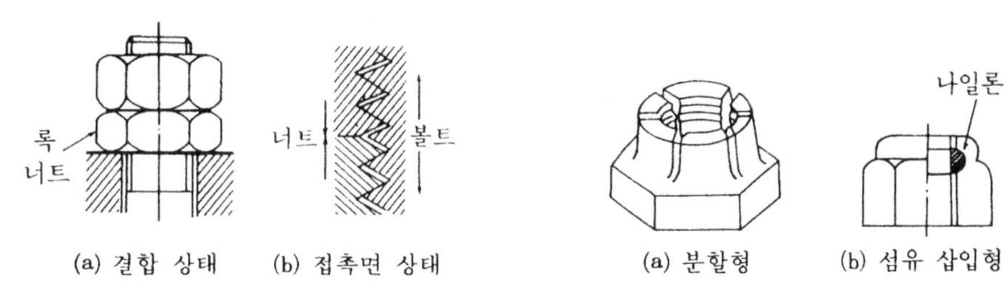

(a) 결합 상태 (b) 접촉면 상태

[로크 너트에 의한 너트의 풀림 방지]

(a) 분할형 (b) 섬유 삽입형

[자동 죔 너트]

### (4) 핀, 작은 나사, 멈춤 나사 등에 의한 방법

그림 [핀 등에 의한 너트 풀림의 방지]와 같이 너트와 볼트에 핀 등을 사용하여 너트가 풀리지 못하게 하는 것이다. 그러나 핀을 사용하는 방법에는 너트가 죄어져 끝나는 위치에 제한을 받고 볼트가 약해지는 단점이 있다.

### (5) 강선에 의한 방법

이 방법은 핀 대신 그림 [강선에 의한 너트 풀림의 방지]와 같이 철사로 주위에 있는 너트를 서로 연결하여 너트가 풀어지지 못하게 하는 것이다.

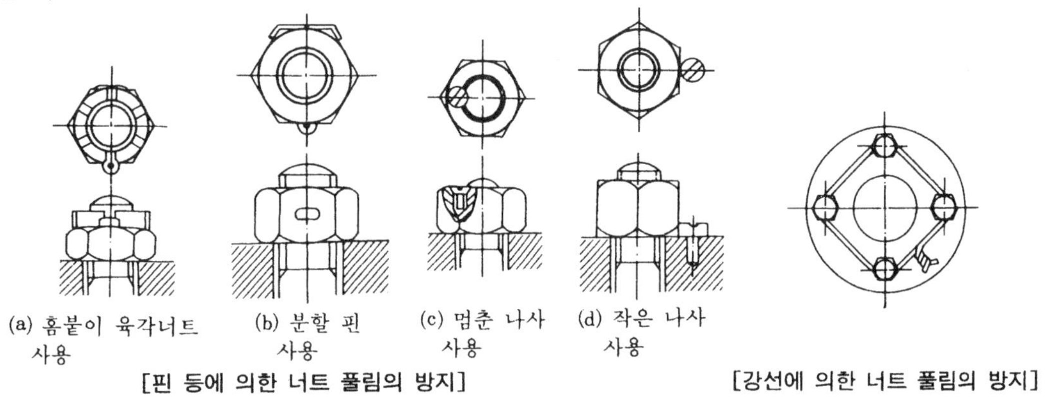
(a) 홈붙이 육각너트 사용 (b) 분할 핀 사용 (c) 멈춘 나사 사용 (d) 작은 나사 사용

[핀 등에 의한 너트 풀림의 방지]

[강선에 의한 너트 풀림의 방지]

# 4. 나사의 설계

## 4-1 볼트의 설계

적당한 크기의 볼트를 선정하지 않으면 [그림]과 같이 파손되어 사용할 수 없게 된다.

볼트에는 다음과 같은 하중이 작용한다.

① 축방향의 정하중

② 정하중과 비틀림 하중의 합성 하중

③ 전단 하중

따라서 볼트의 크기를 결정할 때 나사에 작용하는 하중과 사용되는 재료의 강도를 충분히 검토해야 한다.

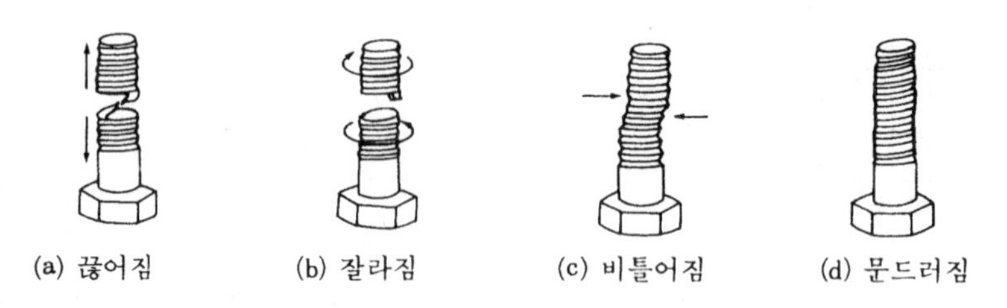

(a) 끊어짐 (b) 잘라짐 (c) 비틀어짐 (d) 뭉드러짐

[볼트의 파손]

### (1) 축방향에 정하중을 받는 경우

볼트의 바깥지름을 $d_0$, 골지름을 $d_1$이라 할 때 볼트의 인장 응력 $\sigma_t$는 다음과 같다.

$$\sigma_t = \frac{W}{\frac{\pi d_1^2}{4}} = \frac{4W}{\pi d_1^2}$$

$$\therefore\ W = \frac{\pi}{4} d_1^2 \sigma_t$$

일반적으로 지름 3mm 이상인 볼트에서는 $d_1 > 0.8\,d_0$이므로 $d_1 = 0.8\,d_0$로 하면 안전을 충분히 고려한 것이 된다.

따라서 다음과 같은 관계식이 성립된다.

$$W = \frac{\pi}{4} d_1^2 \cdot \sigma_t = \frac{\pi}{4} \times (0.8\,d_0)^2\,\sigma_t \fallingdotseq \frac{1}{2} d_0^2\,\sigma_t$$

윗 식에서 $\sigma_t$ 대신 허용 인장 응력 $\sigma_a$를 사용하면 볼트의 바깥지름 $d_0$는 다음 식에 의해 구해진다.

$$W = \frac{1}{2} d_0^2\,\sigma_t = \frac{1}{2} d_0^2\,\sigma_a$$

$$\therefore\ d_0 = \sqrt{\frac{2\,W}{\sigma_a}}$$

실제로 윗 식에서 구한 지름값에 큰 쪽으로 가장 가까운 호칭 치수의 볼트를 선정하여 사용한다.

### (2) 축방향의 정하중과 비틀림 하중에 의한 합성 하중을 받는 경우

[그림]과 같이 축 방향의 일정한 하중과 동시에 비틀림 하중을 받는 경우에는 비틀림 하중을 $\frac{1}{3}$배의 인장 하중(또는 압축 하중)으로 간주하여 $\left(1+\frac{1}{3}\right)$배의 인장 하중이 작용한다고 가정한다. 이 때 볼트의 바깥지름은 다음 식으로 계산한다.

$$d_0 = \sqrt{\frac{2\left(W + \frac{1}{3}W\right)}{\sigma_a}}$$

$$= \sqrt{\frac{8\,W}{3\,\sigma_a}}$$

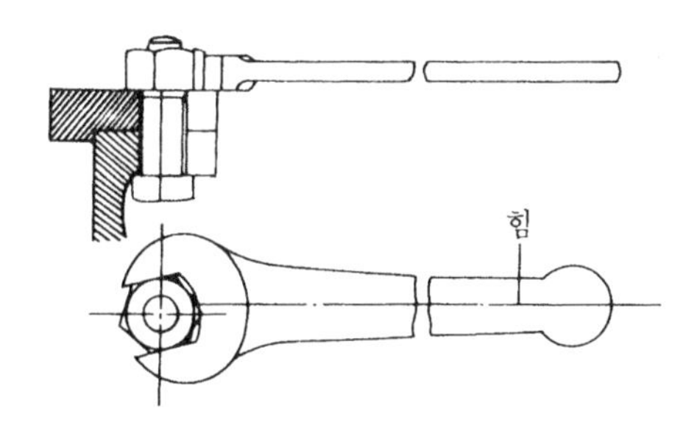


[스패너로 나사돌리기]

### (3) 전단 하중을 받는 경우

볼트는 주로 인장 하중이 작용하는 곳에 사용되지만 때로는 전단 하중이 작용되는 곳에서도 사용된다. 이 때 전단 응력에 의한 볼트의 바깥지름은 다음 식으로 구한다.

$$\tau_a = \frac{W_S}{\frac{\pi}{4} d^2} \qquad d_0 = \sqrt{\frac{4W_S}{\pi \tau_a}}$$

여기서, $\tau_a$ : 볼트 재료의 허용 전단 응력

볼트와 볼트 구멍 사이에 틈새가 있으면 전단 응력과 휨 응력이 동시에 발생한다. 따라서 이러한 현상을 방지하기 위해서 리머 볼트나 테이퍼 볼트를 사용하거나 그림 [볼트의 전단 방지]와 같이 링(ring)이나 봉(bar)을 끼워 사용한다.

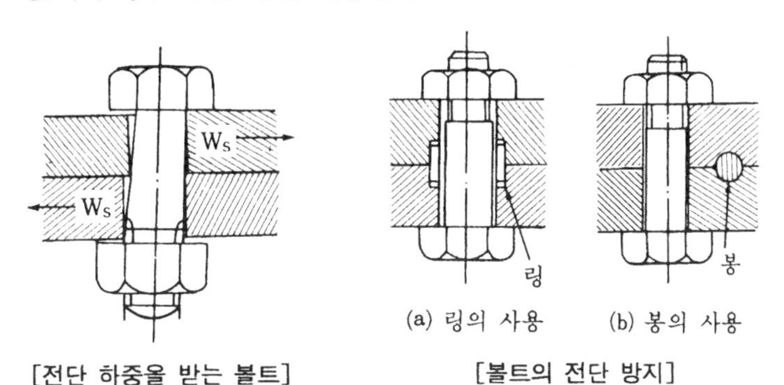


[전단 하중을 받는 볼트] [볼트의 전단 방지]

**예제 1.** 그림과 같은 훅(hook)에 5톤의 물체를 매달려고 한다. 훅의 볼트는 어느 정도의 굵기를 가져야 하는가? (단, 훅의 허용 응력은 4.8 kgf/mm$^2$ 이다.)

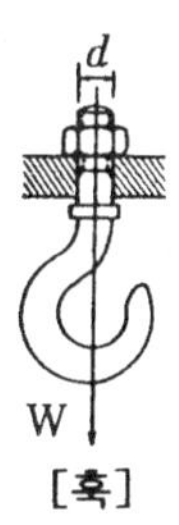


[훅]

해설 $d_0=\sqrt{\dfrac{2W}{\sigma_a}}=\sqrt{\dfrac{2\times5000}{4.8}}\fallingdotseq45.6\,\text{mm}$

따라서, M 48 을 고른다.

**예제 2.** 축방향으로 1톤의 인장 하중과 동시에 비틀림 하중을 받는 볼트를 설계하시오. (단, 볼트의 허용 응력은 4.8 kgf/mm²이다.)

해설 $d_0=\sqrt{\dfrac{8W}{3\sigma_a}}=\sqrt{\dfrac{8\times1000}{3\times4.8}}\fallingdotseq23.6\,\text{mm}$

따라서, M 24 를 고른다.

**예제 3.** 전단력 700 kgf 가 작용하는 볼트를 설계하시오. (단, 볼트의 허용 전단 응력은 6 kgf/mm²이다.)

해설 $d_0=\sqrt{\dfrac{4W}{\pi\tau_a}}=\sqrt{\dfrac{4\times700}{3.14\times6}}\fallingdotseq12.2\,\text{mm}$

따라서, M 14 를 고른다.

**예제 4.** 안지름이 400 mm 이고, 압력이 10 kgf/cm² 인 실린더에 12 개의 볼트가 있는 커버로 덮으려고 한다. 이 때의 볼트를 설계하시오. (단, 볼트의 허용 응력은 4.8 kgf/mm²이다.)

해설 커버에 작용하는 하중은

$\dfrac{10}{100}\times\dfrac{\pi}{4}\times400^2=12560\,\text{kgf}$

12 개의 볼트가 고르게 받쳐 주고 있다고 가정하면, 볼트 1 개가 받는 하중은

$W=\dfrac{12560}{12}\fallingdotseq1047\,\text{kgf}$

$\therefore\ d_0=\sqrt{\dfrac{2W}{\sigma_a}}=\sqrt{\dfrac{2\times1047}{4.8}}\fallingdotseq20.89\,\text{mm}$

따라서, M 22 를 고른다.

### (4) 너트의 높이

나사는 축방향의 인장 하중에 의하여 맞물리는 나사산이 파괴되면 안되므로 인장 하중에 견딜 수 있도록 나사산을 충분히 맞물려야 한다.

너트의 높이는 나사산의 접촉면에 작용하는 압력과 나사산의 휨 전단 응력 등을 고려하여 결정한다.

$$W=\frac{\pi}{4}(d_0^2-d_1^2)z\cdot q_a$$

$d_1 \fallingdotseq 0.8\,d_0$이므로

$$z=\frac{4W}{\pi(d_0^2-d_1^2)q_a}$$

$$\fallingdotseq\frac{4W}{\pi\{d_0^2-(0.8\,d_0)^2\}q_a}$$

$$\fallingdotseq 3.6\frac{W}{d_0^2\cdot q_a}$$

$$\therefore\ H=zp=3.6\frac{Wp}{d_0^2\cdot q_a}$$

$H$ : 너트의 높이(mm)
$q_a$ : 나사의 허용 접촉면 압력(kgf/mm²)
$P$ : 나사의 피치(mm)
$W$ : 축방향에 걸리는 하중(kgf)
$d_0$ : 나사의 바깥지름(mm)
$d_1$ : 나사의 골지름(mm)
$z$ : 끼이는 나사산의 수

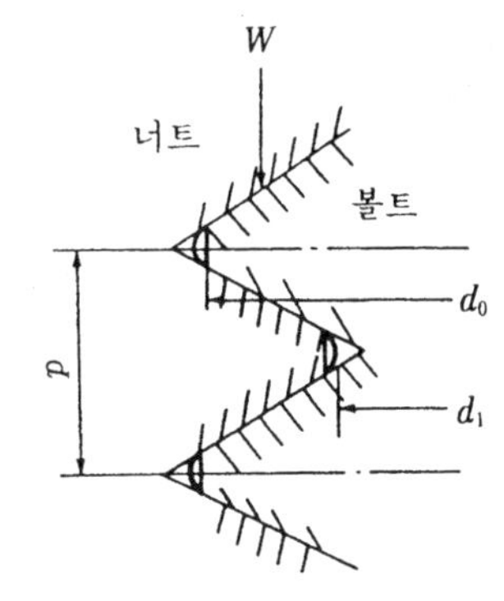

[플랭크에서의 힘의 작용]

나사의 허용 접촉면의 압력 $q_a$의 값은 다음 [표]와 같다.

[나사의 허용 접촉면 압력]

| 재 료 | | $q_a$(kgf/mm²) | |
|---|---|---|---|
| 볼 트 | 너 트 | 결합용 | 운동용 |
| 연 강 | 연강 또는 청동 | 3 | 1 |
| 경 강 | 연강 또는 청동 | 4 | 1.3 |
| 경 강 | 주 철 | 1.5 | 0.5 |

**예제 5.** M 48 의 볼트에 5톤이 작용할 때 너트를 설계하시오. (단, 피치는 5 mm 이고, 허용 접촉면 압력은 3 kgf/mm²이다.)

해설 $H=\frac{3.6Wp}{d_0^2\cdot q_a}=\frac{3.6\times5000\times5}{48^2\times3}=13.02\text{mm}$

너트의 높이가 13.02 mm 이나 KS 규격에서 M 48 보통 나사에 해당되는 $H=38$ mm 를 고른다.

# 변형 교정

## 1. 변형 교정 작업

### 1-1 수공구에 의한 변형 교정 작업

#### (1) 해머 교정 작업

작은 재료나 변형이 적은 경우 해머의 충격력으로 변형을 교정할 수 있다. 이 때 변형된 재료를 앤빌이나 정반 위에 올려 놓고 해머로 두드리는 데 변형부의 모양에 따라 해머를 선택하여 사용한다. 앵글이나 평철의 경우 재료를 늘릴 때에는 핀 해머(peen hammer)를 사용한다.

#### (2) 변형 교정용 앤빌에 의한 교정 작업

변형 교정용 앤빌에는 90°의 홈이 있으므로 산형강의 직각이 비틀린 경우 홈에 대고 교정하며 강판을 90°로 굽힐 때 틀로도 사용된다. 또 아래쪽에 있는 홈은 산형강의 한 변을 끼우고 절단하거나 가공하는 데 이용된다.

#### (3) 짐 크로우(jim crow)

산형강, 홈형강, 봉강 등의 변형 제거에 이용되며 재료를 크로우에 올려 놓고 사각 나사로 죄어 눌러 약간 굽히면서 변형을 교정한다. 짐 크로우는 취급이 간단하고 자유롭게 이동할 수 있어 사용하기 편리하다.

#### (4) 가감 나사(adjusting screw)

조립된 구조물이 비틀렸거나 넓어진 것을 조정하는 데 사용된다. 구조물의 양 끝에 로프(rope), 체인(chain), 와이어(wire) 등을 걸고 그 사이에 가감 나사를 넣어 연결한 다음 너트를 돌려 인장시키면서 구조물의 변형을 수정한다.

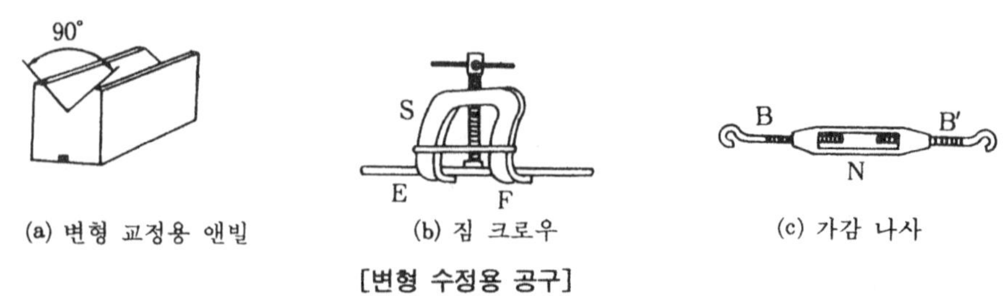


(a) 변형 교정용 앤빌 (b) 짐 크로우 (c) 가감 나사

[변형 수정용 공구]

### (5) 점열 급랭법

판재나 제관 제품의 용접 또는 가공에 의해 변형이 생겼을 때 가스 불꽃으로 가열하여 급랭시켜 변형을 교정하는 방법이다.

그림 [점열 급랭법의 원리]의 (a)와 강판의 국부를 가열하면 평면 방향과 두께 방향으로 팽창하려고 하며 평면 방향은 주위에 가열되지 않은 부분에 의해 저항하므로 내부 응력이 발생하여 그림 [점열 급랭법의 원리]의 (b)와 같이 두께 방향에만 팽창이 일어난다. 이것을 급랭하면 그림 [점열 급랭법의 원리]의 (c)와 같이 팽창부가 비슷하게 되어 평면 방향과 두께 방향으로 수축되어 본래의 상태로 되돌아간다. 즉, 평면 방향은 중심을 향하여 δ만큼 인장되어 변형을 교정하는 작용을 한다. 이 방법은 얇은 강판에 이용하면 매우 효과가 크다.

실제 작업은 그림 [점열 급랭 보조판]과 같은 방법으로 7~8초 동안 가스 불꽃으로 가열하고 즉시 물로 급랭시킨다. 이것을 보조판의 구멍에 순차적으로 반복하면 변형이 교정되며 교정하려는 강판의 두께가 3.2㎜ 이하일 때 보조판의 두께는 12~18㎜, 구멍 지름 24~50㎜, 구멍의 피치 55~80 mm로 하며 가열 온도는 550~600℃가 가장 적당하고 변형이 클 경우 700~750℃로 가열한다.

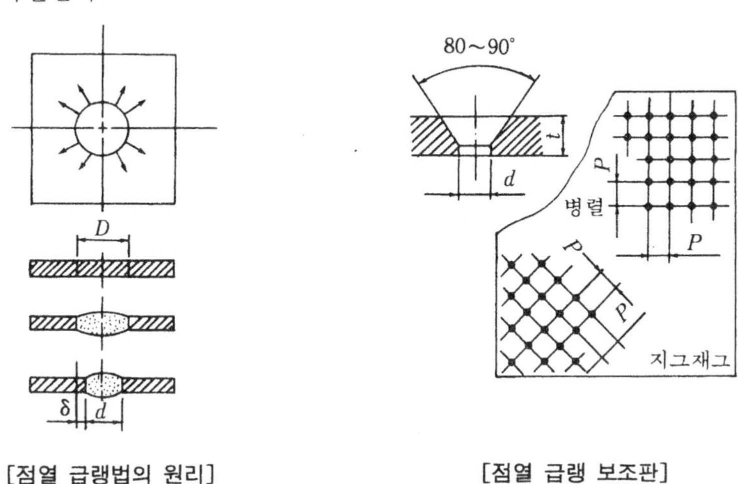


[점열 급랭법의 원리] [점열 급랭 보조판]

## 1-2 기계에 의한 변형 교정

### (1) 변형 교정 프레스에 의한 교정

환강, 각강, 형강 및 레일 등의 큰 재료의 변형은 손작업으로 제거하기 곤란하므로 변형 교정 프레스(straightening press)를 사용하여 교정한다. 크랭크 프레스와 액압 프레스가 이용되며 액압 프레스는 행정 길이가 자유로우므로 조작이 쉽고, 크랭크 프레스는 행정이 일정하므로 램(ram)을 조정하여 누름량을 가감한다.

### (2) 변형 교정 롤에 의한 교정

강판의 변형 제거는 다음 [그림]과 같은 변형 교정 롤(plate straightening roll)을 사용한다. 얇은 판재용 롤은 [그림] (a)와 같이 아래에 3개의 롤이 있고, 위에 4개 의 롤이 있는 데 위의 롤은 서로 연결되어 동시에 강판을 눌러 한쪽에서 물려 들어가 다른 쪽으로 보내는 사이에 변형이 제거된다.

두꺼운 판재용 롤은 [그림] (b)와 같이 작업 롤의 지름을 작게 하고 강성을 더 주기 위하여 백 롤(back roll)을 설치한 것이 많다. 작업은 3~4회 롤을 통과시키는 것이 보통이나 변형이 큰 판재는 한 번에 강한 굽힘력을 준다.

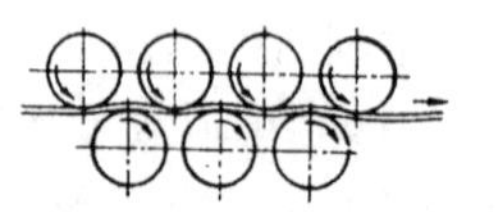

(a) 얇은 판재용 롤

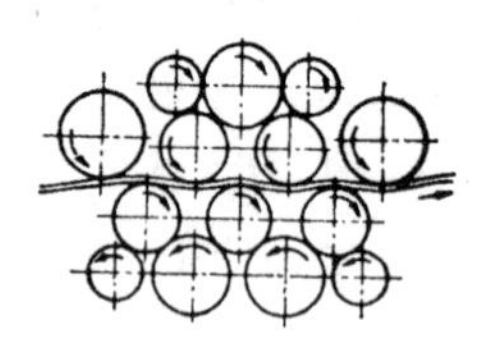

(b) 두꺼운 판재용 롤

**[변형 교정 롤]**

# 선상가열

## 1. 가공을 위한 선상가열

### 1-1 선상가열(line heating)

#### (1) 선상가열법

가공 과정에서 선상가열을 이용하는 것은 주로 판곡(板曲) 작업이다. 판의 1차나 2차 굽힘은 프레스(press)나 벤딩 롤러(bending roller) 등의 기계적인 작업으로 이루어지지만, 3차 곡은 기계 작업으로는 성형시키기가 어렵다. 따라서 대략적인 굽힘을 기계로 처리한 다음 마무리 굽힘이나 3차원 곡을 선상가열법으로 완성시키는 것이다.

선상가열법의 원리는 간단하다. 강판을 가열하게 되면 처음은 가열부분이 열을 받아 팽출하여 부풀게 되고, 그후 냉각 과정에서 팽출부분의 반대면으로 수축작용을 일으켜 다음 [그림]과 같은 현상으로 변하게 된다. 이는 강판이 가열로 인하여 그 조직이 변화함으로써 나타나는 현상이다.

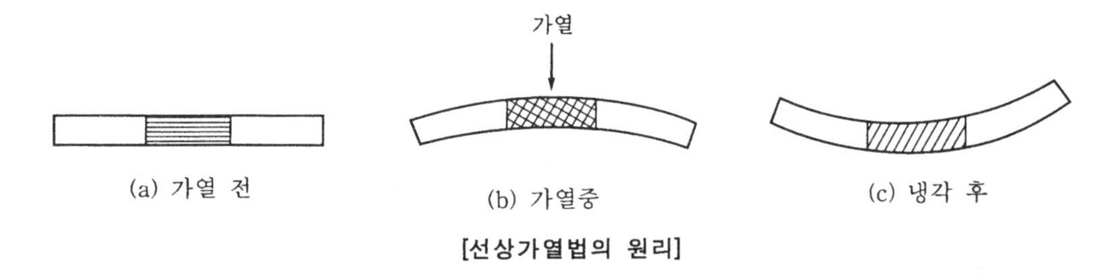


**[선상가열법의 원리]**

#### (2) 온도 측정

판곡 작업 및 변형교정에서 선상가열을 이용하는데 있어서 가장 중요한 것은 온도, 가열위치, 가열속도 등이다. 이 3가지가 한 작업의 결과를 좌우하는 중요한 요인이며, 그 중에서도 온도는 재질의 변화를 가져오게 한다.

연강 및 고장력강 등에서의 과도한 가열은 강재의 조직을 열화시키며, 열 영향부에 있어서 야금학적 면에서 볼 때 재질의 불균형을 초래한다. 이것은 제품의 재질을 변화시키며, 그 제품의 수명을 단축하고 강도면에서도 약화를 초래하므로 정확한 위치에 정확한 온도, 정확한 가열방법, 가열속도의 유지, 냉각방법 등 세심한 주의를 하여야 한다.

가열 작업시 강판의 온도가 변함에 따라 색도도 변하므로 이것을 육안으로 식별하기란 오랜 경험과 숙련이 필요하게 된다.

현재 현장에서 실시하고 있는 온도 측정방법은 별도로 온도 측정기구인 게이지가 없으며, 일반적으로 초크(chalk)를 사용하여 측정하는 방법을 많이 사용하고 있다. 이 방법은 가열하는 판에 초크로 그려보는 것이며, 그려진 초크의 색이 온도에 따라 각각 다르게 나타나 그 색도에 의해 온도의 높이를 측정하는 것이다.

다음 표는 가열하는 강판의 가열된 색도이다.

**[가열한 강판에 나타나는 온도의 색]**

| 색 | 온 도 | 색 | 온 도 |
|---|---|---|---|
| 자 주 색(팥색) | 480°C | 주홍색(진한 오렌지색) | 900°C |
| 혈 색 | 565°C | 등 색(오렌지색) | 940°C |
| 새 우 색 | 635°C | 황 색 | 995°C |
| 적 색(post색) | 680°C | 담 황 색 | 1080°C |
| 홍 색(singlred) | 745°C | 백 색 | 1205°C |
| 담 홍 색 | 845°C | | |

① 온도의 분포 : 선상가열은 가열 종류에 따라 화염의 중심점이 일정한 속도로 전진 또는 후진하게 된다. 이때 화염 중심점의 부근 온도 및 중심점 후방에 일정한 거리를 두고 유지되는 온도의 분포는 다음 [그림]과 같다.

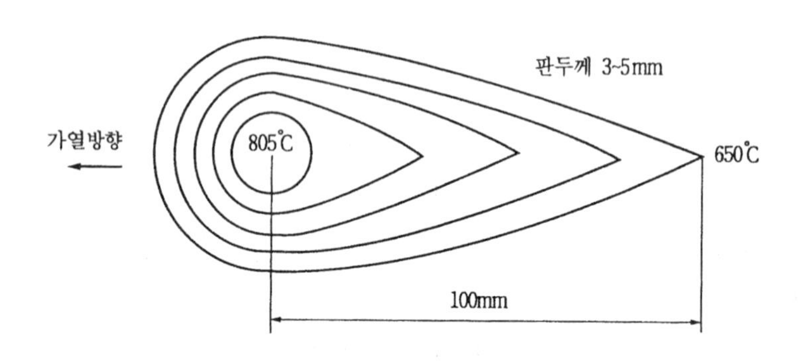


**[온도의 분포]**

② 가열방법의 종류와 특징

| 가열 명칭 | 가열 형태 | 특 징 |
|---|---|---|
| 선가열<br>(선상가열) | | 변형교정 작업의 기본 가열법으로 이면 가열에 많이 채용되고 있다. |

| | | |
|---|---|---|
| 솔잎형 가열<br>(송엽가열) | | 각 방향으로 수축력을 작용시키면 균등한 변형교정 작업이 되므로, 사상용으로 깨끗한 처리가 된다. 이와 비슷한 것으로 십자형 가열법이 있다. |
| 격자가열<br>(망목가열) | | ① 큰 변형잡기에 사용된다.<br>② 비교적 평균한 사상면을 얻을 수 있다.<br>③ 과잉 가열되기가 쉽다. |
| 점가열 | | 수축률이 크므로 박판에 많이 사용되고 있다. |
| 삼각가열 | | 골재(앵글, I빔, T바 등)의 굴곡 및 변형교정에 많이 사용하며, 가공 분야에서 주로 채용하고 있다. |
| 적열법<br>(부분원형가열) | | 부분적으로 凹凸이 있는 경우 그 부분을 빨갛게 가열하여 외력을 가해서 곡직하는 방법이다. |

③ 선가열과 점가열의 비교

| 구 분 | 선상가열 | 점가열 |
|---|---|---|
| 수 축 력 | 소 | 대 |
| 다 듬 질 | 미려하다. | 가열점이 분명히 나타난다. |
| 가 열 온 도 | 소 | 대 |
| 기 술 | 쉽다. | 어렵다. |
| 점 타 (點打) | 필요없다. | 필요하다. |
| 변 형 발 생 | 조금 있다. | 많다. |

### (3) 선상가열의 적용

선체 중 외판에 가해지는 종강도(longitudinal strength)상의 응력(stress)은 일반적으로 선체 중앙부인 갑판과 선저 외판(dect plate, bottom plate) 등이 가장 크고, 선수와 선미쪽으로 갈수록 응력은 작아진다.

그리고 일반 화물선이나 탱커(tanker) 등에서는 선체 중앙부분이 대체로 그 형태가 평형되어 상자형이라고 볼 수 있고, 빌지(bilge) 부분과 현측 후판(sheer strake) 부분(만곡부분이 있는 배와 없는 배가 있다)의 외판만이 굴곡되어 있다.

이 굴곡은 냉간 가공인 굴곡기(bending roller, press breaker)로 가공되어 성형시킬 수가 있지만, 선수·선미 부분에서는 팬팅 파운딩(panting pounding)이란 압력과 충격을 심하게 받게 되며, 외판의 형태도 3차원 곡을 이루고 있기 때문에 냉간 가공으로는 성형을 얻기가 불가능하므로 선상가열을 적용시키게 된다.

선체 어느 부분의 어떤 부재일지라도 열간 가공은 가능한 한 피하는 것이 재질 보존에 있어서 원칙적인 문제가 되고 있지만, 조선 시공 과정에 있어서는 용접을 피할 수가 없고, 선상가열 또한 적용시키지 않을 수가 없다.

따라서 선체의 선수와 선미 부분에 팬팅 파운딩이란 압력과 충격을 받는 부분의 외판 등은 열간 가공으로 시공되어 있으므로 강도면에 있어서 약화될 우려가 있겠지만, 구조상의 결함이 원인이 되어 외판이 찢어지거나 자연파손(wear and tear) 및 국부충격(local shock in emergency) 등 이외의 파괴 등은 극히 드물어 거의 없다고 볼 수가 있다.

① 적용범위 및 허용량 : 선상가열 가공법에 관해서는 각 선급협회에서도 사용가능범위와 허용치를 정하고 있으며, 선체 각 부분에 대한 凹凸상태의 허용량은 다음 [표]와 같다.

**[선상가열법의 사용가능범위와 허용량]** (단위 : $mm/m^2$)

| 기호 \ 등급 | | A | | B | | C | | 비 고 |
|---|---|---|---|---|---|---|---|---|
| | | 표 준 | 허용량 | 표 준 | 허용량 | 표 준 | 허용량 | |
| 갑판 | ⓐ | 3 | 5 | 4 | 6 | 5 | 7 | 폭로 갑판, 나갑판 |
| | ⓑ | 4 | 6 | 5 | 7 | 6 | 8 | 거주구 내 나갑판, 9mm 이하의 $D^K$ 컴포지션부 |
| | ⓒ | 5 | 7 | 6 | 8 | 7 | 9 | 두꺼운 시멘트 및 10mm 이상의 $D^K$ 컴포지션부 |
| 강벽 | △a | 3 | 3 | 4 | 6 | 5 | 7 | 측벽 및 통로에 면한 나벽 |
| | △b | 4 | 6 | 5 | 7 | 6 | 8 | 상기 외의 나벽 |
| | △c | 5 | 7 | 6 | 8 | 7 | 9 | 상급사관실 또는 객실 위벽(내장) |
| | △d | 7 | 9 | 7 | 9 | 7 | 9 | 양면 방열 또는 내장의 경우 |

[주] 촌법은 $1m^2$당 발생된 凹凸량
A : 여객선 등 외관을 중시하는 화물선
B : 탱커(oil tanker), 화물선
C : 작업선

### (4) 재질의 변화

실제적으로 선상가열을 하여 강판을 가공할 때 가공 과정의 온도는 700°C 정도이고, 방랭(공랭)의 경우 800°C 정도로 높게 계측되고 있다.

보통 능률적으로 일할 수 있는 실용 상태에서는 이보다도 조금 낮은 온도에서 일을 하게 된다. 또 대부분 $A_1$ 변태점(728°C) 이하의 온도이기 때문에 재질의 변화는 거의 없고, $A_1$ 변태점을 넘는 온도에서는 급랭을 시키지 않는 것이 상례이다. 그러나 다소의 취화가 보이는 것은 사실이고, 이 점 적용상의 제한을 받지만, 다른 가공법과 비교할 때 재료를 상하게 하는 정도는 작은 편에 속한다고 볼 수 있다. 일반적으로 열을 가하여 재질의 변화를 주게 되는 요인은 가열온도와 가열속도이다.

| 가열속도(mm/sec) | 재질의 변화 | 비 고 |
|---|---|---|
| 4 | ① 약간의 경화(grain size의 변화)<br>② 입자의 크기가 약간 변한다. | 가열온도 700℃ |
| 6~8 | 냉간 가공시와 동일하다. | |
| 10 | 가열 전과 차이가 거의 없다고 볼 수 있다. | |

① 재질에 의한 판정 : 다음 도표는 재질의 변화를 나타낸 것이다. 선상가열을 적용하였을 때 현미경으로 본 조직의 변화에 대한 분포 상태이며, 주로 극소수(grain size)로 나타나 있고, 2개의 원호형 구획선은 가열방법에 따른 결과이다.

또한 충격시험(sharpy)에 의한 취화영역도 대체로 냉간 가공시와 거의 같다는 취화량 추정을 보이고 있다.

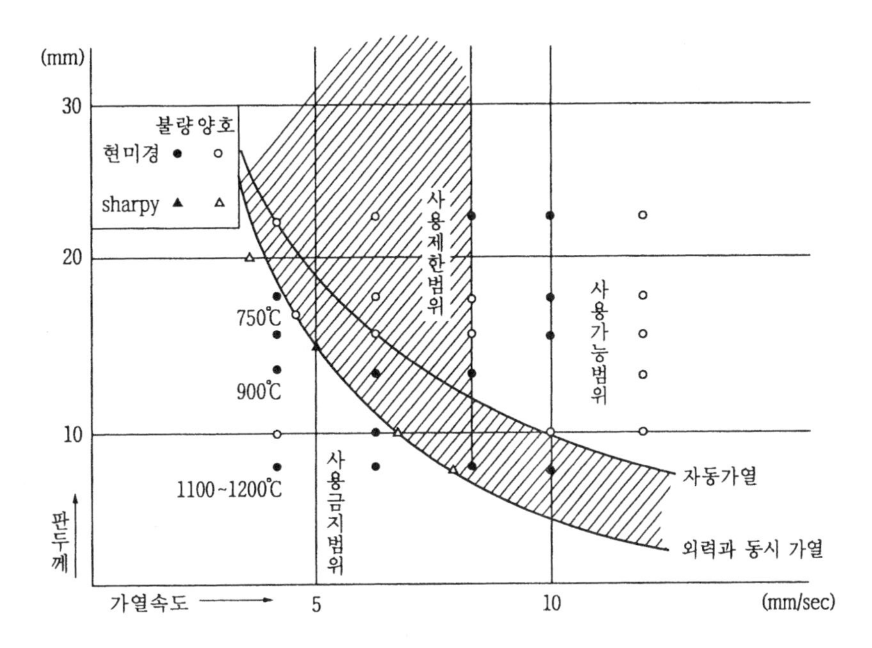


※ 사용가능범위 : 재질이 거의 변화하지 않는 구역
사용제한범위 : 냉간 가공과 거의 같은 재질적 변화를 나타내는 구역
사용금지범위 : 냉간 가공보다 재질이 약화될지도 모르는(타가공과 비하면 손상이 경미하다고 생각되는 경우도 있다) 구역

단, 이것은 40~50번(국산 1000~3000번)의 토치 팁을 사용하고 다음과 같은 표준작업방법에 의한 경우이다.

- 산소 압력 : 3.5kg/cm$^2$
- 아세틸렌 압력 : 0.2kg/cm$^2$
- 화구(tip)의 높이 : 판상 16mm
- 수냉 : 자동살수 냉각방식

**[재질에 의한 판정]**

② 굽힘 효과의 변동 : 선상가열 과정에서 곡을 이루는데 기후조건에 따라 변동이 있게 된다. 즉 여름철에 비해 겨울철은 온도가 낮기 때문에 가열 과정에서 자연적으로 공랭이

이루어진다. 다음 도표는 변동에 대한 통제가능범위와 통제곤란범위에 대한 고찰이다.

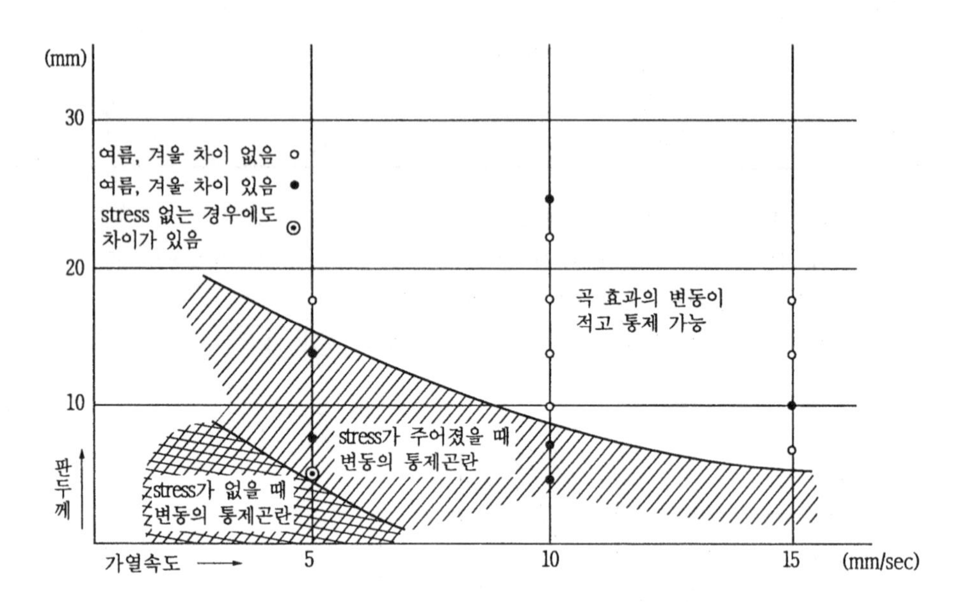


※ 이 표와 같이 재질에 대한 염려가 없는 범위는 굽힘 효과도 통제하기가 가능하다.

**[관리의 가능성에 의한 판정]**

③ 종합 판정 : 외력을 가하지 않는 실용범위에 대한 굽힘 효과의 종합적인 판정은 다음 도표와 같다. 단, 이것은 40~50번(국산 1000~3000번) 팁(tip)을 사용하고, 강판의 두께 12mm 이상의 것을 사용하였을 때의 값이다.

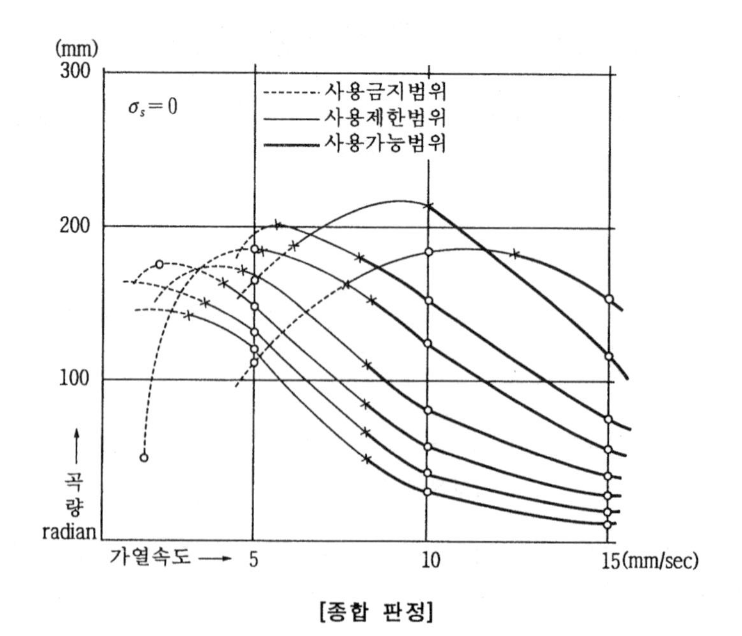


**[종합 판정]**

### (5) 작업 요령

① 가열온도 : 가열온도는 물체에 따라 다르지만 보통 600～700°C로 한다. 여러 가지 영향에 의한 오차 등을 고려한다면 600°C가 적정온도라 할 수 있다.

② 냉각법

㈎ 수냉법(급랭법) : 선상가열법을 이용하여 굽힘 작업을 할 때 가열 화염 중심부에서 약 100～150mm 정도 후방에 물호스로 계속 물을 흘려준다. 그 속도는 가열 토치의 속도와 같으며, 가열부분에 갑자기 찬물이 닿는 순간 재질은 심한 변화를 일으키며 수축을 한다. 이 수축률은 공랭시보다 크다고 볼 수 있고, 그 속도도 육안으로 볼 수 있을 만큼 현저하다. 사용하는 물호스는 내경이 8mm 정도이며, 호스 끝에 노즐(nozzle)이 부착되어 있다.

㈏ 공랭법 : 주로 변형교정 작업에 많이 쓰이고 있다. 선체의 경우 용접으로 인한 변형 및 잔류응력이 있는 부위에 650～730°C의 온도로 변형면의 이면(용접선 반대면 ; 힘의 돌출부)을 가열해 나가게 한다. 이 교정 작업은 형상에 따라 선상가열과 점가열 등 변형 종류에 따라 적합한 가열법을 이용하여야 하며, 가열 후 냉각은 자연냉각(공랭)으로서 구태여 인위적으로 냉각시킬 필요가 없으며, 그대로 두면 교정이 이루어진다. 교정이 미약할 때는 반복 가열, 냉각을 반복한다.

③ 가열속도(선상가열 방식)

**[판두께별 가열속도]**

| 강판두께(mm) | 가열속도(mm/min) | 강판두께(mm) | 가열속도(mm/min) |
|---|---|---|---|
| 25 | 550～600 | 32 | 450～490 |
| 26 | 540～590 | 33 | 430～460 |
| 27 | 520～570 | 34 | 420～450 |
| 28 | 510～560 | 35 | 400～430 |
| 29 | 490～540 | 36 | 380～400 |
| 30 | 480～520 | 37 | 370～390 |
| 31 | 460～500 | 38 | 350～370 |

### (6) 공구의 종류

① 가스

㈎ 산소 사용압력 : 4.0kg/cm$^2$ 이하

㈏ 아세틸렌 사용압력 : 0.4kg/cm$^2$ 이하

② 공구

㈎ 버너(가열기)의 팁(tip)은 40～50번(3.4～4mm$\phi$) 또는 다공형 팁

㈏ 냉각용 기구

㉮ 스프레이(자동)일 때 : 화구를 중심으로 85mm$\phi$의 스프레이가 적당하다.

㉯ 수동식일 때 : 수동식 가열법에서는 고무호스의 내경이 8～10mm$\phi$ 정도로서 끝부분에 파이프(튜브)를 부착시켜 노즐 역할을 하게 한다.

③ 기타 치공구 : 외력을 가하기 위해서는 다음과 같은 간단한 치공구들이 필요하게 된다.

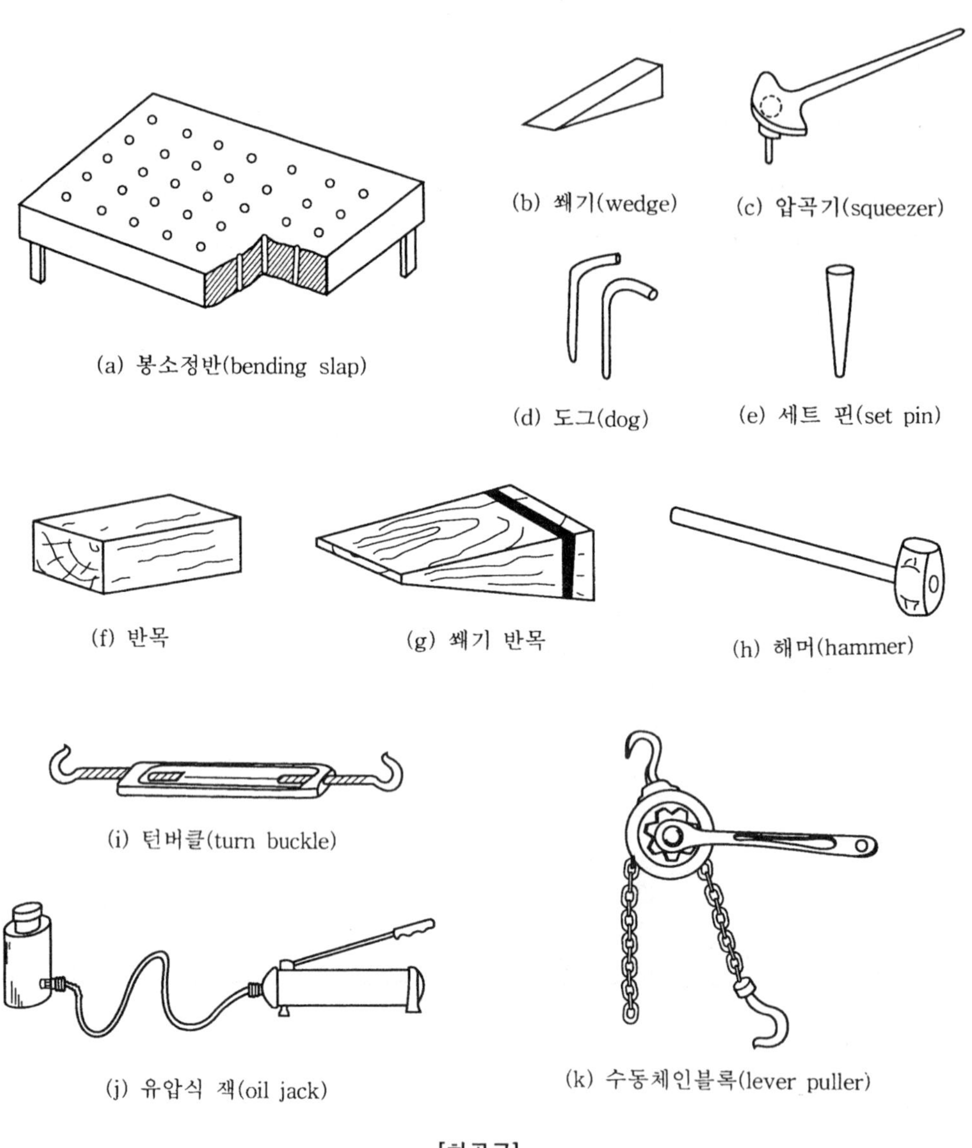
(a) 봉소정반(bending slap)
(b) 쐐기(wedge)
(c) 압곡기(squeezer)
(d) 도그(dog)
(e) 세트 핀(set pin)
(f) 반목
(g) 쐐기 반목
(h) 해머(hammer)
(i) 턴버클(turn buckle)
(j) 유압식 잭(oil jack)
(k) 수동체인블록(lever puller)

**[치공구]**

## 1-2 판곡 작업 요령

### (1) 가열기의 종류

① 자동가열기 취급법 : 선상가열 가공법에는 자동과 수동 가열법이 있다. 가열부재가 크고, 같은 형태의 부재가 그 양이 많을 때는 자동가열기를 사용하게 된다.

| 순서 | 점검 방법 | 설　　명 |
|---|---|---|
| 1 | 가열 예정선에 맞추기 | 화구와 가열기기의 간격은 70~100mm로 유지시킨다. 간격이 넓어지면 균형 유지가 어렵고, 반대로 간격이 좁으면 가열기기가 열을 받게 된다. |
| 2 | 주행속도 조정 | 표 [판두께별 가열속도] 참조 |
| 3 | 화구(tip)의 높이 결정 | tip과 판(모재)간의 간격은 화구번호 50번일 때 16mm, 40번일 때 13mm로 유지하고, tip의 각도는 판면과 직각을 유지한다. |
| 4 | 점화 | ① 스파크라이터를 사용 점화한다.<br>② 가스 사용량(tip 번호가 40번일 때 가스의 사용압력)<br>• 산소 : 3.5kg/cm$^2$<br>• 아세틸렌 : 0.25kg/cm$^2$ |
| 5 | 주행 | 한 줄의 가열이 끝난 뒤 기기를 이동하지 않고, 인접한 예정선을 병행 가열하게 한다. 냉각수도 동시에 살수케 한다. |

[주] 1) 속도는 매분 600mm 이상으로 하고, 가열선간의 간격은 150mm 이상으로 한다.
2) 역화시에는 아세틸렌 밸브를 빨리 잠근다(원인 : 아세틸렌 부족과 tip 과열).

② 수동가열기 취급법 : 복잡한 형상 또는 판이 작은 것들은 자동가열기를 사용할 수가 없고, 수동가열기를 사용하게 된다.

| 순서 | 점검 방법 | 설　　명 |
|---|---|---|
| 1 | tip 점검 | 40번, 50번에서 어느 것을 사용할 것인지 결정한다. |
| 2 | 가스 조절장치 점검 | 　　　　OX　　　　AC<br>40번 : 3.5kg/cm$^2$　0.25kg/cm$^2$<br>50번 : 4kg/cm$^2$　0.3kg/cm$^2$ |
| 3 | 점화 | 스파크라이터를 사용 점화한다. |
| 4 | 가열 | 가열선상을 따라 가열한다. tip과 판과의 간격은 tip이 40번일 때 13mm, 50번일 때 16mm로 하되 무리가 없도록 한다. 가열기 tip의 각도를 약 120°C 유지하며 가열해간다.<br>120° |

[주] 자동가열기와 동일

### (2) 형강(골재류)의 가열법

선체의 늑골(frame) 등 골재류를 굴곡시키기 위해서는 주로 삼각가열법을 많이 이용한다. 산형강(angle), T바, 구형강(bulb plate), I형강 등 각종 형강에 삼각가열법으로 굽힘 작업을 하게 된다. 형강도 강판과 같이 1차 곡, 2차 곡은 기계적인 방법으로 굴곡을 얻을 수 있지만, 3차원 곡은 기계로는 불가능하므로 가열 작업을 택하게 된다. 가열 요령은 다음 [그림]과 같이 열에 의한 수축력을 이용하고 있다.

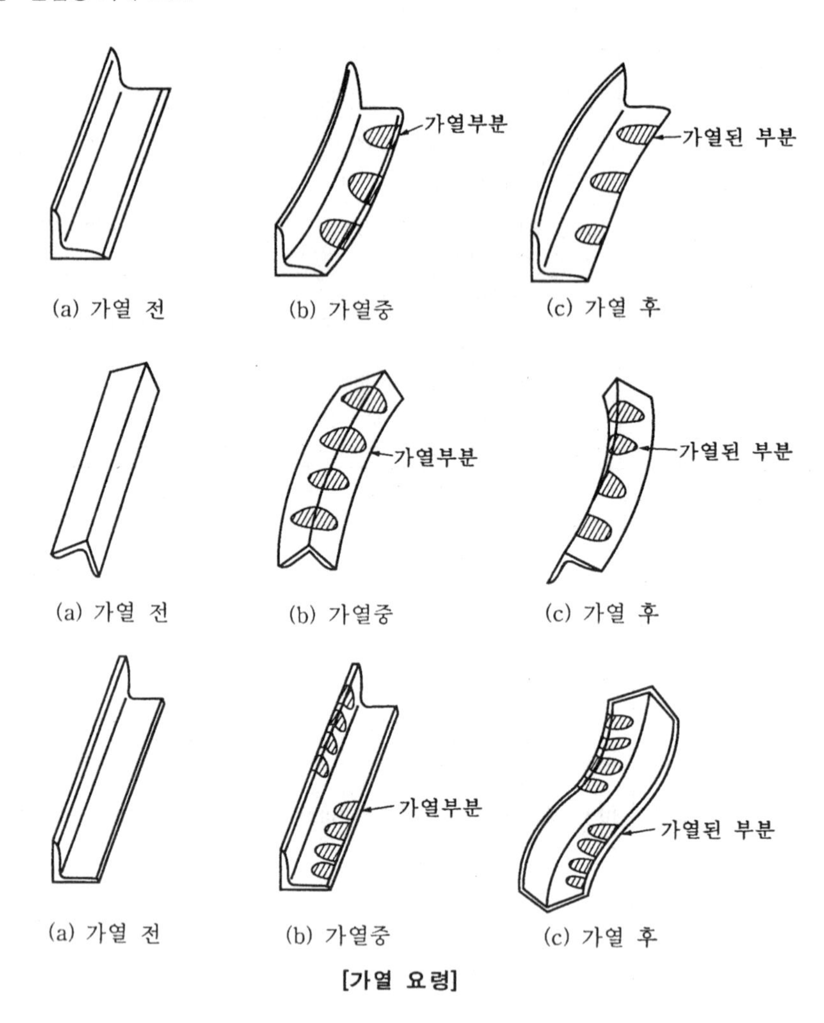


**[가열 요령]**

### (3) 판곡 작업(선체 중앙부 keel판의 가공)

1차적으로 프레스로 굴곡을 하고 프레스가 없는 공장에서는 다음과 같이 선상가열법을 적용, 판곡을 한다. 선체 중앙부는 너클(knuckle)이 적고, 전부가 같은 곡이므로 자동에 의하여 가열한다.

| 순서 | 가공 방법 | 설　　명 |
|---|---|---|
| 1 | keel판을 전부 겹친다. | 중앙부 keel판은 곡이 전부 같으므로 반듯하게 쌓는다. |
| 2 | 자동가열을 한다. | KL ① ② KL 겹쳐 쌓음<br>윗장부터 한 장씩 가열 가공해간다. 가열 방향은 화살표와 같이한다. |

| | | |
|---|---|---|
| 3 | 형을 대본다. | 너클이 어느 정도 이루어지면 다음 그림과 같이 형을 대본다. 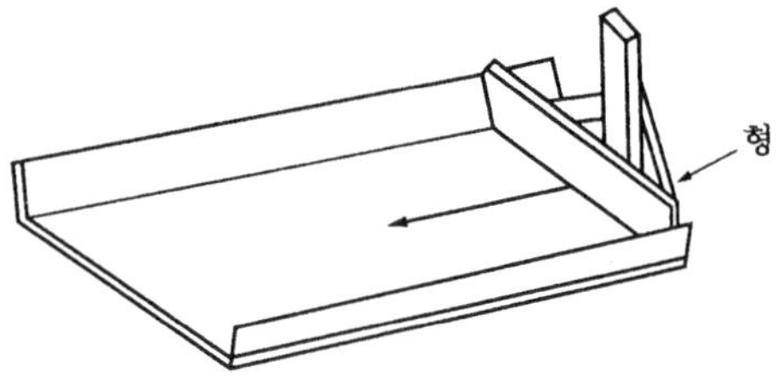<br>화살표 방향으로 형을 대어 끝에서 끝까지 맞추어보고, 다시 반대로 체크를 하여야 한다. 너클 곡이 완전하지 못할 때는 한번 더 가열을 한다. |

[주] 냉각이 완전히 되었을 때 굴곡을 반드시 확인하여야 한다.

### (4) 선수, 선미 keel판의 가공

프레스로 1차 황곡 가공을 한 다음 선상가열법으로 마무리 작업을 한다.

| 순서 | 가공 방법 | 설 명 |
|---|---|---|
| 1 | 가열선 마킹 | 프레임 위치마다 형을 대고 굴곡의 부족 또는 넘는 부분을 점검 표시한 후 부족부분은 다음 그림과 같이 턴버클(turn buckle)로 조여놓는다. 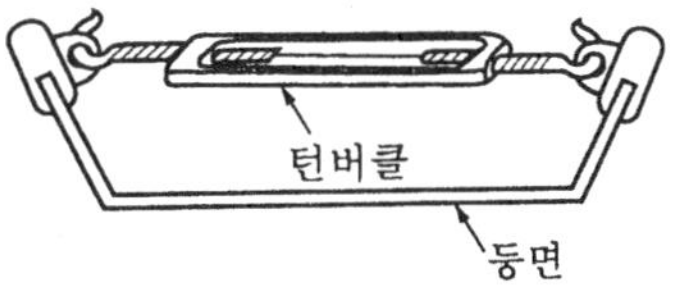 |
| 2 | 가열 | ① 굴곡이 부족한 부분부터 가열한다.<br>② 굴곡이 넘지 않도록 주의한다.<br>③ 가열 도중 형을 대보면서 점검한다.<br>※ 굴곡이 넘는 부분은 굴곡의 등면을 가열한다. |
| 3 | keel판 뒤집기 | keel판의 중심을 와이어(wire)로 묶어 크레인을 이용하여 뒤집는다. 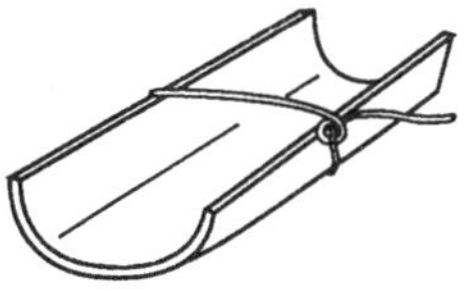 |
| 4 | 마무리(다듬질) 작업 | 뒤집어놓은 keel판에 다음 그림과 같이 정규를 사용하여 높은 부분을 점검, 높은 부분은 체크한 후 가열 수정한다. 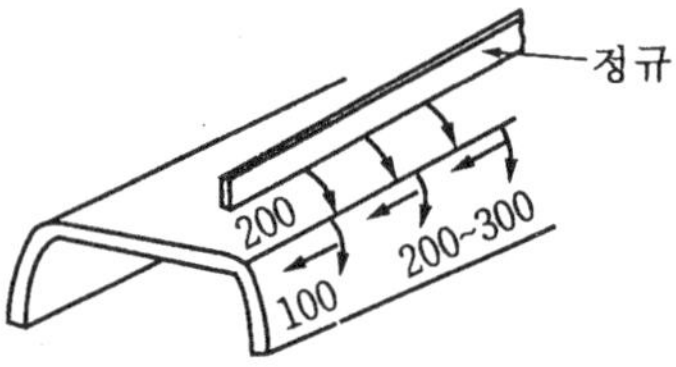 |

### (5) 선측 외판(side shell plate)의 굴곡 가공

선측 외판의 굴곡인 $R$의 양은 $h$=50mm 이하로 비틀림된 것이 많다. 이런 것은 준비(각종 치공구 이용)를 한 후 가급적 자동가열기를 사용한다면 시간을 많이 단축할 수 있다. $R$의 양이 $h$=50mm가 넘는 것은 bending roller로 냉간 가공하여 대략적인 굽힘을 한 다음 가열 가공을 하고 $h$=50mm 이하의 것은 bending roller를 거치지 않는다.

① 형 대기

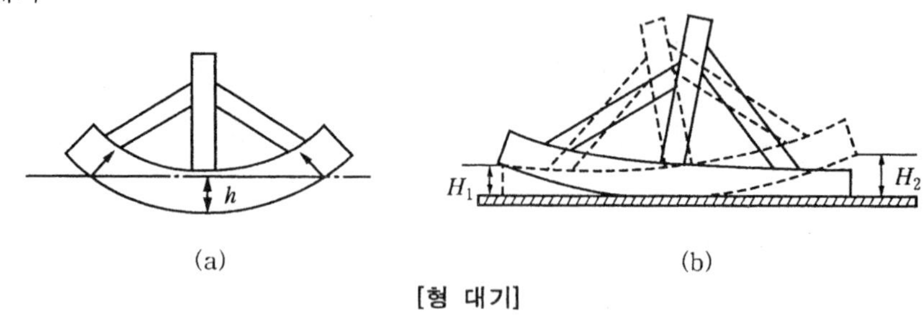


[형 대기]

| 순서 | 가공 방법 | 설 명 |
|---|---|---|
| 1 | 판에 형 대기 | 판의 곡량과 비틀림의 정도를 측정해본다. 방법은 형 대기([그림] (b))와 같이 $H_1$과 $H_2$의 양을 측정한다. 매 프레임 위치마다 해당되는 형을 대고 가열 방향 및 가열선의 간격을 정한 후 석필이나 분필로 마킹한다.<br>150 200 가선 frame line |
| 2 | 치공구 설치 | 판의 비틀림 높이만큼 반목을 고여주고, 낮은 쪽은 도그(dog)를 채워, 즉 외력을 가한다.<br>도그 가선 반목 봉소정반 ① ② ③ |
| 3 | 가열 | 위의 그림처럼 번호 순서대로 가열한다. 가열폭은 기선을 기준으로 하여 100, 150, 200mm로 하고, 판 끝에서 중앙으로 가열해 간다. |
| 4 | 곡량 점검 및 수정 가열 | 형으로 매 프레임마다 굴곡 상태를 점검한 후 부족할 때는 재가열을 한다. 동곡(胴曲)이 나쁠 때는 오른쪽 그림처럼 판 끝(板耳)에서 $\frac{1}{3}$B 정도 수정 가열을 한다.<br>$\frac{1}{3}$B $\frac{1}{3}$B B |

| | | |
|---|---|---|
| 5 | 판 뒤집기 | 크레인을 이용하여 가공중인 판을 뒤집는다(판에 상처가 나지 않도록 이글 클램프(eagle clamp)로 집도록 한다). |
| 6 | 반목으로 고여줌 | 뒤집은 판을 정반 위에 놓고 비틀림으로 생긴 높은 쪽을 반목으로 고여주고, 낮은 쪽은 도그로 잡아준다. |
| 7 | 마무리 가열 | 뒤집어진 판의 굴곡이 반대로 굽힘을 요할 때 (또는 수정 가열을 할 수가 없을 때) 가열간격은 300~400mm로 넓혀서 가열한다. 점검은 형을 뒤집어서 한다. |

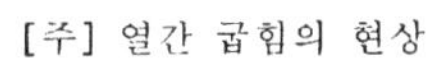
[주] 열간 굽힘의 현상

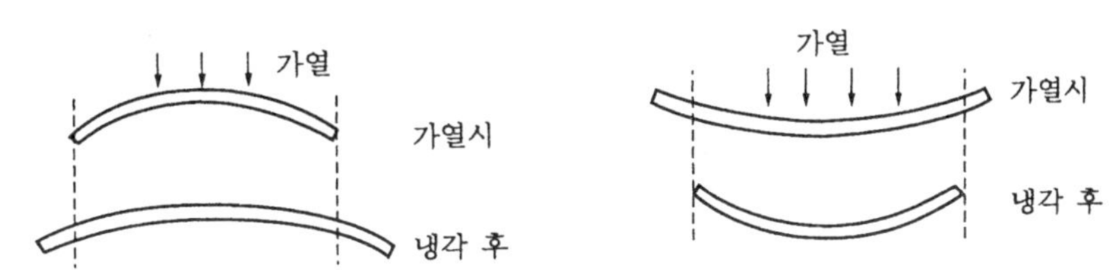


## (6) 만곡부(bilge strake) 판의 가공

1차적인 굴곡은 냉간 가공으로 bending roller를 이용, 대략적인 굽힘을 한 다음 수정 가공으로 가열한다.

| 순서 | 가공 방법 | 설 명 |
|---|---|---|
| 1 | 형(型)을 대본다. | 1차 굽힘이 된 판에 매 프레임마다 형을 대보고 판폭 $R$의 비틀림이 부족한지의 여부도 점검해 본 다음 가열선을 마킹한다(화살표 방향으로 가열 표시). 굽힘이 넘지 않도록 작업중 형을 대보는 중간 점검을 자주 한다. |
| 2 | $R$부족부분에 가열선을 마킹한다. | |
| 3 | 가열한다. | |
| 4 | 동곡 가열선을 마킹한다(선수, 선미쪽의 빌지 외판). | 동곡(胴曲)을 오른쪽 그림처럼 점검한다. 판폭의 $\frac{1}{3}$B에 해당되는 부분에 간격 400~500 mm의 가열선을 마킹한다. 400~500mm $\frac{1}{3}$B 동곡이 부족할 때는 왼쪽 그림처럼 화살표 방향으로 가열한다. |

| | | |
|---|---|---|
| 5 | 동곡이 넘었을 때의 조치 | 다음 그림처럼 판폭의 $\frac{2}{3}$만큼 등면을 가열해 준다. |

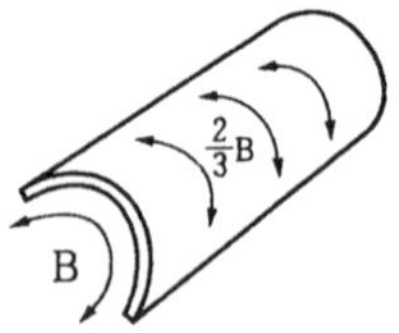

## (7) cant 하부 외판의 가공

이 cant 외판은 선상가열만으로 성형시키며, 판의 중앙부에서 선미쪽으로 $\frac{1}{3}$부분을 중점적으로 가열 가공함으로써 측면의 곡선을 강하게 이루어지게 한다.

| 순서 | 가공 방법 | 설 명 |
|---|---|---|
| 1 | 평면형을 판에 댄다. | 판의 굽힘과 비틀림 정도를 점검한다. 높은 곳과 낮은 곳을 정확히 측정하여 받침 반목의 크기와 도그(dog) 채우기, 위치결정 등을 한다. |
| 2 | 치공구 설치 | 봉소정반에 반목과 도그를 채운다. |
| 3 | 가열선 마킹 | 판길이의 선미쪽으로 $\frac{1}{3}$ 부분에 판폭 $\frac{1}{3}$에 해당되게끔 가로 방향 가열선을 마킹한다. 가열선 간격은 150~200mm, 가열순서는 번호와 같이 판 끝에서 중앙쪽으로 오도록 한다. |
| 4 | 가열<br>(가로 및 세로방향) | 먼저 가로 방향으로 가열한다. 가열길이는 $\frac{1}{3}$B, 판길이의 $\frac{2}{3}$L 부분의 가열선을 따라 가열간격 200mm 정도로 하고, 가열중 형을 대보는 중간 점검을 잊지 않도록 한다. |
| 5 | 상형 형틀 대기 | 평면형으로 부분적인 굽힘을 점검, 되풀이되는 가열, 점검 등을 성형하여 이루어 놓은 다음, 마지막에 상형 형틀(箱形型)로 종합적인 성형 상태를 점검, 부족 또는 넘는 부분은 수정 가열로 마무리한다. |

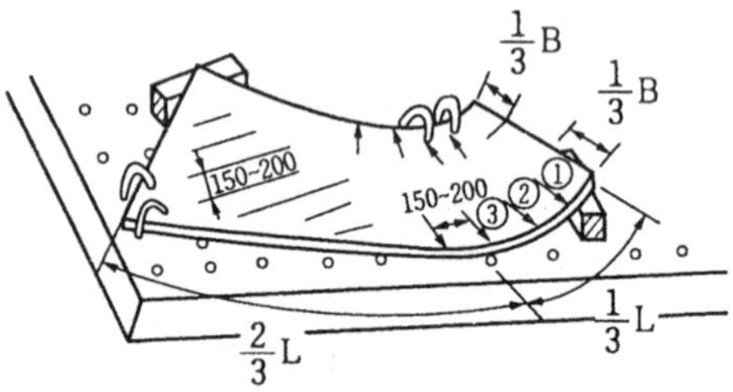

## (8) cant 상부 외판의 가공

대략적인 굽힘은 bending roller로 1차적인 굽힘을 한 다음 가열 가공으로 마무리를 한다.

| 순서 | 가공 방법 | 설　　　명 |
| --- | --- | --- |
| 1 | 평면형 대보기 | 1차 굽힘의 정도를 점검한다. 판폭이 넓은 쪽과 좁은 쪽에 형을 대고, 굽힘의 부족과 넘는 것을 체크한다. 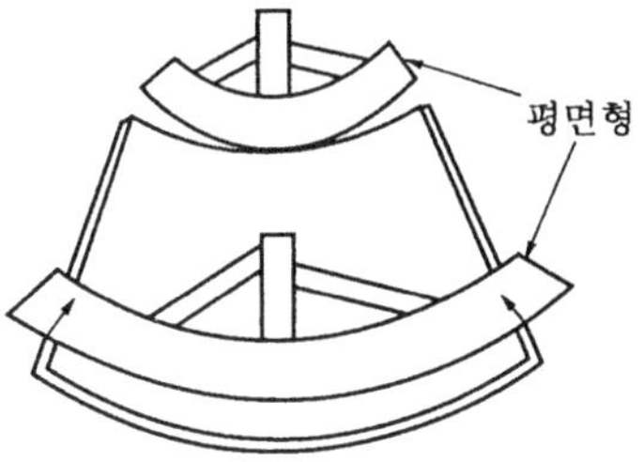 |
| 2 | 치구 설치 | 굽힘이 부족한 쪽에 턴버클(turn buckle)을 걸어 외력을 가한다. 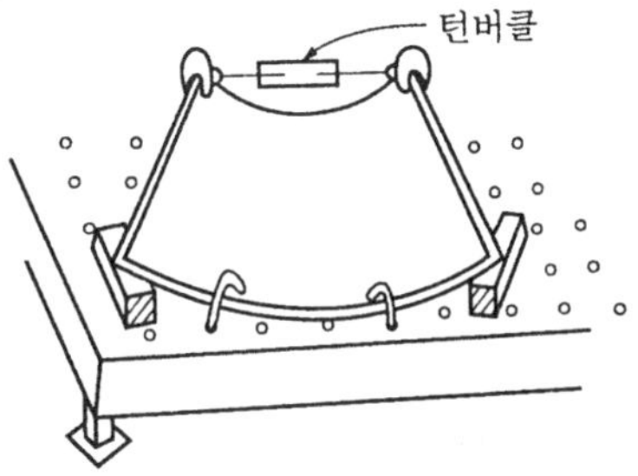 |
| 3 | 가열선 마킹 및 가열 | 오른쪽 그림과 같이 가열폭이 길이 방향은 300~400mm로, 가로 방향은 200mm로 하며, 가열선간의 간격은 길이 방향 200, 가로 방향 300으로 한다(단, 부재가 큰 것은 다르다.) 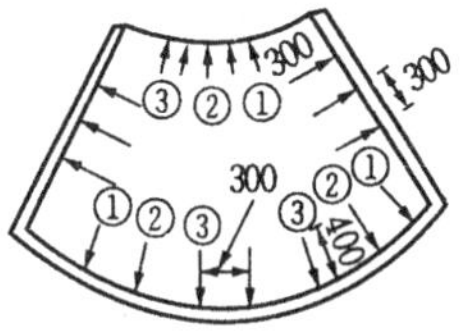 |
| 4 | 가열 도중 형(型)으로 점검할 것 | |

### (9) 선수재 판(fashion plate)의 가공

선수재 판은 상부와 하부의 곡과 깊이의 변화가 크기 때문에, 상부의 $R$이 큰 부분은 1차 bending roller로 굽힘을 하고, 하부의 $R$이 작은 부분은 프레스로 1차 굽힘을 하며, 상부와 하부를 마무리 가열 가공한다.

| 순서 | 가공 방법 | 설　　　명 |
| --- | --- | --- |
| 1 | 측면 곡형(曲型)에 실을 팽팽히 친다. | 판의 중심점에서 동곡(胴曲)의 $h$가 얼마인지 측정한다. 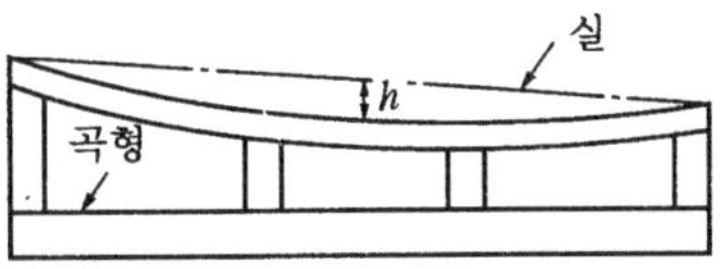 |

| | | |
|---|---|---|
| 2 | 치구 설치 | 다음 그림처럼 판의 양쪽 끝에 반목을 고여준다. 반목의 높이는 동곡량의 $h$만큼, 그리고 판의 등면에 하중을 가할 수 있도록 잭(jack)을 설치, 외력을 가한다. 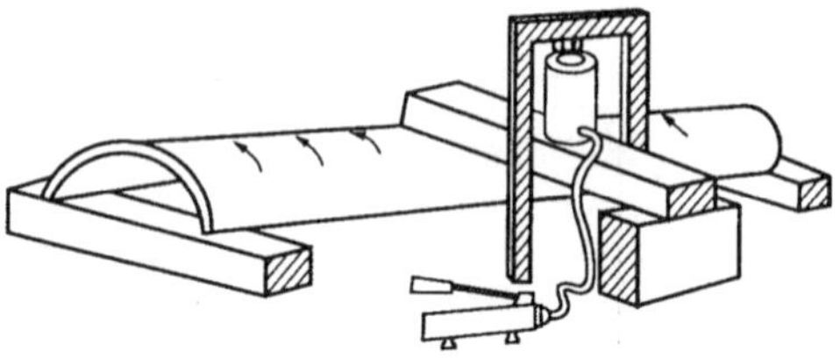 |
| 3 | 가열선 마킹 | 가열선의 길이는 판폭의 $\frac{2}{3}$로서 판 중앙에 마킹을 하고, 가열선간의 간격은 150~200mm로서 석필이나 분필을 사용한다. |
| 4 | 가열 | 수동 가열기를 사용, 가열중 잭으로 하중을 조금씩 가해준다. |
| 5 | 형 측정 | 동곡이 $h$만큼 굽혀졌다면, 치구를 풀고 판을 뒤집어놓고 형을 대본다. 그리고 실을 쳐보기도 하는 점검이 필요하다. |

### (10) 축혈(boss) 판 가공

프레스와 bending roller로 1차 굽힘을 한 다음 마무리 가열 가공을 한다.

| 순서 | 가공 방법 | 설 명 |
|---|---|---|
| 1 | $R$부족부분에 마킹한다. | 곡형(曲型)을 대고 측정한 다음 $R$부족부분에 석필로 마킹한다. 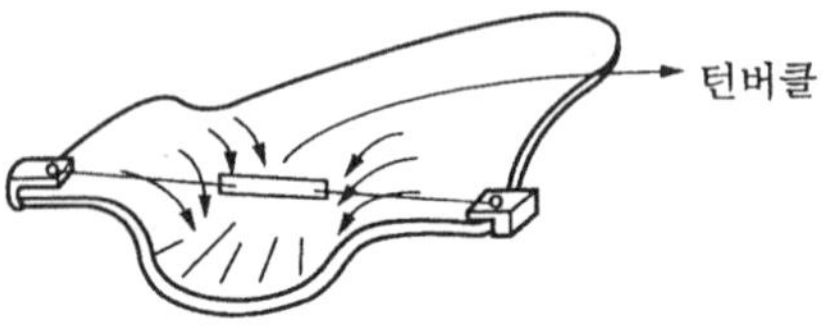 |
| 2 | 턴버클로 조여준다. | 판 끝에 행거를 걸어 턴버클과 연결하여 조여준다. |
| 3 | 가열한다. | $R$의 굽은 면에 가열하며 가열중 형(型)을 대고 정도를 측정한다. 동곡(胴曲)이 생겼을 때는 뒤집어서 아래 그림처럼 등면이 $\frac{2}{3}$B가 되도록 가열선을 마킹 가열한다. 가열선간의 간격은 150~200mm로 한다. 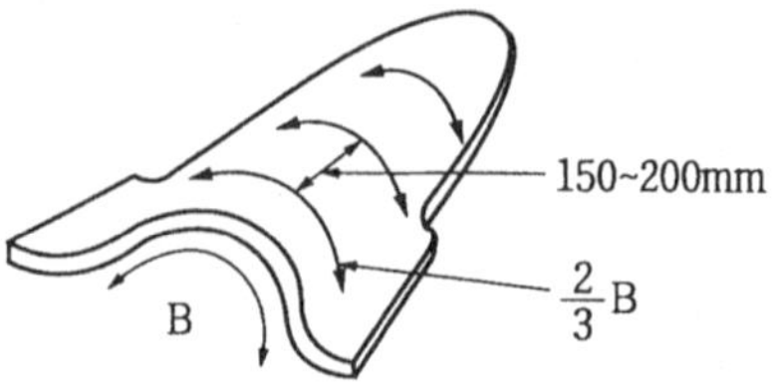 |
| 4 | 수정 가열한다. | 축혈판은 굴곡이 판의 크기에 비해 심한 편이다. 또한 판두께가 두꺼워 가공 과정이 몹시 힘들다. 마무리 가열에서 심한 해머 자국이 나지 않도록 주의하여야 한다. |

# 2. 변형교정을 위한 선상가열

## 2-1 변 형

### (1) 변형 발생의 원인

① 가열로 인해 발생되는 변형

㈎ 전기 용접

㈏ 가스 절단

㈐ 아크 에어 가우징(arc air gouging)

② 외력에 의해 발생되는 변형

㈎ 블록(block)을 뒤집을 때 또는 뒤집은 후에 뒷면 용접을 할 때

㈏ 블록(block)의 임시 용접시, 서포트(support) 불량시

㈐ 블록(block)을 운반할 때

㈑ 부재 또는 기구의 낙하로 인한 凹

㈒ 반목 위치 불량으로 생기는 凹

㈓ 독(dock) 출입시 충돌

이상과 같은 원인을 항상 염두에 두고 취급에 있어서 항상 주의를 요한다.

### (2) 변형의 형상

열을 원인으로 하는 변형된 외관에 대한 분석

① 능각(稜角) 변형 : 모서리 용접(fillet)으로 발생된 변형으로 조립골재(built up longitudinal, transvers)의 web 등

(a) 용접 전　　　(b) 용접 후

**[능각 변형의 예]**

② 커브(curve) 변형 : 부재 전체에 나타나는 변형(胴曲)이다. 이는 용접 순서 불량으로 용접 부위에 생기는 수축의 차이다.

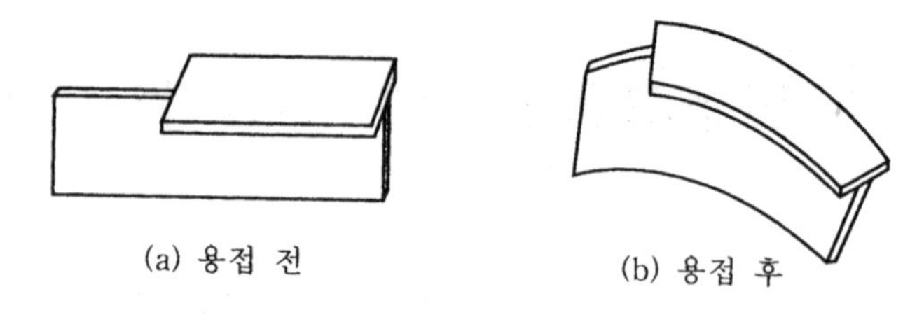

(a) 용접 전 (b) 용접 후

**[커브 변형의 예]**

③ 물결형(波形) 변형 : 이것도 모서리 용접으로 인해 발생되는 변형이다.

(a) 용접 전 (b) 용접 후

**[물결형 변형의 예]**

④ 주름지는 변형(become wrinkle) : 가열, 모재의 수축차로 인해 발생, 블록(block)에도 발생하기 쉽고, 골재의 기복이 변곡점(變曲點)으로 한 凹凸 현상이 되는 것이 특징이다.

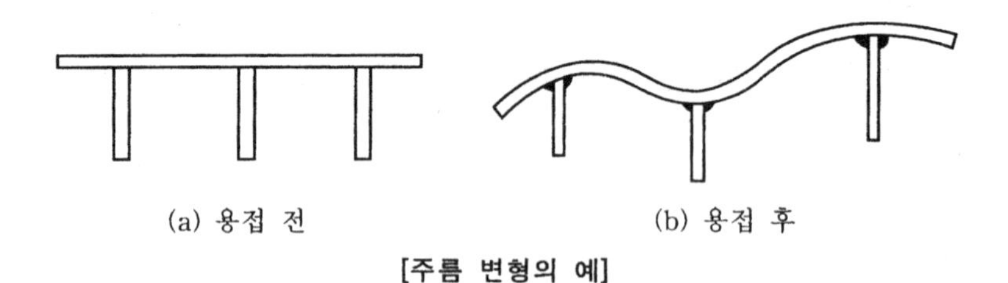

(a) 용접 전 (b) 용접 후

**[주름 변형의 예]**

⑤ 비틀림(twisting) : 블록 조립시 불완전한 구속과 치구의 불량, 용접 순서 불량 등으로 발생하며, 또 변형교정시 판의 끝단에 불완전한 구속, 치구 사용 등으로 비틀림 교정을 시도하게 되면 비틀림의 양은 커지고, 더욱 단단해지기 쉽다.

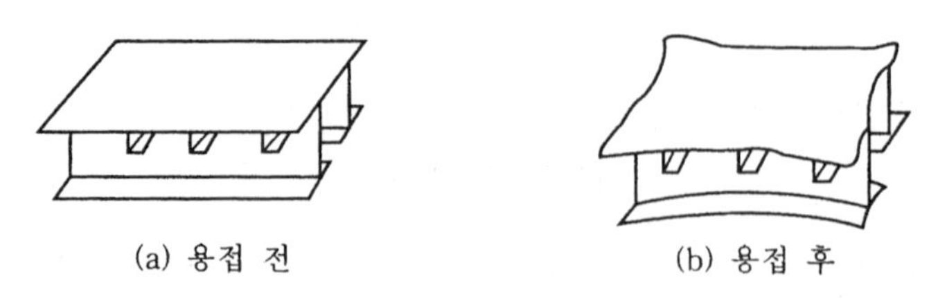

(a) 용접 전 (b) 용접 후

**[비틀림의 예]**

⑥ 계속적인 너클(折曲, knuckle) : 판의 접합부(맞대기이음)를 용접할 때 발생되며, 판두께 방향으로 수축의 차이가 원인으로 박판처럼 예리하게 휜다. 특히 선체의 선수나 선미부의 외판 등의 이음부분에는 뒷면에 보강재를 넣어서 견고하게 하지 않으면 곡면부분이 직선화가 되는 등 변형이 생긴다.

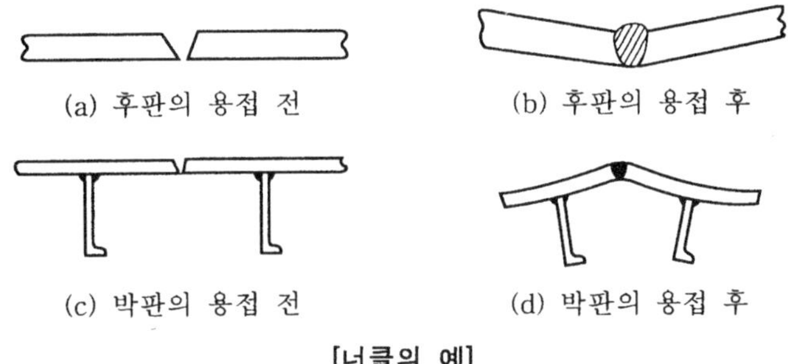


[너클의 예]

### (3) 변형교정의 기초

변형교정 방법에는 3가지가 있다.

- 열을 이용하는 것
- 외력(外力)을 이용하는 것
- 열과 외력을 동시에 이용하는 방법으로 가장 효과가 크다. 그러나 일반적으로 열만 이용하는 편이 많다.

① 열의 이용

㈎ 선가열(線加熱) : 변형교정 작업방법 중에서 일반적으로 90% 이상이 이 방법을 택하고 있다. 강판에 선을 긋고, 그 선을 따라 가열하게 되면 다음 [그림]처럼 가열부분이 팽출하여 굴절이 생긴다. 그리고 냉각되면서 가열부분에 수축작용을 일으켜 반대면으로 굴절이 생기게 된다.

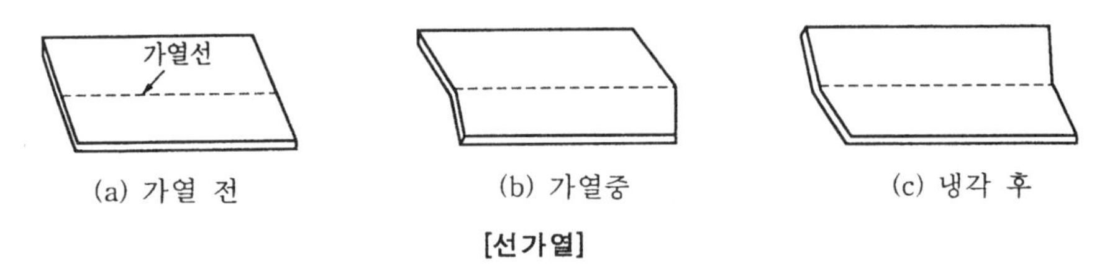


[선가열]

이와 같은 현상을 좀더 관심을 가지고 분석해 본다면 강판의 한곳을 가열하면 다음 [그림]처럼 온도 구배가 생긴다. 가열하는 면은 반대면보다 온도도 높고 열 영향부도 넓다. 그러므로 열을 받는 부분은 냉각 과정에서 구배의 중심점을 기점으로 신축 작용을 하게 된다.

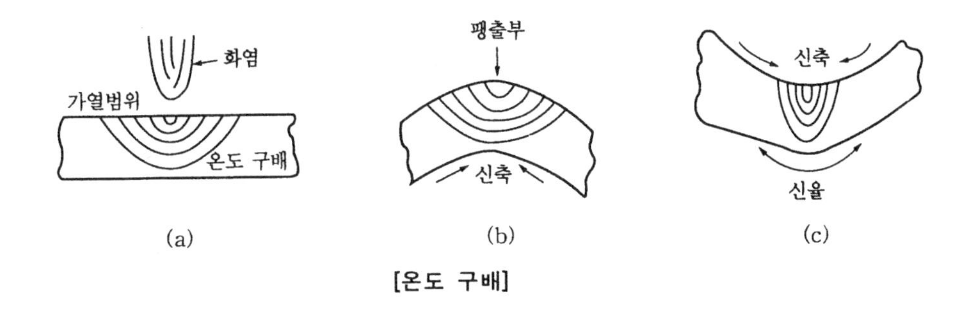


[온도 구배]

(나) 점가열(點加熱) : 점가열은 주로 박판이 변형을 일으킨 부분을 교정하는데 사용되고 있다. 선체의 상부 구조에 벽 또는 갑판 등에 골재와 골재 사이가 용접으로 인해 소위 물결형 또는 凹凸 현상으로 된 것들을 교정하게 된다. 이 가열법은 수축률이 월등하여 凹凸부의 오목한 가장자리에서 중앙부로 향해 군데군데 지름 약 20~30mm 정도의 원형으로 가열해 준다.

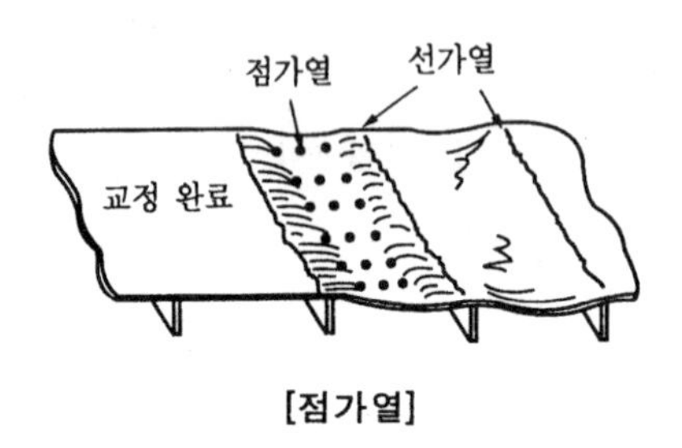


[점가열]

(다) 삼각가열 : 이 방법은 주로 산형강(angle)이나 조립형강류에 많이 사용된다. 골재류의 곡직(曲直) 작업 및 가공에서의 굽힘 작업에도 많이 이용되고 있다.

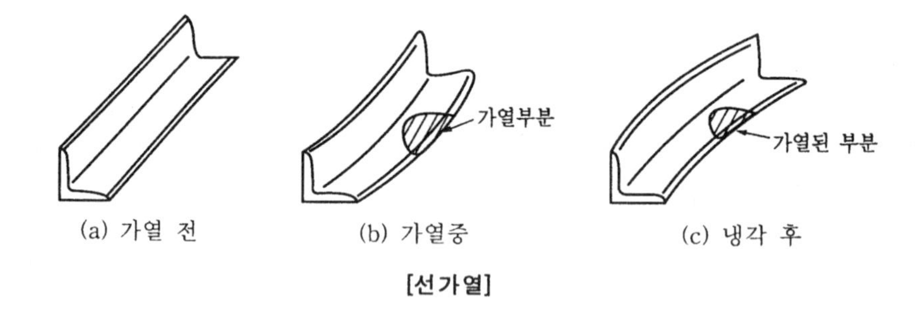


(a) 가열 전　(b) 가열중　(c) 냉각 후

[선가열]

(라) 적열법(赤熱法) : 이 방법은 상술한 외력에 의해서 변형이 발생되는 물체의 낙하와 충돌 등으로 국부적인 凹凸 부분이 생겼을 때 가열 처리하는 방법이다. 凹凸 부분을 적열하여 열이 식지 않는 순간을 이용, 외력을 가해서 펴게 한다. 凹凸의 정도에 따라 펴는 방법이 각각 다르겠지만 부재가 상하기 쉬우므로 주의를 하여야 한다. 여러 가지 방법을 혼용하여 빠르고 깨끗하게 처리하는 방법을 항상 생각하고 변형에 대처하여야 한다. 또한 같은 형상의 변형일지라도 내부 응력과 성질이 다르기 때문에 같은 변형이라고 할 수가 없다.

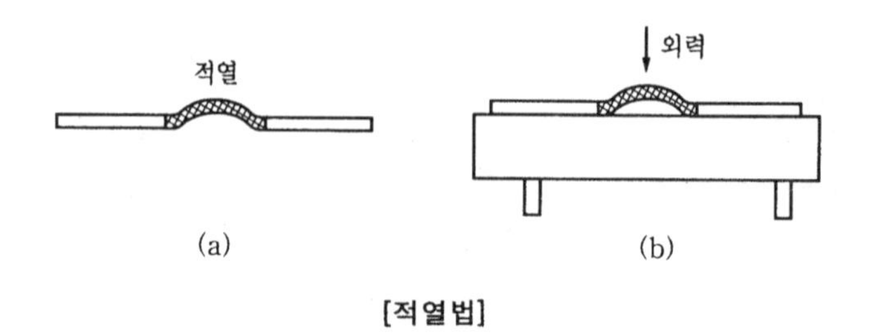


(a)　(b)

[적열법]

(마) 외력 이용 : 외력의 사용은 교정 작업과 가공 작업시 가열중인 물체에 치공구류를 설치, 힘을 가하거나 구속시킴으로써 가열량을 줄이고, 또한 구속시킨 것에 대해서는 변형 발생을 막아주게 된다. 그리고 과도한 가열은 재질을 상하게 하므로 이를 방지하는 데 있어서도 유익하다고 볼 수 있다. 그러나 필요 이상의 외력은 가하지 않도록 한다.

※ 치공구류

- 턴버클(turn buckle)
- 스트롱백(strong back)
- 쐐기(wedge)
- 잭(jack ; oil power)
- 각종 형태별 피스(piece)
- 해머(hammer)
- 전기 용접기 세트
- 가스 절단기 세트
- 산형강 등

(바) 수축 작용 : 강판을 가열하게 되면 강판의 크기가 원형 상태보다 수축하게 된다. 가열을 할 때 가열면뿐만 아니라 그 반대면에까지 열이 전도될 때 수축률은 더욱 커진다. 특히 전 부재를 적열하였을 때는 수축률이 현저하게 나타날 정도로 크다. 그러므로 박판 등에는 가능한 한 가열을 하지 않는 것이 상례이다.

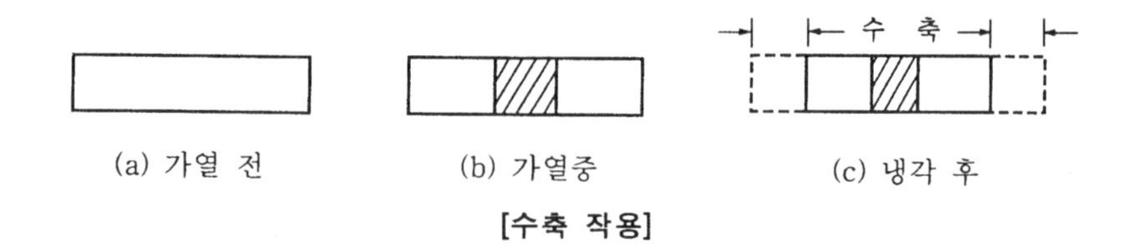


**[수축 작용]**

## 2-2 변형교정시 준비사항 및 주의사항

### (1) 선대조립시 변형교정 작업

① 변형부분 조사 및 안전관계 점검

(가) 장소 및 변형 상태 조사, 확인

(나) 치구 및 보강용 기재들의 기능 검토

(다) 준비작업 순서 결정

(라) 통로 및 족장(足場)의 안전 점검

(마) 작업용 조명등의 점검

(바) 치구, 공구류 및 보강기재들의 고소작업시 낙하하지 않도록 매어두는 로프(rope) 등을 준비

② 외력용 공구류 및 보강재 준비

(가) 파워(oil power)

(나) 레버 풀러(lever puller)

(다) 쐐기(wedge)

(라) 와이어 로프(wire rope)

(마) 해머(hammer)

(바) 지렛대
(사) 사다리
(아) C-clamp
(자) 전기 용접기 세트
(차) 가스 절단기 세트
(카) 권척(convex rule) 및 철자(steel rule)
(타) 산형강(angle)
(파) flat bar

③ 가열 및 수냉 작업시 주의사항
(가) 가열하는 뒷면에 다른 작업자가 있는지, 또는 인화물질이 있는지의 여부를 조사 확인한다.
(나) 화염 조절은 양호한지(가스 공급 상태) 확인한다.
(다) 물을 흘려도 지장이 없는지, 또는 어느 쪽으로 흘러가는지를 조사 확인한다.
(라) 배수처리가 타작업자에게 방해가 되는지 조사 확인한다.
(마) 냉각수가 튀어서 옷이나 장갑이 젖지 않도록 주의한다.
(바) 가열기(burner)의 화염을 조명용으로 사용하지 않도록 한다.
(사) 가열 작업이 끝났을 때는 밸브가 완전히 잠겨졌는지, 또는 가열기의 불은 완전히 꺼졌는지 재확인한다.

④ 외력 설치 철거 및 교정 상태 확인
(가) 족장(발디딤판) 위에서 치공구류를 철거할 때 공구상자 등에 떨어지지 않도록 주의한다.
(나) 변형교정이 되었는지(외력의 효과로 수정이 되었는지)의 여부를 조사 확인한다.
(다) 해머를 처음부터 강하게 쳐서 변형이 원상태로 되돌아오는지, 또는 완전히 교정(곡직)이 되었는지 여부를 지켜보면서 해머 작업을 서서히 약하게 줄인다.
(라) 만약에 곡직이 되지 않고 원상태로 되돌아왔을 때는 한번 더 외력을 가하여 재수정 작업을 한다.

⑤ 뒷정리
(가) 족장상에 불필요한 치공구 등은 전부 안전하게 내리거나, 또는 떨어지지 않도록 해둔다.
(나) 작업이 끝났을 때는 가열기가 설치되었던 가스 라인(gas line) 집합대(병의 경우 압력조정기)의 밸브가 잠겨졌는지 재확인한다.

### (2) 족장에서의 변형교정 작업(족장 점검)

① 단단하게 걸려 있는지, 또 높이 2 m 이상일 경우 핸드 레일은 설치되었는지 확인한다.
② 불안정한 족장에서는 절대로 작업을 해서는 안 된다.
③ 안전벨트는 착용하였는지, 또는 벨트걸이가 있는지 조사하고 만약에 없다면 그 대책을 세운다.
④ 치공구류의 낙하를 방지하기 위해 상자에 넣거나 반드시 고정시키는 것을 잊지 않도록 한다.
⑤ 족장이 층층으로 가설된 곳에서는 상하 동시 작업을 피한다.

⑥ 상하층간에 공구, 기타 물건을 올리고 내릴 때는 반드시 로프로 묶어 전달하며, 위험하게 던져 올리거나 내리는 행위는 절대로 해서는 안 된다.

⑦ 족장 위에 200kg 이상의 하중을 얹어서는 안 된다(사람 포함).

⑧ 탱크(tank) 내에서 작업을 할 때 불완전한 조명 상태에서는 작업을 하지 말아야 하며, 또한 가열기(burner)를 조명 대용으로 사용하지 않도록 한다.

### (3) 협소한 장소에서의 변형교정 작업

① 변형 상태 조사

㈎ 장소의 넓이와 조명, 환기, 외력 공구 등의 사용 가능 여부 조사

㈏ 장소의 크기에 비례한 작업인원 결정(협소한 장소일 때는 2인 이하)

② 조명 준비

㈎ 협소한 장소에서는 2등 정도(1등은 예비분) 준비

㈏ 조명이 밝지 못할 때는 간혹 가열기의 화염을 이용하여 조명을 대신하는데 이것은 절대엄금

③ 환기장치

㈎ 환기구멍(manhole)이 2개 이상 있는 탱크 내에서는 환풍기(fan)를 사용하되 1개는 배기, 1개는 흡입으로 설치할 것

㈏ 환기구멍(manhole)이 1개만 있는 탱크 내에서는 에어 호스(air hose)를 넣어 공기를 공급시키고, 배기는 환풍기를 탱크 내에 집어넣어(구멍 입구에 설치) 배출시킬 것

㈐ 규모가 작은 탱크 내에서는 에어 호스를 집어넣어 강력한 송풍으로 공기 회전을 시켜 환기할 것

④ 외력용 치공구 준비 : 변형 상태에 맞는 치공구 및 보강재를 준비하고 외력을 가하게 되는 부분의 형상에 맞추어 보강재 등을 제작한다.

⑤ 가열용 공구 준비

㈎ 탱크 내에 들어가기 전에 산소 및 가스 호스의 파손 유무를 점검 확인

㈏ 가열기의 화구(tip)는 조정이 되었는지 확인

㈐ 점화기(가스라이터) 및 팁 클리너는 휴대하고 있는지 확인

㈑ 땀이 흐를 때 닦을 수 있는 수건 준비

⑥ 가열

㈎ 점화는 가스라이터로 빠르게 점화시키며, 화염 조정도 빠르게 할 것(작은 탱크 내에서는 점화시 누출된 혼합가스가 산재하여 있기 때문에 가스의 양이 많아지면 탱크 공간이 화염 덩어리가 될 우려가 있다.)

㈏ 가열시 가열기를 벽을 향해 직각으로 대지 말고 약간 경사를 주어 화염이 반전되어 오는 것을 천장 또는 옆으로 유도할 것

㈐ 가열시 몸의 위치는 자세를 낮추는 것이 좋다. 열기는 항상 위로 올라가기 때문에 천장 쪽으로 화염의 열기가 유도되도록 할 것

㈑ 늑판(floor) 같은 좁은 곳에서 작업을 할 때는 가열기의 각도에 반드시 경사를 주어야 한다(반전되어 오는 화염으로 화상을 입기 쉬우므로).

⑦ 냉각

㈎ 풍상(風上)을 따라 냉각 작업(수냉)을 한다.

㈏ 수냉은 가능한 한 사용을 하지 않는 것이 좋다(협소한 곳에서 수냉을 하면 증기의 증발 등으로 온도가 상승하며, 작업자는 즉시 피로해지기 때문에).

⑧ 연속가열 작업시 주의사항

㈎ 장시간 연속가열 작업은 유해가스가 누적되기 쉬우므로 고려해야 한다.

㈏ 작업장 내에 가스가 가득 차면 환풍기로 즉시 환풍을 하거나 밖으로 나가서 신선한 공기를 마신다.

㈐ 2인 이상 작업을 할 때에는 교대로 한다.

⑨ 정리정돈 : 작업이 끝나면 치공구를 점검 확인한다(가스 밸브의 점검도 필히 할 것).

## 2-3 변형교정 작업

### (1) 갑판상의 변형교정 작업

① 갑판 이면 가열 순서

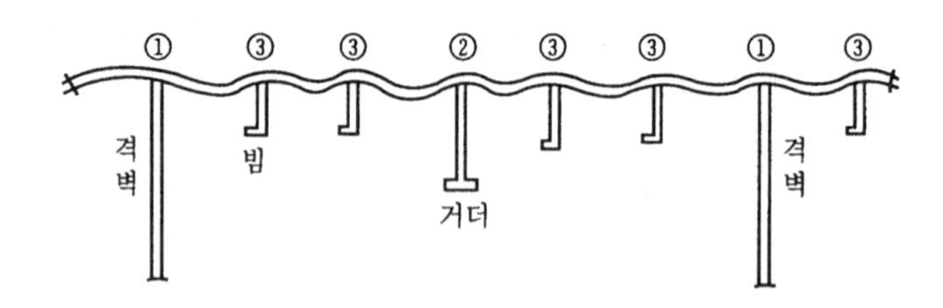


**[갑판 이면 가열 순서]**

㈎ 판에 골재(beam, girder)가 많이 설치되어 있는 갑판은 물결형(波形) 변형이 많아 처음에는 굴곡이 심하고 어디에서부터 교정 작업을 해야 할지 엄두가 나지 않는 경우가 많지만, 위의 [그림]과 같이(골재의 크기에 따라 용접량도 많으며 변형도 크다) 큰 골재가 붙어 있는 부분부터 순서대로 해 나간다.

㈏ 격벽 취합부의 이면 가열 : 건장하게 붙은 대골재(격벽, 거더 등)를 따라 판의 굴곡을 제거하여 나가면 약한 소골재의 굴곡은 판에 흡수되어 곡직의 효과를 쉽게 얻을 수 있다.

㈐ 거더(girder) 취합부의 이면 가열 : 위의 [그림] 순서에 구애받지 말고 이면 가열을 요하는 부분이 어딘지를 판단하고 진행한다.

㈑ 빔(beam) 등 소골재의 이면 가열 : 대골재를 시점으로 소골재순으로 이면 가열을 해 나가는 것이 원칙이지만, 판의 변형 상태에 따라 이면 가열 순서도 변경해야 될 때가 있다.

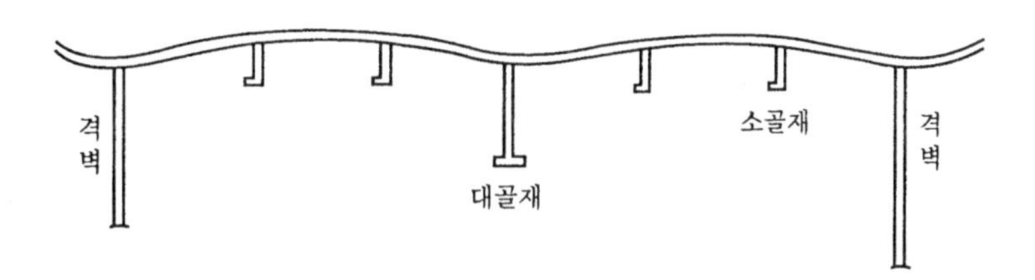


[소골재의 이면 가열]

위의 [그림]과 같이 소골재 부분이 올라가고 격벽 및 대골재들이 내려져 있는 상태에서는 올라가 있는 소골재 이면을 가열하게 되면 격벽 및 대골재 부분은 자연적으로 동시에 곡직의 효과를 얻게 되므로 별도로 이면 가열 등의 작업을 하지 않아도 된다.

② 이면 가열의 범위

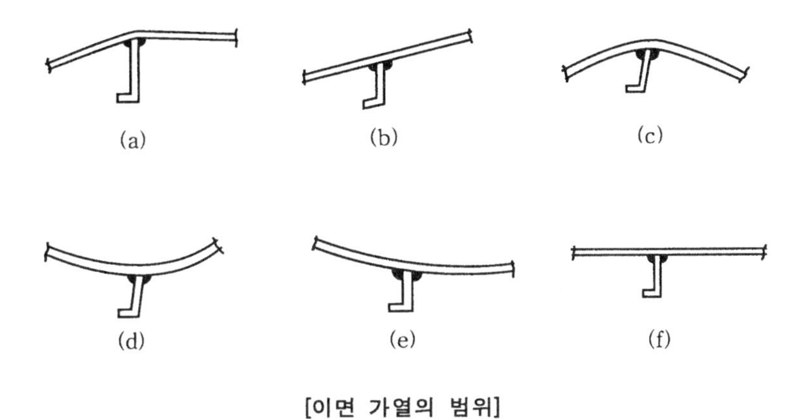


[이면 가열의 범위]

㈎ 이면 가열을 하는 부분 : 위의 [그림] (a)는 이면 가열을 하는데 있어서 이상적인 예가 된다(골재의 이면이 (a)처럼 전부 꺾여 있는 상태는 드물다). 이면 가열 (a), (c)처럼 변형된 부분만 가열하고, 골재의 이면 가열은 전부 하지 않는다.

㈏ 이면 가열을 하지 않아도 되는 부분 : 이면 가열을 하면 [그림] (d)처럼 변화가 온다. 그러므로 (b), (d), (e), (f)의 경우는 이면 가열을 하지 않는다.

※ 한 번 가열로 곡직이 이루어지지 않았을 경우 같은 부분을 2~3회 반복 가열하여 곡직이 될 때까지 한다. 단, 가열 전에 반드시 직선자(尺)를 대고 측정하였다가 가열 후 곡직의 정도를 점검한다.

㈐ 외판 및 상갑판을 가열할 때는 원칙적으로 급랭은 하지 않는 것이 좋다. 그리고 변형 교정에 있어서 한군데의 변형에만 구애받지 말고 시야를 넓혀 전체적인 변형을 볼 줄 알아야 한다. 박판이나 후판이나 가열 포인트는 같다.

### (2) 외판의 변형교정 작업

① 외판 이음부(seam)의 변형교정

㈎ 이음부에서 가장 가까운 종골재의 이면을 그림 [이음부의 변형교정 위치]와 같이 선가열을 한다. 가열위치는 모서리 용접(fillet)의 용착금속 단부에 해당되는 부분 ①을 가열한다. 가열량은 판두께의 $\frac{2}{3}$ 정도까지 열전도가 될 수 있도록 가열해간다(지나친 가열은 효과를 얻을 수 없다).

㈏ ①이 끝난 다음 반대편에서 판의 맞이음(butt) 이음부(seam) 용착금속 양단 ②를 가열해 나간다. 그 위치는 용착금속으로부터 5~10mm 정도 떨어져서 가열 · 수냉한다.

㈐ ②를 가열한 다음 변형교정이 되지 않았을 때는 ②의 위치로부터 5~10mm 정도 떨어진 위치 ③에 선가열을 한다. 대부분이 ③의 가열로서 곡직은 이루어지며 역시 수냉하는 것이 효과가 빠르다.

※ 가열 작업중 용착 부위에 악영향이 미치지 않도록 주의한다.

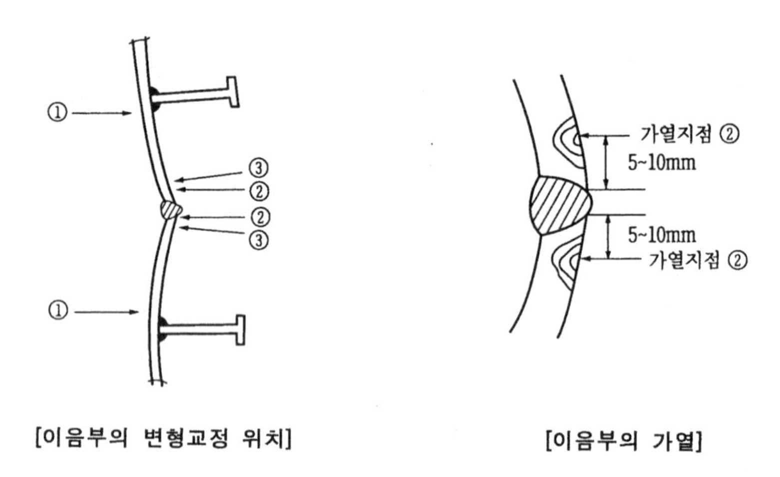


[이음부의 변형교정 위치] [이음부의 가열]

② 판두께가 얇은 외판의 변형교정 작업(주름 변형)

㈎ 두께가 얇은 판은 주로 선체의 상부 구조용으로 사용되며, 즉 거주구의 벽 등으로 창구가 있는 부분은 판이 잘라져 개구(open)가 되어 변형이 더욱 심하게 발생(주름, 물결형 등이 불규칙하게 뒤틀려 있다)되고 있다. 이러한 상태의 변형은 교정이 어려운 편에 속하며, 전체적인 변형에서 큰 것부터 시작하여야 한다.

㈏ 다음 도면과 같이 A-A단면에서 凸 상태의 변형인 골재(frame) 사이를 원형상(화살표)으로 가열한다. 가열부분은 모서리 용접(fillet)의 용착금속 단부를 번호 순서대로(골재 부착 이면) 진행해 나간다.

㈐ 판두께가 얇은 관계로 진행속도를 빨리 하고 동시에 이면을 수냉시켜야 한다.

㈑ 같은 요령으로 가열 순서 ①이 끝나면 ②의 순서에 들어간다. 이와 같이 가열 순서대로 가열 수냉이 끝난 다음 ③의 순서에 들어간다. 이것은 ①, ②의 변형과 반대되는 변형이기 때문에 반드시 마지막에 행한다.

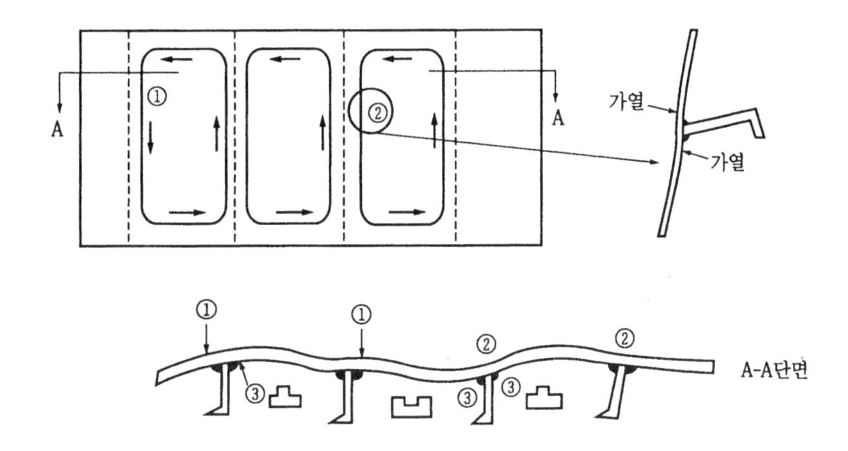


**[판두께가 얇은 외판의 변형교정**(주름 변형)**]**

③ 판두께가 얇은 외판의 변형교정 작업(오목된 변형) : A-A단면(골재 부착 반대면)의 ①을 가볍게 선가열로 주위를 가열 이면에 수냉시킨 다음, 골재 부착면 凹의 밑부분에서 ②, ③의 가열을 마치면 B-B단면의 가열을 시작한다. 변형 상태가 표면에서 보아 오목 상태인 경우는 그 반대면인 볼록면을 가열(점가열) 수축시킴으로써 교정이 이루어지게 한다. 어느 부재라도 골재 부착면 이면(특히 용착금속 끝단부분)을 가열할 때는 선가열을 하게 한다.

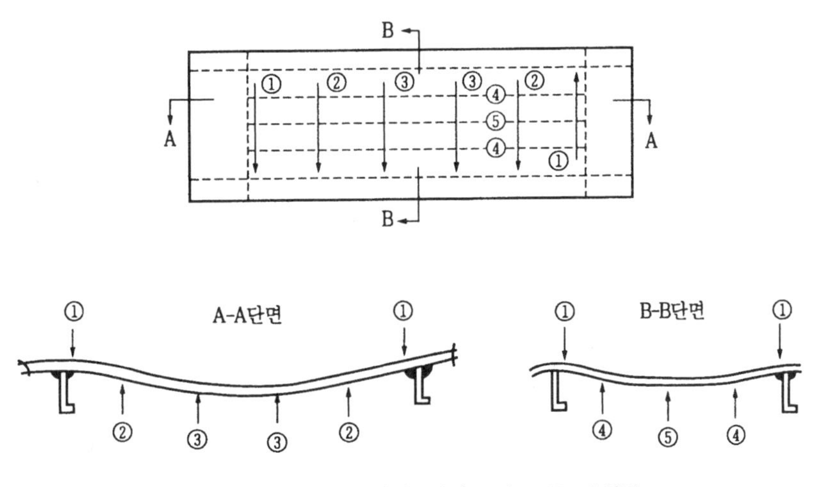


**[판두께가 얇은 외판의 변형교정**(오목 변형)**]**

④ 변형 발생 전의 풀림 작업 : 외판 맞이음부에 용접을 하기 전에 변형 방지용으로 보강재(strong back)로 구속한 다음 용접을 하게 된다. 이때 용접중 열로 인한 변형이 발생할 수 없게 구속시켜 놓았기 때문에 판 내부에 응력이 생겨 잔류하게 된다. 이를 제거하

기 위해 응력을 풀어주는 풀림 가열을 함으로써 보강재 철거 후에 발생되는 변형을 없애준다. 즉 역변형을 주어 변형(응력)과 역변형이 서로 상쇄되는 것을 말한다.

㈎ 외판 블록(block)의 맞이음부(butt)는 소조립 또는 대조립에서 용접이 완료되었을 때 골재의 반대쪽, 즉 골재의 이면을 선상(線上) 가열함으로써 역변형의 풀림을 하게 한다.

㈏ 현장 판붙임(butt joint) 작업시 이음부가 변형이 생겨 맞지 않을 때 수정 가열로 교정을 한 다음 판붙임 작업을 한다.

㈐ 잘못 설치한 보강재 및 구속장치(strong back piece)는 가능한 한 사용하지 않는 것이 좋으며, 만약 사용시 역변형량을 감소시킬 우려가 있다.

㈑ 판 이음부의 용접이 완료되었을 때 보강재 및 구속장치를 철거하기 전에 점가열 등으로 풀림 작업을 하여 응력을 제거한다. 골재가 있는 판은 골재 이면을 선가열을 하여야 하며, 1차 풀림 작업으로 구속장치를 철거한 후 변형이 생겼다면 변형교정 작업에 착수하여야 한다.

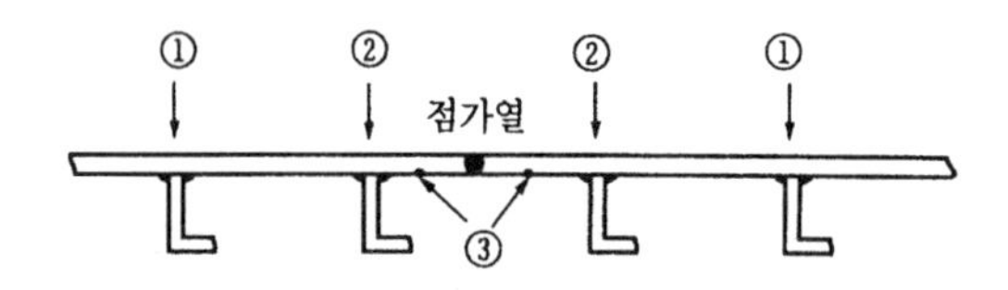


**[변형 발생 전의 풀림 작업]**

⑤ 용접 완료 후 외판 이음부에 생긴 변형교정 작업 : 외판의 평행부가 용접으로 인해 凹 형상으로 변형이 생겼을 때(비교적 작은 변형, 평행부분에서 돌출된 높이 10mm 이하)

㈎ 골재 선상의 이면을 가열한다. 동시에 수냉도 병행한다(가열폭 = 골재두께 + 용접 비드의 폭).

㈏ 판 이음부의 용접 부위가 내측으로 들어온 변형을 가열과 수냉으로 교정한다. 다음 [그림]과 같이 용접선과 직각이 되도록 약 400mm 간격으로 수평으로 300mm 이상의 길이로 가열한 후 수직으로, 즉 수평 가열과 직각이 되도록 가열한다.

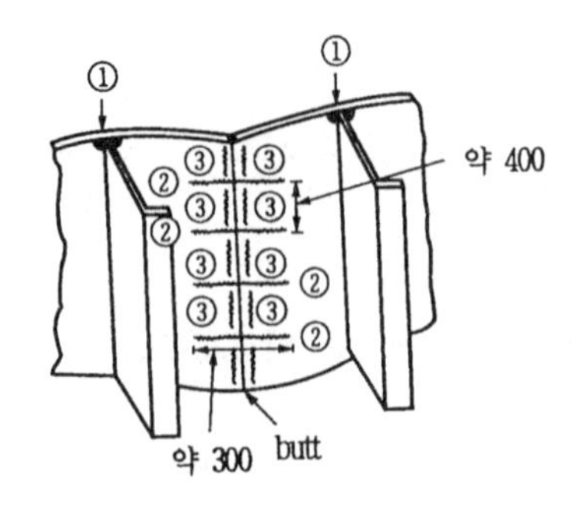


**[외판 이음부에 생긴 변형교정]**

⑥ 변형 상태가 크게 되었을 때(10mm 이상 凹 상태)

㈎ 다음 [그림]처럼 스트롱백(strong back) 등을 설치하여 잭이나 쐐기로 압출시킨다.

㈏ 시행한 결과 압출이 되지 않을 때는 가열과 병행하면서 서서히 압출시킨다. 압출의 정도는 약 3mm보다 넘게(over) 해둔다(외력용 기기를 철거하였을 때 3mm 정도가 되돌림된다).

㈐ 외력으로 곡직이 되지 않을 때 1차적으로 판 이음부의 전후면을 골재의 선상을 따라 가열 수냉을 해준다. 이때 결과가 좋지 않을 때는 2차적으로 그림 [외판 이음부에 생긴 변형교정]과 같이 용접선을 따라 수평 및 수직으로 가열을 하고, 최후의 수단으로는 전후면 동시에 가열 수냉을 한다.

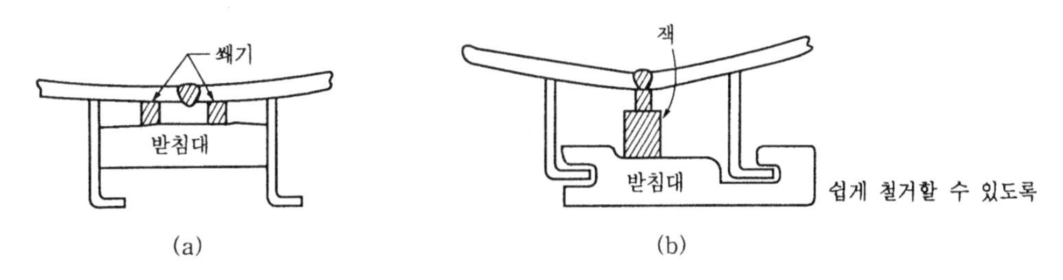


**[변형 상태가 크게 되었을 때의 교정]**

⑦ 곡면 외판의 변형교정 작업

㈎ 조립 작업 및 붙임(取付) 작업시 사용되었던 구속장치(strong back)는 용접이 끝났다고 해서 즉시 철거하지는 못한다. 반드시 용접 부위에 남아 있는 잔류응력을 제거한 후에 철거를 한다.

㈏ 외판에 붙어 있는 골재의 이면을 용접선을 따라 가열 수냉한 후 골재와 골재 사이의 판 변형을 점가열로 교정한다.

㈐ 판 이음부가 있는 곳은 상기 ㈏의 작업방법으로서는 교정이 완전하지 못할 때 다음 [그림]과 같이 받침대를 설치하고 쐐기나 잭으로 압출시킨다.

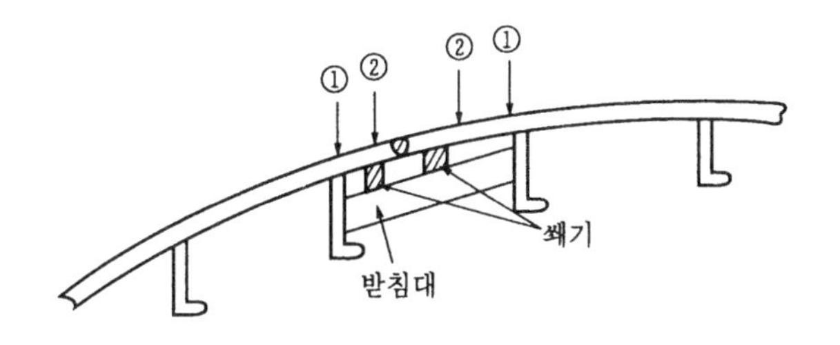


**[곡면 외판의 변형교정]**

⑧ 골재 변형으로 생긴 외판의 변형교정 : 외판 형상으로 보아 골재의 굴곡(바깥쪽)이 불량한 것은 교정 작업이 약간 힘들다. 외판과 골재간의 용착금속을 제거, 떨어지게 한 후 외판의 변형교정을 먼저 한다. 그 다음에 골재의 변형을 교정하는 순서에 따라야 한다.

㈎ 먼저 외판에 부착된 골재의 철거 범위를 결정하고 골재의 상하단에 붙어 있는 브래킷

(bracket)의 붙임 상태를 조사, 브래킷의 철거 여부를 결정짓는다. 가능한 한 골재의 철거를 고려해야 한다. 외판과 붙은 상태에서 골재를 교정하는 대책을 강구, 최소한의 철거 범위를 줄여야 하고, 브래킷과 외판의 붙임(取合) 상태가 불량한 것은 브래킷의 용착금속을 제거, 외판과 브래킷 사이에 쐐기를 쳐넣어 압출 교정을 한다.

㈏ 골재(frame)의 굴곡이 심하고 외판과 붙은 상태에서 작업이 불가능할 때 우선 외판과 골재를 떼어놓고, 선가열 및 점가열 등으로 외판을 교정, 골재는 삼각가열로 교정한다.

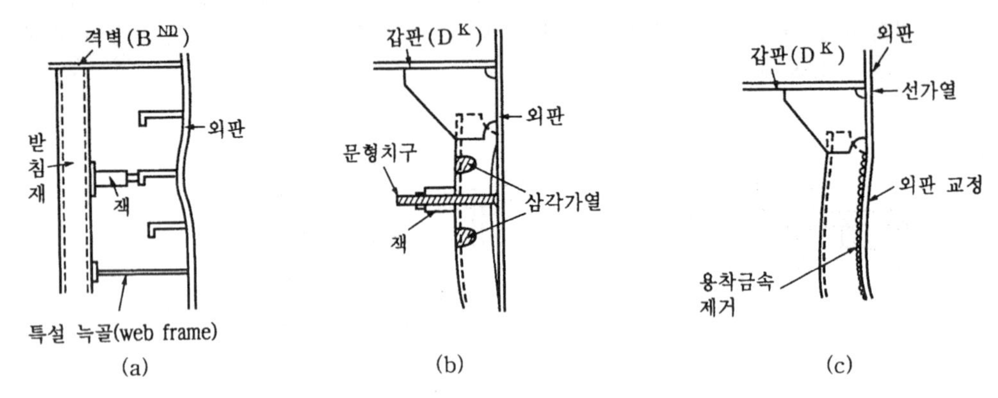


**[골재 변형으로 인한 외판의 변형교정]**

㈐ 골재가 선체 내측으로 생긴 변형(내곡)교정 : 이것도 역시 골재를 떼어내지 않은 상태에서 교정함을 원칙으로 한다. 골재의 등면을 삼각가열법으로 가열, 수냉을 시도해 본 후 골재 사이의 외판을 점가열 등으로 교정한다.

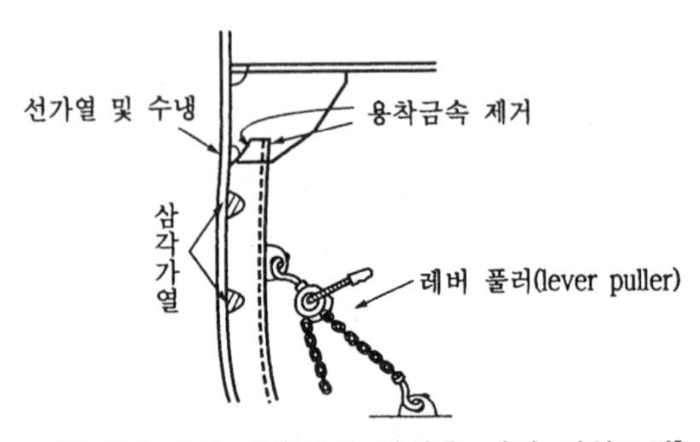


**[골재가 선체 내측으로 생겼을 때의 변형교정]**

이상의 방법으로 교정이 안될 때는 같은 방법을 2회 정도 반복해 본다. 그래도 곡직이 불가능하다면 외력을 이용한다. 외력을 이용하는 경우는 변형 상태가 심할 때 최후의 수단으로 하는 작업이다. 그림 [골재 변형으로 인한 외판의 변형교정]의 (a)와 같이 받침을 설치하고 잭으로 밀어내는 등 변형 상태에 따라 외력용 기기도 다르게 되고 설치방법도 다르다.

여기서 주의할 것은 적열시켜 해머로 두들겨 외판이나 골재에 해머 자국을 남기는 등의 부재에 상처를 내게 해서는 안 된다.

⑨ 충돌한 국부적인 외판 변형 : 국부적인 돌기부는 대부분 적열시켜 외력으로 밀어내든지 잡아당긴다.

㈎ 변형 상태에 따라 외력을 이용한다. 변형 상태를 조사한 후 받침재(strong back piece)와 외력장치를 설치, 판의 변형 부위 가장자리 외측으로부터 원형으로 가열, 점차적으로 중심부로 좁혀 들어온다. 가열중 잭이나 기타 외력을 조금씩 하중을 가하여 곡직을 해 나간다. 변형범위가 넓은 경우 외력장치도 2~3군데에 설치, 순차적으로 이동을 시키면서 해 나간다. 단, 이동하게 되는 곳은 외력장치를 1개소쯤 압출된 상태로 남겨두고 옮겨야 한다.

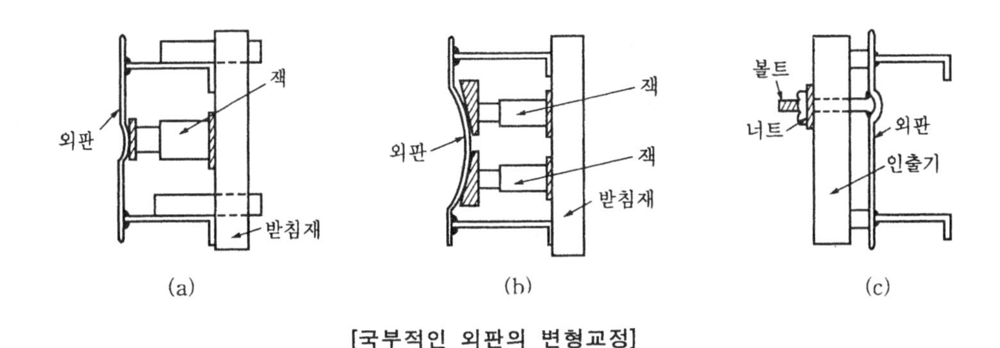


[국부적인 외판의 변형교정]

㈏ 골재간 외판을 교정할 때는 반드시 골재 이면 가열이 선행되어야 하며, 2~3번 반복 가열 후 그 결과에 따라 외판에 선가열 또는 점가열을 적용시킨다.

### (3) 골재의 변형교정 작업

선체의 각종 대골재는 단일 형강으로는 그 규격이 미달되거나 또는 그 형상이 맞지 않아서 대부분 조립하여 사용하고 있다. 이 조립된 골재는 판재를 잘라 용접으로 제작되므로 제작 과정에서 구속장치를 하나 변형을 일으키기가 쉽다. 이 변형을 기계로 교정하기란 부재들이 너무 커서 불가능하며, 형상 또한 직선된 것은 적으며, 대부분 원호형의 굽어진 것들이 많다. 이러한 골재들은 변형교정에 있어서 선상가열법이 아니면 불가능하게 될 것이다.

① 각종 골재(longitudinal, frame, beam, stiffener)의 변형교정

㈎ T형 조립형강이 다음 [그림] (a)와 같이 변형이 된 것은 굽은 면(등면)측, 용착금속으로부터 약 5mm 정도 밑으로 선가열을 한다. [그림] (b)는 산형강이 원호형으로 변형이 생겼을 때 교정하는 방법으로서, 산형강의 면재(face) 부분은 등면에서 대상(帶狀) 가열을 하고, 역판(力板 ; web) 부분은 삼각가열법으로 가열한다. [그림] (c)는 조립 T바가 변형된 것이다. 이 변형은 용접열로 인한 변형이 주로 많다. 면재(face)를 그림처럼 대상 가열 수냉을 하고, 변형교정이 안될 때는 역판의 상부쪽을 삼각가열을 해준다. [그림] (d)는 판에 골재가 부착된 것이다. 이것 역시 용접으로 인한 변형이므로 골재 부착 뒷면을 가열 수냉해준다. 가열위치는 용착금속단에서 약 5mm 정도 떨어져서 상하 같은 위치에 대상 가열을 해준다. 또한 골재에도 같이 가열을 해주면 교정이 빠르고 효과적이다.

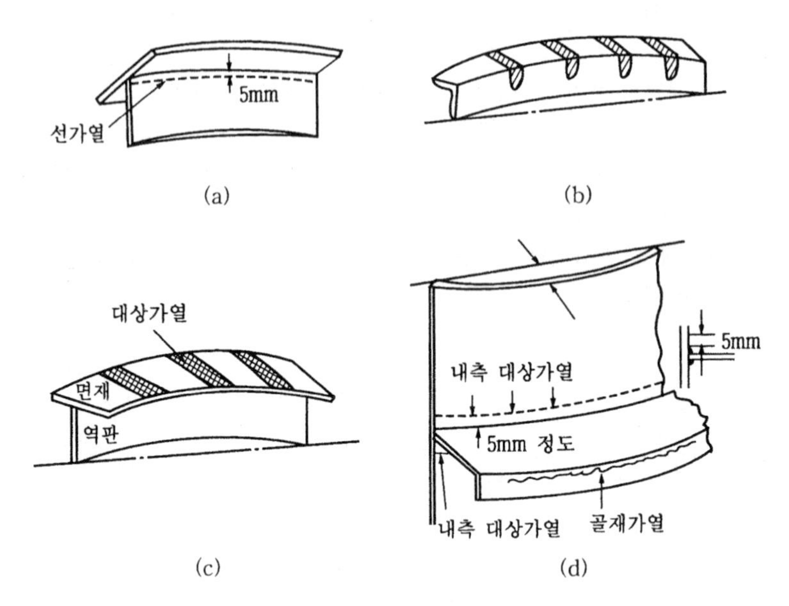


[각종 골재의 변형교정]

㈏ 면재(face flat)의 변형교정 : 조립 T바의 모서리 용접(fillet weld)으로 인한 변형 또는 산형강(angle)의 플랜지(flange)에 생기는 변형 등으로 다음 [그림]과 같이 교정한다.

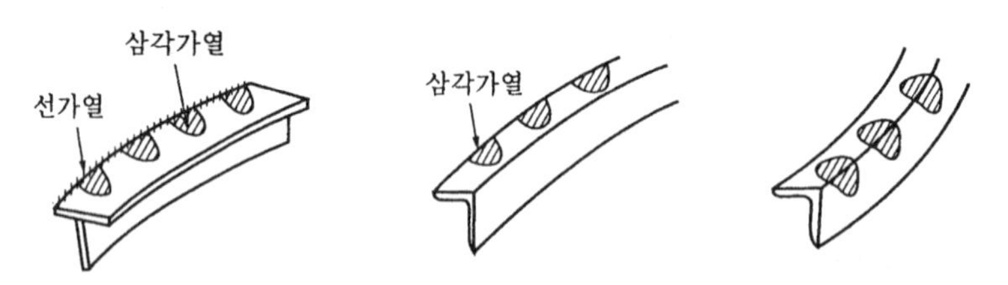


(a) 가열기를 돌리면서 폭넓게 가열　(b) 플랜지면 변형　(c) 플랜지 등면 변형

[면재의 변형교정]

㈐ 면재의 심한 변형교정 : 선체 선저나 선측 외판 등에 골재를 설치한 T바의 변형들을 가열과 외력을 혼합하여 교정하는 방법이다. 변형 상태가 전체적으로 발생한 것과 부분적으로 발생한 것들이 있으나, 형상에 따라 다음 [그림]과 같이 교정방법이 조금씩 다르다. 가열법은 삼각가열이 주로 많으며, 면재의 가장자리에는 선가열을 하되 가열폭을 넓히기 위해 위빙(가열 화염을 원형으로 돌림)을 한다.

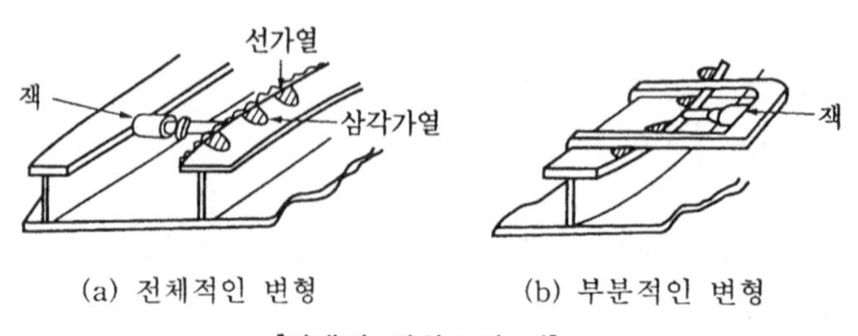


(a) 전체적인 변형　(b) 부분적인 변형

[면재의 변형교정 예]

㈑ 면재의 경사 변형교정 : 면재 전체가 경사를 이루고 있는 변형은 높은 쪽의 용접선을 따라(이면), 다음 [그림] (a)처럼 가열 수냉하고 역판(力板)을 중심으로 양쪽 면재가 아래로 쳐져 있는 변형은 그림처럼 면재 위로, 즉 용접선을 따라 선가열 수냉을 해주면 된다. 변형이 심한 것은 [그림] (c)와 같이 외력과 혼용하는 것이 효과가 빠르다.

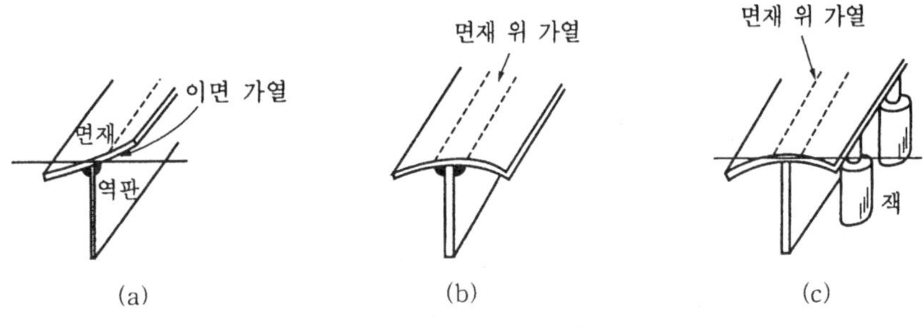

[면재의 경사 변형교정]

㈒ 역산형강에 브래킷 ($B^{KT}$)이 설치되어 용접열이 플랜지면을 변형시킨 것을 그림 [형강과 면재의 변형교정]과 같이 외력과 가열로 혼용, 교정한다.

② 브래킷($B^{KT}$)의 변형교정 : 브래킷 설치 후 용접으로 변형이 생겼을 때 교정하는 방법으로 그림[브래킷의 변형교정]과 같다.

(a)의 경우는 변형이 심하지 않을 때 선가열 수냉으로 교정을 시도하고 凹凸 형상 및 너클(knuckle) 부분은 해머로 타출(打出)시킨다.

(b)의 경우 (a)의 방법으로 효과가 거의 없을 때 치구를 설치하고 쐐기를 쳐넣는, 즉 외력과 가열을 병행하는 교정법이다. 이 방법은 최후에 사용하는 교정법이다.

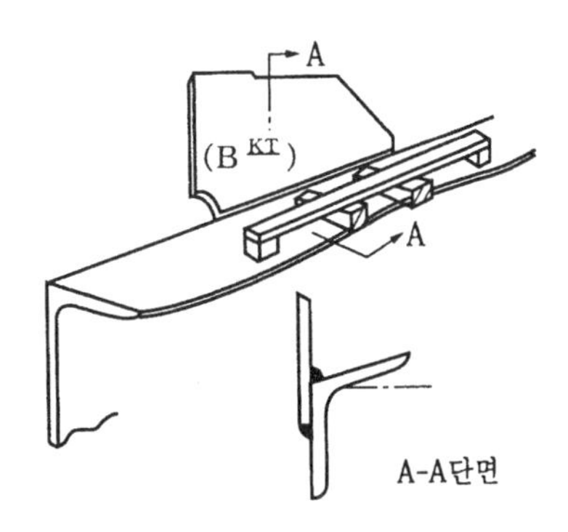

[형강과 면재의 변형교정]

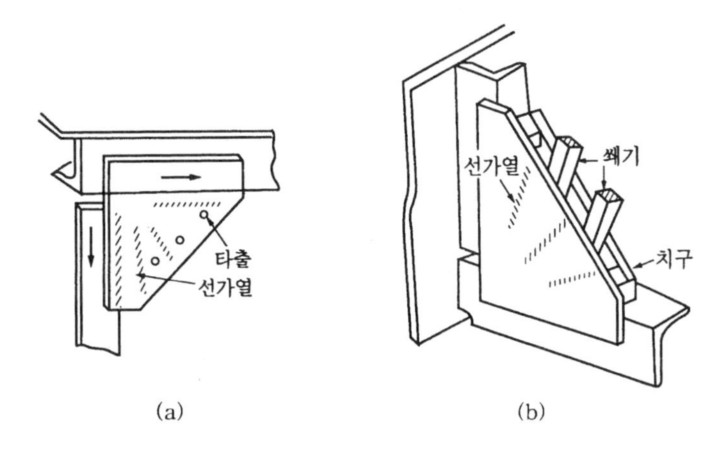

[브래킷의 변형교정]

### (4) 불워크(bulwark)의 변형교정

불워크는 선체의 상갑판상 현측에 설치되는 갑판상의 울타리라고 볼 수 있다. 판두께도 상부 구조물에 속하기 때문에 얇은 편이며, 일정한 간격으로 지지대(bulwark stay)가 설치되어 용접열을 피할 수가 없다.

불워크는 설치 이전에 조립 과정에서 변형이 많이 생긴다. 설치시에는 반드시 변형을 교정한 후에 붙임 작업을 하는 것이 원칙이나 공사기간의 사정 등으로 사전 교정을 하지 않고 변형된 상태로 설치하는 예가 있다.

① 설치 전의 변형교정 : 불워크를 설치하기 전에 변형 여부를 점검한다. 먼저 전체적인 비틀림이나 손잡이(난간 ; hand rail)가 곧은지 또는 선체 외판과의 취합부인 불워크 판(bulwark plating)의 변형이 심한지를 파악한 후에 교정 작업을 하게 된다. 그러나 전체의 비틀림 상태가 가벼운 것은 설치 과정에서 교정이 된다.

그리고 손잡이는 부재들이 구판(bulb plate)이나 판 끝에 환봉(round bar) 등으로 되어 있기 때문에 강도가 크고 변형이 생겼을 때는 반드시 교정 후에 설치를 하여야 한다.

변형 여부 측정방법은 실이나 철사 등으로 손잡이의 한쪽 끝에서 끝까지 팽팽히 쳐놓고 굴곡 상태를 측정한다.

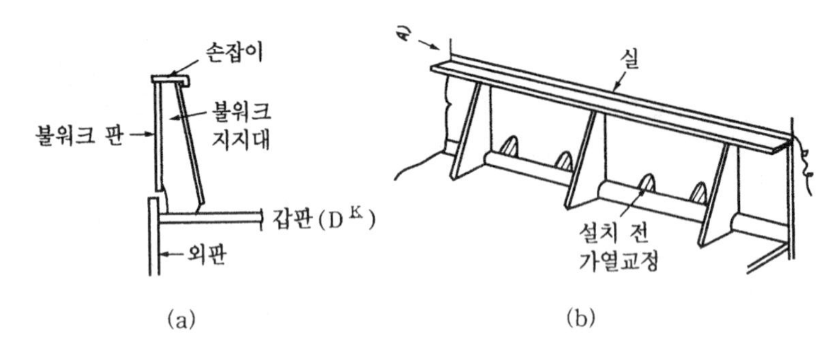


[불워크의 변형교정]

㈎ 용접 후 판의 변형교정 : 지지대 및 스티프너(stiffener) 등이 불워크 판에 부착되어 용접을 하게 되면 판에 변형이 발생된다. 이 변형은 골재 이면을 용접선을 따라 선가열 수냉함으로써 교정이 쉽게 이루어진다.

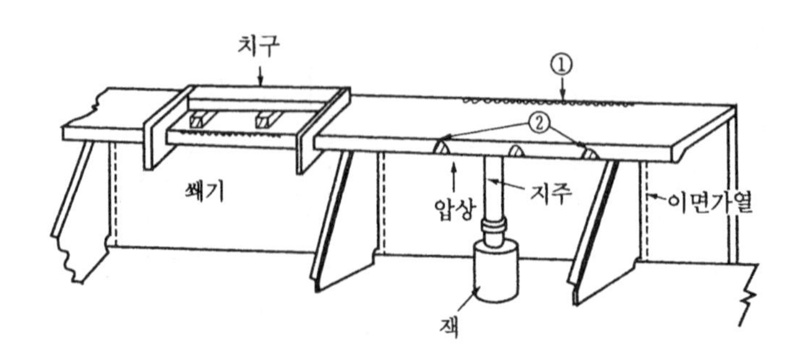


[용접 후 판의 변형교정]

㈏ 손잡이에 凹凸 상태의 변형은 1차적으로 가열(선가열, 점가열)을 시도해 본 후 교정 상태가 불충분할 때는 반복 가열 수냉을 하고, 변형 상태가 심할 때는 외력을 사용하여야 한다. 그림 [용접 후 판의 변형교정]에서 凸 상태의 것은 치구를 설치 쐐기로 하중을 가하고 있다(반드시 가열과 병행). 凹 상태의 변형은 밑에서 잭을 이용 압상시키고 있다.

※ 가능한 한 손잡이 판은 가열을 피하는 것이 원칙이다. 그러나 가열을 하지 않고 교정을 한다는 것은 어려운 문제이고, 가열을 하되 가볍게 하여야 한다(과도한 가열은 플랜지가 늘어난다).

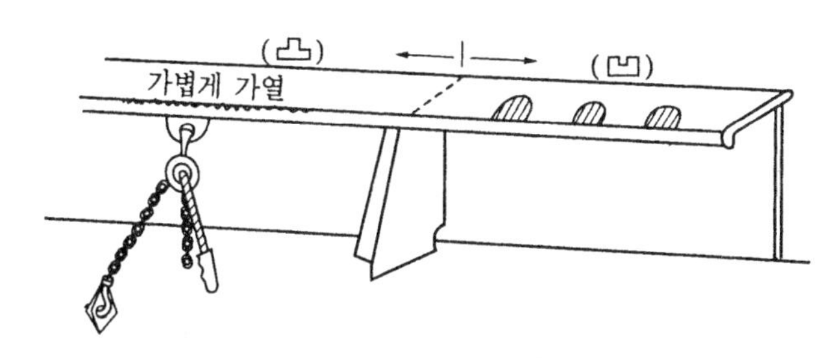


[가열과 병행한 변형교정]

㈐ 손잡이 판에서 凹凸 변형의 경우, 凹 상태의 것은 삼각가열을 주로 많이 사용한다. 반대로 凸 상태의 것은 외력(lever puller)을 가해 놓고 플랜지된 부분을 가볍게 가열해준다.

### (5) 상부 구조물의 변형교정

선체의 상부 구조물(거주구의 벽 및 갑판 등)은 선박의 미관상에 있어서도 중요하므로 반듯하고 미려하여야 한다.

이 상부 구조물을 형성하고 있는 강판들은 그 두께가 얇고 선박이 작을수록 판두께는 얇아 진다. 이러한 박판들을 용접으로 시공하게 되므로 변형 발생과 그 형상은 심한 편이라고 볼 수 있다. 물론 용접을 하기 전에 변형 방지용 보강재로 단단히 구속하고는 있으나 완전한 것은 못된다. 박판의 교정 작업은 미숙련자가 잘못 손을 대면 구조물을 망치는 수가 있다. 아무데나 가열하다 보면 정반대의 변형이 생겨나기도 하는 등, 결국 판을 잘라내어야 하는 결과를 초래하기가 쉽다.

① 여러 층의 구조물에 대한 작업 순서 : 선박의 상갑판상에는 거주구 및 조타실이 선박의 크기에 따라 여러 층이 설치되어 있다. 이 여러 층의 구조물은 층마다 갑판이 있으며 갑판마다 격벽이 설치되어 있으므로 교정 작업에 있어서 반드시 그 순서를 지켜야 한다.

(a) 하부 갑판 교정
(b) 상부 갑판 교정
(c) 중간벽 교정

(10)
(11) (8) (11)
(9) (6) (9)
(7) (4) (7)
(5) (2) (5)
(3) (1) (3)

[구조물 작업순서]

② 상부 갑판의 교정

㈎ 변형 상태 조사 : 가열 냉각만으로 교정이 되는지 여부를 조사하고 외력이 필요하면 준비를 하여야 한다. 조사방법은 목측을 하거나, 정규(定規)를 대보거나, 또는 물체가 길거나 넓은 것은 실을 팽팽히 쳐서 보는 점검법 들이 있다. 조사에서 소요장비를 결정짓고 준비를 한 후에 작업에 착수하여야 할 것이다.

㈏ 가열 : 가열 작업을 시작할 때 제반규칙(안전)을 항상 잊어서는 안 되며, 타작업에 피해가 없도록 주의를 하여야 한다. 변형 상태를 보아 가열 방향에 따라 응력이 빠져 나가겠는지 여부를 판단하고, 항상 일부분의 변형에만 집착하지 말고 시야를 넓혀 전체적인 변형에 대해서 생각을 하여야 한다. 변형이 작은 부분에서 큰 부분으로 하는 것을 원칙으로 하고 응력이 몰려서 집중되는 것을 피해야, 즉 분산을 시켜야 한다.

상부 갑판은 판이 얇기 때문에 골재간의 변형이 크다고 해도 골재 이면을 선가열 수냉(화염 중심에서 약 50mm 후방)을 하게 되면 대체로 교정은 쉽게 이루어진다(10mm 정도의 변형). 그리고 갑판 밑에는 격벽이 설치된 곳이 있다. 이런 부분은 격벽 전후에서 약 20mm 정도는 가열하지 않는다. 또한 $R$부위의 凹 상태 변형은 교정이 약간 어렵다. 이러한 부분은 골재의 상면을 2회 정도 가볍게 가열한다. 단, 빔 캠버(beam camber)를 주의하고 밑에서 외력을 가해 압상시켜 놓고 가열을 한다.

판의 이음부분(seam, butt)은 거칠고 험한 변형이 많다. 이런 부분은 구속용 부재(strong back)로 단단히 당겨 붙이고 이면 가열을 한다. 치구와 외력을 가할 수 없는 부분은 용접선 양측을 가열하되 마무리 작업시 가열해준다.

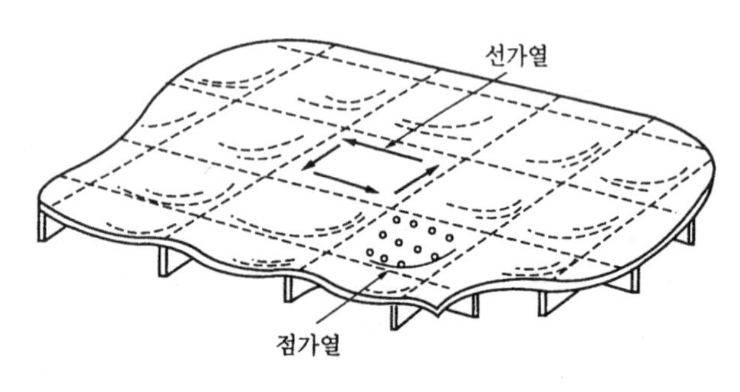


**[상부 갑판의 교정]**

㈐ 마무리 가열 : 변형이 작은 부분에서 큰 부분으로 향해 간다. 골재와 골재 사이의 변형(凹)이 선가열(골재 이면)로 황곡(荒曲)은 교정이 되지만 작은 변형들은 남게 된다. 이것은 점가열로 마무리를 하게 된다. 단, 변형 상태에 凹凸이 있을 때 凸부분부터 교정하는 것이 원칙이다. 凹부분은 밑에서 압상을 시켜 놓고 가열 수냉하여야 한다. 그리고 골재가 凸 상태로 되어 있는 판재는 그 위를 가열하게 되면 대부분 너클(knuckle)이 지는 예가 많으므로 주의한다.

㈑ 골재(beam, deck girder)의 변형교정 : 상부 구조는 골재의 규격이 작기 때문에 외력을 조금만 가해주면 교정은 쉽게 할 수가 있다. 골재가 凸 상태의 변형일 때는 밑에서 잡아당기는 기구(lever puller)를 설치, 가열과 병행하게 되면 쉽게 교정을 할 수

가 있다. 반대로 凹 상태의 변형은 밑에서 잭을 설치하고 역시 가열과 병행 압상시킨다. 변형 상태가 凹凸이 심하게 있는 부분은 외력을 각각 설치해두고 가열을 하게 되면 교정 효과도 동시에 얻을 수가 있다(다음 [그림] 참조).

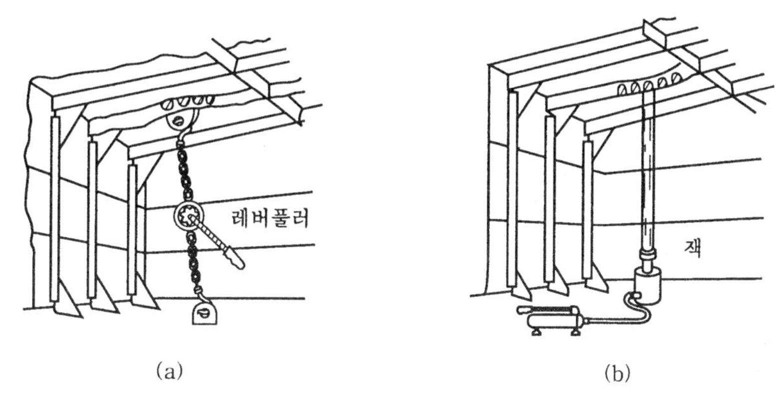


**[상부 구조의 골재 변형교정]**

③ 상부 격벽의 변형교정 : 격벽의 변형은 골재(stiffener, horizontal girder)와 골재간의 판이 凹凸 상태로 되는 것이 가장 많다.

변형 발생의 원인은 역시 용접열로 생겨나고, 교정법은 골재 이면의 용접선을 따라 선가열과 수냉으로 작업을 하게 된다. 수냉 작업에 있어서 격벽은 수직으로 되어 있기 때문에 물이 판에 닿는 순간 아래로 흘러 버린다. 또한 물을 잘못 대주면 정확한 위치에 닿지 않을 때도 있다. 이를 좀더 편리하게 하기 위해서는 약 1~1.5m 길이의 막대에 호스를 묶어 빳빳한 상태로 만들어 격벽 상단 높은 곳이나 낮은 곳 등에 가열 화염을 따라 물을 대준다. 가열 화염 중심과 물을 대는 지점간의 거리는 약 40~60mm 정도로 가열기와 항상 일정한 거리를 유지시켜야 한다.

㈎ 가열 순서 : 가열은 변형이 작고 적은 부분에서 변형이 크고 많은 쪽으로 해 나간다. 벽의 상하에는 갑판이 직각이 되도록 받쳐져 있거나 얹혀져 있다. 이 근처에는 변형이 대체적으로 작고 적게 있다.

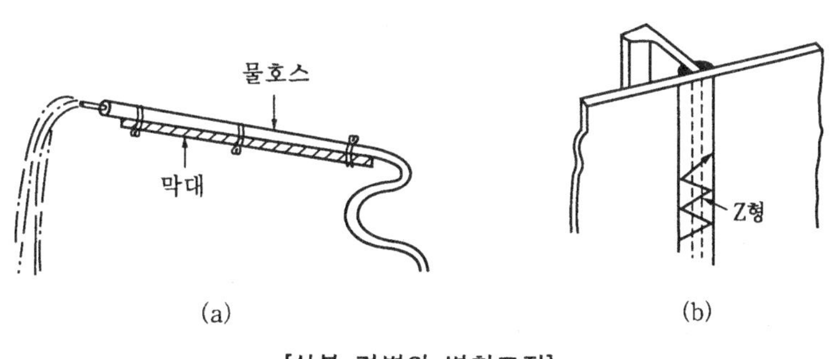


**[상부 격벽의 변형교정]**

이런 부분은 가열속도를 빠르게 또는 느리게 가감 조절을 하여 변형의 크기에 맞추어 교정을 해 나간다. 처음 골재 이면의 선가열을 할 때는 가열폭을 골재의 두께와 용접 비드(bead)의 단이 걸리는 정도로서 Z형 가열을 해 나간다.

(나) 마무리 교정 : 변형의 凹凸이 깊고 큰 부분을 1차 가열과 수냉으로 교정을 하게 되면 골재간에 약간의 변형이 남게 된다. 이 남은 변형을 점가열한다. 상황에 따라 약간의 선가열도 하게 되며, 점가열 및 선가열은 격벽의 凸부분부터 하게 되고, 골재간에 있어서 변형이 작은 부분의 변형 가장자리에서 변형이 큰 중앙부로 해간다.

점가열의 가열 부위는 약 20mmϕ(4.5mm 이하 두께는 10mmϕ의 원형상)로서 원형상으로 가열하며, 가열점간의 간격은 판두께에 따라 각각 다르지만 약 150~200mm 정도로 띄어주고 있다. 점가열은 한곳에만 집중적으로 해야 효과를 나타내므로 항상 열 영향이 한정된 범위에만 미치지 않도록 폭넓게 처리하여야 한다. 그리고 수정 작업은 열이 완전히 식은 다음 재가열을 시도한다(열이 완전히 식기 전에는 교정 상태를 파악할 수가 없다).

판이 늘어져 있는지의 여부를 조사하는 방법은 손으로 판을 두들겨 보고 그 음향을 듣고 판단을 한다. 이 음향에서 판단하는 것은 많은 경험을 요한다.

변형교정 작업중 변형 대상물이 어떤 물체에 방해를 받을 때가 있다. 즉 상부 벽의 경우 통풍통(ventilator) 같은 것이 벽 가깝게(가열기가 틈 사이에 들어갈 수가 없는) 설치된 것 등, 이때 방해물쪽에서 벽을 볼 때 변형이 凹 상태였다면 점가열법은 할 수가 없으므로 선가열만 하고, 반대쪽에서 가열선을 따라 물을 대고 수냉시키는 이수법(裏水法)을 채용한다.

또한 변형이 깊고 클 때는 외력 장치를 설치, 凹 상태일 때는 인출(引出), 凸 상태일 때는 밀어넣는 조치를 취하고 가열과 병행하여야 한다.

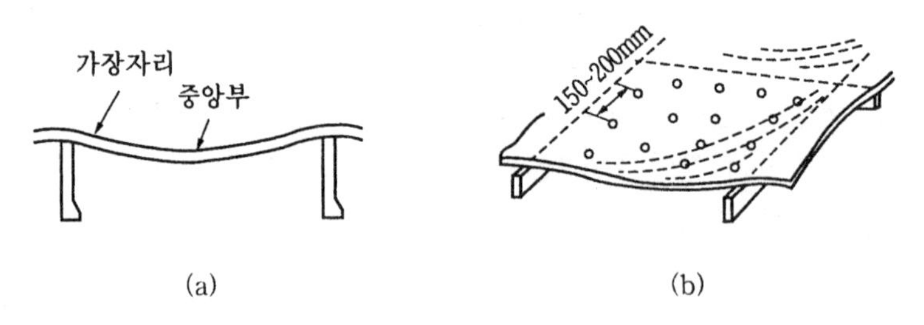


[상부 격벽의 마무리 변형교정]

④ 벽 골재의 변형교정 : 벽에는 방요재(防搖材 ; stiffener)가 일정한 간격으로 설치되어 있다. 이 골재들도 용접열로 격벽판과 함께 변형이 발생, 변형교정에 있어서도 판과 함께 작업을 해주어야 한다.

(가) 골재의 가열지점 설정 : 다음 [그림]과 같이 골재의 변형을 직선된 정규(定規)로 변형부분의 등면을 골재 밑부분부터 대고 정규 가곡면에 처음 닿는 부분을 제1포인트(point)로 정하고 가열과 수냉을 실시한다. 제1포인트 가열이 끝나면 다시 정규를 대고 제2포인트를 설정 가열하는, 즉 골재 밑에서부터 순차적으로 가열점을 설정 교정해가는 방법이다.

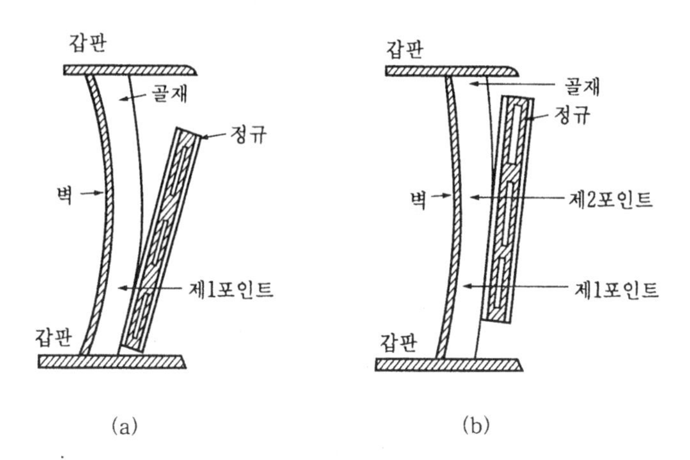


(a) (b)

**[벽 골재의 가열지점]**

(나) 가열 : 골재의 가열법은 주로 삼각가열을 이용하고 있다. 골재의 가열 순서는 면재측이 凸 상태의 변형일 때 다음 [그림]과 같이 역판(web)부터 가열하고, 면재부분은 뒤에 가열한다.

면재부분 가열시 면재 끝까지([그림] (b)) 가열하여서는 안 된다. 면재 끝단까지 가열을 하게 되면 면재면에 너클(knuckle)이 발생하게 되므로 반드시 [그림] (a)와 같이 화살표 방향으로 가열한다. 대부분 골재를 교정하게 되면 판의 변형도 흡수하게 되므로 판 변형은 쉽게 처리할 수가 있다.

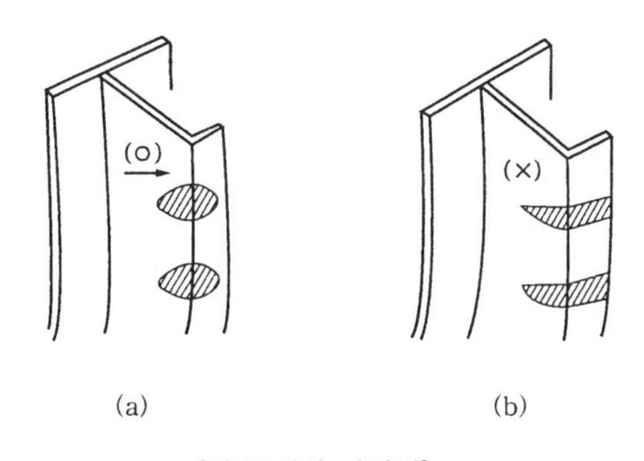


(a) (b)

**[벽 골재의 가열법]**

⑤ 파형 격벽(swedge bulkhead)의 변형교정 : 파형 격벽은 골재가 없다. 골재가 없는 대신 판에 골을 지게 하여 강도를 보강하였으며, 설치에 있어서 횡격벽의 경우는 골이 수직으로, 종격벽인 경우는 골이 수평으로 되도록 설치하고 있다. 선체 상부 구조에 있어서 파형 격벽일 때 골은 수직으로 설치되는 것이 상례이다.

(가) 격벽 전체가 凹 상태인 경우의 변형교정 : 갑판과 갑판간에 있는 파형 격벽의 경우 골진 상태에 이상이 없고 벽 전체가 활처럼 휘는 변형이 생겼다면 다음 [그림]과 같이 변형의 凹면측, 즉 밑부분을 선가열한다. 가열폭은 약 20mm 정도로서 갑판으로부터

약 10mm 정도 떨어진 위치에 수평으로 가열한다.

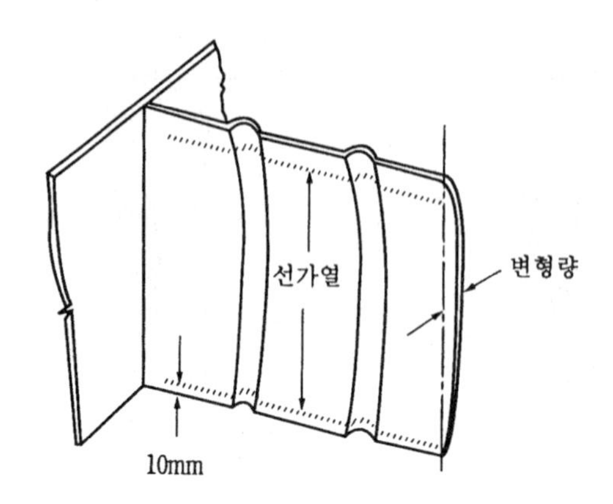


[격벽 전체가 凹 상태인 경우의 변형교정]

㈏ 가열지점 설정 : 정규로 변형부분 등면을 밑에서부터 대보고 정규가 곡면에 처음 닿는 부분을 제1포인트로 정하여 가열 수냉을 실시, 다음 제2포인트를 정규로 찾은 다음 역시 가열 수냉을 시키는, 즉 격벽 골재의 가열점 설정방법과 동일하게 밑에서부터 위로 설정, 가열 교정을 한다. 처음 가열시에는 가볍게 가열 수냉을 시킨 다음 변형이 남아 있다면 가늘고 강하게 재가열 수냉을 시켜 준다. 이때 주의할 점은 처음부터 강하게 가열하게 되면 가열부분에 너클(knuckle)이 생기기가 쉽다. 너클이 생기게 되면 마무리 교정이 무척 어려워지고, 또한 그 부분이 매끈하지가 않다.

㈐ 격벽판의 이음부(butt) : 격벽판 이음부는 판이 얇기 때문에 변형 상태가 凸형으로 발생된다. 심한 변형일 때는 너클이 지는 ︿형이 되는 때도 있다.

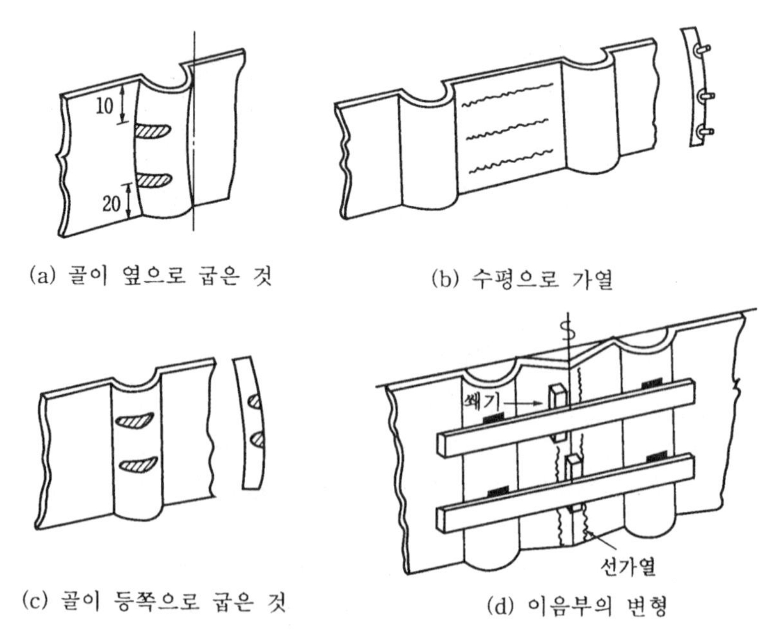


(a) 골이 옆으로 굽은 것 (b) 수평으로 가열

(c) 골이 등쪽으로 굽은 것 (d) 이음부의 변형

[격벽판의 이음부]

이 이음부의 교정법은 용접선 양쪽(돌출부측)을 선가열하고 이면에 물을 대주는 이수법을 이용하고 있다. 외력을 이용할 때는 골의 등면과 등면간에 보강용 재를 설치([그림] (d)) 쐐기를 쳐넣어 변형을 밀어내는 방법으로 가열과 교정을 병행하고 있다.

⑥ 파형 벽의 개구(출입문)부분 변형 : 파형 벽판에도 개구가 있어야 하기 때문에 가스 절단을 하게 된다. 이때 절단열과 판의 잔류응력 등으로 변형이 생겨난다. 그리고 잘라진 판끝(板緣)은 다음 [그림] (b)와 같이 파형의 골진 것이 풀어지거나 또는 판 끝이 상하로 변형을 낳게 한다.

이 변형들은 문틀을 붙임 작업을 할 때 작은 변형은 대부분 흡수되며, 크고 깊은 것은 사전 변형교정을 해주어야 한다. 그리고 [그림] (a)의 변형은 직선 정규를 대보고 정확한 가열 위치를 설정, 화살표를 따라 개구쪽으로 선가열과 수냉을 해주어야 한다(강렬하게 가열한다).

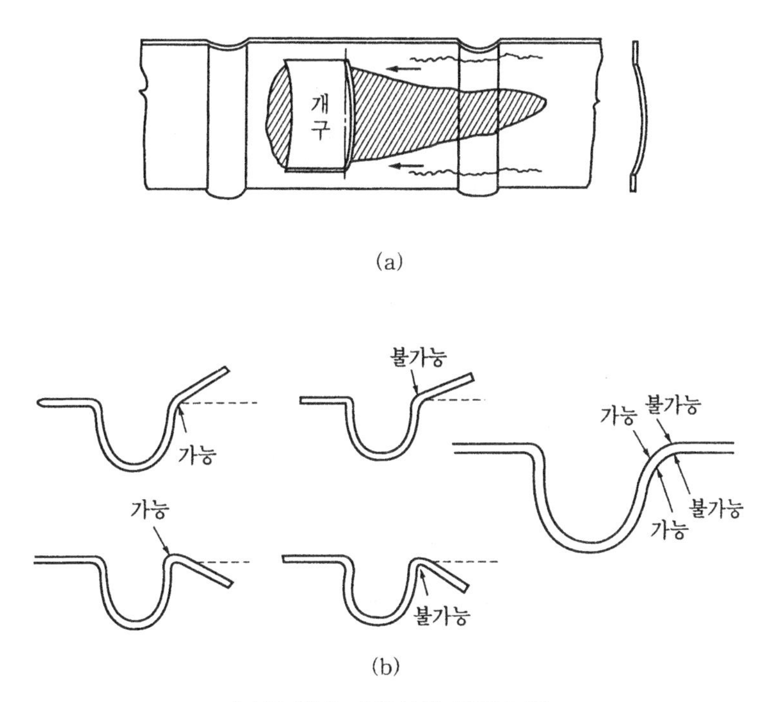


**[파형 벽의 개구부분 변형교정]**

⑦ 선교루 전단벽(front wall) : 선교루 전단벽은 상갑판상에 설치되므로 이 상갑판상에는 상당한 높이의 갑판량(beam camber)이 있다. 이 캠버로 인해 벽판 붙임을 할 때 정확한 $R$(곡량)이 된 정규로서 접합부를 측정한 다음 맞추어 붙여야 한다. 길고 짧고 하는 등의 상태로 접합을 하게 되면 꼬불꼬불한 접합부가 되고 방요재(stifferner)에도 영향을 미치게 된다. 그리고 벽판 자체의 변형교정은 격벽의 교정방법에 준하므로 참조하기 바란다.

⑧ 각창 및 현창(角窓 · 玄窓 ; side scuttle)의 비틀림 교정 : 상부 구조의 벽에는 창문이 있다. 이 창문의 형태에는 사각형과 원형이 있으며, 사각형(각창)의 변형은 개구(출입문)와 같은 요령으로 교정 작업을 하게 되고, 현창인 경우도 거의 같은 요령으로 교정을 하게 된다.

㈎ 각창의 변형교정 : 직선의 정규를 창구의 길이보다 긴 것으로 준비, 뚫린 창구 옆 절단면의 윗부분과 아랫부분에 걸쳐 정규를 대보고 중간의 凹凸 상태 유무를 측정, 가열 지점을 표시해둔다. 또 정규를 수평으로 대보고 역시 凹凸 상태를 확인하고 표시해준다. 가열 방법은 다음 [그림]과 같이 각창의 네 귀퉁이를 가열하면 중간의 凹凸 상태의 변형은 대부분 흡수되어 교정이 이루어진다.

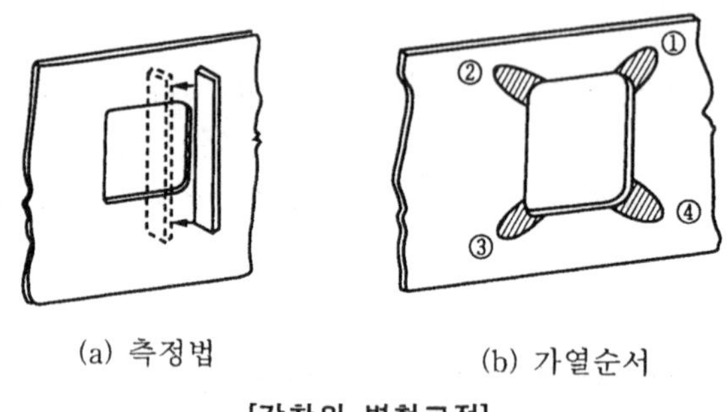

(a) 측정법 (b) 가열순서

**[각창의 변형교정]**

㈏ 현창의 변형교정 : 현창도 각창과 같은 요령으로 정규로 변형을 조사한 후에 가열 작업을 하게 된다. 각창과 마찬가지로 먼저 창 주위의 변형부터 교정한 다음 절취부분(개구의 판연)을 교정한다. 변형 상태가 凸 상태의 것은 이면에 있는 골재를 가볍게 가열해준 다음 판에 가열을 하게 한다. 현창은 변형 상태에 따라 다음 [그림]과 같이 가열을 하며, 변형이 남게 될 때는 이면 골재를 가열해준다.

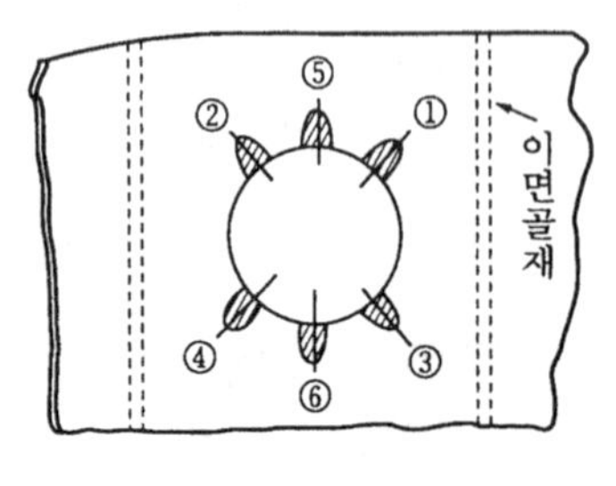


**[현창의 변형교정]**

## (6) 이면 수냉법

① 이수법(裏水法) : 이수법은 가열하는 면에 냉각수를 대주는 것이 아니고 가열 이면에 물을 대주는 것을 말한다. 일반적으로 변형교정시 가열하는 면에 물을 대줌으로써 열의 전도가 판 이면까지 전해지고 표면과 이면과의 수축량은 다르지 않다. 그러나 이면 수냉법은 이면에 물로 냉각을 시키는 한편, 표면은 가열을 계속함으로써 수축은 한쪽만(수냉면은 열전도가 안 되므로) 이루어지므로 재질 보존에 있어서도 유익하다. 그러나 수축량은 적고 깊은 변형교정에서는 이용을 하지 않으며, 잔류 변형교정에만 이용하고 있다. 변형교정 대상물이 어떤 설치물로 방해가 되어 가열, 수냉 작업이 표면에서 이루어질 수 없을 때, 즉 점가열을 요하는 곳에 가열기가 들어갈 수 없는 좁은 장소에서는 골재 이면을 선가열하고 이면에 수냉을 실시하는 이수법을 한다.

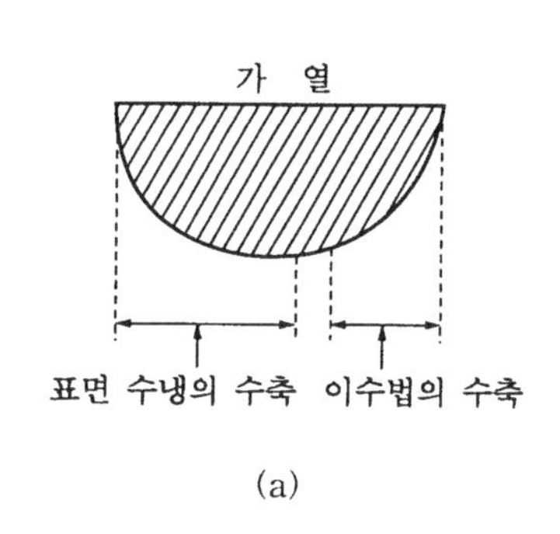


(a)

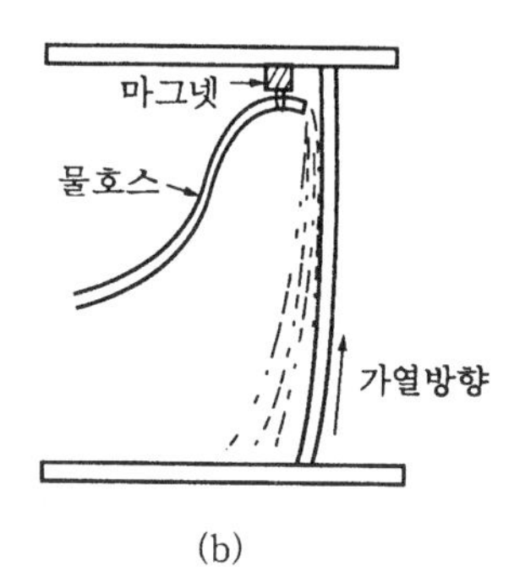


(b)

[이수법]

② 방법

(가) 갑판의 경우 : 방열 석면을 말아서 가열부분에 물이 고여 있도록 하여 그 밑(이면)에서 가열을 한다. 용접 비드(bead)의 양옆은 화염을 가늘게 하여 가열한다.

(나) 격벽의 경우 : 凹된 부분의 최상단벽 또는 천장에 마그넷(magnet)을 부착시켜 물호스를 걸어 물을 벽면에 흐르게 하여 벽 이면 밑부분부터 가열하여 올라간다. 벽의 경우도 용접 비드 양단에는 화염을 가늘게 하여 가열한다.

### (7) 박판의 변형교정

① 박판 : 박판은 보통 4.5mm 이하의 강판을 말한다. 박판 변형교정 작업은 고도로 숙련된 기술을 요한다.

② 박판 변형교정의 특징

(가) 선상가열에 있어서 판두께 방향에 대한 온도의 차가 복잡하다.

(나) 선상가열에 있어서 판의 너클(knuckle)과 굴곡 현상은 좀처럼 잘 잡혀지지 않는다. 가열에 있어서 판의 신축 작용을 이용하지 않으면 변형교정은 어렵게 된다.

(다) 박판은 가열시 잠시만 부주의를 하게 되면 그 열로 인한 심한 凹凸이 발생하며, 판의 허리에 너클이 지는 등 원하지 않는 곳에 굴곡이 생기고, 또 응력이 한곳에 집중되기 쉽다.

(라) 사전에 계획없이 가열하게 되면 나중에 뒤처리가 매우 곤란하게 된다. 즉 판을 교환하지 않으면 안 되는 상황을 초래할 수도 있다.

(마) 가열(점가열)에 있어서 판의 신축 작용을 이용하지 않으면 변형교정은 어렵게 된다.

③ 박판의 변형교정 작업시 주의사항

(가) 화구를 잘 선택하고 판두께에 알맞은 가열기(burner)를 사용하지 않으면 안 된다.

(나) 치구 및 보강재를 사용하여 될 수 있는 대로 팽팽하게 외력을 가하여 구속시킨 후 가열 작업에 임한다.

(다) 점가열 등으로 빨갛게 가열할 경우 가열 부위의 점은 크지 않고 조그맣게 한다(약 10mm 정도).

(라) 가열중 가열기를 여유있게 움직여 가열기와 판과의 간격은 화염의 중심 청백색점(靑白色點)이 판에 약간만 떨어질 정도로 하여 판을 녹이지 않게 주의한다.

제5편

# 제관 제작 및 철골 구조

# 제관 제작

## 1. 제관 제작의 개요

제관 작업은 판금 작업의 일부로서 제작되는 용기는 사용 목적, 내용물의 종류, 크기 형상에 따라 사용 재료와 제작 방법이 다르다. 이러한 용기는 유체를 저장하는 용기와 안전 규칙에 의해 제조되는 보일러 및 압력 용기로 구분할 수 있다.

압력 용기는 제 1 종, 제 2 종으로 구분되며, 제관 가공을 보일러 제작(boiler making)이 주목적이었으나 넓은 의미로서는 조선, 원자력 용기, 철교, 철탑, 건축물, 철도, 차량 제작 등의 중후판을 이용하는 구조물의 제작도 포함된다.

압력 용기 제작의 가장 기본적인 가공은 판재의 굽힘, 드로잉 및 용제 가공이며 관 굽힘, 관 접합 가공 등도 포함된다.

일반적으로 제관 가공의 공정은 설계 → 재료 검사 → 현도 → 부재 절단 → 굽힘 및 성형 → 열처리 → 조립 → 완성 검사 → 도장 등의 순서로 이루어진다.

보일러 구조는 동체(drum)와 경판(end plate)으로 크게 구분되며 각종 판 공작물과 부속 기기로 구성되어 있다.

## 2. 제관 가공

### 2-1 재료의 검사

재료의 재질을 확인하고 치수를 검사한다. 특히, 치수 검사는 판두께 검사가 가장 중요하며 보일러에 사용하는 강판은 두께가 0.25 mm 이상 차이가 나는 것은 불합격으로 처리한다. 판재 표면의 흠은 연삭하여 사용할 수 있으나 연삭 보수 허용 면적이 강판 전체 면적의 30 % 이상되면 사용할 수 없다.

### 2-2 용기의 판뜨기

용기의 동체는 한 장 또는 여러 장의 강판을 원통형으로 제작하고 여러 개 이어서 필요한 길이의 동체를 만들므로 길이 방향의 치수를 결정하려면 도면의 치수 이외에 용제 수축 여유, 절단 여유, 비틀림 여유를 고려해야 하며 원주 방향의 치수는 롤러 작업에 의한 인장 여유, 끝굽힘(flat end) 여유를 고려해야 한다.

원주 방향의 전개 치수는 동체의 중립선 지름을 기준으로 계산하여 판뜨기 한다.

용접 수축은 용접, 입열, 절단 팁의 크기, 모재의 두께, 재질, 용접 층수와 용접 방법에 따라 다르므로 여러 개를 이은 긴 용기는 미리 수축 여유를 고려해서 판뜨기를 해야 한다.

소재에서 필요한 길이의 재료를 잘라낼 때 절단 부위의 용융으로 인해 부족해지는 치수를 보충하기 위한 여유 치수는 다음 [표]와 같다.

[가스 절단 여유]

| 판의 두께 (mm) | 가스 절단 여유 (mm) |
|---|---|
| 20 이하 | 3 |
| 20 초과, 100 이하 | 5 |
| 100 초과, 200 이하 | 8 |
| 200 초과, 400 이하 | 10 |

가공할 때 발생하는 판의 불균형에 의한 인장으로 생기는 인장 여유는 굽힘 가공에 의해 발생하는 길이의 증가로서 냉간 롤 작업에서는 비틀림 여유나 인장 여유를 고려하지 않아도 된다.

판을 굽힐 때 진원으로 만들기 위해 판재의 끝을 미리 구부리는 작업에 필요한 치수를 끝 굽힘 여유 치수라 한다. 여유 치수는 판두께나 가공 방법, 숙련도 등에 따라 변화하기 쉬우므로 경험에 의해 결정하는 경우가 많다.

## 2-3 동체의 가공

일반적으로 보일러 동체는 벤딩 롤러(bending roller)로 굽히는 데 두꺼운 판재나 원통이 아닌 동체는 프레스로 굽힘 가공을 하기도 한다.

다음 [그림]은 원형 동체 이외에 특수한 단면의 동체를 나타낸 것이다.

동체의 굽힘 가공은 냉간 굽힘과 열간 굽힘이 있으며, 고장력강과 스테인리스강 등은 가공 온도에 따라서 열화가 심하므로 열간 굽힘시 가열 온도에 주의해야 한다.

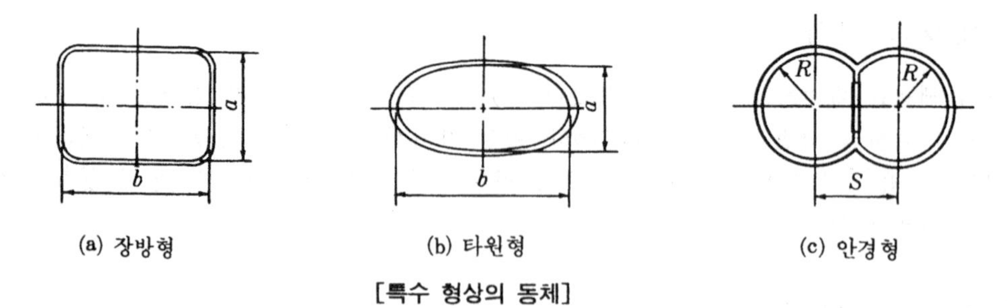


(a) 장방형 (b) 타원형 (c) 안경형

[특수 형상의 동체]

### (1) 롤 성형

롤의 방향에 따라 가로형과 세로형이 있고, 롤의 배치에 따라 피라밋형과 핀치형으로 구분할 수 있다. 일반적으로 피라밋형은 3개의 롤로 되어 있고 다음 [그림]과 같이 ●표의 롤을 화살표 방향으로 움직여서 판재를 굽히고 판재의 이송은 ○표의 롤을 회전시켜 작업한다.

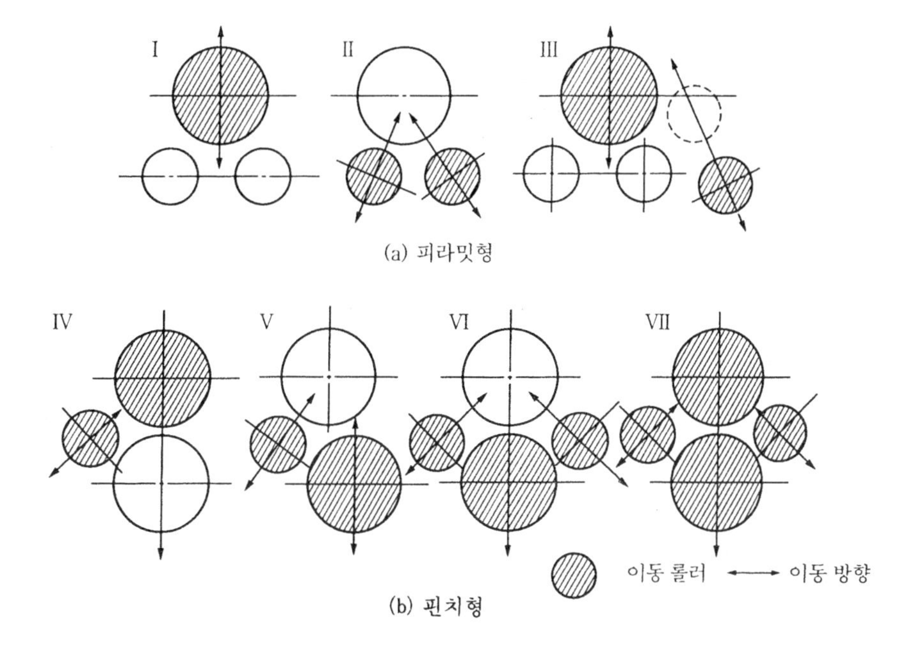


(a) 피라밋형

(b) 핀치형

**[벤딩 롤러의 형식]**

피라밋형은 위아래 롤의 간격을 조정하여 원통의 곡률 반경을 바꾸며 일반적으로 구조가 간단하고 설비비가 저렴하나 판재의 끝부분을 굽힐 수 없으므로 판재의 끝부분을 미리 굽혀서 작업하는 것이 좋다.

다음 [그림]은 판재의 끝굽힘 방법을 나타낸 것으로 비교적 얇은 판재는 해머 작업으로도 가능하지만 두꺼운 판재는 유압 프레스 등에 의해 가공한다. 따라서 피라밋형 벤딩 롤러에 의해 굽힘 가공할 경우 일반적으로 프레스에 의해 끝굽힘 가공을 한다.

(a) 형판에 의한 끝굽힘　　(b) 프레스에 의한 끝굽힘

**[피라밋형 벤딩 롤러의 끝굽힘 방법]**

피라밋형 굽힘 롤에 의해 굽힐 수 있는 최소 지름은 윗롤러 지름의 1.15~1.30배 정도이다.

핀치형 벤딩 롤러는 상부롤, 핀치롤 및 굽힘 조절롤로 구성되며 핀치롤을 상하로 움직이고 굽힘 조절롤을 비스듬히 이동시켜 적당한 굽힘 반지름을 만들 수 있도록 되어 있다. 또한 [그림]과 같이 상부 롤과 핀치롤 사이에 판재를 물리고 굽힘 조절롤로 압력을 가하면서 판재의 끝부분을 굽힌다. 따라서 판재의 끝굽힘을 하지 않아도 된다.

일반적으로 판의 한쪽을 굽히고 다른 쪽을 핀치 롤러에 삽입하여 굽힘 조절롤에 의해 굽힘 반지름을 조정하고 이송 굽힘한다. 최근 NC 벤딩 롤러가 많이 이용되고 있으며 핀치형에서 굽힐 수 있는 최소 지름은 피라밋형보다 조금 작다.

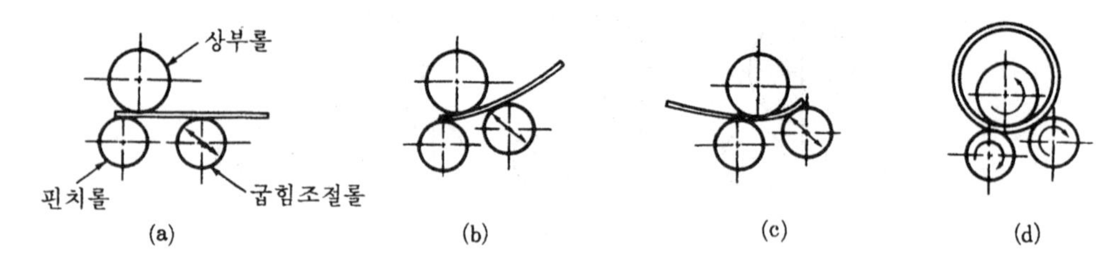


[3가닥 핀치형 벤딩 롤러의 굽힘 가공 순서]

### (2) 판재의 끝 가공

벤딩 롤러에 의한 굽힘은 굽힘 반지름을 자유롭게 할 수 있는 장점이 있고, 작업 능률도 좋지만 끝굽힘 가공이 곤란하므로 끝단의 직선부가 일부 남아 있게 되고 이것을 적게 하기 위해 핀치 효과를 올려야 한다.

판끝의 직선부 길이는 판두께, 굽힘 반지름에 따라 다르나 보통 판두께의 2~3배이며, 이것을 수정하려면 다음과 같은 방법을 이용한다.

① 판뜨기할 때 끝굽힘 여유 치수를 주고 굽힘 가공후 직선부를 잘라낸다.

② 선상 가열에 의해 굽힌다.

다음 [그림]과 같이 산소-아세틸렌 불꽃으로 굽히고자 하는 직선부의 안쪽을 가열하고 즉시 물로 냉각하면서 토치를 이동시킨다. 선상 가열 온도는 수냉시 700℃, 공랭시 800℃ 이하로 하며, $Ac_1$변태점을 넘지 않으면 냉간 굽힘 가공과 같으며 조직의 변화가 없다. 그러나 고장력강은 성질의 변화가 심하므로 가열 온도에 주의해야 한다.

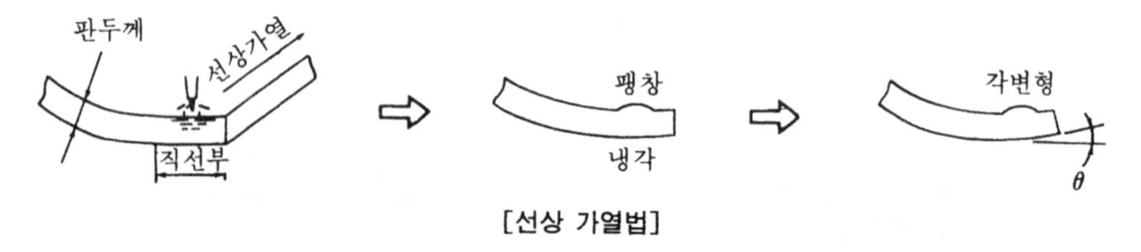


[선상 가열법]

③ 직선부를 과도하게 구부려서 진원에 가깝게 만드는 방법으로 그림 [과도하게 굽힌 직선부의 형상]과 같이 끝굽힘시 과도하게 굽혀 진원에 가깝게 하면 직선부가 원호로 되지는 않지만 원형과의 오차가 적어진다.

④ 용접할 때 열응력이 의해 생기는 각 변형을 이용하여 형상을 수정하는 방법으로 이음 부분이 2~3 mm 정도 오므라들어 원형에 가까워진다.

[과도하게 굽힌 직선부의 형상]

[용접시 각변형 이용법]

### (3) 열간 굽힘

굽힘 반지름이 작고 판이 두껍거나 프레스 용량이 작아서 냉간 굽힘이 곤란할 때 열간 굽힘을 한다. 보일러용 압연 강재의 경우 900~950℃ 정도로 균일하게 가열하여 600℃ 이상의 온도에서 굽힘 가공을 끝내야 하는데 이 때 청열 메짐을 일으키는 온도(200~350℃)에서 가공하면 취약해 질 수도 있다.

열간 굽힘한 제품은 스케일(scale)을 완전히 제거한다. 또한 열간 굽힘에 의해 정확한 치수로 가공할 수 없으므로 1차 굽힘은 열간에서 한 다음 냉간 굽힘으로 정확한 치수를 맞춘다.

### (4) 프레스에 의한 굽힘

벤딩 롤러로 작업하기 곤란한 경우에 프레스에 의해 원통 굽힘을 한다. 폭이 롤의 길이보다 긴 경우나 두꺼운 경우 롤러에 의해 굽히기 곤란한 모양의 부품은 금형을 사용하여 프레스에서 굽힘 가공한다.

프레스 가공에서도 냉간 가공과 열간 가공을 할 수 있으며, 냉간 가공시 실온이 특히 낮을 때는 재료의 취성에 의한 파괴에 주의해야 한다. 취성에 의한 파괴를 방지하기 위해서 재료를 천이 온도 이상으로 유지해야 하는데 천이 온도는 화학 성분 금속의 조직 결정 입자, 판두께, 응력 상태 등에 따라 다르며 정확한 값을 구하는 것은 매우 어렵다.

보일러나 열교환기의 동체에 사용되는 탄소강판의 경우 20℃ 이상으로 유지하면 균열의 위험은 거의 없다.

경판을 원통형으로 굽힐 때의 신장률은 다음과 같이 계산하여 구한다.

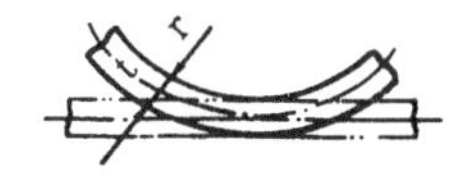

[판재의 신장률]

$$\varepsilon = \frac{t}{r+t}$$

프레스에 의한 열간 가공은 탄소 강판의 경우 보통 20 mm 이상의 판재를 굽힐 때 이용되며 원통의 외측 섬유상 조직의 신장률이 8 % 이상될 때 사용한다.

### (5) 손 작업에 의한 굽힘

① 판재의 굽힘 : 강판을 손 작업에 의해 굽힐 때에는 제관용 정반 위에서 그림 [굽힘 작업용 공구(1)]과 같은 공구를 사용한다.

- 받침쇠(A) : 강판을 90° 로 굽힐 때 사용한다.
- 벤딩 도그(bending dog ; B) : 환봉을 45° 로 구부린 것으로 강판을 정반에 고정할 때 사용한다.
- 벤딩 핀(bending pin ; C) : 제관용 정반의 구멍에 끼워 강판의 위치를 정하는 데 사용한다.
- 좌금(D) : 구멍이 편심으로 되어 있어 핀에 끼워서 사용한다.
- 큰 해머(F) : 보통 4, 5, 6 kgf 의 것을 사용하며 큰 것은 8~10 kgf 의 것도 있다.

그림 [굽힘 작업용 공구 (Ⅱ)]는 스퀴저(squeezer ; G)와 굽힘 형틀(H)를 사용하여 강판을 굽히는 방법을 나타낸 것이다.

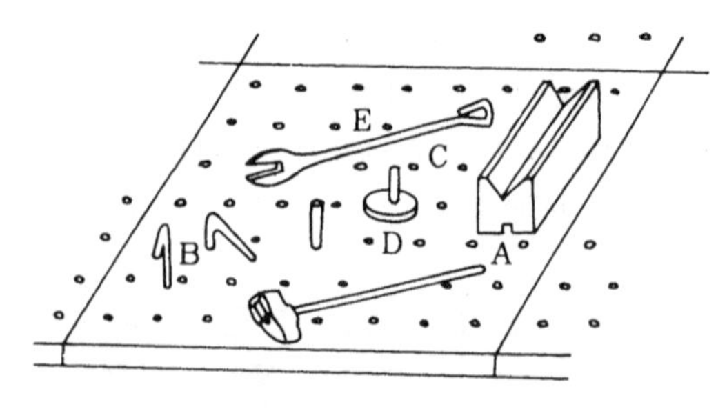


[굽힘 작업용 공구(I)]

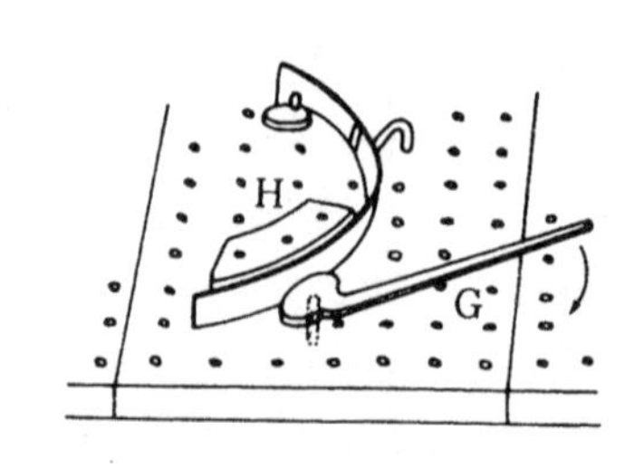


[굽힘 작업용 공구(II)]

넓은 강판을 손 작업으로 원호나 원뿔 모양으로 구부리려면 [그림]과 같이 강판에 적당한 간격으로 평행선을 긋고 고르게 때려서 판재의 끝에서부터 차례로 구부린다. 이 때 판재를 I빔과 같은 받침대 위에서 플러(F)을 사용하여 굽힌다. 원뿔 모양으로 가공하려면 받침대 사이의 간격을 비스듬히 벌려 놓아야 한다.

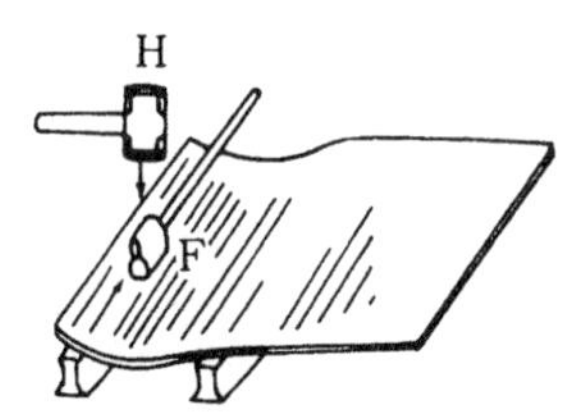


[강판의 굽힘 작업]

② 형강의 굽힘 : ㄱ형강, ㄷ형강, 립 Z 형강 등의 굽힘은 제관 작업에서 많이 있는 것으로 그림 [립 Z 형강의 굽힘 작업]은 제관용 정반에서 완만하게 굽히는 방법을 나타낸 것이다. 정반에 형틀을 핀, 좌금 벤딩, 도그를 사용하여 고정시키고 립 Z 형강을 스퀴저로 굽힌다. 이 때 형강을 블록에 밀착시켜 수평으로 놓는다. 굽힘 반경이 클 때는 상온에서 가공하나 가공량이 많으면 800~1000℃로 가열하여 해머로 가격하여 굽힌다.

ㄱ형강을 비교적 작은 굽힘 반경으로 바깥쪽을 굽힐 때는 바깥쪽을, 안쪽을 굽힐 때에는 안쪽을 충분히 가열하여 해머로 두들겨 굽힌다. 그 이유는 바깥쪽으로 굽힐 때에는 바깥쪽이 늘어나서 균열이 발생하기 쉽고 안쪽으로 굽힐 때에는 안쪽이 압축되어 주름이 생기기 때문이다.

ㄱ형강이나 T형강을 굽힐 때 앵글 벤더를 사용하며 앵글 벤더의 롤러는 홈이 파져 있으므로 ㄱ형강이나 T형강을 주름 없이 굽힐 수 있다.

ㄱ형강이나 T형강을 그림 [가압식 횡압 수압기]를 사용하여 굽힐 수 있으며, 이 가반식 수압기는 완성된 제관 제품의 변형을 교정하는 데도 이용된다.

형강에 단붙이기는 그림 [손작업에 의한 단붙이기]와 같이 홈이 파진 블록 위에 형강을 놓고 해머로 두들겨 단을 붙일 수 있는데 손 작업으로 곤란하면 수압기를 이용한다.

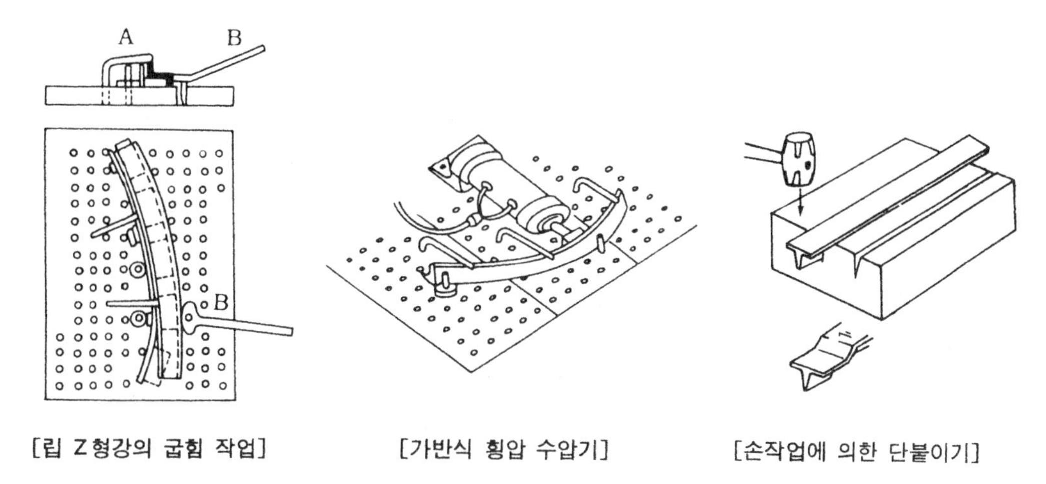


[립 Z형강의 굽힘 작업]　[가반식 횡압 수압기]　[손작업에 의한 단붙이기]

### (6) 플랜지 가공

보일러나 탱크의 동체에 경판을 연결시킬 때 경판의 가장자리를 구부려 플랜지 작업을 하는 경우가 있다.

손 작업으로 플랜지를 하려면 판뜨기한 강판의 중심에 미리 구멍을 뚫어 놓고 강판의 가장자리를 800～1000℃로 가열하여 중심의 구멍을 받침쇠의 중심에 꽂아 놓은 핀에 맞추어 놓고 나무 해머로 두들겨 굽힌다. 금속제의 큰 해머로 두들기면 흠이 생길 뿐 아니라 일부에만 큰 힘을 가하게 되어 주름이 생기므로 나무 해머를 사용하는 것이 좋다. 이 때 한번에 많은 양을 구부리지 말고 그림 [손작업에 의한 플랜지]의 (a)와 같이 약간 간격을 두어 a, c, e와 같이 굽힌 다음 b, d를 굽힌다.

또 나무 해머로 두들길 때는 그림 (b)와 같이 플랜지의 근원 a에서 차례로 b, c의 순서로 구부려 끝단까지 굽힌다.

끝단부터 구부리면 수정이 곤란하게 되고 받침쇠의 곡면에 맞지 않는 경우가 있으므로 미리 뚫은 구멍에서 변형을 흡수하게 하고 플랜지를 붙인 후 용접하여 메운다.

그림 [수압 플랜지 기계]는 강판용 수압기(hydraulic press)라고도 하며 약 900℃로 가열한 강판을 받침대 a에 놓고 램 b를 작동시키면 플랜지가 만들어진다. 수압기로 플랜지를 성형하면 주름이 생기므로 약 850℃ 정도 가열하여 손 작업으로 교정하고 내부 응력을 제거하기 위해 서서히 냉각시킨다.

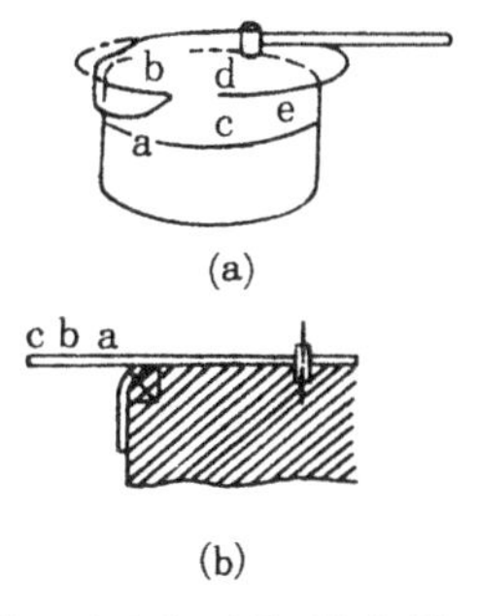


[손작업에 의한 플랜지]

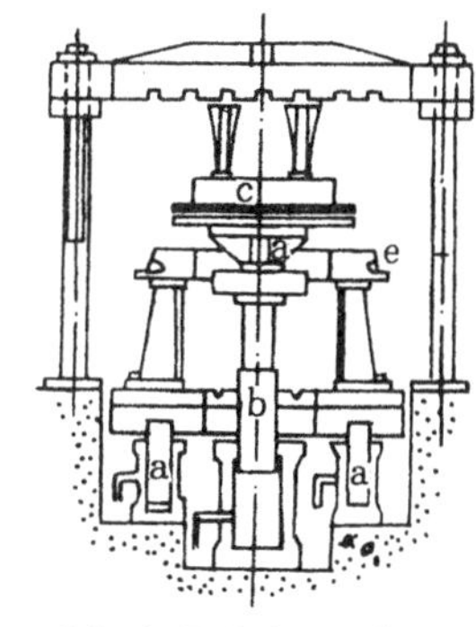


[수압 플랜지 기계]

## 2-4 경판 가공

경판(end plate)은 동체의 양 끝면을 덮어 씌우는 판으로서 [그림]과 같이 평형 접시형, 반타원형, 반구형, 원추형 등이 있으며 고압용에는 반구형이 많이 사용된다. 또한 동체와 연결되는 경판의 길이 $l$은 20 mm 이상으로 한다.

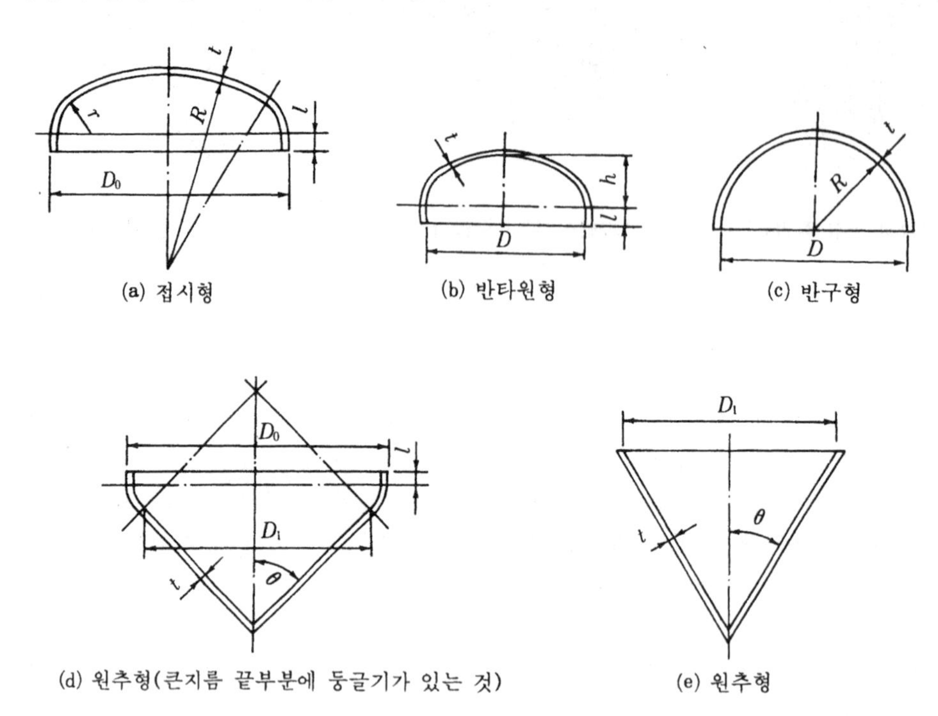


**[경판의 모양**(KS B 6231)]

(1) **경판의 설계**(KS B 6231 참조)

① 접시형 경판 : 경판 구석 둥근 부분의 부식 후의 안쪽 반경을 $r$(mm), 경판의 두께를 $t$(mm), 경판 플랜지부의 외경을 $D_0$(mm), 접시형 경판의 중앙부 안쪽면의 부식 후 반경을 $R$(mm)이라 하면 다음 식으로 구한다.

$r \geqq 3t \qquad r \geqq 0.60D_0 \qquad R \leqq 1.5D_0$

② 반타원형 경판 : 부식 후 경판 안쪽면에서 측정한 긴 타원의 지름을 $D$(mm), 부식 후 경판 안쪽면에서 측정한 짧은 타원의 지름의 $\frac{1}{2}$을 $h$(mm)라 하면 다음 식으로 구한다.

$$\frac{D}{2h} \leqq 3$$

③ 큰 지름 끝부에 둥근 부분이 있는 원추형 경판 : 원추 꼭지각의 $\frac{1}{2}$을 $\theta$, 원추의 큰 지름

끝부 둥근 부분의 두께를 $t$(mm)라 하면 다음 식으로 구한다.

$\theta > 30°$의 경우　　$r \geqq 3t$　또는　$r \geqq 0.06 D_0$

④ 원추형 경판

$\theta \leqq 30°$

⑤ 평형 경판 : 동체에 부착 방법에 따라 다음 [그림]과 같이 둥근 부분의 반경 $r$ 및 플랜지부의 길이 $l$을 가산하여 구한다.

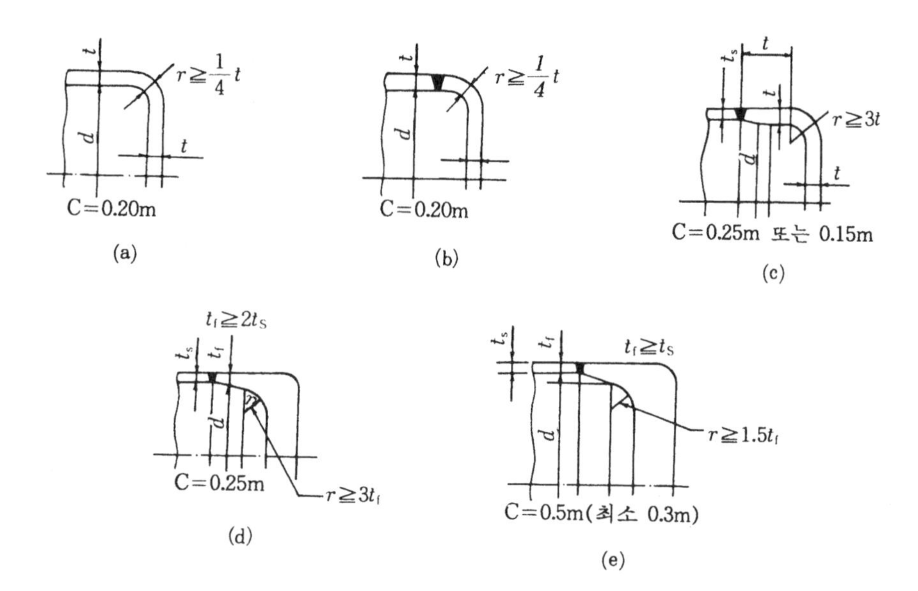


[평경판의 모양 및 부착 방법]

## (2) 경판의 성형

일반적으로 경판은 금형을 사용하여 프레스로 드로잉 가공에 의해 만들며 최근에는 스피닝(spinning) 가공도 많이 이용되며 가공성이 나쁜 재료는 폭발 성형법도 이용된다.

경판 가공은 열간 및 냉각 가공하면 가공 경화에 의해 연신율과 충격값이 저하되므로 풀림 처리하는 것이 좋다.

① 프레스에 의한 드로잉 가공 : 프레스에 의한 경판의 제작은 그림 [프레스에 의한 경판 가공]과 같이 원형으로 절단한 소재를 다이 위에 놓고 펀치로 압력을 가하여 만든다.

일반적으로 경판의 프레스 성형은 블랭크 홀더(blank holder)를 사용하지 않으므로 판두께가 드로잉률에 비해 지나치게 얇거나 펀치의 설계가 나쁜 경우 주름이 생긴다.

드로잉 가공으로 인한 플랜지의 주름을 방지하기 위해서 그림[다이 어깨 설계]와 같이 소재와 다이의 접촉부를 판두께의 3배 이하로 유지해야 한다.

다이의 어깨가 둥근 경우 다이 어깨의 반경을 판두께의 20배 이하로 하고 원추형 다이의 경우 그림 [다이 어깨 설계]의 (c)와 같이 원추의 테이퍼부를 판두께의 20배 이하로 유지해 주어야 한다.

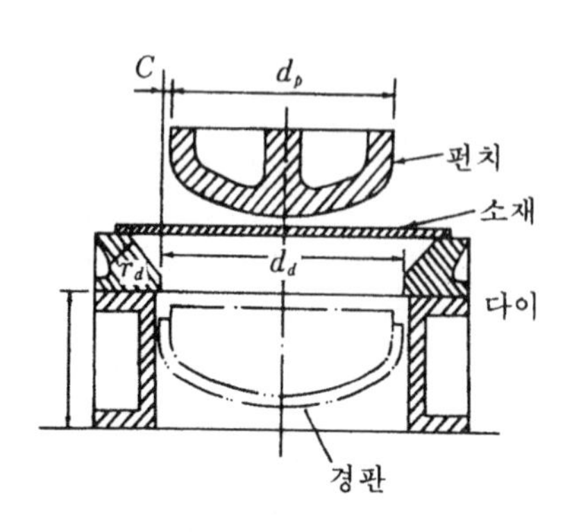


[프레스에 의한 경판 가공]

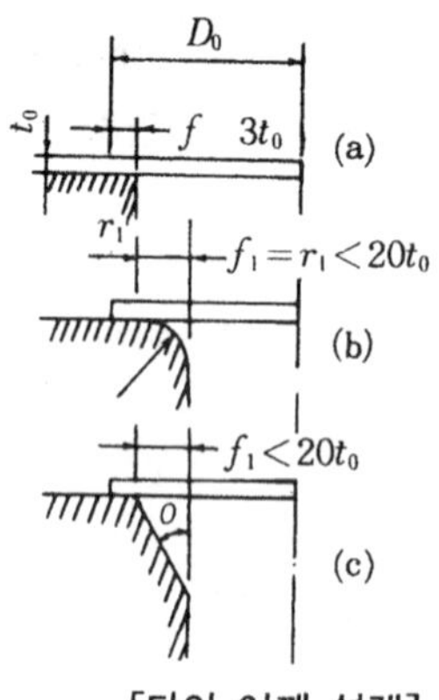


[다이 어깨 설계]

경판의 드로잉률은 경판의 재질에 따라 다르나 강판의 경우 1.3~2.0 정도이다. 이 때에 블랭크 홀더 없이 주름 발생을 방지하려면 다음 사항을 만족시켜야 한다.

접시형과 반타원형 : $D_0/d_m=1.3\sim1.5$ 로 하여 $t/d_m>0.015\sim0.018$

반구형 : $D_0/d_m=1.5\sim1.6$ 으로 하여 $t/d_m>0.018\sim0.02$

여기서, $D_0$ : 가공 전의 소재 지름, $t$ : 판두께($d_m=d_p/2+d_d/2$ 로 한다)

$d_p$ : 펀치의 지름, $d_d$ : 다이의 지름

경판의 프레스 가공에서 소재의 중앙부는 펀치에 의해 늘어나므로 판두께가 감소하며, 플랜지부의 판두께는 증가한다. 다음 [그림]은 접시형 경판과 반구형 경판의 판두께 변화를 나타낸 것이다.

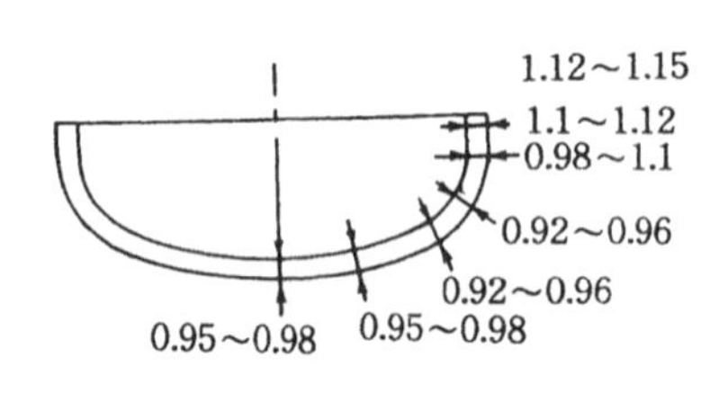


(a) 접시형 경판의 판두께 변화

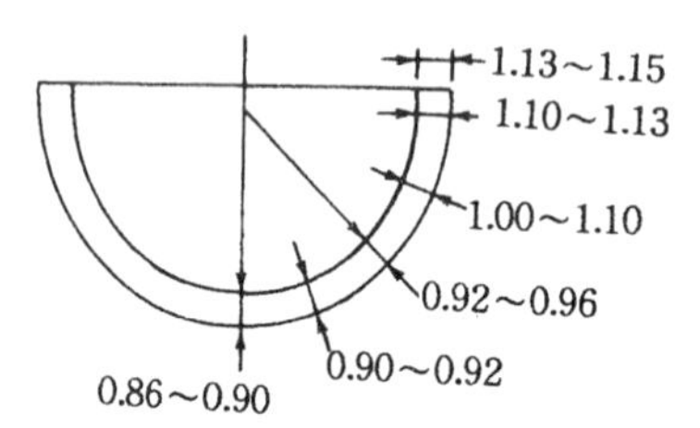


(b) 반구형 경판의 판두께 변화

[프레스 가공된 경판의 판두께 변화]

② 스피닝에 의한 경판 가공 : 보일러의 경판과 같이 두꺼운 판의 스피닝 가공할 때에는 제품의 모양대로 만드는 금형의 제작비가 비싸고 가공도에 한계가 있으므로 룰러를 이용하여 가공하는 방법이 이용된다.

그림 [경판의 스피닝 가공 공정도]와 같이 소재의 내외측에 롤을 접촉시켜 회전시키면서 가공하며 경판의 모양에 따라 적당한 것을 선택 사용한다. 판두께 25 mm 까지 냉간 가공이 가능하다.

그림 [냉간 플랜지 성형기]는 볼드린니(Boldrini)사의 냉간 플랜지 기계로 지름 400~1400 mm, 판두께 3~18 mm 정도의 경판을 가공할 수 있다.

그림 [UBE 플랜지 머신]은 지름이 큰 경판을 가공할 수 있는 가열 장치가 부착된 성형기이다. 성형 후 플랜지부가 얇아져 가공 전 두께의 90~95 % 정도가 된다. 판 두께의

감소는 판이 두꺼울수록 심해지므로 주의해야 한다.

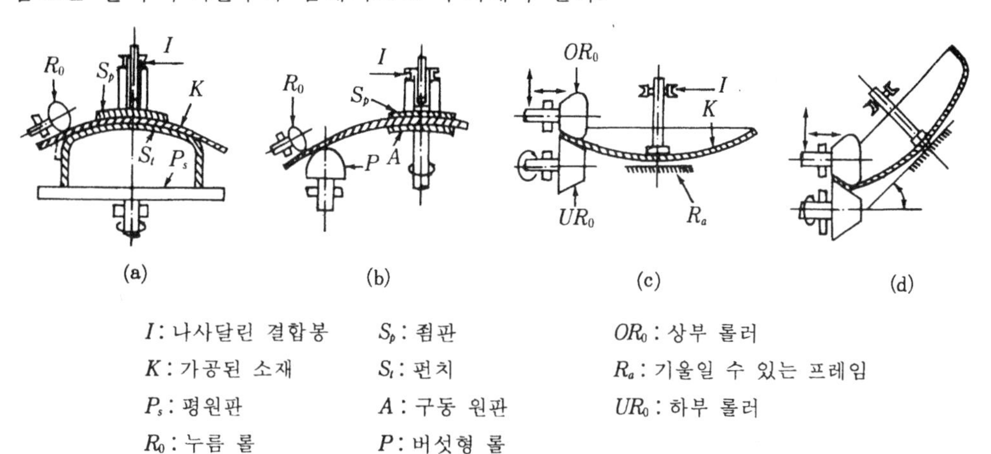


**[경판의 스피닝 가공 공정도]**

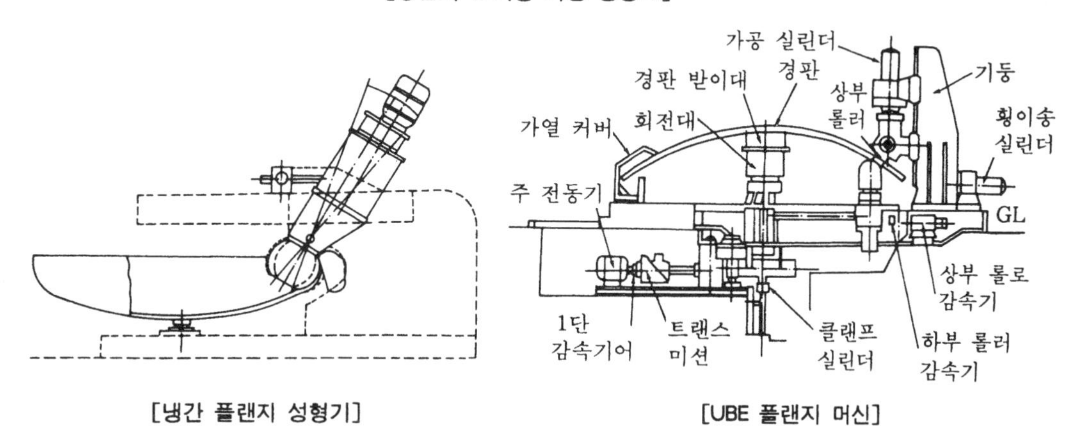


**[냉간 플랜지 성형기]** **[UBE 플랜지 머신]**

③ 타출 성형 : 다음 [그림]과 같이 프레스 금형을 이용하여 펀치와 소재를 넣고 펀치로 타격하여 경판을 성형하며 주름이 발생하지 않으므로 접시형이나 반구형 경판을 성형하는 데 주로 이용된다.

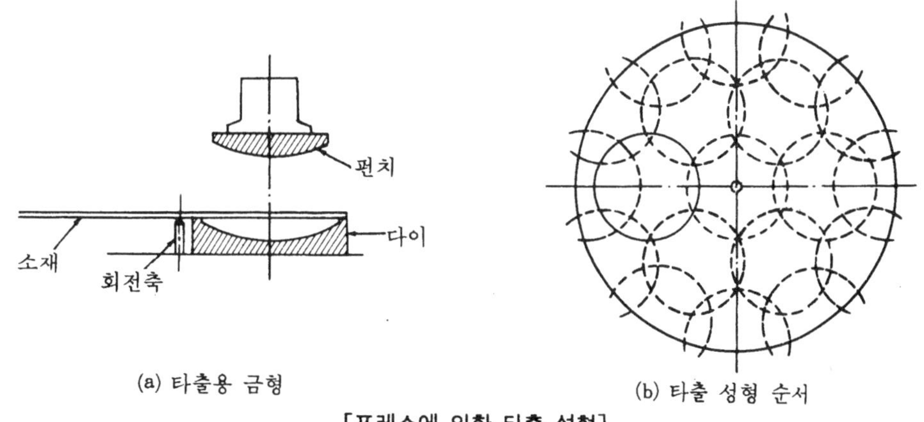


(a) 타출용 금형 (b) 타출 성형 순서

**[프레스에 의한 타출 성형]**

접시형 경판의 성형은 곡률 반경이 큰 부분부터 서서히 해머로 타격하여 성형하며 판의 중심에서 외측으로 성형하는 방법과 외측에서 중심부로 성형하는 방법이 있으며, 효과는 거의 같다. 판두께 15 mm 이하의 판재는 프릭션 프레스와 같은 고속 프레스가 능률이 좋으며 두꺼운 판재는 고속 유압 프레스를 이용하기도 한다. 프레스의 사용 능력은 아래와 같은 경험값을 이용하는 것이 편리하다.

- 판두께 8 mm × 지름 1250 mm = 100 ton
- 판두께 15 mm × 지름 1800 mm = 150 ton
- 판두께 20 mm × 지름 2500 mm = 200 ton
- 판두께 30 mm × 지름 3000 mm = 300 ton

냉간 성형은 항상 스프링 백 현상이 일어나므로 펀치와 다이의 곡률 반경을 제품보다 작게 해야 되며, 경판의 지름이 작을수록 스프링 백 현상은 비교적 크게 나타난다. 또 판두께 재질에 따라 다르나 펀치와 다이의 곡률 반경은 아래와 같은 기준을 적용한다.

- 보일러용 강판 : 금형 곡률 반경=제품의 곡률 반경×(0.85∼0.90)
- 구조용 강판 : 금형 곡률 반경=제품의 곡률 반경×(0.6∼0.85)
- 고장력 강판 : 금형 곡률 반경=제품의 곡률 변경×(0.6∼0.8)

따라서 경도가 높은 재료일수록 금형의 곡률 반경이 작아진다.

### (3) 경판의 최고 사용 압력 및 두께 계산

다음 [표]는 경판의 모양에 따른 사용 압력과 판두께의 계산법을 나타낸 것이다.

**[경판의 종류와 계산 공식]**

| 경판의 종류 | 형 상 | 최고압력 및 두께 계산공식 | 공식 설명 |
|---|---|---|---|
| 편평 경판<br>(flat end) | D | $P=\frac{617\,st^2}{D^2}$<br>$t=\sqrt{\frac{PD^2}{617\,S}}$ | $P$=제한 압력(kgf/cm²)<br>$D$=중심의 지름(mm)<br>$t$=평판 또는 경판의 두께(mm)<br>$S$=재료의 허용장력(kgf/mm²) 또는 인장응력<br>$f$=판의 인장응력(kgf/mm²)<br>$d$=경판의 내경(mm)<br>$r$=경판 굽힘부의 안쪽 반경 (mm)<br>$f_x$=판의 허용항장내력(kgf/mm²) (5kgf/mm² 이하)<br>$R_1$=접시형 중앙부의 내면 반경 (mm)<br>$R_2$=접시형 중앙부의 외면 반경 (mm)<br>$f$=허용압축내력 (3.5 kgf/mm² 이하)<br>$c$=맨홀의 유무계수 ($c$ : 0.85∼1) |
| 플랜지형 경판<br>(flanged flat end) | d | $P=\frac{800}{3}f\left\{\frac{t}{d-r\left(1+\frac{2r}{a}\right)}\right\}^2$<br>$t=0.0612 \times\left\{d-r\left(1+\frac{2r}{a}\right)\right\}\sqrt{\frac{P}{f}}$ | |
| 접시형 경판<br>(dished end) | r<br>R | $P=\frac{200\,tf_2}{R_1}$ $P=\frac{200\,tf_d}{R_2}$<br>$t=\frac{PR_1}{200f_x}$ $P=\frac{PR_2}{200f_d}$ | |
| 반구형 경판<br>(hemispherial end) | | $P=\frac{2\,cft}{3.63\,R_1}$<br>$t=\frac{3.63\,PR_1}{2\,cf}$ | |

경판은 용기내의 유체 압력에 의해 힘을 받으므로 가장 위험한 부분은 꺾이는 부분이기 때문에 가공에 신중을 기해야 한다.

규격품으로 제작되어 공급되는 경판의 모양과 치수는 다음 [표]와 같은 것이 있다.

**[접시형 경판의 규격]**

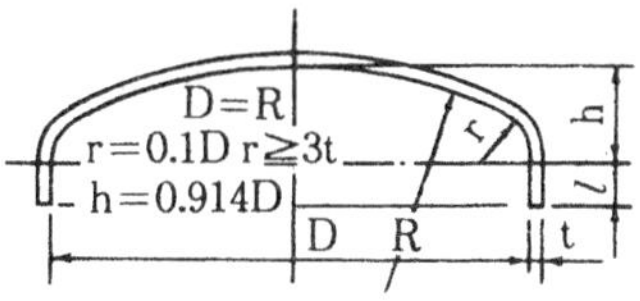

D=R
r=0.1D r≧3t
h=0.914D
D R
t
h
l
r

| 판두께 | 6 mm | 9 | 12 | 14 | 16 | 19 | 22 | 25 | | 용량 V[l] |
|---|---|---|---|---|---|---|---|---|---|---|
| 플랜지부의용량 (l) | 20 mm | 20 | 25 | 35 | 40 | 40 | 45 | 50 | | |
| 내경(mm) | 제품중량 (kgf) | | | | | | | | | |
| 450 | 11.1 | 16.7 | 22.9 | 28.4 | 33.4 | 39.7 | 47.3 | 55.3 | | 8.7 |
| 500 | 13.6 | 20.3 | 27.9 | 34.3 | 40.3 | 47.8 | 56.9 | 66.3 | | 11.9 |
| 600 | 19.1 | 28.7 | 39.2 | 47.8 | 55.9 | 66.5 | 78.7 | 91.4 | | 20.5 |
| 700 | 25.7 | 38.5 | 52.4 | 63.6 | 74.2 | 88.1 | 104.1 | 120.6 | | 32.6 |
| 750 | 29.3 | 44.0 | 59.8 | 72.4 | 75.4 | 89.6 | 105.9 | 122.8 | | 40.1 |
| 800 | 33.2 | 49.8 | 67.6 | 81.7 | 95.0 | 112.8 | 133.0 | 153.7 | | 48.6 |
| 850 | 37.3 | 55.9 | 75.9 | 91.5 | 106.4 | 126.3 | 148.7 | 171.8 | | 58.3 |
| 900 | 41.7 | 62.5 | 84.7 | 102.0 | 118.3 | 140.6 | 165.4 | 190.9 | | 69.3 |
| 950 | 46.3 | 69.4 | 93.9 | 112.9 | 131.0 | 155.6 | 182.9 | 210.9 | | 81.5 |
| 1000 | 51.1 | 76.7 | 103.7 | 124.5 | 144.3 | 171.4 | 201.3 | 232.0 | | 95.0 |
| 1100 | 61.5 | 92.2 | 124.6 | 149.2 | 172.8 | 205.2 | 240.7 | 277.1 | | 126.1 |
| 1200 | 72.8 | 107.8 | 147.4 | 176.2 | 203.8 | 242.0 | 283.8 | 326.3 | | 164.0 |
| 1300 | 85.2 | 127.7 | 172.3 | 205.5 | 237.5 | 282.1 | 330.2 | 379.4 | | 208.7 |
| 1400 | 98.5 | 147.7 | 199.0 | 237.0 | 273.7 | 325.1 | 380.3 | 436.7 | | 260.7 |
| 1500 | 112.7 | 169.0 | 227.6 | 270.8 | 312.5 | 371.1 | 433.9 | 497.9 | | 320.6 |
| 1600 | 127.9 | 191.8 | 258.1 | 306.7 | 353.8 | 420.1 | 490.9 | 563.0 | | 389.1 |
| 1750 | 152.5 | 228.7 | 307.6 | 364.9 | 420.6 | 499.5 | 583.2 | 619.2 | | 509.0 |
| 1900 | 179.3 | 268.9 | 361.3 | 428.2 | 493.1 | 585.6 | 683.4 | 782.6 | | 651.6 |
| 2200 | 239.3 | 358.9 | 481.8 | 551.7 | 655.5 | 788.4 | 907.4 | 1038.1 | | 1011.6 |
| 2400 | 284.1 | 426.1 | 571.7 | 675.3 | 776.6 | 922.1 | 1074.5 | 1228.6 | | 1313.3 |
| 2500 | 308.0 | 462.0 | 619.6 | 731.6 | 841.1 | 998.9 | 1163.5 | 1330.1 | | 1484.4 |
| 2800 | 385.3 | 577.9 | 774.7 | 913.6 | 1049.7 | 1246.6 | 1443.4 | 1657.7 | | 2085.4 |
| 3200 | 501.8 | 752.8 | 1008.4 | 1187.6 | 1363.6 | 1619.3 | 1883.9 | 2150.7 | | 3113.0 |
| 3800 | 705.5 | 1058.3 | 1416.7 | 1666.9 | 1911.5 | 2270.0 | 2638.9 | 3010.6 | | 5212.8 |

※ 위 표의 용량(V)은 플랜지부의 용량(l)을 포함하지 않은 것이다.

## 2-5 접시형 경판의 작도 방법

### (1) 호엔(E. Hoen)의 방법

다음 [그림]의 (a)는 호엔의 작도 방법으로 플랜지의 반경을 $a$, 경판의 깊이를 $b$, 경판의 단면이 타원형이라고 생각하면 직사각형 ABCD의 대각선 $\overline{AC}$를 긋고 ∠BAC 및 ∠BCA를 각각 이등분한 AF 및 CF를 그려 F를 구하며, F에서 AC에 수직선을 긋고 연장하여 AD선상에 E점을 잡는다.

$\overline{CD}$의 연장선과 $\overline{FE}$의 연장선과의 교점을 D라 하고 O를 중심으로 원호 CF를 그린 다음 E를 중심으로 원호 FA를 그리면 접시형 경판이 작도된다.

### (2) 경판의 중심부 반경 $R$을 알고 판두께 $t$를 구하는 방법

[그림]의 (b)는 3개의 중심을 갖는 버킷 핸들형의 접시형 경판의 두께를 구하는 호엔의 공식과 병용하여 작도하는 방법이다.

이때 다음과 같은 계산식이 성립된다.

$$t = 1.65\frac{P \cdot a \cdot k}{c \cdot f} \times \frac{20\frac{r}{R}+3}{20\frac{r}{R}+1}$$

여기서, $t$ : 판두께(cm), $a$ : 동체의 반경(cm), $P$ : 내압력(kgf/cm$^2$)

$b$ : 경판의 깊이(cm), $k=\frac{a}{b}$ : 두께비, $f$ : 재료의 인장강도(kgf/cm$^2$)

$R$ : 경판 중심부의 반경(cm), $\frac{r}{R}$ : 반경비, $c$ : 맨홀계수

위의 식에서 맨홀 계수 $c$의 결정은 맨홀이 없는 경우 1, 맨홀이 중앙에 있고 충분히 보강되어 있는 경우 0.90∼0.95, 맨홀이 중앙보다 편심되어 있는 경우 0.85∼0.90으로 한다.

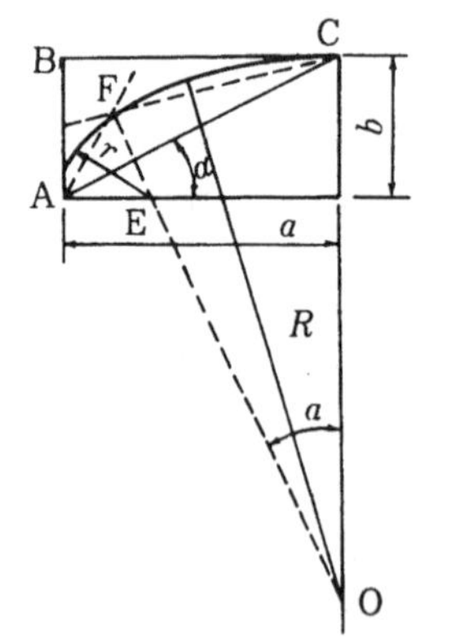


(a) 호엔(E. Hoehn)의 방법

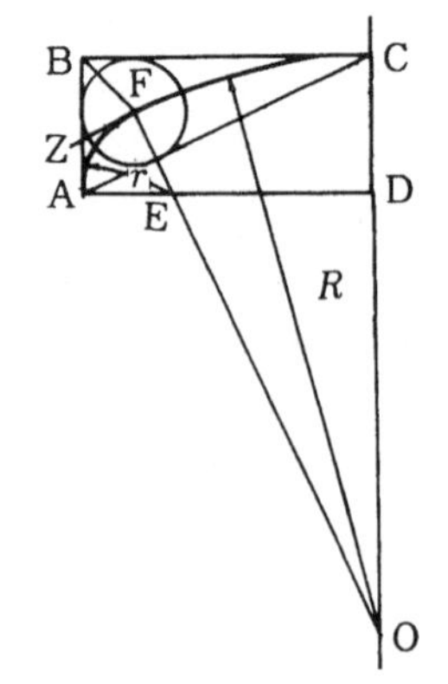


(b) $R$을 알고 $t$를 결정하는 방법

**[접시형 경판의 작도법]**

이 방법은 경판의 중심 반경 $R$을 결정하고 판두께 $t$를 구하는 경우이며, 용기화법으로 접시형을 그려서 나타난 플랜지부의 반경 $r$ 및 경판의 깊이 $b$를 찾고 $r$ 및 $b$의 치수를 구하면 $k$ 및 $\frac{r}{R}$

의 치수가 계산된다.

따라서 윗식에 의해 판두께가 결정되면 [그림]의 (b)는 다음과 같이 작도된다. 경판 중심부 반경 $R$로 원호 CZ를 그리고 B에서 45°로 그린 선 BF와의 교점을 F라 하고 F를 중심으로 BC 및 BA에 접하는 원을 그리고 C에서 원의 접선 CA를 그리면 직사각형 ABCD가 구해진다. F와 $R$이 되는 원호의 중심점 O를 연결하는 직선을 그어서 AD 선상에 E점을 구하면 이 E점이 $r$의 중심이 된다.

원 식은 $\frac{r}{R}>0.004$가 되면 어떤 치수라도 성립되며, $\frac{r}{R}=1$이면 반구형으로 $a=R$이 되고 또 $k=\frac{a}{b}=1$이 된다.

# 3. 압력 용기의 용접

일반적으로 압력 용기나 열교환기의 용접은 서브머지드 아크 용접(submergid arc welding)이 많이 사용되고 기타는 피복 아크 용접을 이용한다.

## 3-1 압력 용기의 용접 계획

### (1) 용접선 배치

동체의 원주 이음, 길이 이음은 동체를 고정했을 때 항상 검사할 수 있는 위치에 있는 것이 좋다. 따라서 수평으로 고정되는 수평 드럼(lorizontal drum)의 길이 이음은 동체 상부 길이의 2/3 이내에 설치한다.

원주 이음, 길이 이음의 용접선이 한 장소에 모이는 십자 교차점은 용접에 의해 동체에 발생한 잔류 응력이 집중되므로 교차점 부근의 인성이 저하되어 균열이 발생하므로 파괴의 원인이 된다. 따라서 압력 용기는 용접선의 십자 교차를 피하며, 길이 이음의 용접선은 [그림]과 같이 판 두께의 5배 또는 10배 이상의 간격을 주어야 한다. 최근 용접법과 열처리 기술의 발달, 비파괴 시험으로 안전성을 검사하여 용접선의 십자 교차가 점차 인정되고 있다.

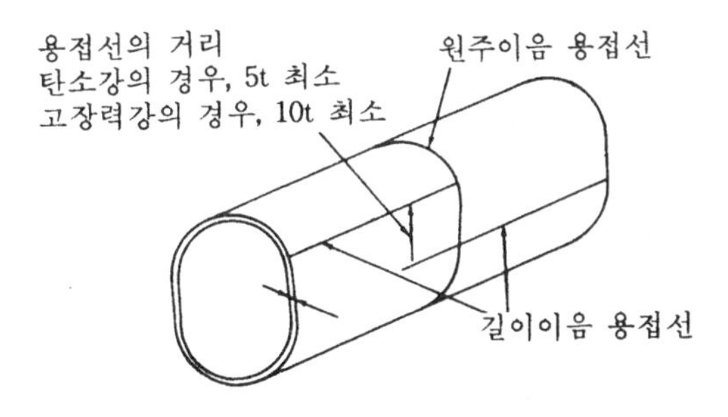


(a) 원주이음과 길이이음

경판
동체

(b) 용접선의 십자 교차

[압력 용기의 용접선 배치]

### (2) 용접 이음 위치의 분류

압력 용기의 압력을 받는 부분의 용접은 위치에 따라서 A, B, C, D로 분류하며 다음 [그림]은 그 대표적인 예를 나타낸 것이다.

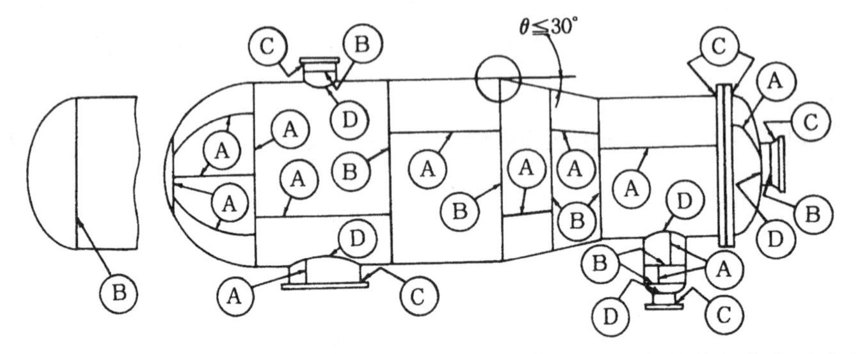


- A : 압력을 받는 부분의 모든 길이, 이음 각종 경판의 모든 이음 또는 각형 용기의 측면 평판의 모든 이음 및 반구형 경판을 동체 등에 부착하는 둘레 이음을 뜻한다.
- B : 압력을 받는 부분의 모든 둘레 이음을 뜻하고 노즐을 원추형 경판의 작은 지름 끝에 부착하는 용접 이음을 포함한다. 다만, 분류 A, C, D에 규정한 것은 제외한다.
- C : 플랜지, 관판 또는 평경판을 동체, 노즐 등에 부착하는 용접 이음 및 각형 용기의 측면 평판을 다른 측면 평판에 부착하는 용접 이음을 뜻한다.
- D : 맨홀, 노즐 등을 동체 또는 경판에 부착하는 용접 이음 및 노즐 등을 부착하는 용접 이음을 뜻한다.

**[용접 이음의 위치와 분류]**

용접 이음의 종류와 사용 범위는 다음 [표]와 같다.

**[용접 이음의 종류와 사용 범위]**

| 분류 번호 | 이음의 종류 | 사용 범위 | 비 고 |
|---|---|---|---|
| (1) | 맞대기 양쪽 용접 또는 이와 동등 이상으로 간주되는 맞대기 한쪽 용접 이음 | 모든 용접 이음 | 동등 이상의 것으로 할 수 있는 것은 다음을 말한다.<br>① 받침쇠를 사용하는 방법, 그 밖에 따라 충분한 용입이 얻어지고 뒷면의 표면이 매끄러운 것<br>② 받침쇠를 사용해서 용접한 후 이것을 제거하고 면을 다듬질 가공한 것 |
| (2) | 받침쇠를 사용한 맞대기 한쪽 용접으로 받침쇠를 남기는 이음 | 모든 용접 이음. 다만, 독성이 있는 물질을 넣는 용기와 저온 용기에 대한 분류 A의 이음을 제외한다. | |
| (3) | (1) (2) 이외에 맞대기 한쪽 용접 이음 | 실제 두께 18 mm 이하로서 바깥지름 610 mm 이하인 분류 B의 이음. 다만, 독성이 있는 물질을 넣는 용기와 저온 | |

| | | | |
|---|---|---|---|
| | | 용기에 대한 분류 A 및 분류 B의 이음을 제외한다. | |
| (4) | 양쪽 전두께 필릿 겹치기 용접이음 | ① 실제두께 18mm 이하의 분류 B의 이음<br>② 실제두께 10mm 이하의 분류 A의 이음<br>③ 기타 도움, 노즐, 보강재, 그 밖에 이와 유사한 것 | |
| (5) | 플러그 용접을 하는 한쪽 전두께 필릿 겹치기 용접 이음 | ① 실제두께 12mm 이하인 동체에 부착하는 바깥지름 610mm 이하인 경판의 분류 B의 이음<br>② 실제두께 18mm 이하인 재킷의 동체에 부착시키는 부착부의 원주 이음(플러그 용접부의 중심에서 판 끝까지의 거리가 플러그 구멍 지름의 1.5배 이상일 것)<br>③ 그 밖에 ① 및 ②에 유사한 것 | |
| (6) | 플러그 용접을 하지 않는 한쪽 전두께 필릿 겹치기 용접 이음 | ① 실제두께 18mm 이하로 볼록면에 압력을 받는 경판과 동체의 안쪽과의 필릿 용접<br>② 실제의 안지름 610mm 이하의 동체에 부착하는 경판 플랜지의 바깥쪽 필릿 용접으로 다리의 길이가 6mm 이하인 것. 그 밖에 이와 유사한 것 | |
| (7) | T형 맞대기 용접 이음(두께 이상 완전용입 용접) | 도움, 노즐, 보강재, 그 밖에 이와 유사한 것 | 원칙적으로 분류 C 및 분류 D의 이음에 사용된다. |
| (8) | T형 필릿 용접 이음(부분용입용접을 포함) | 도움, 노즐, 보강재, 그 밖에 이와 유사한 것. 다만, 치사적 물질을 넣는 것을 목적으로 하는 용기, 저온용기는 제외한다. | 분류 C 및 분류 D의 이음의 일부에 사용된다. |

## 3-2 경판의 부착

### (1) 용접에 의한 경판의 부착

용접에 의한 경판의 부착 방법의 대표적인 예는 다음 [그림]과 같다.

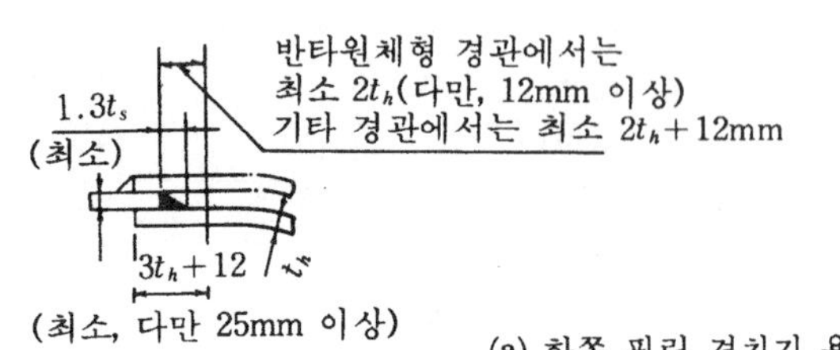


(a) 한쪽 필릿 겹치기 용접

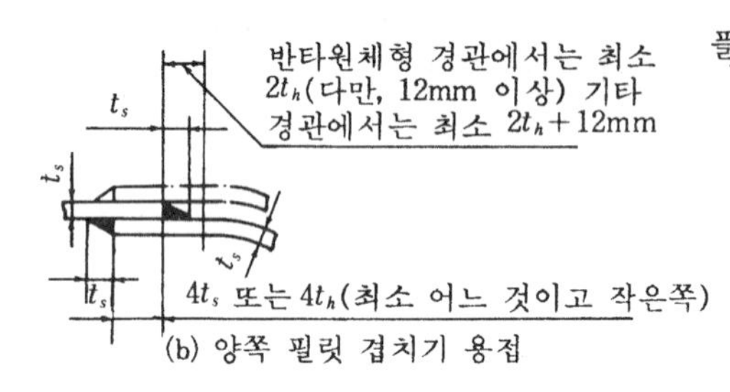


(b) 양쪽 필릿 겹치기 용접

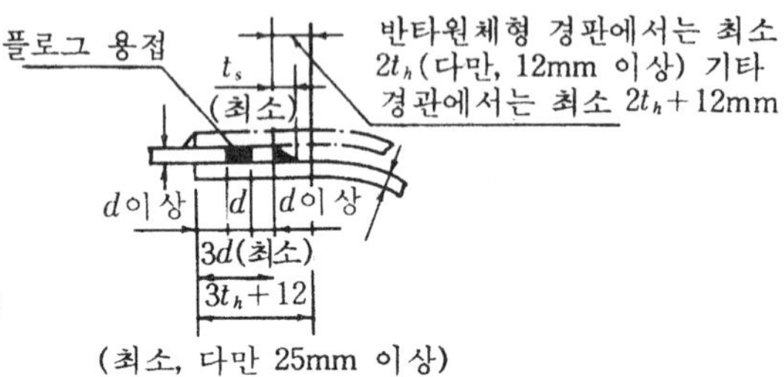


(c) 플러그 용접을 하는 한쪽 필릿 겹치기 용접

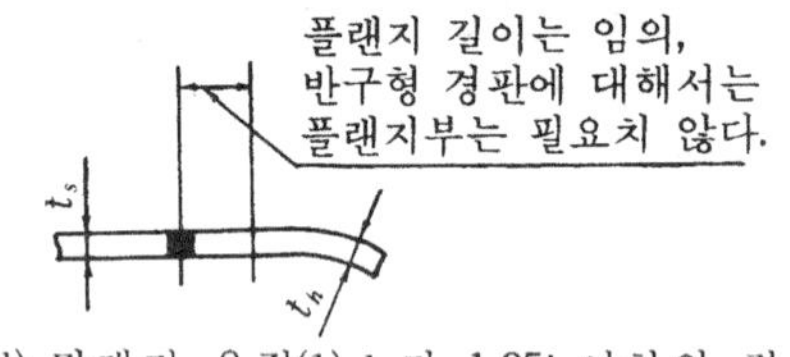


(d) 맞대기 용접(1) $t_h$가 $1.25t_s$ 이하의 경우

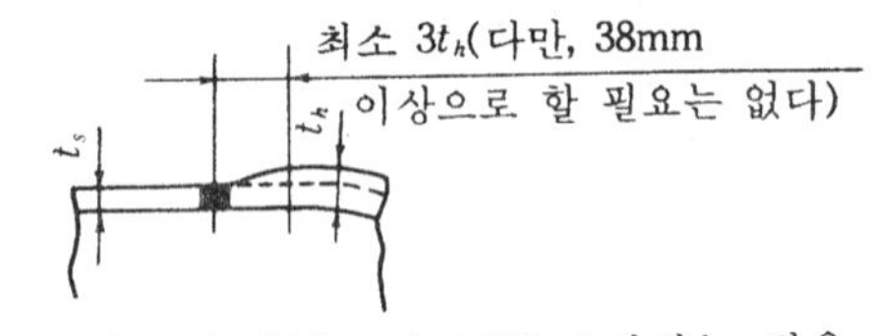


(e) 맞대기 용접(2) $t_h$가 $1.25t_s$ 초과하는 경우

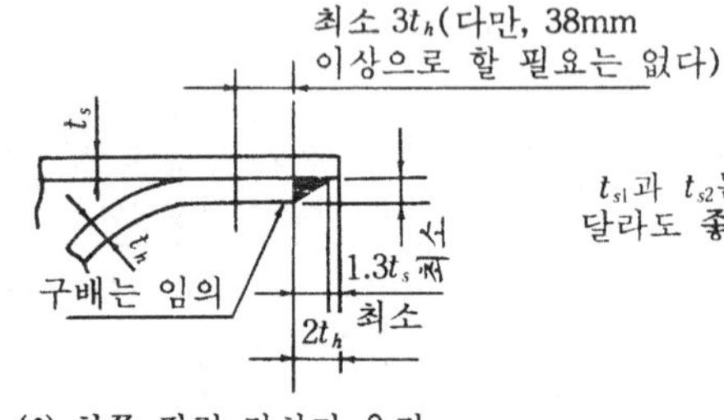


(f) 한쪽 필릿 겹치기 용접

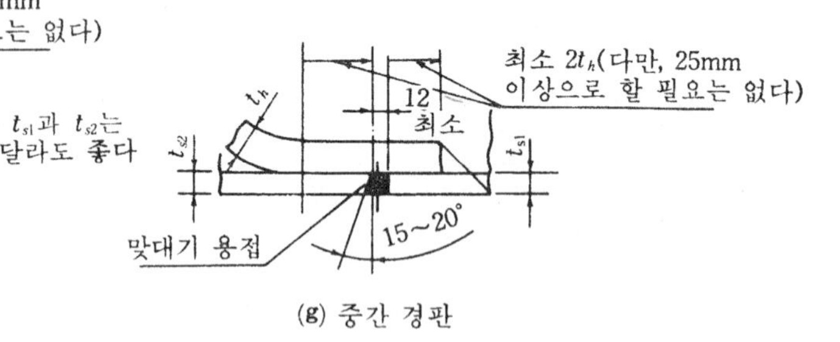


(g) 중간 경판

$2.5t_h$~$1t_h$(최소)

$t_s$ $t_h$

$1.5t_h$ 최소

(h) 경판의 삽입 용접

[비고] 1. (f)에서의 동판의 맞대기 용접은 경판을 끼워 넣은 후에 한다.

2. 그림 중의 기호는 다음에 따른다.

$t_h$ : 경판의 실제 두께[mm]

$t_s$ : 동체의 실제 두께[mm]

$d$ : 플러그 용접구멍 바닥의 지름[mm]

[평경판 이외의 경판과 동체와의 부착]

① 반타원형, 접시형 및 그 밖의 경판은 안밖 어느 위치에서 압력을 받더라도 플랜지의 길이는 [그림]에 표시한 것보다 짧으면 안된다.

② [그림]의 (f)와 같은 형식의 중간 경판을 동체에 부착하는 경우 경판의 두께를 제한하지 않으나 경판을 동체에 부착할 때에는 동체의 두께가 16 mm 를 초과하면 안된다.

③ 플러그 용접은 다음 사항과 같이 두께 18 mm 이하의 동체 끝에 경판을 끼워 넣고 한쪽을 필릿 용접하거나 구멍의 주위에 보강재를 필릿 용접으로 부착하는 경우에 할 수 있다.

㈎ 플러그가 받는 하중은 용접부에 가해지는 전체 하중의 20 % 이하인 경우

㈏ 플러그의 바닥 지름이 실제 판두께에 6 mm 를 더한값 이상(최소 25 mm)인 경우. 다만 실제 판두께가 50 mm 를 초과할 경우에는 56 mm 로도 할 수 있다.

㈐ [그림]의 (g)와 같은 모양의 경우 경판 및 동체의 두께는 어느 것이나 18 mm 이하인 경우에 적용된다.

#### (2) 리벳에 의한 경판의 부착

다음 [그림]은 리벳에 의해 경판을 부착하는 방법을 나타낸 것이다. 안쪽 반경 $r$은 보통 $3t$ 이상으로 정하고 코킹부의 끝에서 벤딩 시작 점까지의 거리 $w$는 6 mm 이상으로 한다.

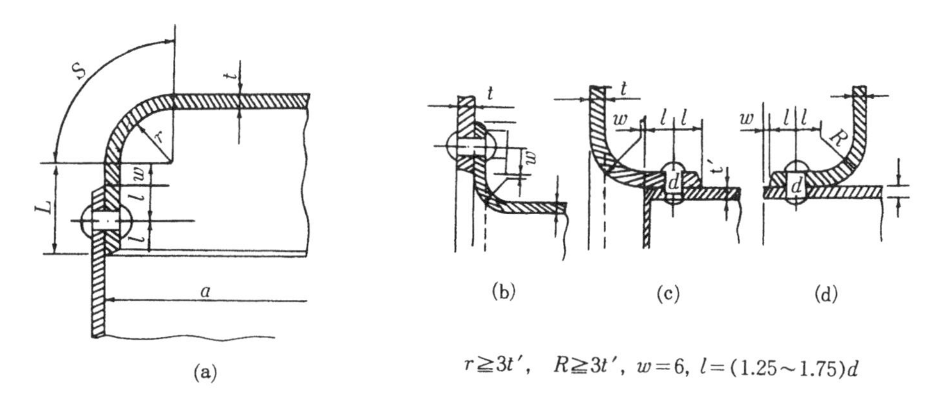


$r \geq 3t'$, $R \geq 3t'$, $w = 6$, $l = (1.25 \sim 1.75)d$

[리벳에 의한 경판 부착]

# 4. 압력 용기의 열처리 및 조립

## 4-1 압력 용기의 열처리

굽힘이나 성형 가공으로 가공 경화되었을 때 적당한 열처리를 해야 하며 가공후 기계적 성질이 합격된 경우 열처리를 생략해도 좋다.

열처리는 주로 가공 경화된 부분이나 용접부에 풀림 처리함으로써 잔류응력을 제거한다. 풀림 온도는 가공도와 재료에 따라 가열 온도와 시간 및 냉각 방법을 결정한다.

열처리가 요구되는 가공 경화의 정도는 설계 사용 조건 등을 충분히 검토하여 결정한다. 열처리가 요구되는 사항을 ASME Boiler and Pressure Vessel Code 의 Section Ⅲ Div 1 의 UCG－79 항에 비가열 압력 용기는 다음과 같은 규정이 있다.

① 최대 섬유 신장이 압연한대로 판재 상태에서 40 % 를 초과할 경우
② 최대 섬유 신장이 5 % 를 초과하는 경우로서 다음 각 항에 해당하는 경우
(가) 용기가 액상 또는 가스상의 치사 물질을 보유하는 것
(나) 충격 시험을 요구하는 재료를 사용하는 것
(다) 성형 전 판두께가 약 16 mm(5/8 inch)를 초과하는 것
(라) 성형에 의한 판두께의 감소율이 10 % 를 초과하는 것
(마) 성형 가공 온도가 약 38℃를 초과하고 약 427℃ 미만인 경우

## 4-2 조 립

### (1) 조립 작업

제관 구조물의 제작은 많은 강판과 형강 등의 소재를 가공하여 부품을 만들고 조립 정반이나 치구 위에서 결합하여 완성한다. 일반적으로 복잡한 구조물은 부품 가공 → 부품 소조립 → 블록 대조립 → 완성 조립을 거쳐 제작된다.

### (2) 조립용 지그(jig)

조립 작업을 능률적으로 하고 정밀도를 높이기 위해 표준화된 지그를 사용하며 다음과 같은 장점이 있다.

① 조립 작업을 쉽게 한다.
② 용접에 의한 변형을 방지할 수 있다.
③ 제품의 조립 정밀도를 높여 준다.
④ 공작물을 이동 또는 회전시킬 수 있다.

### (3) 조립용 지그의 종류와 용도

① 조립을 쉽게 하는데 쓰이는 지그
(가) 문형 피스 : 형강을 강판에 밀착시키기 위하여 쐐기(wedge)와 조합하여 사용한다.
(나) 쐐기(wedge) : 문형 피스와 조합하여 사용한다.
(다) 눈틀림 고치기 : 강판의 용접 홈에 가용접할 때 판재가 엇갈리는 것을 방지하기 위해 사용한다.
(라) 턴 버클용 피스 : 강판 또는 부재를 끌어 당길 때, 턴 버클을 고정할 때 사용한다.
② 용접에 의한 변형을 방지하고 조립 정밀도를 높일 때 사용하는 지그
(가) 스트롱 백(strong back) : 용접에 의한 각 변형을 방지하기 위해 사용한다.
(나) 볼트 앵글 스트롱 백(bolted angle strong back) : 맞대기 용접할 때 판재를 일치시키기 위해 사용한다.
(다) 브레이싱(bracing) : 빔(beam), 플레임(flame) 등을 확실히 부착하기 위하여 보조 스테이(stay)로 사용하는 30×10 mm 정도의 플랫 바(flat bar)로 용접 후 제거한다.
(라) 꺾임 방지용 브래킷 : 필릿 용접할 때 변형을 방지하기 위해 사용한다.
(마) 끝 꺾이기 방지 피스 : 판 끝을 필릿 용접할 때 각도 변화를 방지하기 위해 사용한다.
(바) 도그 피스(dog piece) : 강판의 용접 개선 및 눈틀림 고치기를 하여 사용한다.

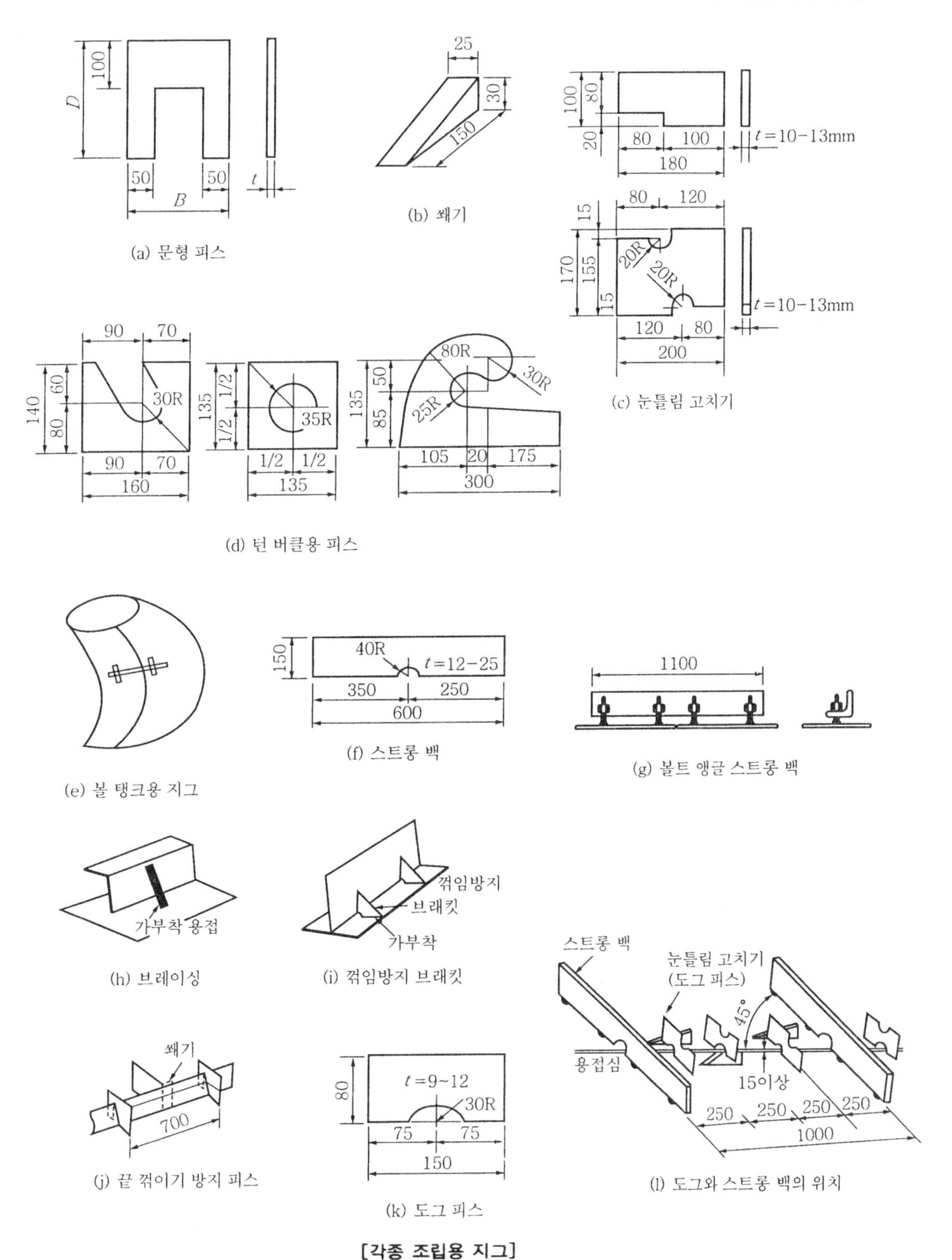

100
D
50
50
B
t
(a) 문형 피스
25
30
150
(b) 쐐기
100
80
20
80
100
180
t=10-13mm
15
80
120
170
155
15
20R
20R
120
80
200
t=10-13mm
(c) 눈틀림 고치기
90
70
140
60
80
30R
90
70
160
135
1/2
1/2
35R
1/2
1/2
135
80R
30R
25R
50
85
105
20
175
300
(d) 턴 버클용 피스
(e) 볼 탱크용 지그
150
40R
t=12-25
350
250
600
(f) 스트롱 백
1100
(g) 볼트 앵글 스트롱 백
가부착 용접
(h) 브레이싱
꺾임방지
브래킷
가부착
(i) 꺾임방지 브래킷
스트롱 백
눈틀림 고치기
(도그 피스)
45°
용접심
15이상
250
250
250
250
1000
(l) 도그와 스트롱 백의 위치
쐐기
700
(j) 끝 꺾이기 방지 피스
80
t=9~12
30R
75
75
150
(k) 도그 피스


**[각종 조립용 지그]**

#### (4) 동체 조립

동체와 경판을 성형하고 기타 부품을 완성하면 전체를 조립할 때에는 가용접(tack welding) 및 본용접하기 전에 다음 사항을 확인해야 한다.

① 각 부품의 모양과 치수를 확인한다.
② 각 부품의 롤 흠, 모재의 롤 흠이 없어야 한다.
③ 루트 간격 및 개선 각도를 확인한다.
④ 가용접은 정확한 조립 상태를 유지하기 위한 최소한의 용접을 한다.
⑤ 가용접 용접선의 시, 종점 등 강도 또는 공작상 결함이 나타나기 쉬운 장소를 피해야 한다.
⑥ 개선 가공 상태가 불량하고 틈새가 허용 기준량을 넘으면 반드시 수정하여 가용접한다.
⑦ 개선면은 항상 청결하게 하고 산화물 유지 도료, 수분 등을 제거한다.
⑧ 지그의 용접도 최소한으로 하고 떼어낼 때 모재가 상하지 않도록 주의한다.

## 5. 품질 검사

### 5-1 재료 검사

모든 재료의 검사는 승인된 사양서 또는 도면에 따라 이상 유무를 확인하는 것으로 제조업체가 제공하는 재료 시험 보고서(mill chart)를 참조하며 재료 시험 보고서가 없을 경우에는 화학적·기계적 성질을 시험해야 한다.

재료를 육안으로 주조 흠 크랙(crack) 등을 검사하고 재료 시험 보고서에 의해 다음과 같은 사항을 확인한다.

① 재료의 종류와 수량 및 치수
② 화학 성분 및 기계적 성질
③ 비파괴 및 수압 시험 보고서
④ 열처리 상태

### 5-2 마킹 검사

재료의 마킹이 도면과 절단 계획서(cutting plan)에 의해 정확히 표시되었나를 아래와 같은 사항을 검토 확인한다.

① 재료의 재질, 강판의 두께, 파이프의 규격과 두께 등을 확인한다.
② 마킹 후의 치수를 확인하고 도번, 품번, 일련번호 등이 기재되었는지 확인한다.

### 5-3 절단 검사

① 사용 재료의 절단이 절단선을 따라 기계적 방법, 가스 절단, 아크 절단 및 자동 절단기를 이용하여 절단하였는지 확인한다.

② 스테인리스강 고합금강이 절단은 플라스마 절단기를 사용한다.
③ 절단 후 슬래그 산화물 및 불순물이 제거되었는지 확인한다.
④ 승인된 도면의 치수에 따라 정밀도를 검사한다.
⑤ 강재의 절단부 허용 기준과 절단에 의한 재료의 굴곡 허용 기준은 다음 [표]와 같다.

| 항 목 | 자유단 | 용접이음단 | |
|---|---|---|---|
| 거칠기 | 0.3 mm | 0.8 mm | 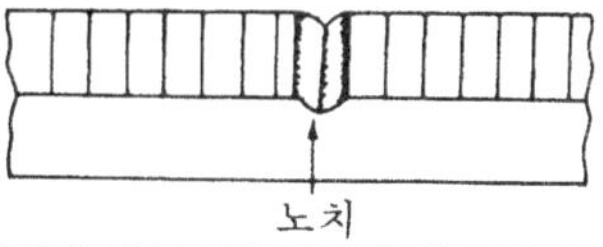 |
| 노치 깊이 | 0.8 mm | 2.0 mm | 노치 |

[강재 절단부 허용 기준]

(단위 : mm)

| $L$ | $S$ | |
|---|---|---|
| 0~1,000 | ± 3 | 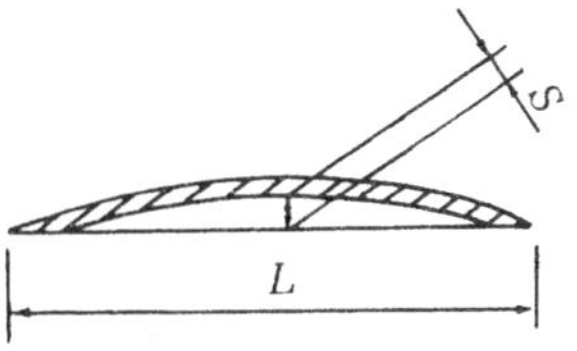 |
| 1,000~2,000 | ± 4 | |
| 2,000~3,000 | ± 5 | |
| 3,000~4,000 | ± 6 | |
| 4,000 이상 | ± 7 | |

| $L$ | $S$ | |
|---|---|---|
| ~500 | ± 2 | 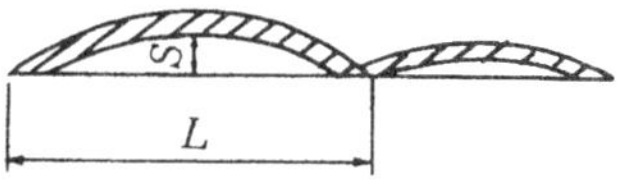 |
| 500≦1,000 | ± 3 | |
| 1,000≦2,000 | ± 4 | |
| 2,000≦3,000 | ± 5 | |
| 3,000 이상 | ± 6 | |

[절단에 의한 재료의 굴곡 허용 기준]

## 5-4 용접할 면의 개선 검사

도면에 따라 용접부의 개선 상태를 확인하며 개선 형상 및 치수 등이 도면에 지시되지 않았을 경우에는 KSB 0042 의 규정에 준하여 검사한다.

[개선치수 허용 기준]

| 판두께 | 개선형상 | 허용차 | 비 고 |
|---|---|---|---|
| 3.2~4.5 | 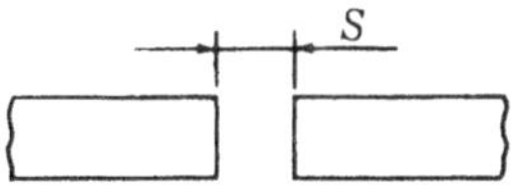 $S$<br>I 형 | $S=2\pm1$<br>$S=3\pm1$ | 강도 부재가 아닌 개소는 $S=1\pm1$ |
| $6 \leqq t$ | 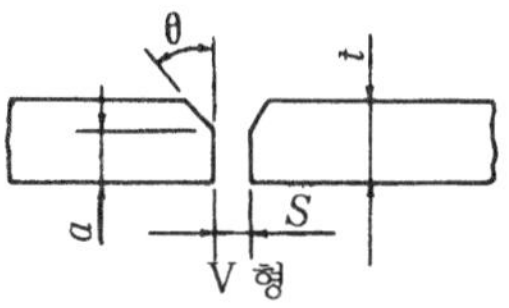 θ, $t$, $a$, $S$<br>V 형 | $\theta=\pm2.5°$<br>$S=3\pm2$<br>$a$=3 mm 이하 | |

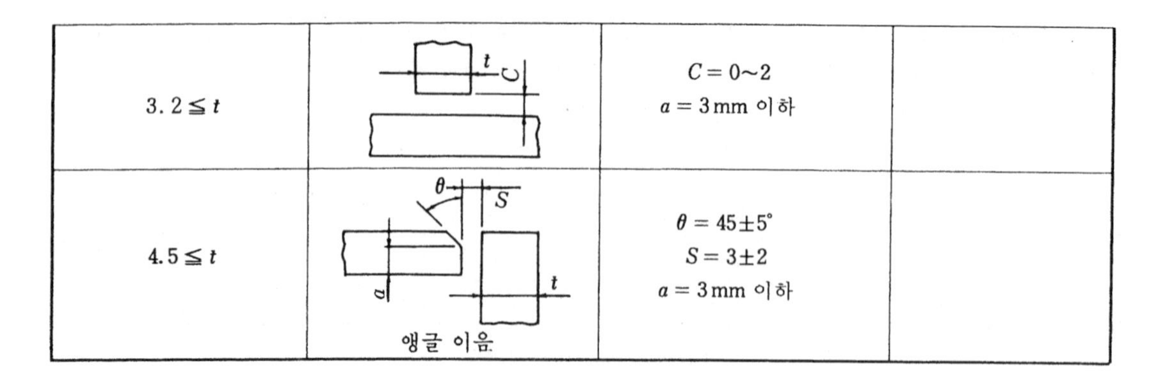

| | | | |
|---|---|---|---|
| 3.2 ≦ $t$ | | $C = 0 \sim 2$<br>$a = 3$ mm 이하 | |
| 4.5 ≦ $t$ | 앵글 이음 | $\theta = 45 \pm 5°$<br>$S = 3 \pm 2$<br>$a = 3$ mm 이하 | |

## 5-5 벤딩 검사

### (1) 동체의 진원도 검사

동체의 단면에서 최대 안지름과 최소 안지름과의 차를 진원도라 하며 기준 안지름의 1 % 를 초과하지 못한다.

또한 단면이 동체에 만들어진 구멍을 통과하는 경우 기준 안지름의 1 % 에 그 구멍 지름의 2 % 를 더한 값을 초과하지 못한다.

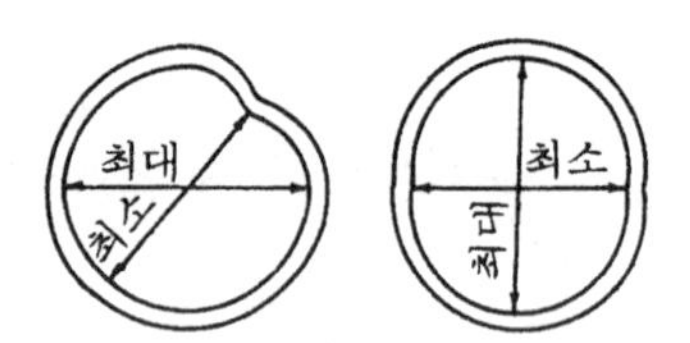


진원도＝최대 안지름－최소 안지름

**[진원도 측정법(1)]**

진원도＝최대 안지름－최소 안지름

**[진원도 측정법(2)]**

그림 [경판의 편차 측정 방법]과 같이 내압을 받는 동체로서 길이 방향으로 겹치기 이음하는 것의 진원도는 다음 식에 의해 계산되는 허용값을 초과하지 못한다.

$$A = \frac{D}{100} + 1$$

여기서, $A$ : 진원도의 허용값(mm), $t$ : 판 두께(mm), $D$ : 기준 안지름(mm)

### (2) 경판의 검사

① 경판의 모양은 그림 [경판의 편차 측정 방법]과 같이 형판을 사용하여 검사하고 A, B 의 편차가 경판 플랜지부 안지름의 1.25 % 이하가 되도록 해야 한다.

② 접시형 경판의 중심부 안쪽 반지름을 검사할 때에는 다음 식에 의해 구한 값으로 결정한다.

$$R = \frac{h}{2} + \frac{C^2}{8h}$$

여기서, $R$ : 경판 중심부의 안쪽 반지름(mm),

$C$ : 경판의 안쪽 면에서 중심선을 축에 대칭으로 취한 두 점 사이를 잇는 호의 길이로서 모서리의 둥근 부분에 걸리지 않는 범위에서 최대로 크게 취한다.

$h$ : 호의 중심점과 경판 안쪽면의 중심과의 거리(mm)

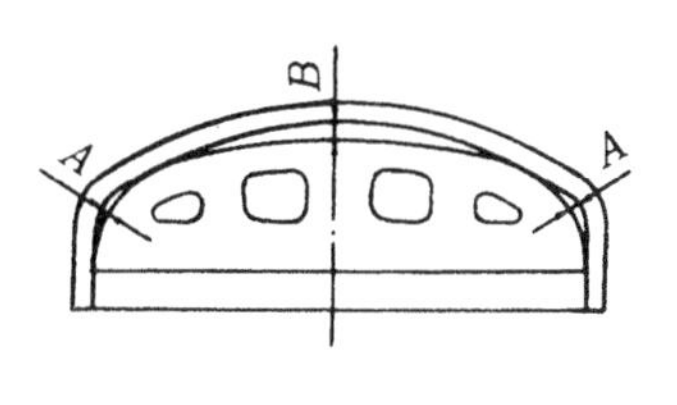


[경판의 편차 측정 방법]

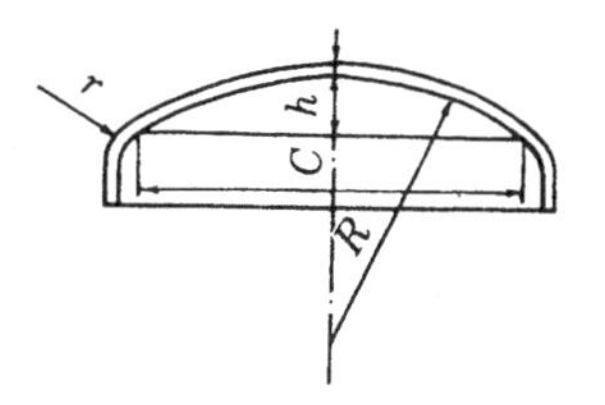


[경판의 치수 기호]

## 5-6 판 두께 검사

판재의 두께는 가공 전에는 허용 공차내에 있는 것이 원칙이나 가공 방법이 따라 판두께가 감소하는 경우가 많다. 경판 구형 탱크 등을 롤러 가공, 프레스 가공을 하면 중심부에 국부적인 판두께의 감소가 발생한다. 이러한 경우 판 내부의 측정은 범용 측정기로 할 수 없으므로 판에 초음파를 투사하여 판두께를 측정하는 초음파 측정기를 이용한다. 판두께의 측정에서 부식 여유는 제외하며 판두께의 차이가 날 경우 얇은 측의 두께를 취한다.

## 5-7 조립 검사

조립 검사는 맞대기 용접과 필릿 용접할 때 취부 검사에 적용하며 단 공차 기준은 다음 [표]와 같다.

[맞대기 용접부의 단차 공차 기준]

| 이음부 형상 | 판두께(mm) | 허용차 |
|---|---|---|
| | $4.5 \leqq t$ | $0.5(a)$ |
| | $4.5 < t \leqq 6$ | 1.0 |
| | $6 < t \leqq 20$ | 1.5 |
| | $20 < t \leqq 40$ | 2.0 |
| | $40 \leqq t$ | 3.0 |
| 받침판이 있는 경우의 루트 간격 (a) | | ± 5mm<br>−0 |
| 밑면 받침쇠의 틈 (e) | | 1mm |

## 5-8 용접 검사

### (1) 중간 용접 검사

① 용접 비드 표면의 슬래그 스패더는 완전히 제거한다.
② 용접 비드 표면의 기공이나 크랙은 치핑, 그라인딩 또는 가우징으로 완전히 제거한다.

### (2) 용접 비드 표면 정밀도

① 허용 치수 검사는 각장 게이지 또는 틈새 게이지로 측정한다.
② 비드 길이 25 mm 이내에서 비드의 높이 허용차는 3 mm 이하일 것
③ 맞대기 용접에서 판두께 $3.2 \leq t \leq 12$ mm 인 경우 비드 높이의 허용차가 2 mm 이하일 것
④ 맞대기 용접에서 $12 < t$ 인 경우 비드 높이의 허용차가 3 mm 이하일 것

### (3) 용접 이음부의 위치 공차

맞대기 용접의 위치 공차는 다음과 같이 한다.
① 길이 방향의 용접 이음은 판두께의 5 % 이내로 한다. 단, 판두께 20 mm 이하인 경우 1 mm, 판두께가 60 mm 이상에서는 3 mm 이다.
② 원주 방향 이음에서는 판두께의 5 % 이하로 하며, 판두께가 15 mm 이하일 때는 1.5 mm, 60 mm 이상일 때는 6 mm 이다.

### (4) 용접부의 외관 검사

용접부의 외관 검사로 양부를 간단히 판단할 수 있으며, 다음 사항에 유의하여 검사한다.
① 용접 비드가 균일하고 언더컷 오버랩이 없어야 한다.
② 크레이터(crater) 처리가 양호해야 한다.
③ 용착량이 지나치게 많아서 오버랩이 생기지 않아야 하고 필릿 용접시 목두께가 균일해야 한다.

**[용접부 외관 검사 기준]**

| 명　칭 | 형　상 | 허용차 |
|---|---|---|
| 필릿 용접<br>(S) | 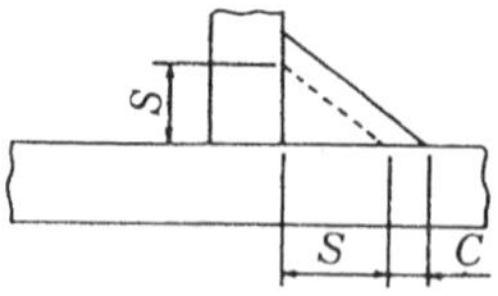 S, S, C | +3 mm<br>−0 |
| 필릿 용접<br>(C) | 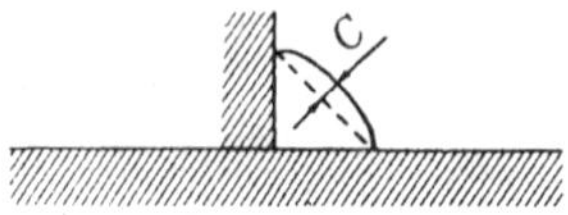 C | +(0.15+1)mm<br>−0 |

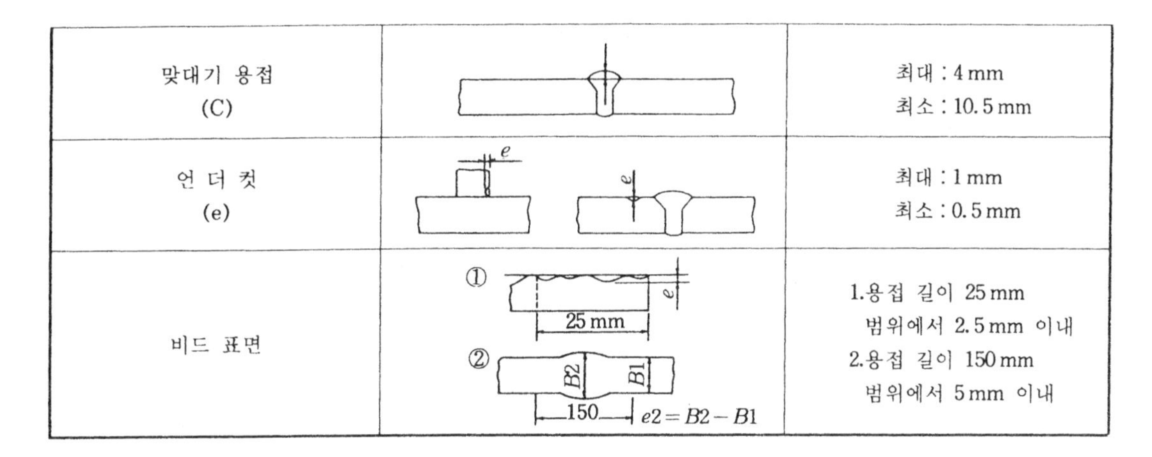

| | | |
|---|---|---|
| 맞대기 용접<br>(C) | | 최대 : 4 mm<br>최소 : 10.5 mm |
| 언 더 컷<br>(e) | e | 최대 : 1 mm<br>최소 : 0.5 mm |
| 비드 표면 | ① e 25 mm<br>② B2 B1 150 $e2=B2-B1$ | 1.용접 길이 25 mm 범위에서 2.5 mm 이내<br>2.용접 길이 150 mm 범위에서 5 mm 이내 |

## 5-9 외관 검사

### (1) 테스트 해머(test hammer)에 의한 검사

테스트 해머에 의한 검사는 매우 간편한 검사 방법이나 오랜 경험과 숙련된 기술이 요구되며, 개인의 숙련도에 따라 정확도가 결정되며 그 편차가 매우 크다. 일반적으로 정밀 검사하기 전에 이용된다.

외관 검사에서 테스트 해머에 의한 검사는 어느 정도 제한하고 있으나 용접 비드의 결함불량 개소의 점검 또는 리벳 이음의 검사에도 이용된다. 또한, 용기의 수압 시험시 테스트 해머로 가볍게 충격을 주어 결함을 발견하는 데도 쓰인다.

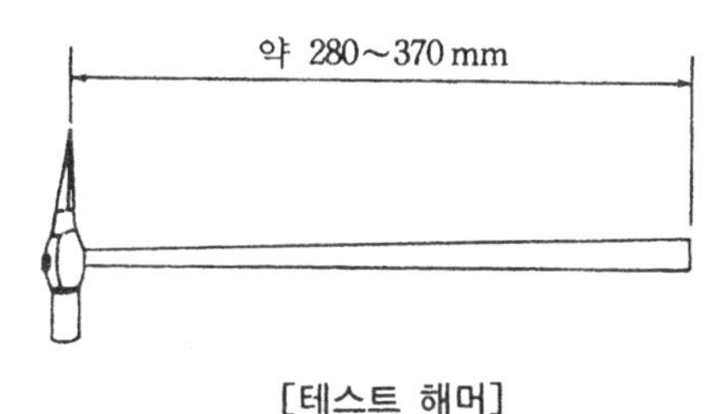


[테스트 해머]

### (2) 기타 외관 검사

① 절단면 검사 : 절단한 판재의 파단면의 크랙(crack) 유무, 가스 절단에서는 절단면의 산화물의 부착, 심한 용락 및 드래그의 발생 정도를 검사한다.

② 굽힘부 검사 : 롤러를 이용한 판재의 굽힘 가공이 과다하거나 부족하여 국부적으로 발생하는 요철을 검사한다.

## 5-10 치수 검사

치수의 측정 검사는 기계 가공, 제관 작업 또는 조립 후 도면에 의해 치수를 측정하며 도면에 치수 공차가 기입되지 않은 경우 허용 공차는 다음 [표]의 기준에 의해 측정한다.

[길이의 허용차] (단위 : mm)

| 치 수(mm) | 용접 주체인 것 | 치 수(mm) | 용접 주체인 것 |
|---|---|---|---|
| 1～500 | ± 1.5 | 5,001～6,500 | ± 9 |
| 501～1,000 | ± 2 | 6,501～8,000 | ± 12 |
| 1,001～2,000 | ± 3 | 8,001～10,000 | ± 15 |
| 2,001～3,000 | ± 4.5 | 10,001～12,000 | ± 18 |
| 3,001～4,000 | ± 6 | 12,001～14,000 | ± 22 |
| 4,001～5,000 | ± 7 | 14,0001 이상 | 1.5/1,000 |

[관류의 일반 공차] (단위 : mm)

| 치 수(mm) | 허용공차 | 치 수(mm) | 허용공차 |
|---|---|---|---|
| 1,000 이하 | ± 3 | 4,001～6,000 | ± 8 |
| 1,000～2,000 | ± 4 | 6,001～10,000 | ± 10 |
| 2,001～4,000 | ± 6 | 10,001 이상 | ± 0.1 % |

## 5-11 수직 및 수평도 검사

압력 용기 동체에 설치하는 파이프류와 기타 부속품은 축의 중심에 수직 또는 수평도를 검사하기 위하여 동체의 수직도와 수평도를 먼저 검사한다.

수평축 검사는 레벨 수준기를 수직축 및 각종 탑 등의 트랜싯 추 등을 양 끝에 상척을 세워 그 고저의 차로 동체의 위치를 수정한다.

소형 수평관의 경우 동체 윗면에 수준기를 놓고 수평도를 측정한다. 트랜싯에서 수직축을 측정하려면 동체에 수직축 선을 표시해 놓아야 한다. 동체 측면을 트랜싯으로 이동시키면 국부적인 변형이 발생하므로 정확하게 읽을 수 없다.

일반적으로 추에 의한 측정을 그림 [추 이용법]과 같은 방법으로 하며 동체 변형에 의한 오차는 피할 수 없다. 동체를 수평 수직으로 정확하게 설치한 후 플랜지면 또는 부속품의 기준면에서 수준기를 수평 및 수직면에서 대조 검사한다. 단, 그림 [각도 측정시 지그 이용법]과 같은 경우가 있으므로 그림과 같은 검사용 지그를 이용하는 것이 좋다.

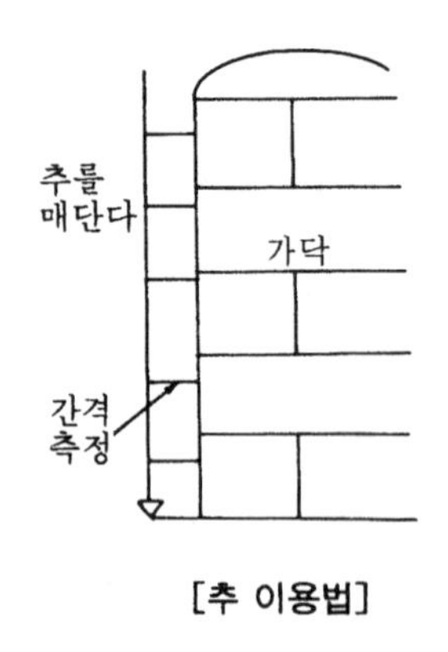

[추 이용법]

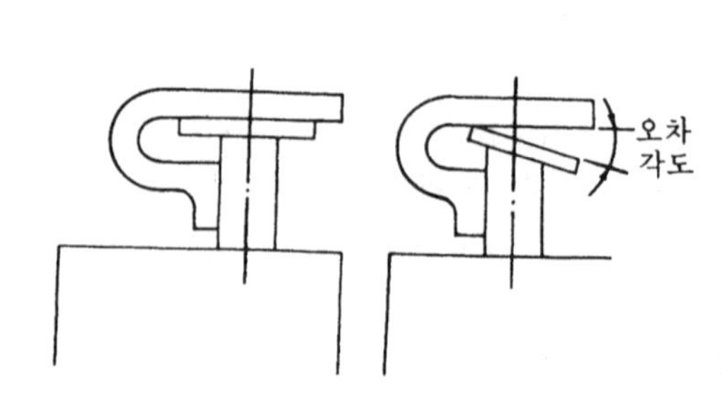

[각도 측정시 지그 이용법]

## 5-12 내압 및 기밀 시험

압력 용기의 내압 및 기밀 시험은 용기의 강도와 안전성을 확인하기 위하여 실시하는 데 일반적으로 내압 시험은 물을 사용하는 수압 시험으로 기밀 시험은 독성이 없고 비가연성의 가스 또는 공기를 사용한다.

### (1) 내압 검사

내압 검사는 압력 용기용 재료의 결함, 용기 각부의 변형, 용접 이음부의 강도와 용접 결함 유무를 검사하는 것으로 법규 또는 규정에 의해 실시하며, 설계 압력보다 높은 압력으로 시험한다.

수압 시험은 용기에 물을 넣고 규정 압력까지 압력을 상승시켜 용기의 강도와 누설 부분을 검사하는 방법으로 다음과 같은 사항에 유의한다.

① 수압 시험은 최고 허용 압력의 1.5배로 한다.

② 수압 시험으로 국부적인 늘어남, 누설 등을 확인하고 누설의 검출은 수압 시험 압력에서 최고 허용 압력까지 내린 후 실시한다.

③ 수압 시험 압력의 유지 시간은 압력 용기의 크기에 따라 10~30분 정도로 한다.

④ 수압 시험에는 2개 이상의 압력계를 사용하여 측정한다.

⑤ 수압 시험시 용기 내에 공기가 남아 있지 않도록 하고 시험한다.

### (2) 기밀 검사

기밀 검사는 본체와 플랜지의 연결부, 맨홀, 배관 연결부, 계기 부착부 등에 유체의 누설 우려가 있는 부분에 실시한다. 내압 검사와 기밀 검사에는 확실한 구별이 없고 위험성이 있는 부분은 모두 검사해야 한다.

기밀 시험은 가압된 공기, 질소, 기타 불활성 가스를 용기에 봉입하고 본체 및 이음부의 누설을 검사하는 것이다. 기밀 시험으로 용기가 파열되면 수압 시험에 의해 파열된 것보다 피해가 크므로 기밀 시험은 수압 시험 후 실시한다.

기밀 시험시 유의 사항은 다음과 같다.

① 기밀 시험에 있어서 수압 시험은 최고 허용 압력의 1.25배로 한다.

② 기밀 시험은 공기 또는 위험성이 극히 적은 기체를 사용한다.

③ 기밀 시험은 용기에 접근하지 않고 최고 허용 압력의 50%까지 압력을 가하고 10%씩 단계적으로 압력을 상승시켜 시험 압력까지 가압한 후 최고 허용 압력에서 누설 등의 이상 유무를 검사한다.

## 5-13 기타 시험

압력 용기의 비파괴 시험으로 방사선 시험(R·T), 초음파 시험(U·T), 자기 탐상 시험(M·T), 침투 탐상 시험(P·T), 음향 검사(A·E), 와류 전류 탐상 검사 등이 있다.

# 6. 운 반

## 6-1 운반 작업의 개요

가공중인 부재 또는 완성된 제관물은 공정에 의해 운반 작업이 필요하며 크레인, 동력차, 호이스트(hoist), 대차, 컨베이어(conveyer), 손수레 등이 사용된다.

운반 작업에는 크레인이 가장 많이 사용되며 포크 리프트(fork lift), 트럭, 트레일러(trailer) 등도 사용된다. 크레인은 타우어 크레인(tower crane), 천장 크래인(over head travelling crane), 골리앗 크레인(goliath crane) 등이 사용된다.

## 6-2 와이어 로프 걸이 방법

일반적으로 각종 운반 기계를 이용하여 물체를 옮길 때에는 훅(hook)을 사용하며 중간 소재나 판재 등은 훅을 사용할 수 없으므로 로프를 걸어 운반한다. 로프를 걸 때에는 재료의 무게 중심을 잘 잡아서 들어 올릴 때 안전을 유지하도록 해야 한다.

### (1) 로프 걸이 작업의 유의 사항

① 물체의 중심과 중량

② 로프 걸이 공구와 작업 방법

③ 물체를 달아 올리는 방법과 넣는 방법 및 쌓는 방법

④ 줄걸이용 와이어 로프의 위치와 운반로 및 신호 방법

다음 [그림]은 로프로 물건을 달아 올릴 때 로프의 달림각에 따라 하중값이 변화하는 것을 나타낸 것으로 [그림]에서 $\alpha$를 달림각, $T$를 로프에 걸리는 장력, $P$를 수평 하중에 작용하는 압축력이라 한다.

[그림]과 같이 1000 kgf의 물건을 두 줄의 로프로 매달고 그 각도를 60° 로 했다면 한 줄의 로프에 578 kgf 의 힘이 작용하며 달림 각도를 크게 할수록 로프에 작용하는 힘이 증가하므로 달림각은 60° 이내로 한다.

운반하려는 물건을 로프로 걸 때에는 다음 사항에 주의해야 한다.

① 로프를 거는 곳의 중심을 정확히 판단하여 로프가 벗겨지는 일이 없도록 한다.

② 모가 난 물건의 각진 부분은 걸레나 두꺼운 종이 등을 씌워서 파손되거나 로프의 손상을 방지해야 한다.

③ 물건을 서서히 달아 올려서 로프의 위치가 변하지 않도록 한다.

④ 공기구는 하중에 충분히 견딜 수 있는 것을 사용한다.

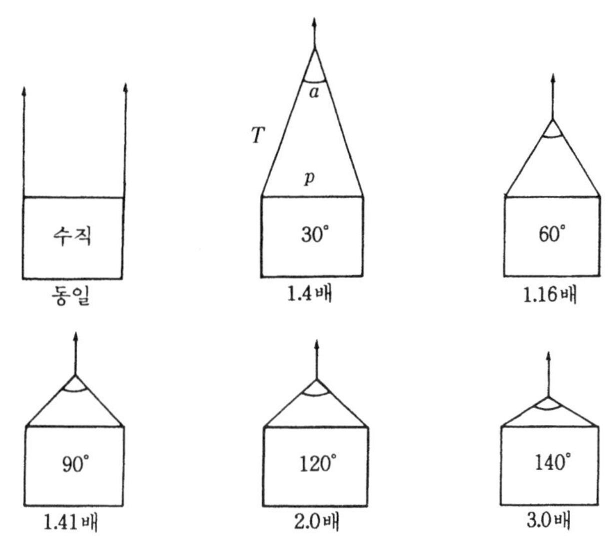


[로프의 각도와 하중]

## (2) 와이어 로프 걸이 방법의 예

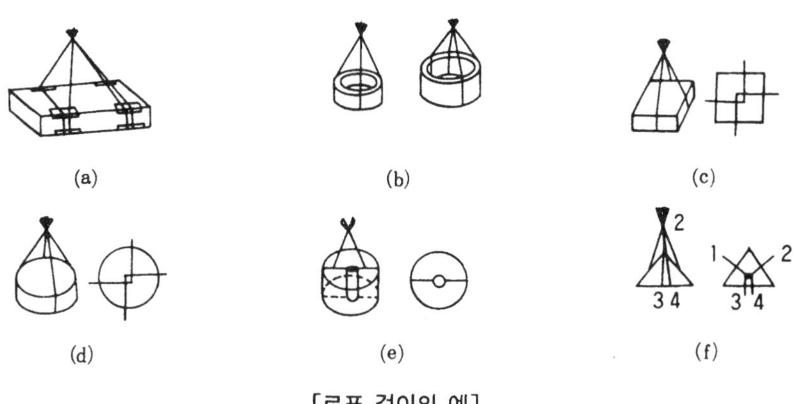


[로프 걸이의 예]

[그림] (a)는 각진 물건을 걸 때 2줄의 와이어 로프로, 4줄 걸이할 때에는 반드시 와이어 로프를 1회 감아서 줄걸이 한다.

[그림] (b)는 링(ring)의 줄걸이 방법으로 작은 물건을 줄걸이 할 때에는 링의 둘레를 3등분하여 하중이 균등하게 작용하도록 로프를 걸어 올리고 반드시 코걸이로 로프를 통과시켜 확실하게 조인 후 줄걸이 한다. 물건에 따라 4줄로 할 경우도 있다.

[그림] (c)는 사각의 물건 줄걸이는 와이어 로프를 십자로 해서 걸어 올린다. 약간 장방향의 와이어 로프의 걸이는 코걸이로 완전히 조인 후 줄걸이 하면 떨어질 우려가 없다.

[그림] (d)는 구멍이 없는 둥근 물건은 2줄의 와이어 로프를 십자로 조립하고 줄걸이 한다. 줄걸이 와이어 로프 간격을 균등하게 하고 줄걸이 한다.

[그림] (e)는 구멍이 있는 둥근 물건은 2줄의 와이어 로프를 사용해서 구멍에 밀어 넣고 코걸이를 반대쪽으로 내어 각각 코일을 넣어 줄걸이 한다.

[그림] (f)는 삼각형의 물건을 줄거리할 때 [그림]과 같이 한 줄의 로프는 1에서 2로 걸친 다음 다른 한 줄은 1과 2를 맨 중심부 3에서 4로 걸치면 된다.

## 6-3 블록(block)

물건의 무게와 로프를 잡아당기는 데 필요한 힘을 배력이라 하며, 마찰을 무시한다면 배력은 동블록에 연결된 로프의 수와 같다. 따라서, 같은 태클에서도 상하 반대로 사용하면 로프의 수가 달라지며 배력도 달라진다.

동블록의 로프 수에 의한 배력은 이론상 배력이며, 실제로는 마찰 계수에 의해 차이가 나며 일반적으로 로프가 시브를 1회 통과할 때 약 11/10 정도가 하중이 증가되는 것으로 간주하여 끌어 올리는 힘을 계산하여 실제의 배력을 구한다.

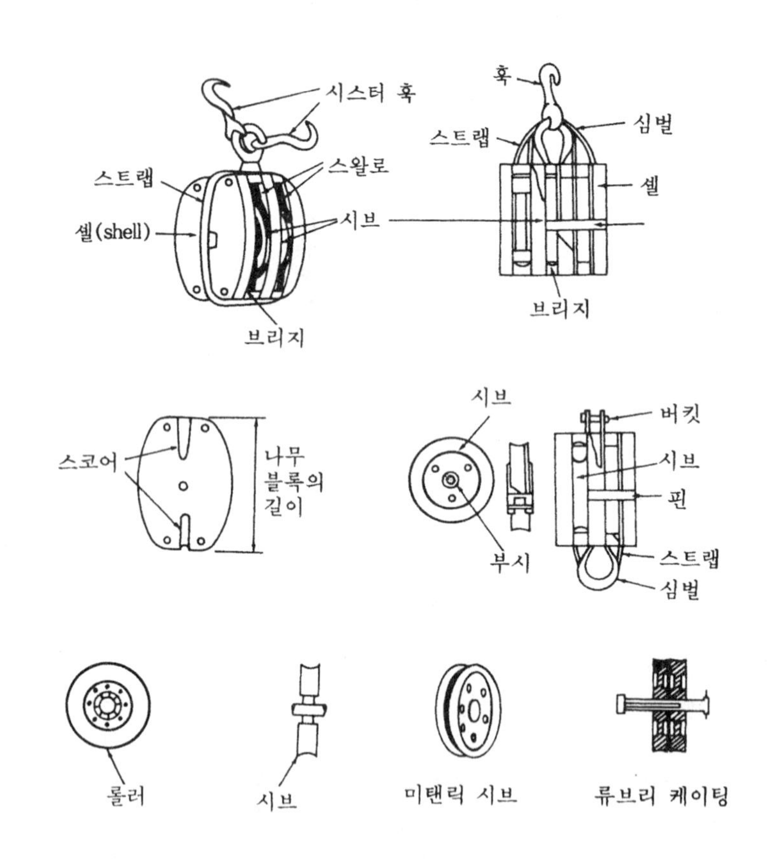


[블록의 구조와 명칭]

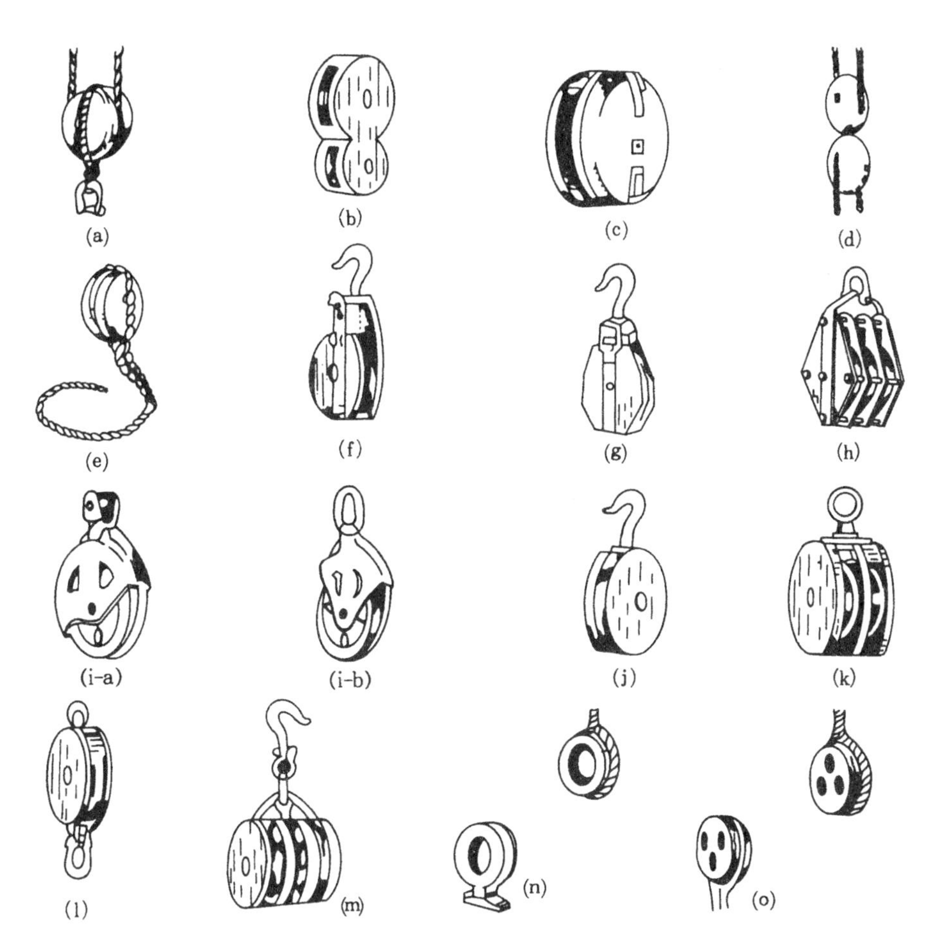


(a) 시크릿 블록 (b) 피들 블록, 롱 태클 블록 (c) 클럼프 블록 (d) 스위블 시스터 블록 (e) 테일 블록 (f) 우드 스내치 블록 (g) 아이런 스내치 블록 (h) 우드 바운드 블록 (i-a) 리드 블록, 힐 블록 (i-b) 헤드 블록 (j) 고정된 훅의 단블록 (k) 전환(轉換)이 달린 이중 블럭 (l) 바우 및 버킷이 달린 단블록 (m) 고정되지 않고 회전하는 훅 달린 스위블 블록 (n) 슈라우드 컬러 블록 (o) 데드 아이 블록

**[블록의 종류]**

# 7. 도 장

## 7-1 도장의 개요

도장은 부식을 방지하고 미적 감각을 주기 위한 것으로 도금보다 작업이 간단하고 비용도 적게 든다. 최근 우수한 합성수지 도료가 개발되어 내약품성, 내식성, 내열성 및 내후성 등이 좋은 도료가 시판되므로 용도가 광범위하게 되었다.

도장 방법도 많은 발전이 계속되어 전기나 기계에 의한 컨베이어를 이용한 자동 도장으로 자동차 표면의 전착 도장 등 산업 도장(inderstrial painting)이 눈부시게 발전하고 있다.

도장은 제품의 마지막 다듬질 공정으로 상품의 질을 높일 수 있는데 일반적으로 도장 작업은 다음과 같은 순서로 한다.

① 약품 처리로 녹을 제거하고 탈유시킨다.
② 녹 방지(밑칠)
③ 바탕 손질(중간칠)
④ 겉 칠
⑤ 연마 및 열처리

## 7-2 도료의 종류

도료는 안료, 중합체(수지 오일을 총칭), 용제, 첨가제 등 네 가지 요소로 구성되어 있고 용제, 중합체, 첨가제를 비클(vehicle)이라 한다.

착색 도료는 안료가 비클 속에 분산된 것이고, 모든 도료가 위의 네 가지 성분으로 구성된 것은 아니다. 안료가 없는 도료를 클리어(clear)라고 하며 투명하다.

### (1) 프라이머(primer)

소재에 제일 먼저 바르는 도료로서 소재면의 도막 밀착과 보호 다음 도막의 형성을 위한 재료로서 프라이머의 도막은 탄력이 풍부하고 온도 변화에 의한 팽창 수축을 흡수하는 성질이 있다.

### (2) 퍼티(putty)

소재의 표면에 있는 구멍, 균열 등을 메우기 위해 사용하는 풀 모양의 도료로서 보통 주걱으로 두껍게 도장한다. 안료의 첨가량이 많으므로 내충격성이 나쁘고 취약하여 성능이 불량하므로 사용에 주의해야 한다.

### (3) 서피스(surface)

프라이머와 퍼티 위에 칠하여 요철을 조정, 겉칠의 다듬질이 잘 되도록 도장하는 것이며 겉칠의 흡입 방지, 내수성, 연마성, 프라이머와 겉칠의 밀착성 등이 우수해야 한다.

### (4) 유성 페인트

안료에 수지를 넣어 반죽한 것으로 가격이 싸고 밀착성, 내후성이 좋으며 작업하기 좋으나 건조시간이 24시간 정도로 늦고 도막의 상태, 윤택, 내화학성이 나쁘며, 점착성이 있으므로 붓자국이 남는다.

용제로 미네랄 스피릿(mineral spirt), 테레빈유(terebin oil)가 사용되나 적정 용제는 제조회사에서 권장하는 것이 좋다. 건축, 교량, 선박 등의 철제류와 목재의 도장에 사용된다.

철재류의 도장은 도장면의 녹이나 기름을 제거하고 녹막이 도료를 2회 정도 칠한 후 겉칠을 2회 정도하여 완성한다.

유성 페인트 도장시 주의 사항은 다음과 같다.

① 스프레이 건으로 도장할 때 흐름이 생기기 쉬우므로 주의한다.
② 습도가 낮을수록 도막 성능이 좋아지나 습도가 높으면 나빠지므로 도장을 멈춘다. 일반

적으로 가을철이 도장하기 적당하다.

③ 수축을 일으키므로 밑칠은 잘 건조시킨후 도장한다.

### (5) 래커 에나멜(laquer enamel)

래커 에나멜은 목면을 주성분으로 하는 섬유소에 합성수지, 안료 등을 첨가하여 만든 도료로 용제가 증발하여 도막이 형성되므로 건조가 빠르나 100℃ 이상에서 도막이 황색으로 변하는 결점이 있다.

도막은 비교적 단단하고 내수성, 내유성이 좋으나 도막이 얇고 굴곡성이 나쁘다. 용제는 신나를 주로 사용한다. 도장 방법은 스프레이 건을 사용하는 것이 가장 적당하며, 자연 건조 또는 60~80℃에서 강제 건조시킨다.

## 7-3 도장 전처리

### (1) 손 연마

산화물이나 스케일을 스크레이퍼나 와이어 브러시 등으로 제거하는 방법으로 얇고 붉은 녹은 샌드페이퍼를 사용하여 제거한다.

### (2) 샌드 블라스트(sand blasting)

압축 공기로 석영 모래나 주철의 그릿(grit)을 강판의 표면에 투사시켜 흑피를 제거하는 방법을 샌드 블라스트라 한다.

### (3) 배럴 연마

6각형이나 8각형의 배럴(barre) 속에 금강사나 석영사 등을 넣고 회전시켜 연마하는 방법으로 가벼운 녹 제거에 이용한다.

### (4) 화공약품 처리

산 세척제의 사용은 작업자의 위험이 따르므로 주의해야 하며 5~10 % 의 가성용액의 알칼리 세척제가 표면 세척용으로 가장 많이 사용된다. 표면에 알칼리 수용액이 잔류하면 도막의 부착력을 감소시키므로 완전히 제거해야 한다. 8~10 % 의 황산이나 염산 수용액이 표면의 녹을 제거하는 데 효과적이나 부식성이 강하므로 주의해야 한다.

## 7-4 도장 용구

가장 기본적인 용구는 붓(brush)으로 털 끝이 일정하게 정돈되어야 하며, 굵은 털이 섞여 있지 않은 것일수록 좋은 붓이다.

롤러 브러시는 펠트나 양모로 만들어졌고 롤링에 의해 도료가 스며나와 도장된다.

스프레이 건(spray gun)은 압축 공기로 도료를 무화시켜 도장하는 것으로 손잡이를 당기면 공기의 밸브와 도료의 니들 밸브가 동시에 열려 노즐에서 무화된 도료가 분출된다. 이 때 도료는 캡에서 나오는 압축 공기에 의해 다시 가느다란 입자로 되어 도장된다.

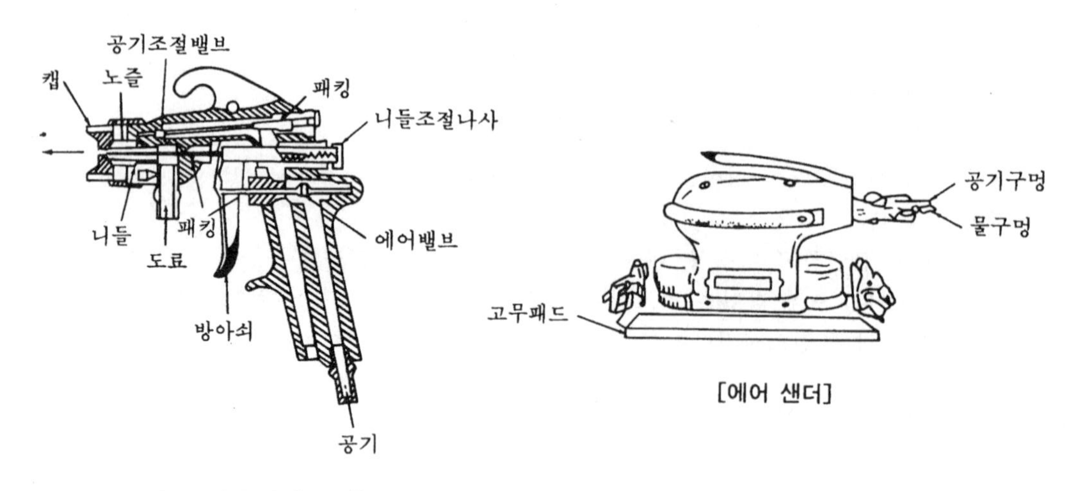


[스프레이 건의 구조]

[에어 샌더]

에어 샌더는 압축 공기로 바탕 퍼티나 중간칠의 면을 연마하는 데 이용한다.

## 7-5 도장 작업의 일반적인 유의 사항

일반적으로 도장 작업에 알맞는 온도는 15~32℃정도이며, 4℃ 이하나 43℃ 이상의 온도에서 도장하면 건조가 너무 빨라 핀홀(pin hole) 등의 결함이 발생한다.

도장 속도는 붓을 사용하는 경우 9.3 $m^2$/h, 스프레이 건을 사용하는 경우 28~37 $m^2$/h 가 적당하며 도료를 저장할 때 정기적으로 한 달에 한 번씩 용기를 뒤집어 놓아 도료의 침전을 방지해야 한다.

도료는 화재의 위험이 없는 곳에 저장해야 하며 오래된 도료부터 차례로 사용한다. 도장 후 남은 도료는 용기의 뚜껑을 완전히 밀폐하고 1~2분간 뒤집어 놓으면 밀폐가 완전하게 되고 도료의 피막형성을 방지해 준다.

# 철골 구조

## 1. 철골 구조의 개요

철골 구조에 의한 구조물은 철교, 철탑, 플랜트(plant) 설비 등 고층 건축물에 이르기까지 광범위하게 이용되고 있다.

철골 구조에 사용되는 각종 형강은 강도가 크고 굽힘 응력에 대한 저항력이 대단히 우수하므로 단면이 작아도 되기 때문에 자중이 감소한다.

철골 구조는 다음과 같은 특징이 있다.

① 구조물의 스팬(span)을 30 m 이상으로 할 수 있다.

② 공기(工期)를 단축할 수 있다.

③ 기존 구조물을 철거시 자재를 재사용할 수 있다.

④ 가설 공사시 위험성이 매우 높다.

⑤ 기둥의 좌굴(buckling) 현상을 고려해야 한다.

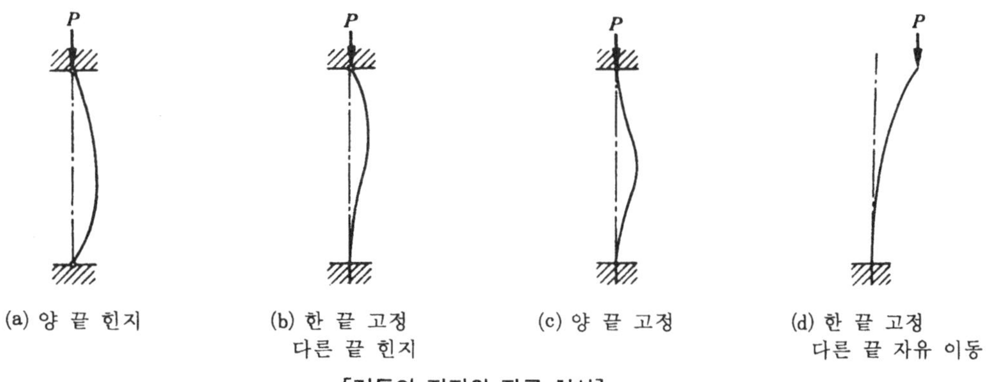


[기둥의 지지와 좌굴 현상]

## 2. 철골의 이상화

### 2-1 골조의 이상화 및 지점

골조를 구성하는 각 부재(기둥과 빔)는 일정한 두께와 폭을 가지고 있다.

골조에 외력을 가하면 외력은 각 부재에 복잡하게 전달되고 각 부재에 작용하는 힘을 구하는 것이 매우 어려우므로 다음 [그림]과 같이 골조를 이상화시켜 나타낸다.

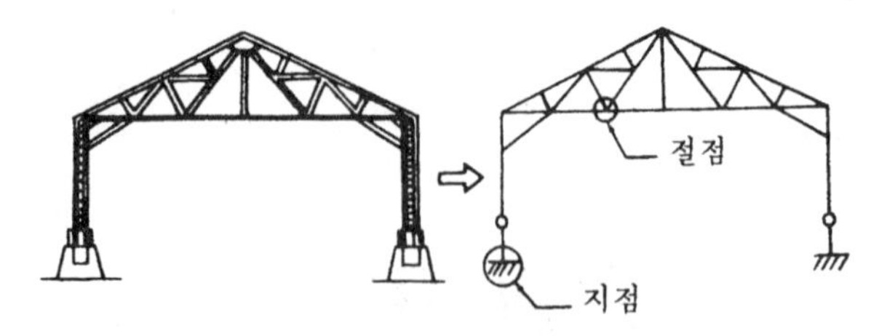


[골조의 이상화]

골조는 지반의 기초에 지지되며, 이 지지대를 지점이라 하고 고정 지점, 핀 지점, 롤러 지점 등이 있다.

① 고정 지점 : 어느 방향으로도 이동과 회전이 되지 않는 지점
② 핀 지점 : 어느 방향으로도 이동이 안되지만 회전이 자유로운 지점
③ 롤러 지점 : 지지대에 수직 방향으로 이동이 안되나 수평 방향으로 이동과 회전이 자유로운 지점

## 2-2 골조의 안정성

### (1) 지지 방법의 안정성

골조는 일반적으로 지반의 기초에 지지되므로 지지 방법의 안정 조건은 골조가 상하로 움직이지 않을 것, 좌우로 움직이지 않을 것, 회전하지 않을 것 등으로 안정을 위해서 지점의 반력이 적어도 3가지 이상을 만족시켜야 한다. 따라서 골조가 상하, 좌우로 이동하는 것을 막는 반력과 회전을 방지하는 반력이 필요하게 된다.

지지 방법은 정정 지지와 부정정 지지가 있으며, 정정 지지는 골조가 안정을 유지하기 위한 최소의 조건만 갖추고 있어서 어느 하나의 지지라도 빠지면 불안정하게 되는 지지 방법이고, 부정정 지지는 어느 정도 헐겁게 지지해도 불안정하게 되지 않는 지지 방법이다.

### (2) 모양의 안정성

골조는 지지 방법에 의한 안정성 뿐만 아니라 모양의 안정성도 요구된다. 선재로 구성된 골조에서 가장 간단하고 안정된 골조는 다음 [그림]과 같은 삼각형 모양이다. 따라서 공장 및 철탑의 건설은 삼각형의 조합으로 하는 경우가 많다.

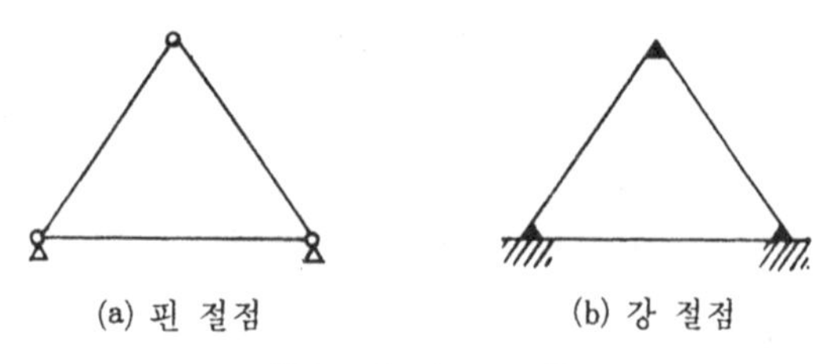


[골조의 최소 단위]

가장 일반적인 지지 방법은 사각형 모양으로 다음 그림[일반적인 골조 단위]의 (a)와 (c)는

안정된 골조이며, (b)는 수평력이 작용하면 절점이 회전하여 무너져버리는 불안정한 골조이다. (b)의 골조를 안정되게 하려면 절점을 (a), (c)와 같이 바꾸거나 그림[안정된 골조]와 같은 방법으로 해야 한다.

그림[일반적인 골조 단위]의 (a), (c)와 같은 골조는 절점이 하나라도 떨어지든가 또는 (c)에서 강 절점을 핀 절점으로 바꾸면 불안정하게 된다.

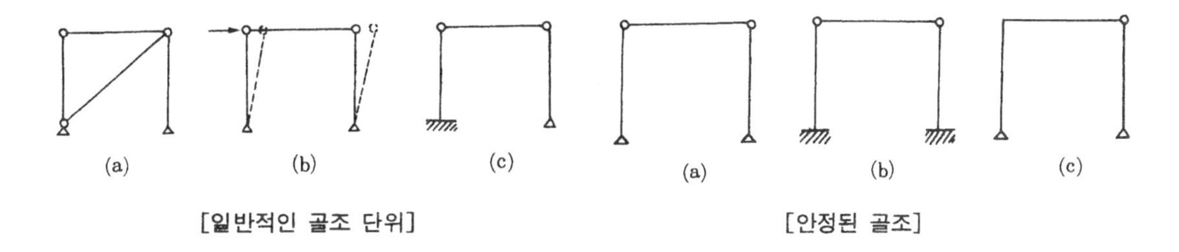


[일반적인 골조 단위]　　　[안정된 골조]

# 3. 철골 구조의 종류

## 3-1 인장재와 압축재

### (1) 인장재(tension member)

철골 구조 부재에서 인장 응력을 받는 부재를 인장재라고 한다.

인장재는 접합부에서 국부 변형이 크게 일어나지 않도록 충분한 강도를 갖는 재료를 사용해야 하며 부재의 강도가 충분하더라도 무리한 인장 응력을 받지 않도록 주의해야 한다.

### (2) 압축재(compression member)

주로 압축력을 받는 부재로서 철골 구조에서 많이 사용되며 압축재는 인장재와 달리 좌굴 현상이 발생하므로 부재의 단면 설계가 인장재보다 복잡하다.

## 3-2 철골 구조의 종류

### (1) 인장(tension) 구조

인장재로만 구성되는 구조로서 다음 [그림]과 같이 매어 달린 형태의 교량이나 구형 고압 탱크에 많이 사용한다.

### (2) 트러스(truss) 구조

인장재와 압축재가 혼합되어 있는 트러스 구조는 삼각형 부재를 조합하여 철교 지붕의 구조에 많이 사용한다.

### (3) 라멘(rahmen) 구조

인장력과 압축력의 축방향 힘과 전단력 이외에 굽힘력의 영향을 받는 곳에 이용되는 라멘 구조는 빌딩의 구조에 주로 사용되며 공장과 창고는 산(山)형 라멘과 아치형 라멘 구조를 사용한다.

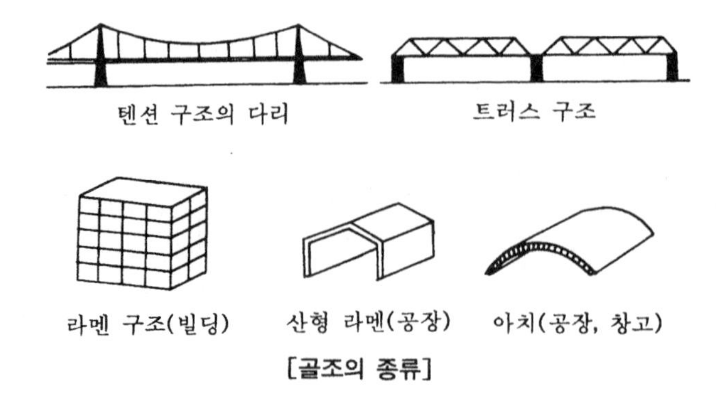


[골조의 종류]

# 4. 철골 구조의 조립

## 4-1 접합의 기본적인 목적

철골 구조를 완성시키기 위해 강재를 접합해야 하며 그 목적은 다음과 같다.

① 기둥, 보 등을 이상적인 단면으로 제작하기 위해 강판, 앵글 등의 소재를 접합한다.

② 소재의 길이보다 긴 부재가 필요한 경우 접합한다.

③ 철골 공장에서 만드는 부재는 수송 관계로 제한을 받으므로 현장에서 건설되면서 접합한다.

①, ②, ③항은 가공 공장에서 접합되므로 공장 접합이라 하고, ④항은 현장에서 접합하므로 현장 접합이라 한다.

일반적으로 현장 접합은 공장 접합보다 관리가 어렵고, 공사비가 많이 들므로 현장 접합은 간단하고 용이하게 접합될 수 있도록 설계하는 것이 능률적이다.

철골 구조의 접합은 리벳, 볼트, 용접 등의 접합 방법을 많이 사용한다.

### (1) 리벳 접합

리벳 모재의 항복점이 낮을수록 접합하기 쉬우므로 41 kgf/mm$^2$ 급의 리벳을 많이 사용하며 철골 구조에는 리벳 지름이 16～22 mm 정도의 것을 많이 사용한다. 리벳 구멍을 뚫고 조립 전에 구멍 주위를 그라인더 등으로 다듬질해 둔다. 경우에 따라서 겹쳐지는 면을 도장하여 산화를 방지하기도 한다.

리벳 접합에서 특히 주의할 사항은 조립 순서이다. 리벳의 타격은 리벳축 중심에 수직으로 해야 하고, 경사 타격은 안전 사고의 우려가 있으므로 좋지 않다.

리벳 이음 후 용접할 경우 용접열에 의해 리벳이 헐거워지지 않도록 될 수 있으면 리벳 위치와 용접 위치를 멀리하는 것이 좋다.

### (2) 용접 접합

철골 구조의 용접 접합은 주로 지그(jig)를 이용하거나 대칭 용접을 한다.

① 조립 지그 : 부재와 제품의 모양에 따라 용접에 적합한 지그와 정반을 이용하고 부재의 위치를 정확하게 유지하도록 한다. 조립용 지그의 구비 조건은 다음과 같다.

- 조립 작업을 용이하게 할 수 있고 정밀도가 유지될 수 있을 것
- 탈착이 용이하고 안전할 것
- 용접 변형을 방지할 수 있으며, 과도한 구속을 주지 않는 구조일 것
- 결정된 용접 순서에 지장이 없는 구조일 것

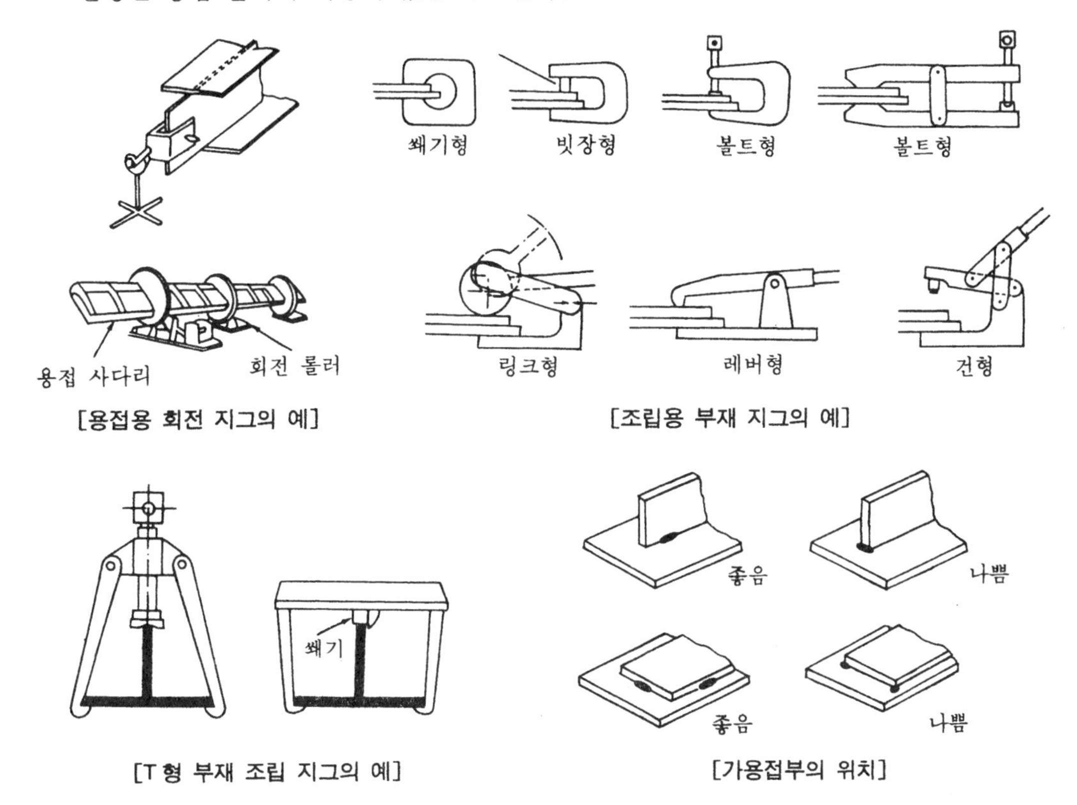


[용접용 회전 지그의 예]

[조립용 부재 지그의 예]

[T형 부재 조립 지그의 예]

[가용접부의 위치]

② 조립 순서 : 용접 구조물의 조립 순서는 능률 및 제품의 정밀도에 큰 영향을 미치므로 주의한다. 일반적으로 복잡한 구조의 용접은 용착량이 많으면 변형과 수축이 크게 되므로 한번에 전체를 조립하지 않고 적당히 나누어 조립하고 용접, 변형, 교정을 반복하며 순서에 따라 조립한다.

③ 가용접 : 가용접은 본용접 이상으로 중요하며 가용접 길이가 짧으면 비드의 시점과 종점에서 결함이 발생되기 쉽다. 따라서 판재의 끝이나 응력 집중 현상이 일어나는 곳의 가용접은 원칙적으로 피하는 것이 좋으며 중요한 맞대기 용접, 필릿 용접의 시점이나 종점에는 앤드 탭(end tab)을 설치하는 것이 좋다.

또한 모양에 따라서 조립 및 용접 순서를 결정하지 않으면 용접작업이 불가능한 경우가 있으므로 주의해야 한다. 다음 [그림]은 조립 순서의 예를 나타낸 것이다.

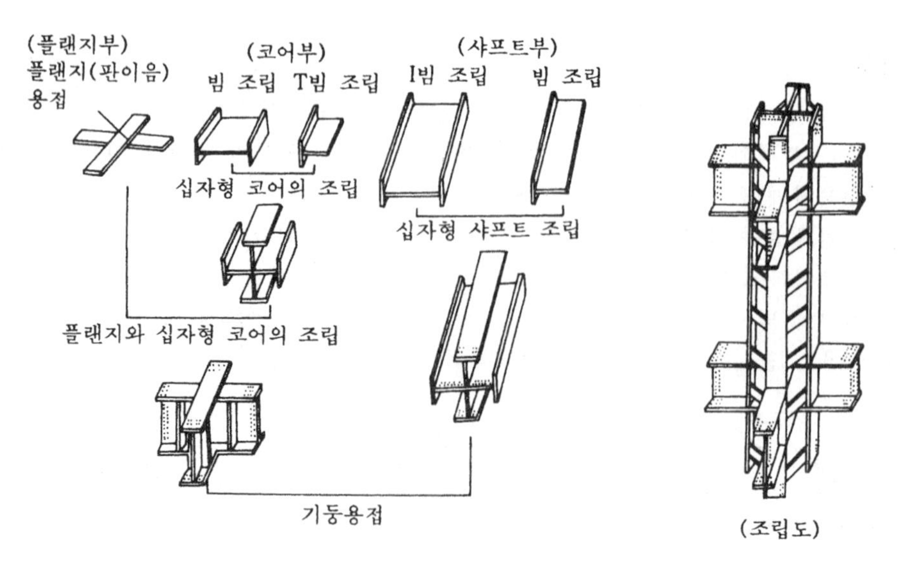


[빔 관통기둥의 조립 순서의 예]

### (3) 볼트 접합

볼트 접합은 열처리가 필요없는 간편한 접합 방법으로 보통 볼트접합과 고장력 볼트 접합이 있다.

① 보통 볼트 접합 : 보통 볼트 접합은 볼트와 볼트 구멍 사이에 틈이 생기는 것이 최대의 결점으로 가건물이나 소규모 건축물에 사용한다.

볼트 접합에서 구멍의 지름이 볼트 축 지름보다 0.5 mm 이상 크게 뚫으면 안되며, 너트가 진동 등에 풀릴 우려가 있으므로 로크 너트나 스프링 와셔 등을 이용하거나 용접하여 풀리지 않도록 한다. 또한 보통 볼트 접합은 반복 하중이 작용되는 곳에는 사용하지 않는다.

② 고장력 볼트 접합 : 고장력 볼트 접합은 높은 강도의 접합이 요구되는 곳에 고인장 강도의 볼트를 사용하며 전단 응력에 대해서는 부재간의 마찰력으로 유지하는 것을 원칙으로 하기 때문에 고장력 볼트 마찰 접합이라고도 한다. 마찰력을 얻기 위하여 접합면을 그라인더로 가공하고 녹을 발생시키거나 샌드 블라스트, 쇼트 블라스트 처리하면 좋은 효과를 얻을 수 있다.

고장력 볼트는 볼트, 너트, 와셔가 한 조로 되어 있고 볼트의 기계적 성질에 따라 F8T, F10T, F11T 등의 등급으로 분류하며 가운데 숫자는 인장 강도를 나타낸다(예 : F8T는 인장 강도 80～100 kgf/mm²).

[고장력 볼트의 인장강도와 설계 볼트 장력]

| 구 분<br>등 급 | 인장강도 (kgf/mm²) | 설계볼트 장력 (*t*) | | | |
|---|---|---|---|---|---|
| | | M 16 | M 20 | M 22 | M 24 |
| F8T | 80～100 | 8.27 | 13.0 | 16.1 | 18.6 |
| F10T | 100～120 | 10.3 | 16.1 | 20.0 | 23.1 |
| F11T | 110～130 | 10.8 | 17.0 | 21.1 | 24.4 |

## 4-2 기둥 및 보의 접합

### (1) 기둥의 접합

기둥의 접합은 기둥에 축방향력, 전단 응력, 굽힘 모멘트 등을 완전히 전달할 수 있는 구조의 이음이어야 한다. 기둥의 접합 위치는 응력의 작용 상태, 재질, 운반 방법 등에 의해 결정된다. 기둥의 이음을 단순하게 하면 구조적인 결함뿐만 아니라 중량적인 비경제성도 발생하는 경우가 많다.

다음 [그림]의 (a)는 기둥면을 개선하여 맞대기 용접한 기둥이며, (b)는 보강판을 플랜지판 또는 웨브면을 따라 필릿 용접한 것으로 [그림](b)는 경미한 하중을 받는 곳에만 사용한다.

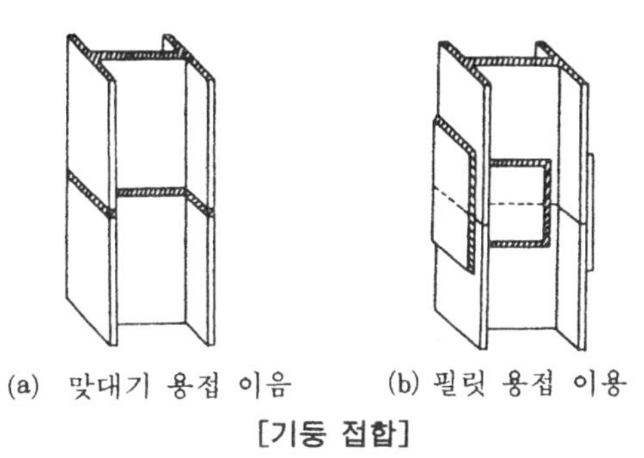

(a) 맞대기 용접 이음 (b) 필릿 용접 이용

[기둥 접합]

다음 [그림]은 H형강 조립 기둥의 예를 나타낸 것으로 (a)는 경미한 하중을 받는 기둥에 사용되고 (b)는 철골, 철근 콘크리트 구조 기둥에 많이 사용되며, (c), (d)는 철골 기둥 접합에 많이 사용된다. 최근 H형강을 사용하는 순철골 기둥은 (c)와 같이 맞대기 용접이나 고장력 볼트를 병용하여 접합하고, (d)는 고장력 볼트를 이용한 이음에 많이 사용한다. 또한 (c)의 이음 방법은 굽힘 모멘트가 작용하는 플랜지와 모재를 같은 강도로 완전히 용접하여 웨브재가 받는 전단 응력, 굽힙 응력을 고장력 볼트로서 접합하는 방법이다.

따라서 플랜지의 용접부 결함이 발생하지 않도록 시공해야 한다.

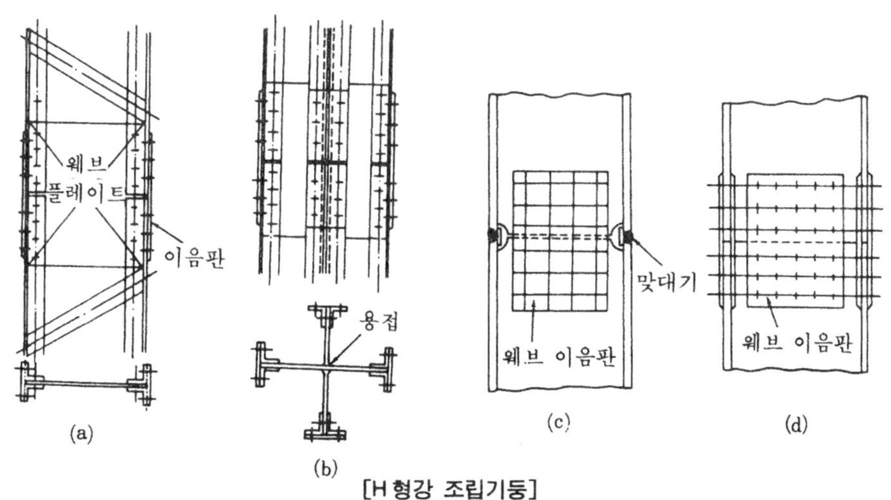


(a) (b) (c) (d)

[H형강 조립기둥]

### (2) 보의 접합

보의 접합은 이음 위치에서 응력을 완전히 될 수 있어야 하고 가능한 한 응력이 적게 걸리는 위치를 선택하는 것이 좋으며, 플랜지와 웨브(web)는 다음 [그림]과 같이 동일한 위치에서 이음이 되도록 하는 것이 바람직하다. [그림] (c)와 같은 길이 방향의 보는 중앙부를 피하고 양쪽 끝단에 이음 위치를 정하여 설계한다.

[그림]의 (b)는 플랜부와 웨브 용접 이음이 겹쳐지는 곳을 피하여 설계한 것이다.

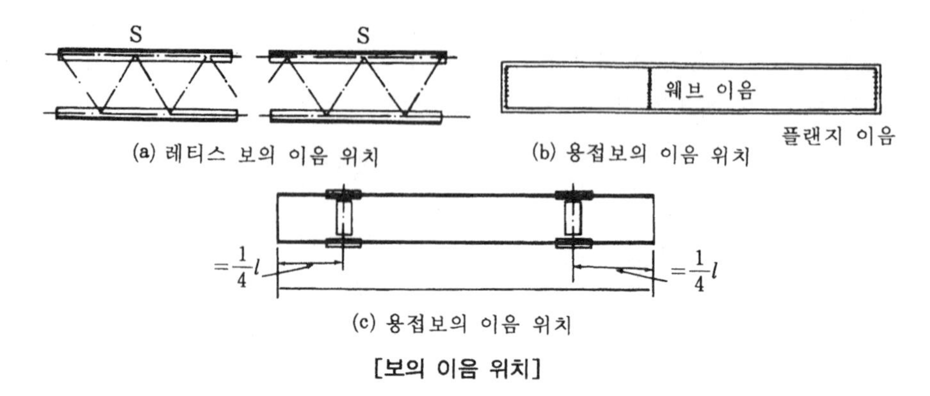

(a) 레티스 보의 이음 위치 (b) 용접보의 이음 위치

(c) 용접보의 이음 위치

**[보의 이음 위치]**

다음 [그림]과 같이 ㄱ형강, 스러스트 보의 접합은 래티스 교점에 거싯 플레이트(gusset plate)를 설치하든지 플랜지에 보강판을 이용하여 결합시켜 준다.

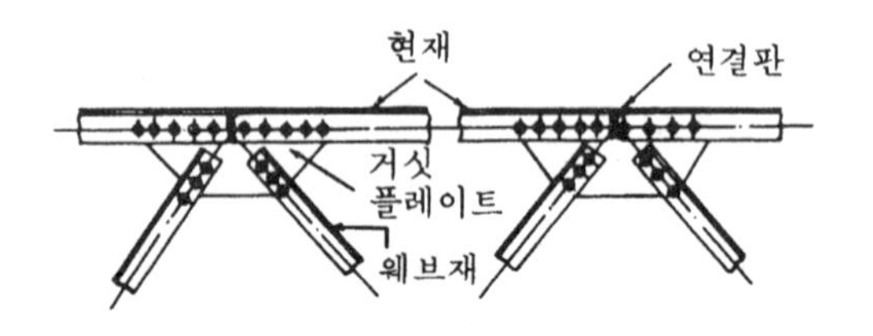


**[앵글 형강 조립과 보의 이동]**

형강 또는 판재로 제작한 보의 접합은 다음 그림 [형강보, 플레이트 보의 이음]과 같이 보강판을 이용하는 경우가 많다. 플랜지에 응력이 적게 작용하는 경우에는 외측 이음부의 보강판 만큼 연결하며 고장력 볼트 이음은 한면 마찰 접합으로 하고, 리벳 이음은 한면 전단 접합으로 한다. 이음부에 응력이 크게 작용하는 경우 그림 [형강보, 플레이트 보의 이음]의 (b)와 같이 플랜지 양면에 2장의 보강판을 이용하여 2면 전단 접합 또는 2면 마찰 접합한다.

용접 접합 보는 모재의 강도와 용접부 강도가 같으므로 이음 위치를 자유로 선택한다. 그러나 용접부에 결함이 발생하기 쉬우므로 응력이 작게 작용되는 부분에 이음 위치를 잡는 것이 바람직하다.

다음 그림 [레티스 보의 이음]과 같이 래티스 사이에 웨브 보 강판을 사용하여 플랜지부 보강판 또는 ㄱ형강을 사용하여 결합한다. 이 경우 플랜지부 보강판은 빔의 응력에 상응하는 것을 한쪽 또는 양쪽에 설치하여 고장력 볼트로 접합한다.

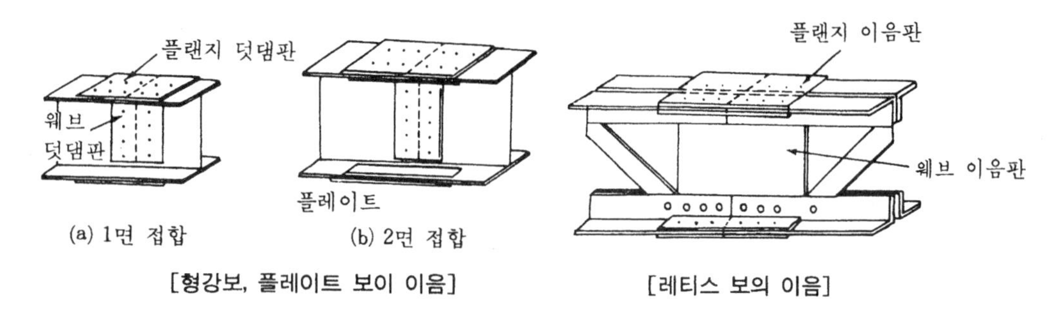


[형강보, 플레이트 보이 이음] [레티스 보의 이음]

### (3) 기둥과 보의 접합

기둥과 보의 접합은 기둥의 구조에 따라 여러 가지 방법이 이용되며, 보와 기둥의 조립은 구조상 매우 중요하므로 설계, 시공상 충분한 검토를 거쳐야 한다. [그림]의 (a)는 ㄱ형강 기둥 접합의 거싯 플레이트를 이용한 예를 나타낸 것이고, (b)는 리벳 및 용접 접합의 예를 나타낸 것이다.

리벳 이음에서 보의 응력은 보통 거싯 플레이트에 전달되며 용접 이음에서는 플랜지와 웨브 플레이트에 전달된다.

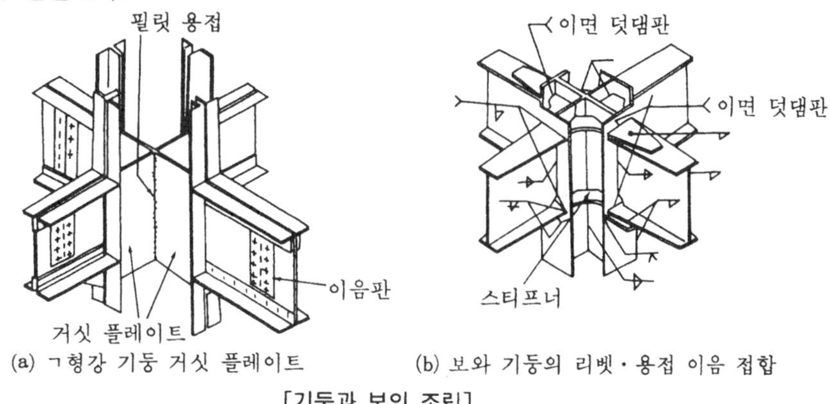


(a) ㄱ형강 기둥 거싯 플레이트 (b) 보와 기둥의 리벳·용접 이음 접합

[기둥과 보의 조립]

플랜지와 기둥의 용접부는 굽힘 모멘트에 의한 압축력과 인장력이 작용하므로 다음 [그림]과 같이 기둥의 변형이 생기게 된다. 그러므로 변형을 방지하고 무리하지 않는 응력을 전달하기 위해서 [그림]의 (b)와 같이 보의 플랜지면과 동일한 면에 수평 스티프너(stiffner)로 보강한다.

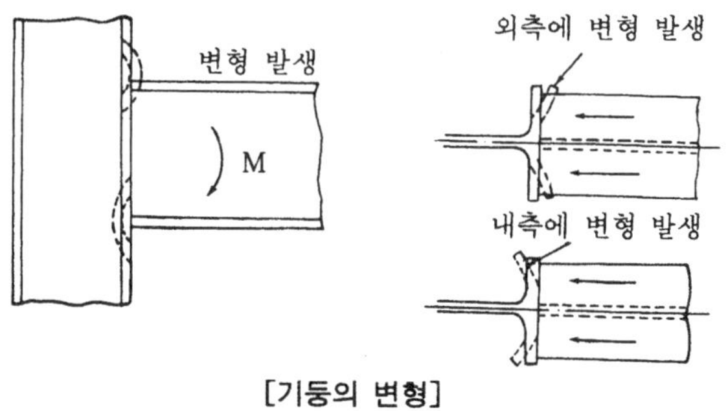


[기둥의 변형]

# 제관 및 판금 공학

2000년 1월 15일 1판 1쇄
2000년 7월 15일 1판 2쇄
2002년 1월 10일 2판 1쇄
2023년 1월 10일 2판 9쇄

저 자 : 박병우 · 하인섭

펴낸이 : 이정일

펴낸곳 : 도서출판 **일진사**
www.iljinsa.com
(우) 04317 서울시 용산구 효창원로 64길 6
전화 : 704-1616 / 팩스 : 715-3536
등록 : 제1979-000009호 (1979.4.2)

**값 22,000원**

ISBN : 978-89-429-0615-4